Charged Aerosol Detection for Liquid Chromatography and Related Separation Techniques

电雾式检测在液相色谱及相关分离中的应用

（美） 保罗 · 加马什（Paul H. Gamache） 主编

史建波　宋善军　袁耀佐　等译

化学工业出版社

· 北京 ·

内容简介

本书分三部分全面总结了电雾式检测（CAD）的基本原理、分析及应用。其中，第 1 部分介绍电雾式检测相关的基础知识，包括基本原理、文献综述汇总分析和应用分析等；第 2 部分介绍该检测技术对特定物质的分析应用，包括脂类分析、无机和有机离子分析、糖类分析、聚合物和表面活性剂分析以及传统草药分析检测；第 3 部分介绍 CAD 技术的工业分析应用，包括药物分析、油田化学品分析等。

Charged Aerosol Detection for Liquid Chromatography and Related Separation Techniques / 1st edition/by Paul H. Gamache

ISBN: 978-0-470-93778-5

北京市版权局著作权合同登记号：01-2023-4149

图书在版编目（CIP）数据

电雾式检测在液相色谱及相关分离中的应用 /（美）保罗·加马什（Paul H. Gamache）主编；史建波等译. —北京：化学工业出版社，2023.12

书名原文：Charged Aerosol Detection for Liquid Chromatography and Related Separation Techniques

ISBN 978-7-122-44148-5

Ⅰ. ①电… Ⅱ. ①保… ②史… Ⅲ. ①液相色谱-检测器 Ⅳ. ①O657.7

中国国家版本馆 CIP 数据核字（2023）第 170316 号

责任编辑：李晓红　　　　文字编辑：王文莉

责任校对：边　涛　　　　装帧设计：王晓宇

出版发行：化学工业出版社（北京市东城区青年湖南街 13 号　邮政编码 100011）

印　　装：北京虎彩文化传播有限公司

710mm×1000mm　1/16　印张 27　字数 469 千字

2024 年 1 月北京第 1 版第 1 次印刷

购书咨询：010-64518888

售后服务：010-64518899

网　　址：http://www.cip.com.cn

凡购买本书，如有缺损质量问题，本社销售中心负责调换。

定　　价：188.00 元

翻译人员名单

译　者：

史建波　中国地质大学（武汉）/中国科学院生态环境研究中心

宋善军　中国计量科学研究院

袁耀佐　江苏省食品药品监督检验研究院

焦　慧　中国计量科学研究院

梁立娜　中科谱研（北京）科技有限公司

审　校：

刘晓达　赛默飞世尔科技

蔡亚岐　中国科学院生态环境研究中心

中文版序

电雾式检测器（charged aerosol detector，CAD）是一种基于气溶胶粒径大小和表面荷电数量进行定量分析的质量型通用检测器，其检测不受分子结构和分子量的影响，适用于半挥发和非挥发性化合物分析。资料显示，该检测器具有检测范围广、线性范围宽、重现性好和灵敏度高等优点，是液相色谱紫外检测器和质谱检测器的良好补充。自 2001 年首次报道以来，已在化工、制药、生物制药、食品和环境领域的分离分析中广泛应用，尤其适用于无紫外或弱紫外吸收的离子化合物、氨基酸、糖及糖醇类、聚合物及脂类等的分析定量。据统计，国内目前正在使用的各类型号的 CAD 仪器约 1000 台以上。

随着色谱及相关分离技术的发展，CAD 技术的理论也得到不断的完善，其应用领域逐步扩大。针对迅速增长的 CAD 应用需求，赛默飞世尔科技公司的 Paul H. Gamache 博士于 2017 年组织编写了 *Charged Aerosol Detection for Liquid Chromatography and Related Separation Techniques* 一书，并由 John Wiley & Sons 出版。该书是第一本也是目前唯一一本系统总结 CAD 原理及应用的专著，是由多位长期从事化学分析及气溶胶检测的科学家和经验丰富的分析人员合作编写。内容包括 CAD 的基本原理、文献综述及多个领域的具体应用，对使用 CAD 进行方法开发及应用的分析工作人员和科研工作者具有重要的指导意义和参考价值。

我的学生梁立娜曾在赛默飞世尔科技公司任职，自 2009 年开始，一直从事 CAD 有关的方法开发和应用支持，目前也在使用 CAD 建立药物及制剂中多种赋形剂、杂质和降解产物的应用方法。在多年的工作中，她发现大多使用人员对 CAD 仪器的工作原理不了解，使用效率不高。从实际分析工作应用的角度，她提出了对该书翻译的需求。史建波和宋善军也是我的学生，长期从事环境分析及相关领域研究工作，在色谱和质谱分析方面具有一定的经验，承担了该书的主要翻译工作。为了保证书稿的翻译质量和专业水平，他们还特别邀请了江苏省食品药品监督检验研究院袁耀佐主任药师参与翻译和指导，并邀请了中国科学院生态环境研究中心蔡亚岐研究员和赛默飞世尔科技公司的应用专家刘晓达博士对译稿进行审阅。中国计量科学研究院的焦慧具有丰富的翻译经验，全程参与了书稿的翻译及校稿工作。化学工业出版社编辑在书稿的编辑和排版过程中做了大量的工作，保证了图书出版质量。是他们的共同努力促使了该书翻译工作的顺利完成，在翻译的过程中体现了良好的团队合作精神。赛默飞世尔科技公司对该书的翻译和出版也给予了大力的支持。

虽然经历了 20 多年的发展，CAD 仍然是一项新的技术，对其原理和应用仍缺乏全面的总结。希望该书的翻译出版能够对国内相关科研工作者提供参考和帮助。

江桂斌

2023 年 10 月于北京

前言

电雾式检测器（CAD）广泛应用于液相分离已有大约 12 年的时间。对 CAD 较为确切的描述是，它是一种用于定量分析的通用检测技术。除了动态范围广、易操作、重现性好和灵敏度高等特性外，通常选择此类技术的原因还包括其检测范围广泛，且灵敏度（即信号/数量）不受分析物种类影响。自推出以来，CAD 的应用已有 250 多篇同行评审文章报道，涵盖多个应用领域。这些描述以及 Stan Kaufman 博士、Roy Dixon 博士和其他人的开创性工作使人们对 CAD 的理论和实践有了更多的理解。CAD 技术的能力也随着相关分离技术的发展而不断发展。在许多方面，CAD 仍然是一项新技术，对其基本性能特征尚未完全了解。因此，本书的主要目的是进一步阐明 CAD 理论，客观地描述其优点和局限性，并为其实际应用提供详细的建议。

这是第一本专门讨论 CAD 主题的书，旨在成为各学科分析化学家的主要参考资源。本书是与在分离科学、检测和气溶胶测量的研究和/或应用方面具有专业知识的多位科学家合作编写的。CAD 可与多种配置的系列分离技术联用，性能受多种变量影响。CAD 的实际价值还取决于其预期用途和可用于给定应用的替代工具。因此，本书主要讨论 CAD 的基本特性和操作变量与其在各种条件下的性能的关系，并就使用 CAD 解决特定的分析问题提供专家见解和不同观点。

本书分为三个主要部分，每个部分有几个章节。每章由不同的作者编写，并以摘要开头，以提供本章信息的快速阅览。

第 1 部分包括理论描述（第 1 章）、当前文献综述（第 2 章）、实际应用（第

3 章）以及综合多组分分析背景下的通用检测概述（第 4 章）。第 1 章为 CAD 理论提供了重要的新见解，利用气溶胶尺寸分布测量来开发描述其响应的详细半经验模型。该章主要关注新型 CAD 仪器设计，其演变将在第 2 章中进一步描述。第 3 章是对第 1 章的补充，提供了详细的使用建议，其中包括从旧型号仪器到新型号仪器的方法转移。本章还介绍了配置多检测器系统的基本要求，这些系统通常用于扩展从每个样品获得的定量和定性信息。第 4 章进一步阐明了通用检测器在多检测器配置中的作用以及分离科学的新趋势。这包括讨论毛细管和超高压液相色谱、超临界和亚临界液相色谱，以及用多维分离以解决更复杂的分析并尽量减少实验室测试的环境影响。其中的多项技术在本书的后面部分得到了进一步的例证。

第 2 部分每章侧重于特定的分析物类别：脂类（第 5 章），离子（第 6 章），糖类化合物（第 7 章），聚合物和表面活性剂（第 8 章）以及草药中多种假定的生物活性组分（第 9 章）。对于各类分析物，针对不同基体、不同应用领域（例如，生物科学、化学、食品和饮料、天然产物和制药）样品的分离与定量的理论和实验方法进行综述。举例说明 CAD 与其他技术相比的优势和局限性。总之，这些章节描述了 CAD 与许多不同的分离技术的联用，包括第 4 章中讨论的技术以及正相液相色谱（NPLC）、尺寸排阻色谱（SEC）、亲水相互作用色谱（HILIC）和混合模式技术，例如，将离子交换与反相或 HILIC 保留机制相结合。

第 3 部分介绍了使用 CAD 来解决特定的分析问题。由于 CAD 广泛应用于制药和生物制药行业，因此本节概述了其在药物开发各个阶段的使用，以及在监管环境中对方法开发、验证和转移的信息指导（第 10 章）。接下来，举例说明用于分析抗惊厥药托吡酯（第 11 章）、氨基糖苷类抗生素（第 12 章）和季铵盐肌肉松弛剂（第 13 章）的药物方法开发和验证。这些应用在分离和检测方面都面临着重大挑战，这些介绍为受监管环境中日常使用 CAD 提供了宝贵的见解。最后两章讨论了制药行业之外引人关注的应用领域。第 14 章介绍了油田化学品应用中阻垢聚合物的分析，包括使用 CAD 对凝胶渗透色谱（GPC）方法进行全面验证，用于油田盐水样品中残留水平的常规分析。最后，第 15 章描述了表征工业合成聚合物的各种方法，从较小的低聚物到更大和更复杂的制剂。除 SEC 外，本章还包括对临界条件下液相色谱（LCCC）和梯度聚合物洗脱色谱（GPEC）分析复杂聚合物成分的讨论。包括举例说明如何通过 CAD 与辅助设备联用，解决表征原材料、中间体和最终产品的难题。第 14 章、第 15 章以及第 8 章为对主要用作药用赋形剂和试剂的聚合物和表面活性剂的分析，特别推荐给有兴趣在聚合物分析中使用 CAD 的读者。

在本书撰写过程中，CAD 和相关分离技术都取得了重大进展。除了第 2 部分和第 3 部分中的章节外，建议读者同时参考第 1～3 章以获取相关主题的最新信息。第 2 章为全面的文献综述，其中包括 CAD 应用的最新示例，而第 1 章和第 3 章描述了具体的技术进步及其对实际使用的影响。我们衷心希望本书能为液相分离领域的所有工作者提供宝贵的资料，并有助于推动通用检测各个方面的进一步研究。

谨以此书献给我的家人。献给我的父亲，他勇敢、正直、无私，是美国最伟大一代的完美典范。献给我的母亲，她对家人做出了不朽的奉献，她高超的烹饪技术将我们养大。献给我的兄弟 Dan 和他的家人，感谢他们对我的爱和支持。献给我最深爱的妻子 Anne 和我们的孩子 Chelsea 和 Michael，看着他们长大我感到非常自豪。最后，献给 Anne，我一生的挚爱，她是我见过的最真诚和最无私的人之一。

编写人员名单

伊恩·阿克沃斯
赛默飞世尔科技
美国马萨诸塞州切姆斯福德

斯蒂芬·阿尔梅林
欧洲药品质量管理局（EDQM）
法国斯特拉斯堡

琥珀·阿瓦德
道明诊断（Dominion Diagnostics）
美国罗得岛州北金斯敦

布鲁斯·贝利
赛默飞世尔科技
美国马萨诸塞州切姆斯福德

阿加塔·布拉泽维奇
波兰国家医学研究所药物化学部
波兰华沙

通·布鲁克曼斯
帝斯曼涂料树脂
荷兰瓦尔韦克

苏菲·布罗萨德
欧洲药品质量管理局（EDQM）
法国斯特拉斯堡

皮埃尔·查米纳德
Lip(Sys)^2 脂类生物分析，药物分析化学
巴黎第十一大学，巴黎-萨克雷大学
法国沙特奈马拉布里

海特什·乔克希
罗氏创新中心
美国纽约

保罗·库尔斯
帝斯曼涂料树脂
荷兰瓦尔韦克

现通讯地址：陶氏化学公司
美国得克萨斯州弗里波特

克里斯·克拉夫特
赛默飞世尔科技
美国马萨诸塞州切姆斯福德

格雷格·迪西诺斯基
澳大利亚分离科学研究中心（ACROSS）
科学、工程与技术学院化学系
塔斯马尼亚大学
澳大利亚塔斯马尼亚州霍巴特

马克·伊曼纽尔
赛默飞世尔科技
美国马萨诸塞州切姆特福德

兹比格涅夫·菲哈莱克
波兰国家医学研究所药物化学部
华沙医科大学
波兰华沙

保罗·加马什
赛默飞世尔科技
美国马萨诸塞州切姆斯福德

保罗·哈达德
澳大利亚分离科学研究中心（ACROSS）
科学、工程与技术学院化学系
塔斯马尼亚大学
澳大利亚塔斯马尼亚州霍巴特

西尔维·赫隆
Lip(Sys)^2 脂类生物分析，生物分析与技术实验室（LETIAM）
巴黎第十一大学，巴黎-萨克雷大学，奥赛工业大学
法国奥赛

乌尔丽克·霍尔茨格拉布
药学与食品化学研究所
维尔茨堡大学
德国维尔茨堡

约瑟夫·哈钦森
澳大利亚分离科学研究中心（ACROSS）
科学、工程与技术学院化学系
塔斯马尼亚大学
澳大利亚塔斯马尼亚州霍巴特

大卫·伊尔科
药学与食品化学研究所
维尔茨堡大学
德国维尔茨堡

姜勇
天然药物及仿生药物国家重点实验室
北京大学医学部药学院
中国北京

阿鲁尔·约瑟夫
吉利德科学公司
美国加利福尼亚州福斯特

斯坦利·考夫曼
TSI 有限公司（已退休）
美国明尼苏达州肖维尤

北村真一
大阪府立大学生命与环境科学院
日本大阪

威廉·科帕切维奇
赛默飞世尔科技
美国马萨诸塞州切姆斯福德

寇大文
基因泰克公司
美国南加利福尼亚州旧金山

梁丽娟
首都医科大学附属北京友谊医院
天然药物及仿生药物国家重点实验室
北京大学医学部药学院
北京大学健康科学中心
中国北京

丹妮尔·利邦
Lip(Sys)^2 脂类生物分析，药物分析化学
巴黎第十一大学，巴黎-萨克雷大学
法国沙特奈马拉布里

刘晓东
赛默飞世尔科技
美国加利福尼亚州桑尼韦尔

杰拉尔德·马尼乌斯
霍夫曼-拉罗氏公司（已退休）
美国新泽西州纳特利

罗伯特·纽格鲍尔
欧洲药品质量管理局（EDQM）
法国斯特拉斯堡

马克·普兰特
赛默飞世尔科技
美国马萨诸塞州切姆斯福德

克里斯托弗·波尔
赛默飞世尔科技
美国加利福尼亚州桑尼韦尔

马格达莱纳·波普劳斯卡
华沙医科大学
波兰华沙

杰弗里·罗勒
赛默飞世尔科技
美国加利福尼亚州桑尼韦尔

阿布·鲁斯图姆
默克公司
美国新泽西州萨米特

卡塔日娜·萨尔纳
波兰国家医学研究所药物化学部
波兰华沙

迈克尔·斯沃茨
分析开发部与验证科学
美国马萨诸塞州阿克斯布里奇

阿兰·查普拉
Lip(Sys)[2] 脂类生物分析，生物分析与技术实验室（LETIAM）
巴黎第十一大学，巴黎-萨克雷大学，奥赛工业大学
法国奥赛

大卫·托马斯
赛默飞世尔科技
美国马萨诸塞州切姆斯福德

艾伦·汤普森
纳尔科冠军，艺康集团
英国阿伯丁

田鸿
诺华
美国新泽西州东汉诺威

屠鹏飞
天然药物及仿生药物国家重点实验室
北京大学医学部药学院
中国北京

迈克尔·蒂尔克
默克公司
德国达姆施塔特

马尔戈扎塔·瓦洛纳–格热斯基维奇
波兰国家医学研究所药物化学部
华沙医科大学
波兰华沙

张珂
基因泰克公司
美国南加利福尼亚州旧金山

致谢

本书的圆满完成离不开46位贡献者的巨大努力和专业知识。非常感谢Stan Kaufman多次富有成果的讨论，他为第1章的撰写投入了大量的时间和精力。CAD迅速且持续的成功很大程度上归功于我在ESA公司的同事的奉献精神和才能，他们中的一些人是本书的贡献者，还有一些人为这项工作提供了大力支持。此外，我特别要感谢Ian Acworth、Bob Kwiatkowski、Ryan McCarthy、Nick Santiago和John Waraska的重要贡献。

目录

第 1 部分
电雾式检测基础知识

第 3 部分

电雾式检测的工业应用

第 1 部分

电雾式检测基础知识

第 1 章
电雾式检测基本原理

保罗 · 加马什 [1]，斯坦利 · 考夫曼 [2]

1 赛默飞世尔科技，美国马萨诸塞州切姆斯福德
2 TSI 有限公司（已退休），美国明尼苏达州肖维尤

1.1 摘要

本章主要概述电雾式检测（CAD）的发展史，以及其在不同分析条件下响应和预期性能的半经验模型。CAD 及其他蒸发型气溶胶检测器检测过程一致，即先将流入检测器的洗脱液形成喷雾液滴，再利用其惯性的撞击，除去后续无法蒸发的大液滴，剩余液滴经过蒸发生成残留颗粒，包含非挥发性基线噪声杂质及非挥发性分析物，通过对残留颗粒的检测产生信号。CAD 气溶胶的荷电与气溶胶颗粒大小有关，以电流方式测定气溶胶颗粒携带的总电荷；蒸发光散射检测器（ELSD）通过测定气溶胶的光散射特性得到光信号。两种检测方式的响应均与质量流量相关。分析物的干堆积密度（dry bulk density）对给定洗脱质量残留颗粒的粒径会有一定的影响，但对这两类检测器的质量灵敏度影响较小。分析物的其他特性，尤其是光学特性［例如，折射率（RI）］，也会影响 ELSD 及类似检测器的灵敏度。蒸发气溶胶检测器的检测选择性与洗脱液中组分挥发能力的差异有关。因此，这些技术应具有非常相似的检测范围、洗脱液要求及响应的溶剂依赖性。CAD 的独特之处在于其气溶胶颗粒的测量技术，其中包括残留颗粒的扩散荷电和由于荷电颗粒在气溶胶颗粒静电计过滤器中的沉积而产生的检测电流。众所周知，扩散机理使气溶胶荷电对颗粒材料（即分析物特性）的依赖性较小，这是 CAD 响应一致性的基础。与 ELSD 一样，CAD 的响应（例

如峰面积与进样质量，m_{inj}）可以用变量指数 b 的幂律函数来描述。线性响应对应于 $b = 1$，这在任何一种方法中都无法完美实现。对于这两种技术，在最低进样质量时指数 b 最大，并随着进样质量的增加而减小。这归因于较小的残留颗粒具有较高的幂律指数（β_1）响应，并且在低进样质量和色谱峰边缘附近的低浓度下更为普遍。ELSD 中，粒径（d）通常＜50nm，$\beta_1 = 6$，为瑞利光散射；CAD 中，气溶胶荷电后 d＜9nm，$\beta_1 \approx 2.25$。较窄的粒径（d）范围和较小的 β_1（更接近 1）是 CAD 较低检测限、较宽动态范围和更简单响应曲线（与 ELSD 相比）的基础。CAD 的新型设计中，d＜9nm 的残留颗粒的相对比例更小，从而进一步简化了响应曲线，实现更低的灵敏度限值和更宽的准线性响应范围。

1.2 发展史和技术简介

2001 年，TSI 公司的 Kaufman 在一份临时专利申请中首次描述了 CAD 技术，该技术最终获得了美国专利 USP6568245[1]。该装置被称为蒸发电检测器（EED），是基于液相色谱（LC）和其他分离技术与 TSI 已建立好的荷电气溶胶测量（EAM）技术的联用[2]。大约在同一时间，加利福尼亚州立大学的 Dixon 和 Peterson 正在探索类似的创新途径，将 LC 与 TSI 公司早期的 EAM 仪器相结合，在实验室制造该装置。2002 年，Dixon 和 Peterson 在美国分析化学（*Anal Chem*）上报道了他们的装置，称其为气溶胶电荷检测器（aerosol charge detector，ACD）[3]。这两项研究的主要目标都是利用 EAM 相对于直接光散射的优势，该优势在气溶胶科学文献[4]中有详细描述，主要用于测量通常由 LC 联用检测器产生的非常小的颗粒（即低纳米直径范围）。因此，该方法旨在解决 ELSD 的一些局限性，当时 ELSD 已用于 LC 检测约 20 年。TSI 与 ESA Biosciences 公司的后续合作促成了 2005 年推出第一台商用仪器 Corona® CAD®[5]。虽然这些早期基于 EAM 的 LC 设备与较新的商业仪器之间存在一些差异，但基本检测过程保持不变。因此，Kaufman 的专利公开和 Dixon 的文章被公认为是对 CAD 基本理论的描述。

自 2005 年投入商业使用以来，CAD 已在色谱中广泛应用。CAD 和其他气溶胶技术，包括 ELSD 和冷凝成核光散射检测（CNLSD）[6]，被描述为“通用”检测技术，因为其响应主要取决于气溶胶粒径大小和数量浓度（例如，每立方厘米气体中的颗粒数量），而不是某个分析物的特性。与其他设备相比，这些“共同特性”具有显著优势，其他设备的检测范围（即可以获得有用响应的化学物质范围）和灵敏度（即单位质量或单位浓度的信号输出）与分析物的特性高度相关，如光学特性［如紫外线（UV）吸收，荧光（Fl）］或形成气相离子的倾向［如电喷雾质谱电离（ESI-MS）］。虽然UV检测仍然是许多LC分析的主要技术，但其检测范围仅限于具有足够UV发色团的化合物，并且其灵敏度因分析物而异。同样，MS的检测范围和灵敏度在很大程度上取决于离子源和操作条件、分析物（例如碱度、表面活性）和洗脱条件（例如pH）。在许多方面，CAD仍然被认为是相对较新的，它在给定应用程序中的性能还没有被现有的理论完全理解或解释清楚。本章的目的是介绍CAD最新理论，该理论借鉴了200多篇参考文献和综述文章，包括主要参考文献、气溶胶科学文献、贯穿本书的见解以及描述其在色谱分析中应用的文献等[7-11]。简要讨论在非LC应用背景下，气溶胶粒子测量技术的相关理论。由于这些非LC应用通常涉及稳态或缓慢变化的气溶胶的测量，而不是LC常见的快速变化的气溶胶的测量，因此引入处理瞬态与稳态测量的简化模型，以帮助描述和预测CAD的性能。

了解气溶胶的性质在许多领域都具有重要意义，包括环境、工业、健康和医学学科。对于专业色谱分析人员来说，气溶胶的性质和行为可能不熟悉或似乎违反直觉。幸运的是，气溶胶科学领域现存很多有用的知识。对于气溶胶技术的其他背景感兴趣的读者，强烈推荐最新版本的《气溶胶技术：空气中颗粒物的特性、行为和测量》[4]和《气溶胶测量：原理、技术和应用》[12]。为了更详细地描述CAD的理论和实践，有关气溶胶的基本信息以及用于本章其他议题的一些定义和约定在后续文本中进行了描述。

气溶胶被定义为固体颗粒和/或液滴在气体中的悬胶体，最常被描述为双相系统（气体和凝聚相）。LC检测中的气体，包括提供给检测器的气流以及蒸发的液态洗脱液成分。LC检测的蒸发过程涉及从液滴到固体颗粒（通常情况下）的转变，但在某些情况下，蒸发后残留的“稳定颗粒”仍处于液态形式（例如油）。在描述LC检测时，一般假设蒸发过程在气溶胶离开蒸发管之前完成，除非另有说明，否则将使用术语“液滴”表示蒸发前的物质，使用“残留颗粒”表示蒸发后的物质，而不考虑物质的实际存在状态。气溶胶粒径分布是气溶胶的一个重要参数，可通过实验获得，对气溶胶的特性有很大影响。除了伸展的纤维或团块等材料，其余均假定气溶胶颗粒的性质和行为与球体相同。通常仅根据大小来区分气溶胶的两相，其中凝聚相的直径范围为1nm～100μm。表1.1提供了由式（1.1）和式（1.2）计算的给定粒径的分子数量的一种算法（假设所有颗粒均为球形）：

$$V=\left(\frac{1}{6}\right)\pi d^3 \tag{1.1}$$

$$N=\frac{V\rho N_{\mathrm{A}}}{M} \tag{1.2}$$

式中，V 为体积，cm^3；d 为颗粒直径，cm；N 为分子数量；ρ为密度，g/cm^3；M 为摩尔质量，g/mol；N_{A} 为阿伏伽德罗常数，一般等于 $6.022\times10^{23}mol^{-1}$。

表 1.1　给定粒径的估计分子数

物质	M/(g/mol)	ρ/(g/cm^3)	不同粒径的分子数			
			d = 2nm	d = 5nm	d = 10nm	d = 50nm
白蛋白	66500	1.37	0	1	6	812
胰岛素	3808	1.37	1	9	74	9.30×10^3
聚山梨酯 80	1310	1.07	2	32	257	3.22×10^4
阿奇霉素	749	1.18	4	62	497	6.21×10^4
胆固醇	387	1.05	7	107	856	1.07×10^5
葡萄糖	180	1.54	22	337	2.7×10^3	3.37×10^5
氯化钠	58	2.17	94	1.46×10^3	1.17×10^4	1.46×10^6

对于高分子量的蛋白质，如白蛋白（66.5kDa），d = 10nm 可能仅由几个分子组成，而相同大小的颗粒可能由 2500 个以上的葡萄糖或 10000 个以上的氯化钠分子组成。

在气溶胶的主要尺寸范围内，凝聚相成分的许多特性和行为更多地取决于物理尺寸而不是化学组成。这包括稳定性、重力场和电场中的运动、气体中的阻力和黏附力，以及 CAD 和其他 EAM 技术中布朗扩散带来的气相离子的相互作用。气溶胶中，颗粒或液滴与周围气体分子的相互作用是决定气溶胶行为非常重要的因素。考虑到直径为 1nm 或 100nm 的粒子每秒通常分别与气体分子发生约 10^{11} 次或 10^{14} 次碰撞，这就不足为奇了。这方面的一个关键参数是气体分子的平均自由程（λ，定义为碰撞之间的平均移动距离），在大气压下的空气中大约为 65nm。越接近气溶胶尺寸范围的下限，颗粒的特性和行为越能更多地反映其化学构成（如表 1.1 中设想的那样）。对于前面提到的气溶胶的大部分尺寸范围，Stokes 定律描述了流体（气体）中粒子运动所必需的主要黏性力。对于λ级和更小的粒径，运动开始偏离 Stokes 定律，其中 d<20nm 的运动通常被认为处于分子动力学区域。同样，粒子的荷电与离子的大小和λ之间的关系密切相关（λ_{ion} 为大气压下的空气离子，通常为 14.5nm）。这种关系是扩散荷电过程的基础，它是 CAD 和其他广泛使用的 EAM 设备性能的核心。扩散荷电的议题将在第 1.3 节中更详细地讨论，特别是电荷水平作为 d 的函数，与粒子（分

析物+背景噪声）材料的相关性，以及这些关系随着颗粒大小接近单个分子的 *d* 时发生的变化。特别是在这种极端情况下，气溶胶的形为与质谱分析［例如，通过 ESI 或大气压化学电离（APCI）］中将单个溶质分子转化为气态离子的过程变得更加相似。尤其是 APCI，有时会在相同的背景下与 CAD 进行比较，因为两者都使用雾化和电晕放电。在本章末尾，将讨论气溶胶粒子的扩散荷电与气态离子的形成之间的基本差异，因为它们与检测范围和响应一致性有关。

大多数气溶胶是“多分散的”，也就是说，它们的尺寸分布宽且通常非对称。“单分散”气溶胶的尺寸范围相对较窄，通常在实验室中通过专门的技术生成。CAD 的发展之初基于电迁移率分级的扩散荷电，即基于单分散的气溶胶。而多分散气溶胶可能包括一系列尺寸，通常横跨一个数量级以上，这也是气动雾化器（如 CAD 中使用的雾化器）产生的典型气溶胶。这意味着在 LC 检测流路内任何位置点的气溶胶“快照”（snap shot）将始终呈现相当宽的粒度分布，其峰值或模态大小取决于流出物中非挥发性物质随时间变化的浓度。因此，CAD 或 ELSD 等检测器的时间相关信号将代表一系列粒径的信号贡献。这是描述 LC-气溶胶检测理论时需要考虑的一个重要方面。

根据国际纯粹与应用化学联合会（IUPAC）[13]的定义，色谱通用检测器是一种对色谱柱流出物中除流动相以外的所有成分均有响应的检测器。该定义明确了化学检测范围，但未明确分析物之间的相对灵敏度（例如，每纳克的峰面积)，而这也是许多分析方法需要考虑的一个非常重要的因素。文献中多次提及，LC 亟需可以在一系列色谱条件下使用的、提供不依赖于分析物特性（此处定义为一致性响应）的、检测范围宽且灵敏的检测器。一致性响应提供了使用单一校准标准或校准模型定量多种分析物的可能性[14-16]。对于无法获得标准品的许多分析物（如药物杂质和天然产物）或单个色谱峰通常由几种化合物组成的应用（如脂类和某些聚合物分离）来说，这是需要的，从潜在的分析物的整个化学范围来考虑，由于 LC 使用的溶剂和添加剂广泛多样且杂质普遍存在（例如，来自溶剂、添加剂、柱流失、样品基质），故不难发现，如果液相检测器灵敏度与化合物的理化性质完全无关，检测信号会始终保持恒定，这种检测器的应用也有局限。也就是说，检测必须有一定的选择性或专属性，以便在目标成分（分析物）和柱洗脱液的其他成分之间获得差分响应。对于蒸发式气溶胶检测器，选择性与洗脱液组分的相对挥发性有关。本书第 4 章很好地总结了气溶胶检测器和其他技术（如 RID、短波长紫外吸收和氮化学发光检测）在检测范围、响应一致性和整体定量性能方面的优势和局限性。本章将描述 CAD 性能的基础理论，主要集中在响应的溶剂相关性、响应曲线的形状、色谱峰形状、灵敏度、响应一致性，以及这些特性与分析条件和分析物性质的相关性。

1.3
电雾式检测流程

本节介绍 CAD 的基本情况以及为其响应建模所做假设的基本原理（第 1.4 节）。关键假设在每个小标题的末尾均进行了描述，所有这些都列在本节末尾，除非另有说明。本讨论将主要基于 Corona™ Veo™和 Vanquish™系列 CAD（Thermo Fisher Scientific Inc.）的设计，此处统称为 VCAD。在大多数情况下，基本原理与早期型号（例如 Corona® Ultra® RS）相同，这里统称为 UCAD，相关差异将酌情说明。各种型号的更多细节在第 2 章中描述。雾化、气溶胶调节、蒸发、气溶胶荷电、粒子选择和气溶胶电荷测量的一般检测方案如图 1.1 所示。

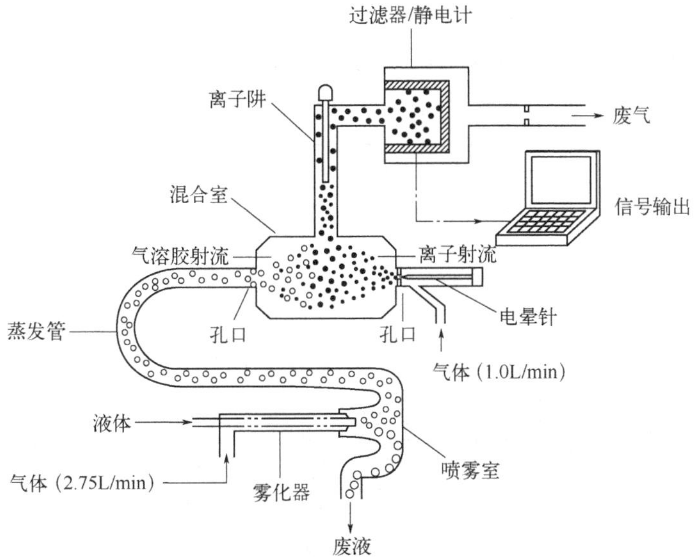

图 1.1　CAD 包括液相色谱柱洗脱液的气动雾化，喷雾室内的气溶胶调节，溶剂蒸发，混合室内使用由电晕放电形成的反向离子射流对产生的气溶胶残留颗粒进行扩散荷电，去除离子阱中多余的离子和高迁移率的荷电粒子，以及用过滤器/静电计测量气溶胶粒子的聚集电荷

1.3.1　雾化

CAD 和其他气溶胶检测器通常使用气动雾化，采用高速气流提供能量，将液体流分散为液滴。第一代商用 UCAD 仪器使用交叉流雾化器设计[图 1.2(a)]，其中气流与液体喷嘴的尖端成直角。最近型号使用的是同心设计［图 1.2（b)]，

其中液体流过被气流导管包围的中央毛细管。在这种配置中，平行流在雾化器尖端汇合，气体的高速流动提供剪切力来分散液体。交叉流雾化器的喷雾被引导至靠近雾化器喷嘴的凸形撞击器表面，而同心雾化器的喷雾则指向更远处的撞击器表面。在这两种设计中，均假定在表面对生成的液滴分布施加尺寸切割。

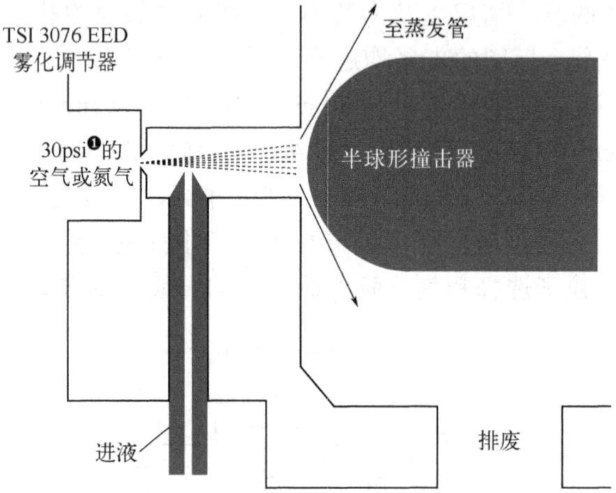

(a)

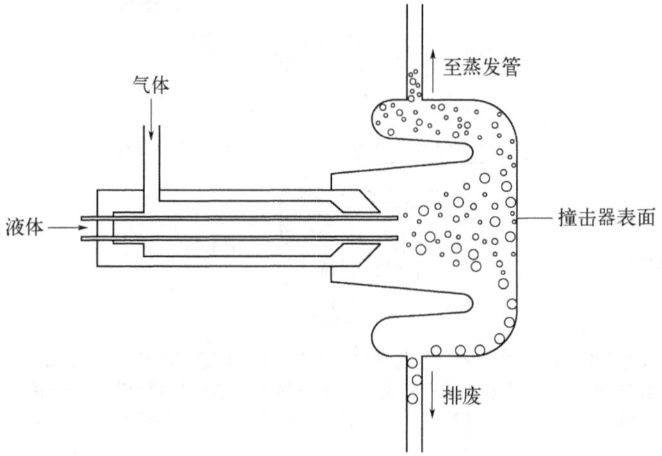

(b)

图 1.2　交叉流雾化器+撞击器（a）和同心雾化器和喷雾室（b）

气动雾化的主要特征：气动雾化是一个物理过程（即与溶质的组成或浓度无

❶ psi 为非法定计量单位，145psi = 1MPa。——编者注

关），产生的多分散气溶胶的尺寸呈现接近对数的正态分布（即尺寸的对数近似正态分布）。虽然平均直径通常足以描述单分散气溶胶，但几何平均直径（GMD）和几何标准偏差（GSD）更适用于对数正态分布和近似对数正态分布。GMD（即 n 个直径乘积的 n 次方根）通常能比算术平均值更好地估计集中趋势。对数正态分布在对数尺度上是对称的，因此计数中值直径（CMD）和 GMD 是等效的。GSD（即对数转换值的标准偏差的对数的倒数）通常更适合估计分布的宽度或形状。

初级气溶胶（雾化器尖端形成的）的特性（例如 GMD、GSD 等）和稳定性对于 CAD 和其他气溶胶检测器的性能至关重要。可使用多种诊断技术，包括级联冲击、EAM 和激光 Fraunhofer 衍射等，对气动产生的气溶胶进行表征，并开发半经验模型以预测气溶胶的产生和传输[17-18]。本章使用基于 EAM 的设备［扫描电迁移率粒径谱仪（SMPS）TSI3938］获得数据，来描述 CAD 响应。有研究开发了几种半经验模型来预测不同设计的雾化器产生的气溶胶特性，并将其作为溶剂和条件的函数[19-21]。广泛使用的 Nukiyama-Tanasawa（N-T）模型如式（1.3）所示，与其他模型一样，对给定设计的雾化器的预测准确性存在局限。即便如此，该模型至少可用于定性描述初级气溶胶的主要控制参数，包括 LC 条件（即洗脱液体积流速、表面张力和黏度）、雾化器尺寸（即雾化器中气体和液体的轴向速度）和雾化器条件（即气体体积流速）等。表 1.2 列出了常用 LC 溶剂的参数和性能。

$$\mathrm{SMD}=\frac{585\sigma^{0.5}}{\left(v_{\mathrm{g}}-v_{\mathrm{l}}\right)\rho^{0.5}}+597\left[\frac{\eta}{(\sigma\rho)^{0.5}}\right]^{0.45}\times\left(1000\times\frac{Q_{\mathrm{l}}}{Q_{\mathrm{g}}}\right)^{1.5} \tag{1.3}$$

式中，SMD 为索特（Sauter）平均直径。

表 1.2 N-T 模型的参数和性能

参数	水	甲醇	乙腈
液体表面张力 σ/(dyn①/cm)	72.8	22.6	29
液体密度 ρ/(g/cm^3)	1.00	0.79	0.78
动态黏度 η/P②	0.010	0.006	0.003
液体的体积流速 Q_{l}	LC 流速		
气体的体积流速 Q_{g}	通常是 2.75L/min		
液体的轴向速度 v_{l}	由 Q_{l} 和雾化器的毛细管内径决定		
气体的轴向速度 v_{g}	由 Q_{g} 和雾化器的环状面积决定		

①1dyn = 10^{-5}N；
②1P = 0.1Pa • s。

使用 N-T 模型预测索特（Sauter）平均直径（SMD），即球形液滴的直径，其体积与表面积之比等于喷雾样品的直径。在 0.6mL/min 的液体流速和 VCAD 同心雾化器的标称尺寸下，预测水的 SMD 为 9.5μm，乙腈的为 7.0μm。这说明，在给定条件下，具有相对低表面张力和低黏度的溶剂往往会产生较小的液滴。为模拟 CAD 响应（第 1.4 节），我们发现 N-T 预测的 SMD 以及来自 SMPS 的经验数据均适用于预测水和乙腈的初级气溶胶特性。使用 Hinds 的书[4]中描述的等式并假设两种溶剂的 GSD 均为 1.85，水和乙腈的 SMD 换算为 GMD 的结果分别为 3.6μm 和 2.7μm。

根据前面的讨论，对雾化做出以下假设：

- 假设 1——雾化过程与溶质无关，在给定时刻的初级气溶胶中，所有液滴均具有相同的溶质质量浓度，仅液滴尺寸不同。
- 假设 2——在整个等度洗脱过程中，初级气溶胶液滴分布保持不变。

1.3.2 气溶胶调节

该情况下，气溶胶调节是指对产生次级气溶胶的初级气溶胶（即进入蒸发管的气溶胶）进行调整。这里主要针对气溶胶传输进行讨论，初级气溶胶传输到蒸发管，部分留下形成气溶胶残留颗粒。尤其对于溶剂梯度，气溶胶传输是导致基线漂移和分析物灵敏度变化（例如单位纳克的峰面积）的关键因素。

1.3.2.1 溶剂负载减少

溶剂负载是 LC 串接气溶胶检测器的一个主要考虑因素，尤其液体流速较高时。水是最常见的 LC 溶剂，挥发性也相对较低。根据标准条件下的饱和蒸气压（P_s）（例如，25℃，23.8Torr❶），可以估计，流速约 25μL/min 的水会使流速为 1.0L/min 的气体饱和。因此，气溶胶检测器的流路可能会饱和（相对湿度 100% RH），从而抑制蒸发，导致结果不佳。VCAD 喷雾室［图 1.2（b）］的设计使气溶胶喷雾直接朝向一个表面，该表面可向上和向下引导喷雾的流动。这种惯性撞击器广泛适用于气溶胶。在这种设计中，具有较高惯性的较大液滴无法跟随急剧弯曲的线流，因此会与腔室壁碰撞后聚结并被导入废液。SMPS 测量表明，对于 0.6mL/min 的水流，输送到 VCAD 蒸发管的最大液滴直径（D）约为 5μm。该条件下，通常约 90%（体积比）的液体被直接导入废液。

1.3.2.2 次级过程

这里讨论的是可能影响气动产生的气溶胶的传输和特性的其他过程[3]。

❶ 1Torr = 133.32Pa。

液滴凝结可能是由于相对运动和/或静电相互作用引起的碰撞，后者是自然喷雾电气化的结果。凝结的最终结果是气溶胶液滴尺寸增大，数量浓度降低。到达撞击器之前已通过凝结而增大的液滴可能会被撞击器移除。由于离子在液体中随机分布，因此预期在大多数 LC 条件下都会发生喷雾电气化。当通过气动雾化形成液滴时，它会对液体及其离子进行取样。因此，统计学上，一些液滴是在电荷不平衡的情况下形成的。当喷雾室内液滴数浓度最高时，凝结率最高。我们的研究是在 VCAD 喷雾室内使用双极离子源来中和气溶胶的（第 1.3 节），结果表明自然喷雾电气化不会显著影响 CAD 响应。此外，根据 VCAD 雾化器产生的液滴的最大浓度（即每立方厘米＞10^8 个液滴），预计相对速度差异引起的凝结对气溶胶尺寸分布的影响很小。

蒸发可从雾化点开始，而此处讨论的是气溶胶传输过程中的蒸发。例如，撞击前 D 值的减小引起的传输的增多大于撞击切割尺寸（D_{cut}）的预测值。影响蒸发速率（R_e）的一个主要因素是饱和比（SR）（即相对湿度 RH），它是水蒸气分压与 P_s 的比值。Porstendörfer[22]和 Cresser[23]研究了纯水和盐水溶液雾化的初始蒸发。他们认为 100% RH 的平衡条件是在典型的喷雾室内建立的。如图 1.4（下一节）所示，D_{cut} 约为 5μm 的纯水滴的寿命约为 10s，这与撞击前的估计传输时间（即＜0.2s）相比要长得多。相对于纯水，溶质的存在会减小 P_s，从而进一步减慢 R_e[22-23]。此外，在大多数情况下，雾化器喷嘴处气体的快速绝热膨胀和蒸发的吸热过程均会产生整体冷却效果，并降低 P_s，从而进一步减慢 R_e。总之，这表明高水相溶液雾化时，预撞击器蒸发可能不会显著影响气溶胶传输。然而，SMPS 的测量结果表明，对于挥发性更强的溶剂，预撞击器蒸发有效增加 D_{cut}，从而增加传输。例如，如第 1.3.2.1 节所述，乙腈的 D_{cut} 测定值约为 11μm，而水的 D_{cut} 测定值约为 5μm。在 0.6mL/min 的流速下，约 30%的纯乙腈进入废液（70%传输），而水的传输仅为 10%。因此，至少在 VCAD 设计中，溶剂特性对气溶胶传输的影响可用雾化［式（1.3）］和预撞击器蒸发的函数来表示。一般来说，低黏度和低表面张力的溶剂的气溶胶传输是最高的，因为这些特性通常与相对较高的 P_s 相关，并且根据式（1.3），还与较小液滴的产生相关。

图 1.3 比较了 Corona™ Veo™ 和 Corona® Ultra® RS 蒸发管出口处 SMPS 测量的粒径分布，分析物为溶于甲醇-水（2∶8，体积比）的 1.0μg/mL 茶碱（THEO），流速 1.0mL/min。由图 1.3 可见，对于相同的溶液浓度和流速，VCAD 产生的干燥气溶胶的颗粒尺寸分布和浓度值［GMD 18.8nm；1.3×10^6 个（粒子）/cm^3］比 UCAD 的［GMD 8.8nm；0.39×10^6 个（粒子）/cm^3］大得多。

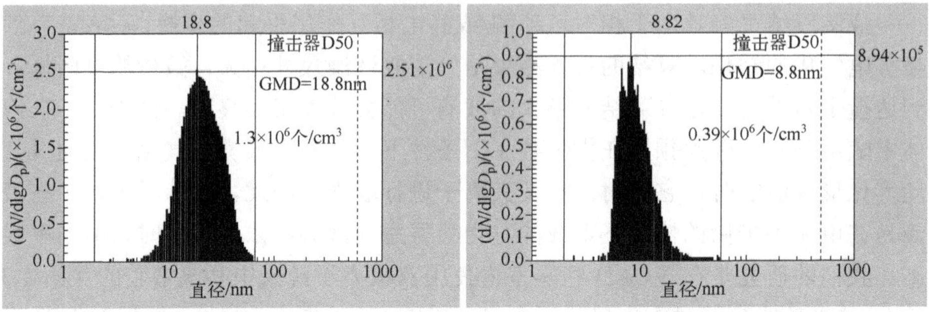

(a) Corona™ Veo™　　(b) Corona® Ultra® RS

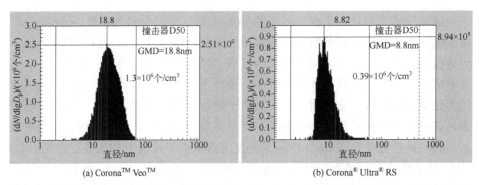

图 1.3　使用 SMPS 从 Corona™ Veo™（a）和 Corona® Ultra® RS（b）的蒸发管出口测量的粒径分布，在 1.0mL/min 的流速下测量溶于 20%（体积分数）甲醇水溶液的 1.0μg/mL 茶碱（THEO）

虽然交叉流雾化器也可能会产生一个过程初级气溶胶（即大尺寸液滴），但撞击器的设计和位置会使其 D_{cut} 比 VCAD 的更小。这将导致较低的气溶胶传输和具有较小特征尺寸的干燥气溶胶。这些差异对相关性能的影响将在本章后面的部分和第 3 章中讨论。

1.3.2.3　小结：气溶胶的传输

为确保溶剂完全蒸发，大多数 LC 条件都需要喷雾室，其主要功能是去除 D_{cut} 以上的液滴。根据假设 1，从初级气溶胶中去除的分析物比例等于去除的溶剂比例。因此，流向废液的液体体积可用于定量估算分析物向蒸发管的传输。对于较高表面张力、较高黏度和较低挥发性（例如水溶液）的洗脱液，溶剂的减少会降低检测灵敏度（信号/数量）。溶剂的减少还会引起溶剂梯度过程中的基线变化和分析物的灵敏度变化。不同溶剂非挥发性杂质浓度的差异也会导致梯度洗脱时基线水平和噪声的变化。后一个因素将在第 3 章中更详细地讨论。关于气溶胶传输的一个关键假设是：

- 假设 3——除去高于某个 D_{cut} 的初级气溶胶液滴后形成的次级气溶胶与溶质无关，而与影响雾化［式（1.3）］和预撞击器蒸发的洗脱液的特性有关。

1.3.3　蒸发

CAD、ELSD 和 CNLSD 具有相同的基本工作原理，即：洗脱液雾化、干燥，形成气溶胶残留颗粒。由于检测选择性均是基于洗脱液中组分的相对蒸发（例如，分析物与溶剂），因此正如预期的那样，在所有情况下，这些检测器的适用范围和对流动相的要求几乎相同[24-25]。了解气溶胶蒸发的具体过程以及气相和凝聚相之间溶质相对分配的影响因素有利于方法的开发和响应值的预测，例如，开发更稳健的校准模型。此外，由于基线噪声和漂移通常随背景信号单向增加，因此，通过最小化溶质中非挥发性杂质的浓度及优化既定分析的蒸发条件，可获得最佳灵敏度。然而，预测和优化分析性能时遇到的挑战可能会受如下因素的影响：分析物特性的认知不全，LC 洗脱液的多样性、复杂性和组成的改变等，以及出现未知杂质，气溶胶特有的蒸发特性等。本节将讨论气溶胶蒸发过程，重点关注可能影响气溶胶颗粒尺寸和稳定性的溶质特性和分析条件。

1.3.3.1　气溶胶蒸发过程

LC 洗脱液雾化产生的气溶胶液滴通常包含各种溶质（即分析物、添加剂和杂质）的二元（例如水-有机）溶剂混合物。蒸发会减小液滴尺寸，从而浓缩不易挥发成分并动态改变液滴的溶剂组成。该过程增强了溶质-溶质相互作用、沉淀和其他效应，产生凝聚相（通常为固体）。预测给定组分是否会形成并保留在凝聚相粒子中，除了 P_s 和沸点等常用参数外，还需要考虑组分的溶解度、电离状态和熔化焓。

气溶胶蒸发还有其他特殊因素，包括动力学过程和开尔文效应，这两者对于小液滴和颗粒（例如，≤1.0μm）更加重要。开尔文效应描述了由于急剧弯曲的表面上分子之间的吸引力（例如，表面张力）的减少而导致的 P_s 增加。由此产生的蒸发速率（R_e）的增加，解释了一些有趣的现象，例如即使在高于 100% RH 的条件下，水也有蒸发的趋势。随着粒径接近蒸汽分子的平均自由程，动力学过程变得更加重要，具有降低 R_e 的效果。这种影响可以通过 Fuchs 校正因子（ϕ）进行量化，该因子可以按照 Davies[26]所述进行计算。进一步考虑冷凝的重要性，它总是伴随着气溶胶蒸发。例如，发生在蒸汽过饱和以及具备气溶胶颗粒作为凝结核条件下的非均相冷凝，是冷凝颗粒计数（CPC）光散射检测中采用指数颗粒增长技术的基础。例如，CPC 是本章所述研究中使用的 CNLSD 和 SMPS 设备的组成部分。气溶胶冷凝也可能在 LC 检测中偶然发生，导致基线噪声和尖峰。例如，当蒸发温度（T_e）设置得足够低时，检测流路内产生递减的温度梯度。

1.3.3.2　蒸发速率（R_e）

对于与 LC 联用的气溶胶检测，主要目标是在快速、完全地蒸发流动相中所有成分的同时，保留分析物为稳定的颗粒，其大小随进样量单向增加。因此，流动相组分的蒸发速率（R_e）是主要关注点。图 1.4 显示了理论液滴寿命与初始直径的函数关系，该直径是根据式（1.4）通过推断蒸发速率来计算的，并使用了 Hinds[4]描述更详细的附加校正因子（例如，开尔文效应、动力学过程）：

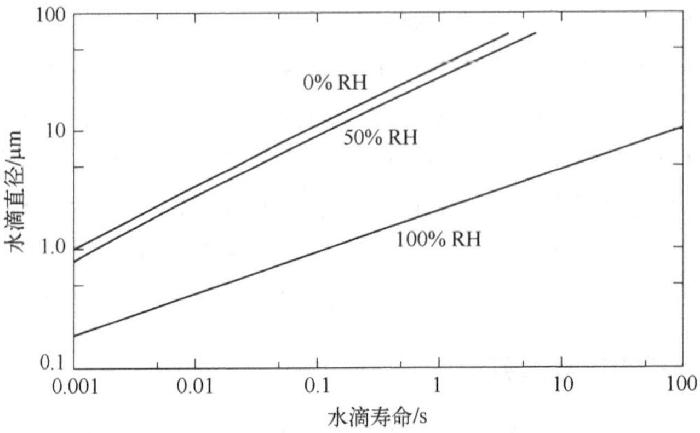

图 1.4　在 293K 下相对湿度为 0%、50%和 100%时，理论水滴寿命与水滴直径的函数关系[4]

$$t=\frac{R\rho_s D^2}{8D_v M(P_D/T_D-P_v/T_v)} \tag{1.4}$$

式中，t 为蒸发时间；R 为摩尔气体常数；ρ_s 为溶剂密度；D_v 为组分蒸汽分子的扩散系数；M 为摩尔质量；D 为液滴直径；P_D 为液滴表面附近的蒸汽分压；T_D 为液滴表面的温度；P_v 和 T_v 分别为远离表面的蒸汽分压和温度。

图 1.4 表明水滴寿命在很大程度上取决于液滴大小和 SR。例如，在给定的相对湿度下，1.0μm 液滴的寿命约为 10μm 液滴的寿命的 1/100，这是从式（1.4）中得出的，其中液滴寿命与 D^2（即表面积）成正比。此外，在 50% RH 下，给定尺寸的液滴的寿命约为在饱和条件下的 1/1000。对于其他溶剂，观察到液滴寿命与尺寸和 SR 有类似相关性。这突出了雾化室对于去除较大液滴和降低 SR 的重要性。一般来说，喷雾室和撞击器的设计是为了确保次级气溶胶的液滴和 SR 足够低，在检测器设定的溶剂、温度和流速的工作范围内，允许溶剂完全蒸发。该仪器工作范围规格通常基于给定的最大流速下 100%水的流动相（例如，VCAD 为 2.0mL/min）。可控温的蒸发提供了兼容多种洗脱液、分析物、方法优化的灵活性。在下文的讨论中，我们假设溶剂的蒸发在蒸发管内基本完成，并讨论决定干燥气溶胶颗粒的大小、组成和（基于尺寸的）稳定性的因素。

1.3.3.3　干燥粒径

假设液滴蒸发后剩余的干燥颗粒的体积与液滴的起始体积及其非挥发性溶质（包括分析物和杂质）的体积浓度成正比。式（1.5）描述了干燥粒径（d）、初级气溶胶液滴直径 D、非挥发性溶质质量浓度 c_s 和溶质“体积”（bulk）密度（ρ_s）之间的关系。这表明每个干燥颗粒的体积与其相应的初级液滴内的非挥发性溶质质量浓度成正比，并根据密度进行了校正。粒子的直径与其体积的立方根成正比。假定所有液滴至少包含一定浓度的非挥发性杂质，下标（s）代表溶质，意思是“如果有，则为非挥发性杂质与分析物二者之和”：

$$d = D\left(\frac{c_s}{\rho_s}\right)^{1/3} \tag{1.5}$$

式（1.5）的关键点包括：

① 幂指数“1/3”表示 d 和 c_s 之间的非线性关系。表 1.3 提供了在给定的 D 下，干燥颗粒尺寸与溶质浓度的关系。这是决定响应曲线形状和色谱峰形的主要因素，将在第 1.4 节中讨论。

表 1.3　干燥颗粒尺寸与溶质浓度和密度的相关性

D = 5.0μm	分析物 A	分析物 B
	d（ρ = 1.0）/nm	d（ρ = 2.0）/nm
0.1μg/mL	23	19
1.0μg/mL	50	40
10μg/mL	108	86
100μg/mL	233	185
1000μg/mL	501	398

② 基于立方根的关系，溶质密度（ρ_s）对干燥颗粒直径（d）也有较弱的影响（见式 1.5）。由于每种分析物均有不同的 ρ_s 并且其响应取决于 d，因此可以得出结论，ρ_s 应是影响分析物灵敏度的一个因素。Matsuyama 等[27]近期的一项研究清楚地显示了 CAD 响应与分析物密度的相关性。该主题将在第 1.5.5 节进一步讨论。

1.3.3.4　挥发性和检测器响应

许多实验室建立了基于实验条件（例如流动相组成）的函数关系，以预测溶质的响应。有关 LC 气溶胶检测范围与多种化学品的相对灵敏度之间的关系已见报道。结果表明，灵敏度与常见挥发性指标相关。这包括从文献中获得和/或使用定量结构-性质关系（QSPR）算法（例如 SPARC[28]）从化学结构预测的 M、ρ_s、沸点（bp）和汽化焓（ΔH_v）。大多数研究表明，这些指标通常存在某个值，这个值代表溶质的非挥发性（例如，bp＞400℃[7,16]，M＞350g/mol 和 ΔH_v＞65kJ/mol[15]）。在该值附近，溶质的检测值可靠。在该值附近范围内（例如，bp 从 300℃到 400℃[7]），灵敏度与常见挥发性指标的相关性较弱（例如，较低的灵敏度或无响应）。在此沸点范围内的溶质通常被认为是半挥发性的，而那些低于此范围的则被认为是挥发性的。然而，这些分类之间的界限是模糊的，并且溶质之间存在偶发的异常值和灵敏度差异。上述研究及其他研究[29-34]进一步考查了溶剂、添加剂（例如 pH 调节剂、缓冲液、离子对试剂）、实验条件（例如液体流速、蒸发温度相关的变量）和溶质（例如 lg$D$、pK_a、荷电状态）等变量对 LC-气溶胶检测范围、灵敏度和响应一致性的影响。部分内容将在下文中进一步讨论。

1.3.3.5 粒度依赖性

由于蒸发时间与表面积［式（1.4）中的 D^2］成正比，较小液滴或颗粒中的组分更易蒸发，因此，给定参数（例如 P_s）的“挥发性范围”主要与特定的检测器设计、分析方法和质量范围相关。例如，在相同的 LC 条件下，咖啡因（CAF）和茶碱（THEO）的响应曲线（图 1.5）在 VCAD 上相似，但在 UCAD 上却截

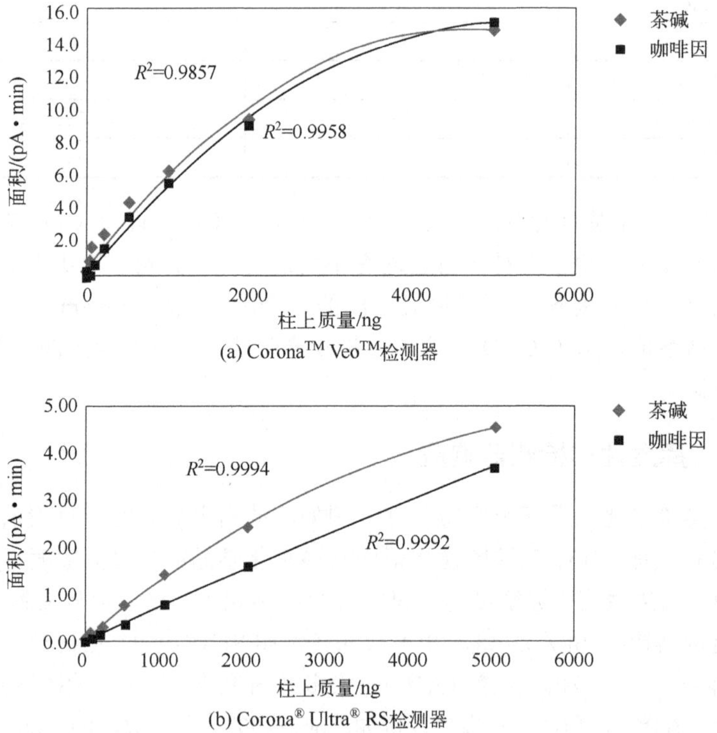

图 1.5 设计不同的 CAD 仪器获得的响应曲线。在相同的色谱条件下（等度 20%甲醇，1.0mL/min），Corona® Ultra® RS 检测器对挥发性更高的咖啡因的响应比挥发性较低的茶碱更低，并有更高的幂律指数（第 1.4 节和第 1.5 节）。即使在比 UCAD 更高的 T_e（35℃）下，两种分析物的 VCAD 响应曲线也相似（由于雾化冷却，假定＜20℃）。这归因于 VCAD 设计可测量较大的完整颗粒

然不同。UCAD 对非挥发性（THEO）和半挥发性（CAF）的响应曲线形状有显著差异。Veo 的设计旨在产生整体较大的颗粒（例如，图 1.3），因此更多的 CAF 应该保留在凝聚相中。在本例中，在较高的蒸发温度（T_e）下，VCAD 可更好地检测半挥发性化合物，这表明术语“亚环境”温度蒸发[35]主要与检测器的设计有关——该设计可产生粒度分布相对较窄的气溶胶。另一个与粒度依赖性有关的结果由式（1.4）得出，其中分析物之间的灵敏度差异以及 T_e 等参数的影响在分析物水平较低时更为明显[7]。后面的例子见第 3 章，T_e 的增加会导致响应降低，在分析物浓度较低时，该特点更显著。

1.3.3.6　可电离溶质

LC 洗脱液雾化产生气溶胶液滴，其蒸发导致挥发性较低的成分的浓度迅速增加，从而有利于溶质-溶质相互作用。多项研究表明，挥发性的酸性和/或碱性流动相添加剂可用于扩大检测范围，并影响可电离分析物的灵敏度。这归因于盐的形成，从而在凝聚相内产生更大的“组合”质量分配[30-34]。这可能有利于更好地检测挥发性分析物（例如，挥发性碱性分析物+挥发性酸性改性剂），但也可能会导致更高的背景信号和噪声（例如，挥发性碱性杂质+挥发性酸性改性剂）或更低的响应一致性（例如，分析物和挥发性改性剂之间不同的相互作用）。虽然流动相添加剂的选择通常取决于色谱分离技术的要求（即 pH 调节、pH 缓冲、离子对），但也应考虑对气溶胶检测的可能影响。早期的参考文献，包括近期对 CAD 的研究[33-34]，对影响可电离溶质响应的主要因素提供了有用的见解。例如，Cohen 等[33]发现，当使用相对弱的酸性改性剂［例如，乙酸（AA），pK_a 4.79；甲酸（FA），pK_a 3.4］时，挥发性碱性分析物几乎没有响应（共轭酸的 pK_a＞8）。然而，当使用更强的酸性改性剂如 HCl、三氯乙酸（TCA）、三氟乙酸（TFA）和七氟丁酸（HFBA）时，大多数目标分析物都获得了更高的灵敏度。作者将影响检测能力和灵敏度的主要理化性质概括为：①酸性改性剂和碱性分析物的共轭酸的 pK_a；②给定分子中可电离官能团的数量；③空间效应（即可电离位点的可及性）。虽然本研究针对的是碱性分析物，但该原理同样适用于挥发性酸性分析物的分析，其中挥发性碱性添加剂可用于增大检测范围。此外，使用挥发性缓冲液时，该原理可同时适用于酸性和碱性分析物。典型例子是使用亲水相互作用色谱（HILIC）和 CAD 同时分析阴离子和阳离子，详见第 3 章和第 6 章。在该背景下，Russell 等[34]研究了一组酸性、碱性和中性分析物，涵盖一系列与挥发性相关的特性（例如分子量 M、熔点 mp、沸点 bp）。对于非挥发性分析物，当使用挥发性缓冲液时，如甲酸铵、乙酸铵或酸性改性剂 FA、TFA 和 HFBA，碱性分析物的响应比中性分析物略高——这也归因于加入挥发性酸性添加剂后形成了盐。正如之前报道的那样[32,36]，碱性分析物的响应随酸性改性剂的摩尔质量单向增加（即 FA＜TFA＜HFBA），但至少在 Russell 的研究[34]中，这种增加与化学计量学模型不符。

1.3.3.7 背景溶质：杂质

杂质对检测器响应的潜在影响通常难以评估，因为杂质性质和浓度是未知的，但可借鉴 LC-MS 应用的部分经验。与 CAD 一样，它们也需要使用挥发性洗脱液。常见的杂质包括 Na、Cl、K、Fe、邻苯二甲酸盐、聚乙二醇、聚硅氧烷和含氟聚合物等，这些杂质有各种来源，包括溶剂、添加剂、仪器系统的部件和常见的实验室器具[37]。LC-MS 中经常见到的这些污染物的分子簇和加合物也可能与检测到的气溶胶有关[38]。第 3 章中具体讨论了实现较低而且一致的背景水平的推荐做法。在良好的实验室实践中，杂质通常可以保持在足够低的浓度，在没有分析物的情况下，形成低纳米尺寸的颗粒。如图 1.6 所示。除了前面描述的与溶剂性质相关的效应［式（1.3）和式（1.4）］，溶剂中非挥发性杂质浓度的差异也会引起梯度洗脱过程中检测器基线和噪声的变化。图 1.6 表明，与纯水相比，“纯”乙腈的干燥颗粒数量浓度高出约 9 倍，GMD 也略高。虽然这似乎主要归因于气溶胶传输（如前所述的 7 倍差异），但在该实验中，乙腈也具有更高的非挥发性杂质浓度。

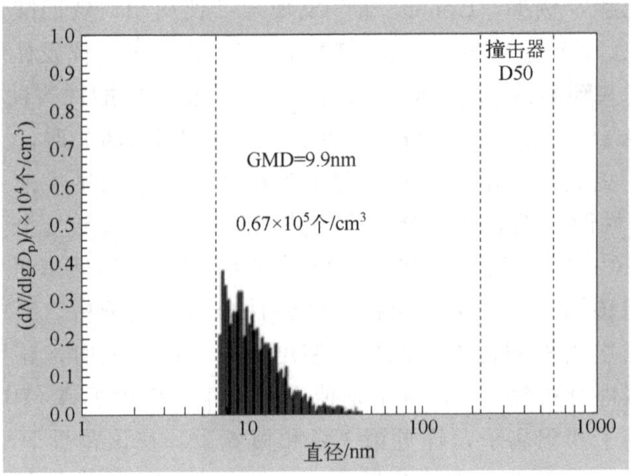

(a) 100%水，流速0.6mL/min

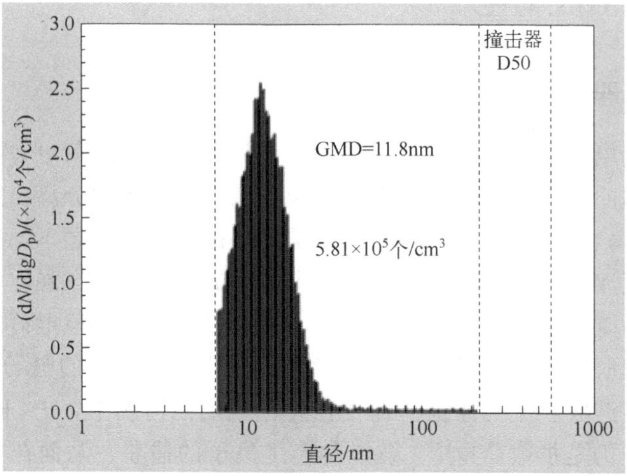

(b) 100% CH_3CN，流速0.6mL/min

图 1.6　使用 SMPS 从 Corona™ Veo™ 蒸发管出口测量的粒度分布

1.3.3.8　小结

了解气溶胶的蒸发特性和溶质在气相/凝聚相相对分配中的影响因素，有利于方法开发和响应的预测。影响灵敏度的一些因素主要与气溶胶粒径有关。因此，基于挥发性参数（例如 P_s）的评估应综合考虑检测器的特定设计、分析方法和质量范围等背景。对于给定的分析方法，典型的挥发性参数（例如 P_s）通常足以预测一个近似的边界，超过该边界的溶质被认为是非挥发性的。可电离分析物与挥发性流动相（即对离子）添加剂之间的相互作用可以提高灵敏度，有助于扩大检测范围。LC 气溶胶检测研究中获得了重要发现，即：检测范围和响应一致性可作为溶质化学多样性和分析条件的函数。然而，对当前模型的理解明显还有待深入，以开发出耐用性更好的校准模型。例如，进一步了解制药生产中喷雾干燥应用的控制参数[39-40]以及预测大气中有机气溶胶从气体到粒子的分配，这些研究与该主题密切相关[41-43]。这些研究中值得进一步考虑的方面可能包括固-液-气三相相变化的熵和焓（即ΔH_{fus}、ΔH_{vap}，结晶态及无定形），基于亚冷液态的参数预测（如 P_s）而非基于更高温度测量，以及涉及更复杂混合物的组分相互作用（离子、偶极子-偶极子、诱导、氢键）进行的外推。

基于前文讨论，我们对蒸发做出如下假设：

- 假设 4——每个干燥的气溶胶残留颗粒的直径与其初级气溶胶液滴中非挥发性溶质的体积浓度的立方根成正比。

1.3.4 气溶胶荷电

1.3.4.1 机理

气溶胶荷电存在几种机理。与 CAD 最相关的是静态荷电、电场荷电和扩散荷电。液体的静态荷电是基于气溶胶液滴从大量液体中分离出来时，表面的静电荷被带走。ESI 和自然喷雾荷电均是静态荷电。相比之下，电场荷电和扩散荷电的机理涉及气溶胶内部离子和粒子之间的碰撞。存在强电场（即电势梯度）时，电场荷电可以在气溶胶颗粒上产生高电荷密度，但电荷的水平和分布在很大程度上取决于颗粒材料（即介电常数）。当没有明显的电场时，扩散荷电涉及离子和气溶胶粒子的碰撞；即使在存在电场的情况下，d<100nm 颗粒的主要荷电机理仍是扩散荷电[4]。该过程产生离子的捕获，从而在气溶胶颗粒上产生净电荷。扩散荷电的一个重要优点是该过程与颗粒材料的相关性最小[44]，为 CAD 的一致响应提供了基础。此外，虽然电场荷电（即每个粒子的平均电荷）在很大程度上与粒子表面积（d^2）成正比，但根据经验发现，单极扩散荷电在较宽的粒子尺寸范围内与 $d^{1.133}$ 成正比。该相关性和蒸发相关性的共同作用［式（1.5）］是构成 CAD 响应曲线形状的主要因素之一。

1.3.4.2 扩散荷电概述

扩散荷电在气溶胶颗粒的使用、控制和研究中有着广泛的应用，使其在许多领域［例如纳米技术、工业卫生、环境研究、（生物）制药和半导体制造］备受关注。基于电迁移率分类的扩散荷电被广泛认为是研究低纳米（<100nm）尺寸范围内气溶胶的重要技术，例如用于测量气溶胶尺寸分布、分离或分类给定尺寸的颗粒以及监测和评估工业和大气气溶胶对健康的潜在影响[44-46]。有效实施这些技术的一个关键要求是深入了解粒子的荷电过程，共性目标是在气溶胶粒子上产生已知的电荷分布。当电荷分布完全可预测时，就有可能获得仪器范围内粒子的绝对浓度。用于扩散荷电的离子包括电离辐射［例如，^{210}Po 的α辐射、^{85}Kr 的β辐射、软 X 射线、光电离源（例如 UV）］以及电晕和电介质阻挡类型放电产生的离子。双极荷电，也称为电荷中和，包括粒子暴露于正离子和负离子。起初，中性粒子可能获得电荷，而具有高电荷水平的粒子可能通过捕获带相反电荷的离子而放电。这通常会导致稳态分布（Fuchs 分布），该分布主要由中性粒子和两种不同电荷的粒子组成。如前所述，^{210}Po α发射器已用于 VCAD 喷雾室的双极离子源，以研究自然喷雾荷电对 CAD 响应的潜在影响。此外，使用软 X 射线双极离子源结合电迁移率分类和 CPC 得到了本章中描述

的 SMPS（TSI）的气溶胶尺寸分布。

1.3.4.3　单极扩散荷电理论

CAD 基于单极扩散荷电技术，其气溶胶仅暴露于一种极性的离子（即 CAD 为正离子）。该技术涉及非平衡稳态电荷分布，比双极荷电更容易获得较高的电荷水平和荷电效率，这对于超细颗粒（即 $d<20$nm[47]）尤为重要。电荷的大小主要取决于离子源产生的离子浓度、气溶胶暴露于离子的时间和粒子大小（即与 $d^{1.133}$ 成正比）。该理论描述了一个荷电过程，该过程是由离子在气溶胶粒子附近的随机布朗运动引起的。假设①每次离子-粒子碰撞都会导致电荷转移到粒子，②电荷不会转移回相邻的气体分子，如第 1.5.6 节所述，这可能有助于解释扩散荷电和 APCI 之间的一些差异。通过扩散荷电，粒子可以获得多个电荷，并且随着电荷的积累，由于对离子的排斥力增加，速率会减慢。离子在形成时迅速热化，获得玻耳兹曼速率分布，因此总有一些离子具有高速度，使得荷电率大于 0[48]。获取多个电荷的过程和给定大小的粒子之间电荷分布的演变由一个理论模型描述，该模型利用了无限集微分方程[49]（所谓的生灭模型“birth-and-death model”）。这些方程包含离子与携带 n 个基本电荷粒子的结合系数。

扩散荷电在很大程度上取决于$\lambda_{离子}$和 d 之间的关系，基于此，可能存在三种流态。Pui[50]研究了空气中产生的离子的性质和迁移率，其来源包括电晕荷电等在内。尽管可能会产生多种离子，但发现大气压下 14.5nm 是适用的等效$\lambda_{离子}$。基于此，这三种流态为：$d>200$nm 近似为连续流；20nm$<d<$200nm 为过渡态；$d<20$nm 为自由分子流。严格验证的宏观扩散迁移率理论很好地描述了连续介质体系中扩散荷电的基础。在过渡区和自由分子区，过程更为复杂，存在多种理论并持续研究和争论。在这些理论中，Fuchs 的极限球理论[51]得到了最广泛的使用和验证。简而言之，Fuchs 的过渡流下的理论基于一个假想的球体，该球体围绕粒子，距粒子表面的距离约为$\lambda_{离子}$。在这个球体之外，离子运动遵循与连续流相同的理论。在球体内部，运动仅取决于离子进入极限球体时的初始（热）速度以及它们与粒子的相互作用势能。在距粒子中心给定距离处的离子-粒子相互作用势能包括库仑力和镜像力。镜像力是材料介电常数的弱函数，而库仑力与材料无关。粒子介电常数与材料相关荷电的潜在相关性以及 CAD 响应一致性将在后文中进一步讨论。

1.3.4.4　CAD“Corona Jet”荷电器设计

单极扩散荷电的具体设计在现有的 EAM 技术的性能中发挥着重要作用，

尤其是在超细气溶胶（d<20nm）方面。当前所有商业 CAD 仪器中使用的设计均基于 Medved 等[2]所描述的设计，并且还用于 TSI 3070A 型电子气溶胶检测器（EAD）和其他 TSI 设备，例如纳米粒子表面积监测器（NSAM）。该设备使用电晕荷电，这是连续产生高离子浓度的最有效技术。

正电晕荷电是通过在尖锐的针尖和孔板之间形成不均匀的静电场而产生的。在现有的 CAD 设计中，相对于孔板，针处于正电场，在针尖处的场强足够高，可以分解其周围处于绝缘状态的气体而导电。电晕针尖端附近区域的电子，以足够高的运动速度将气体分子中的电子撞出，并产生正离子和额外的自由电子，这些电子又被加速并飞向正电极针尖，产生足够的能量将其他气体分子中的电子击落。这样就形成了被称为汤森（Townsecd）雪崩的自持式链式反应，该反应会产生高浓度的电子-正离子对。一些电子与正离子重新结合，以蓝色和紫外线光子的形式释放能量，这些能量用于电离其他分子并帮助维持和稳定汤森雪崩。这也会产生正电晕荷电特有的蓝白光。CAD 离子源与气溶胶（蒸汽和分析物）隔离，并使用无颗粒的氮气或空气。一些研究（包括使用 APCI-MS），已经考察了电晕荷电与这些周围气体产生的离子的性质。这些研究中报道最一致的主要离子是 $N_2^{+\cdot}$ 和 $N_4^{+\cdot}$。即使有痕量水蒸气时（例如 3μL/L）[52]，含量最丰富的次级离子也是水合质子 $H_3O^+(H_2O)_n$[53-54]。Pui 发现 $H_3O^+(H_2O)_6$ 最有可能在 10% RH 以下的空气中放正电[50]，并计算出其$\lambda_{离子}$为 14.5nm[46]，如第 1.3.4.3 节所述，这是一个可普遍接受的等效$\lambda_{离子}$。对于有机溶剂蒸气，可能会出现其他类型的具有不同迁移率的离子簇[55]，从而影响荷电过程，其对 CAD 响应的影响需要进一步的研究和评估，因为 CAD 响应与受大量溶剂影响的雾化和气溶胶传输过程相关。

1.3.4.5 电晕离子射流和气溶胶粒子射流

如前所述产生的正离子被针尖排斥并被吸引向负极性孔板。在电晕射流设计中，正离子还被气流（在 CAD 中为 1.0L/min 空气或 N_2）夹带通过亚音速孔进入具有导电壁的独立混合室。以这种方式在几乎没有或根本没有电场的区域内建立稳定的正离子湍流，从而通过扩散机制促进气溶胶荷电。LC 洗脱液雾化和蒸发产生的气溶胶通过第二个亚音速孔引入混合室，形成与电晕离子射流相反（碰撞）的湍流气溶胶粒子射流。在此过程中，湍流射流的对流混合允许扩散荷电不受阻碍地进行。该技术不同于 Dixon 对 ACD[3]的描述中使用的扩散荷电，后者缺少所描述的对流混合组件。简而言之，Dixon 使用的 EAA（TSI, Inc.）设备是基于同心管内沿导线长度建立的电晕荷电。在该同心管和另一个外部同心管之间的弱电场可保持离子迁移到两个同心管之间有气溶胶流动的区域。在 Dixon 的设计中，离子流是层流而不是湍流，离子流与气溶胶流是汇集而不是向相反的方向流动。

Medved 等[2]研究了电晕喷射装置的传输效率（粒子离开与进入荷电器的比例）和荷电效率（荷电粒子的比例）作为 d 在 3～50nm 范围内的函数。其传输效率高，并且据推断，颗粒损失最小。如预期，单极荷电器的荷电效率在整个尺寸范围内均高于 Fuchs 的双极荷电理论的预测值，并且在 $d<$ 10nm 时迅速下降。该装置的相关研究[2,56-59]表明（如图 1.9 所示，见第 28 页），根据理论，在 10nm～1.0μm 范围内，单个粒子的平均电荷与 $d^{1.133}$ 成正比，当 $d<9$nm 时，与表面积（d^2）或更高的指数成正比。这种已建立的经验关系是决定响应曲线的形状和 CAD 的色谱峰形状的主要因素，将在第 1.4 节和第 1.5 节中讨论。

如第 1.3.4.3 节所述，特别是在低纳米直径范围内，粒子介电常数可能影响极限球理论中描述的镜像力。因此，这可能会影响 CAD 的响应一致性。Shin 等[60]使用电晕喷射荷电研究致密的、接近球形的蔗糖、NaCl 和 Ag 的气溶胶颗粒，其介电常数（ε）分别为 3.3、6.1 和无穷大（金属）。在 10～200nm 的范围内，观察到每个粒子的平均电荷对 d 的斜率存在差异，Ag 和蔗糖之间为 10.5%，Ag 和 NaCl 之间为 5.2%。Li 等[61]报道了平均 d 值在 20～200nm 的范围内，NaCl 和 Ag 之间的差异约 3%。在这两项研究中发现，材料相关性比 Fuchs 理论预测的要低，这可能归因于特定的电晕喷射荷电的高效率，理论认为，一旦粒子获得第一次电荷，由此产生的与材料无关的库仑力就会成为相互作用势能的主要因素。如前所述，LC 中气溶胶颗粒很少由单一的纯物质组成，这一因素可能会减弱分析物介电常数对响应一致性的影响。考虑到这一效应和前面描述的相关性，似乎可以合理地假设分析物介电常数是影响 CAD 响应一致性的一个相对较小的因素。

1.3.5　气溶胶荷电小结

众所周知，CAD 的扩散荷电在 10nm$<d<$1.0μm 范围内，每个粒子的平均电荷与 $d^{1.133}$ 成正比；$d<9$nm，则与更高的指数成正比。这对 CAD 响应曲线的形状具有较大影响。颗粒材料与扩散荷电的相关性研究表明，分析物介电常数的差异可能对响应一致性有较小影响（在第 1.5 节中讨论）。CAD 过程的最后一步，在气溶胶荷电后，用离子阱去除多余的离子，并用过滤器/静电计测量聚集电荷，这些步骤将在第 1.4 节中更详细地描述。

1.3.6 CAD 流程小结

我们通过跟踪色谱柱出口洗脱液的离散体积，描述检测流路内不同阶段的气溶胶特性，简要总结了 CAD 过程。图 1.7 描述了色谱柱不同位置的三个溶质带以及一个完整的色谱图。假设在等度条件下，给定体积内的非挥发性溶质的浓度是随时间变化的分析物浓度和恒定的杂质浓度的总和。随时间变化的分析物浓度受注入的质量以及分离过程的稀释和分散的影响（在第 1.4 节中描述）。上文描述的关键假设是：

① 初级气溶胶的粒度分布与溶质无关。因此，在给定的瞬间，所有液滴都具有相同的溶质质量浓度，仅大小不同。

② 初级气溶胶液滴分布在整个等度洗脱过程中保持不变，但由于溶剂性质的变化而在溶剂梯度期间发生变化。

③ 惯性撞击去除切割尺寸以上的初级气溶胶液滴，使形成次级气溶胶的过程与溶质无关，但与影响雾化［式（1.3）］和预撞击器蒸发的洗脱液的特性有关。根据经验确定的“有效”切割尺寸在第 1.4 节中用于 CAD 响应建模。

④ 每个干燥的气溶胶残留颗粒的有效直径都等于其相应的初级液滴直径乘以其非挥发性成分体积浓度的立方根。

注：所有前面的假设都适用于 ELSD 和 CNLSD。

⑤ 信号（电流）基于对干燥气溶胶颗粒的扩散荷电和到达静电计过滤器的聚集电荷的测量，其中每个颗粒的平均荷电在 10nm～1.0μm 范围内与 $d^{1.133}$ 成正比，而对于 $d<9$nm 则与更高的指数成正比。离子阱中粒子的损失也起作用（在第 1.4 节中进一步描述）。分析物介电常数是影响 CAD 响应一致性的一个较小的因素。

图 1.7 显示，在等度条件下，示例中这三个初级气溶胶都具有相同的液滴尺寸分布（假设 2），并且初级气溶胶中的所有液滴都具有相同的溶质浓度（假设 1）。由于“有效”撞击器切割尺寸在等度条件下保持不变（假设 3），故所有次级气溶胶都具有相同的尺寸分布。所有干燥气溶胶的数量浓度都相同，并且与次级气溶胶的数量浓度相同。每个残留颗粒的大小反映了其相应初级气溶胶液滴中非挥发性溶质的体积浓度（假设 4）。放大代表性残留颗粒来描述一个由许多背景杂质分子组成的小颗粒和一个具有相同数量背景杂质分子的较大颗粒，该颗粒因许多分析物分子的存在而增大。单个溶质带内的两种体积的残留颗粒分布反映了峰值最大值和约 50%峰值最大值的尺寸位移，该位移与瞬时非挥发性溶质体积浓度的 1/3 幂律指数成比例。响应的差异主要是由粒子所接受和携带的电荷的差异导致的。粒径（d）小于 9nm 的颗粒相对比例的分布差

异是 CAD 响应在一系列分析物量上的总体幂律指数变化的基础，详见第 1.4 节。

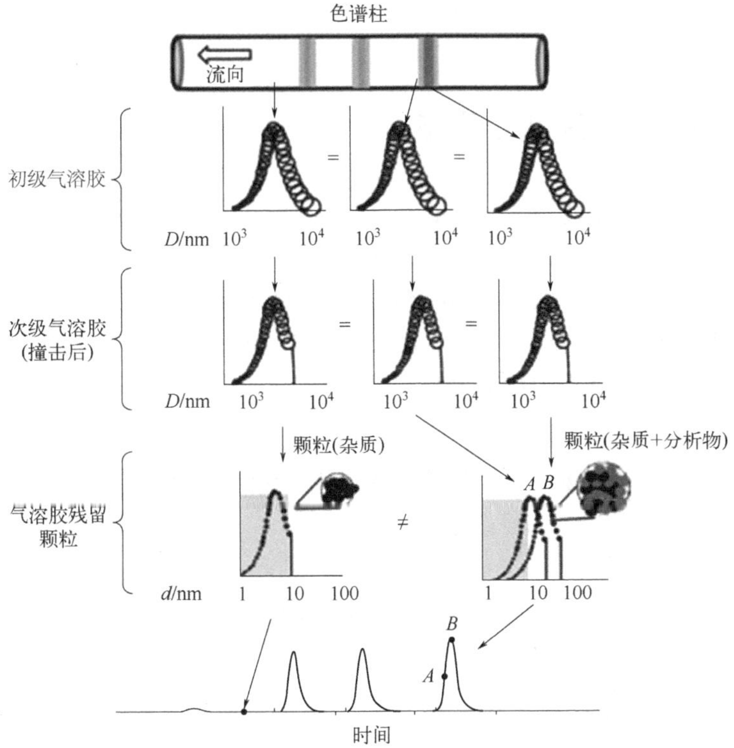

图 1.7　描绘了等度分离的 CAD 流程，其中三个离散的洗脱液体积（基线和单个分析物溶质带内的两个点）被投射到色谱柱的出口，并描述其在 CAD 中的主要步骤。粒子底片被放大以显示杂质或分析物+杂质成分。各气溶胶残留分布的阴影区域反映了 *d*<9nm 的相对比例，具有较高的气溶胶荷电幂律指数，从而影响 CAD 响应的整体幂律指数

1.4
CAD 响应模型

为了构建 CAD 模型，需要考虑 CAD 的工作过程，包括洗脱液流中形成初级喷雾液滴，撞击以去除大于指定切割尺寸的液滴，剩余液滴蒸发以形成分析物的残留颗粒，残留颗粒荷电，去除多余离子，检测颗粒在气溶胶静电计过滤器中电荷沉积时产生的电流。这一过程的每一步均取决于液滴或残留颗粒的大小，所有相关性均是基于理论模型或经验数据进行评估的。该模型主要预测检测器对洗脱液中分析物浓度的时间相关性响应。然后使用此响应函数来预测峰

洗脱期间的时间相关性电流，并将色谱峰洗脱期间的电流信号进行积分，用于预测传递的净电荷，该值与注入分析物质量存在函数关系。为简单起见，假设仅使用等度条件。

1.4.1 初级液滴尺寸分布

如前所述，洗脱液液滴由气动雾化器形成。假设分析物浓度足够低，不会影响流动相的性质，例如表面张力、黏度等。

这确保雾化器的行为与“初级液滴”的尺寸分布不受分析物溶质带的影响。我们进一步假设此初级液滴粒径（D）呈对数正态分布。该分布的基本参数除总体范围外，还包括 CMD 和 GSD。归一化形式为：

$$\mathrm{Lognormal}(D, \mathrm{CMD}, \mathrm{GSD}) = \frac{e^{-1/2\left[\frac{\ln(D/\mathrm{CMD})}{\ln(\mathrm{GSD})}\right]^2}}{\sqrt{2\pi} D \ln(\mathrm{GSD})} \tag{1.6}$$

归一化属性为：

$$\int_0^{\infty} \mathrm{Lognormal}(D, \mathrm{CMD}, \mathrm{GSD}) \mathrm{d}D = 1 \tag{1.7}$$

1.4.2 撞击器

喷雾室内的撞击器用于去除因体积太大而无法在下游蒸发管中完全蒸发的液滴，从而形成“次级气溶胶”。在惯性撞击器中，初级液滴和载气绕过障碍物流动，而超过指定直径 D_{cut} 的液滴因惯性会与障碍物碰撞，液滴形成的液体被引导到废液排放口。一个理想的撞击器有清晰明确的截止值，在截止值以下的次级气溶胶液滴尺寸分布由相同的对数正态函数描述，在截止值以上的为零。截止值的实际值取决于雾化器具体的几何形状以及流动相密度、黏度和表面张力，并可通过经验确定。

初级分布中的平均液滴体积如下所示：

$$V_{\mathrm{dp}} = \int_0^{\infty} (x \cdot \mathrm{CMD})^3 \cdot \mathrm{Lognormal}(x \cdot \mathrm{CMD}, \mathrm{CMD}, \mathrm{GSD}) \cdot \mathrm{CMD} \cdot \mathrm{d}x \tag{1.8}$$

冲击后残留液滴的平均体积为：

$$V_{\mathrm{dc}} = \int_0^{\frac{D_{\mathrm{cut}}}{\mathrm{CMD}}} (x \cdot \mathrm{CMD})^3 \cdot \mathrm{Lognormal}(x \cdot \mathrm{CMD}, \mathrm{CMD}, \mathrm{GSD}) \cdot \mathrm{CMD} \cdot \mathrm{d}x \tag{1.9}$$

转化为气溶胶的洗脱液体积分数为 $V_{\mathrm{dc}}/V_{\mathrm{dp}}$，其余部分进入废液排放口。

1.4.3 干燥及残留颗粒的形成

雾化器和撞击器的次级液滴被导入干燥管，液滴在干燥管中蒸发，留下液滴中的非挥发性溶解物质组成了残留颗粒。这个过程最简单直观的描述是，残留颗粒的体积等于液滴体积乘以非挥发性成分的体积浓度 c。在残留颗粒近似为球形的情况下，其直径为 $d_{res}(D, c) = D \cdot c^{\alpha}$，其中 $\alpha = 1/3$。实证残留颗粒大小分布与体积浓度变化的研究显示幂律指数 $\alpha \approx 0.2$。在这些测量中并未发现已知的系统偏差，但也没有明显的理由支持诸如 0.2 之类的值。鉴于此，我们将保留 α 作为模型中的参数，出于当前目的，将继续假设 $\alpha = 1/3$。

1.4.3.1 残留颗粒参数

残留颗粒的尺寸分布与次级液滴的尺寸分布相同，可用 $d_{res}(D, c) = D \cdot c^{\alpha}$ 来表示二者之间的关系。因此分布的参数为

$$d_{cut} = D_{cut} \cdot c^{\alpha} \tag{1.10a}$$

$$\mathrm{cmd} = \mathrm{CMD} \cdot c^{\alpha} \tag{1.10b}$$

残留颗粒与液滴的 GSD 相同，且是一个无量纲值。因此，对于 $d < d_{cut}$，残留颗粒粒径分布为对数正态分布（d，cmd，GSD）或 0。应注意，此处使用的术语“计数平均直径”和“几何标准偏差”仅适用于没有截止值的分布的数学形式。图 1.8 显示了基于此模型的残留颗粒的粒度分布，该模型适用于非挥发性物质的固定体积浓度的等度洗脱。

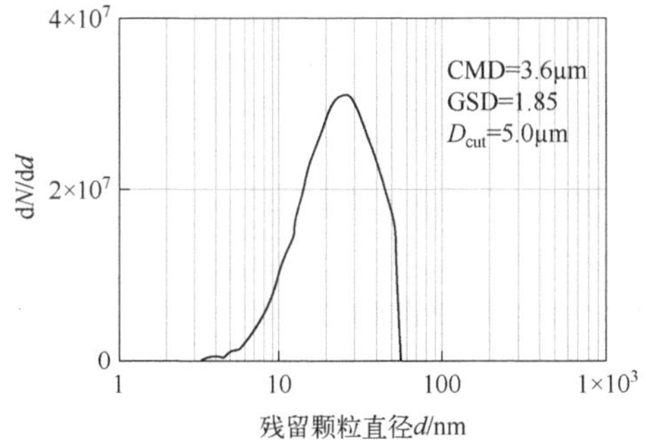

(a) 流动相为水

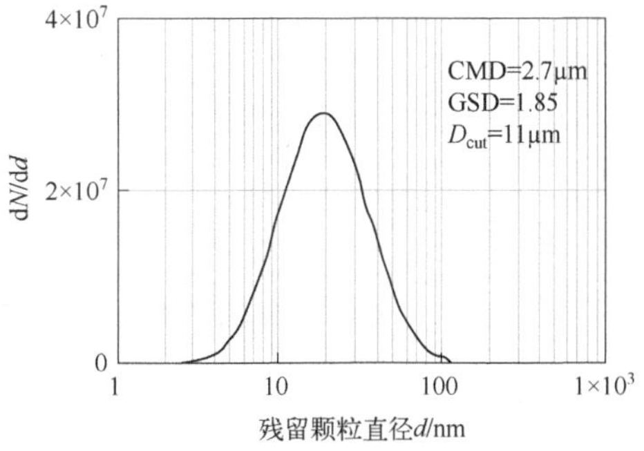

(b) 流动相为乙腈

图 1.8 体积分数为 10^{-6} 时干燥残留颗粒的粒度分布

1.4.4 残留颗粒荷电

干燥的气溶胶喷射进入混合室，同时气体射流从相反的方向注入，该正离子是在独立的腔室经由电晕放电形成的。混合室中的电场可以忽略不计，因此

仅由扩散因素决定离子与粒子的碰撞。每个粒子的平均电荷与粒子直径相关，实验表明，CAD 模型[2,56-61]中使用的荷电器设计均遵循如下规律：大于 $d_0 = 9\text{nm}$ 的粒子的幂律指数为$\beta_2 = 1.133$，颗粒越小，指数越大，现有数据显示$\beta_1 = 2.25$，对于建模来说，描述该行为的经验函数很重要。参考点是对于直径 $d_{\text{ref}} = 100\text{nm}$ 的粒子，每个粒子的平均电荷是 $n_{\text{ref}} = 3.9$ 个电子电荷单位。

我们使用无量纲单位表示直径，定义如下：

$$x = \frac{d}{d_0}，\ x_{\text{ref}} = \frac{d_{\text{ref}}}{d_0} \tag{1.11}$$

则每个粒子的平均电荷单位数表示为：

$$n(x) = n_{\text{ref}} \times \frac{x^{\beta_2}}{x_{\text{ref}}^{\beta_2}}，\ 当\ x < 1\ 时 \tag{1.12a}$$

$$n(x) = n_{\text{ref}} \times \left(\frac{x}{x_{\text{ref}}}\right)^{\beta_2}，\ 当\ x \geqslant 1\ 时 \tag{1.12b}$$

图 1.9 显示了 $n(x)$随残留颗粒粒径的变化。

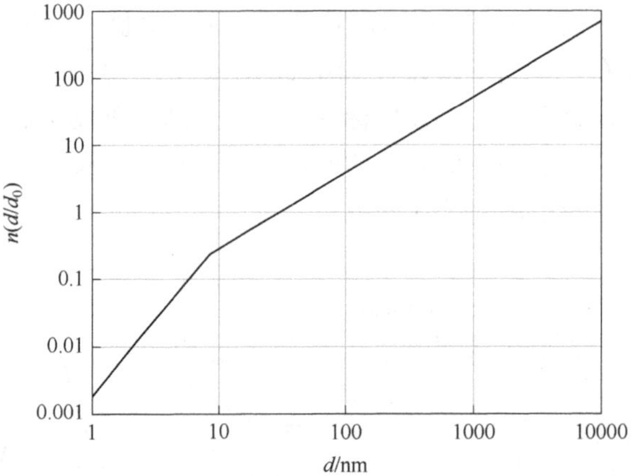

图 1.9 每个粒子的电荷单位平均数与纳米级粒子直径的相关性

1.4.5 离子去除

在单极荷电器的电晕放电中形成的离子通过气流注入混合室。这些离子迅速聚集形成溶剂蒸气分子小簇，分子簇扩散到残留颗粒并使其荷电。已知该类物质的电迁移率大于 $0.5\text{cm}^2/(\text{V}\cdot\text{s})$。过量的离子与荷电的气溶胶颗粒一起向下游移动，但应防止它们到达静电计检测器，否则会产生较大且波动的背景电流。为此，在发生荷电的混合室的下游安装一个简单的同轴静电除尘器作为“离子阱”。离子阱的参数如表 1.4 所示。

表 1.4　离子阱参数

内电极直径（r_1）/mm	0.75
外电极直径（r_2）/mm	2.7
长度（L）/mm	37
施加电压（V）/V	20
总气体流速（F_{gas}）/（L/min）	3.75

除了清除离子，离子阱还能清除一些残留颗粒。本节计算其对荷电粒子和离子的传输。为简单起见，我们假设离子阱的环形空间中的层流充分发展。气体速度平行于 z 轴并由下式给出

$$v_z(r)=\frac{2F}{\pi(r_2^2-r_1^2)}\times\frac{r_2^2-r^2-2r_{\max v}^2\ln(r_2/r)}{r_2^2+r_1^2-2r_{\max v}^2} \tag{1.13}$$

其中最大 v_z 的半径为

$$r_{\max v}=\sqrt{\frac{r_2^2-r_1^2}{2\ln(r_2/r_1)}} \tag{1.14}$$

环形空间中的电场是径向的，向外定向，由下式给出

$$E_r(r)=\frac{V}{r\ln(r_2/r_1)} \tag{1.15}$$

电迁移率 Z 的粒子或离子以平行于 z 轴的气流速度向下游移动，而电场驱动其以径向速度 $v_r(r,Z)=E_r(r)Z$ 迁移。如果粒子在 $z=0$ 和起始径向坐标 r_0 处进入除尘器，则它遵循由下式给出的轨迹

$$z(r,r_0,Z)=\int_{r_0}^{r}\frac{v_z(r')}{v_r(r',Z)}\mathrm{d}r' \qquad (r_1<r_0<r_2) \tag{1.16}$$

电迁移率大于临界值 Z_{crit} 的所有离子或粒子将落到离子阱的外电极上。Z_{crit} 的值可以通过求解 $Z(r_2, r_1, Z)=L$（L＝捕获长度）得到。根据表 1.4 给出的参数，$Z_{crit}=0.172\text{cm}^2/(\text{V}\cdot\text{s})$。因此，离子阱会根据需要去除所有离子。通过改变离子阱电压 V 的同时观察静电计电流来验证，在 $V=0$ 处观察到的离子电流在 $V=10\text{V}$ 时消失，最后选择 20V 作为 V 值以确保去除所有离子。

1.4.5.1　离子阱对粒子信号的衰减

对于迁移率 $Z<Z_{crit}$ 的粒子，进入临界径向坐标 $r_{crit}(Z)$以外的粒子也会被捕集在除尘器壁上而丢失；那些在 $r_0<r_{crit}(Z)$处进入的粒子将通过并可以将其电荷带入静电计以产生信号。为了获得给定粒径的 r_{crit} 值，我们使用 Millikan 关

系得出直径 d 的球形颗粒的电迁移率：

$$z(d)=\frac{e\cdot C_c(\lambda,d)}{3\pi\eta d} \tag{1.17}$$

式中，C_c 是 Cunningham 滑移校正系数[62]，$C_c(\lambda,d)=1+\frac{2\lambda}{d}\left[1.165+0.483e^{-0.997\left(\frac{d}{2\lambda}\right)}\right]$；$\lambda$是气体平均自由程；$\eta$ 是气体黏度；e 是电子电荷。因此，为了得到 $r_{crit}(d)$，我们对 r 求解 $Z[r^2, r, Z(d)] = L$。

得到 $r_{crit}(d)$后，我们注意到直径为 d 的粒子的传输率 $T(d)$是 $r_{crit}(d)$内的横截面积与离子阱环形通道的总横截面积之比（图 1.10）：

$$T(d)=\frac{r_{crit}(d)^2-r_1^2}{r_2^2-r_1^2} \tag{1.18}$$

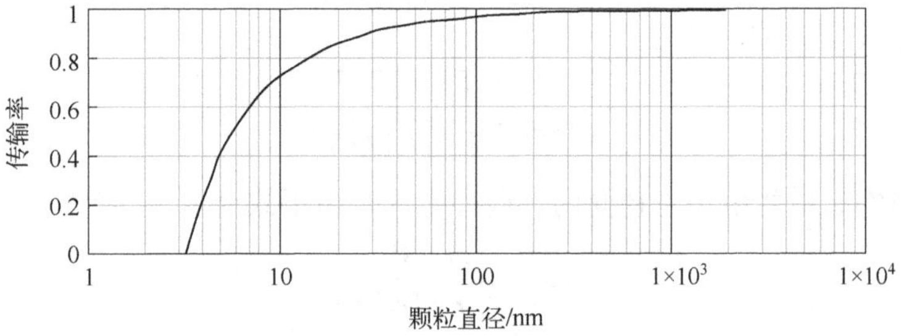

图 1.10 单电荷粒子的离子阱传输

1.4.6 信号电流

洗脱液以 F_{liq} 的速率流入雾化器。在我们的模型计算中采用 F_{liq} = 0.6mL/min，表 1.5 显示了平均液滴体积、撞击后剩余液滴的比例，以及以水和乙腈为示例时残留颗粒形成的最终速率。

表 1.5 洗脱液为水和乙腈的残留颗粒形成速率的参数和结果

流动相		水	乙腈
流速（F_{liq}）/（mL/min）		0.6	0.6
液滴平均体积	撞击前（V_{dp}）/fL	134.1	56.6
	撞击后（V_{dc}）/fL	12.7	37.9
撞击后液滴数量的比例（N_{cut}）		0.703	0.989
撞击后液滴体积的比例（ϕ）		0.095	0.669
初级液滴速率（r_d）/s		7.46×10^7	1.77×10^8
残留粒子速率（r_p）/s		5.24×10^7	1.75×10^8

注：1fL=1μm³。

将此情形下形成的粒子荷电后带到静电计的收集过滤器上，测量相应的电流。给定浓度 c 下产生的被携带到静电计上的所有残留颗粒的平均电荷单位数，包括除尘器中的损失，为：

$$n_{\text{mean}}(c)=\int_{\frac{d_{\text{cut}}}{d_0}}^{\frac{c^{\alpha}D_{\text{cut}}}{d_0}} n(x)T(d_0\cdot x)\cdot \text{Lognormal}(d_0x,\text{cmd},\text{GSD})\,d_0\cdot \text{d}x \qquad (1.19)$$

式中，积分限根据 d_{crit} 来设置，$T(d)=0$，d_{cut} 为尺寸分布由于撞击器而减小为零时的值。检测器电流（图 1.11）则由下式给出：

$$i(c)=e\cdot n_{\text{mean}}(c)\cdot r_p \qquad (1.20)$$

其中，$r_{\text{p}}=\left(\dfrac{F_{\text{liq}}}{V_{\text{dp}}}\right)N_{\text{cut}}$。

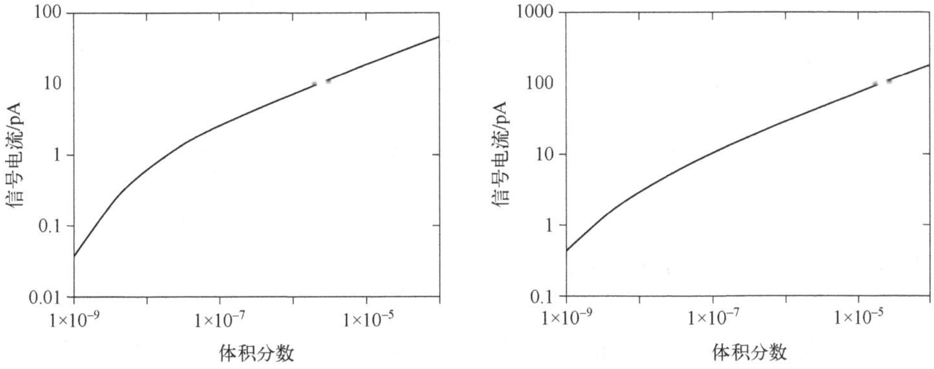

(a) 流动相为水　　(b)流动相为乙腈

图 1.11　作为浓度函数的 CAD 检测器信号

1.4.7　来自洗脱峰的信号：峰形

洗脱液由流动相、溶解在流动相中的杂质（该模型中忽略）和已被色谱柱分离的分析物组成。根据式（1.21），体积密度为ρ的分析物的进样质量产生的瞬时体积浓度可以用浓度的高斯峰表示：

$$c(t,m_{\text{inj}})=\left(\frac{m_{\text{inj}}}{\rho\cdot F_{\text{liq}}\cdot\sqrt{2\pi}\cdot\sigma_{\text{t}}}\right)\cdot\exp\left[-\frac{1}{2}\left(\frac{t-t_{\text{r}}}{\sigma_{\text{t}}}\right)^2\right] \qquad (1.21)$$

式中，t_{r} 为柱保留时间；σ_{t} 为峰值的时间标准偏差。随时间变化的 CAD 电流脉冲信号由 $I(t)=i[c(t,m_{\text{inj}})]$ 给出。非线性响应 $i(c)$ 导致电流时间曲线比浓度时间曲线更宽。由于 $i(c)$ 的斜率随峰值浓度的增加而变化，随着进样质量的增加，电流时间曲线变宽更加明显。图 1.12 显示了不同进样质量在 c 和 I 中的峰值。进样量为 200μg 的例子表明，在进样量极高的情况下，变宽并未增加太多。需要注意的是，图 1.12 中的峰值比较相对于 c 和 I 进行了归一化处理，并不能准确反映相对峰面积的差异。

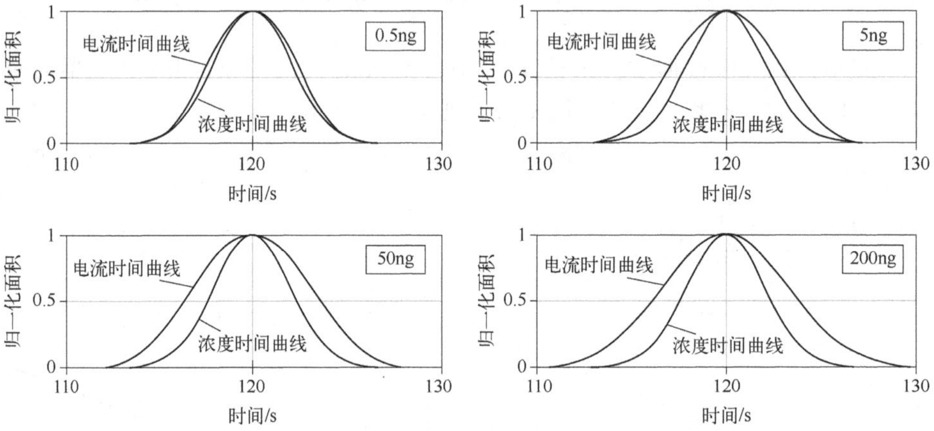

图 1.12 信号峰的变宽。柱保留时间为 2min，峰标准差σ为 2s。流动相是乙腈，分析物的假定密度为 1.4g/cm^3

1.4.8 峰面积与进样质量

在峰洗脱期间传送到静电计的总电荷是电流信号的面积与时间的函数 $I(t)$。在模型中，可针对系列进样量进行积分，从而得出以下峰面积或总电荷的表达式：

$$Q(m_{\text{inj}}) = \int i[c(t, m_{\text{inj}})]\mathrm{d}t \qquad (1.22)$$

对于$\rho = 1.4\text{g/cm}^3$的乙腈，此计算结果如图 1.13 所示。

1.4.9 小结

本节展示了 CAD 检测器显著特征的模型，追踪了其工作流程，包括：洗脱液喷雾液滴的形成，撞击去除最大的液滴，干燥形成分析物的残留颗粒，在单极荷电器中对产生的气溶胶荷电，去除离子的同时损失一些最小的残留颗粒。由此产生的电流在检测器的宽动态范围内斜率略有下降。与分析物浓度的实际峰宽相比，时间相关性洗脱峰有较小程度的变宽。要使用此模型，需要掌握一些与雾化器和撞击器行为相关的经验知识，以及单极荷电器的荷电特性。

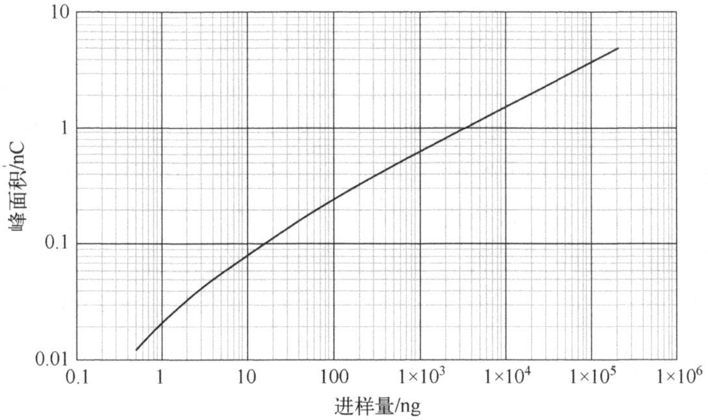

图 1.13　峰面积以纳库仑（nC）为单位显示，进样量在 0.5ng～200μg 范围内。流动相是乙腈；分析物堆积密度为 1.4g/cm³

1.5
性能特点

本节将讨论 CAD 的性能，包括分析物特性、检测器设计和实验变量。CAD、ELSD 和 CNLSD 产生气溶胶残留颗粒的基本原理相同，因此重点关注下游气溶胶测量技术，以解释三种设备之间性能差异的可能原因。本节还将介绍 CAD 与 MS 形成气态离子的基本差异，尤其是检测范围和响应一致性。

1.5.1　响应曲线：形状和动态范围

我们首先讨论 CAD 响应曲线的形状，即在检测器的动态范围内，峰面积（A）与注入的分析物进样质量（m_{inj}）的响应曲线。我们将比较两种不同设计的 CAD 和一种代表性的 ELSD（SEDEX 90LT，SEDERE，法国）的响应曲线。通过以下幂律函数描述检测器动态范围内的响应：

$$A = a(m_{inj})^b$$

式中，a 代表整体灵敏度；指数 b 描述了曲线形状。当 $b = 1.0$ 时，响应呈线性，此时 a 为 A/m_{inj} 的斜率。非线性响应向上弯曲（超线性）或向下弯曲（亚线性），偏离直线。$b<1$ 时为亚线性响应；$b>1$ 时为超线性响应。b 与 1.0 的差异越大（更低或更高），任一方向的线性度或曲率度就越大。

图 1.14 显示了相同条件下 ELSD 或 CAD 分析非挥发性分析物 THEO 的响应曲线。在其动态范围内，ELSD 响应［图 1.14（a)］呈现典型的 S 形。在较低的范围内（进样量 7.8～1000ng)，ELSD 响应是超线性的，具有很高的曲率度（$b = 1.712$)，然后在较高的进样质量（8000～10000ng）中过渡到准线性和亚线性（$b = 0.31$)。与 ELSD 相似，CAD 响应［图 1.14（b)］在较高的范围内是亚线性的。然而，对于该分析，CAD 响应［VCAD 与信号输出 $pA^{1.5}$；见下文中讨论的幂函数（PF)］在近三个数量级上（进样量 0.2～1000ng）近似线性，如幂律指数（$b = 1.022$）和线性回归方程（$A = 0.131m_{inj} + 2.003$）的相关系数（$r^2 = 0.993$）所示。

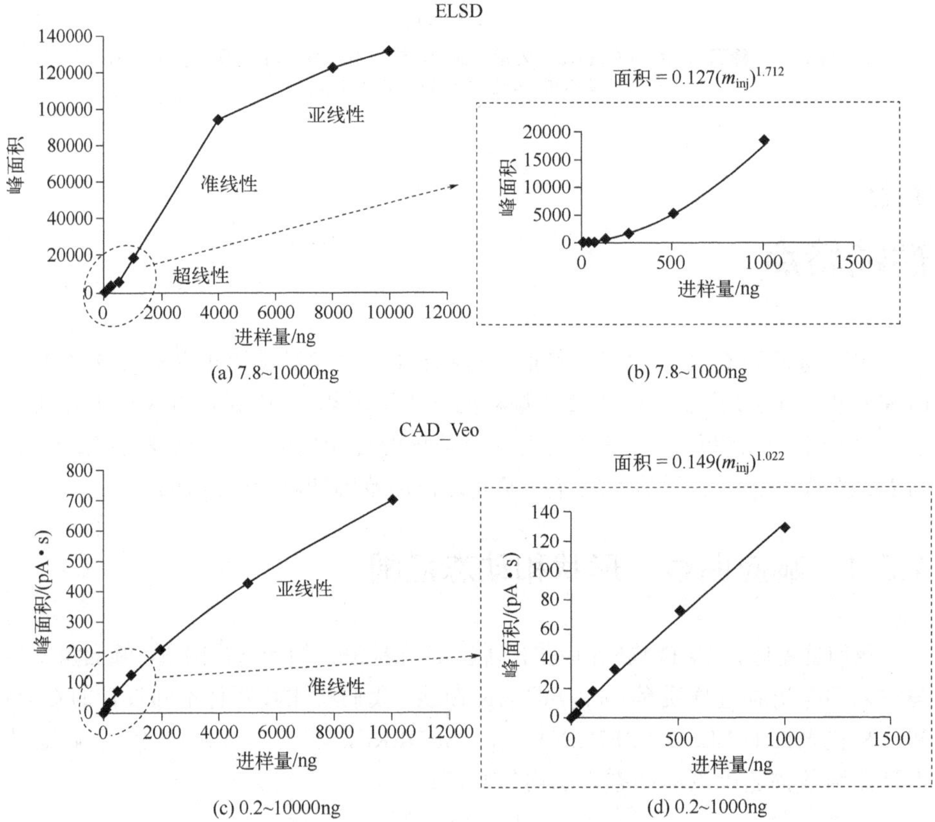

图 1.14 （a)(b) ELSD（SEDEX 90LT）峰面积与茶碱进样质量的曲线。流动相为 20%甲醇，1.0mL/min，20mm×4.0mm，3μm C_{18} 色谱柱，信号单位取决于衰减设置，因此未指定。（c)(d) VCAD 峰面积与茶碱进样质量的曲线。条件同（a）中描述。VCAD 信号输出为 $pA^{1.5}$（见第 1.5.1 节讨论的幂函数）

如第 1.4 节所述，CAD 响应的幂律指数 b 通过以下方式得出：

① 液滴蒸发形成残留颗粒。CAD 和 ELSD 的幂律指数（α）相同，此处假定为 1/3。

② 气溶胶荷电幂律指数（β）取决于粒径（d），其中 d>9nm 时，$\beta_2 = 1.133$；最小颗粒（d<9nm），$\beta_1 \approx 2.25$。同样，ELSD 响应的幂律指数 b 通过以下方式得出：

a．液滴蒸发形成残留颗粒。幂律指数（α），如前所述，假定为 1/3。

b．光散射幂律指数同样取决于 d。更具体地说，涉及三种不同的光散射机制，取决于 d 与入射光波长（λ）之间的关系[29,63]：

- 折射和反射：$d/\lambda > 2.0$ 时，$\beta_3 = 2.0$。
- 米氏散射：$0.1 < d/\lambda < 2.0$ 时，$\beta_2 = 4.0$。
- 瑞利散射：$d/\lambda < 0.1$ 时，$\beta_1 = 6.0$。

CAD 和 ELSD 均涉及多分散气溶胶的连续测量，这些气溶胶的分布随着进样质量的增加而增大，并向峰的顶点移动。信号电流（pA，皮安）表征全部残留颗粒的瞬时分布，而峰面积（pC，皮库仑）是对整个色谱峰的分析物浓度的电流积分。因此，ELSD 的峰面积响应包括三种光散射机制，同样，CAD 在 d 大于或小于 9nm 的荷电粒子测量中均有应用。整体幂律指数 b 的理论极限可以从前面提到的单个幂律指数α和β中近似得出（更明确的描述请参见第 1.4 节）：

- VCAD“固有”响应：$0.38 < b < 0.75$。
- ELSD：$0.67 < b < 2.0$。

进样质量最大时，CAD 和 ELSD 的 b 最小。此时，残留颗粒分布主要包含较大的颗粒（β值较低）。这可解释两个检测器在 m_{inj} 范围（图 1.14）的高端均为向下弯曲或亚线性响应曲线。随着进样质量降低，这两种技术的响应的 b 增高，此时在残留颗粒分布中，小颗粒的占比更高（β 值较高）。每种技术的β最高时，粒径 d 近似为：

- CAD：d<9nm。
- ELSD：d<50nm（假设λ = 500nm，可见光的近似中心）。

与 CAD 相比，ELSD 的过渡直径大约高 5 倍，因此体积或质量高 125 倍。这与较高的β（$\beta_1 = 6$）一起作用构成了通常观察到的信号“下降”。与 CAD 相比，在进样质量水平比 CAD 更高时，该信号“下降”更陡峭（更大的曲率）。这与更高的检测限（LOD）有关：ELSD（见下文）约为 7.8ng，CAD<1ng。应认识到 b 以及曲率会随着进样质量的变化而变化。当将这些相同的数据绘制为 b 与进样质量曲线（图 1.15）时，可以进一步检查 b（斜率）的变化，即不同进样质量带来的变化。

这进一步显示了 ELSD 响应的相对复杂性，在相对较小的动态范围内具有大约 6 倍（0.31～1.80）的 b 范围：ELSD 动态范围约为 10^3，而 CAD 约为 10^5。ELSD

的最大值（b_{max} = 1.8）与常见报道结果一致[7]，而最小值 0.31 则低于预测值，这归因于光电倍增管的饱和[63-65]。图 1.15 中所有三个检测器在低进样质量时有明显的较高的（b）方差，这可归因于在较低的灵敏度限度附近，预期的信号方差较高。

与较新设计相比，早期 UCAD 模型产生的干燥气溶胶分布具有更小的特征粒径和更低的数量浓度（见图 1.3）。因此，在相同条件下，早期的设计中较小颗粒相对比例较高（d<9nm，β_1≈2.25），因此“固有”的 b 较高。图 1.15 显示 UCAD 的 b（0.62～1.33）范围是 Veo 的 2.14 倍，这表明低范围会有超线性响应。

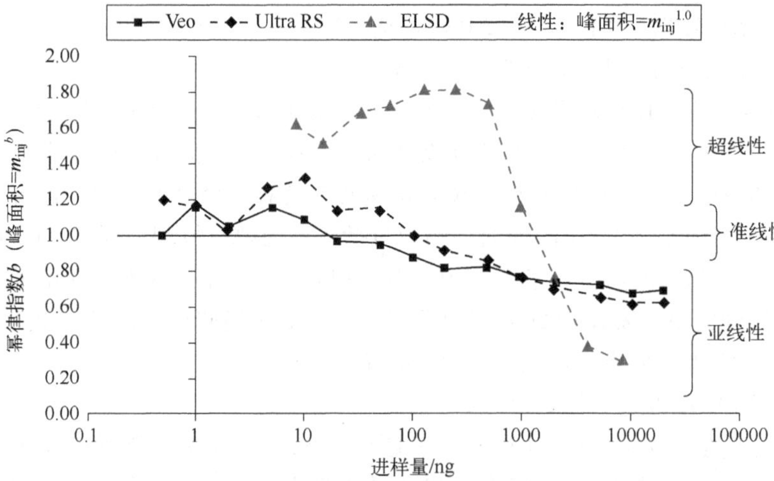

图 1.15 两个 CAD 设计和 ELSD 在相同条件下获得的幂律指数 b 和进样量（参见图 1.14）。Veo 信号输出为 $pA^{1.5}$（见第 1.5.1 节讨论的功率函数）

因此，使用该设计可以观察到信号下降（b_{max}≈1.33），但没有 ELSD（b_{max}≈1.8）陡峭，并且发生在较低的进样质量（d 过渡值分别约为 9nm 和 50nm）。对于 Ultra RS，通常在 m_{inj}<1ng 时观察到信号下降，但这更具体地取决于决定瞬时溶质（分析物+杂质）质量浓度的条件（例如，色谱）。较新的 CAD 设计在相同条件下产生的小颗粒相对比例较低，从而降低了固有 b 值，简化了响应曲线，并将所有信号下降转移到更低的质量水平。由于 VCAD 设计的固有响应在其整个动态范围内保持亚线性，因此仪器的数字信号处理方案中包含了一个内部幂函数，它将指数应用于瞬时信号（例如 $pA^{1.5}$）中。选择幂律指数是为了在使用老模型观察到的类似约 10^2 质量范围内保持准线性响应，同时将其扩展到较低水平。这有助于仪器之间的方法转移，同时将可用的定量范围扩大到较低水平。

通过这种方法，VCAD 始终表现出更小的 b 范围（0.68～1.18，最大值约为最小值的 1.74 倍；图 1.15），因此响应曲线比旧模型更简单。对于这种分析条件，VCAD 还始终表现出更高的灵敏度，尤其是当洗脱液的杂质浓度较低时（图 1.16）。其灵敏度限度将在第 1.5.4 节和第 3 章进一步讨论。

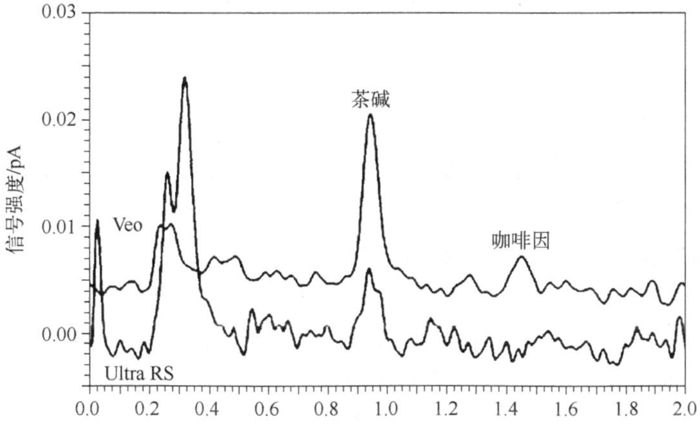

(a) $m_{inj} = 0.5ng$

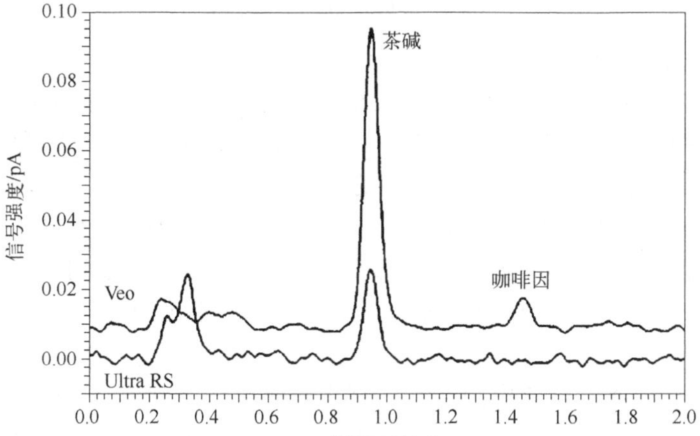

(b) $m_{inj} = 2.0ng$

图 1.16 检出限附近的茶碱和咖啡因在 Corona® Ultra® RS 和 Corona™ Veo™ 上的比较

1.5.1.1 半挥发性分析物

图 1.16 显示，在两种 CAD 设计中，咖啡因的灵敏度（A/m_{inj}）均较低，但在图 1.5 中，其 b 值高于茶碱的。这是“半挥发性”分析物的典型特征，对于这种分析物，蒸发对响应的影响更为明显。由于蒸发速率 R_e 与颗粒表面积成反比，这有效地增加了 b，因此响应通常在更高的进样质量下变为超线性（例

如，对于非挥发性物质，低于 100ng 而不是低于 1ng）。这种影响在较小的进样量范围下最为显著，因此半挥发性分析物的响应曲线通常呈 S 形曲线。如前所述，这种影响的大小不仅取决于分析物的挥发性，还取决于检测器的设计和条件。

1.5.1.2 校准

本节将简要讨论 CAD 的校准和定量分析，更详细的讨论将在第 3 章中进行。与任何定量方法一样，校准方法的选择取决于给定方法响应的获得、实验设计（例如校准器的水平和间距），以及定量要求［例如，质量范围、定量限（LOQ）、精密度、准确度］。大多数色谱数据系统包括线性、双对数、二次（二阶多项式）和其他曲线拟合选项。双对数函数经常用于描述和校准 ELSD 响应，此处讨论的是与图 1.14 中描述的幂律函数和数据相关的内容。通过取幂律方程两边的 $\log_{10}$，将用于描述曲线形状的指数 b 变成直线的斜率［方程（1.23）］。同样，$\log_{10}a$ 现在变成 Y-截距：

$$\log_{10} A = b\log_{10} m_{\text{inj}} + \log_{10} a \tag{1.23}$$

式中，A 为峰面积；m_{inj} 为进样量。

图 1.17 显示了 $\log_{10} A$ 与 $\log_{10} m_{\text{inj}}$ 的关系，其中线性回归的斜率可以看作是整个实验进样质量范围（Veo 为 2.5×10^5ng；ELSD 为 10^3ng）内幂律指数的综合度量。获得的斜率反映了先前描述的 ELSD 的超线性响应（斜率约为 1.49）和接近 VCAD 的亚线性响应（斜率约为 0.96）。与直线的偏差反映了 b 的变化。虽然这些偏差在视觉上不如图 1.15 那么明显，但应该认识到数据是在对数刻度上绘制的，因此必须注意解释拟合优度，以便进行准确的定量分析（在第 3 章中进一步讨论）。

CAD 的一个主要考虑因素是选择用户定义的幂函数（PF）设置，该选项可用于帮助“线性化”给定分析的信号输出。图 1.18 显示了根据 b 与进样质量来更改此参数设置的效果。在这个例子中，PF=1.33 的仪器设置具有简单地将曲线移高的效果，在更高的进样质量范围内获得近似线性的响应。这样做的结果是在较低的进样质量范围内的响应是超线性的。对于超线性响应，灵敏度（如 A/m_{inj}）随着 m_{inj} 的减小而减小（信号降），这具有显著的现实后果：

（a）基于高水平校准后的灵敏度（A/m_{inj} 或“响应因子”）的相对响应［如面积（%）和其他线性假设］的定量将会低估低水平组分（如药物杂质、聚合物分布中的微量组分）。

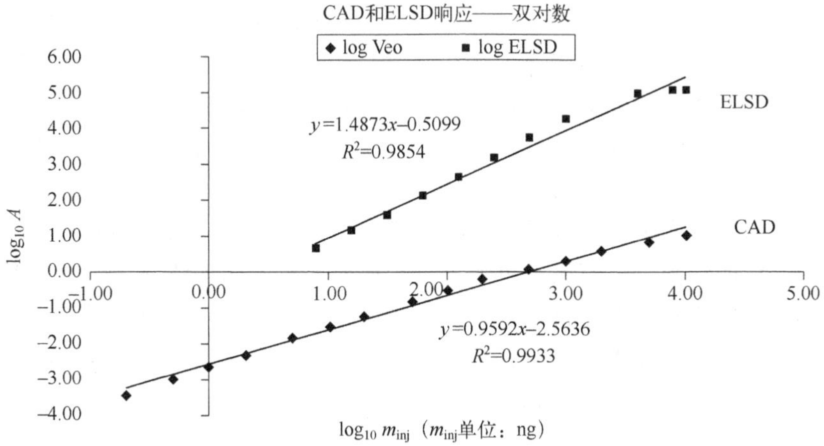

图 1.17　在相同条件下（见图 1.14）使用 Corona Veo（$pA^{1.5}$）和 ELSD 获得的 $\log_{10}A$ 与 $\log_{10}m_{inj}$

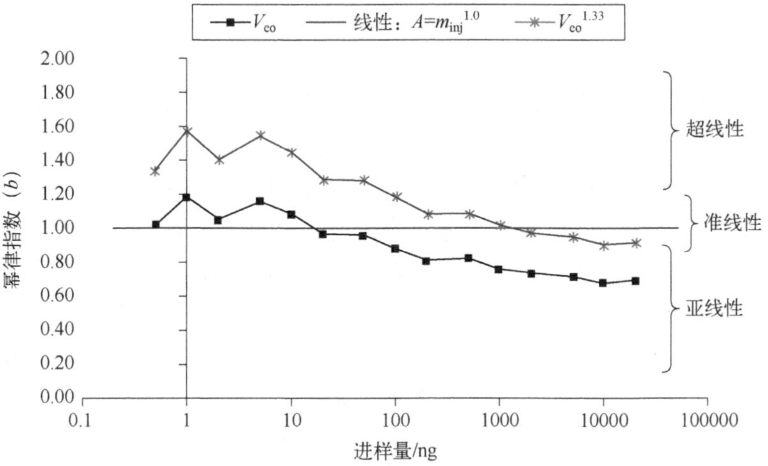

图 1.18　具有不同幂函数设置（$pA^{1.5}$和 $pA^{2.0}$；指数 2.0=1.5×1.33）的 VCAD 的幂律指数 b 与 m_{inj}

（b）可达到的灵敏度极限（LOD、LOQ）将高于（更差）采用高水平标准信噪比（S/N）线性外推（常用做法）估计的结果。

（c）在指数衰减曲线（即超线性曲线）上，精度和再现性通常变差（例如，较高的相对标准偏差，RSD）。

（d）色谱峰被人为锐化（见第 1.5.2 节），这让人对色谱柱效和分离度的常用测量方法产生了疑问。

亚线性响应的结果与前面提到的从（a）到（d）的结果是相反的。这个因素和其他因素可能会导致重大的定量错误，并且在开发、评估和优化方法时也会造成混淆。因此，强烈建议仅选择幂函数设置用于帮助线性化目标质量范围内的响应，而不建议选择将该设置用于增加 S/R 或人为锐化色谱峰，因为当响应为非线性时，这些参数变得不那么有效并且经常会产生误导。在前面的实例中，当 PF=1.33 时，看似可满足最小 LOD m_{inj}≥100ng 的分析需求。在这种情况下，可以通过线性回归获得合适的拟合，或者可以使用其他可用的曲线拟合选项（例如二次曲线）获得改进的拟合。

如前所述，半挥发性分析物表现出相当于特定分析物的 S 形响应曲线。虽然 PF＜1.0 的设置可能有助于单个分析物在低质量范围的线性化响应，但这很可能不利于解决较高质量范围分析物的线性和其他分析物响应曲线的复杂性。此外，由于较新的 CAD 设计获得的响应在其大部分范围内是亚线性的，因此通常不建议使用＜1.0 的幂函数。

1.5.2 峰形

如第 1.4 节所述，相比于“真实”质量浓度与时间曲线，亚线性响应通过扩大瞬时信号与时间曲线来人为地扭曲色谱峰。此外，由于斜率的变化（前面用 b 与 m_{inj} 进行了描述），这种失真随着 m_{inj} 的增加而变得更加显著。图 1.19 绘制了 CAD 响应模型预测的“原始”电流的半峰宽（FWHM）与 m_{inj} 范围内不同幂函数的“真实”高斯浓度分布的比值。这显示了对固有（亚线性）响应的明显扩大以及对 $pA^{1.5}$ 和 $pA^{2.5}$ 幂律指数的影响。如前所述，较新的 CAD 设计与内部幂律指数（例如 1.5）的应用相结合，可以将 CAD 的准线性响应扩展到较低的分析物水平（例如，m_{inj}＜1ng）。幂律指数为 1.5 的实验结果（图 1.20）显示了在大部分范围内轻微的峰展宽效应。在此示例中，与在线 UV 检测器相比，较高 m_{inj} 的色谱柱过载对峰展宽有额外贡献。

1.5.3 质量对浓度的敏感性

色谱检测器分为质量流量敏感型（响应与单位时间到达检测器的分析物质量成正比）和浓度敏感型（响应与特定时间洗脱液中的分析物浓度成正比，例如 UV、电导）。对于流动注射分析（即没有柱）或柱后液体流动的变化，真正质量流量敏感装置的峰值面积与液体流速无关，因此流速的增加应导致时间峰值随着高度的增加而锐化；对于一个真正的浓度敏感装置，峰值高度与流量无关，因此流量的增加应该导致更低的峰值面积。如果保持柱效率（例如，理论板数），还应通过柱流速的变化观察这些行为。考虑到使用柱后分流（例如，到

MS）或溶剂添加以补偿溶剂梯度对响应一致性的影响比较普遍，CAD 响应与流速的相关性尤其令人感兴趣。

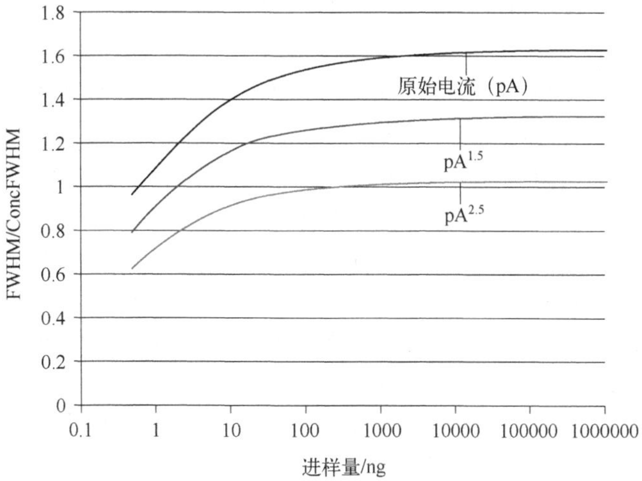

图 1.19　CAD 响应模型预测的“原始”电流的半峰宽（FWHM）与 m_{inj} 范围内不同幂函数的“真实”高斯浓度分布的半峰宽（ConcFWHM）比值

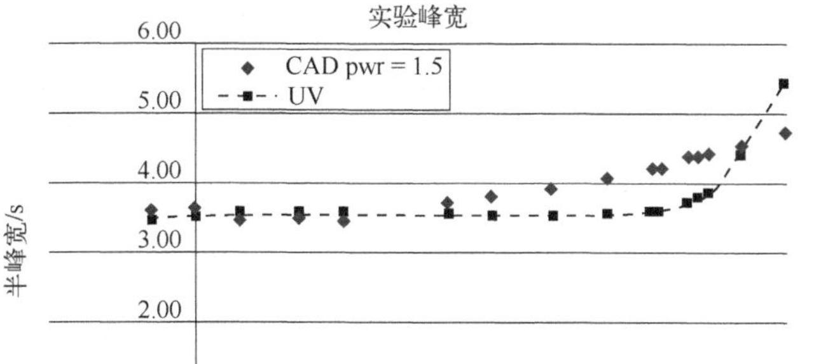

图 1.20　使用与 CAD 串联的 UV 检测器（$pA^{1.5}$ 幂函数）在 0.5～10000ng 茶碱的最小范围内获得的峰宽（FWHM），显示由于非线性响应导致 CAD 峰面积逐渐扩大。两个信号在最高 m_{inj} 处的增加归因于色谱柱过载。条件如图 1.14（a）（b）所示

Górecki 等[24]首先描述了在 CAD 中使用柱后“反梯度”的方法，使用第二个泵来提供与用于分离溶剂梯度完全相反的溶剂梯度。两种溶剂流在柱后混合，以 2 倍的液体流量将恒定的溶剂组成输送到检测器（即梯度的中点，50%乙腈）。结果表明 CAD 大致表现为质量流量敏感设备，因为在没有补偿

的情况下使用 50%乙腈获得的响应（几种分析物的平均校准曲线）与在 2 倍液体流量下补偿的响应非常相似。虽然 CAD 响应模型（第 1.4 节）是根据洗脱分析物的浓度-时间分布来描述的，但时间相关的信号电流来自于在给定时间/浓度下残留粒子的整个分布的电荷，峰值面积来自于传递到静电计的整个峰值上的总电荷。因为，CAD 的响应与单位时间内进入静电计的分析物的质量流量有关。然而，由于只有一小部分初级气溶胶通常被输送到静电计，因此，偏离真实质量流量敏感行为是可能的，并且如前所述，非线性响应会扭曲色谱峰。例如，所描述的柱后添加将稀释瞬时分析物浓度，并在单位时间内将洗脱液体积增加一倍。这将导致一个相当复杂的情况，包括与时间相关的溶质浓度，这取决于柱后混合的完整性，初级气溶胶分布特征尺寸的增加［如式（1.3）的 SMD］，以及撞击去除的体积的相关变化。对于 Gorecki 等描述的实验条件以及一些类似的研究，这些因素似乎结合在一起，使得 CAD 响应更接近于质量流量敏感装置而不是浓度敏感装置的响应。然而，大多数研究表明，CAD 和其他蒸发检测器不会产生真正的质量流量相关响应，并且与许多其他技术一样，偏离这种行为的程度在某种程度上取决于分析条件[66]。

在将色谱方法缩放至更大或更小的色谱柱内径（i.d.）时，CAD 作为质量流量相关设备的行为程度也是值得关注的。一种常见的方法是将流速和进样体积成近似比例地缩放。图 1.21 展示了一个示例，其中还调整了样品浓度，使 m_{inj} 相同。由于使用较小内径的色谱柱，分析物在较小的洗脱体积中洗脱，因此它

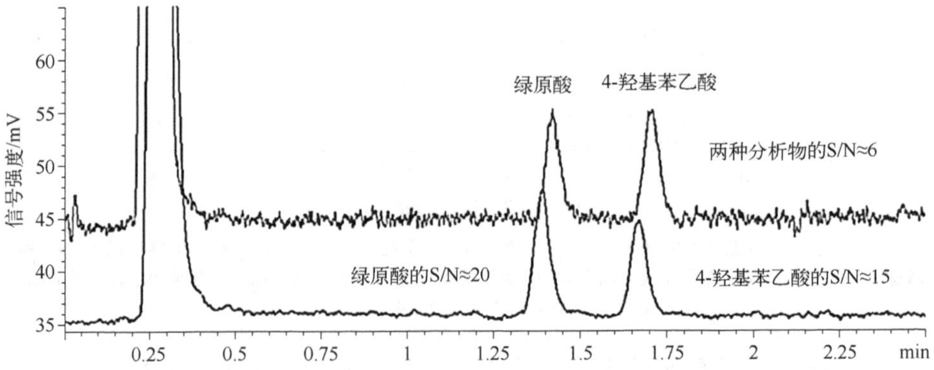

图 1.21　相同 m_{inj}（5ng）的绿原酸（CA）和 4-羟基苯乙酸（4HPAC）的色谱图显示相似的质量流与 CAD 的响应（时间相关），噪声较低，因此在较低流速下信噪比较高。上方曲线：流速 0.8mL/min，3.0mm i.d.×50mm，2.2μm C_{18} 柱；下方曲线：流速 0.4mL/min, 2.1mm i.d.×50mm, 2.2μm C_{18} 柱

们的峰浓度较高。两种分析物等效 m_{inj} 获得了相似响应的结果，清楚地表明 CAD 主要表现为质量流量依赖性设备。然而，较低流量条件下的响应略高，表明与真实质量流量响应存在一些偏差。由于雾化器气体流量相同，这可能是由于产生了更细的初级气溶胶［例如，通过式（1.3）获得更低的 SMD］和在较低流量条件下更高的传质。值得注意的是，在较低流量条件下可实现较低的基线电流和噪声，从而实现较高的 S/R。这归因于非挥发性杂质的质量流量较低，这将在第 1.5.4 节中进一步讨论。

1.5.4　灵敏度限度

对于给定的 LC-CAD 方法，在低 m_{inj} 范围内的灵敏度通常用 LOD 和 LOQ 表示。这些参数可以通过各种程序确定，包括基于目视检查、S/N 和校准曲线斜率与响应标准偏差之间的关系的程序。由于对这些限值的响应可能变得超线性，因此准确估计 LOD 和 LOQ 通常需要对低含量的分析物进行具体分析，而不是根据高含量的分析物进行估计。后者可能导致误导性结果，尤其是在假设线性响应时。

对于任何蒸发式气溶胶检测器，最重要的考虑是洗脱液中非挥发性和半挥发性杂质的浓度。对于这些设备，高灵敏度的检测有时可以视为一把双刃剑，因为根据通用检测器的定义，它应该同样适用于在给定方法的挥发性范围内的杂质和被分析物。图 1.22 绘制了 CAD 基线电流和噪声随茶碱体积浓度的函数关系，茶碱被有意加入到流动相中。观察到在测量的浓度范围内以 pA 峰峰值测量的噪声占基线信号的比例一致（约 6%）。这清楚地表明，可以通过最大程度地降低洗脱液中非挥发性杂质的浓度来降低噪声。如前所述，蒸发温度（T_e）是一个仪器设置参数，可用于优化信噪比。对于给定的方法，只要目标分析物的挥发性明显低于流动相中的杂质，增加 T_e 就可以降低基线电流和噪声。在实践中，杂质的性质通常是未知的，因此需要通过实验来优化性能。在第 3 章将进一步讨论优化和推荐实践的主题，以最大限度地减少杂质浓度。

特别是对于较早期的交叉流雾化器设计，CAD 的基线噪声也可能由于气溶胶流路内的压力波动或不稳定的雾化而产生。流路内压力波动引起的间歇性噪声“尖峰”通常与早期 CAD 型号的雾化室中废液的不规则“堵塞”排放有关。喷雾的不稳定通常与流动相流速低有关，尤其是在雾化低黏度、低表面张力和高挥发性的洗脱液时。一般可以通过增加液体流速和/或降低雾化器气体流速来识别和降低。

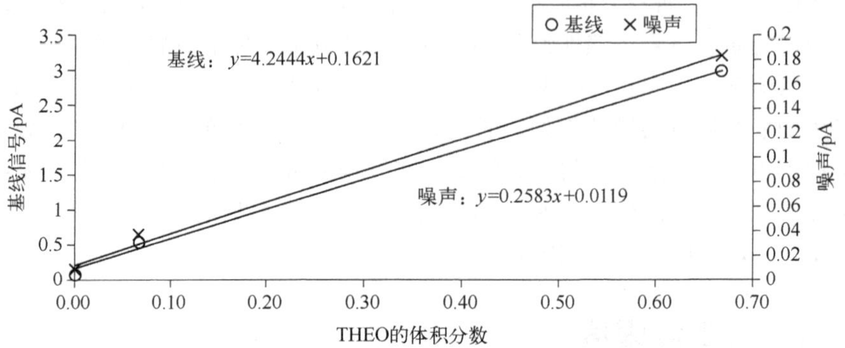

图 1.22 基线电流和噪声与有意添加到流动相中的茶碱（THEO）的体积浓度的函数关系。条件同图 1.14

1.5.5 响应一致性

一致性响应在此定义为与分析物特性无关的灵敏度（例如，A/m_{inj}）。获得与分析物无关的响应的能力提供了使用单个校准器或校准模型量化多种分析物的可能性，这对于许多分析（例如，药物杂质、天然产物、脂质、聚合物）来说是非常重要的。预计以下变量会显著影响蒸发气溶胶检测器响应一致性：①溶剂梯度；②分析物挥发性和成盐；③分析物密度；④气溶胶检测器响应与颗粒材料的相关性。由于这些因素中的前 3 个因素应该对所有蒸发式气溶胶检测器产生类似的影响，因此本次讨论将主要集中在下游气溶胶测量技术的特性上，这些技术可以解释这些设备之间响应一致性的差异。

1.5.5.1 溶剂梯度效应

如第 1.3 节所述，梯度效应是由气溶胶形成和传输的变化引起的，这些变化与溶剂相关，与分析物无关。所有蒸发式气溶胶检测器都需要减少溶剂负载以确保下游溶剂完全蒸发。虽然雾化和惯性撞击的设计和选项的变化可能导致设备之间的传输存在一些差异，但溶剂对响应一致性的影响的总体幅度在所有蒸发气溶胶检测器中非常相似。几项研究表明，作为由水相-有机相组成的函数，其中的分析物灵敏度会发生高达 10 倍且通常是非线性的变化[14,67]。如前所述，反向梯度柱后添加是补偿这些变化的一种方法。另一种技术，依赖于前面提到的与分析物无关的响应特性，包括在溶剂梯度期间频繁（例如，1min）地间隔注射一种或多种“通用”校准物，然后将获得的响应用于构建三维校准模型（保留时间-进样质量-峰面积），用于量化一系列分析物。本书第 3 章和第 4 章将更详细地描述这种方法的示例以及提高溶剂梯度方法响应一致性的各种技术的优点和局限性。

1.5.5.2　分析物挥发性和成盐

对于所有蒸发气溶胶检测器，分析物挥发性与检测范围和响应一致性之间的关系预计是相似的。在所有情况下，降低蒸发温度（T_e）通常会产生更一致的响应和更广泛的检测范围，因为在这些条件下，选择性会有效降低。然而，由于对大多数实验中可能存在的半挥发性杂质的更灵敏检测，故其结果可能是更高的基线电流和噪声。此外，如第 1.3 节所述，酸性和/或碱性流动相添加剂可以促进液滴蒸发过程中的成盐。对于所有蒸发式气溶胶检测器，都可以通过改进挥发性分析物在溶液中电离后的检测，带来更广泛的检测范围和更均匀的分析物响应。另一方面，与中性分析物相比，成盐也会导致电离的非挥发性分析物具有更高的灵敏度。这对响应一致性的影响通常可以通过使用较低分子量的流动相添加剂来最小化，因为它们对总颗粒质量的贡献较小[32,34,36]。

1.5.5.3　分析物密度

式（1.5）和表 1.3 表明溶质密度（ρ_s）会影响干燥粒径（d_p），因此对所有蒸发式气溶胶检测器的灵敏度应该有类似但较小的影响。Matsuyama 等[27]报道了分析物密度和 CAD 响应之间的反比关系，从式（1.5）得出，具有较高密度的分析物会产生较小的残留颗粒，因此响应较低。补偿分析物密度差异的一种简单方法是将获得的每种分析物的响应（峰面积或峰高）乘以其密度的立方根。对于可电离的分析物，最好使用预测盐形式（例如，碱性分析物+酸性流动相添加剂）的密度，而不是游离分析物的密度，以补偿分析物之间的差异。

1.5.5.4　气溶胶测量技术与残留颗粒材料的相关性

如前所述，溶剂梯度、分析物挥发性、成盐和分析物密度对响应一致性的影响预计在所有蒸发式气溶胶检测器中均是相似的。因此，在比较这些设备的响应一致性时，一个主要的区别因素可能是下游气溶胶检测器的响应与残留颗粒材料的相关性（即，主要由分析物性质决定）。众所周知，通过扩散机制对气溶胶荷电与颗粒物材料的相关性很小（第 1.3 节）。因此，多项研究表明，在考虑其他变量（例如溶剂相关性、挥发性）后，CAD 响应表现出对分析物特性的相关性较小[5,16,24,67]，并且始终提供比 ELSD 更一致的响应[7,25,68-73]。ELSD 利用光度计测量流路内所有气溶胶颗粒的组合角光散射。角光散射强度是一个与光源强度、散射角、气溶胶粒子浓度、粒子材料的折射率、粒子形状以及粒子直径与入射光波长的比值（d_p/λ）均相关的非常复杂的函数[63-64]。ELSD 响应与分析物 RI 的相关性之前已有描述[63,74]。Oppenheimer 等[64]估计，对于 RI 范围为 1.4～1.6 的分析物，ELSD 响应可能会发生 2 倍或更多的变化。吸光分析物的 RI 还取决于它们的吸收系数[4]。据报道，分析物特异性吸收和 FI 会影响 ELSD 响应，其中与多色光源相比，使用单色光源（例如激光二极管）时变化更为明显[14,75]。

CNLSD 的技术类似于 ELSD，其中液体蒸汽凝结到干燥的气溶胶颗粒上，用于将颗粒尺寸放大到更高散射效率的区域[76]。假设使用排列的扩散筛来抑制背景和调节动态范围，则 CNLSD 的响应是粒度分布、粒子数浓度、扩散筛传输效率和凝结成核检测效率曲线的产物[11]。CNLSD 通常提供比 ELSD 更高的灵敏度，但研究表明其信号与分析物的性质显著相关[25,77]。在我们自己的研究（图 1.23）中也观察到了这一点，该研究比较了 CAD 和 CNLSD 对 24 种不同化学分析物的响应。该研究仅包括非挥发性分析物，并且基于使用恒定溶剂的流动注射分析。在没有色谱分离的情况下，对两个检测器的峰面积测量值进行了校正，以说明以盐形式获得的一些分析物（阿米替林、地布卡因、去甲替林和普萘洛尔）的对离子含量。虽然没有对分析物密度的差异进行校正，但预计这将是一个次要因素，同样适用于两种检测技术。在本研究中发现分析物的响应变异（RSD）对于 CAD 约为 8.0%，对于 CNLSD 约为 39.0%。通过 CNLSD 观测到的更大的变化被认为主要归因于下游气溶胶测量技术。虽然 CNLSD 的响应与分析物 RI 关系不大，但该技术对分析物性质的相关性可能是由于特定冷凝流体（如水、正丁醇）的颗粒材料的润湿性和溶解度的差异。这得到了与大气气溶胶有关的几项研究的支持，例如，当水作为冷凝流体时，发现有机气溶胶、水溶性无机盐和水不溶性气溶胶以及含有和不含微量杂质的气溶胶之间在粒子计数效率上存在显著差异[78-80]。

总之，与其他检测器（包括 ELSD 和 CNLSD）相比，通常情况下，CAD 非挥发性分析物的响应更一致，这主要归因于扩散荷电对气溶胶颗粒材料的次要相关性。影响所有蒸发气溶胶技术响应一致性的主要因素包括溶剂相关性、分析物密度和挥发性。此外，要使用单个校准器或校准模型对多种分析物进行准确定量，还应考虑其他因素，包括检测器线性和在目标质量范围内的精度；分析前变量，如分析物纯度、稳定性和溶解度；与检测技术无关的分析变量，如柱回收率、色谱分辨率和峰形。

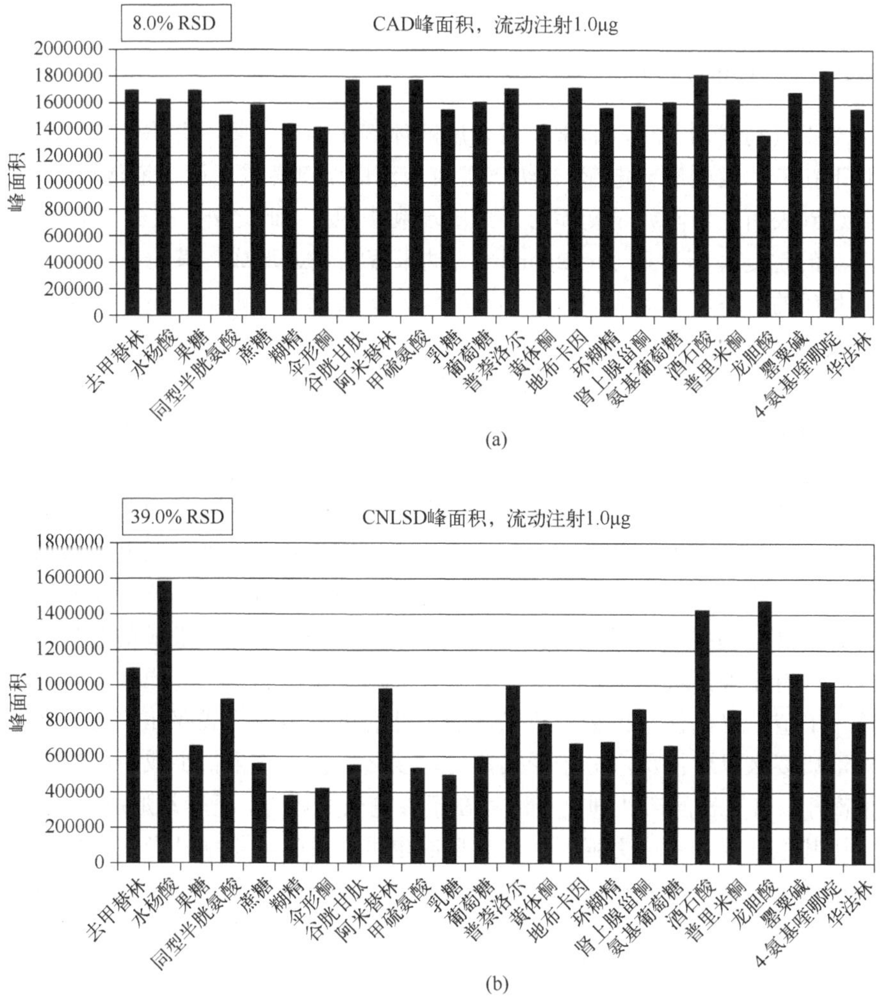

图 1.23　使用（a）CAD 和（b）CNLSD（Quant，NQAD）从流动注射分析中获得的峰面积响应，每种分析物溶解在流动相（50%甲醇水溶液，体积分数）中，质量均为 1.0μg。流速=1.0mL/min。蒸发温度：CAD 环境；NQAD 35℃

1.5.6　CAD 与 MS 气态离子的形成

此处，我们描述使用 CAD 的气溶胶粒子扩散荷电与 MS 的气态离子形成之间的基本区别。在 LC 与 MS 联用的方法中，与 CAD 最相似的可能是 APCI，而与气动辅助 ESI 的相似程度较小。与 CAD 一样，这些技术通常使用同心雾化器，产生类似的初级气溶胶粒度分布（例如，低微米范围内的 D_0），在大气压附近运行，并且在正离子模式下，涉及与 CAD 相同的荷电极性。

1.5.6.1 气动辅助 ESI

对于气动辅助 ESI，通常使用金属液体雾化器毛细管，并保持在几千伏的电势下在液体表面感应电荷。初级气溶胶液滴的溶剂蒸发增强了液滴电荷密度，直到达到表面张力刚好平衡库仑斥力的瑞利极限。除此之外，裂变（库仑崩解）和蒸发的重复循环导致 $D<20\text{nm}$[81]的纳米液滴快速形成，其电荷接近瑞利极限。其后的气态离子形成的机理仍有争议，但普遍认为低分子量溶质遵循离子蒸发模型（IEM），而较高分子量溶质遵循荷电残留模型（CRM）或链喷射模型（CEM），每个模型在参考文献中均有更详细的描述[81-83]。简而言之，CRM 主要适用于球状蛋白质，其中含有单分子的带瑞利电荷的纳米液滴蒸发至干。据称，由此产生的分析物离子电荷态源自纳米液滴的瑞利表面电荷，并且与分析物结构的相关性最低。其他两个模型在电荷与分析物属性的相关性方面似乎相似——这里只讨论 IEM。IEM 描述了一个过程，其中纳米液滴电场高到足以从液滴表面喷射出小的溶剂化簇离子。溶剂化外壳随后在 MS 分析仪的接口中丢失。IEM 模型描述的反应动力学受实验条件和分析物化学性质的强烈影响。例如，只有正液滴会发出正离子，只有负液滴会发出负离子；通常需要适当的溶液 pH 值，以确保分析物主要以适当极性的电离溶质形式存在，而中性和离子对溶质要么以中性蒸汽分子形式蒸发，要么沉淀，产生很少或不产生用于检测的离子；离子表面活性剂更多地存在于液滴表面附近，更容易形成气态离子，因此比其他分析物响应更强烈。气相反应也可能发生，特别是当共存物种之间的气相碱度顺序与溶液相反时。

1.5.6.2 APCI

APCI 在以下文章[52,84]中有更详细的描述。对于大多数 APCI 源，初级气溶胶是从带有同心雾化器的流动相中产生的。溶剂和溶质在高温下迅速蒸发（例如，探针温度>300℃）。位于蒸汽流下游的电晕放电主要从高丰度溶剂分子中产生溶剂化簇离子。它们与分析物分子碰撞形成溶剂化的分析物离子。溶剂壳在 MS 的接口处被剥离。使用 APCI，分析物通常通过多种机制同时电离，例如质子转移和电荷交换。通过质子转移电离，可以观察到分析物响应的巨大差异，因为质子化的分析物分子（MH^+）优先由具有最高质子亲和力的物种形成。在电荷交换电离中，分子离子（$M^{+\cdot}$）可能通过电晕放电中的直接电离或通过与自由基离子的电荷交换形成。电荷交换与质子转移电离的比值取决于溶剂、气体和其他因素。

1.5.6.3 CAD与MS的主要区别

涉及气动雾化的 LC-MS 离子源预计会产生与 CAD 相似的溶剂相关性响应。ESI 和 APCI 设计用于产生单一气相分析物离子。例如，ESI 的机制涉及生产纳米液滴 $D\approx20$nm（即 10～18mL 及以下）。对于大多数的分析物分子量和浓度范围，通过式（1.1）和式（1.2）可知，此类液滴中最多含有一个分析物离子或分子；高浓度的非常小的分子可能例外。相比之下，CAD 旨在生成由许多分子组成的粒子。这在表 1.1 和表 1.3 中可见，其中对于大多数的分析物分子量和浓度范围，大约微米大小的主流液滴（例如 d_0）中的非挥发性分析物质量应形成由许多分子组成的颗粒；低浓度的非常大的分子可能例外。

APCI 与 CAD 一样，使用电晕放电，荷电基于与气相离子的碰撞。这些技术之间的主要区别在于碰撞的"试剂"离子和分析物种类的相对大小。Premnath 等[38]描述了一项富有洞察力的研究，该研究探索了 CAD 中占主导地位的粒子扩散荷电与 APCI 中占主导地位的化学电离机制之间的交集。简而言之，ESI 从不同氨基酸产生的簇离子在质谱入口处与电中性三乙胺（TEA）蒸气分子发生碰撞。如第 1.3.4.3 节所述，单极扩散荷电涉及稳态、非平衡电荷分布，其中假设每次离子-粒子碰撞都会导致电荷转移到粒子，并且电荷不会转移回周围的蒸气分子。相比之下，如化学电离所述，离子与蒸气分子碰撞，电荷转移与其活化能和碰撞过程中的空间效应高度相关，而且可以实现平衡，因为电荷可以快速转移回蒸汽分子。TEA 凭借其高气相碱度，被用于研究电荷转移回蒸气分子的尺寸上限。研究表明，对于最小的簇离子大小，逆反应率最高，对于 $d_p>0.5$nm 的簇，逆反应率降低到可忽略不计。这个尺寸上限与 Fuch 的极限球理论基本一致，也与前面描述的电晕射流荷电技术的性能一致。

总之，ESI 和 APCI 都涉及溶质向单个气相分析物离子的转化，转化机理与条件（如溶液 pH 值）和分析物性质（如溶剂化能、表面活性、溶液碱度、气相质子亲和性）密切相关，并且常受到与基质相关的抑制或增强[85-86]。因此，这些技术的检测范围与条件密切相关，其响应很少是一致的。相比之下，CAD 被设计成可产生由许多分析物分子组成的凝聚相颗粒（通常为固体），而通过扩散机理进行的后续荷电仅与粒子材料有很小的相关性。CAD 的检测范围仅限于挥发性较低的分析物，响应通常被描述为是均一的。然而，影响响应的几个因素包括分析物挥发性和成盐、分析物密度和溶剂组成，对其真正的通用定量提出了挑战。CAD 的定量能力和 LC-MS 的定性能力是高度互补的，并且它们相似的洗脱液要求促进了这些技术的组合使用。

参考文献

[1] Kaufman S L. Evaporative electrical detector. US 6568245. 2003-5-27.

[2] Medved A, Dorman F, Kaufman S, Pocher A. A new corona-based charger for aerosol particles. J Aerosol Sci, 2000, 31: 616-617.

[3] Dixon R W, Peterson D S. Development and testing of a detection method for liquid chromatography based on aerosol charging. Anal Chem, 2002, 74: 2930-2937.

[4] Hinds W C. Aerosol technology: properties, behavior, and measurement of airborne particles. John Wiley & Sons, Inc., Hoboken, 2012.

[5] Gamache P H, McCarthy R S, Freeto S M, Asa D J, Woodcock M J, Laws K, Cole R O. HPLC analysis of nonvolatile analytes using charged aerosol detection. LC GC North America, 2005, 23: 150-161.

[6] Allen L B, Koropchak J A. Condensation nucleation light scattering: a new approach to development of high-sensitivity, universal detectors for separations. Anal Chem, 1993, 65: 841-844.

[7] Cohen R D, Liu Y. Advances in aerosol-based detectors, in Grushka E and Grinberg N(eds.)Advances in Chromatography. Boca Raton: CRC Press, 2014: 1.

[8] Ligor M, Studzińska S, Horna A, Buszewski B. Corona-charged aerosol detection: an analytical approach. Crit Rev Anal Chem, 2013, 43: 64-78.

[9] Vehovec T, Obreza A. Review of operating principle and applications of the charged aerosol detector. J Chromatogr A, 2010, 1217: 1549-1556.

[10] Almeling S, Ilko D, Holzgrabe U. Charged aerosol detection in pharmaceutical analysis. J Pharmaceut Biomed Anal, 2012, 69: 50-63.

[11] Magnusson L E, Risley D, Koropchak J. Aerosol-based detectors for liquid chromatography. J Chromatogr A, 2015, 1421: 68-81.

[12] Kulkarni P, Baron P A, Willeke K. Aerosol measurement: principles, techniques, and applications. John Wiley & Sons, Inc., Hoboken, 2011.

[13] Ettre L. Nomenclature for chromatography(IUPAC Recommendations 1993). Pure Appl Chem, 1993, 65: 819-872.

[14] Mathews B, Higginson P, Lyons R, Mitchell J, Sach N, Snowden M, Taylor M, Wright A. Improving quantitative measurements for the evaporative light cattering detector. Chromatographia, 2004, 60: 625-633.

[15] Squibb A W, Taylor M R, Parnas B L, Williams G, Girdler R, Waghorn P, Wright A G, Pullen F S. Application of parallel gradient high performance liquid chromatography with ultra-violet, evaporative light scattering and electrospray mass spectrometric detection for the quantitative quality control of the compound file to support pharmaceutical discovery. J Chromatogr A, 2008, 1189: 101-108.

[16] Hutchinson J P, Li J, Farrell W, Groeber E, Szucs R, Dicinoski G, Haddad P R. Universal response model for a corona charged aerosol detector. J Chromatogr A, 2010, 1217: 7418-7427.

[17] Mclean J, Minnich M, Iacone L. Nebulizer diagnostics: fundamental parameters, challenges, and techniques on the horizon. J Anal Atom Spectrom, 1998, 13: 829-842.

[18] Zarrin F, Kaufman S, Socha J. Droplet size measurements of various nebulizers using differential electrical mobility particle sizer. J Aerosol Sci, 1991, 22: S343-S346.

[19] Mugele R, Evans H. Droplet size distribution in sprays. J Ind Eng Chem, 1951, 43: 1317-1324.

[20] Rizk N, Lefebvre A. Spray characteristics of plain-jet airblast atomizers. J Eng Gas Turb Power, 1984, 106: 634-638.

[21] Kahen K, Acon B W, Montaser A. Modified Nukiyama-Tanasawa and Rizk-Lefebvre models to predict

droplet size for microconcentric nebulizers with aqueous and organic solvents. J Anal Atom Spectrom, 2005, 20: 631-637.

[22] Porstendörfer J, Gebhart J, Robig G. Effect of evaporation on the size distribution of nebulized aerosols. J Aerosol Sci, 1977, 8: 371-380.

[23] Cresser M, Browner R. A method for investigating size distributions of aqueous droplets in the range 0.5-10μm produced by pneumatic nebulizers. Spectrochimica Acta Part B: Atomic Spectroscopy, 1980, 35: 73-79.

[24] Górecki T, Lynen F, Szucs R, Sandra P. Universal response in liquid chromatography using charged aerosol detection. Anal Chem, 2006, 78: 3186-3192.

[25] Hutchinson J P, Li J, Farrell W, Groeber E, Szucs R, Dicinoski G, Haddad P R. Comparison of the response of four aerosol detectors used with ultra high pressure liquid chromatography. J Chromatogr A, 2011, 1218: 1646-1655.

[26] Davies C. Evaporation of Airborne Droplets, in Shaw DT(ed.)Fundamentals of aerosol science. John Wiley & Sons, Inc., New York, 1978: 135-164.

[27] Matsuyama S, Orihara Y, Kinugasa S, Ohtani H, Effects of densities of brominated flame retardants on the detection response for HPLC analysis with a Corona-charged aerosol detector. Analytical Sciences, 2015, 31: 61-65.

[28] Hilal S, Karickhoff S, Carreira L. Verification and validation of the SPARC model. US Environmental Protection Agency, Washington, DC, 2003.

[29] Guiochon G, Moysan A, Holley C. Influence of various parameters on the response factors of the evaporative light scattering detector for a number of non-volatile compounds. J Liq Chromatogr, 1988, 11: 2547-2570.

[30] Lantz M D, Risley D S, Peterson J A. Simultaneous resolution and detection of a drug substance, impurities, and counter ion using a mixed-mode HPLC column with evaporative light scattering detection. J Liq Chromatogr R T, 1997, 20: 1409-1422.

[31] Deschamps F S, Baillet A, Chaminade P. Mechanism of response enhancement in evaporative light scattering detection with the addition of triethylamine and formic acid. Analyst, 2002, 127: 35-41.

[32] Sinclair I, Gallagher R. Charged aerosol detection: factors for consideration in its use as a generic quantitative detector. Chromatography Today, 2008, 1: 5-9.

[33] Cohen R D, Liu Y, Gong X. Analysis of volatile bases by high performance liquid chromatography with aerosol-based detection. J Chromatogr A, 2012, 1229: 172-179.

[34] Russell J J, Heaton J C, Underwood T, Boughtflower R, McCalley D V, Performance of charged aerosol detection with hydrophilic interaction chromatography. J Chromatogr A, 2015, 1405: 72-84.

[35] Mcconville J, Bullock S, Warner F, O'Donohue S. Sub-Ambient ELSD for Enhanced Detection of Semi-Volatile Compounds. 2023.

[36] Megoulas N C, Koupparis M A. Enhancement of evaporative light scattering detection in high-performance liquid chromatographic determination of neomycin based on highly volatile mobile phase, high-molecular- mass ion-pairing reagents and controlled peak shape. J Chromatogr A, 2004, 1057: 125-131.

[37] Keller B O, Sui J, Young A B, Whittal R M. Interferences and contaminants encountered in modern mass spectrometry. Anal Chim Acta, 2008, 627: 71-81.

[38] Premnath V, Oberreit D, Hogan Jr C J, Collision-based ionization: bridging the gap between chemical ionization and aerosol particle diffusion charging. Aerosol Sci Technol, 2011, 45: 712-726.

[39] Vehring R, Foss W R, Lechuga-Ballesteros D. Particle formation in spray drying. J Aerosol Sci, 2007, 38: 728-746.

[40] Paudel A, Worku Z A, Meeus J, Guns S, Van den Mooter G. Manufacturing of solid dispersions of poorly water soluble drugs by spray drying: formulation and process considerations. Int J Pharm, 2013, 453: 253-284.

[41] Pankow J F. An absorption model of the gas/aerosol partitioning involved in the formation of secondary organic aerosol. Atmos Environ, 2007, 41(9): 75-79.

[42] Booth A, Montague W, Barley M, Topping D, McFiggans G, Garforth A, Percival C. Solid state and sub-cooled liquid vapour pressures of cyclic aliphatic dicarboxylic acids. Atmos Chem Phys, 2011, 11: 655-665.

[43] Schnitzler E G, McDonald K M. Characterization of low-temperature vapour pressure estimates for secondary organic aerosol applications. Atmos Environ, 2012, 56: 9-15.

[44] Fissan H, Neumann S, Trampe A, Pui D, Shin W. Rationale and principle of an instrument measuring lung deposited nanoparticle surface area. Journal of Nanoparticle Research, 2007, 9: 53-59.

[45] Flagan R C. History of electrical aerosol measurements. Aerosol Sci Technol, 1998, 28, 301-380.

[46] Pui D, Fruin S, McMurry P. Unipolar diffusion charging of ultrafine aerosols. Aerosol Sci Technol, 1988, 8: 173-187.

[47] Adachi M, Kousaka Y, Okuyama K. Unipolar and bipolar diffusion charging of ultrafine aerosol particles. J Aerosol Sci, 1985, 16: 109-123.

[48] Biskos G, Reavell K, Collings N. Unipolar diffusion charging of aerosol particles in the transition regime. J Aerosol Sci, 2005, 36: 247-265.

[49] Boisdron Y, Brock J. On the stochastic nature of the acquisition of electrical charge and radioactivity by aerosol particles. Atmospheric Environment(1967), 1970, 4, 35-50.

[50] Pui DY-H. Experimental study of diffusion charging of aerosols. ERDA, Washington, DC, 1976.

[51] Fuchs N. On the stationary charge distribution on aerosol particles in a bipolar ionic atmosphere. Geofisica Pura e Applicata, 1963, 56: 185-193.

[52] Kolakowski B M, Grossert J S, Ramaley L. Studies on the positive-ion mass spectra from atmospheric pressure chemical ionization of gases and solvents used in liquid chromatography and direct liquid injection. Journal of the American Society for Mass Spectrometry, 2004, 15: 311-324.

[53] Sabo M, Matejčik S. Corona discharge ion mobility spectrometry with orthogonal acceleration time of flight mass spectrometry for monitoring of volatile organic compounds. Anal Chem, 2012, 84: 5327-5334.

[54] Sekimoto K, Takayama M. Fundamental processes of corona discharge. Journal of the Institute of Electrostatics Japan, 2009, 33: 38-42.

[55] Maiser A, Thomas J M, Larriba-Andaluz C, He S, Hogan C J. The mass-mobility distributions of ions produced by a Po-210 source in air. J Aerosol Sci, 2015, 90: 36-50.

[56] Jung H, Kittelson D B. Characterization of aerosol surface instruments in transition regime. Aerosol Sci Technol, 2005, 39: 902-911.

[57] Woo K-S, Chen D-R, Pui D Y, Wilson W E. Use of continuous measurements of integral aerosol parameters to estimate particle surface area. Aerosol Sci Technol, 2001, 34: 57-65.

[58] Li L, Chen D R, Tsai P J. Use of an electrical aerosol detector(EAD)for nanoparticle size distribution measurement. Journal of Nanoparticle Research, 2009, 11: 111-120.

[59] Kaufman S, Medved A, Pocher A, Hill N, Caldow R, Quant F. An electrical aerosol detector based on the corona-jet charger. in Poster PI2-07, Abstracts of the 21st Annual American Association for Aerosol Research(AAAR)Conference, Charlotte, NC, 2002: 7-11.

[60] Shin W G, Qi C, Wang J, Fissan H, Pui D Y. The effect of dielectric constant of materials on unipolar diffusion charging of nanoparticles. J Aerosol Sci, 2009, 40: 463-468.

[61] Li L, Chen D-R, Tsai P-J. Evaluation of an electrical aerosol detector(EAD)for the aerosol integral parameter

measurement. J Electrost, 2009, 67: 765-773.

[62] Kim J H, Mulholland G W, Kukuck S R, Pui D Y. Slip correction measurements of certified PSL nanoparticles using a nanometer differential mobility analyzer(nano-DMA)for Knudsen number from 0.5 to 83. J Res Natl Inst Stan, 2005, 110: 31-54.

[63] Mourey T H, Oppenheimer L E. Principles of operation of an evaporative light-scattering detector for liquid chromatography. Anal Chem, 1984, 56: 2427-2434.

[64] Oppenheimer L E, Mourey T H. Examination of the concentration response of evaporative light-scattering mass detectors. J Chromatogr A, 1985, 323: 297-304.

[65] Van der Meeren P, Vanderdeelen J, Baert L. Simulation of the mass response of the evaporative light scattering detector. Anal Chem, 1992, 64: 1056-1062.

[66] Hazotte A, Libong D, Matoga M, Chaminade P. Comparison of universal detectors for high-temperature micro liquid chromatography. J Chromatogr A, 2007, 1170: 52-61.

[67] Hutchinson J P, Remenyi T, Nesterenko P, Farrell W, Groeber E, Szucs R, Dicinoski G, Haddad P R. Investigation of polar organic solvents compatible with Corona Charged Aerosol Detection and their use for the determination of sugars by hydrophilic interaction liquid chromatography. Anal Chim Acta, 2012, 750: 199-206.

[68] Vervoort N, Daemen D, Torok G. Performance evaluation of evaporative light scattering detection and charged aerosol detection in reversed phase liquid chromatography. J Chromatogr A, 2008, 1189: 92-100.

[69] Kou D, Manius G, Zhan S, Chokshi H P. Size exclusion chromatography with Corona charged aerosol detector for the analysis of polyethylene glycol polymer. J Chromatogr A, 2009, 1216: 5424-5428.

[70] Wipf P, Werner S, Twining L A, Kendall C. HPLC determinations of enantiomeric ratios. Chirality, 2007, 19: 5-9.

[71] Takahashi K, Kinugasa S, Senda M, Kimizuka K, Fukushima K, Matsumoto T, Shibata Y, Christensen J. Quantitative comparison of a corona-charged aerosol detector and an evaporative light-scattering detector for the analysis of a synthetic polymer by supercritical fluid chromatography. J Chromatogr A, 2008, 1193: 151-155.

[72] Shaodong J, Lee W J, Ee J W, Park J H, Kwon S W, Lee J. Comparison of ultraviolet detection, evaporative light scattering detection and charged aerosol detection methods for liquid-chromatographic determination of anti-diabetic drugs. J Pharmaceut Biomed Anal, 2010, 51: 973-978.

[73] Merle C, Laugel C, Chaminade P, Baillet-Guffroy A. Quantitative study of the stratum corneum lipid classes by normal phase liquid chromatography: comparison between two universal detectors. J Liq Chromatogr R T, 2010, 33: 629-644.

[74] Righezza M, Guiochon G. Effects of the nature of the solvent and solutes on the response of a light-scattering detector. J Liq Chromatogr, 1988, 11: 1967-2004.

[75] Righezza M, Guiochon G. Effect of the wavelength of the laser beam on the response of an evaporative light scattering detector. J Liq Chromatogr, 1988, 11: 2709-2729.

[76] Koropchak J A, Sadain S, Yang X, Magnusson L E, Heybroek M, Anisimov M, Kaufman S L. Peer reviewed: nanoparticle detection technology for chemical analysis. Anal Chem, 1999, 71: 386A-394A.

[77] Koropchak J, Heenan C, Allen L. Direct comparison of evaporative light-scattering and condensation nucleation light-scattering detection for liquid chromatography. J Chromatogr A, 1996, 736: 11-19.

[78] Hering S V, Stolzenburg M R, Quant F R, Oberreit D R, Keady P B. A laminar-flow, water-based condensation particle counter(WCPC). Aerosol Sci Technol, 2005, 39: 659-672.

[79] Kupc A, Bischof O, Tritscher T, Beeston M, Krinke T, Wagner P E. Laboratory characterization of a new

nano-water-based CPC 3788 and performance comparison to an ultrafine butanol-based CPC 3776. Aerosol Sci Technol, 2013, 47: 183-191.

[80] Liu W, Kaufman S L, Osmondson B L, Sem G J, Quant F R, Oberreit D R. Water-based condensation particle counters for environmental monitoring of ultrafine particles. Journal of the Air and Waste Management Association, 2006, 56: 444-455.

[81] Konermann L, Ahadi E, Rodriguez A D, Vahidi S. Unraveling the mechanism of electrospray ionization. Anal Chem, 2012, 85: 2-9.

[82] Kebarle P, Verkerk U H. Electrospray: from ions in solution to ions in the gas phase, what we know now. Mass Spectrometry Reviews, 2009, 28: 898-917.

[83] Kaufman S L. Electrospray diagnostics performed by using sucrose and proteins in the gas-phase electrophoretic mobility molecular analyzer(GEMMA). Anal Chim Acta, 2000, 406: 3-10.

[84] Herrera L C, Grossert J S, Ramaley L. Quantitative aspects of and ionization mechanisms in positive-ion atomspheric pressure chemical ionization mass spectrometry. J Am Soc Mass Spectr, 2008, 19: 1926-1941.

[85] King R, Bonfiglio R, Fernandez-Metzler C, Miller-Stein C, Olah T. Mechanistic investigation of ionization suppression in electrospray ionization. J Am Soc Mass Spectr, 2000, 11: 942-950.

[86] Holčapek M, Jirasko R, Lisa M. Recent Developments in liquid chromatography-mass spectrometry and related techniques. J Chromatogr A, 2012, 1259: 3-15.

第2章

电雾式检测方法综述

伊恩·阿克沃斯，威廉·科帕切维奇

赛默飞世尔科技，美国马萨诸塞州切姆斯福德

2.1 引言

紫外-可见分光光度法是高效液相色谱（HPLC）中最常用的检测技术，具有灵敏度高、线性范围宽、可检测的分析物范围广并兼容梯度法等特点，主要适用于含有发色团的分析物。对于没有发色团的分析物，则需要使用其他检测器，如示差折光检测器（refractive index，RI）、质谱检测器（mass spectrometry，MS）、蒸发光散射检测器（evaporative light scattering detector，ELSD）和电雾式检测器（charged aerosol detection，CAD）等。然而，这些检测器均具有一定的局限性。示差折光检测器易于操作，但灵敏度较差，且不适用于梯度分离，主要用于相对简单的样品。根据所使用的类型不同，质谱检测器可能操作难度大，要求化合物能够形成气相离子，而且如果没有可用的标记标准品，可能无法定量。蒸发光散射检测器是使用最为广泛的“通用”检测器之一，其浓度-响应呈非线性，灵敏度相对较差，线性范围窄，可能出现不同分析物的响应差异显著的情况[1-2]。电雾式检测器也是非线性的，但具有良好的灵敏度，相较 ELSD 和其他的相关 HPLC 检测技术［如冷凝成核光散射检测器（condensation nucleation light scattering detector，CNLSD）］具有优势（见表 2.1）。

表 2.1　不同应用/市场中 CAD 与其他检测器的性能比较

序号	标题	应用领域	概述	结论	参考文献
1	Comparison of two evaporative universal detectors for the determination of sugars in food samples by liquid chromatography	食品	单糖。使用乙腈水溶液（70%）和 NH_2-Kromasil® 色谱柱（EKA Chemicals AB），对多种酱料、糖果和乳制品中的果糖、葡萄糖、麦芽糖、乳糖和麦芽三糖进行分离，并使用 CAD 或 ELSD（Eurosep）进行检测	CAD 比 ELSD 灵敏度更好，但 ELSD 在精密度、可重复性和再现性方面略胜一筹。ELSD 的购买和维护成本比 CAD 低	[3]
2	Charged aerosol detection and ELSD—fundamental differences affecting analytical performance	通用方法	综述。CAD 和 ELSD 性能对比	CAD 显示出优于 ELSD 的性能，包括灵敏度更好、线性动态范围更宽、重现性更好、分析物响应一致性好、操作简便	[4]
3	Analysis of volatile bases by high performance liquid chromatography(HPLC)with aerosol-based detection	通用方法	扩大了分析物的测量范围。开发了通过形成非挥发性盐类来检测低浓度挥发性碱的方法。使用 Sequant® ZIC®-pHILIC 色谱柱（EMD Millipore Corporation）和 TFA-乙腈-水（0.04：60：40，体积比）流动相对 12 种弱 UV 吸收的挥发性碱进行分离，并使用 CAD 或一种 CNLSD-NQAD™进行检测	CAD 比 NQAD 谱带变宽很多，但 CAD 灵敏度更好（LOD 比 NQAD 低 2.5 倍）	[5]
4	HPLC determinations of enantiomeric ratios	通用方法	手性测量。准确测定非紫外活性化合物的对映体比率。使用 Chiralcel® OD-H 柱（Daicel 公司）和正己烷/异丙醇（95：5，体积比）流动相，对外消旋氨基甲酸甲酯 *rac*-3 进行分析，并使用 CAD 或 ELSD 进行检测	ELSD 的非线性响应和较窄的动态范围给测定对映体比率带来了问题。使用 ELSD 进行检测时，ER 为 95：5 的化合物显示为纯品，CAD 未遇到该问题	[6]

续表

序号	标题	应用领域	概述	结论	参考文献
5	Comparison of the response of four aerosol detectors used with ultrahigh-pressure liquid chromatography	通用方法	气溶胶检测器的响应特性。采用流动注射分析，在 Acclaim® PolarAdvantage Ⅱ 色谱柱(Thermo Scientific）上 HPLC 分离（乙腈-水溶液梯度），比较了 CAD、ELSD(Varian)和 NQAD 对多种分析物的分析性能	ELSD 和 NQAD 的精密度最差。在水溶液流动相条件下，CAD 和 NQAD 的灵敏度低于 UV，但在使用 80%乙腈时，两者的灵敏度均高于 UV。对 11 种分析物连续 10 次分离，CAD 的重现性约为 5%，ELSD 约为 11%。被测分析物包括半挥发性物质，它们在气溶胶检测器上响应的一致性更差	[7]
6	Ion pair reversed-phase liquid chromatography with UV detection for analysis of UV transparent cations	通用方法	无发色团分析物的 UV 检测。作者使用阴离子对试剂（IPR）改善极性和紫外穿透的阳离子的 UV 检测和疏水保留	将阴离子 IPR 加入到流动相中，与阳离子形成离子对，离子对的形成会导致波长的红移，从而可以直接用紫外光检测无发色团的阳离子。对于不同的分析物，这种方法的 LOQs 可能与 CAD 相当，或比 CAD 高 10 倍	[8]
7	Quantitative study of the stratum corneum lipid classes by normal-phase liquid chromatography: comparison between two universal detectors	脂类	脂肪酸、神经酰胺和胆固醇。使用梯度 HPLC 与 ELSD（Eurosep）或 CAD 联用的方法，对人类皮肤角质层中提取的脂类进行分析。在 YMC-Pack PVA-Sil 柱（YMC America, Inc.）上使用庚烷/氯仿-丙酮梯度溶液进行梯度洗脱，对被测物进行分离	可使用外标法，对不同脂类进行定量研究，针对不同类别选择相应标准溶液。与 ELSD 相比，CAD 的灵敏度、可重复性、精密度和准确度更优	[9]
8	Comparison between charged aerosol detection and light scattering detection for the analysis of *Leishmania* membrane phospholipids	脂类	磷脂。选择 YMC-Pack PVA-Sil 色谱柱（YMC America, Inc.），使用正庚烷-异丙醇、氯仿-异丙醇和甲醇水溶液进行梯度洗脱，对利什曼菌膜中的磷脂类进行分离，并使用 CAD 或 ELSD（Eurosep）检测	在校准曲线的低浓度端，CAD 比 ELSD 更灵敏、更精确。CAD 的 LODs 和 LOQs 通常比 ELSD 低 3 倍	[10]

续表

序号	标题	应用领域	概述	结论	参考文献
9	Simple and efficient profiling of phospholipids in phospholipase D-modified soy lecithin by HPLC with charged aerosol detection	脂类	磷脂。本文建立了一种 HPLC-CAD 方法来测量大豆卵磷脂中的六种不同类别的磷脂。在 Luna®硅胶柱（Phenomenex® Inc.）上使用正相条件对被测物进行分离，并将其分析性能与 HPLC-ELSD 进行比较	HPLC-CAD 方法的线性范围扩大了 10 倍，LOD 更低，精度更高，能够检测到低水平的溶血磷脂酰肌醇	[11]
10	Comparison between ELSD and charged aerosol detection for the analysis of saikosaponins	天然产物	柴胡皂苷（Saikosaponins）。柴胡的分析在 Ascentis® Express C18 柱（Supelco）上，使用洗脱液 A（90%乙腈）和洗脱液 B（10%乙腈）进行梯度梯度，对 10 个柴胡皂苷进行分析，并通过 CAD 或 Sedex ELSD（Sedere）进行检测	与 ELSD 相比，CAD 的线性动态范围更宽，灵敏度更高，重现性更好，更易操作。ELSD 所需的漂移管的高温对热敏性分析物来说可能是一个问题	[12]
11	Comparison of UV detection and charged aerosol detection methods for liquid chromatographic determination of protoescigenin	天然产物	皂苷。分析七叶树皂苷，一种来自七叶树（*Aesculus hippocastanum*）的五环三萜皂苷的复杂混合物。在 Acquity UPLC® BEH C18 柱（Waters）上使用乙腈和 0.1%乙酸（30/70，体积比）对分析物进行分离，并使用 UV-CAD 检测器联用进行检测	CAD 的灵敏度略高于 UV。在窄或宽的浓度范围内，CAD 和 UV 均呈线性响应。CAD 和紫外显示出互补性，CAD 可用于测量发色团较弱的分析物，DAD 可提供峰纯度数据	[13]
12	Performance evaluation of charged aerosol and ELSD for the determination of ginsenosides by LC	天然产物	皂苷。人参（*Panax ginseng*）的分析。对七种三萜类皂苷（人参皂苷）在 Zorbax Extend C18 柱（Agilent Technologies）上进行分离，使用水-乙腈进行梯度洗脱，并通过 CAD 或 ELSD（Sedere）进行检测	CAD 比 ELSD 灵敏度更好。CAD 的线性范围比 ELSD 稍宽。CAD 的日内和日间精密度均优于 ELSD，更接近于 UV	[14]

续表

序号	标题	应用领域	概述	结论	参考文献
13	Polyketide analysis using mass spectrometry(MS), ELSD, and charged aerosol detector systems	天然产物	抗生素。使用 MS、ELSD（Alltech Associates 和 CAD 对抗生素红霉素的聚酮类前体——6-脱氧红霉内酯 B 的测量进行了评估	在 3 种检测器中，CAD 的 LOD 最低，动态范围与 MS 相似。作者指出，在分析浓度低的聚酮体产物时，CAD 是 MS 的可行替代方案	[15]
14	Comparison of two aerosol-based detectors for the analysis of gabapentin in pharmaceutical formulations by hydrophilic interaction chromatography	制药/生物制药	药物分析。使用四种 HILIC 柱与 ELSD（Alltech Associates）或 CAD 联用，测定市售片剂和胶囊中加巴喷丁，并对结果进行了评估	在 HILIC 条件下，ELSD 与 CAD 在线性、灵敏度、精度和准确度方面不相上下。在反相条件下，CAD 的灵敏度比 ELSD 高得多	[16]
15	Comparison of UV detection, ELSD, and charged aerosol detection methods for liquid chromatographic determination of antidiabetic drugs	制药/生物制药	药物分析。在 GraceSmart™ RP-18 色谱柱上使用乙腈-水溶液进行梯度洗脱，分离了几种含有发色团的抗糖尿病药物，并使用 UV、ELSD（Alltech）和 CAD 进行检测	CAD 显示出一致的分析物响应（UV 和 ELSD 没有）。在 3 种检测器中，CAD 的准确度和 LOD 最佳，其精密度与 UV 相似	[17]
16	Hydrophilic interaction chromatography with aerosol-based detectors (ELSD, CAD, NQAD)for polar compounds lacking a UV chromophore in an intravenous formulation. Journal of pharmaceutical and biomedical analysis	制药/生物制药	制剂。静脉注射制剂的表征。对 3 种色谱柱（TSKgel Amide-80（Tosoh Bioscience, LLC）、Sequant® ZIC®-HILIC（EMD Millipore Corporation）和 Trinity® Acclaim™ P1（Thermo Scientific））以及 3 种检测器[ELSD（Alltech Associates）、CAD 和 NQAD（Quant Technologies）]的可重复性、线性和 LOD 进行了评估	HILIC-ELSD 方法显示了良好的线性、准确度、精密度、专属性、稳健性和稳定性。CAD 和 NQAD 被用于系列验证实验。由于其灵敏度高，需要在分析前对样品进行稀释	[18]

续表

序号	标题	应用领域	概述	结论	参考文献
17	Analysis of ionic surfactants by HPLC with ELSD and charged aerosol detection	制药/生物制药	制剂。对阳离子和阴离子表面活性剂进行分析。使用不同的梯度流动相条件，在 Acclaim® Surfactant（Thermo Scientific）或 Capcell Pak C18（Shiseido）柱上评估了 5 种阳离子和 7 种阴离子表面活性剂的分离度。使用 CAD 或 ELSD（Alltech Associates）检测分析物	对于阳离子和阴离子表面活性剂，CAD 的灵敏度比 ELSD 高约 1.4～2 倍。CAD 显示出比 ELSD 更好的线性	[19]
18	Aerosol-based detectors for the investigation of phospholipid hydrolysis in a pharmaceutical suspension formulation	制药/生物制药	制剂。开发了一种 HPLC 方法，来量化以磷脂为稳定剂的药物混悬液中游离脂肪酸的含量。在 Zorbax SB-C18 色谱柱（Agilent Technologies）上，使用含 0.1%乙酸的乙腈（80%）水溶液流动相分离游离脂肪酸，并通过 ELSD（Alltech Associates）或 CAD 进行检测	在灵敏度、精密度、回收率和线性方面，CAD 优于 ELSD	[20]
19	Quantitative comparison of a Corona-charged aerosol detector and an evaporative light scattering detector for the analysis of a synthetic polymer by supercritical fluid chromatography	制药/生物制药	制剂、辅料分析。使用聚乙二醇（PEG）有证标准物质和聚乙二醇均聚物的精确的等质量混合物，评估了超临界流体色谱与 ELSD（Alltech Associates）或 CAD 联用的性能	CAD 方法检测的 PEG 均聚物溶液比 ELSD 多稀释 10 倍。ELSD 得到的分子量数据比 PEG 1000 的标准值低 4.6%。CAD 的结果与标准值基本相同	[21]
20	Size-exclusion chromatography with Corona-charged aerosol detector for the analysis of PEG polymer	制药/生物制药	制剂、辅料分析。开发了一种 SEC-CAD 方法来测量 PEG 的纯度和多分散性，并将其性能与 RID（Waters）或 ELSD（Polymer Labs）进行比较	CAD 能提供更准确的不同批次 PEG 试剂的杂质和多分散性信息，能更好地区分其质量。RID 缺乏灵敏度，ELSD 低估了杂质含量和多分散性	[22]

续表

序号	标题	应用领域	概述	结论	参考文献
21	Quantitative determination of nonionic surfactants with CAD	制药/生物制药	制剂、辅料分析。使用 HPLC 和 UHPLC 评估 Tween 80 和 Span 80 全谱，并使用 CAD 或 ELSD 进行检测	CAD 的灵敏度高 10 倍，显示出更宽的动态范围	[23]
22	Control of impurities in l-aspartic acid and l-alanine by HPLC coupled with a Corona-charged aerosol detector	制药/生物制药	杂质检测。充分验证的方法。使用 Intersil® ODS 3 色谱柱（GL Sciences）和含有全氟庚酸的甲醇水溶液流动相，对分析物进行分离。使用 CAD 或 ELSD（Polymer Labs）检测分析物	CAD 的灵敏度是 ELSD 的 3.6～42 倍。作者得出结论，ELSD 不适合用于该方法	[24]
23	Performance evaluation of ELSD and charged aerosol detection in reversed-phase liquid chromatography	制药/生物制药	杂质检测。CAD、ELSD 和 UV 性能的比较。在 X-Bridge C18 柱（Waters）上，使用乙酸铵-乙腈进行梯度洗脱，对 10 个待测物进行分析。使用 DAD、ELSD（Waters）或 CAD 检测分析物	CAD 的灵敏度比 ELSD 高 6 倍之多。 ELSD 的可重复性比 CAD 差一些。据报道，CAD 对用户更友好。与 UV 相比，CAD 的质量响应因子更加一致	[25]
24	Evaluation of charged aerosol detection(CAD) as a complementary technique for high-throughput LC-MS-UV-ELSD analysis of drug discovery screening libraries	制药/生物制药	数据库筛选。单一校准物的定量。作者使用 LC-MS-UV-CAD 平台，用 3 种结构不同、保留时间相似的化合物生成一条线性校准曲线。然后将该校准曲线应用于一组 20 个化学性质不同的样品	ELSD(Sedex)由于 S 形校准曲线，不能用于本研究。从广义校准曲线得到的 CAD 数据足够准确，能够确保获得分析物的定量和纯度信息，从而产生有意义的生物筛选结果	[26]

2.2
CAD 的历史和背景

电雾式检测过程是将高效液相色谱柱分离后的溶液雾化，形成液滴，然后去溶剂形成干燥的颗粒。随后使颗粒荷电，用静电计进行电荷测量（关于雾化、颗粒形成、颗粒带电和电荷测量的更多细节见第 1 章）。CAD 使用的颗粒带电方法是在美国 TSI 公司［圣保罗，明尼苏达州（St. Paul, MN）］静电气溶胶检测器（electrical aerosol detector，EAD）基础上研制的[27]。CAD 检测器由 ESA 生物科学公司［切姆斯福德，马萨诸塞州（Chelmsford, MA）］和 TSI 公司共同研发，并在 2005 年的匹兹堡会议上推出，被授予“Pittcon”编辑最佳新产品银奖，后来在 2005 年斩获著名的 R&D100 创新奖。Dixon 和 Peterson 则基于 TSI 的静电气溶胶检测仪独立开发了一种类似方法，即气溶胶电荷检测[28]。

随着研究的持续推进和产品设计的工程学提升，CAD 不断演变，功能不断增加（表 2.2 和图 2.1）。

表 2.2　电雾式检测器的发展

模型	日期范围	能力	增强功能
Corona® CAD®	2005～2013 年	首个商用的 HPLC 电雾式检测器，可以通过前面板实现完全控制	适用于所有 HPLC
Corona® Plus	2006～2010 年	扩展的溶剂兼容性和用于许多 CDS 色谱数据系统的软件驱动程序	加热的雾化器可以兼容水/THF 梯度 外部气体调节模块
Corona® Ultra	2009～2011 年	可堆叠设计，灵敏度提高，实时显示色谱图	与 UHPLC 兼容，并添加了精密的内部气体压力调节模块
Corona® Ultra® RS	2011～2013 年	并入 Dionex UltiMate 3000LC 平台，集成前面板诊断和监测功能	处理废液的分流系统，用于数据线性化的幂函数算法
Corona™ Veo™	2013 年至今	扩大的流速范围；提高灵敏度	全新的设计，包括同心雾化器，加热的蒸发器，电子气体调节系统
Vanquish™ Charged Aerosol detector	2015 年至今	直接整合到 Vanquish UHPLC 平台	新型电子控制，滑入式模块设计，精简流路，实现最佳运行

2015
Vanquish CAD——与Vanquish UHPLC平台完全集成，滑入式模块设计，减少流路路径，实现最佳性能
2013
Corona Veo RS——扩大了微流量范围，重新设计了同心雾化、优化了喷雾室，以提高灵敏度、促进加热蒸发，改善电子气体调节
Thermo Fisher Scientific收购Dionex公司
2011
Corona Ultra RS——采用Dionex Ultimate 3000 UHPLC+系统，增加了机载诊断/监测、自动导流和线性参数选择等功能
ESA Biosciences被Dionex公司收购
2009
Corona Ultra——UHPLC兼容，可堆叠设计，优化灵敏度触屏界面，实时色谱显示，内置精密气体调节系统
2006
Corona Plus——通过加热雾化提高溶剂兼容性，采用软件驱动程序的主流CDS系统，采用外部气体调节模块以提高精度
2005
Corona CAD——首台商用HPLC电雾式检测器，通过前面板完全控制，HPLC通用检测器

图 2.1　荷电气溶胶检测器的发展

已有文献总结了 CAD 和其他气溶胶检测器的工作原理和性能(表 2.3)。需要注意的是，这些文献主要讨论的是原始设计的 CAD（Corona CAD、Corona Plus、Corona Ultra 和 Corona Ultra RS）及其使用的交叉气动雾化器(cross-flow pneumatic nebulizer)和撞击器。随着 Corona Veo 的问世(表 2.2)，CAD 的多个关键部件都被重新设计。例如，现在一般使用同心（而不是交叉）雾化器和改进的雾化室。有关 Corona Veo 和 Vanquish CAD 的工作原理以及重新设计对性能的影响在第 1 章中进行了详细讨论。

表 2.3　关于 CAD 和其他基于雾化器的检测器的工作原理和性能的综述

序号	标题	概述	参考文献
1	Advances in aerosol-based detectors	深入回顾了不同的气溶胶检测器，包括 ELSD、CAD、CNLSD 和 CLAD 的工作原理、性能比较、局限性、响应一致性和具体应用领域	[1]
2	Review of operating principle and applications of the charged aerosol detector	CAD 操作原理和一些应用综述	[29]
3	Aerosol-based detectors for liquid chromatography	ELSD、CNLSD 和 CAD 的工作原理，重点是它们的分析性能和影响响应的因素，并讨论了应用示例	[30]

续表

序号	标题	概述	参考文献
4	Evaporative light scattering and charged aerosol detector	ELSD 的工作原理，影响 ELSD 响应的参数，应用示例，并与 CAD 进行性能比较	[31]
5	Charged aerosol detection and ELSD-fundamental differences affecting analytical performance	比较 CAD 和 ELSD 的分析性能，包括灵敏度、线性动态范围、分析物响应一致性和精密度	[2]
6	Universal response in liquid chromatography using charged aerosol detection	作者讨论了流动相组成对气溶胶检测器响应的影响，并表明通过柱后反向梯度补偿，使分析物响应一致。用使用或不使用梯度补偿的 HPLC-CAD 方法分析六种磺胺类药物作为示例	[32]
7	Comparison of the sensitivity of evaporative universal detectors and LC/MS in the HILIC and the reversed-phase HPLC modes	评估了不同气溶胶检测器在反相（RP）或 HILIC 条件下使用时的灵敏度。结果表明，与 RP 条件相比，HILIC 流动相的有机成分更高，因此灵敏度提高，但不同的检测器受到的影响不同。ELSD 与 HILIC 联用比与 RP 联用灵敏度略高。CAD 与 HILIC 联用的灵敏度比与 RP 联用的高 10 倍，ESI-MS 高 5～10 倍	[33]

电雾式检测器可在多种色谱条件下使用，包括液相色谱中的反相[34-38]、正相[38-42]、亲水作用（HILIC）[29,43-47]或混合模式[48-53]；尺寸排阻色谱[22,54-55]；以及超临界流体色谱[21,56-57]。使用 CAD、ELSD 和 MS 的一个前提是流动相必须是挥发性的。多种溶剂均可使用，包括但不限于水、乙腈、甲醇、异丙醇、丙酮、四氢呋喃、庚烷、氯仿等。溶剂的质量至关重要，所用溶剂（有机或水相）必须不含微粒，且优先选择蒸发后残留最少的溶剂，否则，可能会增加背景噪声，影响检测器的性能[58-59]。常用的挥发性缓冲溶液包括甲酸铵和乙酸铵，常用的挥发性离子对试剂包括三氟乙酸和全氟庚酸。一般来说，适用于 LC-MS 的流动相都可以用于 CAD。近年来，用于离子交换色谱的抑制器使得非挥发性缓冲剂也有部分应用[60-61]。图 2.2 为阴离子交换色谱-CAD 的应用实例，使用氢氧化钠洗脱液，通过在线脱盐分离简单糖类化合物。图 2.3 为在线脱盐和梯度洗脱测定大丽花中菊粉的色谱图。

气溶胶检测器的响应会受梯度洗脱中流动相的有机物含量影响，因为洗脱液表面张力和黏度降低以及挥发性提高会导致雾化和气溶胶传输效率发生变化。在梯度洗脱中，相对于流动相中含有较高含量有机溶剂洗脱的分析物，水溶液洗脱的分析物响应通常受到抑制。可以采取以下几种方法将这种影响降至最低。首先，可以在色谱柱后、检测器前使用 T 形接头，添加定量的有机溶剂。这种方法可以在等度分离中增强分析物的信号，但可能会引起沉淀[62]。其次，通过柱后 T 形接头精确添加反梯度流动相，又称梯度补偿，以确保进入检测器的流动相组成稳定。后者（图 2.4）虽然更复杂，但可以有效减少溶剂效应，确保在整个梯度洗脱中响应因子的一致性[32,37,63-64]。

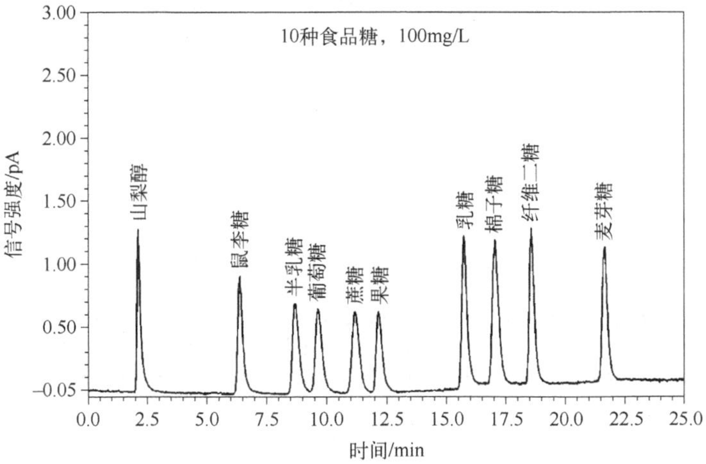

图 2.2　使用离子交换色谱法（CarboPac PA20 柱–Thermo Scientific Dionex）分离简单的糖类化合物（使用氢氧化钠洗脱液）。通过带有 RFC–10 Reagent-Free™控制器（Thermo Scientific Dionex）的 CMD 300（Carbohydrate Membrane Desalter 300）进行流动相脱盐后，使用 CAD 对糖类化合物进行测量

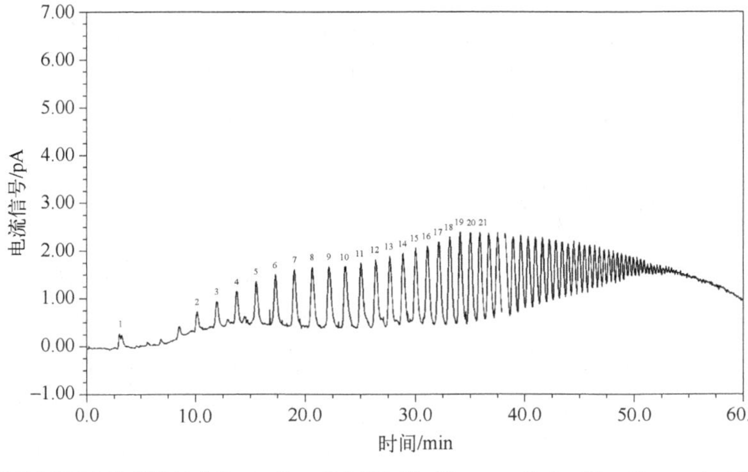

图 2.3　通过离子交换色谱法（CarboPac PA100 柱–Thermo Scientific Dionex），使用乙酸钠–氢氧化钠洗脱液，分离大丽花菊粉。使用带有 RFC–10 Reagent-Free™控制器（Thermo Scientific Dionex）的 CMD 300（Carbohydrate Membrane Desalter 300）进行流动相脱盐后，使用 CAD 对糖类化合物进行测量

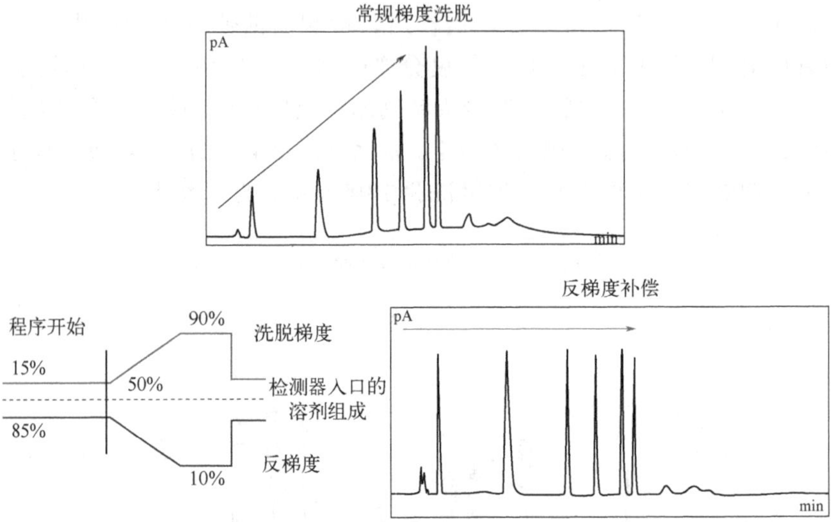

图 2.4 在传统的梯度洗脱过程中，由于雾化效率的改变，分析物的响应因子会发生变化。梯度补偿确保进入雾化器的流动相成分是一致的，因此分析物的响应因子保持相似，不受洗脱时间影响。资料来源：经 Thermo Fisher Scientific Inc 许可

2.3 应用领域

电雾式检测器通常用于测量缺乏发色团或不能被电离的化合物。在本节中，我们选择了三组具有此类特征的化合物——糖类化合物、脂类和天然产物，以阐述CAD在分析中的应用，并讨论CAD如何用于解决不同行业的分析需求。

2.3.1 糖类化合物

糖类化合物极性高，通常紫外吸收较弱，因此，使用反相 HPLC-UV 对其进行分析是具有挑战性的。基于阴离子交换色谱的脉冲安培检测法是常用的糖类化合物检测方法，但需配备专用的无金属离子色谱系统。由于氢氧化钠流动相易吸收二氧化碳形成碳酸盐，影响分析物的保留时间，故需要使用临用现制或在线混合的流动相。此外，由于氢氧化钠不挥发，如需使用质谱检测，流动相必须经过脱盐处理。随着色谱柱技术的发展，使用有机流动相的 HILIC-CAD 方法越来越多。关于使用 CAD 进行糖类化合物测定的相关文献参见表 2.4。有关内容将在第 7 章进行详细讨论。

表 2.4　糖类化合物相关的 CAD 参考文献

序号	标题	应用领域	概述	参考文献
1	Characterization of an endoglucanase belonging to a new subfamily of glycoside hydrolase family 45 of the basidiomycete *Phanerochaete chrysosporium*. Applied and environmental microbiology	农业	纤维素的分解。纤维素是地球上最丰富的生物聚合物，它的降解是自然碳循环的一部分。在自然界中，微生物使用大量纤维素水解酶降解纤维素。水解酶包括纤维素生物水解酶、内切葡聚糖酶和 β-葡萄糖苷酶。在这篇论文发表之前，木材腐烂真菌黄孢原毛平革菌使用的酶还不确定。使用 HILIC-CAD 研究糖苷水解酶家族 45 内切葡聚糖酶的活性，作者将其确定为该真菌的主要水解酶	[46]
2	Structural and biochemical analyses of glycoside hydrolase family 26β-mannanase from a symbiotic protist of the termite *Reticulitermes speratus*	农业	纤维素的分解。位于白蚁肠道中的共生原生动物有助于木质纤维素生物质的降解。一种新型的 β-甘露聚糖酶负责降解这种生物质的主要成分——葡甘露聚糖。作者使用 HILIC-CAD 研究了酶解过程中释放的碳水化合物，以更好地了解 β-甘露聚糖酶识别杂多糖的机制	[65]
3	Two-step process for preparation of oligosaccharide propionates and acrylates using lipase and cyclodextrin glycosyl transferase(CGTase)	生物技术	糖酯。糖酯被用作表面活性剂、水凝胶和其他材料，但二糖以上的糖类化合物的酶促酰化是有问题的。作者通过使用脂肪酶和 CGT 酶的两步酶解过程克服了该问题。使用反相 HPLC-CAD 分析转糖基化反应的反应混合物	[36]
4	Differential selectivity of the Escherichia coli cell membrane shifts the equilibrium for the enzyme-catalyzed isomerization of galactose to tagatose	生物技术	人工甜味剂。塔格糖（tagatose）是一种天然单糖，其质地和甜度与蔗糖非常相似，但热量只有蔗糖的 38%。利用细菌 L-阿拉伯糖异构酶将半乳糖生物转化为塔格糖的研究非常活跃。作者使用 HILIC-CAD 方法测量基因敲除菌株的塔格糖产量，以及如何利用细胞膜的选择性变化来操纵异构酶反应	[47]
5	Appearance and distribution of regioisomers in metallo-, serine-, and protease-catalyzed acylation of sucrose in *N,N*-dimethylformamide	生物技术	表面活性剂。脂肪酸糖酯是一种非离子表面活性剂，通常通过传统的化学工艺在高温下合成，导致区域专一性低并具有支链反应。本文探讨了使用生物催化作为一种更简单的替代方法，具有更好的活性和专属性，无须手性和区域选择性有机合成中经常需要用到的保护和去保护步骤。样品使用反相 HPLC-CAD 进行分析	[35]

续表

序号	标题	应用领域	概述	参考文献
6	Characterization of cyclodextrin glycosyltransferases (CGTases) and their application for synthesis of alkyl glycosides with oligomeric head group	生物技术	表面活性剂。烷基糖苷被许多行业用作非离子表面活性剂。目前用于制造烷基糖苷的商业化酶法仅限于只有一个糖残基的产品。人们对生产带有加长亲水基团的烷基糖苷感兴趣，因为这些产品对细胞和组织更温和。作者使用 HPLC-CAD 研究了能够生产加长型烷基糖苷的不同细菌环糊精葡萄糖基转移酶的活性	[66]
7	1,2-α-l-Fucosynthase: a glycosynthase derived from an invertingα-glycosidase with an unusual reaction mechanism	生物技术	在糖链上发现的 α-岩藻糖残基在炎症、发育和信号传导中起着重要作用，同时也是病原体与宿主细胞结合的位点。岩藻糖低聚糖有很大的治疗潜力。作者利用糖合酶技术修饰了 1,2-α-l-岩藻糖苷酶，创造了一条合成岩藻糖-α-1,2-半乳糖连接的新途径。使用 HPLC-CAD 监测糖合成酶的活性	[67]
8	Determination of levoglucosan in atmospheric aerosols using HPLC with aerosol charge detection	环境	生物质燃烧。采用 HPLC-气溶胶检测方法来测量生物质燃烧烟气中的左旋葡糖和其他单糖酐	[68]
9	Chromatography for foods and beverages: carbohydrates analysis applications notebook	食品/饮料	综述。本应用手册介绍了基于 HPLC 和 IC 的应用文献，用于测量食品、饮料和补充剂中的糖类化合物	[69]
10	Simultaneous separation and determination of erythritol, xylitol, sorbitol, mannitol, maltitol, fructose, glucose, sucrose, and maltose in food products by HPLC coupled to charged aerosol detector	食品/饮料	糖分析。介绍了一种简单、灵敏、准确的方法，利用梯度 HILIC-CAD 同时测定多种单糖和糖醇。检测了果汁、花蜜和糖浆中的糖含量	[43]
11	Sugar content in the sap of birches, hornbeams, and maples in southeastern Poland	食品/饮料	糖分析。使用 HILIC-CAD 分析不同树木的树汁中的葡萄糖、果糖和蔗糖	[45]
12	Comparison of two evaporative universal detectors for the determination of sugars in food samples by liquid chromatography	食品/饮料	糖分析。使用 CAD 或 ELSD 检测调味汁、糖果和奶制品中的果糖、葡萄糖、麦芽糖、乳糖和麦芽三糖	[3]
13	Carbohydrate analysis in beverages and foods using pulsed amperometric detection or charged aerosol detection	食品/饮料	糖分析。对 HPLC-PAD 和 HPLC-CAD 法进行了评估，以测定不同饮料中的简单糖。HPLC-CAD 操作更简单，不需要无金属系统，而且分析物保留行为不会受到流动相中产生的碳酸盐的影响	[70]

续表

序号	标题	应用领域	概述	参考文献
14	Simple assay of trehalose in industrial yeast	食品/饮料	海藻糖。开发了一种 HILIC-CAD 方法用于分析工业酵母中的海藻糖。该方法比传统色谱法和 UV 吸收检测法更为灵敏。该方法可用于烘焙业控制酵母产品的质量，评估酵母菌株的生物技术的意义	[44]
15	Determination of inulin-type fructooligosaccharides in edible plants by HPLC with charged aerosol detector	食品/饮料	膳食纤维。低聚果糖被归类为膳食纤维，普遍认为对健康有益处。作者使用微波辅助提取法和 HPLC-CAD 分析了不同植物提取物中的 11 种菊粉型果寡糖，其聚合度为 3～13	[71]
16	Practical preparation of lacto-*N*-biose Ⅰ, a candidate for the bifidus factor in human milk	食品/饮料	双歧杆菌因子。这是一种能促进产品或动物肠道中有益双歧杆菌生长的化合物。作者开发了一种“一锅”酶法生成千克级的乳糖-*N*-生物糖 1（LNB），这是一种被提议作为人类双歧杆菌因子的化合物。为了研究反应机理，使用 HILIC-CAD 测量 LNB、半乳糖乙酰胺、蔗糖、果糖和葡萄糖的含量	[72]
17	Distribution of in vitro fermentation ability of lacto-*N*-biose I, a major building block of human milk oligosaccharides, in bifidobacterial strains	食品/饮料	双歧杆菌因子。LNB 是人乳寡糖的组成部分，它可能是有益双歧杆菌选择性生长的一个因素。本研究考察了不同的双歧杆菌菌株对 LNB 的利用情况。使用 HILIC-CAD 对 LNB 的含量进行测定	[73]
18	Carbohydrate analysis using HPLC with PAD, FLD, CAD, and MS detectors	通用方法	介绍了一些基于 HPLC 的方法，用于测量单糖、修饰糖和从糖蛋白中释放出的聚糖。HPLC-CAD 能够直接测量糖类化合物，无须使用衍生化或无金属系统	[74]
19	Selectivity issues in targeted metabolomics: separation of phosphorylated carbohydrate isomers by mixed-mode hydrophilic interaction/weak anion-exchange chromatography	通用方法	作者开发了一种 HILIC 方法，使用混合模式（反相/弱阴离子交换）柱和 CAD 来测量大量磷酸化的糖类化合物。酸性条件与低温结合下，α-和 β-端基异构体能够实现完全分离。使用动态 HPLC，使变旋研究、转换动力学和转换能垒的测量成为可能	[49]
20	Investigation of polar organic solvents compatible with Corona-charged aerosol detection and their use for the determination of sugars by hydrophilic interaction liquid chromatography	通用方法	由于 2008 年全球乙腈短缺，作者通过 HILIC-CAD 研究了不同有机溶剂对大量简单糖类化合物色谱分离和检测的影响。丙酮被成功地用作乙腈的替代品。例如，测量啤酒样品中的糖和分析部分水解的葡聚糖样品	[75]

续表

序号	标题	应用领域	概述	参考文献
21	Composition of structural carbohydrates in biomass: precision of a liquid chromatography method using a neutral detergent extraction and a charged aerosol detector	工业	生物燃料。木质纤维素生物质是一种可用于生产生物燃料和化学品的原料。生物质的成分表征对于优化生物燃料生产非常重要。作者使用中性洗涤剂提取原料，然后用硫酸水解，最后用配位体交换色谱-CAD 进行分析。除了测量纤维素和半纤维素的含量，与 Van Soest 参考方法不同，这种方法还测量了木聚糖、阿拉伯糖、甘露糖和半乳糖，以便更好地进行表征	[76]
22	Efficient separation of oxidized cello-oligosaccharides generated by cellulose degrading lytic polysaccharide monooxygenases	工业	生物燃料。通过酶转化将生物质转化为有用的成分，如葡萄糖，是生物燃料工业的基础。然而，酶法水解往往是低效和缓慢的。最近发现的新型氧化酶（裂解多糖单加氧酶）可以增强传统水解酶的作用，这是一个重大突破。为了更好地了解酶的反应机理，作者评估了不同的色谱方法：高效阴离子交换色谱法-脉冲安培检测（HPAEC-PAD）、HILIC-CAD 和多孔石墨化炭液相色谱-CAD（PGC-LC-CAD）。虽然 HPAEC-PAD 显示出良好的分离度、灵敏度和通量，但它与 LC-MS 不兼容。作者认为，LC-CAD/MS 平台可以更好地表征样品	[77]
23	Enzymatic saccharification of soda pulp from sago starch waste using sago lignin-based amphipathic derivatives	工业	生物燃料。作者开发了可重现的、高效的工艺，能够将生物质（西米废料）转化为葡萄糖，可用于生物燃料（酒精）生产，也可作为食物来源。使用 SEC-CAD 分析糖类化合物	[78]
24	Hydrophilic interaction liquid chromatography—a potential alternative for the analysis of dextran-1	制药/生物制药	右旋糖酐。药典中平均分子量的测试被用作质量属性来定义和控制聚合物长度中葡萄糖单位的总体分布。药典方法采用 SEC，运行时间超过 500 分钟。作者描述了一种使用 HILIC-CAD 的改进的梯度方法，能够在 13 分钟内分离聚合度 15 以内的葡聚糖	[79]
25	Direct detection method of oligosaccharides by high-performance liquid chromatography with charged aerosol detection	制药/生物制药	唾液酸。本文介绍了一种 HILIC-CAD 方法，用于直接测量蛋黄中的唾液酸化糖蛋白。该方法比 UV 检测的灵敏度高五倍。该方法不如荧光法灵敏，但无需衍生。该方法也可用于测量单唾液寡糖、去唾液酸寡糖和酸水解后从唾液酸糖蛋白中释放的游离唾液酸	[80]

2.3.2 脂类

脂类是疏水性或两亲性的小分子，化合物结构多样，分类复杂。脂类可分为不同的类别，有时称为类或族（例如，脂肪酸、磷脂、甾醇、甘油三酯、聚酮类和类胡萝卜素），其中一些可以根据组成进一步细化（例如，尽管甘油三酯由一个甘油分子和三个脂肪酸分子组成，但脂肪酸链的长度、不饱和度和位置以及在甘油骨架上的位置的不同，可以形成多种甘油三酯分子）。脂类具有多种分析方法，包括薄层色谱法（TLC）、核磁共振（NMR）、HPLC、MS 和气相色谱（GC）等[81-82]。多年来，GC-MS 已被用于分析不同样品基质中的各种脂类。虽然基于 GC 的方法可以提供很好的色谱分辨率，但样品制备（包括衍生化）和不稳定分析物的测定颇具挑战。使用 HPLC 分离脂类的方法可以分为两种。正相 HPLC 用于分离不同“类”的脂类，而反相 HPLC 则用于分离同一“类”脂类中不同的“结构”。测定方法包括针对特定脂类的靶向方法，或研究脂类组的全用（非靶向）方法。许多脂类缺乏发色团，因此无法使用 HPLC-UV 检测。当前，HPLC-CAD 常用于分析易挥发的脂类（如短链脂肪酸和脂肪酸酯）之外的其他脂类。使用 CAD 进行脂类测定的相关文献见表 2.5。

2.3.3 天然产物

天然产物可以定义为由生物体产生的化合物。该定义过于宽泛，因此通常根据其生物功能、生物合成途径或来源对天然产物进行进一步分类。本文使用更细化的定义，将天然产物定义为在陆地（植物或动物）或海洋生物中发现的、具有生物活性的低分子量化合物。天然产物可能是有益的，也可能是有害的（如毒素）。天然产物对制药业来说非常重要，它提供了新的化学骨架，可以通过修饰以产生用于新药研发的候选化合物。

天然产物通常作为补充剂食用，以促进健康、预防或治疗疾病。补充剂中的天然产物，可以是经过纯化的，也可以是包含于原始基质中的（例如干草药、提取物、酊剂等）。补充剂是一个价值数十亿美元的行业，人们对产品的真伪、掺假和污染问题（如农药、重金属、真菌毒素和药物）越来越关注。

表 2.5　脂类相关 CAD 文献

序号	标题	应用领域	概述	参考文献
1	Determination of long-chain alcohols using high-performance liquid chromatography (HPLC) with charged aerosol detection	食品/饮料	脂肪醇。长链醇通常不仅是甘蔗糖生产的副产品，还存在于植物油、蜂蜡中，在许多角质层蜡质中，通过降低血浆 LDL-C 发挥其健康效益。本文介绍了一种 HPLC-CAD 方法，用于测量食品补充剂、蔗糖、植物油和表皮植物蜡中的线性长链醇（C_{20}～C_{34}）	[83]
2	The analysis of lipids via HPLC with a charged aerosol detector	食品/饮料	通用方法。开发并评估了几种 HPLC-CAD 方法，用于测量不同的脂类，包括非极性脂类（甘油三酯和脂肪酯）或极性脂类（磷脂）的正相方法，生育酚和生育三烯酚的正相方法，以及脂类分子（胆固醇、脂肪酸、酯和甘油三酯）的反相方法	[38]
3	Effect of temperature toward lipid oxidation and nonenzymatic browning reactions in krill oil upon storage	食品/饮料	全部脂类（global lipids）。作者表明，将磷虾油长期暴露在高温下会增加脂类过氧化和非酶性褐变反应——后者是由羰基化合物与氨基酸或氨的反应造成的。使用 HPLC-CAD 对脂类进行检测	[84]
4	Quantitation of triacylglycerols from plant oils using charged aerosol detection with gradient compensation	食品/饮料	甘油酯。开发了一种非水反相 HPLC-CAD 方法，用于定量分析植物和动物油中的三酰甘油（TG）。作者使用了一种反向梯度方法来消除流动相成分变化对分析物信号的影响。不同的 TG 之间的响应差异＜5%。与 APCI-MS 相比有明显改善	[37]
5	Determination of olive oil adulteration by principal component analysis with HPLC-charged aerosol detector data	食品/饮料	甘油酯。使用 HPLC-CAD 方法对油类样品中的甘油三酯模式进行分析。然后用化学计量学模型来测定由玉米油、榛子油或油渣混合而成的纯特级初榨橄榄油样品	[85]
6	Discriminating olive and non-olive oils using HPLC-CAD and chemometrics	食品/饮料	甘油酯。使用三酰甘油酯（TAG）全谱来区分橄榄油和其他植物油。使用化学计量学模型对通过 HPLC-CAD 获得的 TAG 全谱进行分析	[86]

续表

序号	标题	应用领域	概述	参考文献
7	Olive oil quantification of edible vegetable oil blends using triacylglycerols chromatographic fingerprints and chemometric tools	食品/饮料	甘油酯。使用 TAG 全谱定量与植物油混合的橄榄油。使用化学计量学模型对通过 HPLC-CAD 获得的 TAG 全谱进行分析	[87]
8	Authentication of geographical origin of palm oil by chromatographic fingerprinting of triacylglycerols and partial least square-discriminant analysis	食品/饮料	甘油酯。使用 HPLC-CAD 和 GC-MS 评估了 TAG 色谱指纹图谱对不同产地棕榈油的表征效果。然后使用化学计量学模型来预测棕榈油样品的来源	[88]
9	Compositional and thermal characteristics of palm olein-based diacylglycerol(DAG)in blends with palm super olein	食品/饮料	甘油酯。DAGs 是一种更健康的油。它的消化和代谢方式与其他油类不同，大大降低了肥胖的风险。本文的目的是为棕榈油行业提供有关棕榈油基二酰基甘油混合物的理化特性的基本信息，并确定哪些具有食品行业最理想的理化特性。采用 HPLC-CAD 测定酰基甘油（MAG、DAG 和 TAG）的组成	[89]
10	Determination of polymerized triglycerides by high-pressure liquid chromatography and Corona Veo-charged aerosol detector	食品/饮料	甘油酯。甘油酯是植物油和动物油的主要成分，在加热时发生聚合反应，产生高沸点、高黏度和不溶性物质。这些会影响产品的质量、特性和营养成分。使用 HPLC-CAD 对聚合的甘油酯进行表征	[90]
11	Quadruple parallel mass spectrometry(MS)for analysis of vitamin D and triacylglycerols in a dietary supplement	食品/饮料	甘油酯。文献[91]中描述的同时测量膳食补充剂中维生素 D 和甘油三酯的“稀释进样”法被扩展到包括并联的第 4 个 MS 检测器	[92]
12	Characterization of used cooking oils by HPLC and Corona-charged aerosol detection	食品/饮料	地沟油。用来描述从餐厅油炸锅、下水道、排水管、隔油池和屠宰场废弃物等来源收集的废油中回收的非法食用油。经过简单的再加工，它被包装并作为正常食用油的廉价替代品转售。使用 HPLC-CAD 方法测定脂类全谱，可用于区分新鲜和使用过的食用油（地沟油）	[42]

续表

序号	标题	应用领域	概述	参考文献
13	Simple and efficient profiling of phospholipids in phospholipase D-modified soy lecithin by HPLC with charged aerosol detection	食品/饮料	磷脂。开发了一种 HPLC-CAD 方法来测量 6 种不同类别的磷脂，并用于研究磷脂酶 D 对卵磷脂样品的影响	[11]
14	A new liquid chromatography method with charge aerosol detector(CAD)for the determination of phospholipid classes. Application to milk phospholipids	食品/饮料	磷脂。在使用正相 HPLC-CAD 分析 5 类磷脂之前，用 SPE 制备牛奶样品	[40]
15	Development of analytical procedures to study changes in the composition of meat phospholipids caused by induced oxidation	食品/饮料	酸败。作者开发了一个评估肉类氧化水平的模型。使用加速溶剂萃取-HPLC-CAD 方法研究过氧化条件对一些磷脂的影响，包括磷脂酰类和脑苷类	[93]
16	The effect of dietary antioxidantion iron-mediated lipid peroxidation in marine emulsions studied by measurement of dissolved oxygen consumption	食品/饮料	酸败。研究了鱼油乳剂中存在低分子量铁的情况下，几种食品抗氧化剂的行为，其中鱼油乳剂使用海洋磷脂稳定。与铁转化的抗氧化剂相互作用，形成与脂质过氧化相关的氧化物质。使用正相 HPLC-CAD 对磷脂类进行测量	[41]
17	Chromatography for foods and beverages: fats and oils analysis applications notebook	食品/饮料	综述。对 HPLC-CAD 应用于食品、饮料和补充剂中的脂类测量的文献进行了梳理	[94]
18	Simultaneous determination of five bile acids in pulvis fellis suis, pulvis billis bovis, pulvis fellis caprinus, and pulvis fellis galli by HPLC-charged aerosol detector	食品/饮料	补充剂。开发了一种 HPLC-CAD 方法，用于同时测量不同市售胆囊粉补充剂中的 5 种胆汁酸。作者指出，该方法比 HPLC-ELSD 方法灵敏度高 3 倍，线性动态范围更宽	[95]
19	“Dilute-and-shoot”triple parallel MS method for analysis of vitamin D and triacylglycerols in dietary supplements	通用方法	甘油酯。描述了一种同时测量膳食补充剂中维生素 D 和 TAG 的“稀释进样法”。色谱分离后，使用 DAD 进行检测，然后分流将 CAD、ELSD 和 3 个不同电离模式的 MS 并联进行检测	[91]

续表

序号	标题	应用领域	概述	参考文献
20	Composition analysis of positional isomers of phosphatidylinositol (PI) by HPLC	通用方法	磷脂酰肌醇。肌醇有6个不等价的羟基，因此，在酶的作用下PI形成时，有6个可能的位置异构体。由于这些异构体可能具有不同的生物作用，因此独立测量它们的含量是很重要的。使用正相HPLC-CAD能够实现PI异构体的直接测量	[39]
21	The use of charged aerosol detection with HPLC for the measurement of lipids	通用方法	脂质组学。作者介绍了如何使用HPLC-CAD测量特定的脂类（例如，脂肪酸、脂肪醇、脂溶性维生素和抗氧化剂）或分析样品中包含的所有脂类	[81]
22	From lipid analysis toward lipidomics, a new challenge for the analytical chemistry of the twenty-first century. Part Ⅰ: Modern lipid analysis	通用方法	脂质组学。本综述描述了用于测量脂类的不同分析方法，包括HPLC-CAD，以及利用它们来探索脂类组	[96]
23	Comparison of universal detectors for high-temperature micro-liquid chromatography	通用方法	方法比较。使用角鲨烯、胆固醇和神经酰胺作为被测化合物，评估了CAD、ELSD、APCI-MS和ESI-MS与微高温HPLC联用时的性能。CAD比ELSD更灵敏（类似于MS），比ELSD具有更宽的线性动态范围，是唯一能够测量所有3种化合物的检测器	[97]
24	Comparison between charged aerosol detection and light scattering detection for the analysis of Leishmania membrane phospholipids	通用方法	磷脂。利什曼病（*Leishmaniasis*）是一种广泛存在于世界各地的寄生虫疾病。一种名为米替福新的治疗方法，通过破坏膜磷脂分布来发挥其作用。使用HPLC-CAD对利什曼原虫膜的磷脂类进行了检测	[10]
25	Rapid quantification of yeast lipid using microwave-assisted total lipid extraction and HPLC-CAD	通用方法	极性脂类。作者创建了一种简单且高效的方法来快速筛选酵母中的脂类。微波辅助提取后，使用HPLC-CAD对中性和极性脂类进行测量	[98]
26	Analysis of fatty acid samples by hydrophilic interaction liquid chromatography and charged aerosol detector	通用方法	前列腺素。对不同的HILIC-CAD方法进行了评估，以测量前列环素（前列腺素PG12）、6-酮基前列腺素F1α、花生四烯酸、紫胶桐酸和12-羟基癸酸	[99]

续表

序号	标题	应用领域	概述	参考文献
27	Extraction and analysis of food lipids	通用方法	综述。讨论了食品中脂类的几种不同提取和分析方法	[100]
28	Advanced MS methods for analysis of lipids from photosynthetic organisms	通用方法	综述。用于测量不同脂类的 HPLC、MS 和 LC-MS 方法概述	[59]
29	Lipid analysis via HPLC with a charged aerosol detector	通用方法	综述。这篇简短的综述讨论了使用 HPLC-CAD 测量不同的非挥发性脂类的情况	[58]
30	Batch production of FAEE-biodiesel using a liquid lipase formulation	工业	生物燃料。作者探讨了使用液体脂肪酶，作为固定化酶的一个可行替代，用于将油脂转化为生物柴油。使用 HPLC-CAD 量化油相样品中的游离脂肪酸、脂肪酸乙酯、单甘油酯、双甘油酯和甘油三酯	[101]
31	Azide improves triglyceride yield in microalgae	工业	生物燃料。微藻类是用于生物燃料生产的重要脂类来源。实验表明，叠氮化物能显著提高 17 种微藻中的 15 种微藻的甘油酯产量。使用 HPLC-CAD 测量微藻暴露于叠氮化物后不同甘油酯的浓度和相对丰度的变化	[102]
32	Characterization of castor oil by HPLC and charged aerosol detection	工业	蓖麻油。蓖麻油有许多用途，包括个人护理产品、化学品制造和工业应用。作者提出了一种 HPLC-CAD 方法，能够测量蓖麻油中的不同甘油三酯，包括一种特殊的甘油三酯——甘油三油酸酯	[103]
33	Analysis of oil stain on paper by charged aerosol detector	工业	污渍。作者使用 HPLC-CAD 方法对纸张样本上不同油渍的脂类成分进行了分析，并区分了矿物油、动物油和植物油引起的污渍	[104]
34	Effects on immunogenicity by formulations of emulsion-based adjuvants for malaria vaccines	制药/生物制药	佐剂。评估了基于角鲨烯的稳定乳剂佐剂剂量对新型抗疟疾疫苗的体液免疫响应和细胞免疫响应的影响。使用 HPLC-CAD 监测葡萄糖脂类佐剂（GLA）的含量	[105]
35	Squalene emulsions for parenteral vaccine and drug delivery	制药/生物制药	佐剂。角鲨烯是一种线型萜类，被用作药物和疫苗递送的肠外乳剂的主要成分。本文梳理了其物化和生物特性以及分析技术（包括 HPLC-CAD）对其进行表征	[106]

续表

序号	标题	应用领域	概述	参考文献
36	Monitoring the effects of component structure and source on formulation stability and adjuvant activity of oil-in-water emulsions	制药/生物制药	佐剂。水包油乳剂已显示出其在疫苗佐剂制剂中的前景。这项研究评估了由动物、植物和合成来源的油和洗涤剂成分组成的乳液的理化性质和生物功效。使用 HPLC-CAD 进行脂类定量	[107]
37	Determination of phospholipid and its degradation products in liposomes for injection by HPLC-charged aerosol detection (CAD)	制药/生物制药	药物递送。使用 HPLC-CAD 表征脂质体中的磷脂酰胆碱、溶血磷脂酰胆碱、二硬脂酰甘油-3 磷脂酰甘油和二硬脂酰甘油-3 磷脂酰乙醇胺-聚乙二醇（PEG）	[108]
38	Analysis of cationic lipids used as transfection agents for siRNA with charged aerosol detection	制药/生物制药	药物递送。RNA 的较小片段，称为小干扰 RNA（siRNA），正在被研究作为治疗多种疾病的新手段，包括癌症、艾滋病、糖尿病、年龄相关性黄斑变性和肝炎。为了有效地穿透细胞膜，RNA 复合物被转染试剂包裹，以提供净正电荷。合适的转染试剂包括使用阳离子脂质体、聚乙二醇化纳米载体复合物、聚合物系统、树状大分子、多聚物、天然聚合物和细胞穿透肽。随着临床试验进入最后阶段，需要对这些阳离子脂类递送剂的纯度和数量进行质控测量。本文介绍了一种 HPLC-CAD 方法，可以对常用的阳离子脂类进行纯度评估、分析物定量和稳定性测量	[109]
39	Quantification of pegylated phospholipids décorating polymeric microcapsules of perfluorooctyl bromide by reversed-phase HPLC with a charged aerosol detector	制药/生物制药	药物递送。超声造影剂（UCAs）通常由聚合物微胶囊封装的气态全氟碳化物组成。然而，这些造影剂会迅速从人体循环系统中清除。颗粒表面的聚乙二醇化可以延迟这种清除。HPLC-CAD 方法能够测量典型的 PEG 化磷脂-DSPE-PEG2000。该方法适用于表面活性剂溶液中游离的微胶囊上的 DSPE-PEG 或整个悬浮液中的 DSPE-PEG 的定量	[110]
40	Phospholipid decoration of microcapsules containing perfluorooctyl bromide used as UCAs	制药/生物制药	药物递送。本文讨论了一种简单易行的聚合物微胶囊 UCAs 表面化学修饰方法。使用 HPLC-CAD 对微胶囊上的 DSPE-PEG 进行测定	[111]

续表

序号	标题	应用领域	概述	参考文献
41	A nanoliposome delivery system to synergistically triggers TLR4 AND TLR7	制药/生物制药	药物递送。作者开发了可量产的纳米脂质体递送系统，包含两种协同配体（TLR4[GLA]和 TLR7），由药用辅料和激动剂制成。使用 HPLC-CAD 对含有 GLA 的制剂进行了表征	[112]
42	The performance of PEGylated nanocapsules of perfluorooctyl bromide as an UCA	制药/生物制药	药物递送。用聚乙二醇化磷脂-PEG2000 接枝的 DSPE-PEG 修饰 UCAs 聚合物纳米胶囊的表面。这一过程使它们能够逃避单核吞噬细胞系统的识别和清除，从而实现被动肿瘤靶向。使用 HPLC-CAD 对纳米颗粒相关的 DSPE-PEG 进行定量	[113]
43	Optimizing manufacturing and composition of a TLR4 nanosuspension: physicochemical stability and vaccine adjuvant activity	制药/生物制药	药物递送。纳米悬浮液是一类药物和佐剂的递送系统。一种由合成 TLR4 配体 GLA 和 DPPC 组成的纳米悬浮液是一种临床疫苗佐剂，称为 GLA-AF。使用 HPLC-CAD 对不同供应商的 DPPC 的纯度进行了研究	[114]
44	Amino alcohol cationic lipids for nucleotide delivery	制药/生物制药	药物递送。这项美国专利描述了新型阳离子脂类的使用，它可以与其他成分如胆固醇和 PEG 化脂类一起使用，形成带有寡核苷酸的脂类纳米颗粒，并作为 siRNA 递送载体。使用 HPLC-CAD 对单个脂类的含量进行测量	[115]
45	Simple and precise detection of lipid compounds present within liposomal formulations using a charged aerosol detector	制药/生物制药	药物递送。开发并评估了一种能够测定脂质体制剂中胆固醇、α-生育酚、磷脂酰胆碱和 mPEG-2000-DSPE 的 HPLC-CAD 方法	[116]
46	An LC method for the analysis of phosphatidylcholine hydrolysis products and its application to the monitoring of the acyl migration process	制药/生物制药	药物递送。磷脂中的酰基迁移限制了脂质体类药物的保质期。尽管溶血磷脂位置异构体的测定是磷脂化学中一个长期存在的问题，作者使用 HPLC-CAD 成功地解决了这一问题	[117]
47	Charged aerosol detection to characterize components of dispersed-phase formulation	制药/生物制药	药物递送。这篇综述讨论了使用 CAD 分析分散相（或胶体）制剂中的成分	[118]

续表

序号	标题	应用领域	概述	参考文献
48	Aerosol-based detectors for the investigation of phospholipid hydrolysis in a pharmaceutical suspension formulation	制药/生物制药	药物递送。开发了一种 HPLC 方法来量化以磷脂为稳定剂的药物混悬液中游离脂肪酸的含量	[20]
49	Determination of Impurities in 17*β*-estradiol reagent by HPLC with charged aerosol detector	制药/生物制药	杂质测定。使用 HPLC-CAD 方法测定 17*β*-雌二醇试剂中的 6 种含量低的杂质	[119]
50	Interactions between parenteral lipid emulsions and container surfaces	制药/生物制药	营养。甘油三酯乳剂用于满足危重病人的营养需求。乳化液不稳定导致形成更大尺寸的脂球，带来健康隐患。使用 HPLC-CAD 评估了不同材料的容器对乳剂稳定性的影响	[120]
51	Quantitative study of the stratum corneum lipid classes by normal-phase liquid chromatography: comparison between two universal detectors	研究	脂类分析。使用 HPLC-CAD 检测了人类皮肤提取物中的脂肪酸、神经酰胺和胆固醇	[9]
52	Integrated analysis, transcriptome-lipidome, reveals the effects of INO-level(INO2 and INO4)on lipid metabolism in yeast	研究	脂类分析。INO 转录因子通过调控含有 UASINO 的基因控制酵母脂质生物合成。作者推测，INO 基因的表达水平可能受到营养水平的影响，进而影响脂质代谢。使用 HPLC-CAD 进行脂类分离、鉴定和定量	[121]
53	Origin of *β*-carotene-rich plastoglobuli in *Dunaliella bardawil*	研究	脂类分析。在缺氮的条件下，耐卤微藻（*Dunaliella bardawil*）积累了两种类型的脂滴：富含 *β*-胡萝卜素的质体小球和富含甘油三酯（TG）的细胞质脂滴（CLD）。作者对这些脂类库（lipid pools）的来源感兴趣，并表明 CLD 脂类来自内质网，而质球体脂类来自叶绿体膜脂类的水解和来自 CLD 的 TG 和脂肪酸的转移。使用 HPLC-CAD 对 TG 的全貌进行测定	[122]

续表

序号	标题	应用领域	概述	参考文献
54	Structure/function relationships of adipose phospholipase A2 containing a cys-his-his catalytic triad	研究	脂类分析。脂肪组织磷脂酶 A2（AdPLA）通过抑制脂肪组织的分解，在肥胖症的发病中起着重要作用。基于酶的建模，以及结构和生化数据的生成，作者认为目前基于花生四烯酸的释放模型可能是错误的。AdPLA 的活性是由脂肪酸释放量决定的，使用 HPLC-CAD 测定脂肪酸释放量	[123]
55	Mice deleted for glycerol-3-phosphate acyltransferase 3 (GPAT3) have reduced GPAT activity in white adipose tissue and altered energy and cholesterol homeostasis in diet-induced obesity	研究	脂类分析。多年来，克隆和敲除实验推进了对甘油三酯合成酶在健康和疾病中作用的理解。利用这些方法，作者评估了 GPAT3 在维持葡萄糖和脂类平衡方面的作用。使用正相 HPLC 与 CAD 联用的方法，同时测定游离胆固醇、酯化胆固醇、甘油三酯和甘油二酯	[124]
56	Engineering of acetyl-CoA metabolism for the improved production of polyhydroxybutyrate in *Saccharomyces cerevisiae*	研究	脂类分析。微生物的代谢工程可以用来产生高产量的新产品。作者对酵母进行了改良，使其能够过量生产细菌能量储存物质——多羟基丁酸酯，同时尽量减少副产品的形成。使用梯度 HPLC-CAD 方法分析脂类，包括三酰甘油、游离脂肪酸、麦角甾醇和单个磷脂	[125]
57	Lovastatin decreases acute mucosal inflammation via 15-epi-lipoxin A_4	研究	他汀类药物。这些药物被用来降低胆固醇水平，具有多效抗炎特性。洛伐他汀触发了抗炎和促炎性消退介质[15-脂氧素差向异构体（lipoxin A_4）]的生物合成，以及 14,15-环氧二十碳三烯酸（14,15-EET）的生成，这可能是他汀介导的组织保护的原因。使用 HPLC-CAD 测定他汀、14,15-EET 和 11,12-EET 的含量	[126]
58	Determination of intraluminal individual bile acids by HPLC with charged aerosol detection	研究	胆汁酸。腔内胆汁酸对脂类吸收至关重要，并可能影响固体剂型中药物的吸收。目前用于测量上消化道腔内胆汁酸的方法灵敏度不够。作者开发了一种 HPLC-CAD 方法，能够测量人胃吸出物中的 7 种胆汁酸	[127]

天然产物的分析面临多重挑战，其化学结构和理化性质复杂多样，而且对于草药补充剂来说，由于样品基质的复杂性，很可能出现分析物的干扰。许多天然产物缺乏发色团或不易电离，使得 HPLC-CAD 成为其测定的理想方法。许多文献已经报道了使用 HPLC-CAD 来表征天然产物、鉴定补充剂以及帮助识别可能的掺假或污染（表 2.6）。

2.3.4　化学制药和生物制药分析

如表 2.7 所示，CAD 已应用于整个制药行业，包括探索（研究）、研发（合成和配制）和生产（API 和制剂的质量控制）。虽然在这里无法对每个应用领域进行详细讨论，但 CAD 的几个新用途值得关注。首先，与天然产物检测中的应用一样，CAD 通过与 DAD 和 MS（DAD-CAD//MS）联用，生成正交数据，以测量样品中的所有分析物——这对于质量平衡研究、降解产物和杂质测量非常重要，其中部分分析物可能不具备发色团或不易电离，导致无法被检测[34,179,195]。其次，许多研究药物制剂的文献中使用 HPLC 与 CAD 联用同时测量 API、离子和其他辅料，无须再使用其他检测系统[48,177-179]。

尽管化学制药和生物制药的分析需求有一些重叠，但后者有一些独特的挑战，可以用 CAD 来解决。例如，无须衍生化和荧光检测的糖苷检测或阴离子交换 PAD 方法[74,220-222]，以及包括脂质体在内的不同药物递送载体的表征[108-109,112,117]。

2.3.5　其他应用

表 2.8 列出了 CAD 在其他领域的应用，包括环境样品的分析（例如，由于在鸡饲料中使用抗生素而造成的土壤和地下水污染）、生物燃料表征，以及食品中人工甜味剂的测定等。

表 2.6 天然产物/补充剂相关 CAD 文献

序号	标题	应用领域/分析物族	概述	参考文献
1	Application of high-performance liquid chromatography (HPLC)with charged aerosol detection for universal quantitation of undeclared phosphodiesterase-5 (PDE-5) inhibitors in herbal dietary supplements	掺杂/污染	药物制剂。在欧洲，许多非法补充剂案例使用掺入 PDE-5 抑制剂的草药壮阳剂。摄入该抑制剂会导致严重的医疗事故，特别是对动脉硬化、高血压或糖尿病患者。作者开发了一种无需对照品的等度 HPLC-CAD 方法来测定 PDE-5 抑制剂的类似物。在 22 种非法膳食补充剂和 2 种散装粉末状草药中发现了 PDE-5 抑制剂和 10 种类似物	[128]
2	Determination of flibanserin and tadalafil in supplements for women sexual desire enhancement using HPLC with tandem mass spectrometer, diode array detector, and charged aerosol detector	掺杂/污染	药物制剂。氟班色林（filbanserin）是一种仿造草药补充剂的合成掺杂物，用于刺激妇女的性欲。除氟班色林之外，还发现了用于治疗勃起功能障碍的 PDE-5 抑制剂——他达拉非（tadalafil）。提出了一种有效的 HPLC-DAD-CAD//ES-TOF-质谱法（MS）同时测定氟班色林和他达拉非，并讨论了其在分析掺假草药补充剂方面的应用	[129]
3	Rapid purification method for fumonisin B1 using centrifugal partition chromatography	掺杂/污染	毒素。伏马菌素（Fumonisins）主要是镰刀菌产生的真菌毒素，经常污染玉米产品。为了获得大量的纯伏马菌素 B1，采用离心分配色谱法对拟轮枝镰孢菌（*Fusarium verticilloides*）培养的水稻进行纯化。采用 LC-MS 法和 HPLC-CAD 法测定了真菌毒素的相对丰度	[130]
4	Fumonisin measurement from maize samples by HPLC coupled with Corona-charged aerosol detector	掺杂/污染	毒素。在镰刀菌产生的不同伏马毒素中，FB1、FB2 和 FB3 是含量最多的有毒成分。本文介绍了一种 HPLC-CAD 方法，用于直接测量 B 系列伏马菌素，不需要耗时的衍生步骤。该方法能够测量欧洲和美国规定的玉米和玉米产品的最大残留量	[131]

续表

序号	标题	应用领域/分析物族	概述	参考文献
5	A biosynthetic pathway for BE-7585A, a 2-thiosugar-containing angucycline-type natural product	Angucyclines	安谷西林（angucyclines）。角蒽环类抗生素具有抗菌和抗癌活性。由 *araycolatopsis orientalis* sub *vinearia* 生产的 BE-7585A 是一种胸腺酸合酶抑制剂，含有一个不常见的 2-硫代葡萄糖基团。使用 HPLC-CAD 对生物合成途径进行表征	[132]
6	Chemotaxonomic differentiation between Cortinarius infractus and Cortinarius subtortus by supercritical fluid chromatography connected to a multi-detection system	β-咔啉类生物碱	生物碱。使用 SFC 分离，并通过 HPLC 和 CAD、MS 并联分析得到 β-咔啉谱（β-咔啉-1-丙酸、6-羟基-β-咔啉-1-丙酸和 infractopicrine）的差异，用于区分两种丝膜菌属（*Cortinarius*）	[133]
7	Photostability of rebaudioside A and stevioside in beverages	二萜类化合物	甜叶菊。由于甜叶菊的甜味，其叶子的提取物多年来一直很受欢迎。这种甜味来自甜菊醇的两种二萜糖苷，瑞鲍迪苷 A（也称为甜菊糖）和甜菊糖苷。在商业化之前，甜菊糖必须经过广泛的稳定性测试，包括暴露于光下。作者使用 HPLC-CAD 研究了产品的稳定性，并提出早期出版物中关于甜菊糖光敏性的报道是不正确的	[134]
8	Structural characterization of the degradation products of a minor natural sweet diterpene glycoside rebaudioside M under acidic conditions	二萜类化合物	甜叶菊。二萜糖苷瑞鲍迪苷 M 是甜叶菊的一个次要成分，其甜度是葡萄糖的 160～500 倍。作者在高温下使用酸水解法，从瑞鲍迪苷 M 中得到 3 种次要的降解产物，并使用 NMR、LC-MS 和 HPLC-CAD 进行了表征	[135]
9	Dereplication of microbial extracts and related analytical technologies	通用方法	去重（dereplication）。这是筛选天然产物的一个过程，分析微生物发酵液或植物样品的提取物。在该综述中，作者讨论了：①微生物菌落的直接检测；②UHPLC-MS 谱库构建；③微分级分离鉴定活性峰；④低丰度化合物的定量；以及⑤少量样品中分析物的结构识别。HPLC-CAD 用于分析物的绝对定量	[136]

续表

序号	标题	应用领域/分析物族	概述	参考文献
10	Decoding glycome of Astragalus membranaceus based on pressurized liquid extraction, microwave-assisted hydrolysis, and chromatographic analysis	通用方法	糖组学。尽管糖被公认为是一种能量来源或结构材料，但它们的生物作用往往被忽视。许多草本糖具有生物活性，可作为治疗剂、诊断剂和食品添加剂加以利用。解决糖组问题对于中药和功能食品的质量控制至关重要。本文介绍了一些方法，包括 HPLC-CAD，以传统中药黄芪为例，测量糖的不同成分。利用化学计量学模型（分层聚类和主成分分析）来区分不同地理区域的植物	[137]
11	Supplement analysis applications notebook: from raw materials to extracts and natural products	通用方法	综述。描述了 HPLC-CAD 分析方法的许多例子，包括南非醉茄、假升麻、黑升麻、水牛角仙人掌、镰叶芹醇、银杏、人参、积雪草、蝴蝶亚仙人掌、山竹、牛奶蓟、植物雌激素和熊果酸	[138]
12	Production of surfactin and iturin by Bacillus licheniformis N1 responsible for plant disease control activity	脂肽类	生物杀真菌剂。地衣芽孢杆菌 N1 是一种生物杀菌剂制剂 N1E，用于控制植物的灰霉病。HPLC-CAD 和 LC-MS 方法表明，生物杀真菌剂的活性主要来自于两种脂肽，即表面活性剂和伊曲肽	[139]
13	Assessment of microcystin purity using charged aerosol detection	微囊藻毒素	毒素。微囊藻毒素是一大类非蛋白源性氨基酸，含有肝毒性环七肽。它们在蓝藻水华期间大量产生，对饮用水构成重大威胁。尽管存在一些有效的监测方法，但由于缺乏高质量的校准标准，其可用性受到影响。作者使用 HPLC-CAD 对 HPLC-UV 和 ESI-TIC MS 方法进行补充，用于评估标准品纯度，并表明 HPLC-CAD 可以测量其他方法无法检测到的杂质	[140]

续表

序号	标题	应用领域/分析物族	概述	参考文献
14	HPLC in natural product analysis: the detection issue	天然产物	综述。作者回顾了用于分析天然产物的各种基于 HPLC 的方法。讨论了 HPLC 超声法的潜在局限性和新趋势	[141]
15	Development and validation of HPLC-DAD-CAD-MS 3 method for qualitative and quantitative standardization of polyphenols in *Agrimoniae eupatoriae herba*(Ph. Eur)	酚类物质/多酚类物质	西洋龙牙草（agrimony）。传统上，西洋龙牙草是一种温和的收敛剂和消炎剂，用于治疗浅表皮肤损伤，内服治疗急性腹泻和口腔黏膜炎症。作者开发了一种经过验证的 HPLC-DAD-CAD 方法，用于药典植物材料蔷薇科西洋龙牙草（*Agrimonia eupatoriae*）的标准化定量和定性。测定了 14 种主要的多酚	[142]
16	Quantitative and qualitative investigations of pharmacopeial plant material Polygoni Avicularis Herba by UHPLC-CAD and UHPLC-ESI-MS methods	酚类物质/多酚类物质	两耳草（knotgrass）。萹蓄（*Polygonum aviculare* L.），俗称两耳草，以输液形式用于治疗肾脏疾病、膀胱炎症，并作为祛痰剂。作者评估了 UHPLC-MS 和 UHPLC-CAD 方法来定量两耳草的主要成分——黄酮类葡萄糖醛酸苷，用于该草药的日常检测	[143]
17	Determination of *C*-glucosidic Ellagitannins in *Lythri herba* by ultra-high-performance liquid chromatography coupled with charged aerosol detector: method development and validation	酚类物质/多酚类物质	千屈菜（loosestrife）。*Lythri herba*，被称为千屈菜，是一种药用植物，在传统医学中被用作收敛剂，治疗黏膜炎症和急性腹泻。作者开发了一种经过验证的 UHPLC-CAD 方法，用于测定 *Lythri herba* 提取物中的四种主要鞣花丹宁（栎木鞣花素、栗木鞣花素、水杨素 A 和 B）	[144]
18	Quantification of individual phenolic compounds'contribution to antioxidant capacity in apple: a novel analytical tool based on liquid chromatography with diode array, electrochemical, and charged aerosol detection	酚类物质/多酚类物质	营养品。据称，多酚具有许多健康益处（例如，抗癌、抗菌和抗炎作用），其中一个原因是它的抗氧化活性。通过分析抗氧化剂含量对健康的影响，评估食品的总抗氧化能力。作者使用一种新的 HPLC-DAD-ECD-CAD 方法来研究提取物中的单个酚类化合物对不同苹果提取物的总抗氧化能力的贡献	[145]

续表

序号	标题	应用领域/分析物族	概述	参考文献
19	Qualitative and quantitative analyses of secondary metabolites in aerial and subaerial of *Scorzonera hispanica* L.(black salsify)	酚类物质/多酚类物质	婆罗门参（salsify）。黑婆罗门参的根部可用作蔬菜、咖啡替代品、利尿剂，并可促进消化。虽然已知地上部分含有一些倍半萜类化合物和木质素，但对地上部分的化学成分知之甚少。作者开发了一种经过验证的 HPLC-DAD-CAD 方法，对西班牙婆罗门参（*Scorzonera hispanica*）的主要酚类成分进行定量分析	[146]
20	Polyketide analysis using MS, evaporative light scattering, and charged aerosol detector systems	聚酮类化合物	抗生素。聚酮类化合物是一个庞大而多样的天然产物群，包括抗生素、抗真菌和抗癌剂。它们在药物开发和发现过程中起着重要作用。作者比较了 MS、ELSD 和 CAD 对典型聚酮类化合物——6-脱氧红霉内酯 B 的测量，并得出结论，CAD 灵敏度高、动态范围宽，是一个可行的、更经济的 MS 替代方法	[15]
21	Linear aglycones are the substrates for glycosyltransferase DesVII in methymycin biosynthesis: analysis and implications	聚酮类化合物	抗生素。作者评估了葡糖基转移酶 DesVII 在大环内酯类抗生素甲基霉素的生物合成中的作用。使用 HPLC-CAD 研究了合成途径中的反应	[147]
22	Comparison of ultraviolet detection and charged aerosol detection methods for liquid chromatographic determination of protoescigenin	皂苷类	七叶皂苷（ecsin）。七叶皂苷是一种从欧洲七叶树（*Aesculus hippocastanum*）中提取的五环三萜类皂苷的复杂混合物。这是一种被用作治疗慢性静脉功能不全和毛细血管泄漏的传统草药制剂。埃辛可以通过化学方法转化为原七叶皂苷元（protoescigenin），是合成各种皂苷模拟物的起始物料。开发并评估了一种 UHPLC-UV-CAD 方法，用于定量检测原七叶皂苷元	[13]

续表

序号	标题	应用领域/分析物族	概述	参考文献
23	A new application of charged aerosol detection in liquid chromatography for the simultaneous determination of polar and less polar ginsenosides in ginseng products	皂苷类	人参皂苷。HPLC-CAD 方法能够测量 1 个自制红参和 13 个商业人参产品（液体和固体样品）中的 6 个极性人参皂苷（Rg_1、Re、Rb_1、Rc、Rb 和 Rd）和 8 个低极性人参皂苷（Rg_6、F_4、Rk_3、Rh_4、、$Rg_3(S)$、$Rg_3(R)$、Rk_1 和 Rg_5）	[148]
24	Isolation and analysis of ginseng: advances and challenges	皂苷类	人参皂苷。该综述深入讨论了人参研究中使用的多种纯化和色谱方法	[149]
25	Certification of a pure reference material for the ginsenoside Rg1	皂苷类	人参皂苷。从人参的根部制备了人参皂苷 Rg_1 的纯度有证标准物质。使用 HPLC-CAD 进行均匀性和长期稳定性评估	[150]
26	Recent methodology in ginseng analysis	皂苷类	人参皂苷。本文回顾了人参测量中分析方法的最新进展	[151]
27	Ginseng total saponins reverse corticosterone-induced changes in depression-like behavior and hippocampal plasticity-related proteins by interfering with GSK-3β-CREB signaling pathway	皂苷类	人参皂苷。作者研究了人参总皂苷在皮质酮诱导的小鼠抑郁症模型中的抗抑郁机制，结果表明，可能通过部分干扰 GSK-3β-CREB 信号通路进行介导。质控采用 HPLC-CAD 对人参的标志成分（Rd、Re 和 Rg_1）进行定量	[152]
28	Determination of total ginsenosides in ginseng extracts using charged aerosol detection with post-column compensation of the gradient	皂苷类	人参皂苷。作者指出，植物产品的质控受到对照品的限制。本文开发了一种带有柱后梯度补偿的 UHPLC-CAD 方法，并表明由于 CAD 一致的分析物响应，基于单一特征峰的成分测定是可行的	[153]
29	Performance evaluation of charged aerosol and evaporative light scattering detection for the determination of ginsenosides by LC	皂苷类	人参皂苷。比较 HPLC-CAD 和 HPLC-ELSD 方法在植物人参（*Panax ginseng*）分析中的应用	[14]

续表

序号	标题	应用领域/分析物族	概述	参考文献
30	Sensitive determination of saponins in Radix et Rhizoma Notoginseng by charged aerosol detector coupled with HPLC	皂苷类	人参皂苷。作者使用 HPLC-CAD 方法测量了 30 批三七样品中的 7 种皂苷、非人参皂苷 R_1 和人参皂苷 Rg_1、Re、Rb_1、Rg_2、Rh_1 和 Rd。与 HPLC-ELSD 和 HPLC-UV 相比，该方法显示出优越的灵敏度，并且与 HPLC-UV 不同，HPLC-CAD 不受梯度曲线变化的影响	[154]
31	Preparation and quality assessment of high-purity ginseng total saponins by ionexchange resin combined with macroporous adsorption resin separation	皂苷类	人参皂苷。使用大孔树脂去除亲水杂质后，通过动态阴阳离子交换法纯化总皂苷。质控使用 UHPLC-CAD 对标记成分进行定性	[155]
32	HPLC analysis of plant saponins: an update 2005-2010	皂苷类	综述。简要讨论了用于测定植物皂素的不同 HPLC 方法	[156]
33	Optimization of pressurized liquid extraction for spicatoside A in Liriope platyphylla	皂苷类	类固醇皂苷。阔叶土麦冬（*Liriope platyphylla*），也叫宽叶猴头草（wide-leaf monkey grass），在韩国被用作补药、止咳药和祛痰药。据报道，甾体皂苷——土麦冬皂苷 A（spicatoside A），是一种主要的次级代谢产物，可刺激生长激素的分泌，并具有其他生物效应。在加压液体萃取后，使用 HPLC-CAD 来测定土麦冬皂苷 A 的含量	[157]
34	Simultaneous determination of triterpenoid saponins from Pulsatilla koreana using HPLC coupled with a charged aerosol detector(HPLC-CAD)	皂苷类	三萜皂苷。朝鲜白头翁（*Pulsatilla koreana*）的干根可用于治疗痢疾等健康问题，并可用作抗寄生虫药剂和消炎剂。其活性成分包括羽扇豆烷型三萜皂苷（pulsatilloside E、anemoside B_4 和 cussosaponin C）和齐墩果烷（*Pulsatilla saponin* H）。作者开发了一种经过验证的梯度 HPLC-CAD 方法来测量这 4 种化合物，并将其应用于朝鲜白头翁的质量评估、质量控制和监测	[158]

续表

序号	标题	应用领域/分析物族	概述	参考文献
35	Comparison between evaporative light scattering detection and charged aerosol detection for the analysis of saikosaponins	皂苷类	三萜皂苷。柴胡根（*bupleuri radix*），是柴胡（*bupleurum falcatum*）的干燥根，被用作中药复方制剂，用于治疗发烧、炎症、肝脏和病毒性疾病。一些三萜皂苷，即柴胡皂苷，似乎具有生物活性。本文介绍了一种 HPLC-CAD 方法，灵敏度比已报道的 HPLC-ELSD 方法高 2～6 倍，可解析 10 种柴胡皂苷	[12]
36	Profiling hoodia extracts by HPLC with charged aerosol detection and electrochemical array detection and pattern recognition	甾体苷类药物	氧孕烷甾体苷类。使用梯度 HPLC-CAD 测量了从干燥植物中分离的 8 种糖苷。HPLC-CAD 和 HPLC-DAD-ECD 电化学阵列方法生成的代谢物模式可以通过化学计量软件进行查询，并根据植物种类、地理来源和加工方法来区分样品	[159-160]
37	Analysis of terpene lactones in a ginkgo leaf extract by HPLC using charged aerosol detection	萜烯内酯类	银杏内酯（ginkgolides）和白果内酯（bilobalide）。使用 HPLC-CAD 对银杏叶提取物中的不同萜类内酯进行表征。结果表明，在日本获得的保健品中，分析物的含量差异很大	[161]

表 2.7　化学制药和生物制药行业相关 CAD 文献

序号	标题	应用领域	概述	参考文献
1	Novel analytical method to verify effectiveness of cleaning processes	清洁验证	清洁剂分析。采用带有流动相补偿和混合模式色谱柱的梯度 UHPLC-CAD 方法，对制药行业使用的几种市售清洁产品中的活性物质、以及离子和成分进行了测量。开发了两种方法。选择性分析可以同时测量对乙酰氨基酚、PEG400、钠、萘普生、氯、十二烷基硫酸盐、双氯芬酸、磷酸和柠檬酸。通过流动注射分析进行快速筛选，可获得当前物质大致含量的信息	[50]
2	High-performance liquid chromatography (HPLC) with charged aerosol detection for pharmaceutical cleaning validation	清洁验证	清洁剂分析。确保生产设备的清洁是制药生产过程中的一个关键步骤，EMA 和 FDA 对设备清洁的验证有严格的要求。HPLC-UV 通常用于测量活性物质、杂质和制剂，但当这些化合物缺乏发色团时，就会出现问题。作者使用 HPLC-CAD 测定不同溶剂中的目标化合物，这些溶剂通常用于设备清洗。对大多数化合物的检测，CAD 表现出与 UV 相当或稍好的性能，但对乳糖的检测优于 UV。此外，与 UV 相比，CAD 受到清洁溶剂的干扰较小。总的来说，CAD 是对 UV 的补充，可以扩大清洁验证研究中测量分析物的范围	[162]
3	A mechanism enhancing macromolecule transport through paracellular spaces induced by poly-l-arginine: poly-l-arginine induces the internalization of tight junction proteins via clathrin-mediated endocytosis	药物递送	聚阳离子材料。聚精氨酸（PLA）可以促进大分子的经黏膜传递，而不会诱发严重的上皮细胞毒性。本文以赤藓糖醇为渗透标志物，评估了 PLA 对 Caco-2 细胞单层渗透模型的影响机制。使用 HPLC-CAD 对赤藓糖醇进行定量	[163]

续表

序号	标题	应用领域	概述	参考文献
4	Quantitative analysis of polyethylene glycol (PEG)-functionalized colloidal gold nanoparticles using charged aerosol detection	药物递送	纳米药物。非药物制剂的一个主要优势是它们有可能更有效地递送药物。然而，最大的挑战是避开负责将其从循环系统中排除的网状内皮系统。克服该问题的一个方法是用 PEG 修饰纳米颗粒的表面。在这篇文章中，作者描述了一种 HPLC-CAD 方法，能够对游离态的 PEG 和与纳米金颗粒结合的 PEG 进行定量。该方法可用于评估纯化效率、稳定性和批间一致性	[164]
5	Capture and exploration of sample quality data to inform and improve the management of a screening collection	药物发现	数据库筛选（library screening）。作者描述了一个以数据库为导向的系统的设计、开发和实施，以评估阿斯利康化合物筛选收集的完整性。HPLC-CAD 方法是公司 QC/QA 化合物收集的常规方法	[165]
6	Evaluation of CAD as a complementary technique for high-throughput LC-mass spectrometry(MS)-UV-ELSD analysis of drug discovery screening libraries	药物发现	数据库筛选。药物发现研究中使用的高通量筛选推动高通量有机合成数据库不断扩大，并需要高通量分析方法（通常是 LC-MS）进行数据库质量评估。由于缺乏完全表征的标准物质，对现有化合物的纯度和数量进行快速评估具有挑战性。作者描述了一种高效的 HPLC-CAD 梯度补偿方法，该方法利用了 CAD 的通用性和一致的分析物响应因子，使用通用校准曲线对分析物进行定量	[26]
7	Implementation of charged aerosol detection in routine reversed-phase liquid chromatography methods	药物发现	药物纯度。本文介绍了使用 HPLC-UV-CAD/MS 系统监测药物纯度的方法，讨论了乙腈纯度对优化系统性能的重要性	[34]
8	Applications of the charged aerosol detector in compound management	药物发现	化合物管理。作者描述了 HPLC-CAD 如何改善化合物管理的各个方面，包括测量不同储存微孔板中浸出的污染物，监测可溶性化合物储备液的浓度，固体溶解过程，评估合成纯化过程，定量难以称重的固体，对需要核验溶液的浓度进行及时监测	[166]

续表

序号	标题	应用领域	概述	参考文献
9	Combined application of dispersive liquid-liquid microextraction based on the solidification of floating organic droplets and charged aerosol detection for the simple and sensitive quantification of macrolide antibiotics in human urine	药物测量	抗生素。作者使用基于悬浮有机液滴凝固的分散液态微萃取法（DLLME-SFO）与 HPLC-CAD 相结合，分析人尿中的大环内酯类抗生素（阿奇霉素、克拉霉素、地红霉素、红霉素和罗红霉素）。作者得出结论，DLLME-SFO 比有机溶剂沉淀法更灵敏、更特异、更快速、更环保	[167]
10	Biosynthesis of fosfomycin, reexamination and reconfirmation of a unique Fe(Ⅱ)-and NAD(P)H-dependent epoxidation reaction	药物测量	抗生素。在阐述抗生素磷霉素的生物合成途径时，使用 HPLC-CAD 来确定其含量	[168]
11	*In vitro* characterization of LmbK and LmbO: identification of GDP-*d*-erythro-*α*-*d*-gluco-octose as a key intermediate in lincomycin A biosynthesis	药物测量	抗生素。使用 HPLC-CAD 测定林可霉素 A 生物合成途径中的中间产物的含量	[169]
12	Comparison of ultraviolet detection, evaporative light scattering detection, and charged aerosol detection methods for liquid chromatographic determination of antidiabetic drugs	药物测量	抗糖尿病药物。我们开发了一种经过验证的 HPLC-CAD 方法来测量药物和补充剂片剂和胶囊中的格列吡嗪、格列齐特、格列本脲和格列美脲。尽管所有的化合物都具有发色团，但与 HPLC-UV 相比，HPLC-CAD 具备更好的分析性能	[17]
13	Comparison of two aerosol-based detectors for the analysis of gabapentin in pharmaceutical formulations by hydrophilic interaction chromatography	药物测量	加巴喷丁（gabapentin）。这种亲水的抗癫痫药物无发色团，通常在衍生化后使用 UV 或 FL 检测。本文描述了一种 HILIC-CAD 方法，用于直接测量这种药物的商业样品。在方法开发过程中，作者评估了 4 种不同的 HILIC 柱	[16]
14	Non-derivatization method for the determination of gabapentin in pharmaceutical formulations, rat serum, and rat urine using HPLC coupled with charged aerosol detection	药物测量	加巴喷丁（gabapentin）。本文介绍了一种经过验证的反相 HPLC-CAD 方法，用于直接测量给药后大鼠血清和尿液中的加巴喷丁	[170]

续表

序号	标题	应用领域	概述	参考文献
15	The relationship between plasma concentration of metoprolol and CYP2D6 genotype in patients with ischemic heart disease	药物测量	美托洛尔（metoprolol）。这是一种常见的 β 受体阻滞剂，用于治疗缺血性心脏疾病。它在肝脏中被细胞色素 P450 的 CYP2D6 同功酶大量代谢掉。CYP2D6 的基因多态性对药物疗效和安全性有很大影响。作者开发了一种 HPLC-DAD-CAD 方法来测量血浆中的美托洛尔，并研究药物含量与缺血性心脏病患者中 CYP2D6 的活性之间的联系	[171]
16	Photodiode array to charged aerosol detector response ratio enables comprehensive quantitative monitoring of basic drugs in blood by ultraHPLC	药物测量	筛选。为了评估药物滥用和中毒，需要对血液中的各种药物进行定量筛选。作者描述了一种经过验证的 UHPLC-DAD-CAD 方法，用于 161 种常用基本药物的定性和定量。除保留时间和紫外光谱之外，DAD/CAD 的响应比提供了额外的分析物特定信息。由于响应的稳定性，采用了传统的单点校准，结果与普通校准方法获得的性能相似。该方法使用简单，不受离子抑制或增强的影响，与质谱方法相比，工作量和费用更低	[172]
17	Comparison of UV and charged aerosol detection approach in pharmaceutical analysis of statins	药物测量	他汀类药物。介绍了一种经过验证的 HPLC-CAD 方法，用于分析片剂中的 3 种他汀类药物——辛伐他汀、洛伐他汀和阿托伐他汀	[173]
18	A new approach to threshold evaluation and quantitation of unknown extractables and leachables using HPLC-CAD	可提取物/浸出物	污染物。可提取物是可以从容器/封闭系统的组件中提取的化合物，而浸出物则会浸入药物产品中。出于安全考虑，多个监管机构都要求对可提取物和浸出物进行测量。使用 HPLC-UV 或 HPLC-MS 进行测量可能存在问题，因为不同化合物的响应因子差异很大，使用替代标准进行定量得出的结果可能不确定度很大。作者根据 CAD 的响应在广泛的化合物中相对恒定这一特点，最大限度地减少了对对照品的需求。使用 HPLC-CAD 方法描述并测量了多种相关的化合物，并对弹性体包装成分的可提取物进行评估	[174]

续表

序号	标题	应用领域	概述	参考文献
19	Direct analysis of multicomponent adjuvants by HPLC with charged aerosol detection	制剂	佐剂。疫苗佐剂是通过减少所需剂量或频率、延长免疫记忆的持续时间或通过调节体液或细胞反应的参与来提高疫苗效力的物质。这包括一组非常多样化的物质，其化学结构和作用机制差别很大。佐剂通常要经过严格的分析标准，包括强度、纯度、稳定性和降解行为的量化。许多佐剂含有传统的 HPLC-UV 检测难以分析的成分，包括无紫外线发色团的各种脂类、脂肪酸和糖苷等，使分析更加复杂。本文介绍了 HPLC-CAD 方法，可以测量各种佐剂中的成分，包括 AbISCO-100、AddaVax、角鲨烯-生育酚-PS80 混合物和合成 MPLA	[175]
20	Hydrophilic interaction liquid chromatography-charged aerosol detection as a straightforward solution for simultaneous analysis of ascorbic acid (AA) and dehydroascorbic acid (DHA)	制剂	抗氧化剂。AA 和 DHA。AA，维生素 C，是一种小分子极性水溶性抗氧化剂，当它被氧化时形成 DHA。AA/DHA 比值有时被用作氧化应激的指标。作者开发了一种经过验证的 HILIC-CAD 方法，用于同时测定药片中的 AA 和 DHA，并对不同的市售 HILIC 柱的色谱性能进行比较	[176]
21	Simultaneous determination of positive and negative pharmaceutical counterions using mixed-mode chromatography coupled with charged aerosol detector	制剂	对离子（counterion）。药物对离子通常使用 IC 抑制电导检测进行测量。然而，这种方法需要专门的设备和单独的色谱柱、流动相和抑制器来进行阳离子或阴离子测量。IC 的调试和转换时间较长，否则需要两套系统。作者描述了一种 HPLC-CAD 方法，使用混合模式色谱柱，可以同时测量无机和有机阳离子和阴离子。使用一种方法，在 20min 内实现了 25 个常用的药物离子的分离。该方法还能同时测量 API 和相关的对离子	[48]

续表

序号	标题	应用领域	概述	参考文献
22	Determination of inorganic pharmaceutical counterions using hydrophilic interaction chromatography coupled with a Corona®CAD detector	制剂	对离子。在 HILIC 模式下，采用基于聚合物的两性离子固定相，对一种简单的通用 HPLC-CAD 方法测定无机药物对离子进行了评估。与 IC-电导检测器相比，该方法的优势：①同时测量阴离子和阳离子，不需要单独的色谱柱/试剂；②可以使用有机流动相检测水溶性差的药物的对离子；③对操作分析人员的培训要求很低	[177]
23	Evaluation of methods for the simultaneous analysis of cations and anions using HPLC with charged aerosol detection and a zwitterionic stationary phase	制剂	对离子。描述了一种经过验证的梯度 HPLC-CAD 方法，使用聚合物两性离子色谱柱分析盐的无机离子以及 API 和其他化合物的对离子。12 种无机阳离子和阴离子在 23min 内被分离。该方法可以同时测量 API 及其对离子和 0.1%浓度的杂质	[178]
24	Comprehensive approaches for measurement of active pharmaceutical ingredients, counterions, and excipients using HPLC with charged aerosol detection	制剂	对离子。所描述的 HPLC-CAD 方法特色：①测量盐分；②同时测定无机和有机阴阳离子；③同时测量 API 和对离子；④使用 HPLC-DAD-CAD//MS 对 API 和对离子进行测量和定性；⑤同时测量辅料、对离子和杂质	[179]
25	Performance of charged aerosol detection with hydrophilic interaction chromatography	制剂	对离子。本文评估了 HILIC-CAD 测量 29 种不同溶质（包括酸、碱和中性物质）的性能，并讨论了流动相中的有机调节剂和缓冲剂成分对分析物响应的作用	[180]
26	API and counterions in Adderall®using multimode liquid chromatography with charged aerosol detection	制剂	对离子。阿德拉（adderall）用于治疗注意力缺陷多动障碍（ADHD）和嗜睡症。它是由硫酸右旋苯丙胺、糖酸右旋苯丙胺、外消旋苯丙胺硫酸盐和外消旋苯丙胺天冬氨酸一水合物组成的制剂。在任何 RP、离子交换或 HILIC 柱上，都无法在同一分析中对所有成分进行检测。开发了一种使用混合模式色谱柱的 HPLC-UV-CAD 方法，可以同时测量天门冬氨酸、钠、糖精、安非他命和硫酸盐	[53]

续表

序号	标题	应用领域	概述	参考文献
27	Simultaneous determination of metformin and its chloride counterion using multimode liquid chromatography with charged aerosol detection	制剂	对离子。二甲双胍（metformin）是一种口服抗糖尿病药物，通常以其氯化氢盐形式配制。由于API和对离子的高度亲水性，无法在使用RP、离子交换或HILIC柱的单次分析中对这两种成分进行检测。开发了一种使用混合模式色谱柱的HPLC-CAD方法，可以同时测量二甲双胍及其对离子氯化物	[52]
28	Simultaneous determination of tartaric acid and tolterodine in tolterodine tartrate	制剂	对离子。酒石酸托特罗定（tolterodine tartrate）是一种用于治疗尿急的药物，减少排尿和尿失禁的频率。对制药公司来说，确保药物产品含有适量的API是很重要的。开发了一种使用混合模式色谱柱的梯度HPLC-CAD方法，可以同时测量药物胶囊中的API托特罗定及其对离子酒石酸盐	[51]
29	Multimodal analyte detection of cyclodextrin and ketoprofen inclusion complex using UV and CAD on an integrated UHPLC platform	制剂	药物递送。开发了一种UHPLC-UV-CAD方法，用于在Vanquish™ UHPLC系统上同时测量环糊精（无发色团）和非甾体抗炎酮洛芬	[181]
30	Chromatographic methods for characterization of poly(ethylene glycol)-modified polyamidoamine dendrimers	制剂	药物递送。树状聚合物是单分散的球状大分子，可用作药物递送系统，其中聚酰胺-胺树枝状聚合物（PAMAMs）的研究最为广泛。PAMAMs可以用来封装药物，或将其末端基团与药物、靶向分子或荧光剂进行功能化。然而，与PAMAMs相关的细胞毒性和溶血毒性限制了它们在生物医学领域的应用。PAMAMs的PEG化似乎是减少这种毒性的一种方法。作者开发了一种HPLC-UV-CAD方法来研究PEG-PAMAMs。UV检测法提供了有关PEG化程度的信息，而CAD则用于表征PEG-PAMAMs	[182]

续表

序号	标题	应用领域	概述	参考文献
31	A new approach for quantitative determination of γ-cyclodextrin in aqueous solutions: application in aggregate determinations and solubility in hydrocortisone/ γ-cyclodextrin inclusion complex	制剂	药物输送。开发了一种快速简单的 HPLC-CAD 方法，用于测量水溶液中的 γ-环糊精，并成功应用于渗透和相溶性研究	[183]
32	Investigating the stability of the nonionic surfactants tocopheryl PEG succinate and sucrose laurate by HPLC-MS, DAD, and CAD	制剂	赋形剂。作者开发了一种 HPLC-DAD-CAD-MS 方法，用于两种非离子表面活性剂-D-α-生育酚 PEG 琥珀酸酯（D-α-tocopheryl PEG succinate and sucrose laurate）和蔗糖月桂酸酯的质控和稳定性测试。该方法可用于检测它们的 pH 值稳定性、代谢酶和消化酶消化以及降解产物的形成	[184]
33	Characterization of hydroxypropylmethylcellulose (HPMC) using comprehensive two-dimensional liquid chromatography	制剂	赋形剂。HPMC 被广泛用作片剂黏合剂、薄膜包衣、增稠剂、胶囊外壳和缓释片基质。通过甲基化和羟丙基化修饰纤维素聚合物，可以得到几种不同取代度和分子量分布的 HPMC。作者开发了一种直接的 2D-HPLC 方法来直接表征来自不同制造商的多个批次的 HPMC。在第一维中，使用反相 HPLC 分析取代度。在第二维中，通过尺寸排阻色谱法评估分子量。采用 CAD 进行检测。此外，该方法还提供了聚合物半凝胶化温度的信息，这可能与“云点温度”相关	[185]
34	Simple and rapid HPLC method for the determination of polidocanol as bulk product and in pharmaceutical polymer matrices using charged aerosol detection	制剂	赋形剂。聚桂醇（polidocanol）是一种非均质化合物，由十二醇醚和不同链长的 PEG 组成。尽管它可作为乳化剂和活性成分（由于其具有麻醉和止痒活性），但欧洲和美国药典均未提供测定方法。作者描述了一种经过充分验证的 HPLC-CAD 方法，并将其应用于药用聚合物基质中释放的聚多卡醇的测定	[186]

续表

序号	标题	应用领域	概述	参考文献
35	Quantitative comparison of a Corona-charged aerosol detector and an evaporative light scattering detector for the analysis of a synthetic polymer by supercritical fluid chromatography	制剂	赋形剂。使用 PEG 有证标准物质和精确的均质 PEG 低聚物的等质量混合物，对 ELSD 或 CAD 与超临界流体色谱联用的性能进行了评估。CAD的灵敏度是ELSD的10倍。ELSD 对于 PEG 1000 特性值的分子质量分布的评估偏低 4.6%	[21]
36	Size-exclusion chromatography with Corona-charged aerosol detector for the analysis of PEG polymer	制剂	赋形剂。PEG 被用作乳化剂和表面活性剂。它也被用于制造 PEG 化的药物和生物制品，以改善其溶解性、稳定性、生物利用度和疗效。PEG 试剂分析不仅需要确定其纯度（如二聚体和其他低聚体的污染），还需要确定其多分散性。在本文中，使用已知多分散性的 PEG 参考标准对尺寸排阻色谱（SEC）-CAD 方法进行了验证	[22]
37	Characterization and stability study of polysorbate 20 in therapeutic monoclonal antibody (MAb) formulation by multidimensional ultrahigh-performance liquid chromatography-charged aerosol detection-MS	制剂	赋形剂。聚山梨酯 20（PS 20）是一种非离子表面活性剂，用于治疗性抗体制剂中，防止蛋白质变性和聚集。了解聚山梨酯 20 在制剂中的分子异质性和稳定性非常重要。作者使用 2D HPLC-CAD-MS 方法来表征和研究聚山梨酯 20 在 MAb 制剂中的稳定性。第一维中，使用混合模式柱从制剂样品中的蛋白质中分离聚山梨酯，同时在线捕获聚山梨酯，再经第二维反相 UHPLC 分离。然后使用在线质谱来进一步解析和定性聚山梨酯 20 的化合物组成。第二种二维方法在第一维使用阳离子交换（第二维保持不变）。作者指出，这些二维方法显示，不同的聚山梨酯 20 的降解速率不同；与不添加蛋白质的安慰剂相比，不同蛋白制剂中的降解速率不同	[187]

续表

序号	标题	应用领域	概述	参考文献
38	Fast and sensitive determination of polysorbate 80 in solutions containingproteins	制剂	赋形剂。聚山梨酯 80（Tween 80）是一种非离子表面活性剂，添加到许多蛋白质制剂中，通过在储存、运输和交付给病人的过程中稳定蛋白质的三维构象来保持其生物活性。在液体配方中，表面活性剂有助于防止蛋白质吸附到容器和注射器的表面，并降低界面表面张力，以减少蛋白质变性，避免由此造成的聚集。本文介绍了一种快速而灵敏的梯度 HPLC-CAD 方法，该方法使用表面多孔柱，能够在一次分析中同时测量聚山梨酯 80、辅料以及蛋白质	[188]
39	Fatty acid composition analysis in polysorbate 80 with HPLC coupled to charged aerosol detection	制剂	赋形剂。聚山梨酯 80 是一种用于制药制剂的非离子表面活性剂，由山梨醇脂肪酸酯组成。尽管聚山梨酯 80 主要是油酸酯化获得，但也存在其他脂肪酸（C_{14}～C_{18}）。欧洲药典和美国药典的方法要求商业使用的聚山梨酯 80 中至少含有 58%的油酸。作者开发了一种经过验证的 HPLC-CAD 方法，可以确定通过碱性水解释放的脂肪酸谱，并使用该方法对 16 个不同批次的聚山梨酯 80 进行表征。该方法还测量了独特的脂肪酸，包括岩芹酸和一种氧化的脂肪酸，11-羟基-9-癸酸（均使用 LC-MS/MS 鉴定）	[189]
40	Quantitative determination of nonionic surfactants with CAD	制剂	赋形剂。描述了一种 HPLC-CAD 方法，该方法能够对 Tween 80 和 Span 85 这两种广泛用于药物制剂的非离子表面活性剂进行分析	[23]

续表

序号	标题	应用领域	概述	参考文献
41	A highly sensitive method for the quantitation of polysorbate 20 and 80 to study the compatibility between polysorbates and m-cresol in the peptide formulation	制剂	赋形剂。开发了一种高灵敏度的方法来定量治疗性多肽制剂中的聚山梨酯 20（PS 20）和聚山梨酯 80（PS 80）。使用混合模式的 HPLC 柱将聚山梨酯与肽和其他辅料分离，并使用 CAD 进行检测。该方法被用来研究多肽制剂中聚山梨酯和间甲酚的相容性。结果发现，当 PS 20 和 PS 80 的含量不超过 20mg/kg 时，它们都能与间甲酚相容。当 PS 20 和 PS 80 的浓度超过 50mg/kg 时，观察到聚山梨酯的明显损失。此外，搅拌实验表明，即使是微量的 PS 20 和 PS 80（如 20mg/kg）也能稳定多肽，防止纤维化和聚集	[190]
42	Analysis of ionic surfactants by HPLC with evaporative light scattering detection and charged aerosol detection	制剂	赋形剂。采用梯度 HPLC，使用两个分析柱，通过调节流动相中的有机改性剂、缓冲盐和缓冲液 pH，对 5 种阳离子表面活性剂和 7 种阴离子表面活性剂进行了分离。与 ELSD 相比，CAD 显示出更好的线性和更高的灵敏度	[19]
43	Design of experiments and multivariate analysis for evaluation of reversed-phase HPLC with charged aerosol detection of sucrose caprate regioisomers	制剂	赋形剂。糖脂肪酸酯是一种非离子表面活性剂，在制药、化妆品和食品工业中用作添加剂。本文研究了不同的降阶梯度洗脱曲线，并建立了定量反相 HPLC-CAD 方法	[191]
44	Elution strategies for reversed-phase HPLC analysis of sucrose alkanoate regioisomers with charged aerosol detection	制剂	赋形剂。在最早的文献[60]的基础上，Lie 和 Pedersen 系统地研究了多种洗脱策略，使用反相 HPLC 分析蔗糖烷酸酯的位置异构体，并使用 CAD 进行检测。采用实验设计方法（DOE）进行研究，并通过方差分析（ANOVA）和回归模型进行分析	[192]
45	Material Identification by HPLC with charged aerosol detection	制剂	材料定性。通过 HPLC-CAD 和混合模式柱提出了一种通用的材料定性方法。目前制药业的行业标准主要是 USP191 中的材料定性标准。然而，HPLC-CAD 方法是一种快速、简明的方法，可取代 USP191 中材料定性的部分章节。除定性外，该技术还可以同时进行定量和检测杂质	[193]

续表

序号	标题	应用领域	概述	参考文献
46	HPLC-CAD surfactants and emulsifiers applications notebook	制剂	综述。梳理了 HPLC-CAD 测量阳离子、阴离子和非离子表面活性剂的多个实例	[194]
47	Charged aerosol detection: factors for consideration in its use as a generic quantitative detector	通用方法	化合物数据库。本文指出，在分析化合物数据库中的各种化合物时，CAD 是一个有力工具。作者指出，在使用梯度色谱法时，需要使用反梯度补偿。此外，建议使用含有尽可能少的对离子的缓冲液，以克服可能产生的定量误差	[63]
48	Corona-charged aerosol detection in supercritical fluid chromatography for pharmaceutical analysis. Analytical chemistry	通用方法	杂质检测。介绍了一种填充柱超临界流体色谱(pSFC)-CAD 方法，用于测量目标药物化合物和杂质(占主成分的 0.05%)。作者讨论了如何通过反压调节器将 CAD 与 pSFC 柱联用，以及流动相补偿在提高 CAD 响应一致性方面的优势	[56]
49	Serial coupling of reversed-phase and hydrophilic interaction liquid chromatography to broaden the elution window for the analysis of pharmaceutical compounds	通用方法	方法开发。作者探索了一种新的方法，通过将梯度反相 HPLC 与 HILIC 分离联用，扩大了药品分析物的范围。在 HILIC 柱之前安装三通，确保有足够的有机调节剂来进行有效的 HILIC 分离，使用 UV-CAD/MS 测量分析物	[195]
50	Use of suppressors for signal enhancement of weakly-acidic analytes in ion chromatography with universal detection methods	通用方法	流动相抑制。本综述评估了抑制器作为流动相脱盐装置的使用情况，以实现 IC 与通用检测器（MS、ELSD 和 CAD）的联用	[60]
51	Determination of pharmaceutically related compounds by suppressed ion chromatography: IV. Interfacing ion chromatography with universal detectors	通用方法	流动相抑制。作者利用不同的通用检测器（MS、ELSD 和 CAD）对 10 种弱阴离子药物进行了抑制 IC 的测量。流动相中的非挥发性离子在检测前被抑制器除去。电解抑制器的性能优于化学抑制器，显示出更宽的线性响应范围	[61]

续表

序号	标题	应用领域	概述	参考文献
52	Increased process understanding for Quality by Design (QbD) by introducing universal detection at several stages of the pharmaceutical process	通用方法	质量源于设计（QbD）。在研发和生产过程中，为提高药品质量，增加对过程的了解，美国食品和药品监督管理局推行了一项措施。QbD 方法强调过程中的“风险点”，以减轻最终品测试的压力。本文对 HPLC-CAD 方法在 QbD 过程中的应用进行了评估，包括：批次间的差异性、辅料测量、盐的选择、响应监测、降解研究以及可提取物和浸出物的测量等	[196]
53	Charged aerosol detection in pharmaceutical analysis	通用方法	综述。介绍了电雾式检测器的背景，以及 HPLC-CAD 用于杂质测量、药物含量测定和配方分析	[62]
54	Validating analytical methods with charged aerosol detection	通用方法	作者讨论了使用 HPLC-CAD 同时测量 API 及其对离子时，如何解决方法验证的各种参数	[197]
55	Assessment of the complementarity of temperature and flow rate for response normalization of aerosol-based detectors	通用方法	研究了使用温度和流速梯度来消除 CAD 响应中的溶剂效应。使用典型的药物杂质分析应用来评估方法的适用性	[198]
56	Control of impurities in l-aspartic acid and l-alanine by HPLC coupled with a Corona-charged aerosol detector	杂质检测	氨基酸。经过充分验证的 HPLC-CAD 方法适用于药品质量控制，用来测量 L-天冬氨酸和有关物质。该方法稍加修改后可用于 L-丙氨酸。杂质 LOQ 为 0.03%。天冬氨酸中的主要杂质为苹果酸和丙氨酸；丙氨酸中主要杂质为天冬氨酸和谷氨酸	[24]
57	Alternatives to amino acid analysis for the purity control of pharmaceutical grade l-alanine	杂质检测	氨基酸。作者评估了一些检测器（qNMR、ELSD、MS、NQAD 和 CAD）在医药级 L-丙氨酸的纯度测量中的应用。qNMR 能够对主要和次要成分进行定性和定量测定，能够解析结构，但缺乏灵敏度。ELSD 不够灵敏，且具有非线性响应。CAD 在重复性和灵敏度方面均优于 NQAD	[199]

续表

序号	标题	应用领域	概述	参考文献
58	Development and validation of a RP-HPLC method for the determination of gentamicin sulfate and its related substances in a pharmaceutical cream using a short pentafluorophenyl column and a charged aerosol detector	杂质检测	抗生素。开发了一个验证过的 HPLC-CAD 方法，用于直接测量软膏中庆大霉素及其杂质（庆大霉素 C1、C1a、C2、C2a 和 C2b，脱氧链霉素，加拉明和西索米星）。来自两个不同实验室的两名分析人员验证了该方法，结果表明该方法具有良好的准确度、线性、精密度、可重复性、专属性和稳健性。作者总结，该方法“可用于质量控制（QC）实验室的稳定性研究，也可用于商业批次的 celestoderm-V 乳膏中庆大霉素的常规分析，包括放行测试”	[200]
59	Determination of gentamicin sulfate composition and related substances in pharmaceutical preparations by LC with CAD	杂质检测	抗生素。本文描述了一种有效的 HPLC-CAD/ESI-MS/TOF-MS 方法，用于测量来自两个制造商的三种药物配方中的庆大霉素及其有关物质（庆大霉素 C1、C1a、C2、C2a 和 C2b，加拉明和西索米星）。使用 CAD 进行定量，无须使用已知含量的标准品。使用 MS 进行分析物定性。不同产品的杂质分布略有不同，但均符合欧洲药典的要求	[201]
60	Gentamicin sulfate assay by HPLC with charged aerosol detection	杂质检测	抗生素。开发并评估了一种 HPLC-CAD 方法，用于测量软膏、溶液和乳液中的硫酸庆大霉素及其杂质	[202]
61	Development of HPLC methods with charged aerosol detection for the determination of lincomycin, spectinomycin. and its impurities in pharmaceutical products	杂质检测	抗生素。本文介绍了一种经过验证的 HPLC-CAD/ESI-MS/TOF-MS 方法，用于测量市售兽药产品中的林可霉素、大观霉素及有关物质。使用 CAD 进行定量，无须使用已知含量的标准品。使用 MS 进行分析物定性，活性与产品标签一致。杂质的含量（例如，大观霉素杂质 A、C、D、E 和 F）符合欧洲药典要求	[203]

续表

序号	标题	应用领域	概述	参考文献
62	Determination of neomycin and related substances in pharmaceutical preparations by reversed-phase HPLC with MS and charged aerosol detection	杂质检测	抗生素。本文介绍了一种经过验证的 HPLC-CAD/ESI-MS/TOF-MS 方法，用于测量 9 种市售药物制剂中的新霉素和有关物质（新霉素 A、B、C、D、E 和 F；新霉素 LP-A、LP-B 和 LP-C；核糖霉素、巴龙霉胺、新霉胺、巴龙霉素 I 和 II）。使用 CAD 进行定量，无须使用已知含量的标准品。使用 MS 进行分析物定性，只有一个样品不符合欧洲药典的标准	[204]
63	Development and validation of a RP-HPLC method for the estimation of netilmicin sulfate and its related substances using charged aerosol detection	杂质检测	抗生素。开发了一种经过验证的 HPLC-CAD 方法，用于直接测量奈替米星和有关物质。该方法可用于：①确定产品成分；②作为一种稳定性指示方法	[205]
64	Identification and control of impurities in streptomycin sulfate by HPLC coupled with mass detection and Corona-charged aerosol detection	杂质检测	抗生素。开发了一种反相（挥发性）离子对 HPLC-CAD 方法，能测量链霉素和 21 种杂质，LOQ 优于 0.1%。使用 MS/MS 进行杂质定性和结构分析。对不同制造商的 12 个样品的分析显示，杂质水平在 4.6%～16%之间。作者指出，现行欧洲药典各论中，通过薄层色谱测试，硫酸链霉素中链霉素 B 的限量在 3%以内，并强调引入最先进的测试技术来控制杂质的重要性	[206]
65	SEC assay for polyvinylsulfonic(PVS)impurities in 2-(*N*-morpholino)ethanesulfonic acid using a charged aerosol detector	杂质检测	生物缓冲液。2-(*N*-吗啉)乙磺酸（MES）是一种生物缓冲液，常用于酶学研究和蛋白质纯化。PVS 酸是 MES 中的一种杂质，可以干扰酶的活性并导致蛋白质沉淀。本文介绍了一种能够同时测量 MES 和 PVS 的 SEC-CAD 方法	[207]

续表

序号	标题	应用领域	概述	参考文献
66	Impurity profiling of carbocisteine by HPLC-CAD, qNMR, and UV/Vis spectroscopy	杂质检测	羧甲司坦（cabocisteine）。该药是一种用于治疗慢性阻塞性肺部疾病的抗炎黏液溶解剂。使用混合模式色谱柱和柱后添加乙腈的 HPLC-CAD 方法，该方法经过充分验证，测量羧甲司坦、钠、铵和多种杂质。使用 qNMR 测定挥发性氯乙酸，使用 Ellman 试剂衍生后的 UV-Vis 光谱测定不稳定的半胱氨酸。作者得出结论，HPLC-CAD 是氨基酸分析和 HPLC-UV 可行的替代方案，此外还可用于测量工艺杂质和降解杂质（如羧甲司坦内酰胺）。HPLC-CAD 的通用性使其无需外部标准即可进行定量。HPLC-CAD 是目前 TLC 测试的一个合适的替代方法	[208]
67	Development of a reversed-phase HPLC impurity method for a UV variable isomeric mixture of a CRF drug substance intermediate with the assistance of Corona CAD	杂质检测	CRF 药物中间体。介绍了一种 HPLC-UV-CAD 方法，可以测定促肾上腺皮质激素释放因子受体 1 的拮抗剂和有关物质。不同的化合物有不同的紫外响应因子，其参考标准品无法获得，也很难定量。通过 UV 和 CAD 联用，可以确定样品中化合物的相对量，随后使用常规的 UV 进行日常分析	[209]
68	Analysis of pharmaceutical impurities using multi-heartcutting 2D LC coupled with UV-charged aerosol MS detection	杂质检测	通用方法。HPLC-DAD-CAD/MS 方法在第一维使用一根分析柱，在第二维使用六根正交柱，以获得最大的灵活性和选择性。可以测定多种分析物，包括有发色团和无发色团的分析物、有机物和无机物等。该方法还能在杂质检测中提供结构信息。这种方法可以测得一个与药物主峰共同洗脱的微小降解产物，从而能够开发一个更准确的稳定性指示方法	[210]

续表

序号	标题	应用领域	概述	参考文献
69	Sensitive and direct determination of lithium by mixed-mode chromatography and charged aerosol detection	杂质检测	锂。碳酸锂是用于治疗躁狂症和双相情感障碍的处方药。它的治疗窗口非常狭窄，因此监测并保持循环中的锂水平低于毒性水平非常重要。锂也可以作为杂质出现在药物合成中使用的锂基试剂中，因此，可能会给服用碳酸锂药物的病人带来问题。作者描述了一种经过验证的 HPLC-CAD 方法，该方法使用混合模式柱直接分析药物基体中的锂、潜在干扰离子和活性物质	[211]
70	Simultaneous determination of Maillard reaction impurities in memantine tablets using HPLC with charged aerosol detector	杂质检测	美金刚。氨基化合物和还原糖之间的反应被称为美拉德反应，最常见的可能是烹饪中的褐变。这种响应可以发生在片剂中，胺类活性物质与糖类制剂（如乳糖）发生响应，形成杂质。本文描述了使用 HPLC-CAD 来测量美金刚与乳糖、半乳糖、葡萄糖和甘氨酸之间形成的杂质。该方法可以测量美金刚 0.02%水平的杂质，适用于长期稳定性研究	[212]
71	Metoprolol and select impurities analysis using a hydrophilic interaction chromatography method with combined UV and charged aerosol detection	杂质检测	美托洛尔（metoprolol）。琥珀酸美托洛尔 USP 是一种选择性的 β_1-肾上腺素受体拮抗剂，可以减轻胸痛和降低高血压。多国药典（美国药典、欧洲药典和英国药典）对药物制造商提出了杂质的可接受限量。药物的杂质分析很重要，因为即使是少量的化学物质，也可能影响药品的疗效和安全性。已有的方法通过使用 HPLC 与 UV 检测对美托洛尔和美托洛尔欧洲药典杂质 A 进行定量，但有些杂质无可检测的 UV 发色团。欧洲药典指出，一些杂质可以通过薄层色谱法进行分析，但这种技术并不是一种对低浓度的待测物进行定量的可靠技术。美国药典的各论现代化计划指出，液相色谱法更为理想。作者介绍了一种简单、快速、灵敏、准确和直接的 HILIC-DAD-CAD 方法，用于同时定量检测美托洛尔及其杂质 A、M 和 N	[213]

续表

序号	标题	应用领域	概述	参考文献
72	Determination of atracurium, cisatracurium, and mivacurium with their impurities in pharmaceutical preparations by liquid chromatography with charged aerosol detection	杂质检测	神经肌回阻断药物。阿曲库铵、顺-阿曲库铵和米库氯胺是非去极化神经肌肉阻断剂。阿曲库铵及其更有效的同分异构体顺-阿曲库铵经过霍夫曼消除，这是一个依赖于 pH 值和温度的非酶促过程，产生劳达诺辛和单丙烯酸季铵盐。在酸性溶液中，阿曲库铵（而非顺-阿曲库铵）通过酯类水解降解。作者开发了一种梯度 HPLC-CAD 方法，能够测量标准品和药物制剂中的活性物质和杂质。使用 LC-ESI-TOF-MS 对峰进行了鉴定	[214]
73	Comprehensive impurity profiling of nutritional infusion solutions by multidimensional offline reversed-phase liquid chromatography×hydrophilic interaction chromatography-ion trap MS and charged aerosol detection with universal calibration	杂质检测	营养输液。开发并验证了一种由氨基酸和二肽组成的多组分营养输液的综合定性和定量杂质分析方法。该方法采用多维分析，利用离线二维反相液相色谱（RPLC）×亲水作用色谱（HILIC）分离，离子阱质谱（IT-MS）和 CAD 联用进行互补检测。用一套标准品建立了通用校准函数，并用于定量未知杂质。测得的杂质包括二肽、三肽和四肽、环状二肽（二酮哌嗪）、焦谷氨酸衍生物以及它们的缩合产物	[215]
74	Determination of relative response factors of impurities in paclitaxel with HPLC equipped with ultraviolet and charged aerosol detectors	杂质检测	紫杉醇。该化合物是一种具有 11 个立体异构体的复杂四环化合物。最初从太平洋紫杉的树皮中分离出来，被广泛用于抗癌治疗。本文使用 HPLC-CAD 测定了紫杉醇有关杂质的相对响应因子（RRFs），并与 HPLC-UV 获得的 RRF 进行比较。CAD 为紫杉醇及其 9 个杂质提供了几乎一致的 RRFs。使用 UV，不同化合物之间的 RRFs 有显著差异，如果假设未知化合物的响应因子为 1，定量可能会出现较大误差	[216]

续表

序号	标题	应用领域	概述	参考文献
75	Development of a purity control strategy for pemetrexed disodium and validation of associated analytical methodology	杂质检测	培美曲塞。培美曲塞是一种用于治疗癌症的合成化合物。通常，将其配制成冻干的培美曲塞二钠的无菌粉末，在静脉给药前被重新配制。了解降解杂质的过程和形成是保证病人安全的关键。作者开发了一种纯度控制策略和一种经过验证的分析方法，使用 HPLC-UV 与 CAD 或 NMR 检测联用	[217]
76	Forced degradation and impurity profiling: recent trends in analytical perspectives. Journal of pharmaceutical and biomedical	杂质检测	综述。本文梳理了 2008～2012 年期间用于研究强降解和杂质分析的各种分析方法	[218]
77	Validated HPLC method for the quantitative analysis of a 4-methanesulfonyl-piperidine hydrochloride salt	杂质检测	起始物料。用于药物早期研发的原料和中间体应纯度较高，不含污染物/杂质。本文介绍了一种经过验证的 HPLC-CAD 方法，用于分析一种典型的起始物料——4-甲磺酰基哌啶盐	[219]
78	Sensitive analysis of underivatized amino acids using UHPLC with charged aerosol detection	蛋白质表征	胰蛋白酶酶解产物。由于游离氨基酸的结构相似，而且大多数游离氨基酸无发色团，因此分离和测量游离氨基酸是一个挑战。游离氨基酸通常使用发色团或荧光基团进行衍生，而后测量。本文介绍了两种直接测量未标记的氨基酸的方法。第一种方法使用梯度 HPLC-CAD 在 9min 内直接测定 18 种氨基酸，在测量纳克级浓度时灵敏度较差；第二种方法使用梯度较缓的 HPLC-UV-CAD 与反向梯度补偿，用于蛋白质胰蛋白酶酶解产物的表征。这种自动方法可用于研究胰蛋白酶酶解的时程，比使用 UV 检测（在 214nm 和 254nm）时提供的样品信息更全面	[64]

续表

序号	标题	应用领域	概述	参考文献
79	Label-free analysis by UHPLC with charged aerosol detection of glycans separated by charge, size, and isomeric structure	蛋白质表征	糖苷分析。糖蛋白具有生物、诊断或治疗意义，其常规的关键功能归功于附着在蛋白质主骨架的寡糖。这些糖的数量、类型、组成或连接模式的变化可以作为疾病的生物标志物，可能影响生物治疗产品的疗效。因此，正确识别和测量这些糖苷具有科学意义，而且可靠、快速和低成本地进行识别和测量具有实际意义。作者描述了一种 UHPLC-CAD 方法，用于直接测量使用 PNGase-F 从糖蛋白中释放的关键 *N*-连接糖苷。该方法简单、准确、精确，与常用的荧光方法不同，不需要标记	[220-221]
80	Label-free profiling of *O*-linked glycans by HPLC with charged aerosol detection	蛋白质表征	糖类分析。本文介绍了一种 HPLC-CAD 方法，用于定量分析通过还原 β-消除法从糖蛋白中释放的 *O*-连接糖。还原有助于防止剥落的副反应；然而，所产生的 *O*-连接糖苷醛糖醇不易通过荧光标签进行衍生。电雾式检测不需要荧光基团或发色团来进行灵敏、准确的定量，因此 HPLC-CAD 提供了一种简单、直接的方法来分离和定量天然聚糖。讨论了包括牛胎球蛋白、颌下黏液蛋白、血蓝蛋白和 IgG 的实例	[222]
81	Evaluation of charged aerosol detector for purity assessment of protein	蛋白质表征	纯度。市售蛋白质参考标准物质广泛用于生物制药中完整蛋白的定量。然而，它们的纯度往往被假定为 100%，或可能赋值不准确，因为用于测量其纯度的方法往往缺乏专属性和准确度。本文使用 HPLC-CAD 来评估参考标准品的纯度，并表明 UV 和 MS 方法会导致纯度测量的显著误差	[223]

续表

序号	标题	应用领域	概述	参考文献
82	Direct measurement of sialic acids released from glycoproteins, by HPLC and charged aerosol detection	蛋白质表征	唾液酸分析。唾液酸发挥着许多重要的生理功能，与神经传输、突触生成和免疫有关。唾液酸化也可以改善治疗性糖蛋白的质量，如循环半衰期、生物活性和可溶性。因此，在检测药物治疗功能和疗效时，确定这类蛋白质的唾液酸含量很重要。两个重要的唾液酸是 *N*-乙酰-神经氨酸（Neu5Ac 或 NANA）和 *N*-羟乙酰-神经氨酸（Neu5Gc），它们存在于许多生化分子中，包括糖蛋白、蛋白多糖和糖脂。本文介绍了一种 HPLC-CAD 方法，用于直接测量人和牛转铁蛋白的神经氨酸酶酶解产物中的 NANA 和 Neu5Gc 的含量	[224]
83	PEGylation of cholecystokinin prolongs its anorectic effect in rats	蛋白质偶联物	PEG 化。许多具有有用生物活性的肽在体内迅速失活。PEG 化连接是一种通过阻止肾脏清除和抑制蛋白水解酶的活性来延长肽的活性的方法。已知八肽胆囊收缩素-8（CCK8）可诱导膳食终止、延迟胃排空并诱导饱腹行为。为了研究稳定类似物的生物学作用机理，合成了 PEG-CCK-9。采用梯度 HPLC-CAD 方法研究了 CCK-9 的 PEG 化过程	[225]
84	Analytical methods to qualify and quantify PEG and PEGylated biopharmaceuticals	蛋白质偶联物	PEG 化。开发了测定 PEG 化蛋白质和游离 PEG 的在线二维 HPLC-CAD 方法，并用于研究 PEG 化 IgG 的人工制备和 PEG 化 BSA 的在线制备	[226]
85	Measurement of stability and purity of cell-penetrating peptides (CPP) used for siRNA delivery	稳定性测试	药物递送。CPP 通常富含阳离子基团（如：精氨酸、赖氨酸残基）。这些带电的氨基酸将正电荷传递给载体，有助于形成肽/siRNA 复合物，并促进细胞膜的穿透和 siRNA 分子的传递。CPP 和片段的分析可能很复杂，由于消光系数不同，氨基酸在 HPLC-UV 检测中的响应也不同。使用 HPLC-CAD 对一些阳离子肽及其稳定性和纯度进行定量分析	[227]

续表

序号	标题	应用领域	概述	参考文献
86	Direct stability-indicating method development and validation for analysis of etidronate disodium using a mixed-mode column and charged aerosol detector	稳定性测试	依替膦酸钠。依替膦酸钠，一种双膦酸盐，是一种有效的骨吸收抑制剂，用于治疗癌症高钙血症和转移性骨病。由于依替膦酸钠高极性、强螯合且缺乏发色团，因此分析具有挑战性。作者开发了一种使用混合模式柱的经过验证的 HPLC-CAD 方法。该方法可用于放行和稳定性测试，并适用于其他双膦酸盐化合物	[228]
87	Novel MS solutions inspired by MIST	安全测试	代谢物安全性评价（MIST）。MIST 指南由美国农业部、FDA 和 CDER 于 2008 年发布。该指南是 FDA 认可的新化合物临床试验前安全测试的建议清单。该指南考虑到人类和动物药物代谢的差异，可能产生的 I 期活性中间物，并在临床试验之前解决其检测问题，以便它们不会在试验期间意外出现。这篇综述文章讨论了 MIST 的新型 MS 解决方案，以及如何将 CAD 的通用响应特点应用于该领域	[229]
88	Use of charged aerosol detection as an orthogonal quantification technique for drug metabolites in safety testing (MIST)	安全测试	MIST。讨论了 HPLC-CAD 在 MIST 领域的应用，包括丁吡酮和红霉素的代谢	[230]
89	Metabolites in safety testing: metabolite identification strategies in discovery and development	安全测试	MIST。评估了一些用于代谢物定量的分析方法，包括 HPLC-CAD	[231]

表 2.8　其它 CAD 文献

序号	标题	应用领域	概述	参考文献
1	Support of academic synthetic chemistry using separation technologies from the pharmaceutical industry	学术研究	综述。概述了制药行业使用的最先进的分离工具如何应用于合成化学学术研究。举例介绍了使用手性 SFC-DAD-CAD-MS 从反应混合物中分离和鉴定 6 种主要异构体和其他杂质组成的复杂混合物	[57]
2	Determination of parabens in cosmetic products using multi-walled carbon nanotubes as solid-phase extraction sorbent and Corona-charged aerosol detection system	化妆品	防腐剂。对羟基苯甲酸酯被用作化妆品、食品和药品的防腐剂，以防止微生物和真菌破坏。作者研究了使用碳纳米管对化妆品中羟基苯甲酸酯进行固相萃取。使用经过验证的 HPLC-CAD 方法测定了 4 种对羟基苯甲酸酯	[232]
3	Quantitation of pluronics by HPLC and Corona-charged aerosol detection	化妆品	表面活性剂。泊洛沙姆是一种表面活性剂，用于各种消费产品，如含氟漱口水。本文介绍了两种方法：一种是 HPLC-CAD 方法，能够量化不同的泊洛沙姆标准品（单峰测量），包括泊洛沙姆 F68、L64、P85、P123 和 F127；另一种是测量漱口水中 F127 的方法	[233]
4	The effect of composting on the degradation of a veterinary pharmaceutical	环境	抗生素。堆肥是减少粪便中抗生素对环境影响的一种重要方法。本文研究了不同参数（pH、温度、微生物酶和微生物）对禽粪中盐霉素降解的影响。采用 HPLC-CAD 法测定盐霉素含量	[234]
5	Effect of soil pH on sorption of salinomycin in clay and sandy soils	环境	抗生素。盐霉素是一种用于家禽业的抗生素，用于预防感染和促进生长。大量抗生素原封不动地排出体外，可能会污染农田。药物如何与土壤发生反应以及产生的环境后果是本文研究的主题。作者研究了该药物在 4 种不同 pH 值的农业土壤中的吸附-解吸特性。作者得出结论，土壤中的盐霉素对浅层地下水和地表水体都构成了严重的污染威胁。通过 HPLC-CAD 测定盐霉素的含量	[235]

续表

序号	标题	应用领域	概述	参考文献
6	Determination of erythrocin in chicken manure by HPLC-Corona-charged aerosol detection coupled with online solid-phase extraction	环境	抗生素。采用新型在线固相萃取 HPLC-CAD 方法测定鸡粪中的红霉素	[236]
7	Enhancing bioethanol production from delactosed whey permeate by upstream desalination techniques	环境	食品。工业奶酪生产会产生大量的乳清，由于其有机和无机成分，无法通过当地的卫生系统进行处理。乳清通常被处理以去除有价值的化合物，如乳糖和蛋白质，但这种程序是低效的，所产生的脱乳糖乳清渗透物（LWP）可能仍然含有乳糖（约为原始含量的 10%）。一种解决方法是使用酵母将剩余的乳糖转化为乙醇。然而，高盐含量会使酵母失去活性。作者评估了 3 种降低盐含量的方法：①简单稀释；②纳滤；③电渗析。使用 HILIC-CAD 测定乳糖水平	[237]
8	Enzymatic reaction coupled with flow-injection analysis with charged aerosol, coulometric, or amperometric detection for estimation of contamination of the environment by pesticides	环境	杀虫剂。开发了一种间接测量氯代杀虫剂的方法。用卤代烷脱氢酶裂解测试化合物 1-氯环己烷，然后用 HPLC-电化学检测器（ECD）或 HPLC-CAD 测定生成的氯	[238]
9	Characterization of dispersants by reversed-phase high-pressure liquid chromatography (LC) and charged aerosol detection	环境	石油泄漏。分散剂（表面活性剂）用于处理石油泄漏。本文介绍了一种 HPLC-CAD 方法，可用于表征不同的分散剂，包括 Span 20、83 和 85，以及 Corexit® 9500 的不同成分（包括 Aerosol®OT、Span 80 和 80，以及 Tween 80 和 85）	[239]
10	Determination of perfluorinated carboxylic acids (PFCAs) in water using LC coupled to a Corona-charged aerosol detector	环境	全氟羧酸（PFCAs）。PFCAs 被用于润滑油、涂料、化妆品和消防泡沫中，并已成为河水、地表水、地下水和污水中的一种常见环境污染物。美国环境保护局已将 PFCAs 列为可能的人类致癌物，因此对其环境水平的监测是至关重要的。本文介绍了一种 HPLC-CAD 方法来监测废水样品中的 PFCAs	[240]

续表

序号	标题	应用领域	概述	参考文献
11	Acetone as a greener alternative to acetonitrile in liquid chromatographic fingerprinting	环境	溶剂。LC 分析中产生了大量的有机溶剂废物。一种常用的溶剂是乙腈，它具有良好的物理化学特性，但对环境有不良影响。作者使用 HPLC-CAD 方法研究了用丙酮替代乙腈的可能性，结果显示丙酮是一种可行的替代溶剂	[241]
12	A review of separation methods for the determination of estrogens and plastics-derived estrogen mimics from aqueous systems	环境	外源性雌激素。本文梳理了包括 HPLC-CAD 在内的分析方法，这些方法可用于测量水系统中的外源性雌激素	[242]
13	A new approach to the simultaneous analysis of underivatized ionophoric antibiotics using LC and charged aerosol detection	食品	抗生素。建立了一种梯度 UHPLC-CAD 方法来同时测量抗生素拉沙里菌素 A、莫能菌素 A 和 B、那拉霉素和盐霉素。以加标的鸡肌肉提取物作为样品	[243]
14	Simultaneous determination of aspartame, acesulfame-K, saccharin, citric acid, and sodium benzoate in various food products using HPLC-CAD-UV/DAD	食品	人工甜味剂。开发了一种经过验证的 HPLC-DAD-CAD 方法，能够同时测量各种食品中的阿斯巴甜、安赛蜜-K、糖精、柠檬酸和苯甲酸钠，包括食用甜味剂、运动饮料和膳食补充剂	[244]
15	A fast and efficient method to assess 2D-HPLC column and method combinations for food metabolomics studies	食品	代谢组学。了解不同食品成分的代谢是感官科学的一个重要前提。由于化学结构的多样性、相对丰度的差异以及食品基体的复杂性，测量食品代谢组的各种成分具有挑战性。作者描述了一种简单的 2D-LC 方法开发方法，无须进行全二维 LC 实验，并能探索所有可能的快速和简单方法的组合使用 MS/MS 方法进行化合物定性，使用 CAD 进行初步定量，采用稳定同位素标记内标 MS 进行精确定量	[245]
16	Analysis of emulsifiers in foods by HPLC and Corona-charged aerosol detection	食品	表面活性剂。乳化剂，通常是表面活性剂，被食品工业用来保持一致性，例如在人造黄油和蛋黄酱中作为面团改良剂，或在冰淇淋中作为增稠剂。本文介绍了 HPLC-CAD 方法，用于测量格兰诺拉麦片中的大豆卵磷脂和冰淇淋和冰棍中的羟丙基甲基纤维素	[246]

续表

序号	标题	应用领域	概述	参考文献
17	Determination of water-soluble vitamins in infant milk and dietary supplement using a LC online coupled to a Corona-charged aerosol detector	食品	维生素。本文介绍了一种同时测定 7 种水溶性维生素（硫胺素、叶酸、烟酸、抗坏血酸、泛酸、吡哆醇和生物素）的简单而快速的 HPLC-CAD 方法。优化后的方法被用于分析不同的婴儿牛奶样品和膳食补充剂。结果与标称值一致性良好	[247]
18	A single method for the direct determination of total glycerols in all biodiesels using LC and charged aerosol detection	工业	生物燃料。生物柴油是一种清洁和可再生的液体燃料，可用于目前的柴油发动机和燃油燃烧器，无须进行重大修改。天然油，如原生油、废弃食用油和海藻油，被用作原料，经过酯化形成生物柴油。最简单的方法是用甲醇、氢氧化钠在加热条件下进行碱酯化反应。反应使油中的脂肪酸酯化，产生脂肪酸甲酯（FAMEs），即生物柴油燃料。必须清除有害杂质，如未反应的酰基化甘油和游离甘油，以避免燃油系统损坏，例如燃油滤清器堵塞或燃油喷油器损坏。本文所述的简单的正相 HPLC-CAD 方法可以测量所有的酰化甘油和游离甘油。任何生物柴油样品，无论是加工中的、成品的还是混合的，都可以稀释后在＜25min 内完成分析。该方法还提供了必需的灵敏度，可以按照现行的 ASTM 规范对总甘油进行量化	[248]
19	Determination of residual acylglycerols in biodiesel	工业	生物燃料。当前，有多种方法可以用来测定生物柴油样品中的酰基甘油。这种分析通常是通过气相色谱/火焰离子化检测（GC/FID）方法进行，如 ASTM D6584 和 EN14105。然而，气相色谱法通常需要将样品衍生化，并且进样口温度过高会导致热降解，造成测定值偏低。HPLC-CAD 逐渐成为生物柴油分析的首选方法。这里介绍的是一种快速分离的 LC（RSLC）-CAD 方法，10min 内完成生物柴油燃料中的酰基甘油的分析	[249]
20	An improved global method for the quantitation and characterization of lipids by high-pressure LC and charged aerosol detection	工业	生物燃料。本文开发了一种梯度 HPLC-CAD 方法，能够解析和检测各种类型的脂类，包括酯、酰基甘油、脂肪醇、脂肪酸和石蜡。该方法被用来测量海藻油和鸸鹋油的脂类概况	[250]

续表

序号	标题	应用领域	概述	参考文献
21	Determination of polyacrylic acid(PAA)in boiler water using size-exclusion chromatography with charged aerosol detection	工业	发电。锅炉水垢是由水中的杂质沉淀在传热过程中形成的，会导致效率下降和锅炉损坏。PAA 是一种防垢添加剂，通常用于常规和核电蒸汽发生器。本文介绍了一种 SEC-CAD 方法，用于日常测量锅炉水中的 PAA	[251]
22	Quantitation of hindered amine light stabilizers (HALS)by LC and charged aerosol detection	工业	受阻胺类光稳定剂（HALS）。塑料，特别是那些为室外使用而开发的塑料，需要诸如 HALS 之类的添加剂来保持聚合物稳定性，以避免温度和光线的影响。HALS 由一系列的化合物组成，旨在吸收光线，提供更多的机械强度和/或改善热稳定性。由于它们的复杂性和理化特性，测量可能具有挑战性。本文开发了核壳型和多孔型色谱柱的 HPLC-CAD 方法。采用薄壳型色谱柱分析不同的 HALS，包括 Hostavin® N30、Irgafos® 168 和 Tinuvin 622 和 770；多孔型色谱柱用于 Cyasorb UV3529 和 Sabo® stab UV119（现在也称为 Chimassorb®119 FL）	[252]
23	Analysis of quaternary ammonium and phosphonium ionic liquids(IL)by reversed-phase HPLC with charged aerosol detection and unified calibration	工业	离子液体。离子液体是一种液体状态的盐。它们的独特性能（如可忽略的蒸汽压力、良好的热稳定性、可调节的混溶性）已被用于许多应用中，包括化学合成、气体处理、医药开发、纤维素处理、废物回收和电池开发。本文介绍了一种经过充分验证的 HPLC-DAD-CAD 方法，该方法可用于测量一系列新的离子液体，这些离子液体由三丙烯腈甲基氯化铵或六己基十四烷基氯化磷作为前驱体衍生而来	[253]
24	Evaluation of column bleed by using an ultraviolet and a charged aerosol detector coupled to a high-temperature liquid chromato graphic system	工业	制造业。保护柱和分析柱的稳定性是 HPLC 柱制造商关注的一个关键性能特征。作者描述了一种使用 HPLC-DAD-CAD 来辅助表征柱稳定性的简单方法。将五根色谱柱加热到 200℃，使用检测器响应来表示色谱柱的性能。作者得出结论，硅胶 C18 柱的柱流失最高，而碳包裹的二氧化钛柱（通常用于极端 pH 应用）的柱流失最低。测量与检测技术或波长无关	[254]

续表

序号	标题	应用领域	概述	参考文献
25	Evaluation of analytical methods for determination of kinetic hydrate inhibitor(KHI)in produced waters	工业	石油/天然气。水合物（冰状晶体）可以在石油和天然气管道的高压和低温下形成，并可能导致堵塞，阻碍工艺操作并造成经济损失。添加 KHIs，如超支化聚酯酰胺聚合物来缓解这一问题。作者开发了一种与示差折光检测器或 CAD 联用的尺寸排阻法，并对测量生产水中 KHIs 的方法进行了评估	[55]
26	Effect of temperature on the analysis of asphaltenes by the on-column filtration/redissolution method	工业	石油/天然气。沥青是存在于原油中的有机分子物质。以沥青或沥青产品的形式被用作道路的铺设材料、屋顶的瓦片和建筑地基的防水涂料。沥青质使原油具有高黏度，如果在原油蒸馏预热装置的热交换器中结垢，会对生产产生负面影响。它们存在于原油中的胶束中，在高温下可与石蜡反应分解。一旦保护性胶束被破坏，极性沥青就会结块并被输送到管壁上，在那里它们会被粘住并形成一个污垢层。作者将柱上过滤/再溶解方法与 HPLC-CAD 相结合，研究了温度对沥青质分析的影响，并将其用于研究来自不同地理位置的沥青质。对原始真空渣油和处理后的正庚烷沥青质进行了质量平衡分析，发现了吸附的化合物	[255]
27	A comparison of scale inhibitor return concentrations obtained with a novel analytical method and current commercial techniques	工业	石油/天然气。产水的油井很可能会沉积无机垢，这些垢会覆盖在关键部件（如阀门和泵）上，如果任其发展，将限制产量，最终需要弃井。为了防止这种情况发生，将阻垢剂化学品泵入井中，例如，“阻垢剂挤注”。此时，含有抑制剂的溶液被强制注入地层。然后，抑制剂驻留在岩石表面，并在防止结垢所需的临界或以上浓度时，缓慢地渗回产水相。作者开发了一种 HPLC-CAD 方法来测定聚合物阻垢剂。该方法用于评估北海油田多个商业挤注项目获得的样品中的抑制剂含量。该方法能够在当前商业技术无法实现的领域生成可靠的数据	[256]

续表

序号	标题	应用领域	概述	参考文献
28	Quantitation and characterization of copper-plating bath additives by LC with charged aerosol detection and electrochemical detection	工业	电镀液。使用酸液镀铜是一种广泛用于制造各种产品的工艺。在控制镀铜工艺的不同方面需要使用不同的添加剂，必须准确定量。本文描述了一种使用带有 ECD 和 CAD 的双 LC 系统的方法，用于对 3 种常用的添加剂进行定量分析。该方法是精确的而且对所有添加剂的测定都很灵敏，可对抑制剂及其降解进行定量测定。所有添加剂的校准曲线和样品分析结果均有报道。两种分析都可以使用相同的样品制备并在同一系统上运行	[257-258]
29	Measurement and control of copper additives in electroplating baths by HPLC	工业	电镀液。一种测定中和电镀液中关键添加剂的综合分析方法。一种方法是 HPLC-ECD，用于同时测量促进剂和匀染剂；而第二种方法是 HPLC-CAD，用于同时测量促进剂和抑制剂。与用于测量电镀液添加剂浓度的典型循环伏安溶出法相比，该方法的数据质量更高	[259]
30	Quantitation and characterization of copper- and nickel-plating bath additives by LC	工业	电镀液。提出了一种综合分析方法，用一个分析系统测量中和的铜电镀液中的关键添加剂。使用 HPLC-ECD 同时测量促进剂和匀浆剂，使用 HPLC-CAD 同时测量促进剂和抑制剂。此外，还介绍了使用 HPLC-UV-CAD 测量镍电镀液中的糖精和烷基硫酸钠的情况	[260]
31	Analysis of silicone oils by HPLC and Corona-charged aerosol detection	工业	硅油。开发了两种 HPLC-CAD 方法，用于鉴定（测量单个成分的相对丰度）或量化（测量单峰分析物浓度）油浴或洗发水、护发素或气体释放产品中的硅油	[261]
32	Quantitation of surfactants in samples by HPLC and Corona-charged aerosol detection	工业	表面活性剂。讨论了使用 HPLC-CAD 测量金属加工油、氟化物漱口水、护发素和洗衣粉中的表面活性剂	[262-263]
33	Unusual temperature-induced retention behavior of constrained β-amino acid enantiomers on the zwitterionic chiral stationary phases ZWIX(+) and ZWIX(−)	研究	手性。使用 HPLC-CAD 研究了温度对环 β-氨基酸对映体在两性离子手性固定相上的手性识别的影响	[264]

2.4 结论

通过对近 300 篇文献的梳理可以看出，CAD 已被广泛应用于多个行业。虽然 CAD 在不含发色团分析物的检测中应用最多，但通用的定量响应使其成为其他 HPLC 检测器（如 UV 和 MS）的理想补充技术。此外，相对于最接近的替代技术（ELSD），CAD 通常表现出更高的灵敏度、更宽的动态范围和更通用的响应。CAD 通常是检测脂类和表面活性剂的首选方法，当对灵敏度要求不高或不用于化学结构鉴定时，CAD 可用作非标记荧光和 MS 的替代技术。然而，CAD 也有一定的局限性，与其他基于气溶胶的检测器类似，需要使用挥发性的流动相，并且分析物的浓度表现出梯度效应。尽管如此，随着技术的发展，CAD 有望不断扩大应用范围，解决更具挑战性的问题。

致谢　感谢 Rainer Bauder 和 Brent Morrison 对文章进行编辑审核。

参考文献

[1] Cohen R D, Liu Y. Advances in aerosol-based detectors. Adv Chromatogr, 2014, 52: 1-53.

[2] Thomas D, Bailey B, Plante M, Acworth I N. Charged aerosol detection and evaporative light scattering detection—fundamental differences affecting analytical performance. Thermo Scientific. PN70990, 2015.

[3] Marquez-Sillero I, Cardenas S, Valcarcel M. Comparison of two evaporative universal detectors for the determination of sugars in food samples by liquid chromatography. Microchem J, 2013, 110: 629-635.

[4] Thomas D, Bailey B, Plante M, Acworth I N. Charged aerosol detection and evaporative light scattering detection: Fundamental differences affecting analytical performance. Thermo Scientific. PN70990, 2014.

[5] Cohen R D, Liu Y, Gong X. Analysis of volatile bases by high performance liquid chromatography with aerosol-based detection. J Chromatogr A, 2012, 1229: 172-179.

[6] Wipf P, Werner S, Twining L A, Kendall C. HPLC determinations of enantiomeric ratios. Chirality, 2007, 19: 5-9.

[7] Hutchinson J P, Li J, Farrell W, Groeber E, Szucs R, Dicinoski G, Haddad P R. Comparison of the response of four aerosol detectors used with ultra-high pressure liquid chromatography. J Chromatogr A, 2011, 1218: 1646-1655.

[8] He Y, Cook K S, Littlepage E, Cundy J, Mangalathillam R, Jones M T. Ion-pair reversed phase liquid chromatography with ultraviolet detection for analysis of ultraviolet transparent cations. J Chromatogr A,

2015, 1408: 261-266.

[9] Merle C, Laugel C, Chaminade P, Baillet-Guffroy A. Quantitative study of the stratum corneum lipid classes by normal phase liquid chromatography: Comparison between two universal detectors. J Liq Chromatogr, 2010, 33: 629-644.

[10] Ramos RG, Libong D, Rakotomanga M, Gaudin K, Loiseau P M, Chaminade P. Comparison between charged aerosol detection and light scattering detection for the analysis of Leishmania membrane phospholipids. J Chromatogr A, 2008, 1209: 88-94.

[11] DamnjanovićJ, Nakano H, Iwasaki Y. Simple and efficient profiling of phospholipids in phospholipase D-modified soy lecithin by HPLC with charged aerosol detection. J Am Oil Chem Soc, 2013, 90: 951-957.

[12] Eom H Y, Park S Y, Kim M K, Suh J H, Yeom H, Min J W, Kim U, Lee J, Youm J R, Han S B. Comparison between evaporative light scattering detection and charged aerosol detection for the analysis of saikosaponins. J Chromatogr A, 2010, 1217: 4347-4354.

[13] Filip K, Grynkiewicz G, Gruza M, Jatczak K, Zagrodzki B. Comparison of ultraviolet detection and charged aerosol detection methods for liquidchromatographic determination of protoescigenin. Acta Poloniae Pharmaceutica, 2014, 71: 933-938.

[14] Wang L, He W S, Yan H X, Jiang Y, Bi K S, Tu P F. Performance evaluation of charged aerosol and evaporative light scattering detection for the determination of ginsenosides by LC. Chromatographia, 2009, 70: 603-608.

[15] Pistorino M, Pfeifer B A. Polyketide analysis using mass spectrometry, evaporative light scattering, and charged aerosol detector systems. Analytical and BioAnal Chem, 2008, 390: 1189-1193.

[16] Jia S, Park J H, Lee J, Kwon S W. Comparison of two aerosol-based detectors for the analysis of gabapentin in pharmaceutical formulations by hydrophilic interaction chromatography. Talanta, 2011, 85: 2301-2306.

[17] Shaodong J, Lee W J, Ee J W, Park J H, Kwon S W, Lee J. Comparison of ultraviolet detection, evaporative light scattering detection and charged aerosol detection methods for liquid-chromatographic determination of anti-diabetic drugs. J Pharmaceut Biomed Anal, 2010, 51: 973-978.

[18] Cintron J M, Risley, D S. Hydrophilic interaction chromatography with aerosol-based detectors(ELSD, CAD, NQAD)for polar compounds lacking a UV chromophore in an intravenous formulation. J Pharmaceut Biomed Anal, 2013, 78: 14-18.

[19] Kim B H, Jang J B, Moon D C. Analysis of ionic surfactants by HPLC with evaporative light scattering detection and charged aerosol detection. J Liq Chromatogr R T, 2013, 36: 1000-1012.

[20] Nair L M, Werling J O. Aerosol based detectors for the investigation of phospholipid hydrolysis in a pharmaceutical suspension formulation. J Pharmaceut Biomed Anal, 2009, 49: 95-99.

[21] Takahashi K, Kinugasa S, Senda M, Kimizuka K, Fukushima K, Matsumoto T, Christensen J. Quantitative comparison of a corona-charged aerosol detector and an evaporative light-scattering detector for the analysis of a synthetic polymer by supercritical fluid chromatography. J Chromatogr A, 2008, 1193: 151-155.

[22] Kou D, Manius G, Zhan S, Chokshi H P. Size exclusion chromatography with Corona charged aerosol detector for the analysis of polyethylene glycol polymer. J Chromatogr A, 2009, 1216: 5424-5428.

[23] Lobback C, Backensfeld T, Funke A, Weitschies W. Quantitative determination of nonionic surfactants with CAD. Chromatography Techniques, 2007, November, 18-20.

[24] Holzgrabe U, Nap C J, Almeling S. Control of impurities in L-aspartic acid and L-alanine by high-performance liquid chromatography coupled with a corona charged aerosol detector. J Chromatogr A,

2010, 1217: 294-301.

[25] Vervoort N, Daemen D, Torok G. Performance evaluation of evaporative light scattering detection and charged aerosol detection in reversed phase liquid chromatography. J Chromatogr A, 2008, 1189: 92-100.

[26] Loughlin J, Phan H, Wan M, Guo S, May K, Lin B. Evaluation of charged aerosol detection(CAD)as a complementary technique for high-throughput LC-MS-UV-ELSD analysis of drug discovery screening libraries. Am Lab, 2007, 39: 24-27.

[27] Kaufman SL(2003). Evaporative electrical detector. US Patent # US 6568245 B2.

[28] Dixon RW, Peterson DS. Development and testing of a detection method for liquid chromatography based on aerosol charging. Anal Chem, 2002, 74: 2930-2937.

[29] Vehovec T, Obreza A. Review of operating principle and applications of the charged aerosol detector. J Chromatogr A, 2010, 1217: 1549-1556.

[30] Magnusson L E, Risley D S, Koropchak J A. Aerosol-base detectors for liquid chromatography. J Chromatogr A, 2015, 1421: 68-81.

[31] Chaminade P. Evaporative light scattering and charged aerosol detector. In: Hyphenated and Alternative Methods of Detection in Chromatography. Chap 5. 146-159. Shalliker AR(editor). Boca Raton: CRC Press, 2011.

[32] Gorecki T, Lynen F, Szucs R, Sandra P. Universal response in liquid chromatography using charged aerosol detection. Anal Chem, 2006, 78: 3186-3192.

[33] Mitchell C R, Bao Y, Benz N J, Zhang S. Comparison of the sensitivity of evaporative universal detectors and LC/MS in the HILIC and the reversedphase HPLC modes. J Chromatogr B, 2009, 877: 4133-4139.

[34] Reilly J, Everatt B, Aldcroft C. Implementation of charged aerosol detection in routine reversed phase liquid chromatography methods. J Liq Chromatogr R T, 2008, 31: 3132-3142.

[35] Lie A, Meyer A S, Pedersen L H. Appearance and distribution of regioisomers in metallo-and serineprotease-catalyzed acylation of sucrose in *N*, *N*dimethylformamide. J Mol Catal B: Enzymatic, 2014, 106: 26-31.

[36] Ayres B T, Valenca G P, Franco T T, Adlercreutz P. Two-step process for preparation of oligosaccharide propionates and acrylates using lipase and Cyclodextrin Glycosyl Transferase(CGTase). Sustainable Chemical Processes, 2014, 2, 6, http://www.biomedcentral.com/content/pdf/2043-7129-2-6.pdf(accessed January 28, 2017).

[37] Lisa M, Lynen F, Holčapek M, Sandra P. Quantitation of triacylglycerols from plant oils using charged aerosol detection with gradient compensation. J Chromatogr A, 2007, 1176: 135-142.

[38] Moreau R A. The analysis of lipids via HPLC with a charged aerosol detector. Lipids, 2006, 41: 727-734.

[39] Iwasaki Y, Masayama A, Mori A, Ikeda C, Nakano H. Composition analysis of positional isomers of phosphatidylinositol by high-performance liquid chromatography. J Chromatogr A, 2009, 1216: 6077-6080.

[40] Kiełbowicz G, Micek P, Wawrzeńczyk C. A new liquid chromatography method with charge aerosol detector (CAD) for the determination of phospholipid classes. Application to Milk Phospholipids. Talanta, 2013, 105: 28-33.

[41] Kristinova V, Aaneby J, Mozuraityte R, Storro I, Rustad T. The effect of dietary antioxidants on iron-mediated lipid peroxidation in marine emulsions studied by measurement of dissolved oxygen consumption. Eur J Lipid Sci Technol, 2014, 116: 857-871.

[42] Plante M, Bailey B, Acworth I N. Characterization of used cooking oils by high performance liquid chromatography and corona charged aerosol detection. Thermo Scientific. PN70536, 2013.

[43]Grembecka M, Lebiedzińska A, Szefer P. Simultaneous separation and determination of erythritol, xylitol, sorbitol, mannitol, maltitol, fructose, glucose, sucrose and maltose in food products by high performance liquid chromatography coupled to charged aerosol detector. Microchem J, 2014, 117: 77-82.

[44] Kus-Liśkiewicz M, Gorka A, Gonchar M. Simple assay of trehalose in industrial yeast. Food Chemistry, 2014, 158: 335-339.

[45] ŁuczajŁ, Bilek M, Stawarczyk K. Sugar content in the sap of birches, hornbeams and maples in southeastern Poland. Central European Journal of Biology, 2014, 9: 410-416.

[46] Igarashi K, Ishida T, Hori C, Samejima M. Characterization of an endoglucanase belonging to a new subfamily of glycoside hydrolase family 45 of the basidiomycete *Phanerochaete chrysosporium*. Appl Environ Microbiol, 2008, 74: 5628-5634.

[47] Kim J H, Lim B C, Yeom S J, Kim Y S, Kim H J, Lee J K, Oh D K. Differential selectivity of the *Escherichia coli* cell membrane shifts the equilibrium for the enzyme-catalyzed isomerization of galactose to tagatose. Appl Environ Microbiol, 2008, 74: 2307-2313.

[48] Zhang K, Dai L, Chetwyn N P. Simultaneous determination of positive and negative pharmaceutical counterions using mixed-mode chromatography coupled with charged aerosol detector. J Chromatogr A, 2010, 1217: 5776-5784.

[49] Hinterwirth H, Lammerhofer M, Preinerstorfer B, Gargano A, Reischl R, Bicker W, Lindner W. Selectivity issues in targeted metabolomics: Separation of phosphorylated carbohydrate isomers by mixed-mode hydrophilic interaction/weak anion exchange chromatography. J Sep Sci, 2010, 33: 3273-3282.

[50] Crafts C, Plante M, Bailey B, Acworth I N. Novel analytical method to verify effectiveness of cleaning processes. Thermo Scientific. 1820-4, 2012.

[51] Chantarasukon C, Tukkeeree S, Rohrer J. Simultaneous determination of tartaric acid and tolterodine in tolterodine tartrate. Thermo Scientific. AN1047, 2013.

[52] Liu X, Tracy M. Simultaneous determination of metformin and its chloride counterion using multi-mode liquid chromatography with charged aerosol detection. Thermo Scientific. AN20868, 2013.

[53] Tracy M, Liu X. API and counterions in AdderallR using multi-mode liquid chromatography with charged aerosol detection. Thermo Scientific. AN20870, 2013.

[54] He Y, Friese O V, Schlittler M R, Wang Q, Yang X, Bass L A, Jones M T. On-line coupling of size exclusion chromatography with mixed-mode liquid chromatography for comprehensive profiling of biopharmaceutical drug product. J Chromatogr A, 2012, 1262: 122-129.

[55] Turkmen I R, Upadhyay N, Adham S, Gharfeh S. Evaluation of analytical methods for determination of kinetic hydrate inhibitor(KHI)in produced waters. J Petrol Sci Eng, 2015, 126: 63-68.

[56] Brunelli C, Gorecki T, Zhao Y, Sandra P. Corona-charged aerosol detection in supercritical fluid chromatography for pharmaceutical analysis. Anal Chem, 2007, 79: 2472-2482.

[57] Regalado E L, Kozlowski M C, Curto J M, Ritter T, Campbell M G, Mazzotti A R, Hamper B, Spilling C, Mannino M, Wan L, Yu J Q, Liu J, Welch C J. Support of academic synthetic chemistry using separation technologies from the pharmaceutical industry. Org Biomol Chem, 2014, 12: 2161-2166.

[58] Moreau R A. Lipid analysis via HPLC with a charged aerosol detector. Lipid Technol, 2009, 21: 191-194.

[59] Seiwert B, Giavalisco P, Willmitzer L. Advanced mass spectrometry methods for analysis of lipids from photosynthetic organisms. In: Lipids in Photosynthesis. 2009: 445-461. Wada H, Murata N (editors). Springer, Dordrecht.

[60] Karu N, Dicinoski G W, Haddad P R. Use of suppressors for signal enhancement of weakly-acidic analytes in ion chromatography with universal detection methods. TrAC Trends in Anal Chem, 2012, 40: 119-132.

[61] Karu N, Hutchinson J P, Dicinoski G W, Hanna-Brown M, Srinivasan K, Pohl CA, Haddad P R. Determination of pharmaceutically related compounds by suppressed ion chromatography: IV. Interfacing ion chromatography with universal detectors. J Chromatogr A, 2012, 1253: 44-51.

[62] Almeling S, Ilko D, Holzgrabe U. Charged aerosol detection in pharmaceutical analysis. J Pharmaceut Biomed Anal, 2012, 69: 50-63.

[63] Sinclair I, Gallagher R. Charged aerosol detection: Factors for consideration in its use as a generic quantitative detector. Chromatography Today, 2008, 1: 5-9.

[64] Crafts C, Plante B, Bailey B, Acworth I N. Sensitive analysis of underivatized amino acids using UHPLC with charged aerosol detection. Thermo Fisher. PN70038, 2012.

[65] Tsukagoshi H, Nakamura A, Ishida T, Touhara K K, Otagiri M, Moriya S, Arioka M. Structural and biochemical analyses of glycoside hydrolase family 26β-mannanase from a symbiotic protist of the termite *Reticulitermes speratus*. The J Biol Chem, 2014, 289: 10843-10852.

[66] Rather M Y, Ara K Z G, Karlsson E N, Adlercreutz P. Characterization of cyclodextrin glycosyltransferases (CGTases)and their application for synthesis of alkyl glycosides with oligomeric head group. Process Biochemistry, 2015, 50: 722-728.

[67] Wada J, Honda Y, Nagae M, Kato R, Wakatsuki S, Katayama T, Yamamoto K. 1, 2-α-L-Fucosynthase: A glycosynthase derived from an invertingα-glycosidase with an unusual reaction mechanism. FEBS Letters, 2008, 582: 3739-3743.

[68] Dixon R W, Baltzell G. Determination of levoglucosan in atmospheric aerosols using high performance liquid chromatography with aerosol charge detection. J Chromatogr A, 2006, 1109: 214-221.

[69] Acworth I N. Chromatography for foods and beverages: Carbohydrates analysis applications notebook. Thermo Scientific. AI71469, 2015.

[70] Zhang Q, Hvizd M, Bailey B, Thomas D, Plante M, Acworth I N. Carbohydrate analysis in beverages and foods using pulsed amperometric detection or charged aerosol detection. Thermo Scientific. PN71433, 2014.

[71] Li J, Hu D, Zong W, Lv G, Zhao J, Li S. Determination of inulin-type fructooligosaccharides in edible plants by high-performance liquid chromatography with charged aerosol detector. J Agr Food Chem, 2014, 62: 7707-7713.

[72] Nishimoto M, Kitaoka M. Practical preparation of lacto-*N*-biose I, a candidate for the bifidus factor in human milk. Biosci Biotechnol Biochem, 2007, 71: 2101-2104.

[73] Xiao J Z, Takahashi S, Nishimoto M, Odamaki T, Yaeshima T, Iwatsuki K, Kitaoka M. Distribution of *in vitro* fermentation ability of lacto-*N*-biose I, a major building block of human milk oligosaccharides, in bifidobacterial strains. Appl Environ Microbiol, 2010, 76: 54-59.

[74] Bailey B, Ullucci P, Bauder R, Plante M, Crafts C, Acworth I N. Carbohydrate analysis using HPLC with PAD, FLD, CAD and MS detectors. Thermo Scientific. PN70026, 2012.

[75] Hutchinson J P, Remenyi T, Nesterenko P, Farrell W, Groeber E, Szucs R, Dicinoski G, Haddad P R. Investigation of polar organic solvents compatible with Corona Charged Aerosol Detection and their use for the determination of sugars by hydrophilic interaction liquid chromatography. Anal Chim Acta, 2012, 750: 199-206.

[76] Godin B, Agneessens R, Gerin P A, Delcarte J. Composition of structural carbohydrates in biomass:

Precision of a liquid chromatography method using a neutral detergent extraction and a charged aerosol detector. Talanta, 2011, 85: 2014-2026.

[77] Westereng B, Agger J W, Horn S J, Vaaje-Kolstad G, Aachmann F L, Stenstrom Y H, Eijsink VG. Efficient separation of oxidized cello-oligosaccharides generated by cellulose degrading lytic polysaccharide monooxygenases. J Chromatogr A, 2013, 1271: 144-152.

[78] Winarni I, Koda K, Waluyo T K, Pari G, Uraki Y. Enzymatic saccharification of soda pulp from sago starch waste using sago lignin-based amphipathic derivatives. J Wood Chem Technol, 2014, 34: 157-168.

[79] Barber M, Hammersley E. Hydrophilic interaction liquid chromatography: A potential alternative for the analysis of dextran-1. Chromatography Today, May/June, 2011.

[80] Inagaki S, Min J Z, Toyo'oka T. Direct detection method of oligosaccharides by high-performance liquid chromatography with charged aerosol detection. Biomed Chromatogr, 2007, 21: 338-342.

[81] Plante M, Bailey B, Acworth I N.(2009). The use of charged aerosol detection with HPLC for the measure-ement of lipids. In: Lipidomics. Volume 1: Methods and Protocols. 269-482. Armstrong D (editor). Springer Protocols. Humana Press, New York.

[82] Wenk M R. The emerging field of lipidomics. Nature, 2005, 4: 594-610.

[83] Leon-Tamariz F, Cokelaere M, Van Boven M. Determination of long-chain alcohols using HPLC with charged aerosol detection. In Abstracts of the 4th European Fed Lipid Congress: Oils, Fats and Lipids for a Healthier Future, the Need for Interdisciplinary Approaches. October 1-4, 2006, Madrid, Spain.

[84] Lu F S H, Bruheim I, Haugsgjerd B O, Jacobsen C. Effect of temperature towards lipid oxidation and non-enzymatic browning reactions in krill oil upon storage. Food Chemistry, 2014, 157: 398-407.

[85] Plante M, Bailey B, Acworth I N. Determination of olive oil adulteration by principal component analysis with HPLC-charged aerosol detector data. Thermo Scientific. PN70689, 2013.

[86] De la Mata-Espinosa P, Bosque-Sendra J M, Bro R, Cuadros-Rodriguez L. Discriminating olive and non-olive oils using HPLC-CAD and chemometrics. Anal BioAnal Chem, 2011, 399: 2083-2092.

[87] De la Mata-Espinosa P, Bosque-Sendra J M, Bro R, Cuadros-Rodriguez L. Olive oil quantification of edible vegetable oil blends using triacylglycerols chromatographic fingerprints and chemometric tools. Talanta, 2011, 85: 177-182.

[88] Ruiz-Samblas C, Arrebola-Pascual C, Tres A, van Ruth S, Cuadros-Rodriguez L. Authentication of geographical origin of palm oil by chromatographic fingerprinting of triacylglycerols and partial least square-discriminant analysis. Talanta, 2013, 116: 788-793.

[89] Ng S P, Lai O M, Abas F, Lim H K, Beh B K, Ling T C, Tan C P. Compositional and thermal characteristics of palm olein-based diacylglycerol in blends with palm super olein. Food Res Int, 2014, 55: 62-69.

[90] Plante M, Bailey B, Thomas D, Acworth I N. Determination of polymerized triglycerides by high pressure liquid chromatography and Corona Veo charged aerosol detect. Thermo Scientific. PN71561, 2015.

[91] Byrdwell W C. Dilute-and-shoot triple parallel mass spectrometry method for analysis of vitamin D and triacylglycerols in dietary supplements. Anal BioAnal Chem, 2011, 401: 3317-3334.

[92] Byrdwell W C. Quadruple parallel mass spectrometry for analysis of vitamin D and triacylglycerols in a dietary supplement. J Chromatogr A, 2013, 1320: 48-65.

[93] Cascone A, Eerola S, Ritieni A, Rizzo A. Development of analytical procedures to study changes in the composition of meat phospholipids caused by induced oxidation. J Chromatogr A, 2006, 1120: 211-220.

[94] Acworth I N. Chromatography for foods and beverages: Fats and oils analysis applications notebook.

Thermo Scientific. AI71471, 2015.

[95] Yi-Bo W, Chun-Yu W, Fan-Na Q, Li-Ying Z, Li-Na L, Yan-Hai Y, Yuan-Yuan P. Simultaneous determination of five bile acids in pulvis fellis suis, pulvis billis bovis, pulvis fellis caprinus and pulvis fellis galli by high performance liquid chromatography-charged aerosol detector. Chin J Anal Chem, 2014, 42: 109-112.

[96] Carrasco-Pancorbo A, Navas-Iglesias N, Cuadros-Rodriguez L. From lipid analysis towards lipidomics, a new challenge for the Anal Chem of the 21st century. Part I: Modern lipid analysis. TrAC Trends in Anal Chem, 2009, 28: 263-278.

[97] Hazotte A, Libong D, Matoga M, Chaminade P. Comparison of universal detectors for high-temperature micro liquid chromatography. J Chromatogr A, 2007, 1170: 52-61.

[98] Khoomrung S, Chumnanpuen P, Jansa-Ard S, Stahlman M, Nookaew I, Boren J, Nielsen J. Rapid quantification of yeast lipid using microwaveassisted total lipid extraction and HPLC-CAD. Anal Chem, 2013, 85: 4912-4919.

[99] Roy C E, Kauss T, Prevot S, Barthelemy P, Gaudin K. Analysis of fatty acid samples by hydrophilic interaction liquid chromatography and charged aerosol detector. J Chromatogr A, 2015, 1383: 121-126.

[100] Moreau R A. Winkler-Moser J K. Extraction and analysis of food lipids. In: Methods of Analysis of Food Components and Additives, 2nd Edition. Chap 6. 115-134. Otles S(editor). Boca Raton: CRC Press, 2011.

[101] Pedersen A T, Nordblad M, Nielsen P M, Woodley J M. Batch production of FAEE-biodiesel using a liquid lipase formulation. J Mol Catal B: Enzymatic, 2014, 105: 89-94.

[102] Zalogin T R, Pick U. Azide improves triglyceride yield in microalgae. Algal Research, 2014, 3: 8-16.

[103] Plante M, Crafts C, Bailey B, Acworth I N. Characterization of castor oil by HPLC and charged aerosol detection. Thermo Scientific. PN2822, 2011.

[104] Omatsu M. Analysis of oil stain on paper by charged aerosol detector. Japan TAPPI Journal, 2008, 62: 94-100.

[105] Fox C B, Baldwin S L, Vedvick T S, Angov E, Reed S G. Effects on immunogenicity by formulations of emulsion-based adjuvants for malaria vaccines. Clinical and Vaccine Immunology, 2012, 19: 1633-1640.

[106] Fox C B. Squalene emulsions for parenteral vaccine and drug delivery. Molecules, 2009, 14: 3286-3312.

[107] Fox C B, Anderson R C, Dutill T S, Goto Y, Reed S G, Vedvick T S. Monitoring the effects of component structure and source on formulation stability and adjuvant activity of oil-in-water emulsions. Colloids and Surfaces B: Biointerfaces, 2008, 65: 98-105.

[108] Jiang Q W, Yang R, Mei X G. Determination of phospholipid and its degradation products in liposomes for injection by HPLC-charged aerosol detection (CAD). Chin Pharmaceut J, 2007, 2: 1794-1796.

[109] Gendeh G, Plante M, Bailey B, Crafts C, Acworth I N. Analysis of cationic lipids used as transfection agents for siRNA with charged aerosol detection. Thermo Scientific. PN2828, 2011.

[110] Diaz-Lopez R, Libong D, Tsapis N, Fattal E, Chaminade P. Quantification of pegylated phospholipids decorating polymeric microcapsules of perfluorooctyl bromide by reverse phase HPLC with a charged aerosol detector. J Pharmaceut Biomed Anal, 2008, 48: 702-707.

[111] Diaz-Lopez R, Tsapis N, Libong D, Chaminade P, Connan C, Chehimi M M, Fattal E. Phospholipid decoration of microcapsules containing perfluorooctyl bromide used as ultrasound contrast agents. Biomaterials, 2009, 30: 1462-1472.

[112] Fox C B, Sivananthan S J, Duthie M S, Vergara J, Guderian J A, Moon E, Coblen R, Carter D. A nanoli-

posome delivery system to synergistically trigger TLR4 AND TLR7. J Nanobiotech, 2014, 12: 17-22.

[113] Diaz-Lopez R, Tsapis N, Santin M, Bridal S L, Nicolas V, Jaillard D, Libong D, Chaminade P, Marsaud V, Vauthier C, Fattal E. The performance of PEGylated nanocapsules of perfluorooctyl bromide as an ultrasound contrast agent. Biomaterials, 2010, 31: 1723-1731.

[114] Fung H M, Mikasa T J, Vergara J, Sivananthan S J, Guderian J A, Duthie M S, Vedvick T S, Fox C B. Optimizing manufacturing and composition of a TLR4 nanosuspension: Physicochemical stability and vaccine adjuvant activity. J Nanobiotech, 2013, 11: 43-48.

[115] Budzik B W, Colletti S L, Seifried D D, Stanton M G, Tian L. Amino alcohol cationic lipids for nucleotide delivery. U.S. Patent No. 8, 802, 863. Washington, DC: U.S. Patent and Trademark Office, 2014.

[116] Schonherr C, Touchene S, Wilser G, Peschka-Suss R, Francese G. Simple and precise detection of lipid compounds present within liposomal formulations using a charged aerosol detector. J Chromatogr A, 2009, 1216: 781-786.

[117] Kiełbowicz G, Smuga D, Gładkowski W, Chojnacka A, Wawrzeńczyk C. An LC method for the analysis of phosphatidylcholine hydrolysis products and its application to the monitoring of the acyl migration process. Talanta, 2012, 94: 22-29.

[118] Fox C B, Sivananthan S J, Mikasa T J, Lin S, Parker S C. Charged aerosol detection to characterize components of dispersed-phase formulations. Advances in Colloid and Interface Science, 2013, 199: 59-65.

[119] Yamazaki T, Ihara T, Nakamura S, Kato K. Determination of impurities in 17 beta-estradiol reagent by HPLC with charged aerosol detector. Bunseki Kagaku, 2010, 59: 219-224.

[120] Gonyon T, Tomaso A E, Kotha P, Owen H, Patel D, Carter P W, Cronin, H, Green J B D. Interactions between parenteral lipid emulsions and container surfaces. PDA J Pharm Sci Tech, 2013, 67: 247-254.

[121] Chumnanpuen P, Nookaew I, Nielsen J. Integrated analysis, transcriptomelipidome, reveals the effects of INO-level(INO2 and INO4)on lipid metabolism in yeast. BMC Systems Biology, 2013, 7: S7-S12.

[122] Davidi L, Shimoni E, Khozin-Goldberg I, Zamir A, Pick U. Origin of β-carotene-rich plastoglobuli in *Dunaliella bardawil*. Plant Physiology, 2014, 164: 2139-2156.

[123] Pang X Y, Cao J, Addington L, Lovell S, Battaile K P, Zhang N, Rao D, Moise A R. Structure/function relationships of adipose phospholipase A2 containing a cys-his-his catalytic triad. J Biol Chem, 2012, 287: 35260-35274.

[124] Cao J, Perez S, Goodwin B, Lin Q, Peng H, Qadri A, Gimeno R E. Mice deleted for GPAT3 have reduced GPAT activity in white adipose tissue and altered energy and cholesterol homeostasis in diet-induced obesity. American Journal of Physiology. Endocrinology and Metabolism, 2014, 306: E1176-E1187.

[125] Kocharin K, Chen Y, Siewers V, Nielsen J. Engineering of acetyl-CoA metabolism for the improved production of polyhydroxybutyrate in *Saccharomyces cerevisiae*. AMB Express, 2012, 2: 52-57.

[126] Planaguma A, Pfeffer M A, Rubin G, Croze R, Uddin M, Serhan C N, Levy B D. Lovastatin decreases acute mucosal inflammation via 15-epi-lipoxin A4. Mucosal Immunology, 2010, http://www.nature.com/mi/journal/vaop/ncurrent/full/mi2009141a.html(accessed January 28, 2017).

[127] Vertzoni M, Archontaki H, Reppas C. Determination of intraluminal individual bile acids by HPLC with charged aerosol detection. J Lipid Res, 2008, 49: 2690-2695.

[128] Poplawska M, Blazewicz A, Bukowinska K, Fijalek Z. Application of highperformance liquid chromatography with charged aerosol detection for universal quantitation of undeclared phosphodiesterase-5 inhibitors in herbal dietary supplements. J Pharmaceut Biomed Anal, 2013, 84: 232-243.

[129] Poplawska M, Blazewicz A, Zolek P, Fijalek Z. Determination of flibanserin and tadalafil in supplements for women sexual desire enhancement using high-performance liquid. chromatography with tandem mass spectrometer, diode array detector and charged aerosol detector. J Pharmaceut Biomed Anal, 2014, 94: 45-53.

[130] Szekeres A, Lorantfy L, Bencsik O, Kecskemeti A, Szecsi A, Mesterhazy A, Vagvolgyi C. Rapid purification method for fumonisin B1 using centrifugal partition chromatography. Food Additives and Contaminants. Part A, 2013, 30: 147-155.

[131] Szekeres A, Budai A, Bencsik O, Nemeth L, Bartok T, Szecsi A, Vagvolgyi C. Fumonisin measurement from maize samples by high-performance liquid chromatography coupled with corona charged aerosol detector. Journal of Chromatographic Science, 2014, 52: 1181-1185.

[132] Sasaki E, Ogasawara Y, Liu H W. A biosynthetic pathway for BE-7585A, a 2-thiosugar-containing angucycline-type natural product. J Am Chem Soc, 2010, 132: 7405-7417.

[133] Brondz I, Hoiland K. Chemotaxonomic differentiation between *Cortinarius infractus* and *Cortinarius subtortus* by supercritical fluid chromatography connected to a multi-detection system. Trends in Chrom- atography, 2008, 4: 79-87.

[134] Clos J F, DuBois G E, Prakash I. Photostability of rebaudioside A and stevioside in beverages. J Agr Food Chem, 2008, 56: 8507-8513.

[135] Prakash I, Chaturvedula V S P, Markosyan A. Structural characterization of the degradation products of a minor natural sweet diterpene glycoside rebaudioside M under acidic conditions. Int J Mol Sci, 2014, 15: 1014-1025.

[136] Ito T, Masubuchi M. Dereplication of microbial extracts and related analytical technologies. J Antibiot, 2014, 67: 353-360.

[137] Lv G P, Hu D J, Cheong K L, Li Z Y, Qing X M, Zhao J, Li S P. Decoding glycome of *Astragalus membranaceus* based on pressurized liquid extraction, microwave-assisted hydrolysis and chromatographic analysis. J Chromatogr A, 2015, 1409: 19-29.

[138] Acworth I N. Supplements analysis applications notebook: From raw materials to extracts and natural products. Thermo Scientific. AI71473, 2015.

[139] Kong H G, Kim J C, Choi G J, Lee K Y, Kim H J, Hwang E C, Lee S W. Production of surfactin and iturin by *Bacillus licheniformis* N1 responsible for plant disease control activity. Plant Pathology J, 2010, 26: 170-177.

[140] Edwards C, Lawton L A. Assessment of microcystin purity using charged aerosol detection. J Chromatogr A, 2010, 1217: 5233-5238.

[141] Wolfender J L. HPLC in natural product analysis: The detection issue. Planta Medica, 2009, 75: 719-734.

[142] Granica S, Krupa K, Kłębowska A, Kiss A K. Development and validation of HPLC-DAD-CAD-MS 3 method for qualitative and quantitative standardization of polyphenols in *Agrimoniae eupatoriae herba(*Ph. Eur). J Pharmaceut Biomed Anal, 2013, 86: 112-122.

[143] Granica S. Quantitative and qualitative investigations of pharmacopoeial plant material *Polygoni avicularis* herba by UHPLC-CAD and UHPLC-ESIMS methods. Phytochem Anal, 2015, 26(5): 374-382.

[144] Granica S, Piwowarski J P, Kiss A K. Determination of C-glucosidic Ellagitannins in *Lythri salicariaeherba* by ultra-high performance liquid chromatography coupled with charged aerosol detector: Method development and validation. Phytochem Anal, 2014, 25: 201-206.

[145] Plaza M, Kariuki J, Turner C. Quantification of individual phenolic compounds'contribution to antioxidant capacity in apple: A novel analytical tool based on liquid chromatography with diode array, electrochemical, and charged aerosol detection. J Agr Food Chem, 2014, 62: 409-418.

[146] Granica S, Lohwasser U, Johrer K, Zidorn C. Qualitative and quantitative analyses of secondary metabolites in aerial and subaerial of *Scorzonera hispanica*(black salsify). Food Chemistry, 2015, 173: 321-331.

[147] Kao C L, Borisova S A, Kim H J, Liu H W. Linear aglycones are the substrates for glycosyltransferase DesVII in methymycin biosynthesis: Analysis and implications. J Am Chem Soc, 2006, 128: 5606-5607.

[148] Jia S, Li J, Yunusova N, Park J H, Kwon S W, Lee J. A new application of charged aerosol detection in liquid chromatography for the simultaneous determination of polar and less polar ginsenosides in ginseng products. Phytochem Anal, 2013, 24: 374-380.

[149] Qi L W, Wang C Z, Yuan C S. Isolation and analysis of ginseng: Advances and challenges. Natural Product Reports, 2011, 28: 467-495.

[150] Kim D H, Chang J K, Sohn H J, Cho B G, Ko S R, Nho K B, Lee S M. Certification of a pure reference material for the ginsenoside Rg1. Accreditation and Quality Assurance, 2010, 15: 81-87.

[151] Baek S H, Bae O N, Park J H. Recent methodology in ginseng analysis. Journal of Ginseng Research, 2012, 36: 119-123.

[152] Chen L, Dai J, Wang Z, Zhang H, Huang Y, Zhao Y. Ginseng total saponins reverse corticosterone-induced changes in depression-like behavior and hippocampal plasticity-related proteins by interfering with GSK-3β-CREB signaling pathway. Evidence-Based Complement and Alternative Medicine, 2014, http://www.hindawi.com/journals/ecam/2014/506735/abs/(accessed January 28, 2017).

[153] Ouyang L F, Wang Z L, Dai J G, Chen L, Zhao Y N. Determination of total ginsenosides in ginseng extracts using charged aerosol detection with post-column compensation of the gradient. Chinese J Natl Med, 2014, 12: 857-868.

[154] Bai C C, Han S Y, Chai X Y, Jiang Y, Li P, Tu P F. Sensitive determination of saponins in *Radix et Rhizoma Notoginseng* by charged aerosol detector coupled with HPLC. J Liq Chromatogr R T, 2008, 32: 242-260.

[155] Zhao Y N, Wang Z L, Dai J G, Chen L, Huang Y F. Preparation and quality assessment of high-purity ginseng total saponins by ion exchange resin combined with macroporous adsorption resin separation. Chin J Natl Med, 2014, 12: 382-392.

[156] Negi J S, Singh P, Pant G J N, Rawat M S M. High-performance liquid chromatography analysis of plant saponins: An update 2005-2010. Pharmacognosy Reviews, 2011, 5: 155-164.

[157] Kim S H, Kim H K, Yang E S, Lee K Y, Du Kim S, Kim Y C, Sung S H. Optimization of pressurized liquid extraction for spicatoside A in *Liriope platyphylla*. Separation and Purification Technology, 2010, 71: 168-172.

[158] Yeom H, Suh J H, Youm J R, Han S B. Simultaneous determination of triterpenoid saponins from *Pulsatilla koreana* using high performance liquid chromatography coupled with a charged aerosol detector(HPLC-CAD). Bulletin of the Korean Chemical Society, 2010, 31: 1159-1164.

[159] Acworth I N, Zhang Q, Thomas D. Profiling hoodia extracts by HPLC with charged aerosol detection and electrochemical array detection and pattern recognition. Planta Medica, 2013, 79: 127.

[160] Acworth I N, Bailey B, Plante M, Zhang Q, Thomas D. Profiling hoodia extracts by HPLC with charged aerosol detection, electrochemical array detection and principal component analysis. Thermo Scientific. PN70540, 2013.

[161] Kakigi Y, Mochizuki N, Icho T, Hakamatsuka T, Goda Y. Analysis of terpene lactones in a ginkgo leaf extract by high-performance liquid chromatography using charged aerosol detection. Biosci Biotechnol Biochem, 2010, 74: 590-594.

[162] Forsat, B, Snow N H. HPLC with charged aerosol detection for pharmaceutical cleaning validation. LCGC North America, 2007, 25: 960-964.

[163] Yamaki T, Kamiya Y, Ohtake K, Uchida M, Seki T, Ueda H, Kobayashi J, Morimoto Y, Natsume H. A mechanism enhancing macromolecule transport through paracellular spaces induced by poly-L-arginine: Poly-L-arginine induces the internalization of tight junction proteins via clathrin-mediated endocytosis. Pharm Res, 2014, 31: 2287-2296.

[164] Smith M C, Crist R M, Clogston J D, McNeil S E. Quantitative analysis of PEG-functionalized colloidal gold nanoparticles using charged aerosol detection. Anal BioAnal Chem, 2015, 407: 3705-3710.

[165] Charles I, Sinclair I, Addison D H. Capture and exploration of sample quality data to inform and improve the management of a screening collection. Journal of Laboratory Automation, 2013, http://jla.sagepub.com/content/early/2013/08/22/2211068213499758.abstract(accessed January 28, 2017).

[166] Sinclair I, Charles I. Applications of the charged aerosol detector in compound management. J Biomol Screen, 2009, 14: 531-537.

[167] Jia S, Li J, Park S R, Ryu Y, Park I H, Park J H, Lee J. Combined application of dispersive liquid-liquid microextraction based on the solidification of floating organic droplets and charged aerosol detection for the simple and sensitive quantification of macrolide antibiotics in human urine. J Pharmaceut Biomed Anal, 2013, 86: 204-213.

[168] Yan F, Munos J W, Liu P, Liu H W. Biosynthesis of fosfomycin, re-examination and re-confirmation of a unique Fe(II)-and NAD(P)H-dependent epoxidation reaction. Biochemistry, 2006, 45: 11473-11481.

[169] Lin C I, Sasaki E, Zhong A, Liu H W. In vitro characterization of LmbK and LmbO: Identification of GDP-D-erythro-α-D-gluco-octose as a key intermediate in lincomycin A biosynthesis. J Am Chem Soc, 2014, 136: 906-909.

[170] Jia S, Lee H S, Choi M J, Hyun Sung S B, Han S H, Park J, Lee J. Nonderivatization method for the determination of gabapentin in pharmaceutical formulations, rat serum and rat urine using high performance liquid chromatography coupled with charged aerosol detection. Current Anal Chem, 2012, 8: 159-167.

[171] Wojtczak A, Wojtczak M, Skrętkowicz J. The relationship between plasma concentration of metoprolol and CYP2D6 genotype in patients with ischemic heart disease. Pharmacological Reports, 2014, 66: 511-514.

[172] Viinamaki J, Ojanpera I. Photodiode array to charged aerosol detector response ratio enables comprehensive quantitative monitoring of basic drugs in blood by ultra-high performance liquid chromatography. Anal Chim Acta, 2015, 865: 1-7.

[173] Novakova L, Lopez S A, Solichova D, Šatinsky D, Kulichova B, Horna A, Solich P. Comparison of UV and charged aerosol detection approach in pharmaceutical analysis of statins. Talanta, 2009, 78: 834-839.

[174] Yu X, Zdravkovic S, Wood D, Li C, Cheng Y, Ding X. A new approach to threshold evaluation and quantitation of unknown extractables and leachables using HPLC-CAD. Drug Delivery Technol, 2009, 9: 50-55.

[175] Thomas D, Acworth I N, Bailey B, Plante M. Direct analysis of multicomponent adjuvants by HPLC with charged aerosol detection. Thermo Scientific. PN70333, 2012.

[176] Novakova L, Solichova D, Solich P. Hydrophilic interaction liquid chromatography-charged aerosol detection as a straightforward solution for simultaneous analysis of ascorbic acid and dehydroascorbic acid. J Chromatogr A, 2009, 1216: 4574-4581.

[177] Huang Z, Richards M A, Zha Y, Francis R, Lozano R, Ruan J. Determination of inorganic pharmaceutical counterions using hydrophilic interaction chromatography coupled with a CoronaR CAD detector. J Pharmaceut Biomed Anal, 2009, 50: 809-814.

[178] Crafts C, Bailey B, Plante M, Acworth I N. Evaluation of methods for the simultaneous analysis of cations and anions using HPLC with charged aerosol detection and a zwitterionic stationary phase. J Chromatogr Sci, 2009, 47: 534-539.

[179] Crafts C, Bailey B, Gamache P, Liu X, Acworth I N. Comprehensive approaches for measurement of active pharmaceutical ingredients, counterions, and excipients using HPLC with charged aerosol detection. In: Applications of Ion Chromatography in the Analysis of Pharmaceutical and Biological Products. Bhattacharyya L, Rohrer JS(editors). John Wiley & Sons, Inc., Hoboken, NJ, 2012:221-236.

[180] Russell J J, Heaton J C, Underwood T, Boughtflower R, McCalley D V. Performance of charged aerosol detection with hydrophilic interaction chromatography. J Chromatogr A, 2015, 1405: 72-84.

[181] Plante M, Bailey B, Acworth IN, Sneekes E J, Steiner F. Multi-modal analyte detection of cyclodextrin and ketoprofen inclusion complex using UV and CAD on an integrated UHPLC platform. Thermo Scientific. PN71690, 2015.

[182] Park E J, Cho H, Kim S W, Na D H. Chromatographic methods for characterization of poly(ethylene glycol)-modified polyamidoamine dendrimers. Anal Biochem, 2014, 449: 42-44.

[183] Saokham P, Loftsson T. A new approach for quantitative determination ofγ-cyclodextrin in aqueous solutions: Application in aggregate determinations and solubility in hydrocortisone/γ-cyclodextrin inclusion complex. J Pharm Sci, 2015, 104: 3925-3933.

[184] Christiansen A, Backensfeld T, Kuhn S, Weitschies W. Investigating the stability of the nonionic surfactants tocopheryl polyethylene glycol succinate and sucrose laurate by HPLC-MS, DAD, and CAD. J Pharm Sci, 2011, 100: 1773-1782.

[185] Greiderer A, Steeneken L, Aalbers T, Vivo-Truyols G, Schoenmakers P. Characterization of hydroxy-propylmethylcellulose (HPMC) using comprehensive two-dimensional liquid chromatography. J Chromatogr A, 2011, 1218: 5787-5793.

[186] Ilko D, Puhl S, Meinel L, Germershaus O, Holzgrabe U. Simple and rapid high performance liquid chromatography method for the determination of polidocanol as bulk product and in pharmaceutical polymer matrices using charged aerosol detection. J Pharmaceut Biomed Anal, 2015, 104: 17-20.

[187] Li Y, Hewitt D, Lentz Y K, Ji J A, Zhang T Y, Zhang K. Characterization and stability study of polysorbate 20 in therapeutic monoclonal antibody formulation by multidimensional ultrahigh-performance liquid chromatography-charged aerosol detection-mass spectrometry. Anal Chem, 2014, 86: 5150-5157.

[188] Fekete S, Ganzler K, Fekete J. Fast and sensitive determination of polysorbate 80 in solutions containing proteins. J Pharmaceut Biomed Anal, 2010, 52: 672-679.

[189] Ilko D, Braun A, Germershaus O, Meinel L, Holzgrabe U. Fatty acid composition analysis in polysorbate 80 with high performance liquid chromatography coupled to charged aerosol detection. Eur J Pharm Biopharm,

2015, 94: 569-574.

[190] Shi S, Chen Z, Rizzo J M, Semple A, Mittal S. A highly sensitive method for the quantitation of polysorbate 20 and 80 to study the compatibility between polysorbates and m-cresol in the peptide formulation. J Anal Bioanal Tech, 2015, 6: 2-8.

[191] Lie A, Wimmer R, Pedersen L H. Design of experiments and multivariate analysis for evaluation of reversed-phase high-performance liquid chromatography with charged aerosol detection of sucrose caprate regioisomers. J Chromatogr A, 2013, 1281: 67-72.

[192] Lie A, Pedersen L H. Elution strategies for reversed-phase high-performance liquid chromatography analysis of sucrose alkanoate regioisomers with charged aerosol detection. J Chromatogr A, 2013, 1311: 127-133.

[193] Scott B, Zhang K, Wigman L. Material identification by HPLC with charged aerosol detection. LCGC North America, 2013, 31: 564-569.

[194] Acworth I N. HPLC-CAD Surfactants and emulsifiers applications notebook. Thermo Scientific. AN71104, 2014.

[195] Louw S, Pereira A S, Lynen F, Hanna-Brown M, Sandra P. Serial coupling of reversed-phase and hydrophilic interaction liquid chromatography to broaden the elution window for the analysis of pharmaceutical compounds. J Chromatogr A, 2008, 1208: 90-94.

[196] Crafts C, Plante M, Acworth I N, Bailey B, Waraska J, Gamache P. Increased process understanding for QbD by introducing universal detection at several stages of the pharmaceutical process. Thermo Scientific. PN2438, 2010.

[197] Crafts C, Bailey B, Plante M, Acworth I N. Validating analytical methods with charged aerosol detection. Thermo Scientific. PN2949, 2011.

[198] Khandagale M M, Hilder E F, Shellie R A, Haddad P R. Assessment of the complementarity of temperature and flow-rate for response normalization of aerosol-based detectors. J Chromatogr A, 2014, 1356: 180-187.

[199] Holzgrabe U, Nap C J, Beyer T, Almeling S. Alternatives to amino acid analysis for the purity control of pharmaceutical grade L-alanine. J Sep Sci, 2010, 33: 2402-2410.

[200] Joseph A, Rustum A. Development and validation of a RP-HPLC method for the determination of gentamicin sulfate and its related substances in a pharmaceutical cream using a short pentafluorophenyl column and a charged aerosol detector. J Pharmaceut Biomed Anal, 2010, 51: 521-531.

[201] Stypulkowska K, Blazewicz A, Fijalek Z, Sarna K. Determination of gentamicin sulphate composition and related substances in pharmaceutical preparations by LC with charged aerosol detection. Chromatographia, 2010, 72: 1225-1229.

[202] Li R, Hurum D, Wang J, Rohrer J. Gentamicin sulfate assay by HPLC with charged aerosol detection. Thermo Scientific. AN70016, 2012.

[203] Stypulkowska K, Blazewicz A, Brudzikowska A, Warowna-Grzeskiewicz M, Sarna K, Fijalek Z. Development of high performance liquid chromatography methods with charged aerosol detection for the determination of lincomycin, spectinomycin and its impurities in pharmaceutical products. J Pharmaceut Biomed Anal, 2015, 112: 8-14.

[204] Stypulkowska K, Blazewicz A, Fijalek Z, Warowna-Grzeskiewicz M, Srebrzynska K. Determination of neomycin and related substances in pharmaceutical preparations by reversed-phase high performance liquid chromatography with mass spectrometry and charged aerosol detection. J Pharmaceut Biomed

Anal, 2013, 76: 207-214.

[205] Joseph A, Patel S, Rustum A. Development and validation of a RP-HPLC method for the estimation of netilmicin sulfate and its related substances using charged aerosol detection. J Chromatogr Sci, 2010, 48: 607-612.

[206] Holzgrabe U, Nap C J, Kunz N, Almeling S. Identification and control of impurities in streptomycin sulfate by high-performance liquid chromatography coupled with mass detection and corona charged-aerosol detection. J Pharmaceut Biomed Anal, 2011, 56: 271-279.

[207] Zhang T, Hewitt D, Kao Y H. SEC assay for polyvinylsulfonic impurities in 2-(*N*-morpholino)ethanesulfonic acid using a charged aerosol detector. Chromatographia, 2010, 72: 145-149.

[208] Wahl O, Holzgrabe U. Impurity profiling of carbocisteine by HPLC-CAD, qNMR and UV/vis spectroscopy. J Pharmaceut Biomed Anal, 2014, 95: 1-10.

[209] Huang Z, Neverovitch M, Lozano, R, Tattersall P, Ruan J. Development of a reversed-phase HPLC impurity method for a UV variable isomeric mixture of a CRF drug substance intermediate with the assistance of corona CAD. Journal of Pharmaceutical Innovation, 2011, 6: 115-123.

[210] Zhang K, Li Y, Tsang M, Chetwyn N P. Analysis of pharmaceutical impurities using multi-heartcutting 2D LC coupled with UV-charged aerosol MS detection. J Sep Sci, 2013, 36: 2986-2992.

[211] Dai L, Wigman L, Zhang K. Sensitive and direct determination of lithium by mixed-mode chromatography and charged aerosol detection. J Chromatogr A, 2015, 1408: 87-92.

[212] Rystov L, Chadwick R, Krock K, Wang T. Simultaneous determination of Maillard reaction impurities in memantine tablets using HPLC with charged aerosol detector. J Pharmaceut Biomed Anal, 2011, 56: 887-894.

[213] Bailey B. Metoprolol and select impurities analysis using a hydrophilic interaction chromatography method with combined UV and charged aerosol detection. Thermo Scientific. AN1126, 2015.

[214] Blazewicz A, Fijalek Z, Warowna-Grzeskiewicz M, Jadach, M. Determination of atracurium, cisatracurium and mivacurium with their impurities in pharmaceutical preparations by liquid chromatography with charged aerosol detection. J Chromatogr A, 2010, 1217: 1266-1272.

[215] Schiesel S, Lammerhofer M, Lindner W. Comprehensive impurity profiling of nutritional infusion solutions by multidimensional off-line reversed-phase liquid chromatographyhydrophilic interaction chromatography-ion trap mass-spectrometry and charged aerosol detection with universal calibration. J Chromatogr A, 2012, 1259: 100-110.

[216] Sun P, Wang X, Alquier L, Maryanoff C A. Determination of relative response factors of impurities in paclitaxel with high performance liquid chromatography equipped with ultraviolet and charged aerosol detectors. J Chromatogr A, 2008, 1177: 87-91.

[217] Warner A, Piraner I, Weimer H, White K. Development of a purity control strategy for pemetrexed disodium and validation of associated analytical methodology. J Pharmaceut Biomed Anal, 2015, 105: 46-54.

[218] Jain D, Basniwal P K. Forced degradation and impurity profiling: Recent trends in analytical perspectives. J Pharmaceut Biomed Anal, 2013, 86: 11-35.

[219] Soman A, Jerfy M, Swanek F. Validated HPLC method for the quantitative analysis of a 4-methanesulfonyl-piperidine hydrochloride salt. J Liq Chromatogr R T, 2009, 37: 1000-1009.

[220] Thomas D, Acworth I N. Label-free analysis by UHPLC with charged aerosol detection of glycans separated by charge, size, and isomeric structure. Thermo Scientific. AN1127, 2015.

[221] Thomas D, Acworth IN. Label-free analysis by UHPLC with charged aerosol detection of glycans separated by charge, size, and isomeric structure. Thermo Scientific. PO71734, 2015.

[222] Thomas D, Acworth I N, Bauder R, Kast L. Label-free profiling of O-linked glycans by HPLC with charged aerosol detection. Thermo Scientific. PO71733, 2015.

[223] Wang R, Wang X, Paulino J, Alquier L. Evaluation of charged aerosol detector for purity assessment of protein. J Chromatogr A, 2013, 1283: 116-121.

[224] Zhang Q, Acworth I N. Direct measurement of sialic acids released from glycoproteins, by high performance liquid chromatography and charged aerosol detection. Thermo Scientific. PN71726, 2015.

[225] Leon-Tamariz F, Verbaeys I, Van Boven M, De Cuyper M, Buyse J, Clynen E, Cokelaere M. PEGylation of cholecystokinin prolongs its anorectic effect in rats. Peptides, 2007, 28, 1003-1011.

[226] Crafts C, Bailey B, Plante M, Acworth I N. Analytical methods to qualify and quantify PEG and PEGylated biopharmaceuticals. Thermo Scientific. AN70160, 2012.

[227] Courtemanche K, Bailey B, Crafts C, Plante M, Waraska J, Acworth I N, Swartz M. Measurement of stability and purity of cell-penetrating peptides used for siRNA delivery. Thermo Scientific. PN2829, 2011.

[228] Liu X K, Fang J B, Cauchon N, Zhou P. Direct stability-indicating method development and validation for analysis of etidronate disodium using a mixed-mode column and charged aerosol detector. J Pharmaceut Biomed Anal, 2008, 46: 639-644.

[229] Ramanathan R, Josephs J L, Jemal M, Arnold M, Humphreys W G. Novel MS solutions inspired by MIST. Bioanalysis, 2010, 2: 1291-1313.

[230] Malek G, Crafts C, Plante M, Neely M, Bailey B. Use of charged aerosol detection as an orthogonal quantification technique for drug metabolites in safety testing(MIST). Thermo Scientific. PN2953, 2011.

[231] Nedderman AN. Metabolites in safety testing: Metabolite identification strategies in discovery and development. Biopharmaceutics and Drug Disposition, 2009, 30: 153-162.

[232] Marquez-Sillero I, Aguilera-Herrador E, Cardenas S, Valcarcel M. Determination of parabens in cosmetic products using multi-walled carbon nanotubes as solid phase extraction sorbent and corona-charged aerosol detection system. J Chromatogr A, 2010, 1217: 1-6.

[233] Plante M, Bailey B, Acworth I N. Quantitation of pluronics by high performance liquid chromatography and corona charged aerosol detection. Thermo Scientific. PN70535, 2013.

[234] Ramaswamy J, Prasher S O, Patel R M, Hussain S A, Barrington S F. The effect of composting on the degradation of a veterinary pharmaceutical. Bioresource Technology, 2010, 101: 2294-2299.

[235] Jayashree R, Prasher S O, Kaur R, Patel R M. Effect of soil pH on sorption of salinomycin in clay and sandy soils. African Journal of Environmental Science and Technology, 2011, 5: 661-667.

[236] Zhou Q, Chen M, Zhu L, Yao-Bin D. Determination of erythrocin in chicken manure by High Performance Liquid Chromatography-Corona-Charged Aerosol Detection coupled with on-line solid phase extraction. Chin J Anal Chem, 2014, 42: 1838-1841.

[237] Wagner C, Benecke C, Buchholz H, Beutel S. Enhancing bioethanol production from delactosed whey permeate by upstream desalination techniques. Engineering in Life Sciences, 2014, 14: 520-529.

[238] Mikelova R, Prokop Z, Stejskal K, Adam V, Beklova M, Trnkova L, Kizek R. Enzymatic reaction coupled with flow-injection analysis with charged aerosol, coulometric, or amperometric detection for estimation of contamination of the environment by pesticides. Chromatographia, 2008, 67: 47-53.

[239] Plante M, Bailey B, Acworth I N, Neeley M. Characterization of dispersants by reversed-phase high pressure liquid chromatography and charged aerosol detection. Thermo Scientific. PN2737, 2011.

[240] Zhou Q, Chen M, Zhu L, Tang H. Determination of perfluorinated carboxylic acids in water using liquid chromatography coupled to a corona-charged aerosol detector. Talanta, 2015, 136: 35-41.

[241] Funari C S, Carneiro R L, Khandagale M M, Cavalheiro A J, Hilder E F. Acetone as a greener alternative to acetonitrile in liquid chromatographic fingerprinting. J Sep Sci, 2015, 38: 1458-1465.

[242] LaFleur A D, Schug K A. A review of separation methods for the determination of estrogens and plastics-derived estrogen mimics from aqueous systems. Anal Chim Acta, 2011, 696: 6-26.

[243] Plante M, Bailey B, Acworth I N, Crafts C. A new approach to the simultaneous analysis of underivatized ionophoric antibiotics using liquid chromatography and charged aerosol detection. Thermo Scientific. PN70054, 2012.

[244] Grembecka M, Baran P, Błażewicz A, Fijałek Z, Szefer P. Simultaneous determination of aspartame, acesulfame-K, saccharin, citric acid and sodium benzoate in various food products using HPLC-CAD-UV/DAD. Eur Food Res Technol, 2014, 238: 357-365.

[245] Steiner F, Grubner M, Dunkel A, Hofmann T. A fast and efficient method to access 2D-HPLC column and method combinations for food metabolomics studies. Thermo Fisher. PN71130, 2014.

[246] Plante M, Bailey B, Acworth I N. Analysis of emulsifiers in foods by high performance liquid chromatography and corona charged aerosol detection. Thermo Scientific. PN70995, 2014.

[247] Marquez-Sillero I, Cardenas S, Valcarcel M. Determination of water-soluble vitamins in infant milk and dietary supplement using a liquid chromatography on-line coupled to a corona-charged aerosol detector. J Chromatogr A, 2013, 1313: 253-258.

[248] Plante M, Bailey B, Acworth I N, Crafts C. A single method for the direct determination of total glycerols in all biodiesels using liquid chromatography and charged aerosol detection. Thermo Scientific. AN1049, 2012.

[249] Hurrum D, Rohrer J. Determination of residual acylglycerols in biodiesel. Thermo Scientific. AB70486, 2013.

[250] Plante M, Bailey B, Acworth I N. An improved global method for the quantitation and characterization of lipids by high performance liquid chromatography and charged aerosol detection. Thermo Scientific. PN70533, 2013.

[251] Tracy M, Liu X, Acworth I N. Determination of polyacrylic acid in boiler water using size-exclusion chromatography with charged aerosol detection. Thermo Scientific. AN20984, 2014.

[252] Plante M, Bailey B, Acworth I N. Quantitation of hindered amine light stabilizers(HALS)by liquid chromatography and charged aerosol detection. Thermo Scientific. PN70022, 2012.

[253] Stojanovic A, Lammerhofer M, Kogelnig D, Schiesel S, Sturm M, Galanski M, Lindner W. Analysis of quaternary ammonium and phosphonium ionic liquids by reversed-phase high-performance liquid chrom- atography with charged aerosol detection and unified calibration. J Chromatogr A, 2008, 1209: 179-187.

[254] Teutenberg T, Tuerk J, Holzhauser M, Kiffmeyer T K. Evaluation of column bleed by using an ultraviolet and a charged aerosol detector coupled to a high-temperature liquid chromatographic system. J Chromatogr A, 2006, 1119: 197-201.

[255] Ovalles C, Rogel E, Moir ME, Morazan H. Effect of temperature on the analysis of asphaltenes by the on-column filtration/redissolution method. Fuel, 2015, 146: 20-27.

[256] Thompson A, Gangstad A, Kotlar H K. Oil field data/return analysis: A comparison of scale inhibitor return concentrations obtained with a novel analytical method and current commercial techniques. In: SPE International Oilfield Scale Conference(SPE 114049. 2008): May 28-29, 2017, Aberdeen, UK.

[257] Acworth I N, Bailey B, Plante M. Quantitation and characterization of copper plating bath additives by liquid chromatography with charged aerosol detection and electrochemical detection. LC-GC The Magazine of Separation Science, 2014, 10(7): 10-16.

[258] Plante M, Bailey B, Acworth I N. Quantitation and characterization of copper plating bath additives by liquid chromatography with charged aerosol detection and electrochemical detection. Thermo Scientific. PN70008, 2012.

[259] Plante M, Fairlie S, Bailey B, Acworth I N. Measurement and control of copper additives in electroplating baths by HPLC. Thermo Scientific. WP71211, 2014.

[260] Plante M, Bailey B, Acworth I N. Quantitation and characterization of copper and nickel plating bath additives by liquid chromatography. Thermo Scientific. PN71179, 2014.

[261] Plante M, Bailey B, Acworth I N. Analysis of silicone oils by high performance liquid chromatography and corona charged aerosol detection. Thermo Scientific. PN70538, 2013.

[262] Plante M, Bailey B, Acworth I N. Quantitation of surfactants in samples by high performance liquid chromatography and corona charged aerosol detection. Thermo Scientific. PN70539, 2013.

[263] Steiner F, Plante M, Bailey B, Acworth I N. An easy way to a fast universal method for surfactant analysis. The Column, LCGC, 2012, 8(12): 2-9.

[264] Ilisz I, Pataj Z, Gecse Z, Szakonyi Z, Fulop F, Lindner W, Peter A. Unusual temperature-induced retention behavior of constrainedβ-amino acid enantiomers on the zwitterionic chiral stationary phases ZWIX(+) and ZWIX(−). Chirality, 2014, 26: 385-393.

第3章 CAD的实际应用

布鲁斯·贝利，马克·伊曼纽尔，大卫·托马斯，克里斯·克拉夫特，保罗·加马什

赛默飞世尔科技，美国马萨诸塞州切姆斯福德

3.1 摘要

本章讨论了优化电雾式检测器（CAD）常规定量分析性能的实用方法，主要关注较新的仪器设计。新设计的主要区别是能够在较低的洗脱液流速下操作，产生更大尺寸分布和数量浓度（每立方米气体下的颗粒数量）的气溶胶，并使用温控蒸发来优化性能。如第1章所述，新型CAD的气溶胶特性能够简化整体响应曲线，降低检测限，改善半挥发性分析物的检测，并增大准线性响应范围。

影响CAD性能的一个主要因素是洗脱液中非挥发性和半挥发性杂质的浓度。通过选择低残留的流动相溶剂、低流失的色谱柱、低污染的液相色谱系统和操作方法，以及最低浓度的挥发性流动相添加剂（pH调节剂、缓冲液、离子对试剂），可以降低系统背景。流动相添加剂和浓度的选择，需要考虑所需的色谱分离以及与离子溶质（分析物或杂质）形成的盐对CAD响应的可能影响。本章介绍了从早期的型号到新型号的方法转移策略，以及如何利用新的功能来提高性能，扩展技术应用。

3.2 引言

CAD 可用于多种色谱技术和配置，但有几个变量会影响性能。本章通过提供实用信息，帮助分析人员获得定量分析的最佳结果，包括色谱变量（如流动相组成、液体流速、溶剂梯度、色谱柱和分离模式）、分析物性质、检测器设置和各种系统配置等。

在第 1 章中已对 CAD 的理论进行了介绍。简而言之（图 3.1），CAD 的工作原理是：①洗脱液雾化，②干燥并留下气溶胶残留物，③残留物荷电，④测量聚集的电荷。CAD 主要是检测质量流量的设备，其响应与单位时间内到达检测器的非挥发性溶质（杂质+分析物）的质量成正比。

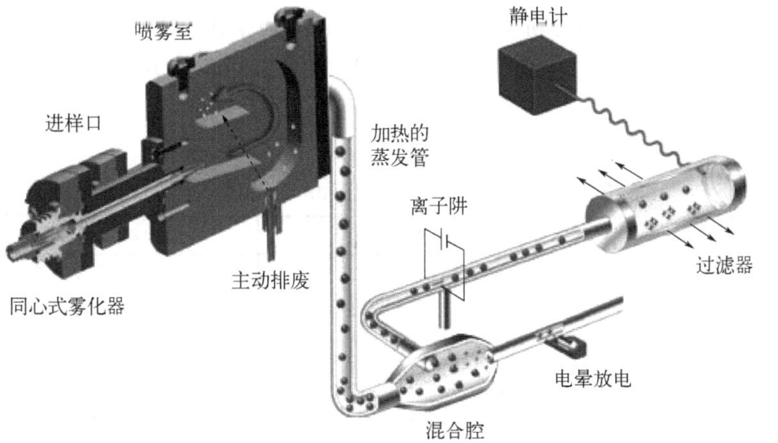

图 3.1　CAD 的检测过程包括：色谱柱洗脱液的气动雾化，在喷雾室中去除较大的液滴，溶剂蒸发，在混合室中通过电晕放电形成的相反离子射流对气溶胶残留物进行扩散荷电，在离子阱中去除多余的离子和高迁移率的荷电粒子，以及用过滤器/静电计测量气溶胶粒子的总电荷。资料来源：Thermo Fisher Scientific 许可

虽然 CAD 和其他蒸发气溶胶（EA）技术（ELSD 和 CNLSD）通常被认为是非选择性的（即通用的），但仍需要一定的选择性来区分分析物与洗脱液中的其他组分（此处，“洗脱液”是指被雾化的液体，包括溶剂、添加剂、杂质和其他分析物）。在分析中，选择性基于气溶胶在两相（气相和凝结相）之间的相对分配。虽然一般说来，被分析物必须是不挥发的，而其他洗脱液成分必须是挥发性的，但在预测特定分析物的检测限和灵敏度时，应

考虑与气溶胶蒸发的具体过程和流动相成分有关的几个因素。这些因素在本章和第 1 章中进一步讨论。

影响 EA 检测器性能的一个主要变量是色谱柱洗脱液中非挥发性杂质的质量浓度[1-4]。这些杂质通常以溶质的形式存在，与被测物一样，在计算质量浓度时，均影响干燥气溶胶颗粒的尺寸大小，更准确地说，影响密度修正后的体积浓度［公式（1.5）］。由于 CAD 信号与颗粒大小直接相关，较高浓度的杂质会产生较高的基线信号、漂移和噪声（图 1.22），从而影响检测性能。因此，本章主要讨论可能的杂质来源、减少杂质含量的建议，以及在实际操作中如何通过仪器设置来优化检测的选择性。

3.2.1 第一代和第二代仪器设计

如第 2 章所述，目前大多数参考文献均基于商用 CAD 仪器的原始设计，自 2013 年开始，随着 Corona™ Veo™检测器的推出，这种设计被取代（基本设计见图 3.1）。表 3.1 总结了主要的差异，并在下文中简要讨论了一些实际应用。

表 3.1 第一代和第二代 CAD 仪器的主要区别

项目	第一代产品	第二代产品
代表型号	Corona® Ultra® RS	Corona™ Veo™ RS
雾化器	交叉流	同心
相对撞击距离	近端	远端
洗脱液流速/（mL/min）	0.20～2.0	0.01～2.0
蒸发 T/℃	环境	（环境+5）至 100
雾化器 T/℃	5～35	环境
去除多余液体	重力法流入“封闭的”废液系统	主动泵入“开放的”废液系统

3.2.2 液体流量范围

新一代仪器的一个关键变化是使用同心式雾化器代替原有的交叉流式雾化器。在交叉流设计中，当液体流速较低时，往往会导致基线不稳，在流速约为 0.2mL/min 的水相洗脱液或在流速更高、黏度和表面张力更低的溶剂中，这种现象尤为明显。这是由于雾化器喷嘴处的气流对液体产生虹吸作用，影响喷雾的稳定性。新仪器采用同心设计，能够在较低的流量条件下产生稳定的气溶胶喷雾，从而扩大检测器的检测范围（图 3.2）。对于某些应用，可以通过改变雾化器的气体流量来进一步优化。

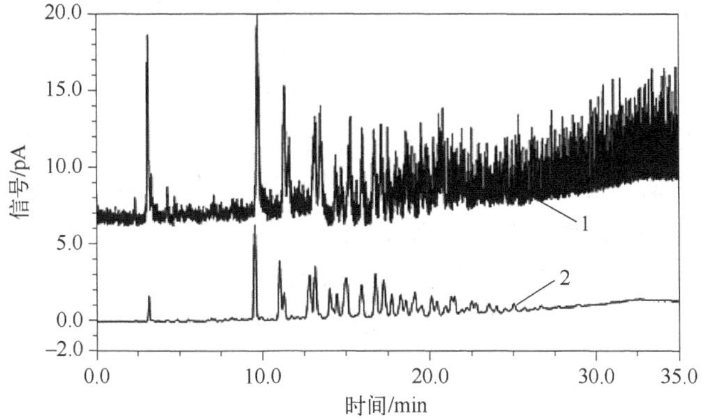

图 3.2 早期 CAD 的基线噪声（Corona® Ultra，曲线 1）是由在低液体流速与/或低黏度和表面张力更低的溶剂中的雾化不稳定造成的。曲线 2 来源于 Corona Veo。条件：0.30mL/min，等度洗脱，流动相为乙腈−乙酸乙酯−0.1mol/L 乙酸铵缓冲液（其体积比为 59∶40∶1），pH 5.5，1min；27min 后线性梯度洗脱至 19∶80∶1，pH 5.5，保持 10min

3.2.3 过量液体的清除

新旧设计的 CAD 在处理过量液体方面也有显著不同。为了保持稳定的喷雾，喷雾室内的压力必须相对恒定，过量液体必须及时有效地清除。早期设计中，喷雾室和废液瓶处于一个封闭的回路中，其压力略高于大气压，有时会出现间歇性的基线干扰，主要是由排水不均和喷雾室内相应的压力峰值造成的。在新的设计中，通过主动将过量液体抽到一个“开放”的废液瓶中，有效缓解了这个问题。这种配置也大大增加了操作的便利性。

3.2.4 温度控制

第一代设计的雾化器温度控制主要是为了防止水分因高挥发性洗脱液的快速蒸发冷却而结冰。据我们所知，这种情况只有在交叉流雾化器-撞击器设计中，并且只在四氢呋喃（THF）-水溶剂梯度洗脱中才发生过。在大多数其他应用中，蒸发温度（T_e）对性能的影响比雾化器温度（T_n）大得多——在 ELSD 中也观察到了这一点[5]。T_n 的影响相对较小，这可能是由于气溶胶在雾化器内停留时间很短，对其传热有限。由于在方法优化时，T_e 是一个更稳健的控制变量，因此，新的设计在环境 T_n 下运行，同时将 T_e 控制在用户设定的值。

3.2.5 气溶胶的产生和传输

如第 1 章所述，对于给定的溶剂和流速，在新型 CAD 中，传输到蒸发管的气溶胶的尺寸分布明显更大（中位数），数量浓度（如每立方厘米气体中的液滴数量）更高。然后，通过温控（加热）蒸发来适应不同的洗脱液成分和流速，并且可以成为优化分析物和非分析物洗脱液成分之间“选择性”的一个有效变量。对于给定的方法，新型 CAD 的气溶胶特性能够简化响应曲线、增大准线性和动态响应范围、提高低浓度非挥发性分析物和半挥发性分析物的灵敏度。因此，早期型号建立的方法进行转移时，新型 CAD 的设置需要优化。本章为方法转移和新功能使用提供指导。

3.3 影响 CAD 性能的因素

本节讨论影响 CAD 响应的主要因素和优化性能的最佳做法。这些概念基本适用于所有类型的 EA 检测器。

3.3.1 分析物特性

了解分析物特性和检测器响应之间的关系非常有意义(例如色谱的方法开发和故障排除)，对通用检测器来说尤其如此，因为它们通常在缺少单独标准品的情况下进行定量分析。影响 EA 检测器响应的主要分析物特性可分为两大类：①决定溶质（分析物或杂质）在气溶胶残留物颗粒中分离程度的特性（如挥发性)；②在给定的粒度分布下，影响气溶胶检测器响应的特性。原则上，前者适用于所有的 EA 检测器，这决定了该类检测器类似的检测范围（即非挥发性物质和部分半挥发性物质）和洗脱液要求（即挥发性溶剂和添加剂)。后者决定了特定类型检测器对不同的分析物响应一致的能力。下文将针对上述两类特性进一步讨论。

3.3.1.1 气溶胶残留物颗粒的形成

如第 1 章所述，EA 检测器对在特定条件下能够形成稳定残留颗粒的化合物产生响应。简而言之，“喷雾干燥”的过程会形成液滴并迅速缩小，进而增加低挥发性成分的浓度，并动态改变液滴的溶剂组成。该过程还促进了溶质之间的相互作用、沉淀和凝结相（固体或非挥发性液体）形成。研究表明，溶质（即分析物或杂质）的特性，如特定温度下的蒸气压（P_s）、特定压力下的沸点（bp）、汽化焓（ΔH_v）或分子量（M），可以表征一个可精确检测的“挥发性极限”，在这个极限之上或之下被认为是不挥发的（例如，bp＞400℃[6-7]或 M＞350g/mol 和ΔH_v＞65kJ/mol[8]）。仪器的蒸发温度（T_e）是一个主要因素，因为它在很大程度上决定了给定仪器设计和方法下，挥发性极限值的大小。然而，上述参数无论是单独还是组合，都无法完全预测检测性能或灵敏度。第 1 章中已对其他因素进行了讨论，其中酸度和碱度可能是最重要的，因为分析物和流动相添加剂之间的离子相互作用也会对响应产生影响。另一个因素是分析物的密度，它对残留物的颗粒直径有微弱影响，从而影响所有 EA 检测器的响应。如果密度是已知的，则参照第 1 章中的相关介绍。

3.3.1.2　下游气溶胶检测器的固有响应

通用检测的一个主要目标是实现响应一致，这就要求对不同分析物进行检测时，能够保持同等的灵敏度，而不受其理化性质影响。EA 检测器实现响应一致的程度，主要与其采用的气溶胶测量技术对分析物/颗粒材料的响应有关。如第 1 章所述，CAD 能够实现更一致的响应，主要与颗粒介电常数相关，与 ELSD 对颗粒折射率的依赖和 CNLSD 对颗粒润湿性和溶解性的依赖相比，这种依赖相对较小。

3.3.1.3　分析物特性

决定分析物挥发性的特性可影响气溶胶蒸发的过程和条件，对 CAD 响应的影响最显著。对于可电离的分析物，其检测灵敏度也受到与离子流动相成分相互作用的影响。分析物的密度也会产生微弱影响。此类因素对所有 EA 检测器均适用，且对杂质和目标分析物均产生影响。在这些检测器中，CAD 对分析物特性的依赖性最小，因此其响应一致性最佳。

如前文所述，T_e 是一个有益的参数，可以改变气溶胶两相之间溶质的挥发性或相对分配比例。因此，提出以下方法优化的实用性建议：

① 使用能够满足所需灵敏度的最低 T_e，可以实现最佳重现性和不同分析物之间的最佳响应一致性。

② 使用 T_e 的小幅度递增（例如，≤5℃），考察方法的耐用性及分析物检测限（LOD）水平时对温度的响应稳定性。

3.3.2 洗脱液特性和组成

3.3.2.1 质量传输

用于 CAD 的溶剂，主要考虑因素是其影响雾化和蒸发的物理特性。对蒸发式检测器来说，当使用黏度和表面张力较低的洗脱液时（如高 CH_3CN 相）[9]，质量传输效率通常更高。因此，与较高黏度和表面张力的洗脱液（如高水相）相比，灵敏度（即单位质量的信号）更高。如图 4.5 所示，传输效率与溶质的特性或浓度无关。多数分析物的响应具有类似的峰形（大部分是平行的），并随着 CH_3CN 含量的增加而升高，这主要归因于 CH_3CN 更高的传输效率。本章后面和第 4 章将讨论解决溶剂梯度洗脱过程中质量传输的变化引起的响应差异，从而实现定量的一致性。

需要强调的是，在气溶胶质量传输中，与洗脱液有关的差异不仅影响目标分析物，也影响非挥发性杂质。因此，传输效率较高的洗脱液会产生较高的基线和噪声，特别是在溶剂梯度洗脱过程中，可能产生基线漂移。第 3.3.2.2 节中进一步讨论了杂质的常见来源和减少其含量的方法。

3.3.2.2 洗脱液的纯度

影响 CAD 性能的一个主要因素是色谱柱洗脱液中杂质（非挥发性+半挥发性）的质量浓度，它对基线（背景）信号、噪声，特别是梯度洗脱的漂移都有影响。这些杂质通常以溶解态存在，无法通过过滤去除。对于一些高纯有机溶剂（如 HPLC 级或更高纯度），额外的过滤步骤会污染溶剂并增加杂质含量。因此，通常只过滤流动相中的水相缓冲液。在液滴蒸发后，低挥发性杂质会影响气溶胶颗粒的大小，该影响与杂质含量相关。降低杂质浓度的做法与 LC-MS 相似，将在下文中进一步讨论。

水是一种常见的液相色谱溶剂，可能成为低挥发性杂质的重要来源。用于 EA 检测和 LC-MS 的高质量的水通常是从维护良好的净水系统中制得。市售的 HPLC 级瓶装水经常产生明显高于净水系统的背景噪声。典型的超纯水规格是 25℃时电阻率为 18.2MΩ • cm，总有机碳含量＜5μg/L。由于杂质会在储存器和系统待机时累积，故从净化系统中获得高纯水时，建议彻底冲洗系统。

有机溶剂指标中需要关注的是蒸发残留。这一点特别重要，因为有机溶剂的许多特性使其比水的质量传输性能要高。蒸发后残留物较少的溶剂通常会产生较低的背景和噪声。研究表明，相比 RPLC，HILIC 与 CAD 联用的灵敏度更高，可能是由于高纯度乙腈提高了分析物的质量传输效率[5,10-11]。

使用梯度洗脱时，还应注意弱溶剂中的杂质（如反相中的水）可能会残留并聚集在固定相中，在之后的洗脱中造成鬼峰或基线干扰。

3.3.2.3　流动相添加剂

流动相添加剂类型和浓度的选择不仅要考虑色谱分离的要求，还要考虑检测技术。常见的添加剂包括 pH 调节剂（即酸和碱）、缓冲剂（即弱酸+共轭碱或弱碱+共轭酸）和离子对试剂（如用于反相色谱的具有疏水基团的酸或碱）。使用 EA 检测器时的基本要求是添加剂要有足够的挥发性，以确保完全分配到干燥气溶胶的气相中。否则，如果使残留物的颗粒大小显著增加，会产生高背景信号和噪声。添加剂的浓度通常以单位摩尔浓度或体积分数为单位。然而，鉴于 EA 检测器是质量流量型检测器，也应考虑添加剂的质量浓度。表 3.2 列出了用于 EA 检测器和 LC-MS 的常见的挥发性添加剂及典型浓度。应该注意的是，表中 10mmol/L 缓冲液浓度只是基于每种盐的摩尔质量。然而，在制备 10mmol/L 的 HPLC 缓冲液时，通常是将浓酸［如甲酸（FA）］加入到 10mmol/L 的盐溶液（如甲酸铵）中，直至 pH 电极测得所需范围。使用这种方法，实际的质量浓度可能会比标注的高很多。相比之下，对于 0.1mL 的典型的色谱峰体积（V）和呈正态分布的分析物，进样量（m_{inj}）＞20μg 才能达到相当于＞0.5mg/mL 的峰顶瞬时浓度（c_{max}），公式为：

$$c_{max} = \frac{m_{inj}}{V} \times (2\pi)^{0.5} \tag{3.1}$$

表 3.2　挥发性添加剂及典型浓度

酸性添加剂	典型浓度	摩尔浓度 /（mmol/L）	质量浓度 /（mg/mL）	pK_a	pH
乙酸	0.1%	17.4	1.04	4.8	3.27
甲酸	0.1%	23.6	1.09	3.8	2.7
三氟乙酸	0.1%	13	1.48	0.0	1.9
缓冲液	典型浓度	质量浓度 /（mg/mL）	pK_a	缓冲范围	缓冲液种类
乙酸铵	10mmol/L	0.77	4.8	3.8～5.8	乙酸-醋酸
甲酸铵	10mmol/L	0.63	3.8	2.8～4.8	甲酸-甲酸
碳酸铵	10mmol/L	0.96	10.3	7～11	氨-铵盐
			9.3		碳酸氢盐-碳酸盐
			7.8		碳酸-碳酸氢盐

这说明，许多分析中，添加剂的质量浓度比分析物瞬时质量浓度高几个数量级，因此，使用挥发性添加剂非常必要。需要强调的是，上文提到的pH 滴定方法只应在水溶液中进行，因为有机溶剂中 pH 电极测量往往不准确或重复性差。

值得注意的是，大多数流动相添加剂都是可电离的，而且如前所述，通常以较高浓度存在于气溶胶液滴中。加之在液滴蒸发过程中随着浓度迅速增加，可能形成低挥发性的盐。如第 1 章所述，挥发性添加剂可以通过提高挥发性可电离分析物的灵敏度来扩大 CAD 的检测范围。它们也可以小幅提高非挥发性可电离分析物的灵敏度，这对响应一致性有不利的影响。此外，可电离的添加剂可以与杂质、样品基质成分和其他带相反电荷的添加剂结合。此类离子相互作用产生的影响将在下文中详细讨论。

研究表明，可电离添加剂对稳定气溶胶粒子质量的贡献，可能随其浓度和电离程度（即与溶液的 pH 值和酸碱度相关）增加，并随着产生的盐的挥发性而减少[12-15]。在使用缓冲溶液和离子对试剂时，尤其需要关注这些因素。例如，Petritis 等[13]指出，氨（≥100mmol/L，即 1.7mg/mL）和甲酸（≥100mmol/L，即 4.6mg/mL）的混合物产生的 ELSD 背景信号比更低浓度的氨（≤5mmol/L，即 0.085mg/mL）和三氟乙酸（≤5mmol/L，即 0.57mg/mL）的混合物低得多。在这种情况下，强酸三氟乙酸（$pK_a = 0$）比甲酸（$pK_a = 3.75$）电离得更充分，相应的三氟乙酸-铵盐的挥发性可能低于甲酸-铵盐。重要的是，这说明当使用挥发性阴离子对试剂（如三氟乙酸）时，应谨慎使用碱性添加剂（如氨）。同样，Cohen 等[15]指出，在含有阳离子的离子对试剂（如三乙胺）的流动相中应谨慎添加酸类物质。

在许多 RPLC 方法中，通常只使用酸性调节剂。当使用 CAD 或 LC-MS 时，一般会选择硅胶基质 C_{18} 固定相和含有 0.1%（体积分数）甲酸或乙酸的水-乙腈洗脱液作为初始条件。这些酸挥发性强，而且 pH 值低（例如甲酸的 pH 为 2.7），抑制了大多数酸性分析物和二氧化硅颗粒表面的弱酸性游离硅羟基的电离，有利于酸性分析物的保留，且能够改善碱性分析物的峰形拖尾。但是，极性分析物的保留（例如，低 pH 值下电离的碱性分析物）以及对特定分析的选择性并不充分。一个常见的替代方法是使用三氟乙酸代替弱酸，或者在弱酸中添加三氟乙酸。当使用 0.1%（体积分数）三氟乙酸时，其较低的 pH 值（1.9）进一步抑制了酸在溶液中的电离（不要与其在电喷雾电离时的抑制效应相混淆），同时与碱性分析物形成离子对以加强其保留。然而，除了前面提到的三氟乙酸的潜在不利影响外，在使用三氟乙酸或其他较高摩尔质量的离子对试剂，如其他全氟羧酸［七氟丁酸（HFBA）］时，还有其他一些问题需要考虑。例如，与阳离子洗脱液杂质形成非挥发性盐，导致背景增加。这些阴离子对试剂也可能与阳离子样品基质相互作用，浓度较高时，可能产生大的溶剂峰、鬼峰或基线漂移。据报道，三氟乙酸不稳定，因此在流动相制备时，建议使用一次性小瓶。在使用碱性添加剂时，也应注意上述问题，尤其注意可能杂质和样品基质（例如，Cl^-）作用形成盐的情况[16]。当前，一些混合模式的固定相，例如具有反相+离子交换保留特性或离子交换+正相（通过亲水作用）特性的固定相，可用来解决许多具有挑战性的分离操作。使用这些色谱柱可以避免离子对试剂造成的不好的影响。特别是混合模式色谱柱流失较少（见第 3.3.2.5 节）时，可在最小的添加剂浓度下提供良好的分离性能，作为与 CAD 和 LC-MS 联用的 RPLC 技术的理想补充。

3.3.2.4 洗脱液杂质的其他来源

洗脱液杂质不仅可能来自溶剂和添加剂，也可能来自色谱柱、其他系统组件和实验室设备。下文将讨论减少洗脱液和样品污染源的常见做法。

3.3.2.5 柱流失

在 EA 检测器的使用中，色谱柱流失是指色谱柱产生的、进入洗脱液中的非挥发性杂质，这部分杂质会增加背景信号和噪声。这些杂质通常来源于降解（即键合相的裂解，载体的溶解），也可能源于固定相中杂质的缓慢溶解。此外，载体本身（例如，低纯度二氧化硅中的金属）或装填之前的暴露也可能产生杂质。例如，在使用 LC-MS 或 CAD 时，应避免使用曾在非挥发性缓冲剂（如磷酸钠）或非挥发性离子对试剂（如辛烷磺酸）条件下使用过的色谱柱。筛选 CAD 用色谱柱的一个简单方法是比较连接色谱柱前后的背景信号。该测试需要在充分冲洗和平衡色谱柱后进行。使用梯度法时，测试应覆盖所有的溶剂组成和条件（如 pH 值）。部分色谱柱（如氨基、氰基）在 CAD 测试时发现在整个操作范围内出现了明显的柱流失现象[6]。大多数色谱柱主要是在极限条件下才会出现明显的柱流失。另外，有些色谱柱在出现明显的流失时，仍能保持稳定的保留时间和峰形。大多数关于硅胶柱流失的研究主要针对采用极端高 pH 或低 pH 值时的条件（通常是 2～8）。例如，0.1%的 TFA（pH 值为 1.9）可能会发生柱流失，而在更高的浓度下（如 0.5%的 TFA，pH 值为 1.2），流失更加明显。有研究表明，在使用中性或微碱性洗脱液的 HILIC 模式下，硅胶基质固定相（如带有氨基、二醇或两性离子功能基团）会出现明显的柱流失。在这些情况下，可以使用 pH 值兼容范围更宽的色谱柱，包括带有聚合物、保护性硅胶或其他对 pH 影响不敏感载体的色谱柱[17]。

Teutenberg 等[18]指出，pH 值适用范围宽的柱子在高温条件下操作时流失较少。

3.3.2.6 碱洗脱液

研究表明，在使用 pH 值较高的洗脱液时，CAD 的背景电流和噪声较高，且与碳酸铵缓冲液一般不兼容[6]。从前文讨论来看，高 pH 值洗脱液中的杂质，可能来源于 pH 调节剂及其形成的盐和造成的柱流失，在高 pH 值的硅胶基质载体中该现象尤为明显。在无色谱柱条件下使用早期 CAD 仪器的研究显示，使用碳酸铵水溶液缓冲液的背景信号和噪声较高（例如，1.0mmol/L NH_4HCO_3，噪声＞3pA）。然而，在类似的 pH 值和浓度下，用新制备的铵-氨缓冲液时，背景和噪声较低（＜0.01pA），但其会随时间升高。造成该现象的一个原因是从大气中吸收的 CO_2 可能形成碳酸氢盐和二价阴离子碳酸盐。后者在较高的 pH 值下尤为明显，并可能会随着时间而积累[19]，在液滴蒸发过程中会形成挥发性较低的盐$(NH_4)_2CO_3$。这可能是使用铵缓冲液时噪声随时间增加，以及使用碳酸铵缓冲液时噪声高的原因。对新型 CAD 的研究表明，在使用碳酸铵缓冲液和较高 pH 值的洗脱液时，增加 T_e 可以有效减少背景信号和噪声。例如，同样使用 1.0mmol/L NH_4HCO_3 缓冲液，Corona Veo 的噪声在 $T_e = 35℃$时非常高，但在 50℃时却降低到＜0.01pA。图 3.3 进一步表明，当使用 3mmol/L 的碳酸氢铵缓冲液和 pH 稳定性更好的色谱柱时，40ng 红霉素的信噪比（S/N）可达 46。

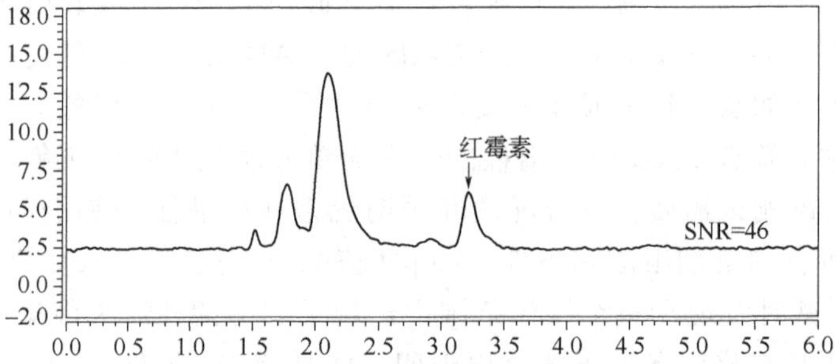

图 3.3 CAD 中使用高 pH 值洗脱液。40ng 红霉素；聚合物包封的 C_{18} 柱，5.0μm，4.6mm×150mm；30%10mmol/L 碳酸铵，pH 9.0。70%乙腈，在 70%B 条件下，等压 0.8mL/min；Corona Veo RS，$T_e = 75℃$

3.3.2.7 系统部件和实验室设备

这里对造成洗脱液和样品中非挥发性杂质含量增加的可能污染源进行简单的讨论。与色谱柱一样，LC 系统流路中的许多部件问题可以归因于长期使用非挥发性溶质（如磷酸盐缓冲液）后的“记忆效应”。在某些情况下，可以用合适的溶剂对组件进行冲洗，但必要时，应替换为 CAD 和 LC-MS 专用部件。与选择色谱柱一样，有必要比较有无该部件或使用替代部件时的背景信号和噪声。据报道，若 LC 系统持续暴露于非挥发性溶质，在线过滤器（如溶剂过滤器）、在线脱气器（真空过滤膜）和脉冲阻尼器（溶剂过滤膜）均可能成为长期污染源。冲洗或是更换部件取决于多种因素，包括更换的难易程度和清洁的有效性，可按前文所述进行评估。

其他污染源包括 pH 电极、液体处理过程、储存材料和环境等。用于调整流动相缓冲液 pH 值的电极可能会产生大量的非挥发性杂质，因为它通常使用高浓度的非挥发性缓冲液来校准和储存。因此，在流动相制备中，建议将 pH 电极单独浸泡在独立的缓冲液中，并避免对含有有机溶剂的溶液进行 pH 调节时使用[20]。上述操作对 CAD 和 LC-MS 特别重要，以避免污染和引入不必要的高浓度酸/碱性调节剂。使用 CAD 时，无论是流动注射进样（无柱）空白流动相，还是在溶剂前（有柱），均能观测到可测量的响应峰。最有可能的原因是其他容器材料（如玻璃）的浸出或样品瓶的污染。同样，样品或流动相污染也可能有多种来源，如玻璃器皿和处理液体的材料。如前文所述，应采取措施尽可能地确定污染源并将其降至最低，例如，提前用合适的溶剂冲洗材料。

3.3.2.8 小结

根据前面的讨论，在优化方法时，建议采取以下常用方法：

① 使用蒸发后残留量低的流动相溶剂和来自净水设备的新鲜超纯水（非存储水）。

② 使用高纯度的挥发性流动相添加剂，以及所需的最低浓度进行分离。

③ 对于非挥发性分析物，使用低摩尔质量的添加剂可以获得最一致的响应。

④ 选择合适的色谱柱，并避免在其极限条件下使用（如 pH 值、温度、压力、溶剂强度），以减少色柱流失。

⑤ 避免污染源（如 LC 系统部件、实验室器皿、pH 电极缓冲液等）。

3.4 系统配置

本节讨论了不同系统配置的一些实际问题，包括微流液相色谱、柱后加入和分流等。

3.4.1 微流液相色谱

新型 CAD 可以在流速低至 10μL/min 的洗脱液中进行常规操作。微流条件可减少样品和溶剂的消耗。CAD 是质量流量型检测器，更适用于低流速条件（见第 1 章）。对于质量流量型设备，在给定分析物质量的前提下，改变体积流量，峰面积保持不变，而峰高处发生变化。第 1 章展示了 CAD 的质量流量依赖行为（图 1.21），在相同的流速下，使用较小内径的色谱柱时，对于给定的质量，可以得到类似的峰面积。在较低的流速下，由于单位时间内杂质的质量较低，基线噪声降低，从而得到更高的信噪比。虽然在低流量下质量灵敏度有所提高，但如果进样量与柱体积成正比，浓度灵敏度就不会产生变化。然而，如果色谱柱有足够的质量负荷能力，则可能表现出优势，在梯度洗脱过程中尤为明显。

3.4.2 柱后加入

已有一些使用 EA 检测器的柱后加入方法。最常见的技术为反梯度补偿，Gorecki 等于 2006 年首次对该方法在 CAD 中的应用进行了介绍[21]。该方法使用两个梯度泵，其中第二个泵的溶剂梯度与分析分离的梯度完全相反。通过使用一个简单的 T 形接头，使溶剂流在柱后进行汇合。这样就能以 2 倍的液体流量向检测器提供组成恒定的溶剂（即梯度的中点）。在这个过程中，要求匹配梯度时间，从而匹配两个流路的体积。由于分析流路中包含色谱柱，通常在补偿流路中加入相同的色谱柱，如图 3.4 所示。另一种方法是使用体积合适的管路，目的是补偿梯度洗脱过程中质量传输效率的变化，从而获得更一致的响应，该变化与洗脱液有关、与分析物无关。由于 CAD 是一个主要检测质量的设备（即峰面积保持不变），2 倍的稀释可以通过 2 倍的流速来补偿。该技术的另一个优点是，通过等度洗脱可以获得更稳定（更少漂移）的基线。此外，柱后加入还可通过等比例地添加黏度/表面张力更低的溶剂以增加质量传输，从而提高灵敏度。由于杂质的质量传输也会增加，需要选择蒸发残留量低的高纯溶剂，同时确保溶剂之间完全互溶，目标分析物、基质成分和添加剂也应完全可溶。此外，柱后加入可能增加溶剂的压力，因此应考虑仪器的承载能力。通常，判断溶剂蒸发不完全的一个标志是出现无规律的基线噪声。

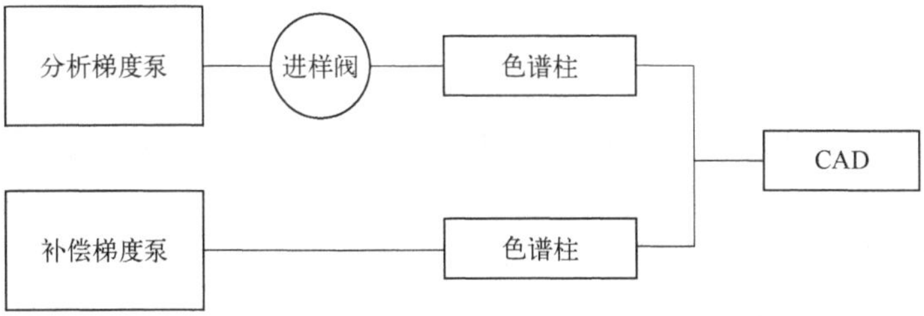

图 3.4　反梯度补偿配置，包括两个相同的柱子，以使两个流路的体积相匹配

3.4.3　多检测器配置

许多应用将 CAD 与一个或多个其他检测器联用。目前，使用紫外（二极管阵列检测器，DAD）与 CAD 串联已较为普遍。随着对复杂样品中不同组分进行快速定性和定量的需求不断增加，多检测器系统与 CAD 在通用检测和综合分析方面的使用显著增加。常见的配置是在 DAD 后分流，可以并联 CAD 和 MS 分析。通用检测和全面分析是第 4 章讨论的重点，包括多检测器配置、正交分离技术［如 HPLC 和超临界流体色谱（SFC）］，以及多维分离技术，如中心切割和二维液相（2D-LC）。在第 4 章和 Poplawska 等（LC-DAD，CAD，MS）[22]、Li 等（2D-LC-CAD，MS）[23]、Zhang 等（2D-LC-DAD，CAD，MS）[24]、Schiesel 等（2D-LC-CAD，MS）[25]以及 Brondz 和 Høiland（SFC-CAD，MS）[26]的研究中还将列举其他例子。这里我们主要讨论各种配置的实际应用。

CAD 与其他检测器结合使用时，首要关注的问题包括洗脱液和流速的兼容性、检测器对样品的破坏、死体积以及流通池的背压额定值等。如上文所述，CAD 和 MS 对洗脱液的要求类似。然而在某些情况下，特定分析物在 MS 中的洗脱要求（如电喷雾电离的 pH 值）可能影响 CAD 的响应。例如，使用酸度调节剂来促进电喷雾电离可能会影响 CAD 对挥发性碱的响应。在大多数情况下，MS 对洗脱液的要求比 CAD 更严格，适用于前文所述准则。

CAD 和 MS 的检测均基于雾化过程，因此必须在分流后平行配置独立流路。CAD 是质量流量型检测器，而分流会减少进入检测器的样品质量。因此，目标分析物和杂质的信号均会减小，因而在大多数情况下，信噪比基本不变。通常，进入质谱的流速≤0.2mL/min，而在标准的 LC 流速下（例如，0.5～2.0mL/min），剩余的流量可被导入 CAD。对于多数应用来说，具体的分流比并不重要。通常使用被动分流器，如简单的“Y”形连接器，分流比取决于两个流路之间的流量设定。可以通过不同管长和内径来调整，或使用可调节的被动分流器来简化这一步骤。可以通过检测器入口管出口处收集液体来测量比率，如需进一步测量流量设定，可从雾化器的出口处收集。由于以低流速流路测量更准确，通常使用小量程的精密测量装置进行测量。使用梯度洗脱法时，溶剂黏度的变化会导致被动分流器的分流比的变化。因此，应设定符合两种设备要求的起始分流比。一些分离器可以在梯度洗脱过程中保持恒定的比率（如 ASI、Richmond、CA、USA）。如前文所述，CAD 中经常使用反梯度补偿，以实现一致的响应，还用于 MS 电离源性能的标准化性。因此，建议在分流前将补偿流路和分析流路汇合，使分流比不受溶剂组分的影响。

上述操作还应考虑管路和分流器造成的死体积和反压，特别是流通池的死体积和反压等级。在大多数情况下，在柱后添加或分流之前，设置 UV 流动池，应考虑其体积、反压等级和来自下游设定的反压。这同时又取决于流速、溶剂黏度和温度。在这些配置中，建议使用具有高反压等级的低容量流动池。对于一些检测器（如 RID、FLD），现有流动池可能造成死体积大/或反压低，从而限制了这种类型的应用。

3.5 方法转移

本节主要介绍从第一代 CAD 仪器向第二代 CAD 仪器的方法转移，基本理念同样适用于从 ELSD 到 CAD 的方法转移。讨论的前提是，仪器的默认条件为 RPLC 和常用的液体流速（如 0.5～2.0mL/min）。为了实现快速、完全地水分蒸发，需要将气溶胶尺寸分布限定在一定范围内，不同的 CAD 设计应涵盖该范围。对于“A 型 ELSD 仪器”[3]，应对应于“撞击器开启”的设置。通常来说，蒸发温度是优化性能的一个主要变量。

方法转移的基本步骤如下：

① 将新型 CAD 仪器设置为默认条件。这是新方法开发的良好起始条件。虽然一些早期 CAD 型号包括雾化器温度 T 的设置，但其影响相对较小（第 3.2.1 节），可以忽略。

② 达到平衡后（0.5～1h），可在目标质量范围（包括期望的灵敏度水平）进行流动相和加入校准品的试运行（重复 3 次）。建议在每个数量级中按照 1、2、5 和 10 的增量水平进行设置。

注：气溶胶检测器的灵敏度在检测小颗粒（CAD≤10nm; ELSD≤50nm）时呈指数级下降。这种尺寸的颗粒大多是低浓度的洗脱液杂质和质量较小的分析物与杂质，即分析物+杂质。假定响应是线性的，那么基于高浓度标准品信噪比的初始性能或仅基于基线噪声的初始性能的比较会有很大的误导性。另外，传输到检测器的气溶胶质量在不同的 CAD 设计中是不同的，所以绝对峰值响应和响应曲线的形状也可能不同。在改变任何变量（如蒸发温度）之前，首先建议如第 3.6 节所述进行响应曲线的评估。

③ 使用上述方法的校准模型（如线性、二次方、双对数），比较不同仪器获得的数据的拟合度。部分 CAD 仪器可以设置幂函数（PF），使仪器的响应输出“线性化”。如果早期仪器改变了默认设置，可能还需要设置与其类似的值。第 3.6 节介绍了如何评估拟合度和选择默认值以外的 PF 值。

④ 优化 T_e。如前所述，最佳做法是在满足灵敏度需求的前提下，使用最低的 T_e。由于 ELSD 和 CAD 随质量浓度降低时，信号会呈指数下降（见第 1 章），因此，灵敏度应该依据低浓度水平校准物（例如，接近目标 LOD）的 S/R 来评估。图 3.5 显示了这一点在优化 T_e 时的重要性，尤其在低浓度水平时的影响更为明显。最佳做法是在较小增幅（±5℃）的条件下优化 T_e。增加 T_e 可能会减少噪声，但也可能会减小半挥发性分析物的响应。反之，增加 T_e 能够增加半挥发性分析物的信号，但同时基线噪声也会增大。

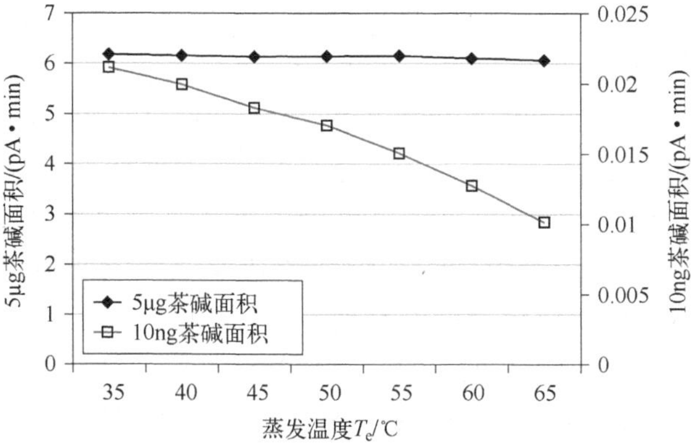

图 3.5　不同含量茶碱的峰面积与蒸发温度的关系曲线

⑤ 优化数字滤波器的设置时通常以时间常数为基础。较小（尖峰）或较大（宽峰）的峰宽可提供更好的信噪比。具体操作请参照相关手册。

在完成前面的步骤后，可以根据本章所述的概念和方案，对其性能（如重现性和稳健性）进行更全面的评估，并根据需要进一步优化。

在比较新旧 CAD 仪器的色谱数据时，同样在默认条件下，新型 CAD 的基线水平、噪声和漂移往往都比较高。原因可能是早期仪器型号的灵敏度在低动态范围出现了非线性的“下降”。这种灵敏度的“下降”会误导用户，使其认为新型仪器的检测限或定量限（LOQ）比早期型号仪器要差。然而，这可能是由于新型设计对极低含量的非挥发性残留物具有更好的灵敏度（而不是快速下降导致的信号缺失）。

3.6
校准和灵敏度

本节将讨论 CAD 的校准方法和灵敏度的测定，包括使用 CAD 仪器上的可选 PF 设置来“线性化”检测器的信号输出。如第 1 章所述，CAD 的响应在约 10^2 的范围内通常是准线性的，但在更大的范围内是非线性的。简而言之，响应可以用幂方程来描述，如式（3.2）所示，其中峰面积（A）等于进样量（m_{inj}）的 b 次方与灵敏度系数（a）的乘积。

$$A = a(m_{inj})^b \tag{3.2}$$

幂律指数（b）可用于描述曲线形状，当 b=1.0 时为线性，当 $b<1$ 时为凹线，当 $b>1$ 时为凸线。对于线性响应，A/m_{inj} 的斜率或“响应因子”在检测范围内保持不变。当 $b\neq1$ 时，响应因子会发生变化。b 与 1 相差越多，曲率或线性响应的偏差就越大。重要的是，在 CAD 的动态范围内，不仅响应因子会发生变化（$b\neq1$），而且 b 的值或曲率也会发生变化。对于非挥发性分析物，当 PF 设置默认为 1.0，预计 b 在 LOD 附近达到最大值约 1.1；在 $>10^4$ 的动态范围内逐渐降低，其中包括约 10^2 的准线性段；在最大值时减小到约 0.6。相比之下，ELSD 的响应也表现出类似的方向性趋势，其动态范围（约 10^3）和准线性范围内（约 10^1）的变化更大（2.0～0.67）。这两种检测器对半挥发性分析物的响应变化更大，指数更高，而且是超线性的，特别是在低质量范围附近。

对于定量方法，校准数据评估以及选择适当的曲线拟合模型是很重要的。尤其当分析物质量范围较大时，线性回归模型可能无法满足要求。以下是一些基于 CAD 响应特性的实用建议，可用于生成和评估校准模型的“拟合质量”。讨论主要基于以下参考文献[27-31]。一个关键点是分析物浓度水平分布，包括数量和间隔。考虑到 CAD 响应的性质，通常需要设置比 UV 等更多的浓度水平。对于方法转移，建议在质量范围内每个数量级的增量中设定 1、2、5 和 10 的校准水平（每个水平 $n=3$）或类似的校准点，其中应包括灵敏度水平在内。

有效的做法是使用能够充分描述所测范围内的响应-数量关系的最简单的曲线拟合模型[30]。使用线性曲线拟合进行初步评估对于 CAD 方法来说是足够的，因为许多方法所需的定量质量范围较小（约 10^2）。曲线拟合应基于全部数据点，而不是对各水平重复测量得到的响应进行平均。评估校准模型的第一步是确定曲线是否通过零点，这种情况只有在 *Y*-截距小于等于 *Y*-截距的标准误差时才出现[27]。确定后，通常使用最小二乘回归的相关系数（r）或决定系数（r^2）作为评价曲线拟合的指标。该指标基于一个假设，即数据是同方差的（即整个范围内的绝对误差相等）。然而，对于大多数 HPLC 分析来说，当所测质量较高时，绝对误差［如重复测量的标准差（SD）］变大，这就使这个假设受到质疑。对于这样的数据，较高的含量可能对最小二乘回归线产生较大影响。正如 Kiser 和 Dolan[30]所示，r^2 为 0.9990 的曲线拟合仍然很差，其最大的误差通常在低端附近。因此建议更仔细地检查曲线拟合，特别是在低质量范围内，并考虑使用加权回归（例如 $1/x^{0.5}$、$1/x$、$1/x^2$）来抵消这种影响[30,32]。大多数色谱软件中都有加权曲线拟合选项。靠近低端的拟合质量可以通过放大信号-数量关系图直观地检查。另一种评估拟合质量的有效方法是绘制残差图，以目标分析物的量为标准，回收率或误差表示测量数据，如图 3.6 所示。残差图可以通过色谱软件或电子表格软件，使用 Kiser 和 Dolan[29-30]介绍的计算方法绘制。当各点均匀地分散在 100%回收率或 0%误差线上下时，获得最佳拟合。

如果线性曲线拟合模式不合适，则可以使用多数色谱数据系统配备的其他模式［如双对数、单点法、二次方（即二阶多项式）］进行评估。另外，如果问题主要在低浓度附近，那么可以增加进样量。曲线拟合模型中，双对数通常用于 ELSD 和 CAD。如第 1 章所述，这是对之前描述的幂方程的简单转化，其中指数 b 用以表示曲线斜率。有了这个选项和对数面积-对数质量关系图，数据点通常非常接近拟合线，而且 r^2 值非常接近 1。此时需要进一步评估检查拟合质量，因为这些数据可能具有误导性。如图 3.6（a）中的残差图。在本例中，拟合度明显较差。

二次方拟合是测量质量范围＞10^2 时 CAD 常用的拟合模型。对于一些方法来说，最好的拟合方法是反二次函数模型，在曲线拟合之前，将信号强度和质量轴互换。与其他方法一样，拟合使用的最佳模型最终取决于对结果和方法的要求（例如质量范围、灵敏度等）。

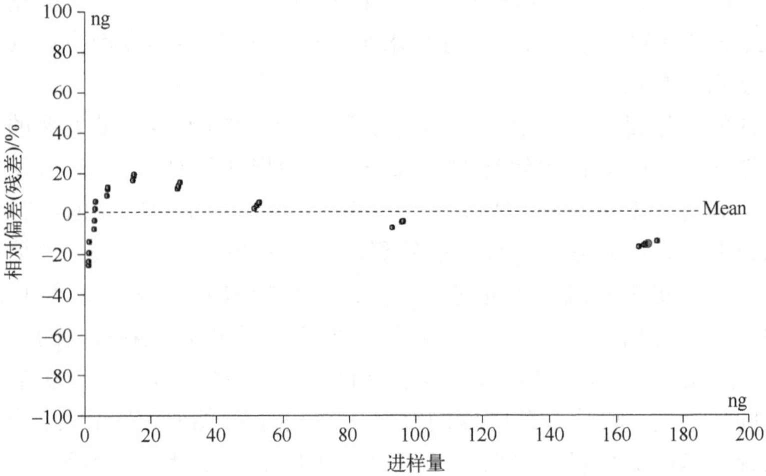

(a) PF=1.0

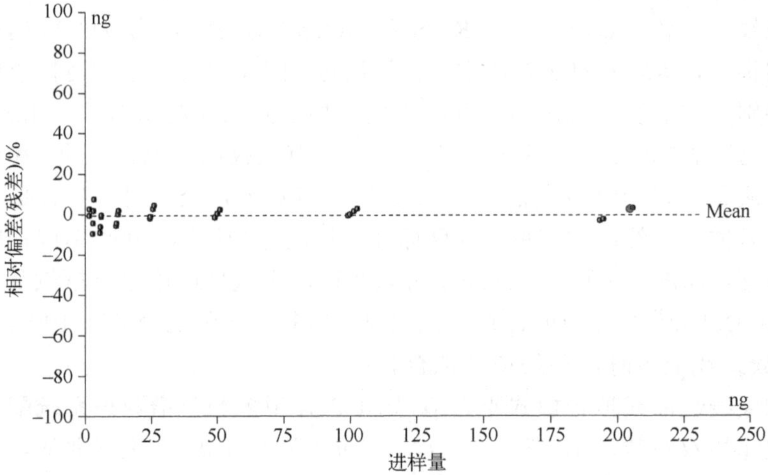

(b) PF=1.4

图 3.6　残差图显示了回归曲线与进样质量的偏差（误差），使用对数拟合（面积与质量）获取 PF = 1.0 的数据（a）或线性拟合（面积与质量）获取 PF = 1.4 的数据（b）

3.6.1　幂函数

幂函数（PF）是仪器设定值，调整 PF 值有助于 CAD 的信号输出“线性化”。第 1 章介绍了 PF 设置，它是幂律指数 b 在动态范围内的倍增因子。例如，当 PF = 1.0 时，b 的范围是 0.6～1.1，那么设置 PF = 1.5 时，b 值范围可能变为 0.9～1.65。因此，通过调整约 10^2 的进样量范围，得到近似线性的响应，并在低浓度端产生超线性响应（即指数信号下降）。这种方法适用于灵敏度较低、质量范围较广的检测，对于要求快速梯度/高分离效率的检测非常有用，因为分析物经常在集中的区间洗脱。在这两种情况下，响应曲线在所测范围内更可能是亚线性的。图 3.6 比较了两种曲线拟合模型对使用快速梯度法获得的数据的残差图。其中，（a）图使用双对数曲线类型来拟合 PF = 1.0 时获得的数据。（b）图对 PF = 1.4 的数据进行了线性拟合。在本例中，PF = 1.4 来自 PF = 1.0 时获得的结果，并使用了 Chromeleon™软件（Thermo Fisher Scientific）进行处理。另一种估计 PF 值的方法是在上述规律的基础上，根据双对数图的斜率确定 b。PF 值应为 b 的倒数。无论采用哪种方法，都应该通过实验来验证 PF 设置。图 3.6 中的结果表明，在拟合质量方面，使用 PF = 1.4 为佳。

如第 1 章所述，对于非线性响应，通常会被从高浓度样品中获得的信噪比和峰值畸变所误导，亚线性响应会造成人为的峰形加宽，而超线性响应会造成峰值负载抑制。除了得到更好的曲线拟合外，使用仪器的 PF 设置来更好地线性化信号输出，也有助于避免这些常见的陷阱。特别建议对主要依赖峰间相对响应的定量方法（如聚合物的质量分布分析）优化 PF 设置。然而，应该强调的是，PF 设置只应用于线性化响应，而非人为地锐化峰值或放大高浓度时的信噪比。

定量方法最大的挑战之一是确定灵敏度的下限。通常，定义检测限（LOD）为 3 倍信噪比，定量限（LOQ）为 10 倍信噪比。由于响应可能是非线性的，特别是接近条件边界时，因为准确估计 LOD 和 LOQ 通常需要对低浓度水平的分析物进行分析，而不是对较高浓度水平分析物的数据进行估计。如前所述，在假设其符合线性响应的条件下，后者可能会造成误导。一般来说，应基于足够多的浓度水平和足够的重复实验次数，对测量数据进行更严格的统计学上的灵敏度评估。可采用色谱软件（如 Chromeleon™）中的工具对该部分数据进行处理。如 Dolan[28]所述，有必要通过计算这些水平的测量不确定度来检查或确认这些数据。根据经验，当信噪比为 3 时，RSD 应为 17%左右，信噪比为 10 时，RSD 应为 5%左右。

3.6.2　校准和灵敏度总结

根据前面的讨论，建议采取以下的做法：

① 使用能够充分描述响应曲线的最简单校准模型。

② 在整个量程范围内，采用多水平和多次重复的数据来评估拟合质量，并重点关注其上限和下限。

③ 不使用 r^2 作为评估拟合质量的唯一指标，考虑使用加权回归以实现更好的拟合。

④ 使用 PF 设置来帮助线性化信号输出，但要避免使用过高的值，因为在接近动态范围的下限时，可能产生或加剧响应的“陡降”。

⑤ 确保通过对相应浓度水平的实际分析数据来确定检测限和定量限，其常用指标分别为 3 倍信噪比和 10 倍信噪比。

⑥ 不要用较高浓度样品的信噪比作为评估结果质量的指标。

参考文献

[1] Young C S and Dolan J W. Success with evaporative light-scattering detection. LC-GC The Magazine of Separation Science, 2003, 21(2): 120-128.

[2] Aruda W O, et al. Review and optimization of linearity and precision in quantitative HPLC-ELSD with chemometrics. LC-GC North America 2008, 26(10): 1032.

[3] Magnusson L E, et al. Aerosol-based detectors for liquid chromatography. J Chromatogr A, 2015, 1421: 68-81.

[4] Reilly J, et al. Implementation of charged aerosol detection in routine reversed phase liquid chromatography methods. J Liq Chromatogr R T, 2008, 31(20): 3132-3142.

[5] Hutchinson J P, et al. Comparison of the response of four aerosol detectors used with ultra high pressure liquid chromatography. J Chromatogr A, 2011, 1218(12): 1646-1655.

[6] Cohen R D, Liu Y. Advances in aerosol-based detectors. Adv Chromatogr, 2014, 52: 1.

[7] Hutchinson J P, et al. 2010, Universal response model for a corona charged aerosol detector. J Chromatogr A, 1217(47): 7418-7427.

[8] Squibb A W, et al. Application of parallel gradient high performance liquid chromatography with ultra-violet, evaporative light scattering and electrospray mass spectrometric detection for the quantitative quality control of the compound file to support pharmaceutical discovery. J Chromatogr A, 2008, 1189(1): 101-108.

[9] Cobb Z, et al. Evaporative light-scattering detection coupled to microcolumn liquid chromatography for the analysis of underivatized amino acids: sensitivity, linearity of response and comparisons with UV absorbance detection. J Microcolumn Sep, 2001, 13(4): 169-175.

[10] Hutchinson J P, et al. Investigation of polar organic solvents compatible with Corona Charged Aerosol Detection and their use for the determination of sugars by hydrophilic interaction liquid chromatography. Anal Chim Acta, 2012, 750: 199-206.

[11] Russell J J, et al. Performance of charged aerosol detection with hydrophilic interaction chromatography. J Chromatogr A, 2015, 1405: 72-84.

[12] Megoulas N C, Koupparis M A. Enhancement of evaporative light scattering detection in high-performance

liquid chromatographic determination of neomycin based on highly volatile mobile phase, highmolecular-mass ion-pairing reagents and controlled peak shape. J Chromatogr A, 2004, 1057(1): 125-131.

[13] Petritis K, et al. Volatility evaluation of mobile phase/electrolyte additives for mass spectrometry. LC-GC Europe, 2002, 15(2): 98-103.

[14] Deschamps F S, et al. Mechanism of response enhancement in evaporative light scattering detection with the addition of triethylamine and formic acid. Analyst, 2002, 127(1): 35-41.

[15] Cohen R D, et al. Analysis of volatile bases by high performance liquid chromatography with aerosol-based detection. J Chromatogr A, 2012, 1229: 172-179.

[16] Lantz M D, et al. Simultaneous resolution and detection of a drug substance, impurities, and counter ion using a mixed-mode HPLC column with evaporative light scattering detection. J Liq Chromatogr & Related Technologies 1997, 20(9): 1409-1422.

[17] Huang Z, et al. Determination of inorganic pharmaceutical counterions using hydrophilic interaction chromatography coupled with a CoronaR CAD detector. J Pharmaceut Biomed Anal, 2009, 50(5): 809-814.

[18] Teutenberg T, et al. Evaluation of column bleed by using an ultraviolet and a charged aerosol detector coupled to a high-temperature liquid chromatographic system. J Chromatogr A, 2006, 1119(1): 197-201.

[19] Cataldi T R et al. Isocratic separations of closely-related mono-and disaccharides by high-performance anion-exchange chromatography with pulsed amperometric detection using dilute alkaline spiked with barium acetate. J Chromatogr A, 1999, 855(2): 539-550.

[20] Subirats X, et al. Buffer considerations for LC and LC-MS. LC-GC North America, 2009, 27(11): 1000-1004.

[21] Gorecki T, et al. Universal response in liquid chromatography using charged aerosol detection. Anal Chem, 2006, 78(9): 3186-3192.

[22] Poplawska M, et al. Determination of flibanserin and tadalafil in supplements for women sexual desire enhancement using high-performance liquid chromatography with tandem mass spectrometer, diode array detector and charged aerosol detector. J Pharmaceut Biomed Anal, 2014, 94: 45-53.

[23] Li Y, et al. Characterization and stability study of polysorbate 20 in therapeutic monoclonal antibody formulation by multidimensional ultrahighperformance liquid chromatography-charged aerosol detection-mass spectrometry. Anal Chem, 2014, 86(10): 5150-5157.

[24] Zhang K, et al. Analysis of pharmaceutical impurities using multi-heartcutting 2D LC coupled with UV-charged aerosol MS detection. J Sep Sci, 2013, 36(18): 2986-2992.

[25] Schiesel S, et al. Comprehensive impurity profiling of nutritional infusion solutions by multidimensional off-line reversed-phase liquid chromatography×hydrophilic interaction chromatography-ion trap massspectrometry and charged aerosol detection with universal calibration. J Chromatogr A, 2012, 1259: 100-110.

[26] Brondz I, Hoiland K. Chemotaxonomic differentiation between *Cortinarius infractus* and *Cortinarius subtortus* by supercritical fluid chromatography connected to a multi-detection system. Trends in Chromatography 2008, 4: 79-87.

[27] Dolan J W. Calibration curves, part I: to b or not to b? LC-GC North America 2009, 27(3): 224.

[28] Dolan J W. Calibration curves, part II: what are the limits? LC-GC North America 2009, 27(4): 306-312.

[29] Dolan J W. Calibration curves, part 3: a different view. LC-GC North America 2009, 27(5): 392-400.

[30] Kiser M M, Dolan J W. Selecting the best curve fit. LC-GC North America 2004, 22(2): 112-117.

[31] Hinshaw J V. Nonlinear calibration. LC-GC North America 2002, 20(4): 350-355.

[32] Almeida AM, et al. Linear regression for calibration lines revisited: weighting schemes. 2002.

第4章 液相色谱气溶胶检测器

——通用性检测和全组分分析方法

约瑟夫・哈钦森，格雷格・迪西诺斯基，保罗・哈达德

澳大利亚分离科学研究中心（ACROSS），塔斯马尼亚大学科学、工程与技术学院化学系，澳大利亚塔斯马尼亚州霍巴特

4.1 摘要

在制药、营养食品和天然产物领域，分离和鉴定复杂样品中的成分的需求日益增长。通用检测仍然是液相色谱（LC）学科的一个目标，通用检测器的主要属性是可以灵敏地检测所有分析物并具有一致的响应因子，不受其理化性质的影响。这种检测器应该与色谱常规使用的方法和技术广谱兼容。气溶胶检测器已展现出通用检测器的一些理想属性。

此类检测器将分离后的样品雾化，气溶胶干燥后留下可被检测的分析物颗粒。Corona 电雾式检测器（Corona CAD）是气溶胶检测器的一种，通过经电晕放电的逆向气流使干燥的颗粒带电。然后，这些带电粒子可以被灵敏地检测到，非挥发性分析物的响应因子一致。因此，气溶胶检测器能够广谱检测非挥发性化合物，并在分析因不具有发色团而不适用于紫外-可见光检测的分析物时尤其具备优势。气溶胶检测器的响应因子一致性具有一个优点，那就是它们能够通过使用良好表征的标准品的响应对未知被测物进行定量分析。该特性在制药工业中尤其有用。

本章针对可用于液相色谱的各种类型的通用检测技术展开讨论，包括气溶胶检测器的优缺点，特别是分析物响应的影响因素及其表征方法。气溶胶检测面临的一个主要挑战是，当流入检测器的流动相呈梯度变化时，响应出现非线性变化。校正这种效应可大大提高通用检测器的接受度。此外，由于其固有的操作模式，气溶胶检测器能够与多种符合绿色化学原则的挥发性溶剂兼容，并能够与多种液相色谱方法联用，包括高温水和超临界二氧化碳色谱分离。最后，在通用分析及其与多维分离的结合使用的背景下对气溶胶检测器进行讨论。了解影响这些气溶胶检测器中分析物响应的基本原理，可以优化方法和检测器设计，以满足当今和未来的分离需求。

4.2
引言

分析分离科学涉及分离复杂混合物、组分定性、定量测量混合物中的目标组分，以及提供相关组分的化学结构信息。它广泛应用于多个科学领域，如环境科学、农业科学，生物医学、临床和药学，法医学，海洋学，材料科学，采矿业和地质学。由于需要分离的样品的复杂性以及监管要求的强制性，对样品中微量成分的检测需求不断增加，分析化学家的角色变得越来越具有挑战性。

尤其是随着基因组学、蛋白质组学、脂质组学和代谢物组学等“组学”研究的出现，需要对大量分析物进行分离、检测和测定，来发现生物终点的相关性，如疾病、毒性或潜在的候选药物。在此类耗费时间和资源的研究中，使用能够检测所有成分的技术非常重要，以免忽视潜在的致病因素。要求检测器能够检测到痕量水平的分析物，以避免忽略样品中的低浓度成分，这些成分可能是研究中的重要参数。检测器的理想特性是它具有普遍性的响应（即，所有分析物类型都可以在低含量时被检测到，且响应因子一致），并且检测器可以兼容采用各种流动相/分离介质的分离技术，以实现高效分离。此外，通用检测器的优点是成本低，对使用人员的培训要求低。然而，这种理想的通用检测器目前还不存在。

通用检测技术与气相色谱（GC）联用已有一段时间。质谱（MS）是一种主流的选择，因为它可额外提供质量和碎片信息。火焰离子化检测器（FID）也经常与气相色谱联用，因为与质谱相比，它对有机化合物具有更高的灵敏度、更宽的线性范围和更一致的响应因子。FID 能够检测大多数有机物质，因为响应与单位时间到达检测器的热解碳原子（离子）的数量有关。然而，并非所有样品都适合在气相中进行分离，并且非挥发性和热敏性物质的分离对液相色谱（LC）的需求日益增长，该需求也表现在全球 LC 市场增长率每年超过 5%[1]。

采用乙腈或甲醇梯度分离的液相色谱系统，可以根据疏水性分离多种有机物，并在许多行业中用于分析、鉴定、纯化和定量化合物。乙腈是反相液相色谱（RPLC）的首选溶剂，因为它具有良好的理化性质（如水的互溶性、低沸点和溶解多种分析物的能力），尤其是与雾化样品的检测器联用，例如 MS 以及新兴的气溶胶检测器，包括 Corona CAD、纳克级激光计数检测器（NQAD）和 ELSD。

MS 是迄今为止与 LC 联用最普遍的检测技术，能够实现对化合物的广谱检测，并且它能够基于质谱信息提供额外的分离维度。然而，MS 也存在一些缺点，如成本高、需要熟练的操作人员以及不同分析物因电离效率不同而响应因子不同。有研究使用 FID 检测器与 LC 分离联用[2-3]，但结果表明该方法在实际操作方面存在问题，例如，流动相可能熄灭火焰；当流动相加入有机改性剂时，增加了基线噪声。

尽管与液相分离兼容的通用检测方法可使所有 LC 用户受益，但全球市值接近 1 万亿美元的制药行业对其尤其感兴趣。制药行业受制于各种关于专利、测试和确保药物安全和有效性的法律和法规。对所有分析物提供统一响应的通用检测器，将允许使用良好表征的参考标准品来获得样品中未知化合物的纯度。虽然 MS 作为药物研发的重要工具，在高通量筛选、组合合成和体外/体内代谢研究等活动中已经取得了主导地位[4]，但仍有许多分析物难以电离或电离效率不稳定。同样，虽然光谱检测（紫外-可见光）仍广泛用于后期开发活动中的常规检测，如制剂和批间重现性测试，但紫外检测仍需要分析物含有适合的发色团。

本章概述适用于 LC 的气溶胶检测方法，并重点论述此类检测器真正实现一致的响应所必须克服的挑战。本章讨论包括影响此类检测器中分析物响应的因素、克服这些挑战的努力以及电雾式检测在正交分离技术和通用分析方面未来应用的一些见解。

4.3 通用检测方法

LC 已实现与系列检测技术的联用，包括有损和无损技术。当无损检测器放置在另一种检测器之前时，可用于提高分析系统的通用性。或者，如果需要两个或多个有损检测器来检测样品中的所有成分，可以在分离后将流动相分流，并将分离后的流动相分别引入相应的检测器。该方法导致灵敏度变差，因为并非所有分析物都被引入相应的检测器，并且其精确分流比可能取决于所用检测器的反压，从而使分析物的定量更加复杂。

文献中介绍了几种用于液相分离的（准）通用检测技术[5-7]。然而，当流动相的组成在分离过程中发生变化或在不同分离条件下使用时，没有一种技术是真正通用的，也不具有一致的响应因子。在这些检测器中，低波长光度检测器（紫外-可见光）[8]和 MS 检测器最受欢迎[9]，其中 MS 包括飞行时间、四极杆、离子阱、粒子束和离子回旋共振质谱仪，使用基质辅助激光解吸电离、电喷雾电离、热喷雾电离、离子喷雾电离、大气压电离和化学电离等技术。

由于 MS 灵敏度高且能提供结构信息，故长期以来一直是与 LC 分离联用的通用检测器[10]。然而，将如此昂贵的仪器放置在每个工作台上进行药物常规筛查是不可行的，因为这些检测器需要有专业技能的人才能操作。此外，众所周知，质谱仪会受到可变响应因素的影响，原因是当分析物的化学结构和 MS 中周围的电离环境变化时，质谱电离不同化合物的能力也会随之发生变化[11-13]。示差折光检测器（RID）是一种更经济的替代，此类检测器主要测量分析物的 RI 与流动相在通过流通池时的 RI 之间的差异[6]。但其也存在一个固有问题，即与流动相的 RI 相近的分析物灵敏度较差，甚至无法检测。梯度洗脱则导致背景 RI 在整个分离过程中不断变化。另一种替代方法是质量特异性氮化学发光检测器（CLND）。该技术的一些局限性在于目标化合物必须含氮，且流动相必须没有含氮成分（不包括在 LC 洗脱液中使用乙腈作为有机改性剂）[14-15]。

另一类检测器，气溶胶检测器能够提供与样品中分析物质量成正比的响应。气溶胶检测器将 LC 柱流出物雾化，随后将其干燥，留下分析物颗粒，通过其散射光的能力或其他特性进行检测。该过程适用于多种化合物类别，前提是目标化合物的挥发性远低于流动相。在 ELSD[16]和更灵敏的凝结成核光散射检测器（CNLSD）[17-19]中，使用光学法检测干燥颗粒，或者在 Corona CAD[20]中，通过电荷转移进行检测。ELSD 已有 20 年历史[16,21]，但由于与 UV 检测器相比灵敏度相对较差，因此尚未得到广泛应用[22]。

2004 年底，ESA Biosciences 将 Corona CAD 首次商业化。Corona CAD 雾化并干燥柱流出物，留下干燥的分析物颗粒。然后逆向气流通过高压电晕针，将电荷转移到干燥的颗粒上。当带电粒子与高度灵敏的静电计接触时，产生响应[23]。图 4.1 为该检测器的主要检测流程示意图。Corona CAD 可实现从纳克到微克大约四个数量级的宽动态范围。响应不依赖于分析物的光学特性，也不依赖于分析物在气相中被电离的能力[23]。像其他气溶胶检测器一样，如果分析物是挥发性的，或者并非所有分析物均形成颗粒，Corona CAD 的响应会降低。然而，Corona CAD

能够检测所有非挥发性分析物，即使在响应降低的情况下，也可检测大多数半挥发性分析物，并已与多种分离模式（等度和梯度 RPLC）、离子色谱（IC）、亲水作用色谱（HILIC）、超临界流体色谱（SFC）和尺寸排阻色谱（SEC）联用，使用标准直径和小直径色谱柱，用于检测各种分析物[23]。Corona CAD 应用于分析合成聚合物[24]、无机离子[25]、存储容器中的可提取物和可浸出物[26]、脂类[27]和离子液体[28]，对映体比例的测定[29]，制药行业的清洁验证[30]，高温液相色谱柱流失评估[31]和药物分析[32–34]，包括纯度评估[11,35]。Corona CAD 已多次与其他检测器（如 ELSD、RI、UV 和 MS 检测器）进行比较。结果显示，Corona CAD 比 ELSD[34,36-37]的灵敏度和可重复性更高，并且具有更一致的响应因子[24,29]。对于某些分析物[27,33]，UV 检测比 Corona CAD 灵敏度更差，因为有机改性剂会干扰分析物的信号[23]，并且不像 Corona CAD[38]那样具备一致的相对响应因子。此外，Corona CAD 能够比 UV 检测器检测更大范围的分析物，因为它能够对不具备发色团的化合物产生响应[30]。与 MS 相比，Corona CAD 对特定分析物能够提供更一致的响应，因为此类分析物在 MS 中的电喷雾电离效率较差[11]。Pistorino 和 Pfeifer[12]比较了 Corona CAD 与 MS 在分析红霉素及其前体中的应用，发现 Corona CAD 的灵敏度略高，并且在测量动态范围内表现出更好的精度和更高的准确度。Hazotte 等[13]进一步将 Corona CAD 与具有可互换 APCI 和 ESI 电离源的 MS 进行了比较，发现 Corona CAD 可以普遍检测所有目标化合物，而 MS 需要两种电离源才能检测所有分析物。Corona CAD 的灵敏度是 MS 的 3～9 倍，由于它具有成本低、精度高、动态范围相近、测量精度和准确性好等优点，故建议使用 Corona CAD 作为 MS 的补充。

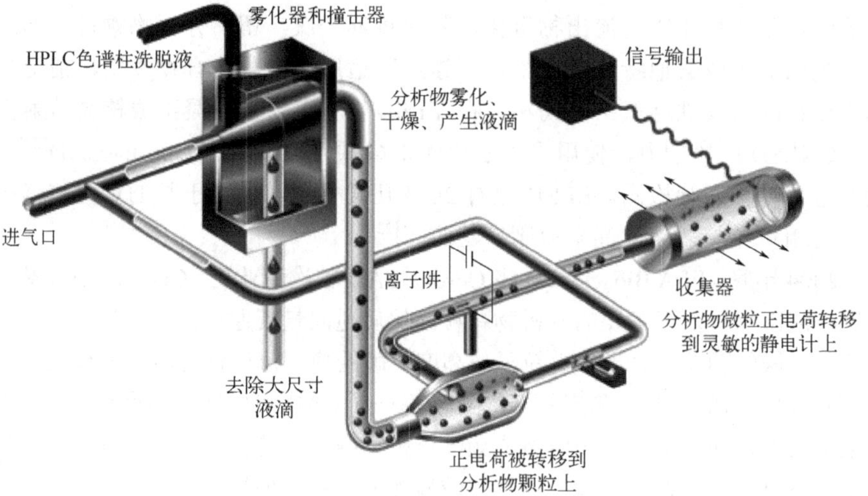

图 4.1 Corona CAD 示意图。资料来源：经 Thermo Fisher Scientific 许可

气溶胶检测器广泛应用的一个障碍是它们的校准曲线是非线性的。Corona CAD[20,23]和 ELSD[13]的响应通过式（4.1）描述：

$$Y = Am^b \tag{4.1}$$

式中，Y 为检测器输出信号（峰面积或高度）；m 为进样质量；A 和 b 是常数（A 为响应强度，b 为响应形状）。

研究发现，随着粒径增加，Corona CAD 的响应降低，这解释了校准曲线非线性的原因[20]。如果需要线性校准曲线，可以通过对两边取对数将公式（4.1）转换为线性关系，得到公式（4.2）：

$$\lg Y = b\lg m + \lg A \tag{4.2}$$

Corona CAD 在等度条件下具有一致的响应因子，使其成为 UV 检测的潜在替代，特别是对于不含发色团的分析物。这一特性使用单一的通用标准品来校准所有其他化合物成为可能，包括未知化合物。这对于复杂的真实样品特别有用，如果气溶胶检测器可以与能够在单次分析中分离多种化合物的梯度分离相结合，那这一实用功能将获得广泛关注。

4.4 影响电雾式检测响应的因素

Corona CAD 等气溶胶检测器的响应会受到若干因素的影响。如式（4.1）所示，产生的信号与分析物的量之间的关系是非线性的，但式（4.2）提供了峰面积与分析物的量之间的线性关系，并能够使用两点或三点校准曲线进行准确量化。Corona CAD 是一种主要检测质量的检测器，在恒定的实验条件下，预计对相同数量的不同分析物的响应只会显示出微小的差异。分析物 Corona CAD 上的响应与光谱或理化性质无关，与浓度有关。而 UV 检测器上的响应与光谱或理化性质有关。Gamache 等[39]在等度条件下测试了 17 种不同结构的化合物的响应，发现这些化合物的 Corona CAD 响应有 7%的相对标准偏差。鉴于单个组分在 Corona CAD 上重复进样的精度约为 2%，表明分析物的物化性质在检测器响应中只起很小的作用。Hutchinson 等[40]开展了进一步研究，测量了 23 种化学性质不同分析物在等度条件下的响应。将具有显著挥发性的分析物从样品中剔除后，相对偏差绝对值的平均值约为 12%。图 4.2 显示了在 Corona CAD 中相同条件下具有不同理化性质的 18 种（最初 23 种）化合物的相对响应。需要对更大的样本集进一步研究，以确定特定理化性质与该检测器中分析物响应偏差之间是否具有显著相关性。

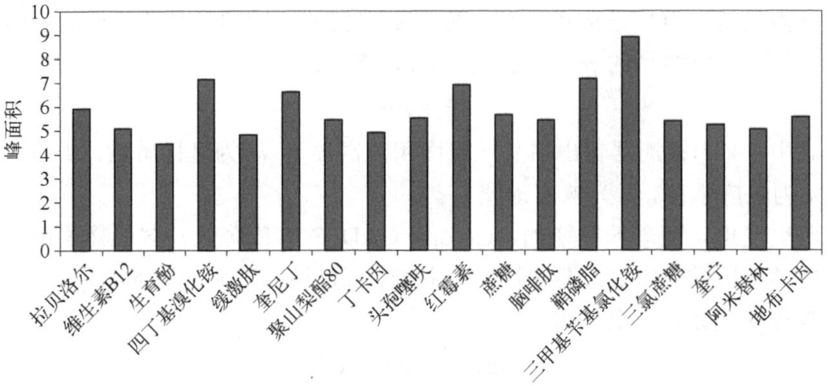

图 4.2 18 种具有不同理化性质的非挥发性分析物在 Corona CAD 上的响应。使用乙腈与 0.1%甲酸水溶液（50:50，体积比）为流动相，分析物浓度保持在 0.01mg/mL（25μL 进样量）

雾化器的设计和操作会显著影响生成的气溶胶的粒径分布，从而影响仪器性能。雾化器气体的特性、气体流速、进入雾化器的液体流速以及各种组件的温度等因素都会影响所产生的多分散气溶胶的性质，气溶胶直径从纳米到100μm 不等[41]。目前已有几种经验模型来预测雾化气溶胶的特性。Nukiyama 和 Tanasawa[42]（N-T）模型用来预测气动同心雾化器产生的初级气溶胶的直径。它预测液滴的索特平均直径（气溶胶表面分布的算术平均值，$D_{3,2}$）与液体的表面张力（σ）、黏度（η）和密度（ρ）的关系，此外还有雾化参数，例如气体（Q_g）和液体（Q_l）流速以及气体和液体的轴向速度（v）之间的差异。N-T 模型如公式（4.3）所示：

$$D_{3,2}=\frac{585}{v}\left(\frac{\sigma}{\rho}\right)^{0.5}+597\left[\frac{\eta}{(\sigma\rho)^{0.5}}\right]^{0.45}\left(\frac{1000Q_l}{Q_g}\right)^{1.5} \tag{4.3}$$

然而，人们注意到，该方程通常高估了液滴尺寸[43]。因此，开发了 Rizk-Lefebvre（R-L）模型[44]作为替代模型，用于估计液滴尺寸分布，如方程（4.4）所示。其中，d_l为溶液毛细管内径，下标“l”和“g”分别表示液体和气体的性质：

$$D_{3,2}=0.48d_l\left(\frac{\sigma_l}{\rho_g V^2 d_l}\right)^{0.40}\left(1+\frac{Q_l\rho_l}{Q_g\rho_g}\right)^{0.40}+0.15d_l\left(\frac{\eta_l^2}{\sigma_l\rho_l d_l}\right)^{0.5}\left(1+\frac{Q_l\rho_l}{Q_g\rho_g}\right) \tag{4.4}$$

该模型用于机械工程，需要通过实验验证其对 Corona CAD 雾化过程的适用性。Kahen 和同事[45]为微型同心雾化器开发了一种改进的 N-T 模型，使用相位多普勒粒子分析仪（PDPA）测量发现，与原始的 N-T 模型相比，该模型对索特平均直径的预测更准确。他们同样开发了一个 R-L 修正模型，以补偿原始模型对索特平均直径的低估。虽然修正后的 N-T 模型被证明适用于不同的雾化器设计，但修改后的 R-L 模型仅适用于该模型所开发的雾化器，可能无法广泛使用。

雾化后，Corona CAD 利用雾化点附近撞击器来清除较大的液滴，并确保较小的液滴进入漂移管形成干燥的颗粒，从而减少蒸发过程中的溶剂负荷。液滴蒸发后形成干燥的颗粒。可以使用式（4.5）预测干燥颗粒的粒径（d_p）[46]：

$$d_p = d_d \left(\frac{c}{\rho_p} \right)^{1/3} \tag{4.5}$$

式中，d_d 是液滴直径；c 是浓度；ρ_p 是颗粒密度。

应该注意的是，将此类模型与 Corona CAD 结合使用会因为一些因素而变得复杂。模型假设液滴大小呈正态分布，这在雾化后可能如此，但一旦颗粒干燥并到达检测点，情况可能发生变化。导致难以应用物化模型来预测 Corona CAD 响应的因素包括：液滴在雾化室壁上的损失；喷雾带电可能导致液滴带电；雾化后使用撞击器去除较大的液滴，液滴凝固和冷凝；离子阱在检测前去除高迁移率粒子[20]。

Hutchinson 等[19]研究了影响 Varian 385 ELSD 雾化和蒸发过程的几个参数，以及它们对检测器响应的影响。选择这种检测器是因为与其他市售气溶胶检测器相比，此类检测器的操作参数可以进行调节。虽然雾化和蒸发程序在概念上对于不同气溶胶检测器是相同的，但在将这些结果推广到其他检测器时必须谨慎，因为它们都有不同设计，这些设计会影响气溶胶分布和到达检测点的颗粒。Varian 385 ELSD 的雾化器温度可以在 25～90℃之间变化，蒸发器温度在 10～80℃之间变化，蒸发器气体流速在 0.9～3.25L/min（SLM）之间变化，调节这些参数对检测器响应的影响见图 4.3[19]。研究发现，改变雾化器温度对检测器响应几乎没有影响，因为洗脱液和气体在雾化装置中停留的时间较短，热传递有限。根据式（4.3）和式（4.4）可知，最好在雾化之前调节洗脱液和/或气体的温度，因为表面张力、密度和黏度都会受到温度影响。另一方面，蒸发器温度和蒸发器气体流速都对检测器响应有显著影响。提高蒸发器温度能够提高蒸发管中的去溶剂效率，从而加速向检测点的颗粒传输。蒸发器气体流速的影响与猜测相反，最初认为增加流速会加速去溶剂化过程，然而，如果不了解该检测器的具体设计和工程学，就很难推断结果的确切原因。此外，本文研究了进入气溶胶检测器的液体流速对检测器响应的影响。作为典型的主要检测质量的检测器，随着液体流速的增加，Corona CAD 响应也增加。图 4.4 说明了在 Corona CAD 的工作范围内分析物响应与进入检测器的液体流速之间的关系。

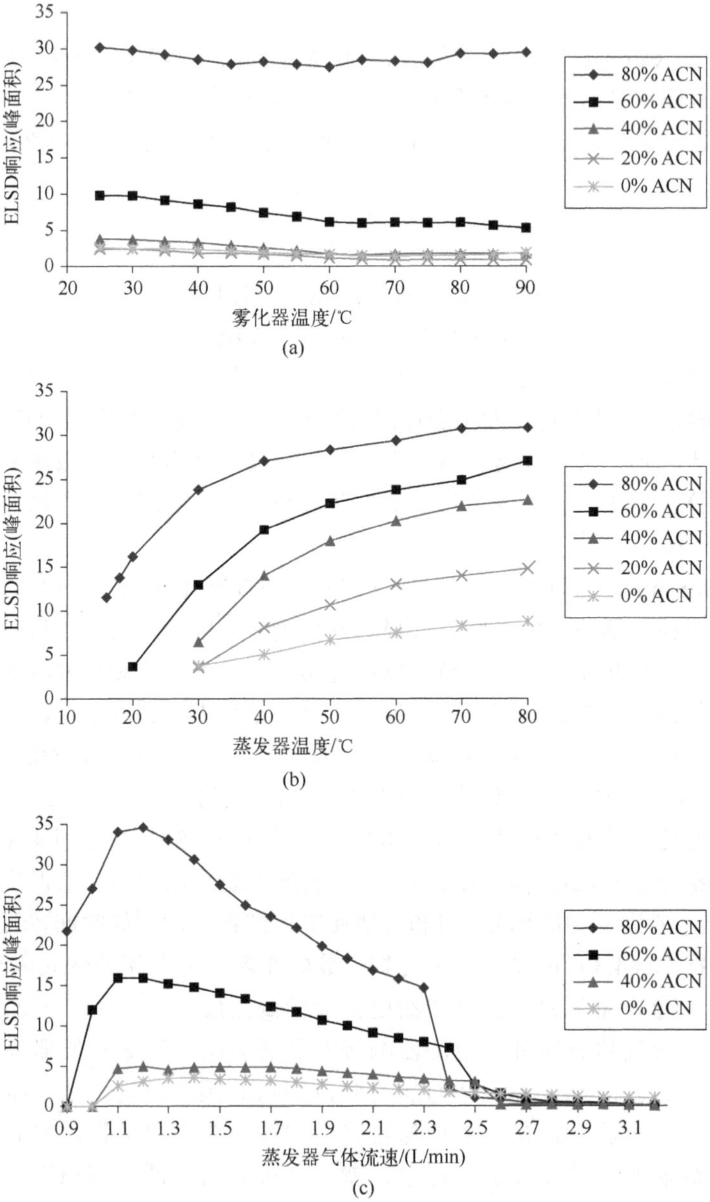

图 4.3 改变雾化器温度（a）、蒸发器温度（b）和检测器上可用的载气流速设置（c）并保持其他条件不变时 ELSD 的响应。资料来源：Hutchinson 等[19]，经 Elsevier 许可

流动相添加剂常被用来改善气溶胶检测中的分离效果。甲酸、乙酸和三氟乙酸等有机酸是最常用的挥发性添加剂，用于控制流动相的 pH 值和

抑制色谱柱中的硅羟基活性，以改善峰形和分辨率。当需要具有中性 pH 值的流动相时，可以使用甲酸铵和乙酸铵等挥发性盐，而对于更高的 pH 值，可以使用碳酸氢铵和三乙胺。Vervoort 等[34]研究了乙酸、甲酸和三种不同浓度的乙酸铵对 Corona CAD 响应的影响。研究发现，信噪比随着乙酸铵浓度的增加而降低。然而，应该注意的是，在使用 Corona CAD 时，向流动相中添加额外的成分会增加到达检测点的背景粒子的数量，从而增加背景噪声。加入甲酸和乙酸后也会出现类似的趋势；但检测器噪声的大小略低于使用乙酸铵时的噪声。此外，使用 0.1%的乙酸比使用相同浓度的甲酸具有更低的噪声。

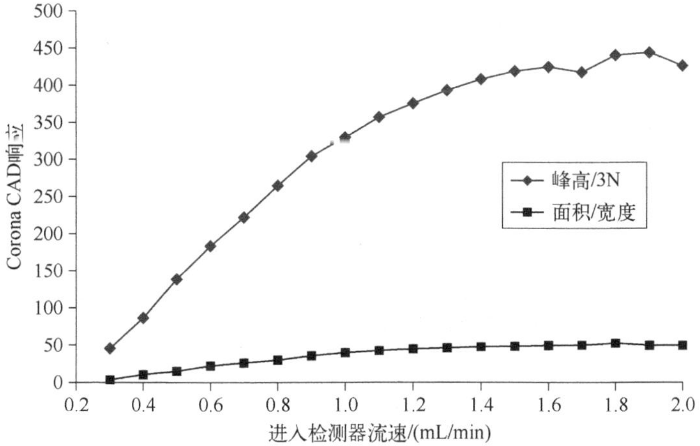

图 4.4 流动相流速对 Corona CAD 响应的影响。资料来源：Hutchinson 等[19]，经 Elsevier 许可

为了使气溶胶检测器获得更广泛的接受，必须消除其“梯度效应”。在 RPLC 中，有机改性剂梯度通常用于实现所需的分离条件，其结果是每种分析物洗脱时的流动相组成是不同的。虽然梯度的变化并不一定造成可观测到的检测器输出基线的变化，但检测器内的雾化和液滴蒸发过程受到流动相组成变化的影响，且由于检测器内液滴/颗粒传输效率的提高，可能造成单个分析物的响应增加 5～10 倍[47]。随着有机改性剂含量的增加，Corona CAD 分析物响应的增加是非线性的，流动相中乙腈百分比的增加对四种分析物的影响如图 4.5 所示。从图 4.5 中可以看出，使用约 70%乙腈的流动相组成会获得最佳响应，在方法开发过程中，最好使用相似组成的流动相以获得最低检测限。此外，当使用乙腈含量超过 90%的流动相时，检测器响应变得不稳定，重复分析中的相对标准偏差增大，系统的重复性降低。

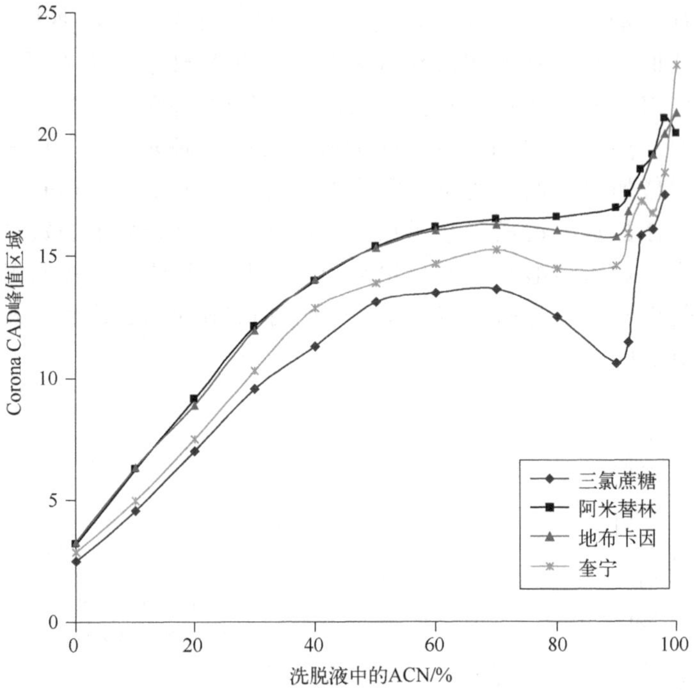

图 4.5 改变洗脱液组成（增加乙腈的百分比）时，四种非挥发性分析物在 Corona CAD 检测器上的响应。资料来源：Hutchinson 等[40]，经 Elsevier 许可

4.5 梯度补偿

当使用有机改性剂时，气溶胶检测器响应的非线性增加与流动相的理化性质的变化有关。这会导致雾化后液滴尺寸分布发生变化，以及在形成干燥分析物颗粒时去溶剂化过程的变化。与这些过程相关的重要理化性质包括表面张力、黏度和汽化焓。可使用梯度补偿法去除梯度效应，即在气溶胶检测器之前使用第二个泵来提供柱后反梯度[35,48]。该过程确保进入检测器的流动相组成在所用梯度曲线的中点保持恒定。该方法的一个缺点是需要两个等同的系统产生等效梯度和等效反压来完成这项任务，为此，Dionex 公司现已将双泵系统商业化；另一个缺点是，满足分离的最佳梯度中点可能不是检测器灵敏度最大化的最佳组成。这种针对“梯度效应”的解决方案被认为是优化气溶胶检测器本身之外的仪器解决方案。这种方法需要为每个检测器购买双泵系统，大大增加了使用

气溶胶检测器的相关购买和运行成本。尽管存在上述缺点，但该方法提供了一种减轻气溶胶检测器中梯度效应的简单方法，并已用于反相[35]和超临界 CO_2 色谱分离[32]。

4.6 响应模型

开发经验模型是另一种克服梯度效应的方法，该模型将检测器响应与流动相的组成和进样量联系起来。该方法的目的并非解释理化性质和实验过程对响应的影响，而是在两个独立变量对响应具有非线性影响时，提出的一个用于检测后校准的解决方案。众所周知，Corona CAD 在等度条件下响应因子一致，且当流动相的组成发生变化时，不同分析物具有相似的响应变化。因此，可以使用通用响应模型来定量范围广泛的非挥发性分析物，包括没有校准用标准品的未知物质。Mathews 等[49]在 ELSD 上采用了一种校准程序，即在梯度分析过程中，每隔固定时间段注入一种单一的无保留化合物，用于构建三维校准表面，该三维校准表面可用于解释流动相组成变化引起的响应变化。尽管该方法普遍存在 ELSD 灵敏度低的问题，但通用检测的优势使其能够成功地整合到 Squibb 等[50]在药物研发过程中对化合物进行高通量分析时使用的内部软件中。此外，Hutchinson 等[40]在流动注射条件下，使用四种非挥发性分析物在更宽的分析物浓度和 0%～80%乙腈的流动相下的平均响应，建立了 Corona CAD 三维经验模型，由此产生的三维关系如图 4.6 所示。检测器响应可通过两个二阶多项式方程描述：一个反映流动相中乙腈百分比对检测器响应的影响，另一个反映分析物浓度对检测器响应的影响。该模型使用等度和梯度的 RPLC 条件进行分离，定量具有不同理化性质的分析物。对于适用于该模型的分析物，方法的总体误差约为 13%，这一误差水平对于制药行业的未知物定量来说是令人满意的。从这个角度来看，如果分析物响应未针对流动相组成的变化进行校正，则使用气溶胶检测时可能会产生高达 500%的误差。

理想情况下，建立一个将检测器响应与系统的理化组成相关联的数学模型是非常有意义的。虽然式（4.3）～式（4.5）可以部分描述该过程，但建立这样一个模型颇具挑战性，并且需要对影响雾化、蒸发和检测过程的变量具有必要的理解和实时测量的能力。这一点尚未实现。此外，此类模型的推导将涉及仪器特定的常数，从而限制了其广泛使用。

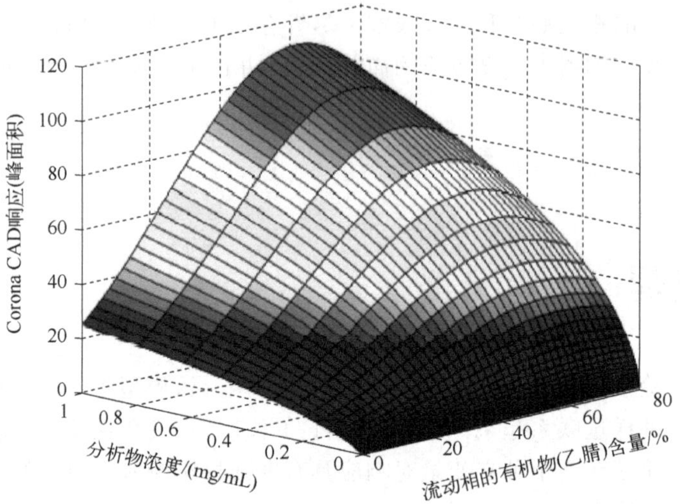

图 4.6 Corona CAD 中的非挥发性分析物与检测器响应、分析物浓度和流动相组成之间的三维关系。资料来源：Hutchinson 等[40]，经 Elsevier 许可

4.7 绿色化学

绿色化学可以通过 Anastas 和 Warner[51]提出的 12 条原则来定义，Sandra 及其同事在最近的一系列综述中基于分离科学的背景进一步讨论了这些原则[52-53]。这一理念旨在从源头上消除污染以保护人类健康，如果当前无法实现，则在过渡期间采取措施将污染降至最低。绿色化学不仅是一种理念，更是一种可让公司在生产过程中变得更有效率的方式，从而降低成本和节省资金。在 RPLC 中，乙腈是首选溶剂，因为它具有良好的理化性质（例如水互溶性、低沸点和溶解多种分析物的能力），尤其是与雾化样品的检测器联用，例如 MS 和新兴气溶胶检测器，包括 Corona CAD。然而，乙腈的使用不符合绿色化学原则，寻找可兼容并提供可替代色谱性能的无毒溶剂非常重要。

应用绿色化学的概念来减少分离科学中的溶剂使用的探索主要聚焦于仪器设计。这是通过减少内部体积和使用高压泵来实现的，这些泵能够在内径和固定相颗粒更小的色谱柱上进行分离。实际上，继续进一步减小色谱柱内径和填料粒径存在技术限制。另一种方法是改用环境友好型溶剂，例如乙醇、高温水和超临界 CO_2，这些溶剂也可以为特定分析物提供所需的分离性能。因此，理想的绿色方法是使用现代仪器和色谱柱技术作为最佳实践，并开发使用环保溶剂的方法，以获得与基于乙腈的系统相当的性能。

气溶胶检测器为研究替代性绿色溶剂提供了机会。与 UV 检测不同，气溶胶检测器使用的溶剂不受其在低波长下的 UV 透过率的限制，因此可以使用更多的溶剂。此外，文献中的初步结果表明，当使用高温水梯度[31]和梯度 SFC[32]时，气溶胶检测器表现出一致的响应。将绿色分离方法的优势与通用检测技术相结合，可为色谱分析提供可持续的方法，并提供更经济的高效分离方法。与气溶胶检测器兼容并可作为乙腈替代品的部分溶剂，其理化性质见表 4.1。

表 4.1 乙腈及其替代品的部分理化性质

性质	乙腈	甲醇	乙醇	丙酮	二氧化碳	水
密度/（g/mL）	0.782	0.791	0.789	0.790	0.770（56atm①, 20℃）	1000
黏度/cP	0.38	0.55	1.07	0.36	0.07（−78℃）	
沸点/℃	81.6	64.7	78.3	56.3	−57℃（5.117atm①）	100
蒸气压（20℃）/hPa	118	33	90	246	57.226	23
C_{18} 填料上的洗脱强度	3.1	1.0	3.1	8.8	3.02（超临界的）	—
UV 截止波长/nm	190	205	210	330	无 UV 吸收	无 UV 吸收
LD_{50}（口服，大鼠）/(mg/kg)	2460	5628	7060	5800	—	—
LD_{50}（吸入，大鼠）	7551mg/L（8h）	64000mg/L（4h）	64000mg/L（4h）	50100mg/m^3(8h)	657190mg/L（15min）	—
LD_{50}（经皮）/(mg/kg)	2000（兔子）	15800（兔子）	有刺激性	7426（天竺鼠）	—	—

①1atm = 101325Pa。

资料来源：Fritz et al[54]，经 John Wiley&Sons 许可。

甲醇是 RPLC 中第二常用的有机溶剂。虽然甲醇的毒性比乙腈小（见表 4.1），但与乙腈一样，含有甲醇的废液需要作为化学废物处理[54]。

乙醇是一种更受欢迎的替代品，它毒性较低且可生物降解[55]，但在 LC 中很少使用。乙醇也越来越多地被用作燃料，能够确保其可及性、降低成本并提高生产质量。此外，乙醇被认为是一种可再生资源，因为它是通过淀粉/糖类作物发酵产生的。种植此类作物可通过光合作用减少大气中的二氧化碳。乙醇和甲醇的 UV 截止波长较高，不太适合用于 UV 检测，但这不会对基于溶剂蒸发的气溶胶检测器造成问题。此外，随着超高压 LC 仪器的出现，乙醇的较高黏度不再是一个问题。Welch 等[55]比较了乙腈、乙醇和甲醇的性能并得出结论，虽然乙腈结合 UV 检测提供了最佳的 LC 梯度分离性能，但乙醇等更环保的溶剂表现良好，在许多情况下可以作为替代品。

丙酮是乙腈的另一种毒性较低的替代品，由于其紫外截止波长为 330nm，因此不适用于紫外检测。然而，这种溶剂作为反相分离溶剂在文献中并未受到太多关注[54]。丙酮比甲醇、乙醇或乙腈的洗脱强度更高，可能会进一步减少分析时间和溶剂用量。丙酮的黏度与乙腈相当，可最大限度地减少系统反压的相关变化，并能够增加流速、加快分析速度。丙酮的沸点低于乙腈，有助于气溶胶检测器和 MS 中的去溶剂化过程。Fritz 及其同事[54]将丙酮与甲醇和乙腈进行了比较，使用 LC-MS 分析胰蛋白酶消化物中的标准蛋白。研究发现，使用乙腈或丙酮能够鉴定出相同数量的胰蛋白酶消化后产生的肽，且使用丙酮可将总分析时间缩短 20%。

4.8 温度梯度分离

在低于 374℃和 218atm（22MPa）条件下，水是亚临界的，只要保持足够的压力使水处于液态[56]，就可以通过简单地改变温度来调节其理化性质，如介电常数、表面张力、黏度和解离常数。水在高温下就像极性有机溶剂，与气溶胶检测器兼容。因此，在这些条件下，纯水流动相可以实现疏水物的分离，并且由于其挥发性，在 Corona CAD 中不会产生响应。耐高温的色谱柱已商品化，这种技术适用于热稳定的分析物。与传统 LC 类似，同样可以使用有机改性剂来提高分离选择性并改善强保留分析物的洗脱；然而，由于高温水洗脱强度高，改性剂用量大大减少。

除了绿色环保外，亚临界水色谱与传统 LC 相比具有多项优势，如因流动相黏度降低带来的分析时间缩短、分离的选择性差异，以及兼容大多数气相和液相检测器。亚临界水色谱已与 MS[57]和 Corona CAD[31]联用。亚临界水色谱需要专门的 LC 仪器，例如小体积流动相预热器，以确保将色谱柱和引入的流动相的热不匹配降至最低，从而减少明显的峰展宽。需要能够将柱温升高至 200℃的专用柱加热器，以实现高温水分离的整体优势。由于待雾化液体的黏度和表面张力的变化，喷雾分布对温度变化很敏感，因此分离发生后，柱流出物在进入气溶胶（或 UV）检测器之前可能需要进行柱后冷却。使用高温水流动相时的另一个实际考虑是，需要在柱后加装限压器，以确保分离时水保持为液态。需要相对较低的反压（15bar，1.5MPa）才能使水在 200℃保持液态[58]。

4.9 超临界 CO_2 分离

超临界流体同时具有气体和液体的特性，由于其挥发性，也与 Corona CAD 兼容。超临界流体的优势在于可以通过调节系统的压力和温度改变密度。在常温常压下，其扩散率大约比相应液体高一个数量级，其黏度则低一个数量级。由于这些特性，超临界流体具有类似液体的溶解能力，同时具有气体的传输特性。CO_2 的溶剂强度随流体密度显著变化[59]。因此，使用超临界流体形式的 CO_2 可以替代有机溶剂。超临界 CO_2 适用于多种形式的色谱，包括正相和反相色谱。各种溶剂的关键特性如表 4.2 所示。CO_2 在相对温和的条件下是一种超临界流体，再加上其绿色环保的特性（从大气中提取，因此是碳中和的），CO_2 被认为是用于 SFC 的理想选择。可以使用多种梯度（压力、温度和流动相改性剂）来提高该技术的分离能力。SFC 已有 50 年的历史，近来由于技术进步及其绿色环保的特点而重新受到青睐。SFC 可用于分析或进一步应用于制备，其溶剂仅在大气条件下蒸发，这对制药行业特别有吸引力。此外，CO_2 可回收并循环使用[53]，进一步增加其环保特性。SFC 与多种检测系统兼容，并已被证明可与 Corona CAD[32]和 MS[61]联用。SFC 的另一个优势是分离条件温和。它在接近环境温度下运行，适用于热不稳定分析物。

表 4.2　不同溶剂的关键特性

溶剂	临界温度/K	临界压力/bar
二氧化碳	304.1	73.8
乙烷	305.4	48.8
乙烯	282.4	50.4
三氟甲烷	299.3	48.6
氨水	405.5	113.5
水	647.3	221.2

资料来源：Reid 等[60]，经 McGraw Hill Book Co.许可。

4.10 毛细管分离

Corona CAD 通常与分析分离技术联用。Hazotte 等在文献中举例介绍了一种将 Corona CAD 检测与微分离（即内径小于 2mm 的色谱柱）联用的方法[13]。Hazotte 等使用微流高温液相色谱分离脂类，并将其与 Corona CAD、ELSD 和 MS 联用进行性能比较。他们将装填 5μm Hypercarb 颗粒的微柱（150mm×0.53mm i.d.）连接到适当尺寸（50μm i.d.，375μm o.d.）的熔融石英毛细管，该毛细管直接插入 Corona CAD 的雾化器。在这些条件下，Corona CAD 的线性响应超过两个数量级，并接近 APCI-MS 对某些分析物的检测限。与 MS 相比，Corona CAD 的一个优势是对所有脂类都会产生响应，而在 MS 上，需要不同电离模式来检测特定的脂类。ELSD 也已用于这一目的，Lucena 等最近对该领域进行了综述[16]。

转向微型色谱分离有几个好处，包括溶剂和样品的消耗减少、更高的分离度、轴向散热加快以及灵敏度提升（较小的柱体积减少了柱上样品稀释）。这种方法也符合绿色化学原则，适用于需要快速改变柱温的高温分离。此外，由于 ELSD 对谱带展宽的增加非常小，因此该检测器非常适合分离度高的微型分离。

将微型分离与气溶胶检测器联用通常需要微型雾化。当与毛细管分离所需的流速相结合时，传统雾化器通常存在传输效率低且死体积大的问题。然而，有文献将毛细管改装到传统雾化器中[62]。微型雾化器能够增加液滴尺寸分布的均匀性，提高检测器的传输效率，与传统雾化器相比，提高了灵敏度与响应的线性度。

目前有几种商用 ELSD，其雾化器可以根据分析、窄孔、微孔和毛细管分离的流量进行调整。其他选择包括直接将毛细管柱插入漂移管或使用能够在低流速下产生稳定液滴分布的微型雾化器。有大量文献研究了微型雾化器与 ICP 分析联用的适用性[41]，典型的例子是单分散干燥微颗粒进样器（MDMI），它能够产生尺寸小、速度均一的相同液滴，与传统的雾化器相比减少了溶剂负载。这些属性有利于增强气溶胶检测器的信号响应[63]。

4.11 全组分分析和多维分离

研究越来越趋向于微型化和高通量的数据收集方法，这得益于通用的数据分析方法。微阵列和快速分离能够对大量样本进行筛选，如生物活性的化学筛选或基因表达研究。“全组分分析”这一术语已经在不同场景中使用，它指的是一种非特异性（通用）的分析方法，可以识别复杂样本的所有成分。对所得到的信息进行化学计量学调查，以找到与实验假设之间有意义的关系。全组分分析强调整合和分析来自所有来源的数据，以形成一个整体框架[64]。例如，人类基因组计划，其目标是对人类所有的基因进行测序、定义和理解。最终，通过将这些知识运用到基因诊断、基因治疗以及生化和生理过程中来改善人类状况。在过去的几年中，遗传图谱的完成已经过渡到基因组的物理作图及其功能内容的表征。继基因组学之后，其他“组学”研究（例如蛋白质组学）也随之而来，以研究和更全面地了解生物系统。蛋白质组学比基因组学更复杂，因为虽然生物体的基因组基本是恒定的，但特定基因组的蛋白质表达因细胞类型和条件而异。通过对蛋白质水平的整体分析，可以了解发育过程中发生的细胞过程、细胞对环境条件的反应以及组织是正常运作抑或处于疾病状态[65]。随着要研究的系统变得更加复杂，反过来又会对收集这些信息所需的分析方法提出挑战。

LC 将极大地受益于通用检测器，该检测器可用于定量分析而无需真正的标准品。通用检测器具有非特异性，能够识别复杂样品中的所有成分，这种分析方法引起了制药公司和其他行业的极大兴趣。对于需要对复杂样品进行常规分析测定的生物标志物研究和“组学”研究，通用检测系统将产生影响。通常，此类研究的目的并不是对大量分析物进行定性，而是探究实验假设相关的模式和定量差异。

通常，使用二维凝胶电泳（2DGE）对蛋白质丰度进行检测，其中，可以用正交分离方法（pI 和质量）将复杂的蛋白质混合物分离成几千个点，并通过与蛋白质结合的染料实现蛋白质可视化。该方法可以半精确地确定存在的单个蛋白质的质量；然而，无法实现蛋白质的完全分离和每个点的定性[65]。2D-GE 与 MS 的离线联用克服了这些问题。现在，多维 LC 技术提供了一种高分辨率、自动化的替代方法，可以直接与 MS 进行在线联用[66]。使用不同（正交）分离机制的全二维 LC 方法，使系统的峰容量最大化，这是分离化合物的最大可能数量。通过在系统中设置额外的分离维度可以实现，总体的理论峰容量是每个单独分离维度的峰容量的乘积，提供比单独分离维度更高的分离能力。

例如，使用亚 2μm 颗粒填充的色谱柱，可以将 LC 中的峰容量增加到超过 400 个峰[67]。在一维中，最大峰容量可以通过将色谱柱耦合在一起，并使用高温来达到接近 1000 个峰的容量[68]。然而，由于反压限制，这种分离可能会耗时过长（大约数十小时）。使用正交、二维（2D）分离可以更有效地实现超过 1000 个峰的容量[69]。然而在实践中，解决随机分布峰所需的峰容量必须超过大约 100 倍[70]。此外，将全二维 LC 系统与 MS 联用能够提供额外的分离维度，可以从全细胞提取物中分离 2000～8000 种蛋白质[66]。可视化 2D 分离需要专门的软件，两个示例分别如图 4.7 和图 4.8 所示。图 4.7 为结合强离子交换（SAX）和反相维度的微柱 LC 分离系统，通过激光诱导荧光（LIF）检测分离标记肽和细胞裂解物[71]。图 4.8 是人尿液代谢物的二维分离，在第一维中使用强阳离子交换（SCX）–SAX 分离，在第二维中使用十八烷基硅烷（ODS）整体柱分离，均采用梯度洗脱。

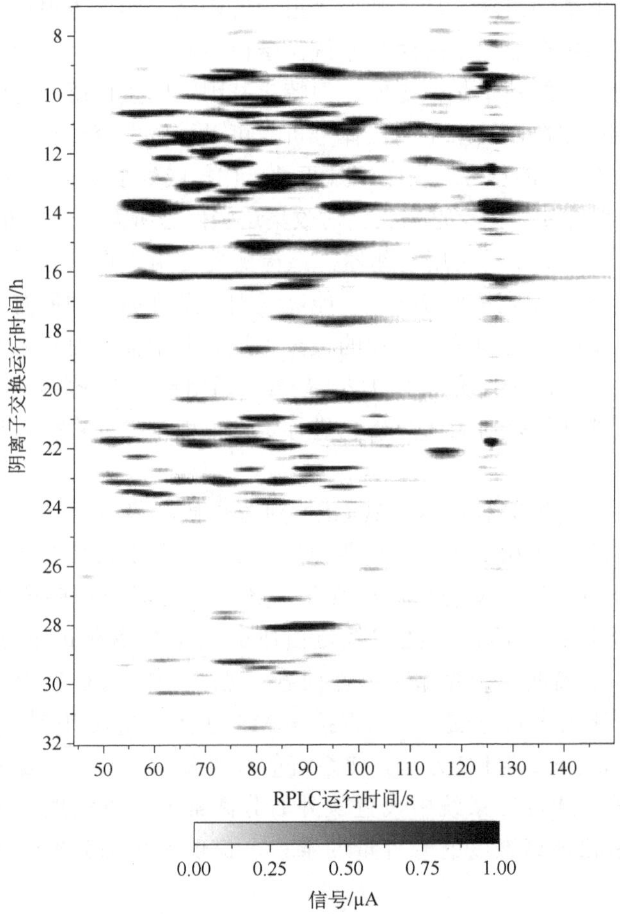

图 4.7 从还原的猪甲状腺球蛋白的胰蛋白酶消化物中获得的约 150 种肽组分的二维分离。资料来源：Holland, Jorgenson[71]，经美国化学学会许可

值得注意的是，该系统的局限性在于检测方法（260nm 紫外检测）无法识别样品中的所有化合物[70]。尽管 CoronaCAD 不能像 MS 那样提供额外的峰解卷积、结构信息和鉴定信息，但其能对非挥发性物质提供一致响应的能力，使其能够并行包含在 2D 系统中，以确保所有分析物都能被检测到，并用于通过测定相对丰度实现定量。该方法有待探索。

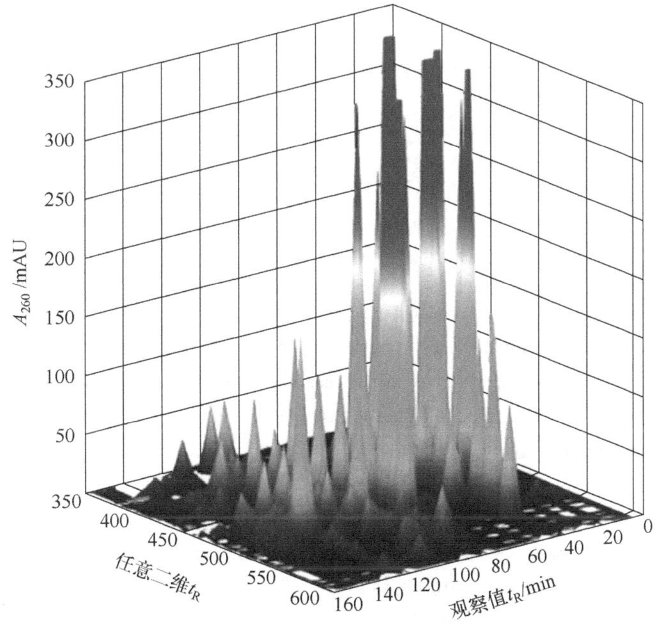

图 4.8　第一维使用 SCX-SAX 色谱柱，第二维使用 ODS 整体柱对人尿液成分进行二维分离。两个维度均进行梯度洗脱。资料来源：Dixon 等[70]，经 John Wiley & Sons 许可

4.12 结论

LC 将受益于通用检测器，此类检测器对所有分析物的响应因子一致，而不受其理化性质影响。理想情况下，此类检测器能够检测复杂样品中的痕量成分。虽然 MS 已成为 LC 的重要检测工具，但它也有缺点，如购买和操作成本高、需要熟练的操作员、不同理化性质的分析物的响应因子不一致等。尽管新兴气溶胶检测器还不够理想，但它们提供了一种简单、低成本的检测替代方法，为大量的非挥发性分析物提供相对一致的响应因子，而不受其理化性质影响。由于这些特性，气溶胶检测目前被视为 MS 和 UV 检测的补充检测技术。迄今为止，气溶胶检测器尚未获得完全了解分析物影响因素所需的基础研究。这项研究将改进仪器设计，使检测器更耐受流动相的变化，并进一步降低检测限。气溶胶检测器具有多种优势，如与符合绿色化学理念的分离方法兼容，以及能够通过一致的响应因子定量未知物。因此，气溶胶检测器是分析人员用于检测

和定量由 LC 分离的各种化合物的重要补充。预计此类检测器将尤其适用于复杂样品的通用分析，并将成为适用于多维分离的检测技术。

参考文献

[1] High-Performance Liquid Chromatography(HPLC)Market by Product(Instruments(Systems, Detectors): Consumables (Columns, Filters): and Accessories): Application(Clinical Research, Diagnostics, Forensics)—Analysis & Global Forecast to 2021. By marketsandmarkets.com. 2017. Report Code: AST 5029.
[2] Causon T J, Shellie R A, Hilder E F. Analyst, 2009, 134: 440.
[3] Smith R M. J Chromatogr A, 2008, 1184: 441.
[4] Cheng X, Hochlowski J. Anal Chem, 2002, 74: 2679.
[5] Lacourse W R. Anal Chem, 2002, 74: 2813.
[6] Zhang B, Li X, Yan B. Anal BioAnal Chem, 2008, 390: 299.
[7] Swartz M. LCGC North Am, 2010, 28: 880.
[8] Chen Y, Manshouwer M, Fitch WL. Pharm Res, 2007, 24: 248.
[9] Balogh M P. LCGC North Am, 2009, 27: 130.
[10] Hsieh Y, Fukuda E, Wingate J, Korfmacher W A. Comb Chem High Throughput Screen, 2006, 9: 3.
[11] Reilly J, Everatt B, Aldcroft C. J Liq Chromatogr R T, 2008, 31: 3132.
[12] Pistorino M, Pfeifer B A. Anal. BioAnal Chem, 2008, 390: 1189.
[13] Hazotte A, Libong D, Matoga M, Chaminade P. J Chromatogr A, 2007, 1170: 52.
[14] Ojanpera S, Rasanen I, Sistonen J, Pelander A, Vuori E, Ojanpera I. Ther Drug Monit, 2007, 29: 423.
[15] Fujinari E M, Courthaudon L O. J Chromatogr A, 1992, 592: 209.
[16] Lucena R, Cardenas S, Valcarcel M. Anal BioAnal Chem, 2007, 388: 1663.
[17] Koropchak J A, Heenan C L, Allen L B. J Chromatogr A, 1996, 736: 11.
[18] Olsovska J, Kamenik Z, Cajthaml T. J Chromatogr A, 2009, 1216: 5774.
[19] Hutchinson J P, Li J, Farrell W, Groeber E, Szucs R, Dicinoski G, Haddad PR. J Chromatogr A, 2011, 1218: 1646.
[20] Dixon R W, Peterson D S. Anal Chem, 2002, 74: 2930.
[21] Megoulas N C, Koupparis M A. Crit Rev Anal Chem, 2005, 35: 301.
[22] Young C S, Dolan J W. LCGC North Am, 2003, 21: 120.
[23] Gamache P H, McCarthy R S, Freeto S M, Asa D J, Woodcock M J, Laws K, Cole RO. LCGC Eur, 2005, 18: 345.
[24] Kou D, Manius G, Zhan S, Chokshi H P. J Chromatogr A, 2009, 1216: 5424.
[25] Huang Z, Richards M A, Zha Y, Francis R, Lozano R, Ruan J. J Pharm Biomed Anal, 2009, 50: 809.
[26] Yu X, Zdravkovic S, Wood D, Li C, Cheng Y, Ding X. Drug Delivery Technol, 2009, 9: 50.
[27] Schonherr C, Touchene S, Wilser G, Peschka-Suss R, Francese G. J Chromatogr A, 2009, 1216: 781.
[28] Stojanovic A, Lammerhofer M, Kogelnig D, Schiesel S, Sturm M, Galanski M, Krachler R, Keppler B K,

Lindner W. J Chromatogr A, 2008, 1209: 179.
[29] Wipf P, Werner S, Twining L A, Kendall C. Chirality, 2007, 19: 5.
[30] Forsatz B, Snow N H. LCGC North Am, 2007, 25: 960.
[31] Teutenberg T, Tuerk J, Holzhauser M, Kiffmeyer T K. J Chromatogr A, 2006, 1119: 197.
[32] Brunelli C, Gorecki T, Zhao Y, Sandra P. Anal Chem, 2007, 79: 2472.
[33] Novakova L, Lopez S A, Solichova D, Satinsky D, Kulichova B, Horna A, Solich P. Talanta, 2009, 78: 834.
[34] Vervoort N, Daemen D, Torok G. J Chromatogr A, 2008, 1189: 92.
[35] Gorecki T, Lynen F, Szucs R, Sandra P. Anal Chem, 2006, 78: 3186.
[36] Takahashi K, Kinugasa S, Senda M, Kimizuka K, Fukushima K, Matsumoto T, Shibata Y, Christensen J. J Chromatogr A, 2008, 1193: 151.
[37] Ramos R G, Libong D, Rakotomanga M, Gaudin K, Loiseau P M, Chaminade P. J Chromatogr A, 2008, 1209: 88.
[38] Sun P, Wang X, Alquier L. Maryanoff C A. J Chromatogr A, 2008, 1177: 87.
[39] Gamache P H, McCarthy R S, Freeto S M, Asa D J, Woodcock M J, Laws K, Cole R O. LCGC North Am, 2005, 23: 150.
[40] Hutchinson J P, Li J, Farrell W, Groeber E, Szucs R, Dicinoski G, Haddad P R. J Chromatogr A, 2010, 1217: 7418.
[41] McLean J A, Minnich M G, Iacone L A, Liu H, Montaser A. J Anal At Spectrom, 1998, 13: 829.
[42] Nukiyama S, Tanasawa Y. in Defense Research Board, Department of National Defense, Trans. Soc. Mech. Eng.(Japan): Reports 4, 5, and 6, 1938-1940. Translated by E. Hope(Editor): Ottawa, Ontario, Canada, 1950.
[43] Canals A, Hernandis V. J Anal At Spectrom, 1990, 5: 61.
[44] Rizk N K, Lefebvre A H. J Eng Gas Turbines Power, 1984, 106: 634.
[45] Kahen K, Acon B W, Montaser A. J Anal At Spectrom, 2005, 20: 631.
[46] Stolyhwo A, Colin H, Guiochon G. Anal Chem, 1985, 57: 1342.
[47] Cobb Z, Shaw P, Lloyd L, Wrench N, Barrett D. Microcolumn Sep, 2001, 13: 169.
[48] de Villiers A, Gorecki T, Lynen F, Szucs R, Sandra P. J Chromatogr A, 2007, 1161: 183.
[49] Mathews B T, Higginson P D, Lyons R, Mitchell J C, Sach N W, Snowden M J, Taylor M R, Wright A G. Chromatographia, 2004, 60: 625.
[50] Squibb A W, Taylor M R, Parnas B L, Williams G, Girdler R, Waghorn P, Wright A G, Pullen F S. J Chromatogr A, 2008, 1189: 101.
[51] Anastas P T, Warner J C. Green Chemistry: Theory and Practice, Oxford University Press, New York, 1998.
[52] Sandra P, Sandra K, Pereira A, Vanhoenacker G, David F. LCGC Eur, 2010, 23: 242.
[53] Sandra P, Pereira A, Dunkle M, Brunelli C, David F. LCGC Eur, 2010, 23: 396.
[54] Fritz R, Ruth W, Kragl U. Rapid Commun Mass Spectrom, 2009, 23: 2139.
[55] Welch C J, Brkovic T, Schafer W, Gong X. Green Chem, 2009, 11: 1232.
[56] Yang Y. J Sep Sci, 2007, 30: 1131.
[57] Smith R M, Chienthavorn O, Wilson I D, Wright B, Taylor S D. Anal Chem, 1999, 71: 4493.
[58] McNef f C V, Yan B, Stoll D R, Henry R A. J Sep Sci, 2007, 30: 1672.
[59] Gere D R. Science, 1983, 21: 253.
[60] Reid R C, Prausnitz J M, Poling B E. The Properties of Gases and Liquids, McGraw-Hill, New York, 1987.
[61] Pinkston J D. Eur J Mass Spectrom, 2005, 11: 189.
[62] Gaudin K, Baillet A, Chaminade P. J Chromatogr A, 2004, 1051: 43.

[63] Olesik J W, Kinzer J A. Spectrochim Acta Part B, 2006, 61: 696.
[64] Root D E, Kelley B P, Stockwell B R. Curr Opin Drug Discov Devel, 2002, 5: 355.
[65] Michaud G A, Snyder M. Biotechniques, 2002, 33: 1308.
[66] Matthiesen R, Azevedo L, Amorim A, Carvalho A S. Proteomics, 2011, 11: 604.
[67] Causon T J, Broeckhoven K, Hilder E F, Shellie R A, Desmet G, Eeltink S. J Sep Sci, 2011, 34: 877.
[68] Guillarme D, Grata E, Glauser G, Wolfender J L, Veuthey J L, Rudas S. J Chromatogr A, 2009, 1216: 3232.
[69] David F, Vanhoenacker G, Tienpont B, Francois I, Sandra P. LCGC Eur, 2007, 20: 154.
[70] Dixon S P, Pitfield I D, Perrett D. Biomed Chromatogr, 2006, 20: 508.
[71] Holland L A, Jorgenson J W. Anal Chem, 1995, 67: 3275.

第 2 部分

特定类别分析物的电雾式检测

第 5 章 Corona CAD 在脂类分析中的应用

丹妮尔·利邦[1]，西尔维·赫隆[2]，阿兰·查普兰[2]，皮埃尔·查米纳德[1]

1 Lip(Sys)[2] 脂类生物分析，药物分析化学，巴黎第十一大学，巴黎-萨克雷大学，法国沙特奈马拉布里

2 Lip(Sys)[2] 脂类生物分析，生物分析与技术实验室（LETIAM），巴黎第十一大学，巴黎-萨克雷大学，奥赛工业大学，法国奥赛

5.1 引言

直到 19 世纪人们才开始对脂类进行详细的研究，主要由于脂类物质较难实现分离和鉴定。脂类的定义和分类很复杂。通常，脂类被定义为溶于非极性有机溶剂（如氯仿）的天然产物。单从结构上看，脂类可以分为含脂肪酸（FA）的化合物和在生物合成和/或功能特性方面相似的化合物，如脂肪族醚类、甾醇（St）、蜡类酯（WE，蜡）和聚异戊二烯［如类胡萝卜素（PR）］。脂类物质可根据其化学官能团骨架分为几类，每类包含不同数量的分子种类，即独特的分子结构。脂类的命名遵循国际纯粹与应用化学联合会-国际生物化学和分子生物学联盟（IUPAC-IUBMB）的命名规则。

通常，脂类化合物根据皂化水解产物的数量分为简单脂类或复杂脂类。产生两种水解产物的称为简单脂类，如三酰甘油（TAG）产生甘油和脂肪酸；产生三种或以上水解产物的称为复杂脂类，如磷酸甘油酯（PL，简称磷脂）

或糖脂。此外，还可根据其极性划分为非极性（也称为中性）和极性脂类。非极性脂类包括脂肪酸、单/双/三酰甘油（TAG）、蜡（WE）、甾醇（St）、类胡萝卜素（PR）和生育酚，极性脂类包括磷酸甘油酯（PL）、甘油磷脂（GP）和鞘脂（SP）及其糖和磷的衍生物以及溶血脂类。

目前，随着应用脂类组学方法来了解各种脂类结构生物学作用的研究不断取得进展，亟需开发脂类结构数据库，并建立一个公认的分类体系。目前的共识[1-2]将脂类分为八类：脂肪酸（FA）、甘油酯（GL）、甘油磷脂（GP）、鞘脂（SP）、甾醇（St）、异戊烯醇脂（PR）、糖脂（SL）和聚酮类（PK）。各类型脂类的典型结构见表 5.1。脂肪酸的碳链长度通常在 4～30 个碳之间，

表 5.1　各类型脂类结构示例

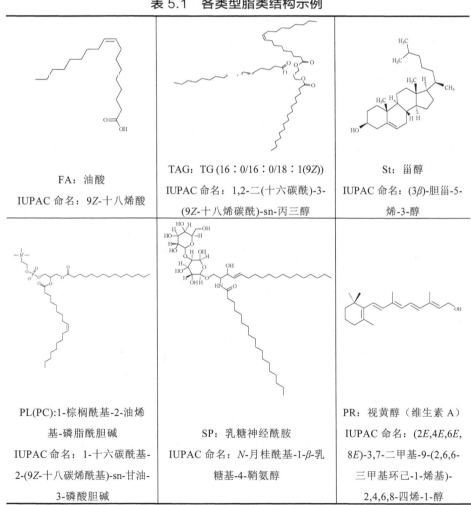

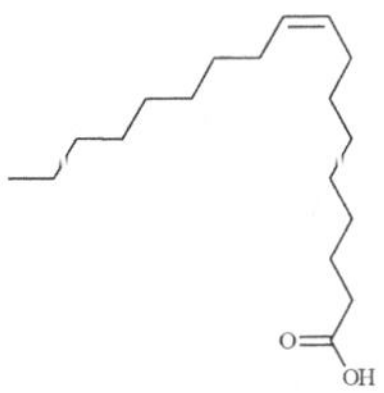 FA：油酸 IUPAC 命名：9*Z*-十八烯酸	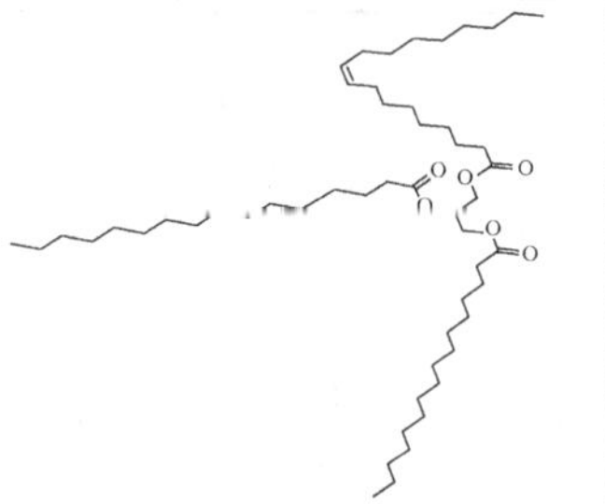 TAG：TG (16∶0/16∶0/18∶1(9*Z*)) IUPAC 命名：1,2-二(十六碳酰)-3-(9*Z*-十八烯碳酰)-sn-丙三醇	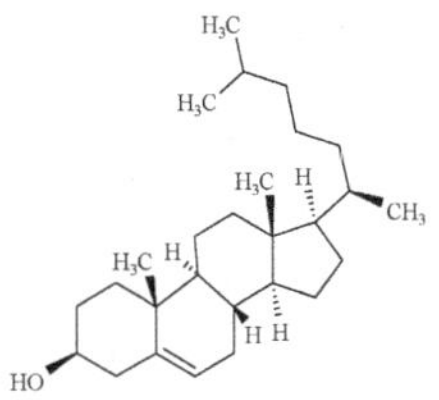 St：甾醇 IUPAC 命名：(3*β*)-胆甾-5-烯-3-醇
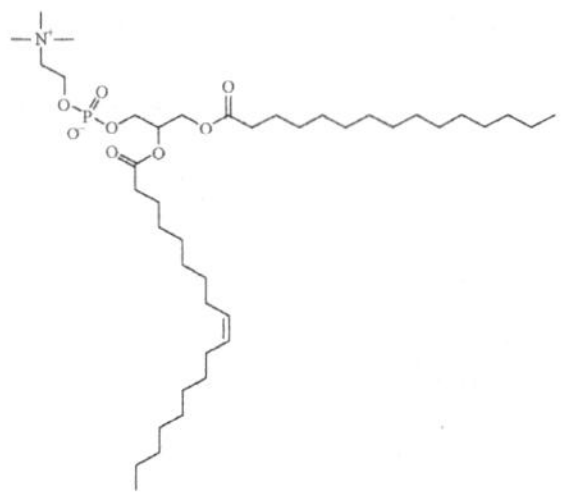 PL(PC):1-棕榈酰基-2-油烯基-磷脂酰胆碱 IUPAC 命名：1-十六碳酰基-2-(9*Z*-十八碳烯酰基)-sn-甘油-3-磷酸胆碱	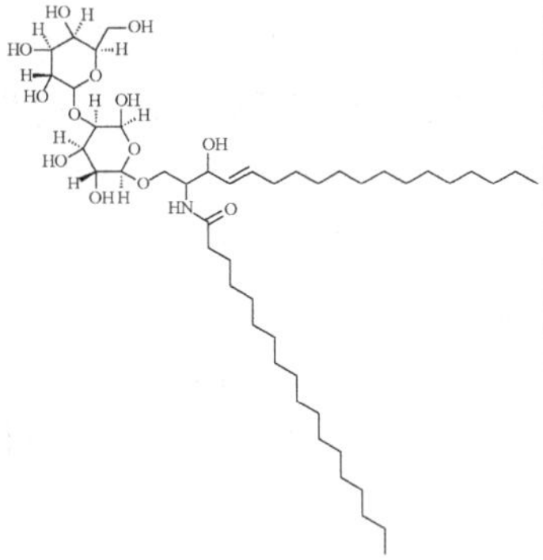 SP：乳糖神经酰胺 IUPAC 命名：*N*-月桂酰基-1-*β*-乳糖基-4-鞘氨醇	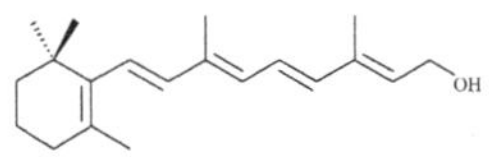 PR：视黄醇（维生素 A） IUPAC 命名：(2*E*,4*E*,6*E*,8*E*)-3,7-二甲基-9-(2,6,6-三甲基环己-1-烯基)-2,4,6,8-四烯-1-醇

续表

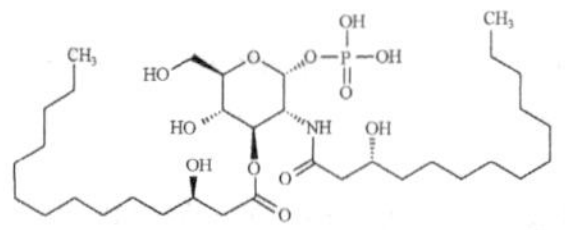 SL：脂类 X (LipidX) IUPAC 命名：二(3-羟基-十四碳酰基)-α-D-葡糖胺基-1-磷酸酯	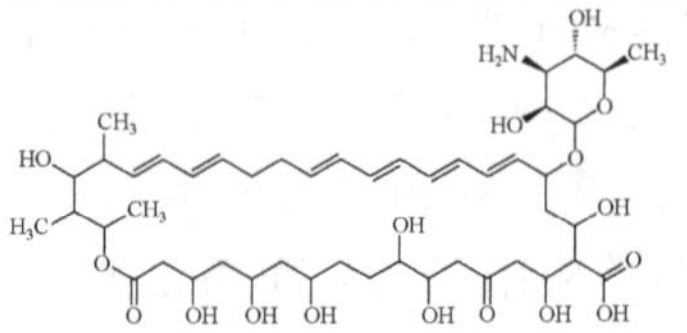 PK：制霉菌素（nystatin） IUPAC 命名：（21*E*,23*E*,25*E*,27*E*,31*E*,33*E*）20-［(3*S*,4*S*,5*S*,6*R*)-4-氨基-3,5-二羟基-6-甲基噁烷-2-基］氧基-4,6,8,11,12,16,18,36-八羟基-35,37,38-三甲基-2,14-二氧基-1-氧杂环三十八烷-21,23,25,27,31,33-六烯-17-酸

且多为偶数。结构的多样性表现在：①碳链长度不同；②是否存在带有 *Z* 型立体化学结构（*E* 型很少）以及环丙烷环和环戊烷环的不饱和基团；③是否带有羟基或环氧基团。甘油酯数量庞大，最具代表性的是三酰甘油，此外还包括单甘油酯和双甘油酯以及甘油聚糖，该类结构是由一个或多个糖残基附着在单甘油酯或双甘油酯的甘油基团上形成的。甘油磷脂是双分子层膜的关键成分，根据磷脂酰头基的性质分为不同亚类。磷脂酰胆碱（PC）是生物膜的主要成分，如表 5.1 所示。

鞘脂（SP）含有鞘氨醇骨架，其烷基链长度、双键数量和位置以及是否具有羟基可能有所不同。鞘氨醇骨架可能与酸基或糖基相连。神经酰胺（Cer）是鞘脂的一个亚类，其中脂肪酸通过酰胺连接到鞘氨醇骨架。甾醇包括多种结构，如胆固醇、类固醇、类固醇共轭物和类固醇酯（SE）、维生素 D_2 和 D_3 以及胆汁酸和衍生物。异戊烯醇脂（PR）由 C5 前体合成，形成异戊二烯和多萜亚类，泛素类和维生素 E 和 K 亚类，以及聚戊烯醇。糖脂（SL）是脂肪酸直接与糖骨架连接的化合物，可以以聚糖或磷酸化衍生物的形式出现，如表 5.1 中的脂类 X。最常见的糖脂是脂多糖成分的前体。从结构或生物活性的角度来看，聚酮类（PK）是一个非常多样化的类别。聚酮类通过丙二酰辅酶 A 缩合的方式进行生物合成，与脂肪酸的合成方式相似。

因此，从分离科学的角度，脂类分析面临两个挑战：

① 脂类分析中，化合物极性范围广，分离难度大。

② 如何根据链长、不饱和基团和/或羟基对同一个类别的脂类进行分离。大多数脂类缺乏常规分光光度检测器所需的发色团。此类检测需要使用通用型检测器，如 ELSD 或 Corona CAD。

5.2
脂类的色谱分离原理

5.2.1　反相液相色谱中的保留机理

理论上，保留是指无限稀释溶质从流动相（M）转移到固定相（S）上的过程。溶质（A）与固定相的作用模型包括分配、吸附或两者都有[3]。另一个常见的模型是“疏溶剂理论（solvophobic theory）”[4-6]。这三种作用模型之间的区别是：“分配”是指分离的溶质完全嵌入在固定相中；“吸附”是指分离的溶质留在固定相的表面，没有完全包埋；而“单纯的疏溶剂效应”是指至少有两个独立的溶质紧密结合在一起，形成一个完全嵌入流动相中的双分子复合物，而并不从一种溶剂转移到另一种溶剂。“色谱中的疏溶剂效应”是指分离的溶质与半有序的固定相紧密接触，形成部分嵌入流动相中的双分子复合物[7]。在应用于色谱的分配、吸附和疏溶剂效应中，转移的特点是由相邻的流动相分子交换，最后完全或部分被邻近的固定相包围。

实验中观察到的保留因子 k 为分配常数 K（溶质在两个不相溶相之间转移过程的平衡常数）与相比 ϕ［色谱柱内固定相（S）和流动相（M）的体积比］的乘积。K 可以表示为溶质 A 的标准态化学势之差 $\mu_{\mathrm{A}}^{\ominus}$，该参数使用二元溶液相互作用参数 $\chi_{\mathrm{A-溶剂}}$与它所分配的两个不相溶溶剂表示。

$$k = K\phi = K\left(\frac{V_{\mathrm{S}}}{V_{\mathrm{M}}}\right) \tag{5.1}$$

$$\ln K = \frac{\left(\mu_{\mathrm{AS}}^{\ominus} - \mu_{\mathrm{AM}}^{\ominus}\right)}{RT} = \left(\chi_{\mathrm{AM}} - \chi_{\mathrm{AS}}\right) = \frac{\Delta\Delta G_0}{RT} \tag{5.2}$$

Dill 使用简单的液体点阵模型，设定每个分子均被最近相邻分子包围，证明了在转移过程中存在 A-S 型键形成及 A-M 型键断裂，其数量在分配、吸附和单纯的疏溶剂效应中是不同的[3,8]。

该过程涉及以下三个公式：

$$\ln k_{\mathrm{A}} = \frac{1}{6}\left(\chi_{\mathrm{MS}} - \chi_{\mathrm{AS}} + \chi_{\mathrm{AM}}\right) + \ln\left(\frac{n_{\mathrm{S}}}{n_{\mathrm{M}}}\right)\text{，当为吸附机制时} \tag{5.3}$$

$$\ln k_{\mathrm{A}} = \left(\chi_{\mathrm{AM}} - \chi_{\mathrm{AS}}\right) + \ln\left(\frac{n_{\mathrm{S}}}{n_{\mathrm{M}}}\right)\text{，当为分配机制时} \tag{5.4}$$

$$\ln k_{\mathrm{A}} = (2\chi_{\mathrm{AS}} + \chi_{\mathrm{AM}}) + \ln\left(\frac{n_{\mathrm{S}}}{n_{\mathrm{M}}}\right) \tag{5.5}$$

若疏溶剂机理应用于色谱[7]，则 $n_{\mathrm{S}}/n_{\mathrm{M}}$ 为以摩尔数而非体积比表示的相比。

简单分子的主要相互作用取决于临时力矩（由 London 推导出的分散力）和诱导偶极矩（由 Debye 推导出）[9]，通常使用 Hildebrand 溶解度参数（δ）[10]对该保留模型进一步简化[11-14]。其中，二元相互作用参数近似为摩尔体积 $\tilde{V}$ 与单元相互作用参数的乘积，δ_{S} 与偏摩尔焓有关：

$$\chi_{\mathrm{XY}} = \frac{\tilde{V}}{RT}(\delta_{\mathrm{X}} - \delta_{\mathrm{Y}})^2 \tag{5.6}$$

这种分解表示为单一常量的方法得到的往往是不太精确的近似值，尤其是除分散相互作用外还涉及其他力时。虽然该模型不足以对保留进行定量或精确预测，但易于理解，尤其便于为分离非极性或弱极性溶质（如脂类）选择色谱方法，可以从定性的角度解释 LC 的许多特点。溶质 A 的保留与三种液相色谱机制的性质无关，而是取决于一项参数，该项参数涉及二元溶液相互作用参数，进而涉及色谱平衡的三个要素（δ_{A}、δ_{M} 和 δ_{S}）的溶解度参数。

目前，针对反相液相色谱（RP-LC）中的保留模式已开展了多项研究。一篇综述对 1980～1990 年这 10 年期间的研究成果进行了汇总，并提出了对 RP-LC 中分子相互作用机制的总体概览[15]。其中，关于温度（T）对保留影响的研究非常具有参考价值[15-17]。

由于通常使用 C_{18}（或 C_{30}）键合硅胶色谱柱和富含低介电常数溶剂的有机改性剂混合物进行脂类分析，接下来，本章将基于式（5.4）的分配模型，推证相应理论。

将式（5.4）和式（5.6）结合，忽略（小）熵修正项，得到式（5.7），重排可得到式（5.8）[13,18-19]。

$$\ln k_{\mathrm{A}} = \frac{\tilde{V}}{RT}\left[(\delta_{\mathrm{A}} - \delta_{\mathrm{M}})^2 - (\delta_{\mathrm{A}} - \delta_{\mathrm{S}})^2\right] + \ln\left(\frac{n_{\mathrm{S}}}{n_{\mathrm{M}}}\right) \tag{5.7}$$

$$\ln k_{\mathrm{A}} = \frac{\tilde{V}}{RT}\left[(\delta_{\mathrm{M}} + \delta_{\mathrm{S}} - 2\delta_{\mathrm{A}})(\delta_{\mathrm{M}} - \delta_{\mathrm{S}})\right] + \ln\left(\frac{n_{\mathrm{S}}}{n_{\mathrm{M}}}\right) \tag{5.8}$$

Hildebrand 和 Scott[10]通过实验测定非电解质的溶解度参数值，并总结了多个相关数据表格[20]。即使不使用这些表格，还可以使用 Small[21-22]介绍的结构单元的吸引常数，或按照 Patton[23]的计算方法，利用 Hildebrand 的 LV 和 TE 之间的关系，根据沸点 T_{e} 计算出汽化热，总体来说计算并不复杂。

此外，文献还给出了部分固体表面的溶解度参数值[14,24]。

针对式（5.7），Schoenmakers 在其书中指出，溶质保留因子（k_A）随其极性 δ_A 呈指数变化，当［（$\delta_M+\delta_S-2\delta_A$）（$\delta_M-\delta_S$）］变得过于正或负，$k_A$ 值也会随之过高或过低[18]。溶质的保留因子也取决于此比值，但在此处不做过多讨论。事实上，对于目前使用的 RP-LC 固定相来说，n_S/n_M 通常约为 10^{-3}。在优化的等度条件下，色谱分离过程中，溶质的 k 值应在 1～15 的范围内，以满足［$(\delta_M+\delta_S-2\delta_A)(\delta_M-\delta_S)$］等于 0 或最小的实验条件。要实现上述实验条件，有两种方法：

① 选择与固定相溶解度参数相同的流动相，该实验条件下，所有溶质，不论性质如何，都被同时洗脱（不分离）。这种方法也可用于选择溶剂来清洗被污染的固定相。

② 选择溶质的极性大致介于其他两个色谱要素的极性之间［式（5.9）］。

$$\delta_A = \frac{\delta_S + \delta_M}{2} \tag{5.9}$$

因此，Schoenmakers 给出了一个简单的经验法则来选择色谱条件。

基于 Schoenmakers 的报道，可以从上到下画出三条平行轴：固定相溶解度参数（δ_S）、溶质溶解度参数（δ_A）和流动相溶解度参数（δ_M）（图 5.1）。中间轴上的值来自 Hansen 数据集，或推导自 Hansen 系统，用于表征不同种类溶质的溶解度，详见 Crowley 或 Teas[20,25]。可以看出，一个化学族（或溶质类）的极性越大，溶解度参数越大。与化合物极性基团的性质无关，溶质的烷基链越长，溶解度参数越小。顶部的轴为 Schoenmakers 得出的四种固定相的溶解度参数（δ）：键合全氟烷基链（5$cal^{1/2}\cdot cm^{-3/2}$）、键合烷基链（7.2$cal^{1/2}\cdot cm^{-3/2}$）、多孔碳（14$cal^{1/2}\cdot cm^{-3/2}$）以及硅胶（16$cal^{1/2}\cdot cm^{-3/2}$）。底部的轴是一些色谱中常用的纯溶剂流动相的溶解度参数（δ）：庚烷（约 7$cal^{1/2}\cdot cm^{-3/2}$）、四氢呋喃（THF）（9.5$cal^{1/2}\cdot cm^{-3/2}$）接近二氯甲烷（9.9$cal^{1/2}\cdot cm^{-3/2}$）和丙酮［$(CH_3)_2CO$］（9.8$cal^{1/2}\cdot cm^{-3/2}$）、乙腈（11.8$cal^{1/2}\cdot cm^{-3/2}$）、甲醇（CH_3OH）（14.35$cal^{1/2}\cdot cm^{-3/2}$）和水（23.50$cal^{1/2}\cdot cm^{-3/2}$）。

当固定相的极性小于流动相时，如在 RP-LC 中，如果样品分子的极性与流动相极性相似，它将更易分配于流动相，k 值约为 0。如果样品分子的极性与固定相极性相似，则 k 值极大。对于中间极性的样品分子，溶质将或多或少地分布在两相中，k 约为 1。两个从 N-烷基位置的 δ_S 轴开始到在 δ_M 轴上加入 THF 或水的实线箭头，设定了 RP-LC 中固定相/流动相系统的极性极限。在 δ_A 轴上的溶质，其极性在两个箭头之间，可以通过调整流动相的组成（即极性）在 $1\leqslant k\leqslant 15$ 的范围内实现洗脱。基于这个概念，Schoenmakers 根据式（5.7）推导出了一个简单的表达式，描述了当两个摩尔体积相似的溶质 A 和 B 需要被分离时相系统的选择性：

$$\ln\alpha_{AB} = \frac{2\tilde{V}}{RT}[(\delta_B - \tilde{\delta}_A)(\delta_M - \delta_S)] \quad (5.10)$$

根据该公式，差值（$\delta_M - \delta_S$）越大，α_{AB} 值越高。因此不难理解，使用键合烷基硅（RP-LC），THF 和水的混合溶剂可以对 δ 在 8.1～15cal$^{1/2}$ •cm$^{-3/2}$ 之间的溶质进行分析。待测溶质的 δ 值可以为选择梯度或等度模式提供参考。如果一个复杂的混合样品覆盖了整个 δ 范围，只能选择梯度洗脱。若待测溶质 δ 值范围窄，则需选择等度模式，这样流动相的溶解度参数会稍小于极性最高的分析物（A）。

该图也帮助我们了解如何选择合适的实验条件来使用固相萃取（SPE）实现不同溶质的分离。例如，当使用高极性溶剂（如水）时，δ＜12cal$^{1/2}$ • cm$^{-3/2}$ 的分析物被保留，而 δ＞18cal$^{1/2}$ • cm$^{-3/2}$ 的分析物则不会在烷基键合硅胶 SPE 上保留。实验证明，该原理同样适用于使用纯硅胶作为固定相的 NP-LC。如图 5.1 所示，从硅胶开始，绘制连接到烷烃和 CH_3OH 的两条虚线。当流

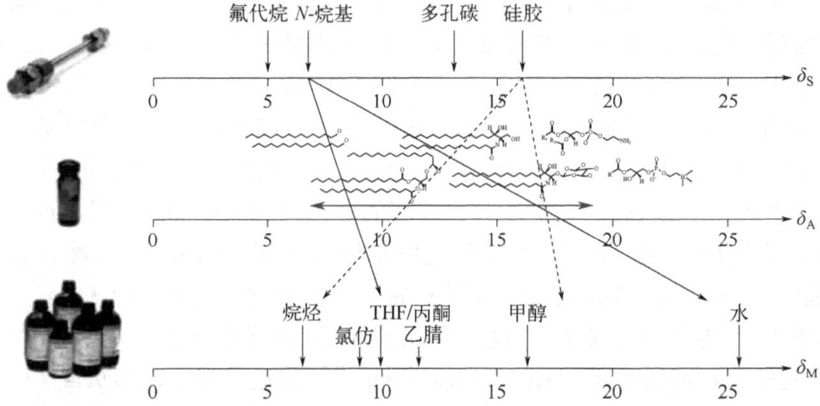

图 5.1 固定相、脂类溶质和流动相溶剂的溶解度参数

动相从庚烷变为 CH_3OH 时，δ 值在 8～15cal$^{1/2}$ •cm$^{-3/2}$ 之间的溶质可被洗脱。当使用一次性的 SPE 小柱时，水可以作为强溶剂，而使用 NP-LC 进行分析时则不可以。因为在 SPE 中，当使用水作为溶剂时，所有 δ＞20cal$^{1/2}$ • cm$^{-3/2}$ 的分析物均被保留在 SPE 硅胶柱上。通常，该逻辑同样适用于有机改性剂（OM）-水（W）二元混合物或纯有机溶剂混合物。溶解度参数的概念提供了一个非常简单的规则，即将两个体积分数 ϕ 的总和假设为 1 进行计算，可以近似判断混合物的极性［见公式（5.11）］。

$$\delta_M = (1-\phi_{OM})\delta_W + \phi_{OM}\delta_{OM} \quad (5.11)$$

5.2.2 优化选择性

根据公式（5.11），由有机调节剂和水组成的混合物，其极性介于两种纯溶剂之间。不同混合物的流动相可能具有相同的溶解度参数。总体而言，极性相同的混合物会产生相同的保留因子。该结论在大量的实验中得到了验证。然而，由于溶质-溶剂相互作用可能不同，所以在部分含水反相液相色谱法（PARP-LC）中，对于不同溶质，由于溶质的极性及其与有机改性剂的相互作用可能不同，使用的有机改性剂（即 CH_3OH、CH_3CN 或 THF）-水混合物的相应成分也不尽相同。因此，当依据总溶解度参数理论计算等洗脱强度溶液组成时，随着含水流动相中的 CH_3OH 被 CH_3CN 或 THF 替代，部分溶质的洗脱时间发生改变，但仍大致在相同的 k 值范围内。对于某些溶质，相对差异可达 2 倍。在非水液相色谱［非水反相液相色谱（NARP-LC）或 NP-LC］中使用纯有机溶剂混合物时也是如此。这对于在非极性脂类的非水色谱分析中（$\delta<9.5\text{cal}^{1/2}\cdot\text{cm}^{-3/2}$）选择强效有机溶剂［THF、$(CH_3)_2CO$、乙酸乙酯、异丙醇（IPA）、丁醇、氯仿（$CHCl_3$）、二氯甲烷（$CH_2Cl_2$）或甲基叔丁基醚（MTBE）、三氟-1,1,2-三氯-1,2,2-乙烷（TTE）］和弱溶剂（CH_3OH 或 CH_3CN）很有帮助。很明显，与 NARP-LC 相比，在 NP-LC 中，溶剂的弱-强分类是相反的。

理论上，通过引入部分溶解度参数的概念，可解释前文所述差异。在每个相中，相互作用不仅由与极性相关的总溶解度参数决定，还受到其他几种分子间作用力的影响，包括色散、诱导偶极、偶极取向和氢键作用力[10]。总体值 δ_T 是由液相中多种相互作用的因素共同确定的。Hildebrand 的总溶解度参数可以分解成几种相互作用：δ_d 为色散相互作用（L 和 D）；δ_o 为偶极相互作用；$\delta_h=(2\delta_a\delta_b)^{1/2}$ 为氢键相互作用，分为氢受体和质子供体键相互作用。各个部分溶解度参数表示溶剂极性的不同方面。通过计算色散部分极性 f_d、偶极部分极性 f_p 和氢键部分极性 f_h，根据公式（5.12），所有有机溶剂都可以被归入 Teas 三角的四个系列[20,22,26]，这对在 NARP-LC 中选择同等洗脱效果的溶剂混合物非常有用。

$$\delta_T=(\delta_d^2+\delta_p^2+\delta_h^2)^{1/2} \tag{5.12}$$

$$f_X=\frac{100\delta_X}{\delta_d+\delta_p+\delta_h} \tag{5.13}$$

其中，X 表示 d、p 或 h。

基于同样原理，Snyder 根据相对偶极矩（极性相互作用）、碱性（氢键接受体相互作用）和酸性（氢键供体相互作用），通过广泛使用的溶剂选择性三角形[27-28]（图 5.2），对色谱法中可能使用的有机溶剂进行了分类。

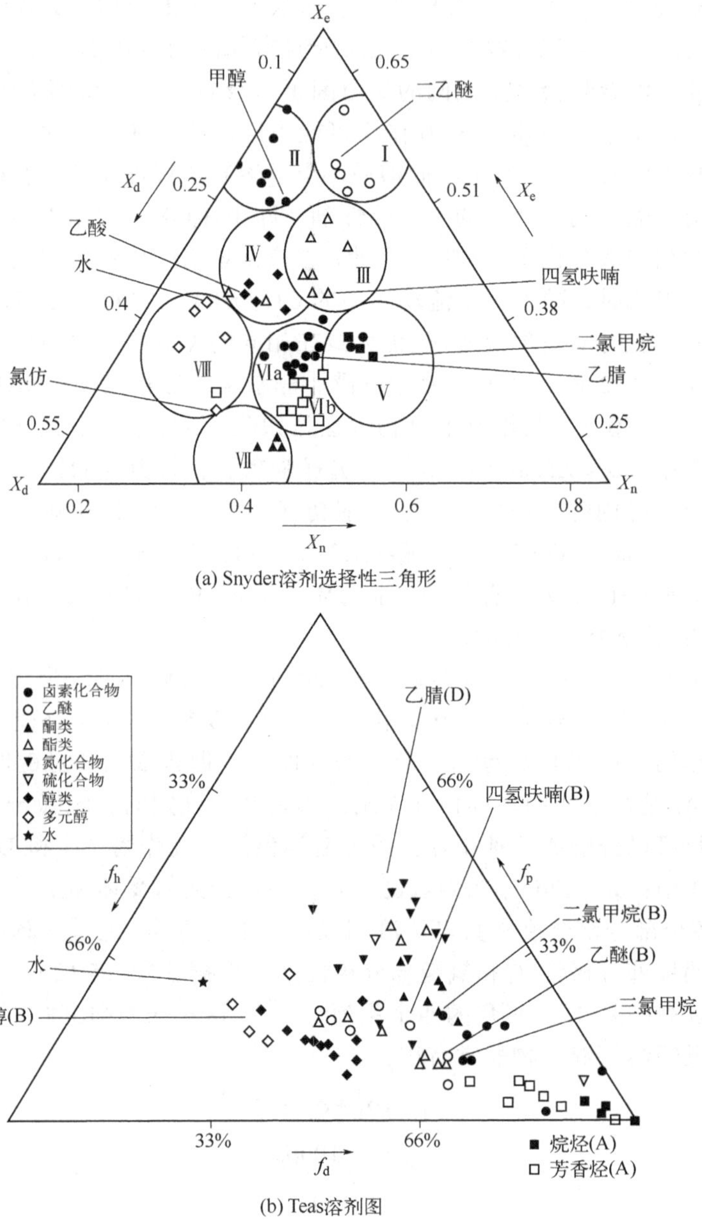

(a) Snyder溶剂选择性三角形

(b) Teas溶剂图

图 5.2　Snyder 和 Teas 溶剂选择性三角形

在 PARP-LC 中，有机改性剂必须能溶于水。因此，根据 Snyder 三角法，可以选择三种偏极性的有机改性剂：CH_3OH、CH_3CN 和 THF，分别属于第Ⅱ、Ⅵ和Ⅲ类。它们为特定的溶质提供不同的选择性，同时将流动相组成保持在等洗脱条件下。由于非极性溶质不溶于部分水相流动相，这种三角法不适合用于选择有机溶剂。为克服该问题，Heron 和 Tchapla 建议使用 Teas 三角法来选择流动相组成，以便用 NARP-LC 分析 TAG 和蜡类酯（WE）[29]。使用 Teas 方法选择两种具有同等洗脱效果的流动相，其差异为使用了不同的有机改性剂，改性剂中起主导作用的部分溶解度参数不完全相同。改性剂的不同可能造成选择性不同。弱溶剂可能属于 C 族（具有强氢键和中等分散作用）或 D 族（具有强极性和中等分散作用）。强溶剂可能属于 B 族（具有中等氢键、偶极和色散相互作用）或 A 族（具有强色散相互作用）。这就解释了分析非极性脂类时的不同选择性，要使用 CH_3CN（D）-$(CH_3)_2CO$（D）混合物，而不是 CH_3CN（D）-二氯甲烷(CH_2Cl_2)（B）或 CH_3CN（D）-THF（B）（$\delta<9.5\text{cal}^{1/2}\cdot\text{cm}^{-3/2}$）。由于$(CH_3)_2CO$、$CH_2Cl_2$ 或 THF 主导的极性部分不相同（或非同样大小），部分溶质和此类溶剂之间的相互作用出现微妙差异，由此可强烈改变一些溶质对的选择性。

一般来说，无论是 PARP-LC、NARP-LC 或 NP-LC，Schoenmakers[18] 描述的所有选择性优化过程均基于该原则，与色谱模式无关。可以从固定相的角度重新思考这一概念。从接枝的硅胶基质的性质来看，总极性相同的固定相可能具有不同的部分溶解度参数，因此，极性不同的溶质（流动相组成相同），分离效果可能不同。这可以解释为什么在使用氨基（—NH_2）、氰基（—CN）或二醇接枝的硅胶基质的情况下，不同类别脂类的分离情况不同。值得注意的是，在 HILIC 模式下，流动相是 CH_3CN 和水的混合物，其中有机相占比较大。由于真正的固定相是与载体（如未加修饰的硅胶）相互作用的水，在这些条件下可以分析强极性的溶质（$\delta\approx 20\text{cal}^{1/2}\cdot\text{cm}^{-3/2}$），而在 NP-LC 中使用的任何载体都无法实现。此外，值得一提的是近期研发了多种复合键合固定相，涵盖纯硅胶和 C_{18} 键合硅胶之间很大的极性范围。中等极性的溶质（$10\text{cal}^{1/2}\cdot\text{cm}^{-3/2}<\delta<15\text{cal}^{1/2}\cdot\text{cm}^{-3/2}$）呈现出多样化的选择性。这一点将在后面的磷脂分离应用中得到印证。值得注意的是，多孔石墨化炭柱（PGC）的溶解度参数与未加修饰的合成的热解炭固定相不同，因为此类型材料的合成过程差异很大。近期研究表明，PGC 的 δ 值最接近（大约 $9.5\sim 10\text{cal}^{1/2}\cdot\text{cm}^{-3/2}$）。

从不同类别脂类的溶解度参数出发，可以更好地理解现有的溶质分离的经验法则，通过调整以适用于其他的分离。

5.2.3 关于使用 pH 调节剂进行选择性优化的说明

一般来说，脂类是对 pH 值不敏感的溶质。游离脂肪酸（FFA）和磷脂（PL）是两个典型的例外。对于这两种脂类，通常使用挥发性有机酸（甲酸、乙酸和三氟乙酸）或挥发性缓冲剂（通常是乙酸铵或甲酸，三乙胺-乙酸或三乙胺-甲酸）来调节脂类的离子化。基本原则是，任何可用于 MS 的 pH 值调节剂或缓冲剂都与 Corona CAD 兼容。据报道，部分有机离子对会增加检测池中溶质颗粒的大小，从而对 ELSD 的响应产生影响[30]。尽管在 Corona CAD 中未观察到类似影响，但研究表明，当流动相中使用不同量的乙酸铵时，信噪比发生变化[31]。

5.3 应用：脂类分离的策略

2003 年，Christie 在研究中指出[29]，“过去 40 年中，数千篇论文详细介绍了如何使用现代色谱方法对不同组织和物种的脂类结构和成分进行测定，但鲜有研究以系统的方式对这些数据进行整理和批判性比较。我曾在 1981 年尝试对反刍动物组织的脂类成分开展全面调查，但要更新或将其扩展应用到其他物种，这是一项十分艰巨的任务。”因此，我们目前的目标是，在浩如烟海的文献中选择一些典型的例子，梳理分离不同类别脂类或同一类别、不同同系物脂类的互补性液相色谱条件。关于脂类分离策略的更多详细描述，可以阅读 Christie 关于该问题的著作[29]。我们的目的是帮助读者理解使用溶解度参数理论进行脂类分离的不同方法。下面的讨论分为三个部分，分别是单个脂类的分离、脂类的分子种类（亚类）的分离和特定类别同系物的分离。

5.3.1 脂类的分离

从各种动植物组织中提取的脂类非常广泛，从非极性脂类［如蜡类酯（WE）和类胡萝卜素（PR）］到强极性脂类，如磷脂（PL），特别是磷脂酰胆碱（PC）等。生物起源不同，样品中脂类的数量也不尽相同。例如，表 5.2 总结了不同植物中 MGDG、DGDG、TAG 和 PL 等的质量百分比。注意，在“其他”类中，包括大量不同类别的非极性脂类。表 5.3 中展示了动物（大鼠）不同器官的脂类分布情况。

表 5.2　各种植物的脂类分布情况（占总脂类的质量分数）[32]

脂类	马铃薯块茎/%	苹果果实/%	大豆种子/%	三叶草叶片/%	黑麦草/%	菠菜叶绿体/%
单半乳糖二酰基甘油（MGDG）	6	1		46	39	36
二半乳糖二酰基丙三醇（DGDG）	16	5		28	29	20
磺基醌基二酰基甘油（SQDG）	1	1		4	4	5
甘油三酯（TAG）	15	5	88			
磷脂酰胆碱（PC）	26	23	4	7	10	7
磷脂酰乙醇胺（PE）	13	11	2	5	5	3
磷脂酰肌醇（PI）	6	6	2	1	2	2
磷脂酰甘油（PG）	1	1		6	7	7
其他	15	42	5	3	4	

表 5.3　大鼠组织器官的脂类分布情况（占总脂质的质量分数）[32]

脂类	心脏/%	肝脏/%	红细胞/%	血浆/%
胆固醇酯（CE）	痕量	2		16
甘油三酯（TAG）	4	7		49
胆固醇（St(C)）	4	5	30	6
甘油二酯（DAG）	1		痕量	痕量
游离脂肪酸（FFA）		痕量		2
二磷脂酰甘油（DPG）	12	5		
磷脂酰乙醇胺（PE）	33	20	21	
磷脂酰肌醇（PI）	4	4	3	
磷脂酰丝氨酸（PS）			3	
磷脂酰胆碱（PC）	39	55	32	24
神经鞘磷脂（SPH）	2	2	8	2
溶血磷脂酰胆碱（LPC）			1	1

各类别脂类的溶解度参数大多位于 7.6～19$cal^{1/2}\cdot cm^{-3/2}$。因此，只有使用梯度洗脱法，才能在单次进样中分离所有脂类。如前文所述，硅胶和极性末端修饰的烷基基质均可在溶解度参数范围内（7～20$cal^{1/2}\cdot cm^{-3/2}$）分析混合物。即在正常模式下开始分析，使用非水相的混合溶剂作为流动相，其成分组成在整个分析过程中不断发生改变，并在 HILIC 模式下完成，使用主要为有机溶剂的流动相。在这些条件下，保留顺序取决于脂类的极性，与其

极性基团直接相关。

此类分离只能使用蒸发检测器实现，例如 Corona CAD、最传统的检测器 ELSD 以及由其衍生的检测器（CNLSD）。使用上述检测器，可以通过梯度洗脱（阶梯式或连续式）实现所有溶质，包括非紫外吸收分子的检测。既使流动相组成突然或连续变化，未观察到基线干扰，而且由主要的简单脂类或磷脂类组成的样品一般都能得到充分的分离。例如，Christie[32]使用阶梯式梯度洗脱法，使用 3μm 的硅胶，在 20min 内完成了对大鼠肾脏脂类成分的分离，极性从 CE（未保留）、TAG、S、C-MonoHexoïde+二磷脂酰甘油（DPG）、PE、PI、PS 和 PC 到 SPH，基线极其稳定。对植物脂类的分离更为困难，通过对三元洗脱系统的调整，Moreau 在 50min 内实现了 SE（未保留）、TAG、St、FFA、乙酰化甾醇苷、MGDG、甾醇苷 SG、DGDG、心磷脂（CL）、PE、PG、PI 和 PC 的分离[33]。相比（ϕ）越高，分离的选择性越好。由于具有较高比表面的吸附剂具有较高的相比（ϕ），使用比面积约为 $400m^2/g$ 的硅胶可以获得最佳选择性。

流动相组成变化时，SE、TAG、FFA 和 St 的分离选择性可能随之产生巨大改变：例如，FFA 和 St 的保留顺序可能被颠倒。具体示例如下，使用三步梯度洗脱法，梯度变化如下：首先采用正己烷-二乙醚-甲酸比例为 99:1:0.05 的流动相保持 9min，然后比例调整为 80:20:0.1 后保持 9min，采用 100%的丙酮洗脱，最后使用 $CHCl_3$-CH_3OH-H_2O 的比例为 50:40:10 的流动相保持 12min。烃（HC）、蜡类酯（WE）+SE 和脂肪酸甲酯（FAME）在第一步分离；TAG、FFA、St 和 DAG 在第二步分离；丙酮洗脱的极性脂类（AMPL）和磷脂（PL）在最后一步分离[34]。

此外，有研究使用硅胶和亚临界 CH_3OH-CO_2 混合物，从角质层中分离各类别脂类。洗脱顺序为 SE、与 HC（角鲨烯）共同洗脱的 TAG、FFA、St、Cer 和糖基化的神经酰胺（CG）。Cer 可分几次洗脱，其保留随羟基的数量增加，与不饱和度或烷基链无关。通过将溶剂性质对仪器响应的影响转化为优势，蒸发检测器的 Cer 响应得到改善[35]。

另一个选择是使用聚乙烯醇（PVA）涂层的硅胶。该固定相的总溶解度参数小于硅胶，具备不同的选择性来分离不同类别的脂类。特别是，使用这种固定相时，PG 的保留弱于 PE，这与硅胶上的保留顺序相反[29,36]。与硅胶相比，这种固定相的最大优点是分离不受流动相中有机溶剂所含的痕量水影响。这类载体成功应用于反相液相色谱中。

在 NP-LC 中，当使用极性小于硅胶（如二醇、氨基或氰基等极性末端修饰的烷基键合硅胶）的固定相时，能够分离的脂类极性范围减小，这是由于流动相的总溶解度参数小于 16$cal^{1/2}\cdot cm^{-3/2}$，需要在特定的溶解度参数范围内才能获得最佳分离效果。

例如：

① 使用 CN 键合硅胶色谱柱，采用从正己烷到甲基叔丁基醚的梯度洗脱，总溶解度参数在以下范围内的脂类可实现完全分离：CE（未保留）、TAG、FFA、St、1-3DAG、1-2DAG 和 MAG（7.9～9.6$cal^{1/2}\cdot cm^{-3/2}$）[37]。

② 使用 NH_2 固定相时，对脂类分离的选择性与 CN 固定相不同。因此 FFA（$\delta\approx$8.5$cal^{1/2}\cdot cm^{-3/2}$）在 NH_2 固定相上比 MAG（$\delta\approx$10$cal^{1/2}\cdot cm^{-3/2}$）保留更强，而洗脱速度比 St（$\delta\approx$10$cal^{1/2}\cdot cm^{-3/2}$）、DAG（$\delta\approx$9$cal^{1/2}\cdot cm^{-3/2}$）和 MAG 更快。尽管根据报道，分离结果的不同是由流动相组成不同导致的，但也可能是由于主要基团溶解度参数的不同，在这两种溶解度参数不同的固定相上保留是不一样的。与 NH_2 固定相相比，CN 固定相的色散溶解度参数最高，氢键溶解度参数最低，这是氢受体或供体脂类比其他脂类在 NH_2 固定相中保留更多的原因。Rizov 和 Doulis[38]使用三种不同的固定相分离大量的不同类别脂类，证实了这一结论：

a．使用氨基键合硅胶色谱柱，在 4℃下用$(CH_3)_2CO$-$CHCl_3$ 比例为 80/20 的流动相可分离叶绿素和类胡萝卜素（PR）。

b．使用氨基键合硅胶色谱柱与硅胶色谱柱串联。以正己烷、$CHCl_3$、THF、CH_3CN、IPA、CH_3OH 组成四种流动相，改变溶剂数量和比例，如 IPA 的比例增加时正己烷的比例下降，MGDG、PE、PG 和 DGDG 顺序洗脱。

c．硅胶与弱阴离子交换固定相，如质子化的氨基键合硅胶色谱柱，使用 $CHCl_3$、CH_3CN、IPA、CH_3OH、乙酸铵水溶液（pH 8.4）组成的流动相，随着 IPA 的比例降低、乙酸铵水溶液比例增加，极性较强的脂类如 SQDG、PI、PC 相继洗脱。在该系统中，MGDG 比 PE 更易洗脱，与 DGDG 相比，PE 和 PG 的洗脱速度一致，而在硅胶上则相反。在氨基键合相上，受氢键数量的影响，MGDG、DGDG、PE 和 PC 的相互作用比在硅胶上要弱。

同样，Sandra 等通过使用氨基键合硅胶色谱柱以等度模式进行洗脱，即在超临界二氧化碳流动相中加入 2%的 CH_3OH，对极性较小的脂类进行分离[39]。在 10min 内，TAG、SE、DAG、St、MAG 和 FFA 完成分离，与硅胶、PVA 涂覆的硅胶或 CN 键合硅胶相比，保留顺序有所改变。通过在超临界二氧化碳中加入 10% CH_3OH，作者分离出了不同油类中的游离甾醇，并在二次色谱分析中进行表征。在最后一种情况下，TAG、DAG 和 SE 在第一步收集的馏分中同时洗脱。

在高极性范围内，可以使用同样的方法，对溶解度参数在 16～19$cal^{1/2} \cdot cm^{-3/2}$ 范围内的磷脂类进行分离，注意，溶血磷脂（LPL）比磷脂极性高，而 PC 是阳离子分子。对于最后一个脂类亚类，溶解度参数的概念并不适用，但可以肯定的是它们的极性高于其他磷脂，而其他磷脂都是非电解质极性脂类。

大多数使用硅胶作为固定相进行分离的过程都采用了三元梯度洗脱[32]，使用不同比例的正己烷、IPA 和水的混合物作为流动相。一般来说，起始流动相是一种烷烃与 IPA 或 THF 的混合物，有时混合少量的水，然后同时少量增加 IPA 和水的百分比。这种流动相的溶解度参数范围很难确定，因而无法准确判断可以洗脱的脂类的范围。研究结果表明，其涵盖的范围基本位于 16～23$cal^{1/2} \cdot cm^{-3/2}$。如前文所述，对于所有脂类，可以使用 PVA 涂覆的硅胶作为替代。因此，Godoy Ramos 等使用庚烷-IPA 比例为 98/2、$CHCl_3$-IPA 比例为 65/35 和 CH_3OH-水比例为 95/5 的复杂三元梯度洗脱法，全程添加 1%的乙酸和 0.08%的三乙胺，在 40min 内实现了磷脂酸（PA）、PG、CL、PI、PE、PS、溶血磷脂酰乙醇胺（LPE）、PC、SPH 和 LPC 的分离[40]。

在所有已发表的研究中，对磷脂类的分离均使用极性固定相（硅胶、PVA 涂覆的硅胶或二醇），最后的洗脱液总是含有少量的水。因此，分离开始时使用的是 NP-LC 模式，而结束时使用的是 HILIC 模式。在这些条件下，很难比较分离效果。同一或不同作者在实验中得出了不同的选择性，原因可能是所使用的流动相组成不同，或者使用的三种固定相总 δ_T、部分色散 δ_d 和氢键 δ_h 的不同。

例如，选择甘油丙基键合硅胶色谱柱，使用 $CHCl_3$ 与 CH_3OH 混合物、1%的甲酸与 pH 值为 5.3 的氨水混合物以及 0.05%三乙胺组成的三元流动相进行分离[41]。实验得出的保留顺序为 PG＜PC＜酯 pPE＜PE＜LPC＜PI＜PS，这与在 PVA 涂覆的硅胶或硅胶色谱柱上进行分离的情况相反。使用硅胶色谱柱时，因为流动相初始极性比在二醇键合硅胶上高，因此 PI 的保留弱于 PE。

一般来说，由于有机溶剂中痕量水分对其选择性的影响很小，使用二醇键合硅胶色谱柱或 PVA 涂覆的硅胶色谱柱与使用硅胶色谱柱进行分离相比有三个优势：①没有活化-失活现象；②更快的再平衡时间；③没有不可逆的吸附作用。因此，推荐使用二醇键合硅胶色谱柱或 PVA 涂覆的硅胶色谱柱代替硅胶色谱柱。

5.3.2　脂类亚类的分离

使用尺寸排阻色谱法或银色谱法，可以筛选获得不同的分子组分。该组分根据单一、明确的属性（如分子体积[42-43]或不饱和度[29,44]）可划分为不同亚类进行分离。

5.3.2.1　尺寸排阻色谱法

对于尺寸排阻色谱法，分子在固定相和流动相之间的迁移只受扩散作用的驱动。溶质的洗脱顺序完全取决于分子大小，当分子具有相同的形状时，与分子量密切相关。尺寸排阻色谱法主要应用于分析煎炸油中的极性脂类[43]。

5.3.2.2　银色谱法

尽管银色谱法能够提供目标物的结构信息，但其使用频率远低于 RP-HPLC，主要原因是与 HPLC 系统联用的技术难度高。开发一个稳定的、可重复的色谱系统一直是主要的技术瓶颈。目前主要使用两种类型的色谱柱：含有硝酸银浸渍的硅胶和基于附着在阳离子交换剂（硅胶）上银离子的色谱柱。使用阳离子交换剂固定相时银离子保留较好[45-47]。Ag-LC 系统按照不饱和度的顺序分离 TAG，即 SSS、SMS、SMM、SSD、MMM、SMD、MMD、SDD = SST、MDD = SMT、MMT、DDD = SDT、MDT、STT = DDT、MTT、DTT，最后是 TTT（其中 S 为饱和脂肪酸，M 为单一不饱和脂肪酸，D 为双不饱和脂肪酸，T 为三不饱和脂肪酸且不标明烷基链上双键的位置以及甘油分子上脂肪酸的位置等）[45-46,48-50]。如果流动相有很大的改变，该洗脱顺序可能会有稍许变化。通常还需要使用三元梯度系统和蒸发检测器。

尽管早期认为固定相是影响银色谱法的最重要因素，但在 TAG 的分离中，流动相的组成具有决定性的影响。银离子阳离子交换柱上流动相中的银离子、不饱和溶质和溶剂之间的相互作用尚未完全阐明。一些研究人员将溶质在此类色谱柱上的保留归结为与更高极性的 TAG 基团混合作用机制，涉及银离子和双键之间 π 络合物的形成，其中包括羰基氧的参与和载体中非键合极性基团的吸附[51-52]。分子相互作用方面，银离子与双键相互作用时产生诱导偶极子。分子的极性和诱导偶极强度随双键数量增加。这也是 FFA 和 TAG 的总溶解度参数 δ_T 变化的原因。当 FFA 或 TAG 结构中的双键数量增加时，δ_T 值升高。这种升高是由于部分色散溶解度参数 δ_d 带来的，原因是 Debye 相互作用的影响。从这个角度来看，银化色谱柱必须是中等极性的（$\delta \approx 9\text{cal}^{1/2} \cdot \text{cm}^{-3/2}$）。因此，通过在 $7.4 \sim 12\text{cal}^{1/2} \cdot \text{cm}^{-3/2}$ 之间的范围内调整流动相的成分，可以实现所有 FFA 或 TAG 亚类的分离。早期使用较多的是氯化溶剂与丙酮或乙腈组成的流动相进行梯度洗脱，但现在分离度稍低的庚烷-乙腈更受欢迎。

其他溶剂，诸如苯、甲苯和乙腈等与银离子竞争性发生作用，而甲醇、IPA 和丙酮可能会阻碍其与载体中非键合极性基团的相互作用[53]。当使用甲醇代替乙腈时，选择性受到了很大影响。研究表明，只有在选择甲醇而非乙腈作为有机改性剂时，使用流动相中的 Ag^+进行 TAG 分离才有效[54]。

蒸发检测器是使用银化 HPLC 分析 TAG 时效果最好的检测器，因为它们对流动相溶剂没有限制。在使用三种或以上溶剂组成的混合物进行复杂梯度洗脱时，蒸发检测器能够提供良好的稳定性和灵敏度[47,55-56]。

银离子色谱法也可以分离 FAME 与不饱和度越来越高的 FFA。由于 FFA 的总溶解度参数位于 8.1（饱和 FFA）～8.5（三不饱和 FFA）之间，选择的流动相主要是非极性的。一般来说，通过在 99.5%或 99%的己烷中添加 0.5%～1%的 CH_3CN 组成。

该色谱法也可以有效表征 FAME 几何同系物或 TAG 位置异构体。因此，有研究使用两根串联的色谱柱对反式-反式、顺式-反式和顺式-顺式异构的共轭辛二烯酸 8～10、9～11、10～12 和 11～13 进行分离[57-59]。最后，使用 $AgNO_3$ 涂覆的硅胶固定相，对 TAG（sn-1/3, sn-2）的位置异构体，如 SMS 和 SSM 进行了分离[60-61]。

5.3.3 分离特定类别的脂类同源物

除 HC 和 St 外，脂类同源物几乎均由一个或多个长链脂肪酸与不同的极性基团相连形成，例如 SE、TAG、DAG、MAG、Cer、WE、CG、MGDG、DGDG 和 PL。早期的分析技术主要基于甲酯的酯交换反应，之后使用毛细管气相-液相色谱进行分析。该技术使我们了解脂类的初级组成，这对表征脂类是必要的，但还远远不够。对脂类二级组成的了解是首要的，通常通过对一级组成的分析推导而来。各同源物由以下属性定义：

① 总碳数（CN）等于脂肪烷基链中所包含的碳原子之和。

② 脂肪酸烷基链的长度（奇数和偶数，由 2 个到近 100 个碳原子组成）。

③ 脂肪酸在极性骨架上的位置。

④ 双键的总数（DBN）。

⑤ 脂肪酸中的双键位置和构型。

⑥ 此外，还有一系列其他结构特征，包括分支点、3 元环、5 元环、6

元环或 7 元环、乙炔和异戊烯键、氧化官能团等等[1]。

众所周知，动植物中的常见脂肪酸主要由 16～22 个碳原子的偶数直链组成，具有 0～6 个顺式（Z）构型的双键。多不饱和脂肪酸一般都有亚甲基间隔的双键系统，更为罕见的是这些双键是共轭的[29]。

分离不同脂类的同源物颇具挑战性，因为它们具有类似的理化性质。要解决这个问题，首先要对待分离的同源物数量进行评估。

了解初级组成后，可以通过计算和组合分析进一步了解其他组成：

① 对于一个由 n 个脂肪酸组成的脂类，在不考虑脂肪酸残基在极性基团上的位置的情况下，可能有 N_1 个不同的 TAG，M_1 个不同的 1,2DAG、1,3DAG、PL、MGDG 和 DGDG，以及 L_1 个不同的 Cer、CG 和 WE 分子。计算公式如下：

$$N_1 = \frac{n^3 + 3n^2 + 2n}{6}$$

$$M_1 = \frac{2n^2 + 2n}{4}$$

$$L_1 = n \times n_2$$

式中，n_2 为脂肪醇（蜡）数量或碱基（SP、Cer、CG）数量。

② 若考虑到 TAG（XXY 和 XYX）和 TAG（XYZ、XZY、YXZ）或 DAG、PL、MGDG 和 DGDG（XY 和 YX）的位置异构体混合物，则异构体总数为 N_2 和 M_2。

$$N_2 = \frac{n^3 + n^2}{2}$$

$$M_2 = n^2 + n$$

③ 若考虑到包括光学异构体在内的所有异构体，则 TAG 的数量 $N_3 = n^3$。而 TAG 异构体的分离更具挑战性，见表 5.4。

如果只进行定性分析，则问题得到简化，因为特定的 TAG 数量是基于相应的 FA 残基百分比的计算得来的。在此类混合物中，FA 的分布是完全随机的，TAG 的数量可以通过以下公式（单位：%）进行计算（式中 X、Y、Z 的质量分数用 X、Y、Z 表示）：

$$N_{\text{TAG}_{\text{XXX}}} = (X \cdot X \cdot X) \times 10^{-4}$$

$$N_{\text{TAG}_{\text{XXY}}} = (X \cdot X \cdot Y) \times 3 \times 10^{-4}$$

$$N_{\text{TAG}_{\text{XYZ}}} = (X \cdot Y \cdot Z) \times 6 \times 10^{-4}$$

表 5.4 根据 FA 残基数（n）计算的 TAG 同分异构体数量

n	N_1（无位置异构）	N_2（sn1-3/sn2）	N_3（存在光学异构）
1	1	1	1
2	4	6	8
3	10	18	27
4	20	40	64
5	35	75	125
⋮	⋮	⋮	⋮
10	220	550	1000
13	455	1183	2197
15	680	1800	3375
20	1540	4200	8000

对于其他类别的脂类，每种异构体的数量都由以下公式（单位：%）得出：

$$N_{\text{lipid}_{\text{XX}}} = \left(X \cdot X\right) \times 10^{-2}$$

$$N_{\text{lipid}_{\text{XY}}} = \left(X \cdot Y\right) \times 2 \times 10^{-2}$$

即使计算得出的脂类同源物的百分比与实验中的脂类同源物数量不相等[62]，也可以从这些理论数据中得出一些基本结论。如果 TAG 中有 2 或 3 个含量很低（＜1%）的脂肪酸残基，那么该 TAG 的量就会很少。如果 TAG 是生物合成的，它在油中的含量将会低于标准仪器的检测限。如前所述，对含有 2 个脂肪酸残基的 1,2DAG、1,3DAG、PL、MGDG、DGDG、Cer 和 CG（或类比 WE），当脂肪酸含量很低时，该结论同样适用。

从实际操作的层面来看，需要分离和定性的同源物数量实际上远低于总数 N_1（或 M_1 或 L_1），后者是根据脂肪酸残基 n 的初级组成计算出来的，与它们的相对数量无关。

同源物可以通过实验进行检测、分离和鉴别，这并不复杂，其最大预估数量可以使用脂肪酸残基之间的鉴别标准来推断。将脂肪酸的总数 n 随机分为两组：

第一组，脂肪酸含量多，即脂肪酸百分比高于 1%（n'）。

第二组，脂肪酸含量少，即脂肪酸百分比在 0.1%～1%之间（n''）。

两本专著[60-61]对植物油的研究结果进行了汇编，将值划分为以下两个范围：$4 < n' < 9$，$2 < n'' < 8$。对于动物脂肪：$8 < n' < 14$，$10 < n'' < 20$[63]。

例如，使用该方法计算 n=13 个脂肪酸残基的典型植物油，结果见表 5.5。

从统计学上看，相对量≥0.1%的 TAG 有 67 个（13+54），其中只有 13 个大于等于 1%（表 5.5，第一行）。

表 5.5　植物油中需分离 TAG 数量的实例

TAG统计数量				
TAG 含量（x）	总量	第一组中含有脂肪酸的数量	第二组中含有 1 个脂肪酸的数量	第二组中含有 2 个脂肪酸的数量
$x \geq 1\%$	13	13	0	0
$0.1\% \leq x < 1\%$	54	38	16	0

因此，可以看出，分析面临的主要挑战是对 70～80 之间的 TAG 进行分离，而不是通过简单的统计计算得到 TAG 的总量 N_1。

根据蜡（WE）的脂肪酸组成进行同样的计算[60,62,64]，得出 $M_1 = 108$，但如果只针对含量较多的脂肪酸和醇类，挑战仅为 16 种同源物的分离。

对于 Cer，n 的最大值为 10，n_2 等于 16[63,65-69]。结合它们的初级组成，平均值约为 $n = 4$，$n_2 = 4$[70]。对于蜡来说，分离的挑战减小到大约 16 种同系物。近期，在不涉及相对数量的前提下，有研究对皮肤提取物中的 Cer 结构的多样性进行了调查。实验检测出约 236 个 Cer 峰，每个峰代表 2～8 个具有不同链结构的 Cer 化合物。使用 LC-QTOF-MS 技术在人类皮肤中发现了超过 1000 个不同的 Cer，重复性良好[71]。

每个动植物组织都由其独特的脂肪酸组成。对文献的不完全调查显示，MGDG、DGDG 和 PL 的典型初级组成包括一组 7 种饱和/不饱和/多不饱和的 C_{16} 和 C_{18} 脂肪酸，其中 2～3 种的数量远高于其他的成分[64]。需要分离的同系物最大数量约为 50 个，其中约 10 个为主要成分。

综上，在分析不同类别的脂类同源物（动物脂肪的 TAG 除外）时，主要挑战是找到一个能够分离最多 90 个峰的色谱系统。

这与当前使用的色谱系统完全一致。Giddings 提出了峰容量的概念[72-73]，为该领域的研究提供了思路。

等度模式下，可分离组分的总数（N）的计算公式为：

$$N = 1 + \frac{\sqrt{N_{\text{last peak}}}}{4} \ln(1 + k_{\text{last peak}}) \tag{5.14}$$

式中，$k_{\text{last peak}}$ 是保留因子；$N_{\text{last peak}}$ 是最后一个洗脱峰的理论塔板数。

梯度模式下，$N = \Delta t_r / (0.93\omega_{0.1})$，其中 $\omega_{0.1}$ 是 10%峰高的平均峰宽；Δt_r 是保留时间 t_r 的变化范围（第一个洗脱峰的保留时间差）。

例如，等度 RP-LC 中，使用 25cm×4.6mm×5μm（$L_c \times d_c \times d_p$）的色谱柱，$N$=88。因此，常规尺寸的高效液相色谱柱适用于解决大部分脂类的同源物的分离问题，前提是使用选择性好的固定相-流动相组合来分离同分异构体。

5.3.4 反相色谱法中的脂类分离

首先近似来看，同源脂肪酸组成部分属于同系物，其色谱分离原理不难理解。

根据同系物系列通用的溶解度参数理论，当碳原子数 n_C 增加时，同系物的总溶解度参数 δ 趋于一个恒定的极限数值。根据式（5.8），可以解释为什么在 RP-LC 中，同系物的保留呈如下规律：实验中 $\lg k_A$ 与 $\tilde{V}$ 成正比，而当 n_C 高于 6 时，则与 n_C 成正比。

RP-LC 是分离同系物的首选方法。根据脂类的极性及其在极性溶剂中溶解度的不同，有两种主要的 RP-LC 方法用于同系物的分离：NARP-LC 用于非极性脂类（$\delta<10\text{cal}^{1/2}\cdot\text{cm}^{-3/2}$），PARP-LC 用于极性脂类（$\delta>13\text{cal}^{1/2}\cdot\text{cm}^{-3/2}$）。

疏溶剂理论使我们基于脂类同系物的结构，对其在 RP-LC 中的行为有了更好的理解[4]。

$$\ln k=\ln\frac{V}{V_M}+\frac{1}{RT}\left[w_s+\Delta A(a_s+N\gamma)+NAs\gamma(\chi^e-1)-\frac{\Delta Z}{\varepsilon}\right]+\ln\frac{RT}{p_0V_S} \qquad (5.15)$$

根据该式，溶质的保留与流动相的介电常数 ε 负相关，与流动相的表面张力 γ 和增加的溶质大小（特别是烃的体积）正相关。然而，当溶质的烃体积较大时，会导致一个普遍的色谱问题。事实上，当溶质的烃体积大时，保留会更强。同时，其在水-有机混合物中的溶解度较低。更确切地说，影响保留的主要因素是溶质和固定相之间的接触面积 ΔA（疏溶剂理论），或流动相和固定相中产生的空腔体积［与 V 有关（分配理论）］。多项研究通过对大量同系物，特别是 TAG 的实验证实了这一点[74-75]。实验条件应满足较小的接触面积或较小的分配比，以优化色谱条件，避免保留因子过高。

方案一，使用短链烷基的固定相来降低 ΔA 值，以获得更高的 γ 值。若溶质可溶于含水混合物，该方法适用，若溶质疏水性强（δ 值低，V 值高），则不适用。

方案二，仍使用长烷基链键合相（C_{18}、C_{22} 或 C_{30}），此时 ΔA 最高，但使用 γ 和 ε 值较小的流动相，化合物溶解得更多。这样一来，化合物与流动相的亲和力加强，从而降低保留因子。然而，这对选择性是不利的，会损失分离度。为了弥补这种影响，必须使用高相比 V_S/V_M（即使用高密键合硅胶作为固定相）的柱子，通过增加保留因子提高分离度。使用有机溶剂混合物或亚临界流体混合物，如 M.NARP-LC 和反相亚临界流体色谱法（RP-SbFC）通常使用两种以上溶剂，即“弱溶剂”和“强溶剂”。“弱溶剂”具有中高范围的总溶解度参数、中等介电常数（$\varepsilon>30$）和表面张力（$\gamma>30$），溶质不易溶解；“强溶剂”具有较低的总溶解度参数、介电常数、表面张力，溶质易溶解。

CH_3CN、CH_3OH 和丙腈是使用最广泛的“弱”溶剂[76-77]。CH_3CN 和丙腈与双键 π 电子相互作用，对不饱和化合物的影响更强。TAG 分离中使用的“强”溶剂（或改性剂）按强度排列如下：$CHCl_3$、THF、CH_2Cl_2、IPA 和$(CH_3)_2CO$[76]。在 RP-SbFC 和反相超临界流体色谱法（RP-SFC）中，二氧化碳是强溶剂[78]，与弱溶剂混合物或弱溶剂和强溶剂混合物混合使用[79]。

针对每种饱和溶质，Heron 和 Tchapla[75]建立了 lg*k* 与流动相组成曲线以及表面张力与流动相组成曲线的相关性。结果表明，由于溶剂的表面张力，添加 CH_3CN 会增强保留[74,76]。对 lg*k* 与强溶剂百分比的研究表明，随着强溶剂百分比的增加，保留变弱[54,74-75]。强溶剂的主要作用是改变固定相的几何结构表面和增加溶质的溶解度。当 TAG 含有双键时，在 RP-LC 模式下的保留时间比预期的要短，与流动相的有机成分和水/有机混合组成的性质无关[54,74,80]。这些研究证明了 TAG 的 π 电子与流动相中 CH_3CN 的 π 电子之间的特定的 π-π 相互作用。此外，饱和与不饱和 TAG 之间的色谱选择性随流动相中 CH_3CN 的含量改变，而且在使用烷基键合硅胶或结构中含有 π 电子的固定相时，选择性也是不同的[54,74]。

基于亚甲基的选择性梯度，建立了溶剂洗脱强度表，为非水流动相组成的选择提供参考[81-82]。然而，对于给定的二元或三元流动相，进一步研究表明，洗脱强度既取决于烷基链的长度，又取决于硅胶上键合接枝的性质[83]、固定相的性质（例如使用 PGC 代替烷基键合硅胶）[84-86]、实验温度（例如 NARP-LC[87-88]和 RP-SbFC[89-90]）等。因此，使用 C_{18} 键合硅胶对 CH_3CN 与 THF、CH_2Cl_2、$(CH_3)_2CO$、$CHCl_3$、乙酸乙酯❶以及 MTBE、IPA、丁醇和 TTE 的混合物的洗脱强度进行了测定。

大多数 RP-HPLC 对 TAG 的分析都是在环境温度下进行的。然而，多个实验表明，柱温的变化会引起色谱分离度的变化[91-95]。高温和低温下的分子保留机理并不相同[74]。这两种机理并不独立，可以通过温度的调节相互转化。结果显示，柱温升高时，TAG 的保留时间和选择性降低，尤其是对于具有相同分配数（PN）的 TAG 对[96]。此外，可以通过 TAG 的保留因子和选择性因子的对数与柱温函数之间的线性关系描述这种变化[97-99]。因此，从大豆油中分离 TAG 的最佳温度条件如下：使用 Brownlee C18 柱，

❶ 见文献[83]第 97 页。

CH_3CN-CH_2Cl_2（68/32）时是 21℃；使用 Waters ACQUITY UPLC BEH C18 柱，CH_3CN-BuOH（74/26）时是 25℃；使用 Chromegabond C22 色谱柱，CH_3CN-CH_2Cl_2（60/40）时是 12.6℃。尽管低温条件下可以更好地分离 TAG，但饱和度最高的 TAG 可能会从流动相中析出，因此许多研究倾向于将工作温度设置为不低于 30℃[100]。此外，Singleton 和 Pattee[94]指出，理论塔板数随温度升高而增加，极大地提高了饱和度高的 TAG 的洗脱效率，并形成了一系列分离度良好的色谱峰[93,96]。柱温的选择通常需要兼顾饱和度高的 TAG 的溶解度，以及相同 PN 关键对的选择性。

此外，研究证明，当实验温度从 50℃升至 150℃时，用弱羟基化溶剂替代弱氯化溶剂（由 1-丁醇替代 $CHCl_3$ 或由 1-丙醇替代 CH_2Cl_2），在改变温度时可保持洗脱强度不变[87]，因而能够使用高温 LC（HT-LC）对脂类进行绿色分析。基于上述研究结果，优化脂类分析的实验条件，同时根据待测脂类的特性选择色谱类型（NARP-LC 或 RP-SbFC）[79]。

有报道在不同的固定相（C_{18}、C_{22}、1-苯基丙基、混合 C_{18}-CN 键合硅，PSDVB）上，使用非水二元和三元流动相，对大量饱和与不饱和长链 TAG（$n_C>14$）的保留进行了系统研究[76]。通过实验确定了用于分析脂肪和油的 TAG 以及蜡类酯（WE）最佳的简单条件[101]。使用综合优化标准来判断完整色谱图的质量，作者提出使用能够分离聚合物的色谱柱和二元等度流动相（CH_2Cl_2-CH_3CN，32/68）。这一设想后来在使用 NARP-LC 进行计算机优化后得到了证实，在比较 CH_3CN 与 CH_2Cl_2、丙酮或乙酸乙酯的强洗脱流动相时，比较了四种梯度运行来分析流动相的最佳组成[102]。最近，有报道提出一个最佳条件的替代方案，即使用二元等度的流动相（BuOH-CH_3CN，26/74）与超高效液相色谱（UHPLC）C_{18} 键合杂化硅胶[88]。

Podlaha 和 Töregård[103]用丙腈代替 CH_3CN，在最短的分析时间内获得了最佳分离度。对于脂肪分析，当主要脂肪酸在 6～14 范围内时，必须调整其等度流动相的组成混合物为最佳流动相组成[98]。

Hierro 等[104]认为，使用单一 C_{18} 键合硅胶色谱柱和 CH_3CN-CH_3COCH_3 作为流动相进行梯度洗脱能更好地溶解短链和中链 TAG。实验证实，流速梯度[105]和温度梯度[92]对 NARP-LC 中饱和度高的 TAG 的分离非常有效。针对不同系列的同系物，在 NARP-LC 中对 TAG 同系物的保留机理进行了比较[82,106]。实验表明，在给定的临界碳原子数下，$\lg k$ 与溶质碳原子数的关系呈现不连续性，这是由固定相的键合链长度特征决定的[15]，并受实验温度的影响[107]。在 NARP-LC[108]以及 RP-SbFC[109]中，短链 TAG 的选择性优于长链 TAG。当溶质的链长小于固定相的链长时，具有不饱和反式脂肪酸残基的脂类在实验中比其顺式异构体更容易保留，这可以通过溶质和固定相的烃之间密切接触的相互作用分子模型解释[59]。与顺式异构体相比，反式异构体的碳氢链更长，因此 FA 烯烃链和固定相的烷基链之间的接触可能最为密切。对于相同的链长，反式异构体比顺式异构体保留更强。这也就是为什么在实验中发现两个或三个顺式双键对保留强度的影响不等于一个顺式双键的两倍或三倍[54,82]。

本书有两个章节总结了使用 RP-LC 分离油中 TAG 的机制[98]。

针对使用 NARP-LC，选择 C_{18} 键合硅胶和 PGC 色谱柱分离神经酰胺和鞘脂的机制也进行了相关研究[70,110-111]。当改变流动相组成时，植物鞘氨醇和鞘氨醇在 PGC 上的洗脱顺序颠倒，这是由线性溶解能关系造成的。因此，这不仅取决于弱溶剂的性质，也取决于强溶剂的性质[111]。

推而广之，我们认为从不同结构的 TAG 和 Cer 的分析中推导出的结论对其他类别的脂类也是适用的。

5.3.5　反相超/亚临界流体色谱中的脂类分离

另一种分离 TAG 的方法是反相超临界流体色谱（RP-SFC）法或反相亚临界流体色谱（RP-SbFC）法。与 NARP-LC 相比，该方法通过调整温度和压力条件优化选择性，能够很好地将一些在 NARP-LC 中难以分离的 TAG 对分开[78,90,112]。然而，使用该方法，也会导致部分 TAG 对难以分离。通过使用改性剂，可以避免使用密度和温度变化进行洗脱梯度，强化部分物质的分离性能。关于优化 RP-SbFC 中的脂类分离，有研究得到了有趣的结论：当在体积分数为 0～40%的超临界二氧化碳中加入高介电常数（$\varepsilon>30$）的有机改性剂时，高分子量化合物，特别是脂类的保留逐渐减少，然后在通过最低点后开始逐步回升。这种曲线的曲率并不强。因此，对于含量为 0～40%的改性剂来说，溶质的保留变化不大。因而可以定义一个等洗脱强度区，在该区域内，溶质的保留因子趋近于恒定。在 RP-SbFC 中，色谱效率不会随着改性剂的添加发生大幅变化，因此，对于该区域中的分离，主要的影响因素是选择性的变化。通过绘制选择性窗口图，可在最短的分析时间内实现最佳分离的有机改性剂的百分比。在研究脂类在 5～72℃之间的保留情况时，同样的概念也适用于低浓度水平的有机改性剂（≤10%）。压力对分离的影响几乎可以忽略不计。因此，当改变有机改性剂的浓度和分析温度时，能够在保持分析时间不变的情况下调整未分开化合物之间的分离选择性。这一方法被成功地应用于优化使用 C_{18} 键合硅胶色谱柱进行 TAG 分离的条件。这些方法及效应原理也可用于分离如脂肪等复杂混合物。分离后的组分可进行定性分析或在选择性更好的色谱条件下进一步分析。

因此，与 C_{18} 链相比，C_{16} 链的特殊保留行为使这种分离成为可能。最后，由于超临界或亚临界流体的黏度较低，可以使用多种色谱柱来增加理论塔板数，从而提高分离质量。选择最大数值（7）使进口压力保持在 35MPa 以下。与 NARP-LC 相比，RP-SbFC 的优势之一是对长饱和链的脂类的分析能力更佳。相反，NARP-LC 对具有相同碳总数和相同双键总数的异构体脂类以及仅在构成 FA 残基的双键位置不同的异构体脂类的分离更有效。从这个角度来看，NARP-LC、RP-SFC、RP-SbFC 是分析 TAG 的互补技术[79,112]。

类似研究开发了一种用于 Cer 分析的 RP-SbFC 方法。即使用五根串联的 C_{18} 键合硅胶色谱柱，在两条链的 CN 分布显著不同的情况下，分离具有相同总碳数且含有不饱和 FA 残基的 Cer[35]。

最后，针对 RP-SbFC 中蜡（WE）的行为也有相关研究开展。该报道中只使用了一根 C_{18} 键合硅胶色谱柱。当两条链的 CN 在酯功能上的分布颠倒时，并未实现酯的分离[113]。

5.3.6 多模式色谱系统

尽管使用单维色谱技术通常可以提供脂类基质的有用信息，但通过结合两个具有不同选择性的独立分离步骤，可以实现对这些样品更全面的分析，如 Ag-LC/NARP-LC[46]。关于多模式色谱串联系统的应用已有多篇报道[114-120]。Sandra 等[120]开发了一个自动化的在线全二维 RP-SFC×Ag-SFC 系统，第一维和第二维分别使用十八烷基键合硅胶和银载固定相，实现了 NP-SFC×RP-LC 系统的搭建。该系统通过全二维配置正相 SFC 和 RP-LC 来进行 TAG 的分离，是具有可行性的替代方案[121]。最近，有研究通过离线超临界流体色谱法与 RP-LC 联用，对鱼油中的 TAG 进行了分离[122]。多维色谱法最常见的用途是在离线模式下对复杂基质进行预处理。

如前所述，二维分离基于高效的分离系统（固定相/流动相），在不同维度上的选择性具有明显差异。选择性差异越大，系统的正交性越强。有时，也会发现具有相同选择性的反相固定相的组合效率最好。例如，从等度 TAG 选择性测试结果的研究（对来自大豆和黑醋栗种子油的所有 TAG 进行了测试）中可知，Synergy Max 和 COSMOSIL Cholester 固定相联用效果最好[123]。

不出所料，这两个固定相上的总体保留具有相关性，但如果只选择具有相同等效碳数（ECN）的 TAG，则能在 ECN 范围（36～54）观察到高效的正交分离，这使得 TAG 异构体的表征变得非常容易（见图 5.3）。

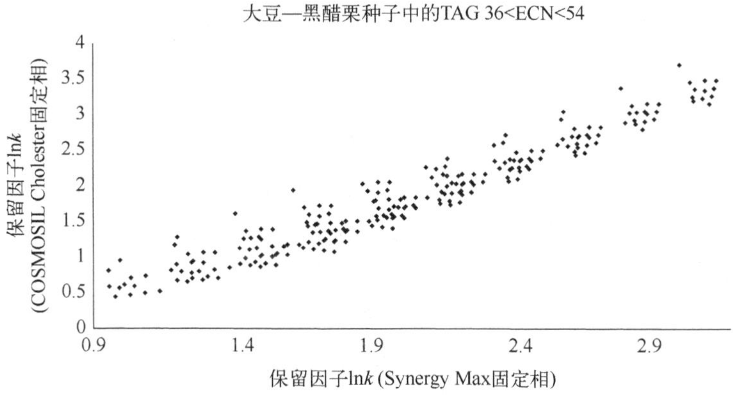

图 5.3 TAG 在 2 个互补反相固定相上的保留值

5.3.7 分子种类的鉴定

在使用 RP-HPLC、RP-SbFC 和 RP-SFC 法对脂类样品进行分析时，最具挑战性的研究领域之一是识别色谱图上峰值中的分子种类（脂类的同源物）。

即使有了质谱联用，常用的定性方法仍是在相同色谱条件下与标准品进行对比。然而，与天然脂类样品中的同系物种类的总数相比，可用纯品标准品数量非常少，难以满足需求。为了克服这一限制，可以用另一种已知成分的脂肪（如标准混合物）作为未知脂肪的参考。该方法被成功地应用于油类 TAG 的定性[124]。

第二种定性方式是使用 RP-LC、RP-SbFC 和 RP-SFC 保留法。此类方法首先应用于 TAG，但随着它的应用越来越普遍，后来也用于其他类别的脂类，如 Cer、PL 和蜡类酯（WE）。在本文中主要以 TAG 为例。

在 NARP-LC 中，有研究建议使用公式计算来预测 TAG 混合物的组成。Wada 等[48]首先建立了“PN 参数”来描述 TAG 分子。计算公式为 PN = CN−2DBN，其中 CN 是总碳数，DBN 是构成 TAG 分子的 FA 中双键的数量[49,76,125-126]。结果表明，在反相色谱柱上，TAG 的洗脱顺序为 PN 从少到多的顺序，从而可以预测洗脱顺序。该方法在亚临界流体色谱法（SbFC）[127]

以及使用 RPLC 分析 Cer[70]和 PL[128-129]时均可适用。此外，尽管保留顺序是按照 PN 排序的，研究还对具有相同 PN 的 TAG 和 Cer 在 RP-SbFC 中的具体行为进行了描述。在 RP-SbFC 中，保留量随 DBN 增加，而在 NARP-LC 中则是相反的[127,130]。

在 RP-SbFC 中，利用与 TAG 结构和亚临界流动相性质相关的保留行为的差异，建立了一种实用的 TAG 预先定性的方法。这些保留差异以保留因子比率表示，由出口压力（8～12MPa）或改性剂百分比（7%～8%）或温度（16～20℃）的微小变化产生。在不产生保留顺序倒置的情况下，能够观察到保留的显著变化。由此可以得出标准品和未知成分 TAG 的保留系数与保留系数的对数之比之间的关系图。在该图中，具有相同 CN 的 TAG 均落在同一条线上，具有相同 PN 值的 TAG 落在另一条线上。通过两条线的截距，可以定性未知的 TAG。无论柱子的老化程度如何，该方法均可以测定 CN 和 DBN。在众多的结构可能性中，这两个指标将结构假设缩小到 3 种或 4 种可能性，有时可以缩小到 1 种可能性[90]。

困难一，分离由 FA 组成的同源物混合物，即 PN 值相同的化合物，其链长和不饱和度的差异很小。尽管使用串联的粒径为 3μm 或更小的 C_{18} 色谱柱和含有适当的有机改性剂的洗脱梯度可以提高分离效率，但仍存在分辨不清甚至无法分辨的同系源对和组，特别是在天然脂肪（如牛奶脂肪和鱼油）的 TAG 的高度复杂的混合物中[92,131]。

困难二，同时分析分子结构显著差异的同系物，即具有不同不饱和度的短链、中链和长链同源物，其 PN 值的范围很广。问题在于同时实现弱保留同源物的良好分离和强保留同源物的合理分析时间与窄的色谱带洗脱。换句话说，问题在于如何建立高效的色谱体系[91]。

困难三，在色谱柱出口处对同系物进行检测。针对这种情况，需要开发新的系统，如带电气溶胶、多种型号光散射检测器以及 HPLC-MS 联用。即使在使用蒸发检测器时出现的是尖锐且明显的峰，实际上也可能包含多种成分。

随着在线高分离度色谱柱的发展，无论是否联用，PN 值都仅在色谱图中定义了一个区域，在这个区域中可以区分出几个关键对。事实上，后来发现，根据双键的数量和位置以及链的长度，该系数对所有的酸类残基都接近但不等于 2。确切地说，它不是恒定的，而是随着双键数量的增加和 CN 的减少而减少的[59,132-135]。因此，利用现有的有效固定相，可以很容易地分离出大量具有相同 PN 的 TAG。例如，OOO、OOP、OPP 和 PPP（具有相同的 PN）等。另外，诸如 LLL-OLLn（具有相同的 PN、CN 和 DBN）等的分离也已经实现[37,101]。经过色谱优化，最难分离和最相似的结构对（PN、CN 和 DBN 相同，但在同一碳氢链上的位置不同）也得到了解决，从而能够将具有 Δ^6 或 Δ^5FA 而不是 Δ^9FA 的 TAG 分离[80,133,136]，实现了两个双键为反式构型而非顺式构型的 FA 的分离[101]。将 RP-LC 与蒸发检测器和 MS 检测器联用，可以提供复杂混合物（如 TAG）的同系物结构方面不可或缺的信息，如文献[137-138]中的报道。Lisa 等还报道了Δ^5-UPIFAs 中不同位置的双键对 TAG 保留行为的影响[139]。在最近的研究中，报道了对罕见的 TAG 同系物的定性研究。研究涉及在其结构中拥有奇数 FA 残基的 TAG（十七烷酸和壬烷酸），特别是在对考古物品上可能发现的有机残基进行分析时[140]，以及具有支链奇数 FA 残基或罕见的多不饱和 FA 残基的 TAG: C_{20}/1（Z11）、C_{20}/2（Z5，Z11）、C_{20}/3（Z5，Z11，Z14）[138]。Holcapek 等报道了在其他领域多种 TAG 的定性研究，包括含有十七烷酸（C_{17}:0）和十七碳烯酸（C_{17}:1）的 TAG[141]。

也有研究分离了双键在链上位置不同的 FA 的 PL 同系物[142]。

Goiffon 等[143-144]提出了一种基于 TAG 对三油酰甘油酯的选择性（α）的有效方法。在等度洗脱模式下，不仅 TAG 的双键数（DBN）与 $\lg\alpha$ 之间存在线性关系，而且 TAG 的总 CN 与 $\lg\alpha$ 之间也存在线性关系。在梯度洗脱模式下，当绘制 α 与 DBN 和 α 与 CN 的关系图时，也是适用的。使用该方法，Goiffon 等实现了对短链、常见 TAG 的定性，Perrin 和 Naudet[145]确定了 120 种 TAG 的洗脱顺序，Stolyhwo 等[106]实现了对高分子量 TAG 的定性，Acheampong 等实现了 TAG 异构体的定性，其构成的 FA 残基是双键位置异构体（Δ^5、Δ^7、Δ^{11}）和构造异构体（反式和线性饱和 FA），并完成了对 58 种新 TAG 的明确定性[138]。在精确表征等位 TAG 方面，MS 效率较低；因此，针对这种情况，Tamba-Sompila 等[137]提出了一种 TAG 定性方法，主要包含了多不饱和位置异构体和 FA C_{18}:3 构型。

Podlaha 和 Töregård[146]开发了另一个方法，根据 ECN 来鉴定 TAG。这里 TAG 是指样品中具有相同保留时间的饱和 TAG。在 CN 与 ECN 的关系图中，不同的非饱和 TAG 对应的直线是平行的。因而可以进行理论性预测，并已成为定性 TAG 的一个有用工具。Herslöf 等[147]根据相对保留时间和 CN 之间的实验线性关系，推算了不饱和 TAG 的理论 ECN。根据 $\lg\alpha$ 与 DBN 图和 CN 与 ECN 图的线性关系，预测复杂油类中不同 TAG 的结构[148]。例如，使用该方法对花生中的 84 种 TAG 进行定性。之后，应用同样的方法，使用 RP-LC，根据 PL 骨架上第 1 位的 FA 的 ECN 实现了磷脂（PL）分子种类的定性[142]，以及使用 NARP-LC 对 Cer 同系物进行定性[70]。此外，通过 CN 与 DBN 的直线平行线，可以得出同系物子类的保留顺序。根据最近的研究，TAG 的保留行为如下：000＞001＞002＞011＞003(Δ^5)＞003＞012＞0b12＞111＞013(Δ^5)＞013(Δ^9)＞0b13＞112(Δ^5)＞022＞112＞023(Δ^5)＞023＞113(Δ^5)＞122(Δ^5)＞122＞03(Δ^5)3(Δ^5)＞033(Δ^5)＞033＞123(Δ^{11})＞123(Δ^5)＞222(Δ^5)＞123＞222＞22(Δ^5)3(Δ^5)＞223(Δ^5)＞133＞223＞23(Δ^5)3(Δ^5)＞233(Δ^5)＞3(Δ^5)3(Δ^5)3(Δ^5)＞333，这比之前的研究结果覆盖面更广，新增了 FA 的双键位置异构体[146,148]，其中数字表示 TAG 分子中每个 FA 的双键数量。实验证实了以前关于 TAG 和 FA 的研究结果，即三个双键对保留的影响不是单一双键影响的 3 倍[54,149]。此外，烷基链上双键的位置同样产生影响。研究还给出了 Cer 结构和磷脂的行为：D20＞S20＞P20＞D18＞S18＞P18＞D16＞S16＞P16[74] 和 C_{18}:(1n−9)＞C_{20}:(3n−9)＞C_{20}:(3n−6)＞C_{22}:(5n−6)＞C_{22}:(5n−3)＞C_{18}:(2n−6)＞C_{20}:4＞C_{22}:6＞C_{16}:1＞C_{18}:(3n−3)＞C_{20}:5[150]。

当脂肪中含有大量不同 FA 时，由于同系物的数量过多，预测过程会变得非常复杂。因此，作为 ECN 预测过程的第二部分，有研究人员提出可应用 Takahashi 等[151]提出的等式，并开发了一个矩阵模型，其中，变量是与甘油分子发生酯化的 FA 的 CN 和 DBN。尽管如此，当 ECN 相同或相似时，TAG 的定性仍颇具挑战性。

5.3.7.1 同源物的鉴定方法

无论使用何种色谱技术，鉴定各类别脂类同源物的方法一般都遵循三个步骤：

①确定（FA）组分[152]。

② 在相同的色谱条件下，与标准品对比进行鉴定。然而，与潜在的同系物数量相比，纯品的数量少得多，并不能一一对应。为了克服这些限制，可以用另一种已知成分的脂肪（如标准混合物）来补充未知脂肪[80]。但即使采用这两种方法，仍有许多同系物无法被识别。

③ 使用 lg$k$ 与 CN、lg$k$ 与 PN 以及 lg$k$ 与 DBN 的关系图进行预测。

单独使用上述三种方法中的任何一种都无法鉴定所有的同系物，因为它们在油脂中的数量很大，而且并不总是能很好地分离，尤其是结构相似的同系物（相同的 CN、PN、DBN），它们的保留因子（或梯度保留时间）可能非常接近。这些方法必须相互补充，确保实现完整和明确的表征。

5.4 文献综述：Corona CAD 在脂类分析中的早期应用

如前所述，脂类是细胞的基本成分，发挥重要作用。由于脂类广泛存在于动植物中，本文献综述着重关注生物科学和食品化学领域。鉴于其具体理化性质及其生物重要性，脂类还广泛应用于制药行业中，本章也就这一领域进行介绍。

多年来，大多数脂类均采用适用于非挥发性分析物的检测器（如 ELSD 或 MS）进行 HPLC 分析。自从 Corona CAD 问世以来，许多论文开始关注这三种气溶胶检测器的性能比较。

5.4.1　生物科学

Merle 等[153]开展了角质层脂类的分析工作。皮肤具有屏障功能，可随脂类成分的变化而改变。研究人员开发了一种新的、简单的 NP-LC 定量方法，通过与 Corona CAD 或 ELSD 联用，实现了角质层中的三个主要脂类的分离：脂肪酸、神经酰胺和胆固醇（St）。研究指出，与 ELSD 相比，Corona CAD 有多个优点，如良好的重复性、准确性和精确性，并能够分析低浓度。该方法被成功地应用于分析刮下来的人类表层角质层脂类提取物。

也有其他报道涉及神经酰胺的检测，特别是关于神经脂类的研究[154]。结果表明，使用梯度洗脱 HPLC 与 Corona CAD 联用，可以实现对 Cer 的分析。同样，研究证明，Corona CAD 可用于检测和评估非挥发性脂肪酸的纯度，这对一些研究脂肪酸对大脑功能和发育的影响的工作具有重要价值。

Corona CAD 还可应用于 PL 的分析研究[40,155-157]。Godoy Ramos 等[40]比较了 Corona CAD 与 ELSD 在 NP-LC 中用梯度法分析利什曼菌膜 PL 类的性能。尽管两种检测器的响应都可以被拟合为幂函数，但在特定质量范围内（30ng～20μg），Corona CAD 的响应可以用线性模型来描述。同时发现，Corona CAD 在低质量范围内比 ELSD 更灵敏。使用 Corona CAD，检测限为 15～249ng，定量限为 45～707ng，而使用 ELSD，数值要高 3 倍以上。最后，由于在低浓度水平可以更好地检测 PL，在利什曼菌培养物检测时，使用 Corona CAD 所得的色谱图比 ELSD 信息更加丰富。

Moreau 开发了一种方法，用 HPLC-Corona CAD 定量分析植物材料提取物中的 GL 和 PL[155]。使用该系统，检测限为 25ng，研究了 25ng～10μg 区间内质量与峰面积的关系。

最后，关于 PL，已有研究使用 HPLC-Corona CAD 法对 PI 的位置异构体（在真核生物中发现的一种天然 PL）进行了分析检测[156-157]。St 也是真核细胞的膜成分，在研究几种抗真菌药物的活性时，用 HPLC-Corona CAD 对其含量进行了定量[158-159]。

有文献介绍了一项关于使用 Corona CAD 测定上消化道腔内胆汁酸水平的研究[160]。腔内胆汁酸促进脂类吸收，对脂溶性维生素的充分吸收至关重要。研究人员开发了一种简单、快速的等度 HPLC-Corona CAD 方法，并通过测定人的胃和十二指肠抽出物中单个胆汁酸进行了方法验证和应用。与之前公布的 HPLC-UV 或 HPLC-ELSD 方法相比，HPLC-Corona CAD 方法有很多优点：日内精密度低（＜6%），回收率高（＞98.2%），检测限低（＜0.6μmol/L），这对于从空腹的胃或结肠采集抽吸液尤其重要。

一个日本研究团队已经证明 Corona CAD 是一个很好的替代检测 17β-雌二醇试剂中杂质的方法[161]。使用 Corona CAD 和紫外检测得出的定量结果是一致的。

5.4.2 食品化学

在动植物脂类的定量分析方面，已经建立了多种 HPLC 方法。从 20 世纪 80 年代中期开始，开发了首批使用液相色谱串接“通用”检测器如 FID、RID 和 ELSD 对脂类进行定量分析的方法。FID 和 RID 技术很快被 ELSD 技术超越，FID 的生产在 20 世纪 90 年代中期停止了[155]。在过去的 10～20 年中，已经开发了许多方法来分析脂类，目前也报道了一些使用 Corona CAD 的新应用。

第一个使用 Corona CAD 的 HPLC 方法是一种正相梯度洗脱方法，用于定量分析植物油中的主要非极性脂类成分［TAG、FFA、植物甾醇酯（SE）和游离植物甾醇（St）］[155]。

与 ELSD 类似，油酸甲酯也未能被检测；在检测器温度为 40℃时，甲酯被部分蒸发，在更高的温度下则完全蒸发。使用该 HPLC 方法，Corona CAD 的检测限约为 1ng，单次进样量与峰面积比在 1～20ng 的范围内趋近于线性。一般来说，ELSD 和 Corona CAD 的分析物质量与峰面积的关系图是非线性的，但当质量范围非常小时，可能呈线性[155]。

另一种方法是为分离 TAG 和其他非极性脂类而开发的反相方法[155]。与正相系统相比，反相系统的基线噪声更大，但未给出解释。Corona CAD 对脂类的最低检测限随不同的流动相而变化。使用主要是正己烷的溶剂，TAs、CE 和游离 St 的检测限约为 1ng，而对于 ELSD，检测限为 50～100ng。当使用正己烷为主要组分的流动相时，质量与峰面积比在 1ng～10μg 的范围内趋近于线性。与 ELSD 相比，Corona CAD 的质量与峰面积比的线性拟合度要高得多，特别是在检测下限附近。其他三种常用于 HPLC 分析的溶剂（CH_3OH、IPA 和 CH_3CN）背景噪声更高，检测限也更高。

Lisa 等[162]在 NARP-LC 的梯度模式下使用 Corona CAD 开发了一种简单的定量方法，无须校正响应因子即可用于分析植物油中复杂的天然 TAG 混合物。通过将色谱柱流出液与第二台 HPLC 泵提供的反向梯度混合进行流动相补偿，可抑制分析物对流动性组成的响应依赖性。将所建立的方法应用于定量分析葵花籽、大豆、葡萄籽、芝麻、亚麻籽、橄榄和棕榈油中的 TAG，以及主要成分为 16 和 18 个碳原子的饱和及不饱和 FA 的油制品。通过该方法计算出的脂肪酸含量与使用已知响应因子的定量 APCI-MS 方法得到的结果有很好的一致性。该方法具有良好的重复性和检测限（约 1.2ng）。与先前基于响应因子的定量方法相比，该方法无须使用 TAG 标准品，且因为它不需要校准曲线来测定相关浓度，所以分析速度更快。

最近有研究提出了一种梯度模式的 RP-LC-Corona CAD 方法，使用 TAG 作为内标，对橄榄油和含有橄榄油的食品中 TAG 进行定量分析[163]。与欧盟委员会官方采用的橄榄油中 TAG 的定性方法相比，该方法有两个优点：分析时间短和灵敏度高。此外，因为 TAG 的响应因子变幅小于 10%，因此无须进行流动相补偿。同一研究团队使用该方法，利用化学计量学工具对橄榄油和几种其他类型的植物油进行了有效分离[164]。

作者的研究团队持续开展基于 HPLC-ELSD 的脂类研究，特别是 TAG，其工作长达数年[101]，建立了一种在没有任何标准品的情况下使用 ELSD 进行定量分析的方法[165-166]。该部分内容已在本章的另一部分进行了介绍。

结果表明，该实验特性［式（5.17）］同样适用于另一类型的气溶胶检测器，即 Corona CAD[167]。此外，Corona CAD 在小的浓度范围内表现出线性响应，比 ELSD 的线性响应高 10 倍。CAD 在低浓度分析中展现出更好的灵敏度，而 ELSD 的灵敏度在高浓度时更好。

Saberi 等针对二酰基甘油（DAG）开展了研究。DAG 是一种天然成分，存在于多种脂肪和油中。该成分定义了棕榈基 DAG 油的理化性质，使其区分于其他的棕榈基油[168]，并广泛应用于制备耐储藏的人造黄油[169]。同一团队还研究了这些棕榈油与棕榈 DAG 混合后的结晶行为和动力学[170]。

上述三篇文章[168-170]中，MAG 和 DAG 的组成分析都是通过 HPLC-Corona

CAD 方法测定的。

脂类氧化过程是导致肉类质量下降的主要原因之一。因此，Cascone 等开发了一个模型系统来监测肉类 PL 成分的变化，该成分极易氧化。对脂类的检测证明，Corona CAD 是一种良好的补充技术[171]。

有研究对荧光检测器和 CAD 检测器在维生素（生育酚和生育三烯酚）检测方面的性能进行了比较[155]。实验条件下，尽管 Corona CAD 具有更优的检测限，荧光检测仍然是定量分析此类化合物的 HPLC 检测方法的首选。

最后，有研究开发了一种 HPLC 与 Corona CAD 联用的方法，用于分析银杏叶提取物中的萜类内酯。该方法具有良好的线性拟合度和检测限[172]。

5.4.3 药学

5.4.3.1 乳剂

乳剂是含有混悬 FA 液滴的液体。乳剂能够在制药和疫苗中广泛应用得益于以下几个原因。药物研发中面临的一个共同挑战是如何克服药物的不溶性或不稳定性，以提高活性化合物的生物利用率。乳剂可以帮助亲脂性药物增溶，并通过促进与疏水性油相的结合来减少水溶液的不稳定性；此外，乳剂还能使药物从制剂中缓慢释放。由于乳剂本质上是颗粒状的，其生物停留时间更长，相比水剂可以更有效地被清除细胞吞噬。因此，乳剂可增加细胞对药物或疫苗的摄取[173]。

角鲨烯是一种线性三萜类化合物，广泛用作药物和疫苗递送的肠外脂肪乳的主要成分。角鲨烯及其氢化形式角鲨烷具有独特的特性，非常适用于制造稳定和无毒的纳米乳剂。含有角鲨烯的乳剂有助于药物、佐剂和疫苗的溶解、缓释和细胞摄取。由于这些特性，已有多种基于角鲨烯的乳剂用于药物和疫苗研发。通过适当地选择油、表面活性剂和水性成分以及加工条件，可以优化乳剂的稳定性。在一篇综述中，Fox 评估了在肠外制剂中含有角鲨烯的乳剂所具有的物理化学和生物特性，并研究了角鲨烯乳剂表征的分析技术[173]。

疫苗或药物制剂中角鲨烯的精确量化对于生产质控和监管至关重要。角鲨烯的检测或定性可以通过多种分析方法进行。例如，角鲨烯可以通过 RP-LC-UV、光散射或示差折光检测器进行定量。此外，Corona CAD 与 HPLC 联用法也被证实可以有效地检测角鲨烯。Fox 等开发了一种方法，用于检测鲨鱼或橄榄中的角鲨烯和杂质[174]。事实上，该技术比蒸发光散射检测或大气压化学电离质谱检测具有更低的检测限（＞0.2ng）。

5.4.3.2 脂质体

脂质体是纳米大小的囊泡，由脂类双分子层（主要是 PL）组成，类似于天然膜。脂质体能够在其水核内捕获水溶性物质，并将不溶于水的物质纳入脂类双分子层中。由于脂质体的这种普适性和改善相关药物的药代动力学和药效学的能力，制药公司越来越多地开发脂质体作为各种药物物质的载药系统，特别是那些高毒性和/或高不溶性的药物。脂质体制剂可用于抗癌药物。因此，在考虑应用于人体时，研究人员和监管机构都希望对形成脂质体的脂类进行全面的表征和量化。监管部门不仅要求对活性物质本身，而且要求对药物制剂中的辅料进行全面的定量和定性表征。在这种情况下，HPLC 已被公认为是分析药物原料和辅料快速而精确的方法。然而，对于脂质体制剂中的主要成分——脂类来说，传统的紫外检测往往是不够的，其仅限于有发色基团的物质，而其他的方法在精度、灵敏度和动态范围方面有很大的局限性。Schönherr 等[175]在一项研究中表明，对于脂质体制剂中脂类的检测，Corona CAD 具有不受分析物化学性质影响的优势。该方法被用于定量分析 5 种脂类：胆固醇、α-生育酚、PC 和 mPEG-2000-DSPE。结果表明，相较于紫外检测法，Corona CAD 具有优越性，在 Corona CAD 的使用中，未观察到流动相中的有机溶剂的吸收效应对脂类信号的干扰。Corona CAD 对所有脂质体化合物显示出良好的线性（$r^2>0.90$），精确度均满足预期。脂质体制剂中辅料的平均回收率在 90.0%～110%之间。

为了有效止血，Tokutomi 等[176]开发了用十二肽（HHLGGAKQAGDV）修饰的 ADP 包封脂质体，即 H12-(ADP)Lipo。这种脂质体在体外能促进血小板聚集，在体内有明显的止血作用。由于纤维蛋白原（Fbg）在血液中含量丰富，目前尚不清楚为什么这种脂质体能比 Fbg 更有效地结合血小板。因此，Tokutomi 等研究了脂质体上的 H12 密度与血小板结合能力之间的关系，并评估了 Fbg 对 H12-(ADP)Lipo 与血小板结合的抑制作用。通过 HPLC-Corona CAD 对脂质体脂类各成分的密度进行了测定。

5.4.3.3 表面活性剂

非离子表面活性剂具有增溶、表面还原、界面张力或润湿的特性，广泛用于药物制剂。非离子表面活性剂不带电，也不具有发色团。Lobback 等[177]开发了一种应用 HPLC-ELSD 和 HPLC-Corona CAD 检测两种表面活性剂 Tween 80 和 Span 85 的定量方法。Corona CAD 在灵敏度方面具有 10 倍以上的优势，且质量-响应的线性拟合度更高。尽管 Corona CAD 的输出在整个操作范围内遵循二阶多项式，但在 5μg/mL～0.1mg/mL 范围内呈线性，因此也可用于定量分析。Christiansen 等开发了 Corona CAD/MS 方法，用于表征非离子表面活性剂 D-α-生育酚聚乙二醇（PEG）-1000 和蔗糖月桂酸酯[178]。不同的异构体和不同长度的 PEG 链导致的分子结构和异质性组成，针对这两种表面活性剂开发高灵敏度和特定的分析方法变得困难。蔗糖月桂酸酯不具有发色团，因此 UV 检测不适用。通常使用 Corona CAD 和 MS 进行测定。本研究旨在描述非离子表面活性剂的特征，并通过设置 pH 1.0 和 37℃条件，考察模拟恶劣胃部环境下的化学稳定性。结果表明，两种化合物在这些条件下均易降解。由于糖苷键的裂解，单月桂酸蔗糖在 8h 的培养过程中出现了大量降解。约 50%的单月桂酸蔗糖被分解，3.4%的 TPGs 降解为 D-α-生育酚琥珀酸酯和相关的 PEG 链。

5.4.3.4 造影剂

近来流行的超声造影剂（UCAs）通常由包裹气体全氟碳化物的聚合物微胶囊组成。这些药剂通过静脉注射，以更好地对特定组织进行观察。由于其表面疏水性非常强，这些微胶囊很快被网状内皮系统清除，最终进入肝脏。为了避免从系统循环中被快速清除，研究证明用聚乙二醇（PEG）覆盖颗粒表面非常有效。与磷脂共价连接的 PEG 链经常被用于制备脂类或聚合物胶体颗粒，以避免被网状内皮系统识别和清除，并增加其血浆中的半衰期。Diaz-Lopez 等[179]利用 RP-LC-Corona CAD，利用全氟辛基溴化物（PFOB）的聚合物微胶囊首次开发了典型的聚乙二醇化的磷脂，1,2-二硬脂酰-sn-甘油-3-磷脂酰乙醇胺-*N*-［甲氧基聚乙烯醇 2000］（DSPE-PEG2000）的直接定量方法。该方法具有良好的选择性和灵敏度；在三种不同的微胶囊制剂中，对微胶囊相关的聚乙二醇化的磷脂以及悬浮液中的磷脂和磷脂总量进行了量化。校准品包括未修饰的微胶囊和浓度范围为 2.23～21.36μg/mL（注射 0.22～2.14μg）的聚乙二醇化的磷脂（DSPE-PEG2000）。使用两种不同的模型，即线性和幂函数模型对校准曲线进行评估。使用 Corona CAD 时，幂函数模型对聚乙二醇化的磷脂实验测定值的描述优于线性模型。幂函数模型的相关系数为 0.996，检测限和定量限分别为 33ng 和 100ng。实验证明，该方法同样具有良好的选择性和灵敏度；方法的准确度为 90%～115%，相对标准偏差为＜5.3%。在三种不同的微胶囊制剂中，成功定量了悬浮液中的聚乙二醇化的磷脂[179-181]。

5.4.3.5 降解产物和杂质的测定

由于 Corona CAD 具有良好的灵敏度，因此在多项研究中，Corona CAD

被用来测定药品中的杂质。

例如，Nair 和 Werling[182]开发了一种方法来量化药物悬液中的 FFA，该悬液由蛋黄卵磷脂 E80 稳定的 PL 组成，并将其作为模型系统来研究用于注射的水性 PL 悬液的物理化学稳定性。针对在高温储存期间 PL 的水解，需要开发合适的 HPLC 方法来测定悬浮液样品中的 FFA 含量。因此，对使用两种气溶胶检测器的 HPLC 方法进行了研究。色谱分离采用反相分离法。通过比较，发现 Corona CAD 方法对所评估的参数具有更好的灵敏度、精确度、回收率和线性拟合度。Corona CAD 方法检测结果的相对标准偏差为 0.4%～3.0%，ELSD 方法为 0.2%～11.2%。因此，选择该方法进行伊曲康唑悬浮液的稳定性研究，并被应用于后续的制剂研究中。

Mengesha 和 Bummer[183]提出了一种同时分析 PC 及其水解产物：溶血磷脂酰胆碱（LPC）和 FFA 的简单色谱方法。PC、LPC 和 FFA 的定量分析对于保证安全和准确评估含 PL 产品的保质期至关重要。PC 和 LPC 的定量分析使用外标法。以亚油酸作为代表性标准品，对 FFAs 进行了分析。实验得到了 PC（1.64～16.3μg，$r^2=0.9991$）和 LPC（0.6～5.0μg，$r^2=0.9966$）的线性校准曲线，以及亚油酸（1.1～5.8μg，$r^2=0.9967$）的对数校准曲线。定量 HPLC 分析表明，脂质体制剂可占 PC 总质量平衡的 97%。

在 Corona CAD 与 SFC 联用进行药物分析方面，Brunelli 等认为，为了在梯度分析中获得一致的响应，有必要通过在反压调节器前放置一个 T 形器件来进行流动相流量补偿。通过该方式，响应差异从 2～3 倍减少到 1.2～1.7 倍[184-185]。

上述结果表明，Corona CAD 是对脂类进行定量 HPLC 分析的良好工具。它的主要优点是检测限低，对许多脂类来说，其质量与峰面积的关系趋近于线性。

5.5 校准方法

5.5.1 脂类定量分析的校准方法

与 ELSD[186]一样，Corona CAD[187]的响应是与流动相雾化和蒸发后获得的溶质颗粒大小和数量增加相关的函数。

已知雾化过程受到溶剂密度和表面张力等流动相特性的影响，也受流入雾化器的气体和液体流量的影响[188]。Nukiyama 和 Tanasawa[189]的经验式可用于预测液滴对数正态分布的索特平均直径，但是，在 ELSD 响应的研究中，这个经验式在预测液体或气体流速的影响方面适用性较好[190]，而在预测溶剂或溶剂混合物对液滴尺寸分布和检测器响应的复杂影响方面适用性较差。

溶剂在传输管中蒸发时，单个液滴的大小发生变化，所产生的溶质颗粒的直径（d）为

$$d = D_0 \sqrt[3]{\frac{c}{\rho}} \tag{5.16}$$

式中，D_0 是雾化器排气时的初始液滴直径；c 是溶质浓度；ρ 是溶质密度。

这两种检测器在干燥气溶胶检测阶段有所不同。对于 ELSD，根据入射光的波长和颗粒的直径（d）之比，可能发生不同的光散射机制，如瑞利散射、米氏散射、反射-折射机制等。颗粒越小，散射的光量越少，瑞利散射的优势就越大。当颗粒增大时，例如，在峰值上升时或注入的溶质量增加时，可能发生米氏散射甚至反射折射。这两种机制导致散射光强度增加。因此，ELSD 检测器的响应峰形复杂，难以预测。基于上述原因，通常使用幂函数来模拟响应：

$$y = Am^b \tag{5.17}$$

式中，m 是注入的溶质量；A 和 b 是数值系数。b 具有特殊重要性，因为它与主要的光散射现象有关。当反射-折射为主要的光散射现象时，b 值为 2/3，当瑞利散射为主要的光散射现象时，b 值为 2。A 与每单位溶质的散射光量有关，但并不反映真实的灵敏度，因为灵敏度会随校准曲线发生变化。

Corona CAD 是基于气溶胶带电和聚集电荷的测量：氮气流（或空气）通过电晕放电电离，并被导入蒸发漂移管出口的混合室。在混合室中，撞击带正电荷的氮气使颗粒带电。在离子阱中去除多余的离子和尺寸较小、高迁移率的带电粒子后，使用静电仪对尺寸较大、低流动性带电粒子进行测量。与 ELSD 一样，Corona CAD 的响应曲线通常用幂函数来描述［式（5.17)］。关于 CAD 响应的最新基础理论已在第 1 章中进行了介绍。

5.5.2 经典校准方法（外标法、归一化法）

虽然在相同的流动相条件下进行分析时，溶质的响应系数是可比的[191]，但与其他蒸发检测器一样，Corona CAD 显示，溶剂性质对溶质响应有重要影响[192]。在色谱分析中，因为脂类样品通常极性范围广且/或极具复杂性，经常采用多种有机溶剂进行梯度洗脱。

使用正相色谱的梯度洗脱法分离不同的脂类，分别与 Corona CAD 或 ELSD 联用时获得的校准曲线见图 5.4（6 种标准曲线对应的磷脂见表 5.6）。将 10μL 的脂类混合物注入 2.1mm×150mm 的 Inertsil SIL-100 硅胶柱中，使用文献[32]的溶剂程序，脂类的洗脱顺序如表 5.6 所示，该表总结了公式（5.17）中的系数 A 和 b 以及相关系数 r^2 的值。

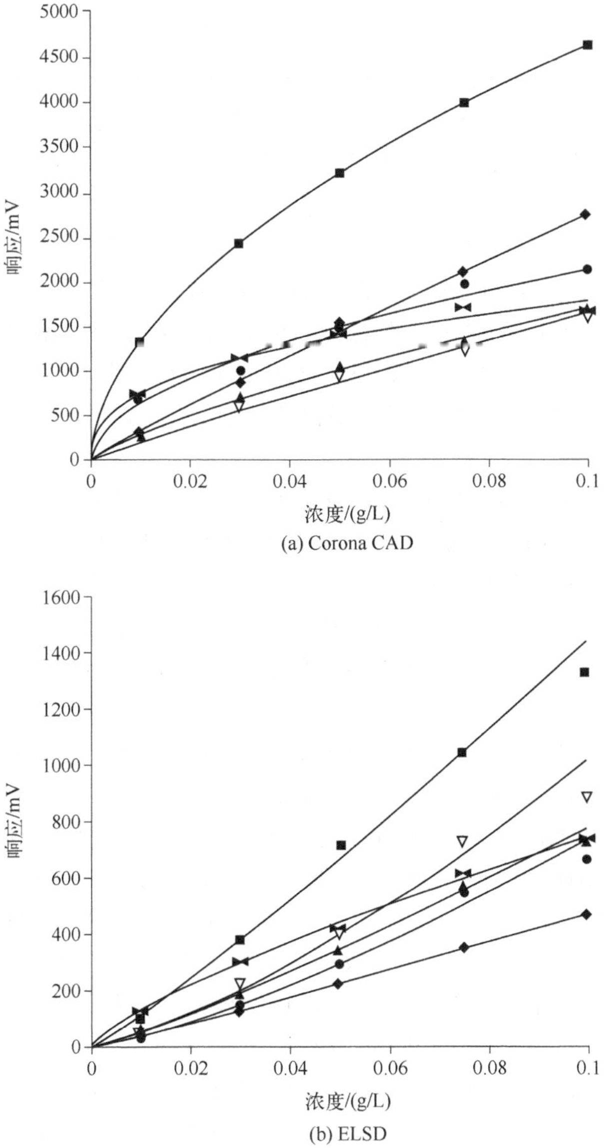

图 5.4　用 Corona CAD（a）和 ELSD（b）获得的标准曲线

表 5.6 图 5.4 中校准的式（5.17）的系数

Corona CAD	*A*	*b*	r^2	ELSD	*A*	*b*	r^2
SOL(▽)	13554	0.91	0.996	SQL	23295	1.36	0.993
TG(▲)	9813	0.76	0.997	TG	11419	1.16	0.996
CO(●)	7030	0.51	0.958	CO	15825	1.33	0.997
CER(▸◂)	4195	0.37	0.977	CER	4228	0.75	0.998
CB(■)	16039	0.54	0.977	CB	18657	1.11	0.995
PE(◆)	23373	0.93	0.977	PE	5970	1.1	0.999

不出所料，从工作原理和图表上看，这两个检测器的校准曲线是非线性的。Corona CAD 得到的校准曲线为凸形曲线，*b* 值小于 1，而 ELSD 为凹形或凸形校准曲线，*b* 值在 0.75～1.36 之间，这主要是光散射造成的。

如前所述，特别是在使用梯度洗脱时，溶质响应的差异可能来自于流出色谱柱的溶剂成分不同。溶质峰的形状也会影响检测器的响应。对于相同的进样量，检测效率最高的化合物的峰高可显示出浓度的增加。根据式（5.16），ELSD 和 Corona CAD 检测均受到浓度的影响，两者都出现了窄峰，显示出更高的灵敏度。在检测 CB 时，最高峰（其次是溶剂峰）的保留时间介于 Cer 和 PE 之间。

ELSD 或 Corona CAD 对质量或浓度的依赖性也存在一定的争议。在一项比较 ELSD、Corona CAD、ESI 或 APCI-MS 与 HT-LC 联用的研究中[193]，发现在高色谱效率的条件下，这些雾化检测器对质量和浓度的检测效果都不理想。通过提高柱温加快洗脱峰的速度增加了峰高，这符合质量检测器的特征，但与浓度检测器一样，峰面积减少。这个问题在第 1 章中进一步讨论。

在一些出版物中也报道了将检测器的响应拟合为一条直线的可能性。正如作者所在研究组以前发表的一篇文献[40]，该研究详细开展了 ELSD 和 Corona CAD 与 NP-LC 联用对 PL 进行检测的比较，使用式（5.17）的非线性回归比直线回归拟合度更好。本研究使用经典的回归统计，其中 *F* 比值用于计算回归拟合和失拟检验（r^2 相对过于简单）。使用 ELSD 时，式（5.17）的非线性拟合可以校准除了概率阈值 $p = 0.05$ 和 $p = 0.09$ 两种情况下的所有 10 个 PL，这两种情况因为缺乏拟合，线性模型无法描述响应。使用 Corona CAD，对 10 个 PL 中的 9 个 PL 可以得到可接受的失拟模型。在一个案例中，采用的概率阈值 $p = 0.03$ 低于可接受的风险值 0.05。式（5.17）中值与 6 个 PL 的值有统计学上的差异，说明校准曲线显著的曲率分布。然而，当使用线性模型时，10 种 PL 中有 9 种的拟合度是可以接受的（另外一种 $p = 0.02$），但 5 种 PL 的校准曲线的截距与零有显著的差距。可以使用线性模型，但响应与浓度不直接成正比。

本研究和其他研究[31,182,194]表明，尽管 Corona CAD 本质上是非线性的，但在选择适当的线性区间后，也可以使用线性校准。这也表明，在未测试线性统计的情况下，不应使用单一标准校准或面积（或高度）归一化。

5.5.3 无标准品校准

多项研究指出，使用 ELSD 时，当式（5.17）的系数 A 增加时，指数 b 的值会下降[190,195-196]。最近，这两个参数的相关性已得到证实[165,190]，并且发现对数 A 和 b 之间存在比例关系［式（5.18）］，这是现有 ELSD 检测器的特点。

$$b = \alpha \lg A + \beta \tag{5.18}$$

α 和 β 必须通过实验来确定，并从某一类化学品的几个标准品的校准曲线中得到的 A 和 b 值进行推导。

使用 ELSD，对不同类别的溶质（TAG、蜡、PEG、抗生素、对羟基苯甲酸酯或不同雾化条件下的糖类），以及来自不同制造商的检测器，这种相关关系已得到了验证[165,197]。因而，可以在没有纯品标准物质的情况下进行定量分析。建议方法包括以下三步：

第一步，确定参数 α 和 β，这两个参数决定了 ELSD 的普遍响应情况，设置线性曲线：b 与 $\lg A$ 的关系。

这一步需要用实验的方法，用现有的标准化合物，从用公式 $\lg S = \lg A + b \lg m$ 得到的结果中，确定部分参数数值（b，$\lg A$）其中，S 表示面积。这些标准化合物可以存在于待测混合物中，也可以不存在。

然后，通过这些数值，可以得到 ELSD 的普遍响应的线性相关（$b = \alpha \lg A + \beta$）。为了使这一线性曲线图具有良好的精度，需要确定至少六对数值（b，$\lg A$），以覆盖参数 b 的实验值。

利用 ELSD 的固有特性，使用斜率 α 和 X-截距 β。所选标准化合物的结构越接近目标溶质，定量的准确性就越高。

第二步，确定未知混合物中每种溶质的 b 值。

这个步骤需要对未知混合物至少三种不同浓度稀释液进行色谱分析。对于混合物中的每种溶质，无论其初始浓度如何，都可以通过曲线中面积的对数与稀释系数的斜率来推导出参数 b。

第三步，混合物中所有溶质的定量分析。

基于混合物中每种溶质的 b 值，可以从建立的式中推导出 lg$A$ 值。最后，依据推算出的式（5.19），结合峰面积（S）可以推算出待测样品中每种溶质的质量。

$$m = \sqrt[b]{\frac{S}{A}} \tag{5.19}$$

其中，$A = \mathrm{e}^{(b-\beta)/\alpha}$。

与前文所述的所有定量分析方法相比，该技术的突出优点是可以对待测样品的所有溶质进行定量分析，即使其中一些溶质没有标准品。

为了评估用该方法得到的结果，将计算 TAG 数量得到的 FAME 理论百分比（及其置信区间）与通过皂化四种不同葫芦油得到的 FAME 实验百分比进行比较。对于所有的 FAME，计算值和实验值一致性良好。因此，实验表明，该量化方法具有良好的精确度[166]。

尽管系数 A 和 b 之间的相关性可以从光散射现象的角度来理解，但使用 Corona CAD，这种关系可以通过实验证实（图 5.5）。

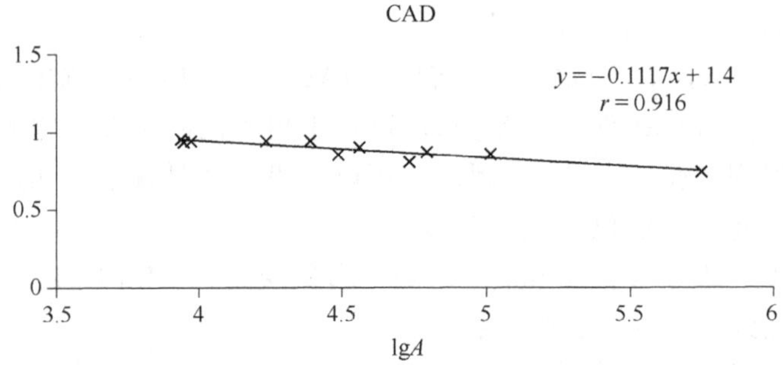

图 5.5　lg$A$ 和 b 之间的实验相关性

图 5.6 显示了 Corona CAD 的响应与 NARP-LC 梯度模式下 TAG 的进样量的关系。在 2.5～250mg/L 的浓度范围内，检测器的响应遵循幂律，如理论所预测的那样，$b<1$，且不受 TAG 目标物的影响。线性反应域在 2.5～50mg/L 浓度范围内延伸，相关系数（r）从 0.993 到 0.999[ELSD 为 4～20mg/L]。

对于 ELSD，在相同的色谱条件下，应用 Corona CAD 可建立 lg$A$ 和 b 之间的线性关系（图 5.5）。

b 和 lg$A$ 值的变化幅度越大，式（5.18）的系数的准确性越高。由于 ELSD（$0.6<b<2.7$）❶的变化幅度比 CAD（$b<1$）要大，与 Corona CAD 相比，

❶理论上，b 值范围为反射-折射现象中的 0.67，到瑞利扩散中的 2.0。略低于或高于理论预测的值可通过实验从校准曲线计算出来。

所建立的校准方法在使用 ELSD 时可以获得更准确的校准曲线。

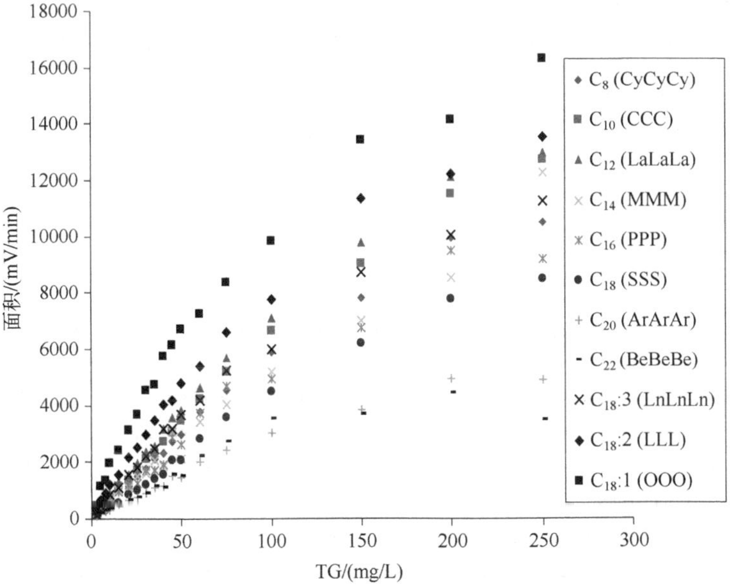

图 5.6　Corona CAD 检测的 TAG 校准曲线（2.5～250mg/L）

为了验证 Corona CAD 的这种定量方法，我们将已知成分的 TAG 混合物（5 个不饱和和 6 个饱和单体）作为未知组分进行分析。将所得质量百分比与已知的质量百分比进行比较。然后计算相对误差。同时，在不使用响应系数的情况下，使用内部归一化来进行定量分析。假设面积百分比等于质量百分比，就像内部归一化方法中通常假设的那样，计算相对误差。不出所料，因为响应系数取决于化合物，该方法得到的误差可能相当高。ELSD 的误差在 3.5%～41.5%之间，Corona CAD 的误差在 1%～36%之间。而使用推荐的方法时，ELSD 的误差在 0.6%～10.4%之间，Corona CAD 的误差在 1%～20%之间，明显更小。

相对于 1 的 b 值，ELSD 的改进优于 Corona CAD。此外，在没有标准品的情况下，该方法比内部归一化方法的定量分析效果更好。它甚至能够在 A 和 b 值有小的变幅时进行定量分析，这种变幅经常在这类检测器中发生。

由于对数 A 和 b 之间呈线性关系，ELSD 和 Corona CAD 是目前唯一可以对复杂的天然混合物中特定类化学品的所有成分进行定量分析的方法，包括没有纯品标准品来建立其单独的响应曲线的同系物（是否定性/是否有紫外吸收剂/使用等度或梯度洗脱模式）。由于雾化-蒸发条件，对其使用的唯一限制是溶质的挥发性必须远远低于流动相。

这两种检测器在应用范围方面是互补的：当混合物由浓度范围很大的溶质组成时，Corona CAD 在非常低的浓度下有更好的信噪比，并且有较低的检测限（Corona CAD 为 0.9～2mg/L，ELSD 为 3～4mg/L）。相反，ELSD 对高浓度的溶质更灵敏。

参考文献

[1] Fahy E, Subramaniam S, Brown H A, Glass C K, Merrill A H, Murphy R C, Raetz C R H, Russell D W, Seyama Y, Shaw W, Shimizu T, Spener F, van Meer G, VanNieuwenhze M S, White S H, Witztum J L, Dennis E A. A comprehensive classification system for lipids. J Lipid Res, 2005, 46(5): 839-862,

[2] A comprehensive classification system for lipids. ERRATA, J Lipid Res, 2010, 51(6): 1618.

[3] Dill K A. The mechanism of solute retention in reversed-phase liquid chromatography. J Phys Chem, 1987, 91(7): 1980-1988.

[4] Melander W R, Horvath C. Reversed-Phase Chromatography, in High Performance—Liquid Chromatography, Advances and Perspectives, 2, C. Horvath, Ed. New York: Academic Press, 1980, p. 114.

[5] Tanford C. The Hydrophobic Effect: Formation of Micelles and Biological Membranes, 2nd Ed. New York: John Wiley & Sons, Inc, 1980.

[6] Nakanishi K, Kinugawa K. Hydration in Dilute Aqueous Solution of Nonelectrolytes, in Structure and Dynamics of Solutions, 79, H. Ohtaki and H. Yamatera, Eds. Amsterdam/New York: Elsevier, 1992.

[7] Heron S, Tchapla A. Les theories previsionnelles en chromatographie liquide a polarite de phases inverse. Analysis, 1994, 22(4): 161-177.

[8] Dorsey J G, Dill K A. The molecular mechanism of retention in reversed-phase liquid chromatography. Chem Rev, 1989, 89(2): 331-346.

[9] Heinzinger K, Huyskens P L, Luck WA P, Zeegers-Huyskens T(Eds.). Intermolecular Forces-An Introduction to Modern Methods and Results. Berlin Heidelberg New York: Springer-Verlag, 1991, ISBN 3-540-53410-5, 490 Seiten, Preis: DM 198.00, Ber Bunse Phys Chem, 1993, 97: 1069.

[10] Hildebrand J H and Scott R L. The solubility of nonelectrolytes, 3rd Ed. New York: Dover Publications, 1964.

[11] Jandera P, Colin H, Guiochon G. Interaction indexes for prediction of retention in reversed-phase liquid chromatography. Anal Chem, 1982, 54(3): 435-441.

[12] Colin H, Guiochon G, Jandera P. Interaction indexes and solvent effects in reversed-phase liquid chromatography. Anal Chem, 1983, 55(3): 442-446.

[13] Snyder L R. Role of the mobile phase in liquid chromatography. in Modern Practices of Liquid Chromatography. Kirkland J J, Ed. New York: John Wiley & Sons, Inc, 1971.

[14] Karger B L, Snyder L R, Eon C. Expanded solubility parameter treatment for classification and use of chromatographic solvents and adsorbents. Anal Chem, 1978, 50(14): 2126-2136.

[15] Tchapla A, Heron S, Lesellier E, Colin H. General view of molecular interaction mechanisms in reversed-phase liquid chromatography. J Chromatogr A, 1993, 656(1-2): 81-112.

[16] Lumry R, Rajender S. Enthalpy-entropy compensation phenomena in water solutions of proteins and small molecules: a ubiquitous properly of water. Biopolymers, 1970, 9(10): 1125-1227.

[17] Colin H, Diez-Masa J C, Guiochon G, Czjkowska T, Miedziak I. The role of the temperature in reversed-phase high-performance liquid chromatography using pyrocarbon-containing adsorbents. J Chromatogr A, 1978, 167: 41-65.

[18] Schoenmakers P. Optimization of Chromatographic Selectivity—A Guide to Method Development, 35. Amsterdam, the Netherlands: Elsevier, 1986.

[19] Karger B L, Snyder L R, Horvath C. Introduction to Separation Science. New York: John Wiley & Sons, Inc, 1973.

[20] Roire J. Les Solvants. Puteaux: EREC, 1989.

[21] Small P A. Some factors affecting the solubility of polymers. J Appl Chem, 1953, 3(2): 71-80.

[22] Kaelble D H. Physical chemistry of adhesion. Toronto, ON: John Wiley & Sons Canada Ltd, 1971.

[23] Patton T C. Paint Flow and Pigment Dispersion. New York: John Wiley & Sons, Inc, 1979.

[24] Tijssen R, Billiet H A H, Schoenmakers P J. Use of the solubility parameter for predicting selectivity and retention in chromatography. J Chromatogr A, 1976, 122: 185-203.

[25] Hansen C M, Skaarup K. The three dimensional solubility parameter—key to paint component affinities. III. Independent calculation of the parameter components. J Paint Technol, 1967, 39(511): 511-514.

[26] Teas J P. Graphic analysis of resin solubilities. J Paint Technol, 1968, 40(516): 19-25.

[27] Snyder LR. Classification off the solvent properties of common liquids, J Chromatogr Sci, 1978, 16(6): 223-234.

[28] Rutan S, Carr P, Cheong W, Park J, Snyder L. Re-evaluation of the solvent triangle and comparison to solvatochromic based scales of solvent strength and selectivity, J Chromatogr, 463(1): 21-37, 1989.

[29] Christie W W. Lipid Analysis: Isolation, Separation, Identification and Structural Analysis of Lipids. Bridgwater, UK: Oily Press, 2003.

[30] Deschamps F S, Baillet A, Chaminade P. Mechanism of response enhancement in evaporative light scattering detection with the addition of triethylamine and formic acid. Analyst, 2002, 127(1): 35-41.

[31] Vervoort N, Daemen D, Torok G. Performance evaluation of evaporative light scattering detection and charged aerosol detection in reversed phase liquid chromatography. J Chromatogr A, 2008, 1189(1-2): 92-100.

[32]Christie W. Separation of lipid classes by high-performance liquidchromatography with the mass detector. J Chromatogr, 1986, 361: 396-399.

[33] Moreau R A. Plant lipid class analysis by HPLC, in plant lipid biochemistry, structure and utilization: The proceedings of the ninth international symposium on plant lipids, held at wye college, Kent, July 1990, P. J. Quinn and J. L. Harwood, Eds. London: Portland Press, 1990: 20-22.

[34] Hudson E D, Helleur R J, Parrish C C, Thin-layer chromatographypyrolysis-gas chromatography-mass spectrometry: a multidimensional approach to marine lipid class and molecular species analysis. J Chromatogr Sci, 2001, 39(4): 146-152.

[35] Lesellier E, Gaudin K, Chaminade P, Tchapla A, Baillet A. Isolation of ceramide fractions from skin sample by subcritical chromatography with packed silica and evaporative light scattering detection. J Chromatogr A, 2003, 1016(1): 111-121.

[36] Christie W, Urwin R. Separation of lipid classes from plant-tissues by high-performance liquid-chromatography on chemically bonded stationary phases. HRC J High Resolut Chromatogr, 1995, 18(2): 97-100.

[37] El-Hamdy A H, Christie W W. Separation of non-polar lipids by high performance liquid chromatography on a cyanopropyl column. J High Resolut Chromatogr, 1993, 16(1): 55-57.

[38] Rizov I, Doulis A. Separation of plant membrane lipids by multiple solid-phase extraction. J Chromatogr A, 2001, 922(1-2): 347-354.

[39]Medvedovici A, David F, Sandra P. Analysis of sterols in vegetable oils using off-line SFC/capillary GC-MS. Chromatographia, 1997, 44(1-2): 37-42.

[40] Godoy Ramos R, Libong D, Rakotomanga M, Gaudin K, Loiseau P M, Chaminade P. Comparison between charged aerosol detection and light scattering detection for the analysis of *Leishmania* membrane phospholipids. J Chromatogr A, 2008, 1209(1-2): 88-94.

[41] Uran S, Larsen A, Jacobsen P B, Skotland T. Analysis of phospholipid species in human blood using normal-phase liquid chromatography coupled with electrospray ionization ion-trap tandem mass spectrometry. J Chromatogr B: Biomed Sci Appl , 2001, 758(2): 265-275.

[42] Dobarganes M C, Marquez-Ruiz G. Analytical evaluation of fats and oils by size-exclusion chromatography. Analysis, 1998, 26(3): 61-65.

[43] Dobarganes M C, Marquez-Ruiz G. High-performance size-exclusion chromatography applied to the analysis of edible Fats, in new trends in lipid and lipoprotein analyses, J.-L. Sebedio and E. G. Perkins, Eds. Champaign, IL: AOCS Press, 1995: 81-92.

[44] Juaneda P. Utilization of silver ion HPLC for separation of the geometrical isomers of alpha-linolenic acid, in New Trends in Lipid and Lipoprotein Analyses, J.-L. Sebedio and E. G. Perkins, Eds. Champaign, IL: AOCS Press, 1995: 75-80.

[45] Christie W. Separation of molecular-species of triacylglycerols by highperformance liquid-chromatography with a silver ion column. J Chromatogr, 1988, 454: 273-284.

[46] Laakso P, Christie W. Combination of silver ion and reversed-phase high-performance liquid-chromatography in the fractionation of herring oil triacylglycerols. J Am Oil Chem Soc, 1991, 68(4): 213-223.

[47] Laakso P, Christie W, Pettersen J. Analysis of North-Atlantic and Baltic fish oil triacylglycerols by high-performance liquid-chromatography with a silver ion column. Lipids, 1990, 25(5): 284-291.

[48] Wada S, Koizumi C, Nonaka J. Analysis of triglycerides of soybean oil by high-performance liquid chromatography in combination with gas liquid chromatography. J Jpn Oil Chem Soc, 1977, 26(2): 95-99.

[49] Ruiz-Gutierrez V, Barron L J R. Methods for the analysis of triacylglycerols. J Chromatogr B: Biomed Sci Appl, 1995, 671(1-2): 133-168.

[50] Dobson G, Christie W W, Nikolova-Damyanova B. Silver ion chromatography of lipids and fatty acids. J Chromatogr B: Biomed Sci Appl, 1995, 671(1-2): 197-222.

[51] Lam S, Grushka E. Silver loaded aluminosilicate as a stationary phase for the liquid chromatographic separation of unsaturated compounds. J Chromatogr Sci, 1977, 15(7): 234-238.

[52] Smith E C, Jones A D, Hammond E W. Investigation of the use of argentation high-performance liquid chromatography for the analysis of triglycerides. J Chromatogr A, 1980, 188(1): 205-212.

[53] Heath R R, Tumlinson J H, Doolittle R E, Proveaux A T. Silver nitrate-high pressure liquid chromatography of geometrical isomers. J Chromatogr Sci, 1975, 13(8): 380-382.

[54] Thevenonemeric G, Tchapla A, Martin M. Role of Pi-Pi interactions in reversed-phase liquid-chromatography. J Chromatogr, 1991, 550(1-2): 267-283.

[55] McGill A, Moffat C. A study of the composition of fish liver and body oil triglycerides. Lipids, 27(5):

360-370, 1992.

[56]Jeffrey B. Silver-complexation liquid-chromatography for fast, highresolution separations of triacylglycerols. J Am Oil Chem Soc, 1991, 68(5): 289-293.

[57] Fournier V, Juaneda P, Destaillats F, Dionisi F, Lambelet P, Sebedio J L, Berdeaux O. Analysis of eicosapentaenoic and docosahexaenoic acid geometrical isomers formed during fish oil deodorization. J Chromatogr A, 1129(1): 21-28, 2006.

[58]Banni S, Martin J C. Conjugated linoleic acid and metabolites, in trans fatty acids in human nutrition, J.-L. Sebedio and W. W. Christie, Eds. Dundee: Oily Press, 1998: 261-302.

[59]Nikolova-Damyanova B. Lipid analysis by silver ion chromatography, in Advances in Lipid Methodology. Adlof R O, Ed. Elsevier, 2003: 43-124.

[60] Merrien A, Morice J, Pouzet A, Morin O, Sultana C, Helme JP, Bockelee-Morvan A, Cognee M, Rognon F, Wuidart W, Pontillon J, Monteuuis B, Ucciani E, Uzzan, Foures, Sedebio JL, Chambon M, Graille J and Demanze C. Sources et Monographie des principaux corps gras. in Manuel des corps gras. Karleskind A, Ed. Lavoisier, Cachon, France: Technique et Documentation—Lavoisier, 1992: 115-316.

[61] Ucciani E. Nouveau dictionnaire des huiles vegetales: compositions en acides gras. Paris/Londres/New York: Technique et Documentation—Lavoisier, 1995.

[62] Bianchi G. Plant Waxes, in Waxes: Chemistry, Molecular Biology and Functions. Hamilton RJ, Ed. Dundee: Oily Press, 1995: 175-222.

[63] Bowser P, Nugteren D, White R, Houtsmuller U, Prottey C. Identification, isolation and characterization of epidermal lipids containing linoleic-acid. Biochim Biophys Acta, 1985, 834(3): 419-428.

[64] Christie W W. Structural analysis of lipids, in lipid analysis: isolation, separation, identification and structural analysis of lipids. 3rd Ed. Bridgwater, UK: Oily Press, 2005: 127.

[65] Abraham W, Wertz P, Downing D. Linoleate-rich acylglucosylceramides of pig epidermis—structure determination by proton magnetic-resonance. J Lipid Res, 1985, 26(6): 761-766.

[66] Hamanaka S, Asagami C, Suzuki M, Inagaki F, Suzuki A. Structure determination of glucosyl beta-1-*N*-(omega-O-linoleoyl)-acylsphingosines of human-epidermis. J Biochem(Tokyo), 1989, 105(5): 684-690.

[67] Wertz P, Downing D. Glucosylceramides of pig epidermis—structure determination. J Lipid Res, 1983, 24(9): 1135-1139.

[68] Wertz P, Downing D. Ceramides of pig epidermis—structure determination. J Lipid Res, 1983, 24(6): 759-765.

[69] Rawlings G. Skin Waxes. in Waxes: Chemistry, Molecular Biology and Functions. Hamilton R J, Ed. Dundee: Oily Press, 1995: 223-256.

[70] Gaudin K, Chaminade P, Baillet A, Ferrier D, Bleton J, Goursaud S, Tchapla A. Contribution to liquid chromatographic analysis of cutaneous ceramides. J Liq Chromatogr R T, 1999, 22(3): 379-400.

[71] t'Kindt R, Jorge L, Dumont E, Couturon P, David F, Sandra P, Sandra K. Profiling and characterizing skin ceramides using reversed-phase liquid chromatography-quadrupole time-of-flight mass spectrometry. Anal Chem, 2012, 84(1): 403-411.

[72] Giddings J C. Maximum number of components resolvable by gel filtration and other elution chromatographic methods. Anal Chem, 1967, 39(8): 1027-1028.

[73] Davis J M, Giddings J C. Statistical theory of component overlap in multicomponent chromatograms. Anal Chem, 1983, 55(3): 418-424.

[74] Heron S, Tchapla A. Properties and characterizations of stationary and mobile phases used in reversed-phase liquid-chromatography. Analysis, 1993, 21(8): 327-347.

[75] Heron S, Tchapla A. Description of retention mechanism by solvophobic theory: influence of organic modifiers on the retention behaviour of homologous series in reversed-phase liquid chromatography. J Chromatogr A, 1991, 556(1-2): 219-234.

[76] Heron S, Tchapla A. Choice of stationary and mobile phases for separation of mixed triglycerides by liquid-phase chromatography. Analysis, 1994, 22(3): 114-126.

[77] Myher J, Kuksis A, Marai L, Manganaro F. Quantitation of natural triacylglycerols by reversed-phase liquid-chromatography with direct liquid inlet mass-spectrometry. J Chromatogr, 1984, 283: 289-301.

[78] King J W. Supercritical fluid chromatography(SFC): global perspective and applications in lipid technology. in Advances in Lipid Methodology. 3rd Ed, R. Adlof, Ed. Bridgwater, UK: Oily Press, 2003: 301.

[79] Lesellier E, Tchapla A. Subcritical fluid chromatography with organic modifiers on octadecyl packed columns: Recent developments for the analysis of high molecular organic compounds. in Supercritical Fluid Chromatography with Packed Columns: Techniques and Applications. Anton K and Berger C, Eds. New York, Basel, Hong Kong: CRC Press, 1997: 195-222.

[80] Heron S, Lesellier E, Tchapla A. Analysis of triacylglycerols of borage oil by RPLC identification by coinjection. J Liq Chromatogr, 1995, 18(3): 599-611.

[81] Colin H, Guiochon G, Yun Z, Diezmasa J, Jandera J. Selectivity for homologous series in reversed-phase LC: 3. Investigation, J Chromatogr Sci, 1983, 21(4): 179-184.

[82] Martin M, Thevenon G, Tchapla A. Comparison of retention mechanisms of homologous series and triglycerides in non-aqueous reversedphase liquid-chromatography. J Chromatogr, 1988, 452: 157-173.

[83] Heron S, Tchapla A. Validity of a notion of eluent force taking into account the nature of the graft on silica in aqueous and non-aqueous liquid chromatography. Analysis, 1997, 25(8): 257-262.

[84] Gaudin K, Chaminade P, Ferrier D, Baillet A. Use of principal component analysis for investigation of factors affecting retention behavior of ceramides on porous graphitized carbon column. Chromatographia, 1999, 50(7-8): 470-478.

[85] Mockel H, Braedikow A, Melzer H, Aced G. A comparison of the retention of homologous series and other test solutes on an ODS column and a hypercarb carbon column. J Liq chromatogr, 1991, 14(13): 2477-2498.

[86] Kriz J, Adamcova E, Knox J, Hora J. Characterization of adsorbents by high-performance liquid-chromatography using aromatic-hydrocarbons—porous graphite and its comparison with silica-gel, alumina, octadecylsilica and phenylsilica. J Chromatogr A, 1994, 663(2): 151-161.

[87] Hazotte A, Libong D, Chaminade P. High-temperature micro liquid chromatography for lipid molecular species analysis with evaporative light scattering detection. J Chromatogr A, 2007, 1140(1-2): 131-139.

[88] Hmida D, Abderrabba M, Tchapla A, Heron S, Moussa F. Comparison of iso-eluotropic mobile phases at different temperatures for the separation of triacylglycerols in Non-Aqueous Reversed Phase Liquid Chromatography. J Chromatogr B, 2015, 990: 45-51.

[89] Gurdale K, Lesellier E, Tchapla A. Methylene selectivity and eluotropic strength variations in subcritical fluid chromatography with packed columns and CO_2-modifier mobile phases. Anal Chem, 1999, 71(11): 2164-2170.

[90] Lesellier E, Bleton J, Tchapla A. Use of relationships between retention behaviors and chemical structures

in subcritical fluid chromatography with CO_2/modifier mixtures for the identification of triglycerides. Anal Chem, 2000, 72(11): 2573-2580.

[91] Frede E. Improved HPLC of triglycerides by special tempering procedures. Chromatographia, 1986, 21(1): 29-36.

[92] Maniongui C, Gresti J, Bugaut M, Gauthier S, Bezard J. Determination of bovine butterfat triacylglycerols by reversed-phase liquid-chromatography and gas-chromatography. J Chromatogr, 1991, 543(1): 81-103.

[93] Barron L, Santamaria G. Nonaqueous reverse-phase HPLC analysis of triglycerides, Chromatographia, 1987, 23(3): 209-214.

[94] Singleton J, Pattee H. Optimization of parameters for the analysis of triglyceride by reverse phase HPLC using a UV detector at 210 nm. J Am Oil Chem Soc, 1984, 61(4): 761-766.

[95]Jensen G W. Improved separation of triglycerides at low temperatures by reversed-phase liquid chromatography. J Chromatogr, 1981, 204: 407-411.

[96] Barron L, Santamaria G, Masa J. Influence of bonded-phase column type, mobile phase-composition, temperature and flow-rate in the analysis of triglycerides by reverse-phase high-performance liquid-chromatography. J Liq Chromatogr, 1987, 10(14): 3193-3212.

[97] Sawada T, Takahashi K, Hatano M. Molecular-species analysis of fish oil triglyceride by light-scattering mass detector equipped liquid chromatograph. 1. Effect of column temperature on improvement of resolution in separating triglyceride molecular-species containing highly unsaturated fatty-acids by reverse phase high-performance liquid-chromatography. Nippon Suisan Gakkaishi, 1992, 58(7): 1313-1317.

[98]Heron S, Bleton J, Tchapla A. Mechanism for separation of triacylglycerols in oils by liquid chromatography: identification by mass spectrometry, in new trends in lipid and lipoprotein analyses, J.-L. Sebedio, Ed. Urbana, IL: The American Oil Chemists Society, 1995: 205-231.

[99] Heron S, Tchapla A. Using a molecular interaction-model to optimize the separation of fatty triglycerides in CLPI—fingerprinting the different types of fats, Ocl Ol Corps Gras Lip, 1994, 1(3): 219-228.

[100] Aitzetmuller K, Gronheim M. Gradient elution HPLC of fats and oils with laser-light scattering detection. Fett Wiss Technol-Fat Sci Technol, 1993, 95(5): 164-168.

[101] Heron S, Tchapla A. Fingerprints of Triacylglycerols from Oils and Fats. Alfortville: Sedere, 1993.

[102] Heinisch S, Lesellier E, Podevin C, Rocca J L, Tchapla A. Computerized optimization of RP-HPLC separation with nonaqueous or partially aqueous mobile phases. Chromatographia, 1997, 44(9-10): 529-537.

[103] Podlaha O, Töregård B. Some new observations on the equivalent carbon numbers of triglycerides and relationship between changes in equivalent carbon number and molecular-structure. J Chromatogr, 1989, 482(1): 215-226.

[104] Hierro M, Najera A, Santamaria G. Analysis of triglycerides by reversed-phase HPLC with gradient elution using a light-scattering detector. Rev Esp Cienc Tecnol Aliment, 1992, 32(6): 635-651.

[105] Aitzetmuller K. Flow gradients in the HPLC analysis of triacylglycerols in fats and oils. HRC J High Resolut. Chromatogr, 1990, 13(5): 375-377.

[106] Stolyhwo A, Colin H, Guiochon G. Analysis of triglycerides in oils and fats by liquid-chromatography with the laser-light scattering detector. Anal Chem, 1985, 57(7): 1342-1354.

[107] Heron S, Tchapla A. Reversible solvent and temperature induced'monomeric-like'—'Polymeric-like' transitions in alkyl bonded silica. Chromatographia, 1993, 36(1): 11-18.

[108] Tchapla A, Heron S. Property-structure relationship of solutestationary phase complexes occurring in a molecular mechanism by penetration of eluite in bonded alkyl chains in reversed-phase liquid chromatography. J Chromatogr A, 1994, 684(2): 175-188.

[109] Lesellier E, Gurdale K, Tchapla A. Interaction mechanisms on octadecyl packed columns in subcritical fluid chromatography with CO_2-modifier mobile phases. J Chromatogr A, 2002, 975(2): 335-347.

[110] Gaudin K, Chaminade P, Ferrier D, Baillet A, Tchapla A. Analysis of commercial ceramides by non-aqueous reversed-phase liquid chromatography with evaporative light-scattering detection. Chromatographia, 1999, 49(5-6): 241-248.

[111] West C, Cilpa G, Gaudin K, Chaminade P, Lesellier E. Modelling of ceramide interactions with porous graphite carbon in non-aqueous liquid chromatography. J Chromatogr A, 2005, 1087(1-2): 77-85.

[112] Lesellier E, Tchapla A. Separation of vegetable oil triglycerides by subcritical fluid chromatography with octadecyl packed columns and CO_2/modifier mobile phase. Chromatographia, 2000, 51(11-12): 688-694.

[113] Brossard S, Lafosse M, Dreux M, Becart J. Abnormal composition of commercial waxes revealed by supercritical fluid chromatography. Chromatographia, 1993, 36: 268-274.

[114] Mottram H R, Evershed R P. Structure analysis of triacylglycerol positional isomers using atmospheric pressure chemical ionisation mass spectrometry, Tetrahedron Lett, 1996, 37(47): 8593-8596.

[115] Borchjensen C, Staby A, Mollerup J. Supercritical-fluid chromatographic analysis of a fish-oil of the sand eel(*Ammodytes* sp.). HRC J High Resolut Chromatogr, 1993, 16(10): 621-623.

[116] Gresti J, Bugaut M, Maniongui C, Bezard J. Composition of molecular-species of triacylglycerols in bovine-milk fat. J Dairy Sci, 1993, 76(7): 1850-1869.

[117] Nakashima H, Hirata Y. Proceedings of the 22nd International Symposium on Capillary Chromatography, Gifu, Japan, Naxos Software Solutions, M. Schaefer. November 1999.

[118] Dermaux A, Medvedovici A, Ksir M, van Hove E, Talbi M, Sandra P. Elucidation of the triglycerides in fish oil by packed-column supercritical fluid chromatography fractionation followed by capillary electro- chromatography and electrospray mass spectrometry. J Microcolumn Sep, 1999, 11(6): 451-459.

[119] BorchJensen C, Mollerup J. Determination of vernolic acid content in the oil of *Euphorbia lagascae* by gas and supercritical fluid chromatography. J Am Oil Chem Soc, 1996, 73(9): 1161-1164.

[120] Sandra P, Medvedovici A, David F. Comprehensive pSFCxpSFC-MS for the characterization of triglycerides in vegetable oils. LC GC Europe, 2003, 16(12A): 32-34.

[121] Francois I, Sandra P. Comprehensive supercritical fluid chromatography×reversed phase liquid chromatography for the analysis of the fatty acids in fish oil. J Chromatogr A, 2009, 1216(18): 4005-4012.

[122] Francois I, Pereira A dos S, Sandra P. Considerations on comprehensive and off-line supercritical fluid chromatography×reversedphase liquid chromatography for the analysis of triacylglycerols in fish oil, J Sep Sci,, 33(10): 1504-1512, 2010.

[123] Tchapla A, Bordes C, Charbonneau D, Chabot B, Heron S. How to choose the appropriate class of stationary phases in relation to the nature of the solutes to be analyzed. in *Poster CMTR25, HPLC2013*, Amsterdam, 2013.

[124] Dugo P, Favoino O, Tranchida PQ, Dugo G, Mondello L. Off-line coupling of non-aqueous reversed-phase and silver ion high-performance liquid chromatography-mass spectrometry for the characterization of rice oil triacylglycerol positional isomers. J Chromatogr A, 2004, 1041(1-2): 135-142.

[125] Andrikopoulos N K. Chromatographic and spectroscopic methods in the analysis of triacylglycerol

species and regiospecific isomers of oils and fats. Crit Rev Food Sci Nutr, 2002, 42(5): 473-505.

[126] Buchgraber M, Ullberth F, Emons H, Anklam E. Triacylglycerol profiling by using chromatographic techniques. Eur J Lipid Sci Technol, 2004, 106(9): 621-648.

[127] Lesellier E, Tchapla A. Retention behavior of triglycerides in octadecyl packed subcritical fluid chromatography with CO_2/modified mobile phases. Anal Chem, 1999, 71(23): 5372-5378.

[128] Larsen A, Mokastet E, Lundanes E, Hvattum E. Separation and identification of phosphatidylserine molecular species using reversed-phase high-performance liquid chromatography with evaporative light scattering and mass spectrometric detection. J Chromatogr B: Analyt Technol Biomed Life Sci, 2002, 774(1): 115-120.

[129] Olsson N U, Salem N. Molecular species analysis of phospholipids. J Chromatogr B: Biomed Sci Appl, 1997, 692(2): 245-256.

[130] Gaudin K, Lesellier E, Chaminade P, Ferrier D, Baillet A, Tchapla A. Retention behaviour of ceramides in sub-critical fluid chromatography in comparison with non-aqueous reversed-phase liquid chromatography. J Chromatogr A, 2000, 883(1-2): 211-222.

[131] Barron L, Hierro M, Santamaria G. HPLC and GLC analysis of the triglyceride composition of bovine, ovine and caprine milk-fat. J Dairy Res, 1990, 57(4): 517-526.

[132] Narce M, Gresti J, Bezard J. Method for evaluating the bioconversion of radioactive poly-unsaturated fatty-acids by use of reversed-phase liquidchromatography. J Chromatogr, 1988, 448(2): 249-264.

[133] Ozcimder M, Hammers WE. Fractionation of fish oil fatty acid methyl esters by means of argentation and reversed-phase high-performance liquid chromatography, and its utility in total fatty acid analysis. J Chromatogr, 1980, 187(2): 307-317.

[134] Pei PT, Henly RS, Ramachandran S. New application of high pressure reversed-phase liquid chromatography in lipids. Lipids, 1975, 10(3): 152-156.

[135] Yoo J, McGuffin V. Determination of fatty-acids in fish oil dietarysupplements by capillary liquid-chromatography with laser-induced fluorescence detection. J Chromatogr, 1992, 627(1-2): 87-96.

[136] Heron S, Therrey S, Wolff RL, Tchapla A. Identification and fingerprint maps of triacylglycerols of oils containing delta 5 olefinic acids in NARP chromatography. *1st Int Symp of Eur Section of AOCS*, Dijon, France, September 20, 1996.

[137] Tamba-Sompila AWG, Maloumbi MG, Bleton J, Tchapla A, Heron S. Identification des triacylglycerols en HPLC. Comment se passer du couplage HPLC-SM ? Dans quel cas la chromatographie estelle encore indispensable? OCL, 2014, 21(6): A601.

[138] Acheampong A, Leveque N, Tchapla A, Heron S. Simple complementary liquid chromatography and mass spectrometry approaches for the characterization of triacylglycerols in *Pinus koraiensis* seed oil. J Chromatogr A, 2011, 1218(31): 5087-5100.

[139] Lisa M, Holcapek M, Rezanka T, Kabatova N. High-performance liquid chromatography-atmospheric pressure chemical ionization mass spectrometry and gas chromatography-flame ionization detection characterization of Delta 5-polyenoic fatty acids in triacylglycerols from conifer seed oils. J Chromatogr A, 2007, 1146(1): 67-77.

[140] Charrie-Duhaut A, Connan J, Rouquette N, Adam P, Barbotin C, de Rozieres M, Tchapla A, Albrecht P. The canopic jars of Rameses II: real use revealed by molecular study of organic residues. J Archaeol Sci, 2007, 34(6): 957-967.

[141] Holcapek M, Jandera P, Zderadicka P, Hruba L. Characterization of triacylglycerol and diacylglycerol composition of plant oils using highperformance liquid chromatography-atmospheric pressure chemical ionization mass spectrometry. J Chromatogr A, 2003, 1010(2): 195-215.

[142] Patton G M, Fasulo J M, Robins S J. Separation of phospholipids and individual molecular species of phospholipids by high-performance liquid chromatography. J Lipid Res, 1982, 23(1): 190-196.

[143] Goiffon J, Reminiac C, Olle M. High performance liquid chromatography for fat triglyceride analysis. I. Search for the best operating conditions for soya-bean oil. Rev Fr Corps Gras, 1981, 28: 167-170.

[144] Goiffon J, Reminiac C, Furon D. High performance liquid chromatography for fat triglyceride analysis. II. Retention indices of triglycerides. Rev Fr Corps Gras, 1981(28): 199-207.

[145] Perrin J L, Naudet M. Identification et dosage des triglycerides des corps gras naturels par CLHP. Rev Fr Corps Gras, 1983, 30(7-8): 279-285.

[146] Podlaha O, Töregård B. A system for identification of triglycerides in reversed phase HPLC chromatograms based on equivalent carbon numbers. J High Resolut Chromatogr, 1982, 5(10): 553-558.

[147] Herslöf B, Podlaha O, Toregard B. HPLC of triglycerides. J Am Oil Chem Soc, 1979, 56(9): 864-866.

[148] Sempore G, Bezard J. Qualitative and quantitative-analysis of peanut oil triacylglycerols by reversed-phase liquid-chromatography. J Chromatogr, 1986, 366: 261-282.

[149] Firestone D. Liquid-chromatographic method for determination of triglycerides in vegetable-oils in terms of their partition numbers—summary of collaborative study. J AOAC Int, 77(4): 954-957, 1994.

[150] Christie W W. Advances in Lipid Methodology. Dundee: Oily Press, 1997.

[151] Takahashi K, Hirano T, Egi M, Zama K. A mathematical-model for the prediction of triglyceride molecular-species by high-performance liquid-chromatography. J Am Oil Chem Soc, 1985, 62(10): 1489-1492.

[152] de Koning S, van der Meer B, Alkema G, Janssen H G, Brinkman UAT. Automated determination of fatty acid methyl ester and cis/trans methyl ester composition of fats and oils. J Chromatogr A, 2001, 922(1-2): 391-397.

[153] Merle C, Laugel C, Chaminade P, Baillet-Guffroy A. Quantitative study of the stratum corneum lipid classes by normal phase liquid chromatography: comparison between two universal detectors. J Liq Chromatogr R T, 2010, 33(5): 629-644.

[154] Waraska J, Acworth IN. Neurolipids and the use of a charged aerosol detector. Am Biotechnol Lab, 2008, 26(1): 12-13.

[155] Moreau R A. The analysis of lipids via HPLC with a charged aerosol detector. Lipids, 2006, 41(7): 727-734.

[156] Iwasaki Y, Masayama A, Mori A, Ikeda C, Nakano H. Composition analysis of positional isomers of phosphatidylinositol by high-performance liquid chromatography, J Chromatogr A, 1216(32): 6077-6080, 2009.

[157] Masayama A, Tsukada K, Ikeda C, Nakano H, Iwasaki Y. Isolation of phospholipase D mutants having phosphatidylinositol-synthesizing activity with positional specificity on *myo*-inositol. ChemBioChem, 2009, 10(3): 559-564.

[158] Cernicka J, Kozovska Z, Hnatova M, Valachovic M, Hapala I, Riedl Z, Hajos G, Subik J. Chemosensitisation of drug-resistant and drugsensitive yeast cells to antifungals. Int J Antimicrob Agents, 2007, 29(2): 170-178.

[159] Kohut P, Wustner D, Hronska L, Kuchler K, Hapala I, Valachovic M. The role of ABC proteins Aus1p

and Pdr11p in the uptake of external sterols in yeast: dehydroergosterol fluorescence study. Biochem Biophys Res Commun, 2011, 404(1): 233-238.

[160] Vertzoni M, Archontaki H, Reppas C. Determination of intraluminal individual bile acids by HPLC with charged aerosol detection. J Lipid Res, 2008, 49: 2690-2695.

[161] Yamazaki T, Ihara T, Nakamura S, Kato K. Determination of impurities in 17-b-estradiol reagent by HPLC with charged aerosol detector. Bunseki Kagaku, 2010, 59(3): 219-224.

[162] Lisa M, Lynen F, Holcapek M, Sandra P. Quantitation of triacylglycerols from plant oils using charged aerosol detection with gradient compensation. J Chromatogr A, 2007, 1176(1-2): 135-142.

[163] Mata-Espinosa P, Bosque-Sendra J M, Cuadros-Rodriguez L. Quantification of triacylglycerols in olive oils using HPLC-CAD, Food Anal. Methods, 2011, 4(4): 574-581.

[164] Mata-Espinosa P, Bosque-Sendra J M, Bro R, Cuadros-Rodriguez L. Discriminating olive and non-olive oils using HPLC-CAD and chemometrics. Anal BioAnal Chem, 2010, 399(6): 2083-2092.

[165] Heron S, Maloumbi M, Dreux M, Verette E, Tchapla A. Method development for a quantitative analysis performed without any standard using an evaporative light-scattering detector. J Chromatogr A, 2007, 1161(1-2): 152-156.

[166] Heron S, Maloumbi MG, Silou T, Verette E, Dreux M, Tchapla A. Calibration of an evaporative light-scattering detector for the universal quantitative analyses in liquid chromatography-application to the determination of triacylglycerols in cucurbitaceous oils. Food Anal Methods, 2010, 3(2): 67-74.

[167] Tchapla A, Ait Adoubel A, Heron S. Analyse de triglycerides a l'aide de detecteurs d'HPLC bases sur la formation d'aerosols. LC-GC En Fr, 2008: 5-10.

[168] Saberi A H, Kee B B, Oi-Ming L, Miskandar M S. Physico-chemical properties of various palm-based diacylglycerol oils in comparison with their corresponding palm-based oils. Food Chem, 2011, 127(3): 1031-1038.

[169] Saberi A H, Ming L O, Miskandar M S. Physical properties of palm-based diacylglycerol and palm-based oils in the preparation of shelfstable margarine. Eur J Lipid Sci Technol, 2011, 113: 627-636.

[170] Saberi A H, Lai O M, Toro-Vazquez J F. Crystallization kinetics of palm oil in blends with palm-based diacylglycerol. Food Res Int, 2011, 44(1): 425-435.

[171] Cascone A, Eerola S, Ritieni A, Rizzo A. Development of analytical procedures to study changes in the composition of meat phospholipids caused by induced oxidation. J Chromatogr A, 2006, 1120(1-2): 211-220.

[172] Kakigi Y, Mochizuki N, Icho T, Hakamatsuka T, Goda Y. Analysis of terpene lactones in a Ginkgo leaf extract by high-performance liquid chromatography using charged aerosol detection. Biosci Biotechnol Biochem, 74(3): 590-594, 2010.

[173] Fox C B. Squalene emulsions for parenteral vaccine and drug delivery. Molecules, 2009, 14: 3286-3312.

[174] Fox C B, Anderson R C, Dutill T S, Goto Y, Reed S G, Vedvick T S. Monitoring the effects of component structure and source on formulation stability and adjuvant activity of oil-in-water emulsions. Colloids Surf B: Biointerfaces, 2008, 65(1): 98-105.

[175] Schönherr C, Touchene S, Wilser G, Peschka-Suss R, Francese G. Simple and precise detection of lipid compounds present within liposomal formulations using a charged aerosol detector, J Chromatogr A, 2009, 1216(5): 781-786.

[176] Tokutomi K, Tagawa T, Korenaga M, Chiba M, Asai T, Watanabe N, Takeokav, Handa M, Ikeda Y, Oku N. Decoration of fibrinogen[gamma]-chain peptide on adenosine diphosphate-encapsulated liposomes enhances binding of the liposomes to activeated platelets. Int J Pharm, 2011, 407(1-2): 151-157.

[177] Lobback C, Backensfeld T, Funke A, Weitschies W. Quantitative determination of nonionic surfactants with CAD. Chromatogr Tech(November), 2007: 18-20.

[178] Christiansen A, Backensfeld T, Kuhn S, Weitschies W. Investigating the stability of the nonionic surfactants tocopheryl polyethylene glycol succinate and sucrose laurate by HPLC-MS, DAD, and CAD. J Pharm Sci, 2011, 100(5): 1773-1782.

[179] Diaz-Lopez R, Libong D, Tsapis N, Fattal E, Chaminade P. Quantification of pegylated phospholipids decorating polymeric microcapsules of perfluorooctyl bromide by reverse phase HPLC with a charged aerosol detector. J Pharm Biomed Anal, 2008, 48(3): 702-707.

[180] Diaz-Lopez R, Tsapis N, Libong D, Chaminade P, Connan C, Chehimi M. M, Berti R, Taulier N, Urbach W, Nicolas V, Fattal E. Phospholipid decoration of microcapsules containing perfluorooctyl bromide used as ultrasound contrast agents. Biomaterials, 2009, 30(8): 1462-1472.

[181] Diaz-Lopez R, Tsapis N, Santin M, Bridal S. L, Nicolas V, Jaillard D, Libong D, Chaminade P, Marsaud V, Vauthier C, Fattal E. The performance of PEGylated nanocapsules of perfluorooctyl bromide as an ultrasound contrast agent. Biomaterials, 2010, 31(7): 1723-1731.

[182] Nair L M, Werling J O. Aerosol based detectors for the investigation of phospholipid hydrolysis in a pharmaceutical suspension formulation. J Pharm Biomed Anal, 2009, 49(1): 95-99.

[183] Mengesha A E, Bummer P M. Simple chromatographic method for simultaneous analyses of phosphate-idylcholine, lysophosphatidylcholine, and free fatty acids. AAPS PharmSciTech, 2010, 11(3): 1084-1091.

[184] Brunelli C, Gorecki T, Zhao Y, Sandra P. Corona-charged aerosol detection in supercritical fluid chromatography for pharmaceutical analysis. Anal Chem, 2007, 79(6): 2472-2482.

[185] Taylor L T. Supercritical fluid chromatography. Anal Chem, 2008, 80(12): 4285-4294.

[186] Charlesworth J M. Evaporative analyzer as a mass detector for liquid chromatography. Anal Chem, 1978, 50(11): 1414-1420.

[187] Dixon R W, Peterson D S. Development and testing of a detection method for liquid chromatography based on aerosol charging. Anal Chem, 2002, 74(13): 2930-2937.

[188] Guiochon G, Moysan A, Holley C. Influence of various parameters on the response factors of the evaporative light-scattering detector for a number of non-volatile compounds. J Liq chromatogr, 1988, 11(12): 2547-2570.

[189] Nukiyama S, Tanasawa Y. An experiment on the atomization of liquid by means of air stream. Trans Jpn Soc Mech Eng, 1938, 4: 86-93.

[190] Gaudin K, Baillet A, Chaminade P. Adaptation of an evaporative light-scattering detector to micro and capillary liquid chromatography and response assessment. J Chromatogr A, 2004, 1051(1-2): 43-51.

[191] Gamache P H, McCarthy R S, Freeto S M, Asa D J, Woodcock M J, Laws K, Cole R O. HPLC analysis of non-volatile analytes using charged aerosol detection. LC-GC Eur, 2005, 18(6): 345-354.

[192] Gorecki T, Lynen F, Szucs R, Sandra P. Universal response in liquid chromatography using charged aerosol detection. Anal Chem, 2006, 78(9): 3186-3192.

[193] Hazotte A, Libong D, Matoga M, Chaminade P. Comparison of universal detectors for high-temperature

micro liquid chromatography. J Chromatogr A, 2007, 1170(1-2): 52-61.

[194] Novakova L, Lopez S A, Solichova D, Satinsky D, Kulichova B, Horna A, Solich P. Comparison of UV and charged aerosol detection approach in pharmaceutical analysis of statins. Talanta, 2009, 78(3): 834-839.

[195] Righezza M, Guiochon G. Effects of the nature of the solvent and solutes on the response of a light-scattering detector. J Liq Chromatogr, 1988, 11(9-10): 1967-2004.

[196] Deschamps F S, Baillet A, Chaminade P. Mechanism of response enhancement in evaporative light scattering detection with the addition of triethylamine and formic acid. Analyst, 2002, 127(1): 35-41.

[197] Heron S, Maloumbi M G, Dreux M, Verette E, Tchapla A. Experimental proofs of a correlation between the coefficients for the slope of the response line and the response factor of an ELSD. LC-GC Eur, 2006, 19(12): 664-672.

第6章 无机和有机离子分析

刘晓东[1]，克里斯托弗·波尔[1]，张珂[2]

1 赛默飞世尔科技，美国加利福尼亚州桑尼韦尔

2 基因泰克公司，美国南加利福尼亚州旧金山

6.1 引言

离子在日常生活中无处不在，发挥着重要作用。钠、钾、钙、氯等离子在生物体细胞中，特别是在穿膜运输方面发挥着重要作用。离子分析在水源中离子污染物的测定、生物活动监测、药物研发和确保核电站的正常运行等方面都具有重要意义。

测定离子的方法包括电位滴定法、HPLC、毛细管电泳法（capillary electrophoresis，CE）、离子色谱法（ion chromatography，IC）和电感耦合等离子体原子发射光谱法（inductively coupled plasma-atomic emission spectrometry，ICP-AES）。其中，IC 是定量分析无机离子、小分子有机离子和离子型表面活性剂等多种离子最常用的方法。在 IC 中，可以使用多种不同的固定相、流动相和检测器。本章将重点介绍如何使用 CAD 进行离子分析，在这之前，首先介绍一下其他离子分析技术的背景知识。

IC 是分析化学家进行离子分析的主要方法。IC 灵敏度高，动态范围宽（受益于使用新型、高容量固定相），是离子分析的理想选择，广泛应用于多个领域。通过使用梯度洗脱结合抑制电导检测，IC 为药物和药物制剂中的离子分析提供了强大的筛选工具，为分析对离子、添加剂和生产副产物提供了基础。此外，IC 广泛应用于如环境科学、食品科学等领域。我们今天所

熟知的 IC 始于 Small、Stevens 和 Bauman 的开创性工作[1]。多本书籍[2-5]和综述[6-7]对该方法进行了充分的介绍。

在 IC 作为离子分析的工具之前，离子交换色谱广泛应用于 HPLC 中。后来，IC 发展成为 HPLC 的一个分支，具有专用的离子分离和检测条件，如专用仪器、消耗品和检测器。尤其是，当需要极高的灵敏度时，IC 成为无机阴离子、小分子有机酸、无机阳离子和小分子胺类专属的 HPLC 分离方法。

在离子检测方面，UV 检测灵敏度高、线性范围广、成本低、操作简便以及兼容大多数流动相，广泛应用于 LC，但由于大多数常见的离子分析物吸收紫外光弱，如果有的话，UV 吸光度弱，甚至根本不吸收，UV 检测并不适用。抑制电导检测灵敏度高，但仅限于检测阴离子或阳离子，因为抑制器只能去除分析物的共离子（阴阳离子的同时检测一般是不可行的）。MS 为 HPLC 提供了一种特定的、通用的检测方法，但 MS 与 LC 联用的定量分析方法有时面临稳健性方面的局限性。此外，MS 价格高，限制了它们在常规分析中的应用。化学发光氮检测器（CLND）的精度可能较差，且需要大量的维护，而且与含氮的流动相（如含有乙腈和三乙胺的流动相）不兼容。示差折光检测器（RID）在灵敏度方面有很大的局限性，并且不兼容梯度洗脱。蒸发光散射检测器（ELSD）在精度、灵敏度、动态范围和校准曲线方面均具有较大局限性。新研发的冷凝成核光散射检测器（CNLSD）适用于检测半挥发性和非挥发性化合物，灵敏度优于 ELSD。

CAD 作为一种新型通用检测器，在 ELSD 基础上进行了重大的技术改进。虽然 CAD 的灵敏度大大低于抑制电导检测，但就通用检测器的其他各项标准来看，CAD 都有出色的表现。

相比之下，其他检测技术在性能上都有明显的缺陷，限制了其作为通用 HPLC 检测器的作用。CAD 克服了其他检测方法的多项缺点，主要优势包括对非挥发性分析物的通用检测和响应基本不受化学性质的影响、动态响应范围广、检测限覆盖纳克到微克、能够为多种分析物提供良好的精密度、操作简便、运行稳定等。然而，与其他气溶胶检测器（如 ELSD、CNLSD）一样，CAD 也有其缺点。首先，CAD 的响应会受流动相组成的影响。其次，CAD 无法提供分析物本身的信息，无法像二极管阵列检测器（DAD）或 MS 那样识别未知分析物或进行峰纯度分析。然而，如果应用得当，CAD 可用于多种检测。本章重点介绍 CAD 离子分析技术及其应用。

6.2 技术考虑

6.2.1 仪器平台

离子分析可以在配备有泵、进样器和检测器的标准不锈钢 LC 系统中使用离子交换柱进行。离子检测方法包括 UV、间接 UV、MS、CLND、RID、电导、ELSD、CNLSD 和 CAD。其中，电导检测是最常规的离子检测方法。为了最大限度地提高灵敏度、去除干扰、消除金属污染、提高重现性，强烈建议使用专门设计的非金属 IC 系统，包括专用 IC 柱、淋洗液发生器、抑制器和电导检测器。IC 灵敏度好、选择性高、线性校准曲线良好、动态范围宽并易于操作，目前已经开发了大量的 IC 应用[1-3,5]。

近年来，HPLC-CAD 已被考虑并尝试作为 IC 分析的替代方法。事实证明，CAD 可以检测药物样品中的离子，LOQ 为百万分之一（10^{-6}）[3,5]。使用 CAD 时，要求流动相是挥发性的，而分析物必须是非挥发性或半挥发性的。与 CAD 兼容的流动相通常包含去离子（DI）水、挥发性酸（如乙酸、甲酸、三氟乙酸）、挥发性缓冲盐（如乙酸铵、甲酸铵）和/或常见的 HPLC 有机溶剂（如乙腈、丙酮、甲醇、乙醇、异丙醇、己烷、庚烷等）。需要注意的是，当使用免试剂 IC（reagent-free ion chromatography，RFIC）时，离子抑制器后流出的废液只含有高纯水和目标待测物[8]，满足 CAD 检测条件。因此，HPLC 和 IC 均可以与 CAD 联用进行离子分析。

6.2.2 分离柱

使用 CAD 进行离子分析时，选择性和柱流失是选择分离柱的两个主要考虑因素。Liu 等[9-10]报道了一种新型的阴离子交换/阳离子交换/反相三种分离模式的色谱柱，分离活性药物成分（APIs）和对离子（包括阴离子和阳离子）并使用 CAD 检测。该色谱柱的化学结构见图 6.1，应用示例见图 6.2。Zhang 等[11]使用这种色谱柱（Acclaim Trinity P1，Thermo Fisher Scientific）开发了一种通用的 LC-CAD 筛选方法，用于同时测定药物中的阴阳对离子。在这项研究中，对比了包括 Primesep AB（SIELC）、ZIC-pHILIC（Merck）、Obelisc N（SIELC）和 Acclaim Trinity P1（Thermo Fisher Scientific）在内的几种混合模式色谱柱，发现 Acclaim Trinity P1 在分离 25 种药物的对离子时表现出最佳选择性。

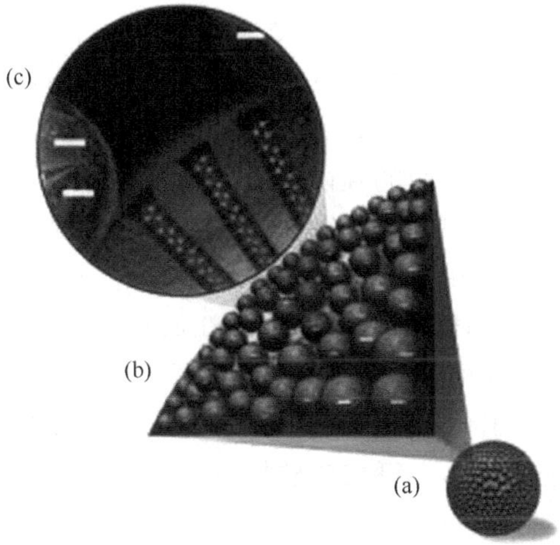

图 6.1　Acclaim Trinity P1——基于纳米聚合物硅胶杂化（NSH）技术的反相/阴离子交换/阳离子交换三种分离模式的色谱柱化学。(a) 涂覆纳米聚合物珠的硅胶颗粒概览；(b) 涂覆负电荷纳米聚合物珠的硅胶表面放大图；(c) 内孔面由反相和弱阴离子交换官能团组成，外表面发生强阳离子交换作用。资料来源：经 Thermo Fisher Scientific Inc 许可

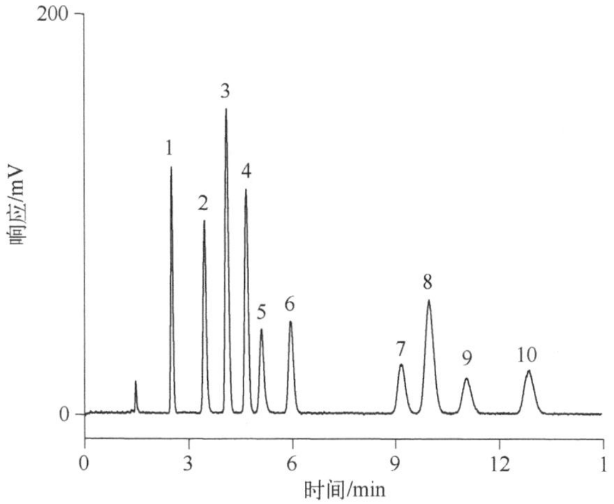

图 6.2　使用反相/阴离子交换/阳离子交换三种分离模式的色谱柱分离药物对离子。色谱柱：Acclaim Trinity P1，3.0mm×100mm 规格；流动相：乙腈/乙酸铵缓冲液，pH 5（20mmol/L 总浓度）(60：40，体积比)；流速：0.5mL/min；进样量：2μL；温度：30℃；检测：Corona Ultra（增益=100pA；滤波为 MED；雾化器温度=30℃）。样品：0.05～0.1mg/mL。色谱峰：1—胆碱或 *N,N,N*-三甲基乙醇胺；2—三(羟甲基)氨基甲烷；3—钠；4—钾；5—葡甲胺或 *N*-甲基葡萄糖；6—甲磺酸盐或甲磺酸盐；7—硝酸盐；8—氯；9—溴；10—碘化物。资料来源: Xiu 等[9]，经 Elsevier 许可

在 HILIC 模式下中，可以使用两性 IC 柱（ZIC-pHILIC，Merck）与 CAD 联用的方法来测定药物中无机药物对离子[12]。在该研究中，对三种硅胶基质 HILIC 色谱柱进行了评估。实验数据表明，在离子分析中，要获得理想的选择性和峰形，固定相应具有离子交换功能。之后的一项研究对硅胶基质两性离子 HILIC 柱（ZIC-HILIC，Merck）和阴离子交换/阳离子交换/反相三种分离模式的色谱柱（Acclaim Trinity P1，Thermo Fisher Scientific）在测定原料药（API）和对离子方面的性能进行了比较，结果表明，三种分离模式的色谱柱的多项性能优于两性离子柱（图 6.3），如对药物对离子的选择性更佳、能够同时分离 API 和相应的对离子，方法开发的灵活性更大，有机溶剂使用更少等[13]。近期，通过将 CAD 串联在离子抑制器和电导检测器之后，比较了 CAD 和抑制电导检测在无机阴、阳离子分析方面的性能（Liu X, Tracy M, Pohl C 等未发表的工作）。由于从电导检测器流出的废液只含有高纯水或含有痕量分析离子的碳酸，多种 IC 柱均可与 CAD 联用[14]。

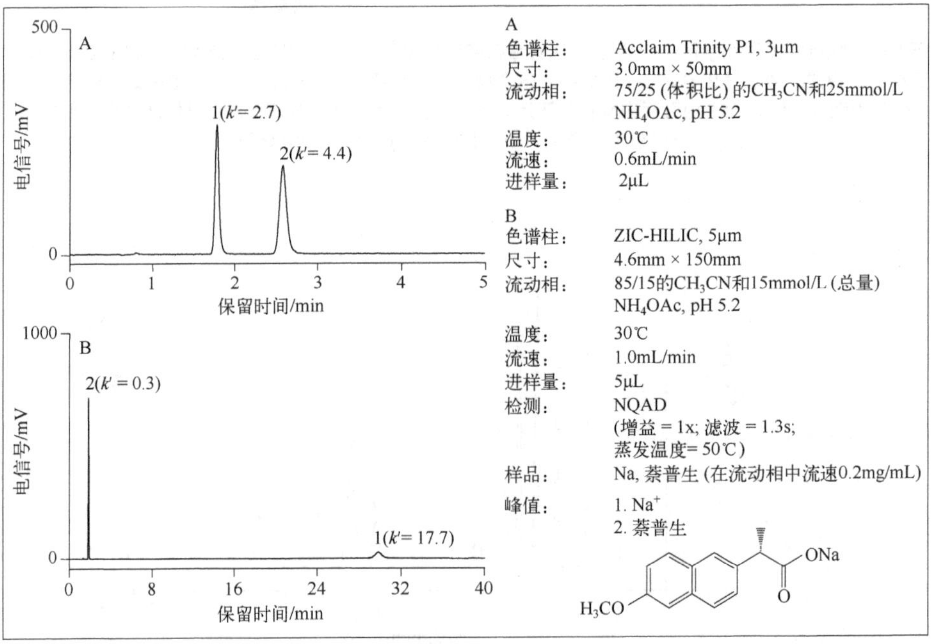

图 6.3 疏水性酸性药物及其盐类萘普生钠盐的同时分离。来源：Liu 和 Pohl[13]，经 Thermo Fisher Scientific Inc.允许

由于 CAD 是质量型“通用”检测器，具有高灵敏度，因此容易对溶解态硅胶或柱流失产生响应，从而造成检测器基线的升高。因此，在使用 CAD 时，应该选择流失最少的色谱柱，这需要官能团和基质表面具备化学稳定性，

并在合成后进行彻底清洗。据报道，一些硅胶基质色谱柱在使用CAD时表现出高背景噪声。事实上，CAD可用于柱流失的检测，作为固定相诱导降解的一个指标[15]。对于聚合物基质的色谱柱来说，柱流失的问题可能较少，与硅胶基质色谱柱相比，化学稳定性高。

Huang等用CAD评估了几种HILIC柱的柱流失[12]。通过对三种硅胶基质色谱柱（包括ZIC-HILIC、Waters Atlantis HILIC和Phenomenex Luna HILIC）和一种聚合物色谱柱（ZIC-pHILIC）比较，发现不同色谱柱的基线噪声差异很大。当使用硅胶基质色谱柱（ZIC-HILIC和Atlantis HILIC）时，观察到Corona® CAD有明显的基线噪声（＞50pA），可认为是色谱柱流失造成的。在相同的条件下，ZIC-pHILIC和Luna HILIC的基线噪声可以忽略不计，这表明色谱柱流失最小。在另一项研究中，比较了不同的混合模式色谱柱，包括Primesep AB、ZIC-pHILIC、Obelisc N和Acclaim Trinity P1的基线噪声[11]。在这些色谱柱中，Primesep AB色谱柱基线噪声明显（在200pA总基线噪声中超过50pA）。其余三根色谱柱的基线低于5pA，并与CAD兼容。最近一项关于IC电导和CAD检测的比较研究表明，IonPac AS18（Thermo Fisher Scientific）和IonPac CS12A（Thermo Fisher Scientific）色谱柱的基线噪声都可以忽略不计，并且在使用抑制器时与CAD完全兼容（Liu X, Tracy M, Pohl C未发表的工作）。

6.2.3 流动相

CAD检测需要使用挥发性流动相。流动相通常包含去离子水、挥发性酸（如乙酸、甲酸、三氟乙酸）、挥发性缓冲盐（如乙酸铵、甲酸铵）和/或常见的HPLC有机溶剂（如乙腈、丙酮、甲醇、乙醇、异丙醇、己烷、庚烷等）。CAD响应对流动相中的污染物很敏感。为了获得最低的基线噪声和最佳的灵敏度，流动相必须不含非挥发性杂质，因此需要使用高纯度的缓冲盐、去离子水、酸或碱添加剂和有机溶剂。

流动相的组成，如有机溶剂、缓冲液浓度和pH值，对离子分析物的保留至关重要。Risley和Pack[16]报道了一项全面的研究，即在HILIC模式下，使用两性离子固定相时流动相的有机成分、pH值和缓冲液浓度如何影响离子分析物的保留。Liu和Pohl比较了阴离子交换/阳离子交换/反相三种分离模式的色谱柱，认为有机溶剂、缓冲液浓度、盐类和pH值对离子分析物的保留行为影响非常大。换句话说，可以根据具体要求，通过调整这些变量来优化选择性[9]。Zhang等在药用对离子分析中证实了这一结论[11]。因此，为了获得可重复的结果，需要精确地制备流动相。研究发现，对于使用 Acclaim Trinity P1（阴离子交换/阳离子交换/反相三种分离模式的色谱柱）和 Corona ultra 检测器分析无机离子，当流动相分别含有 20%和 60%的乙腈时，Na^+ 和 Cl^-的灵敏度最好（Liu X, Tracy M, Pohl C 未发表的工作）。

CAD 的响应受雾化器中产生的气溶胶大小影响。由于气溶胶的大小取决于流动相的密度、黏度和界面张力，所以 CAD 对添加到流动相中的缓冲溶液和有机溶剂的类型和浓度很敏感。Mitchell 等[17]对 12 种亲水化合物的研究发现，CAD 在 HILIC 模式（90%乙腈-10%缓冲液）下的灵敏度为 RP 模式（5%乙腈-95%缓冲液）的 5～10 倍。CAD 的响应对流动相中的添加剂也很敏感。Vervoort 等研究了流动相（60%的水+40%的乙腈）中不同浓度乙酸铵（5mmol/L、10mmol/L 和 20mmol/L）对 ELSD 和 CAD 响应的影响，并得出结论：在低缓冲液浓度下，CAD 的表现明显优于 ELSD，但在较高的缓冲液浓度下，CAD 的信噪比明显下降。使用挥发性的酸，如甲酸或乙酸，CAD 可完全兼容[18]。一般建议流动相中的缓冲液总浓度应低于 100mmol/L，以获得最佳灵敏度。

CAD 是质量型检测器，其响应并不像 UV 检测器那样受分析物的光谱性质或物理化学特性影响。理论上，CAD 对等量的不同分析物产生的响应类似。例如，Gamache 等在等度洗脱条件下，对 17 种化学性质不同的化合物进行检测，结果发现，对于等量的化合物，其响应差异很小[19]。然而，这些化合物的响应之间约有 7%的相对标准偏差（RSD），这表明 CAD 的响应取决于分析物的挥发性[19]。CAD 的响应会受到生成颗粒直径的影响，因此取决于流动相的组成。在梯度洗脱色谱法中，响应因子会随着流动相组成的改变而显著变化，这是蒸发式气溶胶检测器的一个主要缺点[20]。流动相中的有机物含量越高，雾化器的传输效率就越高，从而使到达喷雾室的颗粒数量更多，信号也更高[21]。Gorecki 等[20]提出了一种基于流动相补偿的方法来解决这个问题。其原理是为检测器提供恒定的流动相组成。在这种方法中，由第二个泵提供成分完全相反的流动相，并通过柱后加入，确保检测器入口处的流动相成分恒定。通过这种方法，可得到稳定的响应，而不受柱中流动相成分的影响。在现代 IC 中，流动相通常是氢氧化物、碳酸盐或甲磺酸水溶液。通过使用淋洗液发生器和抑制器，流出离子抑制器之后的溶液只含有高纯水（挥发性）和目标待测物（非挥发性），为 CAD 操作提供了理想的条件。此外，IC 制造商通常为大多数离子分析规定了“标准的”分离条件。特别是对于只需要水来进行离子分析的 RFIC 来说，CAD 可以在抑制器之后使用，没有必要使用梯度法来进行流动相补偿[22]。

6.2.4　CAD 参数设置

CAD 的操作过程如下。首先，用气流将色谱系统的流动相雾化。然后，产生的气溶胶通过漂移管运输，其中的挥发性成分和溶剂被蒸发掉。最后，干燥的粒子流被第二流路通过一个高压铂金针的氮气流荷电，使用静电计对荷电粒子通量进行测量。CAD 操作简单，只需要设置几个参数，如气体（氮气或空气）压力、雾化器温度或温度范围、信号输出范围等。通常情况下，气体压力设置为 35psi（1psi = 6895Pa），雾化器温度范围为 10～50℃，信号输出范围为 50～200pA。Eom 等[23]研究表明，在大多数情况下，氮气的纯度对 CAD 的灵敏度没有明显影响。一般来说，虽然在 CAD 操作中没有必要使用高纯度的氮气，但需要注意气体应该不含颗粒。对于无机离子分析，研究发现雾化器温度高于 30℃是获得良好灵敏度的必要条件（Liu X, Tracy M, Pohl C 未发表的工作）。

6.2.5　灵敏度

与 ELSD 相比，CAD 为多种分析物提供了更高的灵敏度和更低的 LOD，而不受其化学结构的影响。一般来说，CAD 可以很容易地检测出纳克级的目标物，灵敏度比 ELSD 高 2～10 倍。这种灵敏度的提高对于测定没有发色团的药物杂质非常重要。在母体化合物中检测 0.05%（或几个 ng）的杂质通常是可以实现的。最近的一项研究（Liu X, Tracy M, Pohl C 未发表的工作）使用 CAD、ELSD 和抑制电导检测进行离子分析，结果显示，CAD 对 Na^+ 和 Cl^-的 LOD 比 ELSD 低，分别为其 1/5 和 1/12（图 6.4）。在同一研究中，还发现电导检测比 CAD 的灵敏度高约两个数量级。

6.2.6　校准曲线、动态范围、准确度和精密度

CAD 是质量型检测器，其响应并不像部分 UV 检测器那样与目标待测物的光谱或理化性质相关。在 CAD 中，信号和分析物的数量之间是非线性关系，其中响应面积和分析物质量之间的关系可以用 Vehovec 和 Obreza[24]的研究结果进行描述：

$$A = aMb \tag{6.1}$$

式中，A 是检测器的响应面积；M 是分析物的质量；a 和 b 是与分析物和色谱条件有关的数值。

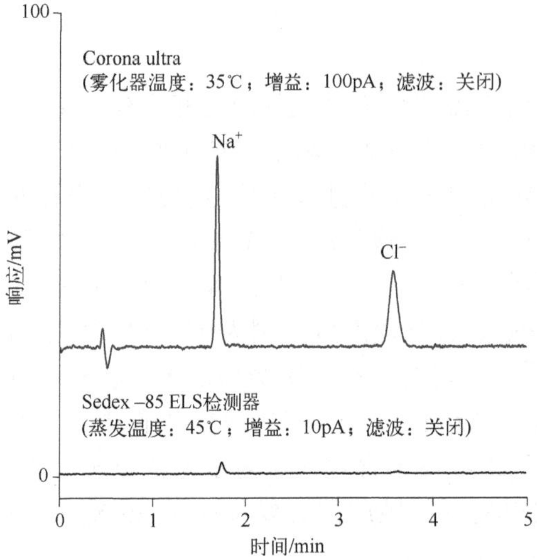

色谱柱：Acclaim Trinity P1, 3μm
尺寸：3.0mm × 50mm
流动相：60/15/25(体积比)的CH_3CN+0.1mol/L NH_4OAc, pH 5.2+D.I. H_2O
柱温：30°C
流速：0.6mL/min
进样体积：5μL
进样量：5ng
检测：Corona Ultra或Sedex –85 ELS检测器
样品：去离子水中的NaCl (浓度为1mg/L钠计)

检测器	Na^+ [S/N]	Na^+ [LOD] /ng	Cl^- [S/N]	Cl^- [LOD] /ng
Corona Ultra	71	0.2	27	0.9
Sedex –85	13	1.2	2	>11

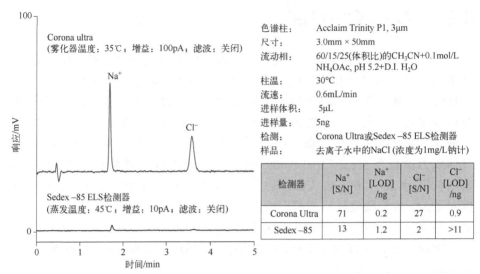

图 6.4　CAD 和 ELSD 对 Na^+和 Cl^-的灵敏度比较。资料来源：Acclaim Trinity P1 数据手册，经 Thermo Fisher Scientific Inc 许可

式（6.1）可以转化为

$$\lg A = b\lg M + \lg a \qquad (6.2)$$

将峰面积与分析物数量的双对数进行作图，得到线性曲线，用于校准。通过该方法，可以在使用 CAD 的两点或三点校准曲线时实现准确定量。

通过 CAD 可以获得抛物线校准曲线。Vervoort 等[18]的研究表明，使用两点或三点校准曲线时，高浓度样品的回收率始终在 98%～102%之间。低浓度的情况也是如此。然而，当浓度水平很低或浓度范围很小时，校准曲线接近于线性。另一项在使用 CAD 分析依替膦酸钠和相关杂质（磷酸盐和亚磷酸盐）的研究中，获得了良好的相关系数（依替膦酸钠、磷酸盐和亚磷酸盐分别为 0.9981、0.9953 和 0.9956）和出色的回收率（依替膦酸钠、磷酸盐和亚磷酸盐分别为 95.9%～102.6%、94.5%～103.6%和 96.5%～107.9%）[25]。Huang 等使用 Corona CAD[12]评估了多种药物对离子的线性和回收率。在大约两个数量级的范围内，响应与离子浓度的关系是非线性的，但在更小浓度范围内（标称浓度的 75%～125%，标称浓度通常为 50mg/L），无机离子的响应与浓度的线性回归 r^2＞0.995。然而，强制通过零点的单点曲线确定的理论峰面积与原始峰面积之间的百分比偏差是不能忽视的。

精密度，更具体地说是系统的可重复性，是由不同浓度水平样品混合物的重复进样推断出来的。CAD 的精密度明显优于 ELSD。Vervoort 等对 10 种亲水药物分子的研究表明，在 1～0.05mg/mL 的浓度范围内，RSD 为

2.0%～3.0%。当浓度小于 0.05mg/mL 时，精密度下降，RSD 在 10%～20% 之间[18]。Huang 等对无机药用对离子进行测定，结果表明，六种药物中的 Cl^-、K^+、Ca^{2+}和 SO_4^{2-}均获得了出色的系统精密度，每组六次标准进样的 RSD 小于 2.0%[12]。Zhang 等在另一项药物对离子测定研究中，分析了三种药物萘普生钠、盐酸腺嘌呤和化合物 X 的富马酸盐中的对离子，校准曲线在规定范围内呈线性，准确度在理论值的 99.0%～101.0%范围内，RSD 小于 2.0%[11]。在使用 CAD 检测依替膦酸钠和相关杂质（如磷酸盐和亚磷酸盐）的研究中[25]，Liu 等在方法验证时评估了 LOQ（S/N=10∶1）和 LOD（S/N=3:1）的 RSD。依替膦酸钠的 LOQ 和 LOD 分别为 144ng 和 50ng，RSD 分别为 3.1% 和 14.7%。磷酸盐和亚磷酸酯的 LOQ 为 75ng，RSD 为 2.0%。当进样量为 5μL 时，磷酸盐和亚磷酸酯的 LOQ 相当于 0.015mg/mL 或依替膦酸钠测定浓度的 0.3%。磷酸盐和亚磷酸酯的 LOD 为 50ng，磷酸盐的 RSD 为 4.4%，亚磷酸酯的 RSD 为 10.7%。

CAD 的动态范围使其能够实现从纳克到微克四个数量级范围的定量。结合出色的灵敏度、准确度和精密度，CAD 在单次测量分析物和低浓度杂质时比 ELSD 具有明显优势[24]。

6.3 应用

由于许多离子具有弱发色团，或无发色团，UV 检测在离子分析中的应用有限。通常利用电导检测器、RID 和 ELSD 来检测离子。CAD 是一种通用的检测器，适用于非挥发性化合物的检测。CAD 具有良好的灵敏度、准确性、重复性和足够的线性。自 2005 年商业化 CAD 推出以来，使用 CAD 作为离子分析替代技术的兴趣迅速增长，尤其是在制药行业[26]。

6.3.1　药用对离子和盐类

盐作为反离子已被常规用于药物中，以改善药物的溶解度、稳定性和可加工性。美国食品和药品监督管理局（FDA）批准的活性药物中，约有一半以盐的形式存在[27]。对离子的最终浓度会影响药物的效力、稳定性和生物有效性，因此对离子的控制是药物规范中的一个关键因素。由于大多数对离子缺乏紫外发色团，CAD 在对离子分析中得到了广泛的应用[11-12,28]。

CAD 的一个优势是，只要灵敏度要求大于纳克级，如药物对离子分析，就不需要专用的 IC 系统来进行离子分析。在这种情况下，CAD 可以连接到传统的 HPLC 系统，该系统通常配备有 UV 检测器，因此同一台仪器不仅可以用于离子分析，还可以用于其他用途，如化验、杂质和含量均匀度测试等。这也使得实验室之间的方法转移更加容易，因为许多分析实验室都已经配备了传统的 HPLC 系统。CAD 的另一个优势是，当使用适当的色谱柱时，无须为阳离子和阴离子设定单独的方法，否则需要通过 IC 进行不同的色谱柱和仪器配置。在这方面，很大程度上要归功于近年来成功的混合模式柱技术和 HILIC 分离模式[9-12,16,28]。混合模式色谱柱和 CAD 检测的结合对离子、极性和非紫外吸收性化合物的分析有很大帮助。各种离子，无论是阳离子或阴离子、无机或有机、单价或多价，都可以通过使用传统的 HPLC 和 CAD 进行同时分离。分离机制包括离子交换、反相和 HILIC 相互作用。

如图 6.5 所示，Zhang 等[11]使用混合模式色谱柱 Dionex Acclaim Trinity P1 进行分离和 CAD 检测，开发了一种通用方法，可在 20min 内同时分离 25 种常用的阴离子和阳离子的药物对离子。离子包括：

① 阴离子（根据药物出现的顺序）：氯化物、硫酸盐、溴化物、马来酸盐、甲磺酸盐、酒石酸盐、柠檬酸盐、磷酸盐、富马酸盐、硝酸盐、乳酸盐、琥珀酸盐、苯磺酸盐、苹果酸盐、葡萄糖酸盐和对苯二甲酸盐。

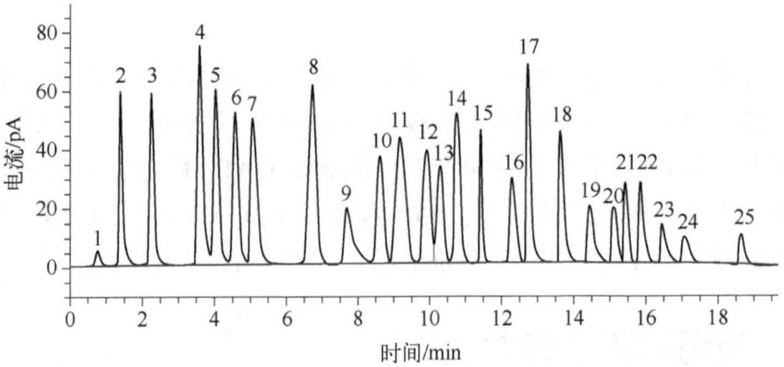

图 6.5 分离 25 种常见药物离子的色谱图。色谱柱：Acclaim Trinity P1，规格 3.0mm×50mm；流动相：A，乙腈；B，200mmol/L 铵离子（pH 4.0）；C，去离子水；梯度洗脱；流速，0.5mL/min；进样量，5μL；温度，35℃；检测，Corona CAD。色谱峰：1—乳酸；2—普鲁卡因；3—胆碱；4—氨基丁三醇；5—钠；6—钾；7—葡甲胺；8—甲磺酸；9—葡萄糖酸；10—马来酸盐；11—硝酸盐；12—氯化物；13—溴化物；14—苯磺酸盐；15—琥珀酸盐；16—对甲苯磺酸盐；17—磷酸盐；18—苹果酸盐；19—锌；20—镁；21—富马酸盐；22—酒石酸盐；23—柠檬酸盐；24—钙；25—硫酸盐。资料来源：Zhang 等[11]，经 Elsevier 许可

② 阳离子（根据药物出现的顺序）：钠、钙、钾、麦芽糖、氨丁三醇（Tris）、锌、镁、普鲁卡因和胆碱。

由于对离子和 API 的理化性质差异较大，一般分离良好，且不受 API 基质的干扰。图 6.6 显示了对离子及其 APIs 的分离情况。该方法在规定的范围内显示出良好的线性，准确度在 99.0%～101.0%之间，RSD 小于 2.0%。

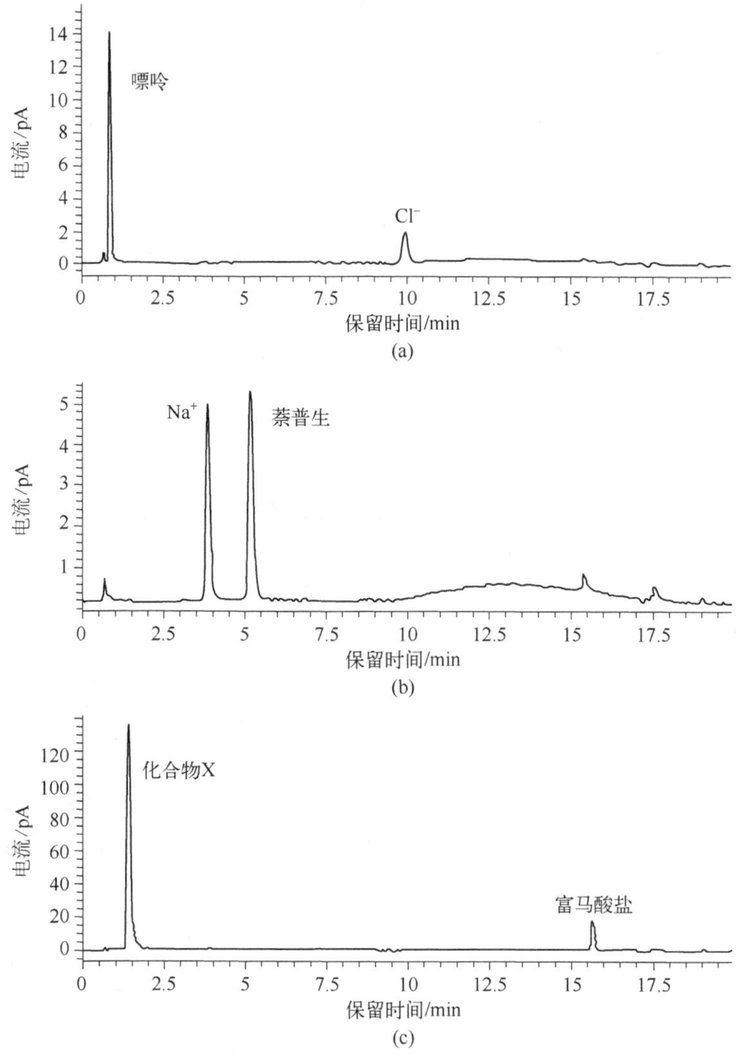

图 6.6　分离活性药物成分及其对离子的色谱图。色谱柱，Acclaim Trinity P1，3.0mm×50mm 规格；流动相：A，乙腈；B，200mmol/L 铵离子（pH 4.0）；C，去离子水；梯度洗脱；流速，0.5mL/min；进样量，5μL；温度，35℃；检测，Corona CAD。样品：盐酸腺嘌呤（a）、萘普生钠（b）以及化合物 X 富马酸盐（c）。资料来源：Zhang 等[11]，经 Elsevier 许可

Huang 等[12]使用 Sequant ZIC-pHILIC 色谱柱，根据离子的价态，采用两种不同的方法分离了无机对离子：①150mm 色谱柱，pH 7.0 的乙酸铵缓冲液-乙腈（25:75）流动相，用于检测单价离子，如 NO_3^-、Cl^-、Br^-、Na^+和 K^+；②50mm 色谱柱，pH 3.5 的甲酸铵-乙腈（30:70）流动相，用于检测多价离子，如 Ca^{2+}、Mg^{2+}、SO_4^{2-}和 PO_4^{3-}。所有被测离子的结果都表现出良好的系统精度，其 RSD 小于 2.0%。在同一研究中，与 IC 相比，几种药物中的 Cl^-检测表现出更好的准确性。作者使用三点标准校准曲线进行对离子定量，以克服单点曲线的百分比偏差。

由于对离子可能占药物物质的 5%～30%（质量浓度），大多数检测技术的灵敏度应足以满足检测和化学计量计算的目的。然而，盐类也可以作为不良杂质存在于药物产品中，这些杂质来自于原材料、上游合成物或污染，因此，微量离子的定量和控制是至关重要的，特别是可能形成潜在的基因毒性杂质时，如烷基甲磺酸。根据进样量的不同，对大多数离子可使用 CAD 获得纳克水平或 10^{-6} 及以下水平的灵敏度[11,28]。

6.3.2 双膦酸盐

双膦酸盐是一类防止骨质流失的药物。双膦酸盐的分析一直具有挑战性，因为这些分子是极性和离子型的，而且大多数没有紫外发色团。已有研究使用柱前衍生化、间接 UV 分析、离子对和 CE 方法来对其进行分离和检测。依替膦酸钠双膦酸盐及其杂质膦酸盐和亚膦酸酯无 UV 发色团，具有高离子性，因此难以用常规的 HPLC 柱分离，也难以用普通的分光光度法检测。Liu 等[25]利用混合模式色谱柱（Primesep SB）和 CAD 检测，开发了一种依替膦酸二钠及其相关物质稳定性表征的方法。该方法在特异性、线性、准确性、精密性、灵敏度和稳定性方面得到了验证。依替膦酸钠的峰面积与浓度不具备线性相关性。作者采用对数校准方程，发现不同浓度的依替膦酸钠的回收率在 95.9%～102.6%之间，磷酸盐和亚磷酸酯的回收率分别为 94.5%～103.6%和 96.5%～107.9%。该方法对依替膦酸钠和杂质检测具有良好的准确度和精密度。依替膦酸钠的 LOQ 和 LOD 分别为 144ng 和 50ng，RSD 分别为 3.1%和 14.7%。磷酸盐和亚磷酸酯的 LOQ 为 75ng，RSD 为 2.0%。磷酸盐和亚磷酸酯的 LOD 为 50ng，磷酸盐的 RSD 为 4.4%，亚磷酸酯为 10.7%。尽管据报道 CAD 是一种通用检测器，其响应大小与目标待测物的化学特性无关，但 Liu 等通过使用依替膦酸钠标准品观察到杂质水平的磷酸盐和亚磷酸酯具有不同的回收率。

6.3.3 磷酸化糖

磷酸化糖是多种中枢代谢途径中的重要代谢物。磷酸化糖的单个异构体的色谱分离是至关重要的，因为这些异构体呈现相似的裂解规律，无法通过 MS/MS 检测进行区分。然而，由于磷酸化糖的亲水性和大多数糖缺乏明显的紫外吸收基团，色谱分离和检测具有挑战性。Hinterwirth 等[29]报道了用反相/弱阴离子交换混合模式柱和 CAD 对异构糖磷酸盐进行分离分析。采用的是固定相为 3-氨基奎宁环衍生的和 3-α-氨基托烷衍生的反相/弱阴离子交换混合模式柱。当色谱柱在 HILIC 模式下运行时，可获得最佳结果。酸性条件下，6-磷酸葡萄糖的 α-和 β-异构体在低温下完全分离。

6.3.4 离子液体

离子液体，又称液态盐，是一类熔点低于水沸点的有机盐。由于工业应用广泛，人们对离子液体的兴趣迅速增长。对于具有紫外吸收基团的离子液体，如咪唑类和吡啶类分子，可以通过紫外检测器进行分析，但对于缺乏发色团的离子液体，如铵基和鏻基的分子，CAD 是非常有吸引力的。Stojanovic 等将 CAD 检测无发色团的脂肪族阳离子与二极管阵列检测芳香族阴离子的方法结合起来，用于同时分析一组由甲基三辛基氯化铵（Aliquat 336）或三己基十四烷基氯化鏻衍生的新的离子液体[30]。在这项研究中，使用 Gemini C18 柱和 0.1% TFA（水）作为流动相 A，0.1% TFA（乙腈）作为流动相 B，建立了梯度分离法。由于缺乏单一组分标准品，作者针对离子液体中季铵阳离子的定量分析建立了一个统一的校准函数。对于被测离子，该方法的 LOD 为纳克级，这与其他化合物报道的数值一致。

6.3.5 杀虫剂

卤代烃是广泛使用的有机农药，一些细菌可以从卤代烃中释放卤化物阴离子。环境中卤代烃的含量可以通过卤素阴离子的定量来分析。Mikelova 等[31]比较了安培法、库仑法和 CAD 对农药环境污染的评估，发现 CAD 的氯离子检测限为 30μmol/L，库仑法为 100mmol/L，安培法为 1nmol/L。该研究采用了阴离子交换柱（Hamilton PRP-X100）。

6.3.6 其他应用

CAD 广泛应用于胆汁盐的分析。据报道，CAD 在胆汁酸的测定中比 UV 检测器、RID 和 ELSD 具有更好的灵敏度。Vertzoni 等[32]开发并验证了一种 CAD 与 HPLC 联用的梯度分离方法来测定单个胆汁盐，并将该方法应用于测定人类胃和十二指肠吸出物中的胆汁酸。CAD 与 HPLC 梯度法亦可应用于表征升结肠的胆汁盐含量[33]。

磷脂是细胞膜的主要成分，广泛用于食品、药品和化妆品中。CAD 还用于分析两性脂质，如磷脂酰胆碱（PC）、磷脂酰乙醇胺（PE）及其水解形式 Lyso-PC 和 Lyso-PE[34-35]。Chojnacka 等[36]报道了使用 CAD 和正相色谱分离分析磷脂，来研究 α-亚麻酸对蛋黄 PC 的酶法富集。

除了上文所述应用，CAD 也被用于分析无紫外发色团或紫外发色团弱的极性离子，如氨基酸[37-38]、抗生素（如硫酸庆大霉素）[39]和药物起始物料[40]。

6.4 小结

CAD 代表了气溶胶检测器技术的最新进展。它的主要优点包括对非挥发性或半挥发性分析物的通用检测，响应基本上不受化学性质的影响，动态响应范围宽（分析物的量从纳克到微克），灵敏度高，对各种分析物均有很好的精度，操作简单可靠。虽然一直以来，抑制电导检测的 IC 由于其出色的灵敏度和选择性而被广泛用于离子分析中，但 CAD 对样品基质简单、灵敏度要求不高（$>1\times10^{-6}$）的应用非常有益，如制药中的对离子分析。

使用 CAD 进行离子分析时，要获得满意的结果需要考虑仪器平台、CAD 参数设置、色谱柱选择和流动相等多个因素。CAD 可以与 LC 或 IC 联用。其操作简单，只需设置少量可控参数，如气体输入压力、雾化温度、信号输出范围等。对于新型 CAD 仪器，蒸发温度是可用于检测器优化的附加参数。色谱柱对 CAD 的离子分析至关重要，色谱柱不仅要满足所需的选择性，而且为了获得良好的灵敏度，柱流失要最小。此外，CAD 兼容的流动相需要具有挥发性且不含非挥发性杂质，需要使用质量最好的有机溶剂、去离子水和其他添加剂。在进行梯度洗脱时，可以使用流动相补偿（反梯度）来实现恒定的响应，从而不受色谱柱中的流动相成分的影响。

自 2005 年首次亮相以来，首批商业化的 CAD（Corona CAD）已成功用于药物分析，如对离子、药物检测等。尽管 CAD 对无机离子和小分子有机离子的灵敏度或选择性不如电导检测，但它能够兼容 LC 和 IC，灵敏度和精密度优于 ELSD，在较窄的校准范围内响应趋近线性，并且使用混合模式色谱柱可以同时分析阴离子和阳离子以及同时分析 APIs 和离子。预计 CAD 将在制药应用以及其他可以充分发挥其优点的领域获得更多的认可。

参考文献

[1] Small H, Stevens T S, Bauman W C. Novel ion exchange chromatographic method using conductimetric detection. Anal Chem, 1975, 47(11): 1801-1809.

[2] Small H, Ion Chromatography. Plenum: New York, 1989.

[3] Haddad P R, Jackson P E. Ion chromatography principles and applications. Journal of Chromatography Library 1990, 46, 1.

[4] Fritz J S, Gjerde D T. Ion Chromatography. Wiley-VCH: Weinheim, 2000.

[5] Weiss J. Ionenchromatographie. 3rd ed., Wiley-VCH: Weinheim, 2001.

[6] Pohl C, Stillian J R, Jackson P E. Factors controlling ion-exchange selectivity in suppressed ion chromatography. J Chromatogr A, 1997, 789, 29-41.

[7] Jackson P E, Pohl C A. Advances in stationary phase development in suppressed ion chromatography. Trends in Anal Chem, 1997, 16(7): 393-400.

[8] Liu Y, Srinivasan K, Pohl C, Avdalovic N. Recent developments in electrolytic devices for ion chromatography. Journal of Biochemical and Biophysical Methods 2004, 60, 205-232.

[9] Liu X, Pohl C, Woodruff A, Chen J. Chromatographic evaluation of reversedphase/anion-exchange/cation-exchange trimodal stationary phases prepared by electrostatically driven self-assembly process. J Chromatogr A, 2011, 1218(22): 3407-3412.

[10] Liu X, Pohl C. HILIC behavior of a reversed-phase/cation-exchange/anion-exchange trimode column. J Sep Sci, 2010, 33(6-7): 779-786.

[11] Zhang K, Dai L, Chetwyn NP. Simultaneous determination of positive and negative pharmaceutical counterions using mixed-mode chromatographycoupled with charged aerosol detector. J Chromatogr A, 2010, 1217(37): 5776-5784.

[12] Huang Z, Richards M A, Zha Y, Francis R, Lozano R, Ruan J. Determination of inorganic pharmaceutical counterions using hydrophilic interaction chromatography coupled with a CoronaR CAD detector. Journal of Pharmaceutical and Biomedical Analysis 2009, 50(5): 809-814.

[13] Liu X, Pohl C. Is HILIC the Best Way for Determination of Active Pharmaceutical Ingredients and Counterions? Poster, presented at HPLC 2010, June 21, 2010, Boston.

[14] Pohl C. Recent developments in ion-exchange columns for inorganic ions and low molecular weight ionizable molecules. LC-GC North America 2010, 28, 24-31.

[15] Teutenberg T, Tuerk J, Holzhauser M, Kiffmeyer T K. Evaluation of column bleed by using an ultraviolet and a charged aerosol detector coupled to a high-temperature liquid chromatographic system. J Chromatogr A, 2006, 1119(1-2): 197-201.

[16] Risley D S, Pack B W. Simultaneous determination of positive and negative counterions using a hydrophilic interaction chromatography method. LC-GC North America 2006, 24: 82-90.

[17] Mitchell C R, Bao Y, Benz N J, Zhang S. Comparison of the sensitivity of evaporative universal detectors and LC/MS in the HILIC and the reversedphase HPLC modes. Journal of Chromatography B 2009, 877(32): 4133-4139.

[18] Vervoort N, Daemen D, Torok G. Performance evaluation of evaporative light scattering detection and charged aerosol detection in reversed phase liquid chromatography. J Chromatogr A, 2008, 1189(1-2): 92-100.

[19] Gamache P H, Mccarthy R S, Freeto S M, Asa D J, Woodcock M J, Laws K, Cole R O. HPLC analysis of nonvolatile analytes using charged aerosol detection. LCGC North America 2005, 23(2): 155-161.

[20] Gorecki T, Lynen F, Szucs R, Sandra P. Universal response in liquid chromatography using charged aerosol detection. Anal Chem, 2006, 78: 3186-3192.

[21] Cobb Z, Shaw P N, Lloyd L L, Wrench N, Barrett D A. Evaporative lightscattering detection coupled to microcolumn liquid chromatography for the analysis of underivatized amino acids: Sensitivity, linearity of response and comparisons with UV absorbance detection. Journal of Microcolumn Separations 2001, 13(4): 169-175.

[22]Thermo Fisher Scientific. Website: Datasheet of Eluent Suppressors for Ion Chromatography, https://tools.thermofisher.com/content/sfs/brochures/PS-70690-IC-Eluent-Suppressors-PS70690-EN.pdf(accessed February 1, 2017).

[23] Eom H Y, Park S Y, Kim M K, Suh J H, Yeom H, Min J W, Kim U, Lee J, Youm J R, Han S B. Comparison between evaporative light scattering detection and charged aerosol detection for the analysis of saikosaponins. J Chromatogr A, 2010, 1217(26): 4347-4354.

[24] Vehovec T, Obreza A. Review of operating principle and applications of the charged aerosol detector. J Chromatogr A, 2010, 1217(10): 1549-1556.

[25] Liu X K, Fang J B, Cauchon N, Zhou P. Direct stability-indicating method development and validation for analysis of etidronate disodium using a mixed-mode column and charged aerosol detector. Journal of Pharmaceutical and Biomedical Analysis 2008, 46(4): 639-644.

[26] Swartz M, Emanuele M, Awad A, Hartley D. Charged aerosol detection in pharmaceutical analysis: An overview. LC-GC Chromatography Online 2009, 27: 40-48.

[27] Paulekuhn G S, Dressman J B, Saal C. Trends in active pharmaceutical ingredient salt selection based on analysis of the orange book database. Journal of Medicinal Chemistry 2007, 50(26): 6665-6672.

[28] Crafts C, Bailey B, Plante M, Acworth I. Evaluation of methods for the simultaneous analysis of cations and anions using HPLC with charged aerosol detection and a zwitterionic stationary phase. J Chromatogr Sci, 2009, 47: 534-539.

[29] Hinterwirth H, Lammerhofer M, Preinerstorfer B, Gargano A, Reischl R, Bicker W, Trapp O, Brecker L, Lindner W. Selectivity issues in targeted metabolomics: Separation of phosphorylated carbohydrate isomers by mixed-mode hydrophilic interaction/weak anion exchange chromatography. J Sep Sci, 2010, 33: 3273-3282.

[30] Stojanovic A, Lammerhofer M, Kogelnig D, Schiesel S, Sturm M, Galanski M, Krachler R, Keppler B K, Lindner W. Analysis of quaternary ammonium and phosphonium ionic liquids by reversed-phase high-perfo-

rmance liquid chromatography with charged aerosol detection and unified calibration. J Chromatogr A, 2008, 1209(1-2): 179-187.

[31] Mikelova R, Prokop Z, Stejskal K, Adam V, Beklova M, Trnkova L, Kulichova B, Horna A, Chaloupkova R, Damborsky J, Kizek R. Enzymatic reaction coupled with flow-injection analysis with charged aerosol, coulometric, or amperometric detection for estimation of contamination of the environment by pesticides. Chromatographia 2008, 67: 47-53.

[32] Vertzoni M, Archontaki H, Reppas C. Determination of intraluminal individual bile acids by HPLC with charged aerosol detection. Journal of Lipid Research 2008, 49: 2690-2695.

[33] Diakidou A, Vertzoni M, Goumas K, Soderlind E, Abrahamsson B, Dressman J, Reppas C. Characterization of the contents of ascending colon to which drugs are exposed after oral administration to healthy adults. Pharmaceutical Research 2009, 26(9): 2141-2151.

[34] Nair L M, Werling J O. Aerosol based detectors for the investigation of phospholipid hydrolysis in a pharmaceutical suspension formulation. Journal of Pharmaceutical and Biomedical Analysis 2009, 49(1): 95-99.

[35] Moreau R A. The analysis of lipids via HPLC with a charged aerosol detector. Lipids 2006, 41, 727-734.

[36] Chojnacka A, Gładkowski W, Kiełbowicz G, Wawrzeńczyk C. Enzymatic enrichment of egg-yolk phosphatidylcholine with α-linolenic acid. Biotechnology Letters 2009, 31(5): 705-709.

[37] Holzgrabe U, Nap C J, Beyer T, Almeling S. Alternatives to amino acid analysis for the purity control of pharmaceutical grade L-alanine. J Sep Sci, 2010, 33(16): 2402-2410.

[38] Holzgrabe U, Nap C J, Almeling S. Control of impurities in L-aspartic acid and L-alanine by high-performance liquid chromatography coupled with a corona charged aerosol detector. J Chromatogr A, 2010, 1217(3): 294-301.

[39] Joseph A, Rustum A. Development and validation of a RP-HPLC method for the determination of gentamicin sulfate and its related substances in a pharmaceutical cream using a short pentafluorophenyl column and a charged aerosol detector. J Pharmaceut Biomed Anal, 2010, 51(3): 521-531.

[40] Soman A, Jerfy M, Swanek F. Validated HPLC method for the quantitative analysis of a 4-methanesulfonyl-piperidine hydrochloride salt. J Liq Chromatogr R T 2009, 32(7): 1000-1009.

第 7 章 液相色谱-电雾式检测分析糖类化合物

杰弗里·罗勒[1]，北村真一[2]

1 赛默飞世尔科技，美国加利福尼亚州森尼韦尔

2 大阪府立大学生命与环境科学院，日本大阪

7.1 摘要

在撰写本文时，CAD 的商业化应用还不到 10 年，但由于它能够检测缺乏强紫外发色团的分析物，而且比同类检测器灵敏度更高、动态范围更宽，其应用得到快速推广。在糖分析领域，CAD 在高灵敏度的应用和常规灵敏度的应用之间找到了一个平衡。本章表明：在使用挥发性流动相的应用中，尤其是需要更高灵敏度或更宽动态响应范围时，CAD 已经取代了其他检测器。其应用范围覆盖小分子糖类到大分子寡糖和分子量较小的多糖。根据前文提到的 CAD 的优势，可预计在糖类化合物应用中，CAD 将取代 RID、UV 和 ELSD。更多关于 CAD 在糖分析中的最新应用，请见第 2 章。

7.2
液相色谱法分析糖类化合物

可用于糖类化合物检测的 LC 方法很多。在某种程度上，方法的多样性反映了糖类化合物的种类繁杂、样品类型多、浓度范围广，也反映了设计一种适用于所有样品中糖类化合物分析的 LC 方法面临巨大挑战。虽然有些方法比其他方法更受欢迎，但并没有像肽图那样具有单一主导的分析方法。在肽图分析中，几乎所有的分离都使用宽孔 C18 柱和乙腈-三氟乙酸作为流动相。

大多数糖类化合物无法在典型的 HPLC 条件下进行测定，即在 C18 柱上进行分离并通过紫外检测器进行检测。主要原因有两个：大多数糖类化合物是极性化合物，且缺乏强发色团。因此，研究者开发了一些用于测定糖类化合物的 LC 方法。选择何种技术通常是由待测糖类化合物的类型和样品中糖类化合物的浓度决定的。例如，简单的糖类化合物（即单糖和双糖）在样品中的浓度高、其他化合物的浓度低时，通常使用以下两种固定相中的一种进行分离，一种是金属负载阳离子交换相，一种是胺基或氨基甲酰键合的反相。后两种中的第二种通常称为氨基键合固定相。在金属负载阳离子交换相上，因糖与金属离子（如 Pb^{2+}，已与阳离子交换固定相结合）的亲和力不同，所以被分离。将流动相（水）加热到 80℃时，α 和 β 端基差向异构体流出曲线为单峰。在氨基键合固定相上分离糖类化合物，使用有机溶剂含量高的流动相（通常在 50%～80%之间），等度法或有机溶剂的梯度递减法均可。在金属负载阳离子交换分离中使用 RID，而在氨基键合固定相分离时使用等度法。低紫外波长（如 202nm）的吸光光度法有时与氨基键合固定相柱一起使用。这种检测技术灵敏度不高（检测限低至中纳摩尔），也没有特异性，但由于碳水化合物的浓度很高，而且分离具备一些特异性，因此对于大多数糖类化合物浓度高，而其他化合物浓度低的样品，这两种技术都很有效。虽然许多样品含有高浓度的大分子糖类化合物（即寡糖和多糖），但大多数样品都需要进行梯度分离，而 RID 和低紫外吸光光度法均不适合用于流动相梯度。SEC 是一个例外，该方法以水或稀盐溶液作为流动相，且不需要梯度洗脱。然而，SEC 只能有效地解析聚合度（DP）在 10～12 之间的直链寡糖，而且分离过程可能需要数小时才能完成。用 SEC-RID 测定寡糖和多糖的方法已经被测定更大分子量寡糖的技术所取代，除非需要测定较大的寡糖（＞100DP）和多糖，这将在接下来的内容中讨论。

含低浓度糖类化合物和/或 SEC 无法分离的更大分子寡糖样品的分析需求

推动了测定糖类化合物的色谱技术发展，如新检测器 ELSD 的开发。虽然发展比 RID 或 UV 晚，但 ELSD 也已经有 40 年的历史（第一台商业化的 ELSD 诞生于 20 世纪 80 年代初）。ELSD 需要挥发性的流动相，流动相喷雾和蒸发后，剩下的非挥发性糖类化合物通过散射光被检测。当使用挥发性流动相时，在金属负载阳离子交换分离中以及在氨基键合分离中，ELSD 可以替代 RID。在使用氨基键合柱的梯度洗脱时，也可以使用 ELSD。然而，ELSD 的灵敏度只比 RID 和低紫外吸收率检测提高了 3～5 倍。

对于高灵敏度检测的需求，现有技术可以大致分为两类，一类需要将样品衍生化，另一类不需要衍生化。提高灵敏度的方法之一是将糖类化合物进行荧光官能团衍生化。虽然早期通常使用发色团对糖类化合物进行衍生化[1]，但现在几乎所有的衍生化都是在过量的荧光团存在情况下通过席夫碱进行还原性胺化反应，因为其灵敏度比 UV 高 10 倍，并且不易受到样品中其他化合物的影响。荧光基团附着后，衍生的碳水化合物通常使用高有机溶剂含量的流动相，在氨基键合硅胶固定相上分离。多年来，此类分离方法包括反相色谱法、正相色谱法、正相和阴离子交换混合色谱法、分配色谱法和 HILIC[2-3]。尽管 2006 年一篇关于糖类化合物的荧光标记技术及色谱的综述并没有提到使用 HILIC 进行氨基键固定相分离[3]，但 HILIC 已成为目前最常使用的方法。其他高性能分离技术包括 C8 或 C18 固定相的离子对反相分离[4]、多孔石墨化碳（PGC）柱上的反相分离[5]，以及弱阴离子交换色谱（几乎均与 HILIC 等其他技术联用）[6]。除了荧光检测外，使用挥发性流动相的分离也可以与电喷雾电离的质谱检测联用。两个最常用于糖类化合物 LC 的荧光团是 2-氨基吡啶和 2-氨基苯甲酰胺（2-AB）。使用此类荧光团可以检测飞摩尔浓度的糖类化合物，比 RID 的灵敏度至少高 10000 倍。

高效阴离子交换色谱-脉冲安培检测法（HPAE-PAD）在检测高飞摩尔到低皮摩尔的分析物时具有高灵敏度，且无须对样品进行标记。在 pH 值为 7 时，不带电的碳水化合物是阴离子，所以它可在高 pH 值下分离。单糖和双糖可在高性能阴离子交换柱上分离，该色谱柱适用于强碱性流动相，可使用氢氧化钠/钾流动相。使用同样色谱柱，通过使用乙酸钠呈梯度变化的强氢氧化钠（≥100mmol/L）流动相，可对带电的/不带电的（pH 7）大分子的糖类化合物进行分离。在这两类 HPAE-PAD 分离中，在金工作电极上施加电压，糖类化合物在高 pH 值下被氧化，从而被检测。在检测到分析物后，通过电压电位序列对工作电极表面进行清洁和恢复，以便进行后续的分析物检测。该电压电位序列，包括检测电位，每秒执行两次，称为一个波形。与之前讨论的糖类化合物分析技术不同，HPAE-PAD 适用于广谱的糖类化合物，包括单糖、双糖、糖醇、低聚糖（带电和不带电、支链和非支链）、低聚糖醛、小聚糖、糖酸、唾液酸、化学改性糖、氨基糖苷和氨基糖类[7-9]。

7.3
电雾式检测器

CAD 无须衍生化就能检测糖类化合物和其他化合物。由于整本书都在介绍 CAD，这里只简单讨论 CAD 的基本原理。CAD 是一项相对较新的技术，Dixon 和 Peterson 在 2002 年的一篇论文中首次对其进行了描述[10]。像 MS 和 ELSD 一样，CAD 要求流动相是挥发性的，并且像 ELSD 一样，要求分析物是不挥发的。糖类化合物是非挥发的，且未经过衍生，因此可以使用 CAD 对其进行分析。当流动相从色谱柱流出时，它与气流（氮气或空气）混合并雾化，形成气溶胶。当该气溶胶穿过加热的漂移管时，流动相和其他挥发性化合物被蒸发，非挥发性成分（包括杂质和被测物）形成干燥的气溶胶颗粒。然后，该气溶胶流与已被高电压铂金针电离的气流混合。离子射流使气溶胶颗粒荷电，并使用静电计测量带电颗粒。关于 CAD 操作原理的更多细节见第 1 章和 Vehovec 和 Obreza 发表的综述[11]。

7.4
为什么选择使用 LC-CAD 进行糖类化合物分析?

在本章提到的所有测定糖类化合物的液相色谱技术中，CAD 有什么特色？首先，像 RID、ELSD 和 PAD 一样，CAD 的检测不需要发色团，如前文所述，几乎所有的碳水化合物都缺乏强发色团。此外，与 RID、ELSD 和 PAD 一样，CAD 是一种直接检测技术，因此不需要样品衍生化。这节省了时间和成本，并可以避免选择性的或不完全的分析物衍生。因为 CAD 同 ELSD 一样，主要检测被测物的质量，其灵敏度无法与浓度敏感的检测器（PAD、RID、UV、荧光）相比，但是 CAD 的灵敏度可达纳克水平，多数情况下可换算为皮摩尔水平。据报道，CAD 对糖的灵敏度比低紫外和 RID 高 10 倍之多，且高于 ELSD[12]。

因为 CAD 的响应不受分析物的结构和发色基团影响（不同于 ELSD），所以无需使用糖类化合物来比较 CAD 和 ELSD 的灵敏度。Vervoort 等比较了这两种检测技术，认为 CAD 比 ELSD 更灵敏，在某些条件下，CAD 的灵敏度比 ELSD 高 6 倍[13]。Eom 等证实了这一结果，他们评估了 CAD 和 ELSD 对 10 种柴胡皂苷的分析结果，CAD 比 ELSD 的灵敏度高 2～6 倍[14]。另一项研究对抗糖尿病药物进行分离，发现 CAD 比 ELSD 的灵敏度高 2 倍之多[15]。

除了更高的灵敏度外，CAD 与 RID 和 ELSD 相比还有哪些优势？首先，CAD 比 RID 和 ELSD 具有更宽的线性范围。虽然 CAD 的线性范围仅高一个数量级，但该范围是从低检测极限开始的，能够测量低浓度，而 ELSD 在低浓度时具有固有的非线性响应。其次，使用双对数标准曲线时，CAD 的动态范围更宽，而 RID 和 ELSD 不具备这样的特性。尽管 CAD 的响应对洗脱液成分很灵敏（和 ELSD 一样），但与 RID 和许多使用低紫外吸光度检测的检测器不同，CAD 可以用于梯度分离。尽管 CAD 的灵敏度确实比许多其他用于糖类化合物分析的技术要好，但在需要高灵敏度的应用中，其灵敏度还不足以取代 PAD 和荧光检测。

在讨论 CAD 在糖类化合物分析中的应用之前，有必要先讨论一下 CAD 的局限性。首先，CAD 的分离，仅限于挥发性流动相。糖类化合物也必须溶于流动相。这通常不是一个限制，但确实适用于高浓度有机流动相中大的低聚糖和小的多糖。如前所述，CAD 的响应受流动相组成以及流速和温度的影响。后两个变量——流速和温度，在现代液相系统中很容易精确控制。使用梯度分离未知和已知组分时，流动相条件带来的响应的变化会是一个问题。更具体地说，当使用已知峰的峰面积的百分比，或所有峰的峰面积的百分比来计算未知峰的峰面积时，这个问题更加显著。对于需要此类计算的应用，有一个解决方案[16]。在流动相流出色谱柱后、进入 CAD 之前，使用第二个泵添加溶剂使之与流动相混合。添加的溶液具有与流动相相同的组分，但可以补偿梯度的变化，因此进入检测器的溶液始终具有相同的浓度，即分离过程中流动相成分的中间浓度。因此，不存在因流动相而产生的响应变化。

7.5 CAD 在糖类化合物分析中的早期应用

我们选择 2007 年及以前的出版年份来定义 CAD 在糖类化合物分析中的早

期应用。这一选择主要是考虑到 2007 年以后出版物数量猛增。有三篇文献符合我们的标准，每篇文献都将 CAD 与本章前面讨论的分离技术之一联用。2006 年的一篇文献将 CAD 与金属负载阳离子交换分离技术联用，检测木材燃烧时空气样品中的左旋葡聚糖[17]。在该应用中，CAD 取代了 RID，因为 CAD 明显具有更高的灵敏度。第二篇早期的文献将 CAD 与聚合氨基键合柱联用，监测乳糖-*N*-二糖 I 的四个酶的合成过程，该糖是母乳低聚糖的基本结构[18]。值得注意的是，在 ELSD 和 CAD 中经常观察到硅胶基质氨基（和二醇）色谱柱产生的高背景信号和噪声。这是由柱流失造成的。因此，在大多数使用此类固定相的应用中，选择使用聚合物氨基柱。CAD 检测了反应混合物中的 *N*-乙酰葡糖胺、果糖、蔗糖和葡萄糖。第三篇文献将 CAD 与 HILIC 分离联用，以测定蛋黄中的唾液酸糖肽[19]。该文章的标题表明，检测到链接在肽上的低聚糖。虽然文章使用的是常用于 HILIC 模式分离的色谱柱，而且初始条件可以被认为是 HILIC 条件（85%的乙腈），但是梯度洗脱溶液为 20%的乙腈，显然不是 HILIC 的典型分离条件。该文章指出，CAD 的灵敏度比 ELSD 高 10 倍，且具有梯度兼容性。

7.6 CAD 在糖类化合物分析中的其他应用

文献表明，CAD 在糖类化合物分析中的一个比较普遍的应用是在测定简单糖和使用挥发性流动相的应用中用 CAD 检测器代替 RID 或 UV 检测器。原因是 CAD 的灵敏度和动态范围优于其他检测器。与文献[18]一样，另外三篇文章将 CAD 与氨基键合色谱柱联用，用于测定单糖或其他小分子糖类化合物[20-22]。其中一篇文章关注了纤维素的水解[20]，第二篇文章关注了半乳糖到塔格糖的酶促转化[21]，第三篇文章关注了可用于合成岩藻糖寡糖的岩藻糖-半乳糖双糖的合成[22]。在第一篇和第三篇文章中，没有给出选择 CAD 的原因。在第二篇文章中，作者指出，当被测物浓度低于 10mmol/L 时，检测器从 RID（不同色谱柱，一种金属负载的阳离子交换柱）转而使用 CAD。在合成岩藻糖-半乳糖二糖的过程中，作者测量了底物岩藻糖、乳糖以及产物。文献[18]的作者发表了一篇文章，他们对乳糖-*N*-二糖的合成进行了研究，在研究双歧杆菌对乳糖-*N*-二糖的利用时，使用了相同的氨基丙基柱的色谱法来测量乳糖-*N*-二糖[23]，双歧杆菌是寄生在人类肠道的细菌，被认为对人的健康有益。图 7.1 显示了用氨基键合柱分离果糖、葡萄糖和蔗糖，并通过 CAD 进行检测。本实验跟踪了水稻叶子昼夜循环的糖含量。CAD 的灵敏度使其能够精确测量某些时间点上的低含量葡萄糖和果糖，这在紫外或 RID 中是很困难的。此外，双对数标准曲线的宽动态范围能够同时检测差异较大的浓度。

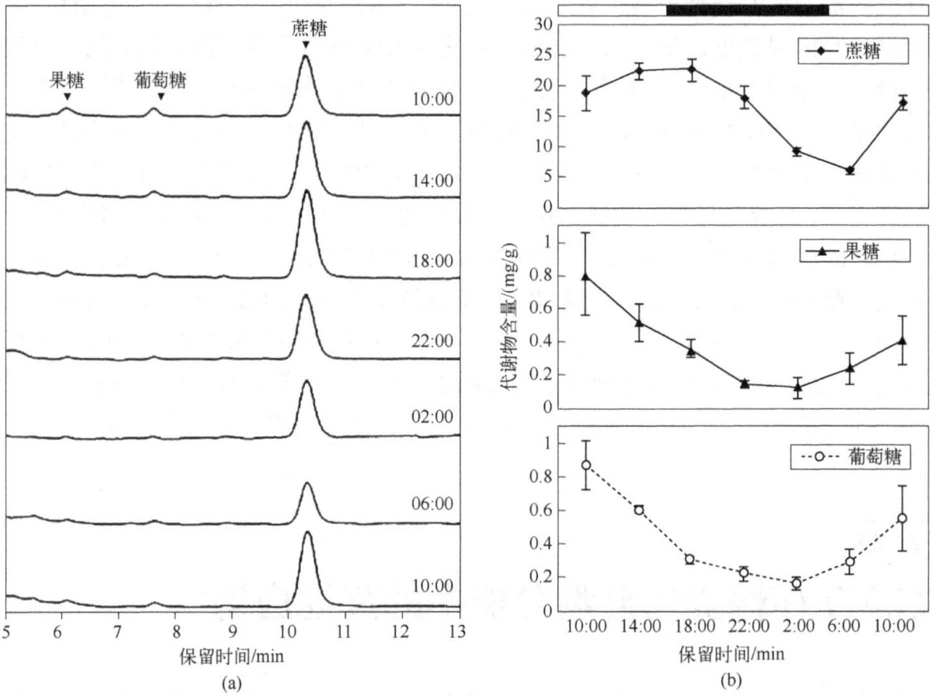

图 7.1　水稻叶片昼夜循环的含糖量。图（a）的时间点与图（b）的时间点是相对应的。糖类在 AsahiPak NH2P-50G 4E（6mm×250mm）柱上分离，温度为 35℃，流速为 1.0mL/min。流动相是 85%乙腈。图中右侧图形顶部的横条表示浅色（白色）和深色（黑色）之间的过渡。糖的含量以 mg/g 叶子（鲜重）表示。每个点和竖条表示三次测量的平均值和标准偏差

也有其他研究将 CAD 与传统的反相模式或 HILIC 模式下的反相柱联用，用于测定小分子糖类化合物。正如之前在讨论 CAD 的灵敏度时提到的，将 CAD 与极性内嵌反相色谱联用，可用于测定甜叶菊中的糖苷[12]。此类糖苷被用作低热量的糖替代品，其中，莱苞迪苷 A 已被美国 FDA 认定为“公认安全（GRAS）”物质。作者指出，对于这种应用，尽管 CAD 检测器会引起轻微的峰形加宽，但 CAD 的灵敏度是 UV 的 3～5 倍。在分离设计中，确保目标分析物在色谱流动相组成不变的时段洗脱，这样响应就不会随着流动相的变化而变化。反相纯化糖基甘油酰胺代谢的抑制剂——*C*-糖苷时，连接了 CAD[24]，但没有给出选择 CAD 作为检测方法的理由。图 7.2 显示了反相分离和 CAD 检测 *α*-葡萄糖苷酶抑制剂 6-*O*-脱硫-科塔兰醇（kotalanol）的情况，这种化合物是最近从植物网状

萨拉西亚中分离出来的[25-26]。CAD 的灵敏度能够检测这种抑制剂的杂质，虽然它可能不是糖，但和大多数糖类化合物一样有多羟基，无发色团。主峰和四个杂质的峰面积定量显示，该抑制剂的纯度为 97.7%。在 HILIC 模式下运行的混合模式反相/弱阴离子交换柱与 CAD 联用，可测定磷酸化糖[27]。有研究使用包括糖类化合物在内的多种药物评估 CAD 响应。该研究在 HILIC 模式下运行的柱子之前有一个反相柱[28]。因为 HILIC 模式要求使用有机溶剂含量高的流动相，所以反相柱选择直径为 2mm 的柱子，在反相柱之后加入乙腈，HILIC 模式的色谱柱子选择直径为 4mm 的柱子以适应额外的流量。稀释并未对检测造成明显影响，因为如前所述，CAD 是一个质量型检测器。在该实验中，在 CAD 检测器之前串联了一个 UV 检测器，以便对它们进行比较，在部分实验中，流动路径将 HILIC 分离旁路。

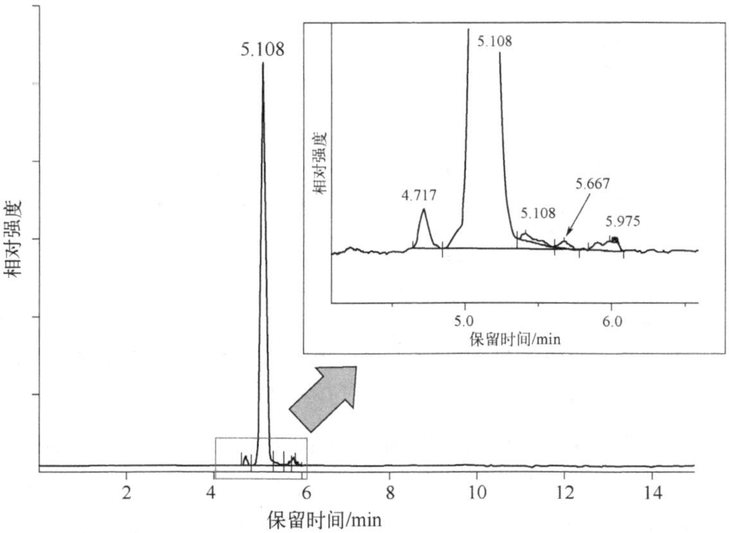

图 7.2　通过 CAD 检测 α-葡萄糖苷酶抑制剂（6-*O*-脱硫-科塔兰醇）的纯度。分离使用 Unison UK-C18（4mm×250mm），甲酸/水/乙腈流动相（0.1/100/0.2），流速 0.5mL/min，柱温 30℃。使用 CAD 检测抑制剂和四个杂质峰

此外，有研究使用 CAD 与 LC 联用检测氨基糖苷类抗生素[29-30]。此类抗生素及其相关化合物缺乏强紫外发色团，这促使人们开发了使用柱前或柱后衍生化或电化学检测的方法来测定此类化合物的含量和杂质。在参考文献中，与 UV 检测相比，CAD 检测在分析硫酸庆大霉素[29]和硫酸奈替米星[30]时的灵敏度更高。该部分将在第 12 章讨论，在此不再赘述。

其他关于 CAD 在糖分析中的应用，或是 CAD 与其他的分离机理联用，或是 CAD 在大分子糖中的应用。例如，使用 C18 反相柱，乙腈流动相体系洗脱

分离环状 β-葡聚糖七糖（无离子对试剂），并通过 CAD 进行检测[31]。此外，使用类似的分离方法分离 DP 约为 80 的环糊精（图 7.3）。请注意，该实验使用了一个相对较长的柱子（50cm），并使用了低百分比的甲醇梯度（甲醇含量最高 6%）。这无疑是由于此类亲水性的低聚物在 C18 固定相上的保留较差，而且可能在较高浓度的乙腈中溶解度较差。该方法分离效果良好，但分离时间长达 13h。环糊精样品的平均分子量可以通过色谱图获得[32]。

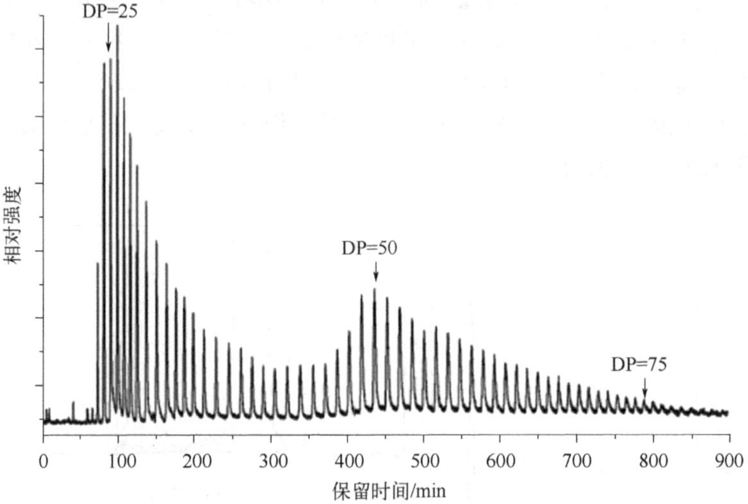

图 7.3　环糊精样品的色谱。样品在 Cadenza C18 柱（4.6mm×500mm）上分离，梯度为 3.5%～6%的甲醇，持续 900min。流速为 0.5mL/min，柱温为 35℃。用 CAD 检测了聚合度（DP）为 21～80 的环糊精

另一种不同分离机理是使用 CarboPac PA1 色谱柱（第一根 HPAE-PAD 色谱柱），以乙酸铵而不是典型的氢氧化钠-乙酸钠为流动相，使用 CAD 来监测东方拟无枝酸菌中天然含硫糖的纯化[33]。当不需要高灵敏度的 PAD 时，可能会将具有选择性和高分离度的 CarboPac 柱与 CAD 联用。另一篇有趣的论文是将 CAD 与 PGC 柱联用检测麦芽低聚糖[34]。这篇论文研究了 2-AB 标记的麦芽低聚糖在 PGC 上的分离机理，并使用未标记但被还原的麦芽低聚糖作为对照，以确保观察到的保留效果不是由荧光标记引起的。CAD 与 PGC 柱联用，还可以检测天冬酰胺连接的低聚糖，该低聚糖是 PNG 酶从糖蛋白中切下来的，或检测丝氨酸/苏氨酸连接的低聚糖，该低聚糖是还原 β-消除法从糖蛋白中释放出来的[35]。图 7.4 显示了从牛颌下黏液蛋白中释放出来的 O-链糖苷在 PGC 柱上的分离，并通过 CAD 检测。该峰是通过 MS 鉴定的。O-链糖苷的释放通常在还原条件下进行，以防止低聚糖降解。由于还原性低聚糖不易被还原胺化，常用的荧光团

标记反应并不适用，因此，如果有足够的样品，并且流动相与 MS 兼容的话，CAD 是理想的检测器。

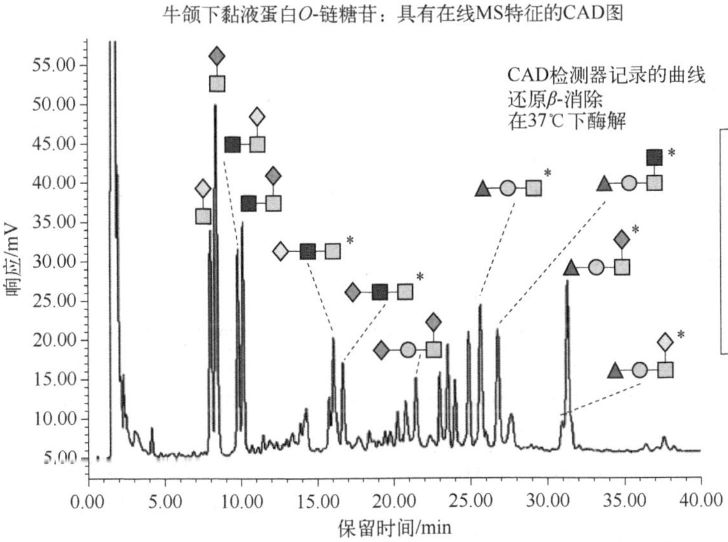

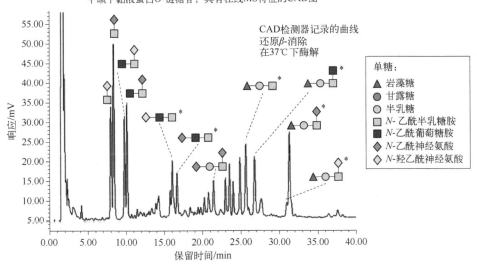

图 7.4　牛颌下黏液蛋白 O-链糖苷的色谱分析。低聚糖在 Hypercarb PGC 柱（4.6mm×150mm）上分离，流动相为水-乙腈-三氟乙酸，90%的流量进入 CAD，10%进入 MS 进行低聚糖鉴定。图中显示了已识别的结构。带*的峰是根据在线精确质量测定和文献[36]提出的结构

参考文献

[1] Jentoft N. Analysis of sugars in glycoproteins by high-pressure liquid chromatography. Anal Biochem, 1985, 148: 424-433.

[2] Verhaar L A Y, Kuster B F M. Contribution to the elucidation mechanism if sugar retention on amine-modified silica in liquid chromatography. J Chromatogr, 1982, 234: 57-64.

[3] Anumula K R. Advances in fluorescence derivatization methods for high-performance liquid chromatographic analysis of glycoprotein carbohydrates. Anal Biochem, 2006, 350: 1-23.

[4] Tomiya N, Awaya J, Kurono M, Endo S, Arata Y, Takahashi N. Analyses of N-linked oligosaccharides using a two-dimensional mapping technique. Anal Biochem, 1988, 174: 73-90.

[5] Davies M, Smith K D, Harbin A, Hounsell E F. High-performance liquid chromatography of oligosaccharide alditols and glycopeptides on a graphitized carbon column. J Chromatogr, 1992, 609: 125-131.

[6] Deguchi K, Keira T, Yamada K, Ito H, Takegawa Y, Nakagawa H, Nishimura S I. Two-dimensional hydrophilic interaction chromatography coupling anionexchange and hydrophilic interaction columns for separation of 2-pyridylamino derivatives of neutral and sialylated N-glycans. J Chromatogr A, 2008, 1189:

169-174.

[7] Lee Y C. Carbohydrate analyses with high-performance anion-exchange chromatography. J Chromatogr A, 1996, 720: 137-149.

[8] Cataldi T R I, Campa C, De Benedetto G E. Carbohydrate analysis by high-performance anion-exchange chromatography with pulsed amperometric detection: The potential is still growing. Frensenius J. Anal Chem, 2000, 368: 739-758.

[9] Rohrer J S. Analyzing sialic acids using high-performance anion-exchange chromatography with pulsed amperometric detection. Anal Biochem, 2000, 283: 3-9.

[10] Dixon R W, Peterson D S. Development and testing of a detection method for liquid chromatography based on aerosol charging. Anal Chem, 2002, 74: 2930-2937.

[11] Vehovec T, Obreza A. Review of operating principles and applications of charged aerosol detection. J Chromatogr A, 2010, 1217: 1549-1556.

[12] Clos J F, DuBois G E, Prakash I. Photostability of rebaudioside A and stevioside in beverages. J. Agric. Food Chem. 2008, 56: 8507-8513.

[13] Vervoort N, Daemen D, Torok G. Performance evaluation of evaporative light scattering detection and charged aerosol detection in reversed phase liquid chromatography. J Chromatogr A, 2008, 1189: 92-100.

[14] Eom H Y, Park S Y, Kim M K, Suh J H, Yeom H, Min J W, Kim U, Lee J, Youm J R, Han S B. Comparison between evaporative light scattering detection and charged aerosol detection for the analysis of saikosaponins. J Chromatogr A, 2010, 1217: 4347-4354.

[15] Shaodong J, Lee W J, Ee J W, Park J H, Kwon S W, Lee J. Comparison of ultraviolet detection, evaporative light scattering detection and charged aerosol detection methods for liquid-chromatographic determination of anti-diabetic drugs. J Pharm Biomed Anal 2010, 51: 973-978.

[16] Gorecki T, Lynen F, Szucs R, Sandra P. Universal response in liquid chromatography using charged aerosol detection. Anal Chem, 2006, 78: 3186-3192.

[17] Dixon R W, Baltzell G. Determination of levoglucosan in atmospheric aerosols using high performance liquid chromatography with aerosol charge detection. J Chromatogr A, 2006, 1109: 214-221.

[18] Nishimoto M, Kitaoka M. Practical preparation of lacto-N-biose I, a candidate for the bifidus factor in human milk. Biosci Biotechnol Biochem, 2007, 71: 2101-2104.

[19] Inagaki S, Min J Z, Toyo'oka T. Direct detection method of oligosaccharides by high-performance liquid chromatography with charged aerosol detection. Biomed Chromatogr, 2007, 21: 338-342.

[20] Igarashi K, Ishida T, Hori C, Samejima M. Characterization of an endoglucanase belonging to a new subfamily of glycoside hydrolase family 45 of the basidiomycete *Phanerochaete chrysosporium.* Appl Environ Microbiol, 2008, 74: 5628-5634.

[21] Kim J H, Lim B C, Yeom S J, Kim Y S, Kim H J, Lee J K, Lee S H, Kim S W, Oh D K. Differential selectivity of the *Escherichia coli* cell membrane shifts the equilibrium for the enzyme-catalyzed isomerization of galactose to tagatose. Appl Environ Microbiol, 2008, 74: 2307-2313.

[22] Wada J, Honda Y, Nagae M, Kato R, Wakatsuki S, Katayama T, Taniguchi H, Kumagai H, Kitaoka M, Yamamoto K. 1, 2-α-L-Fucosynthase: A glycosynthase derived from an invertingα-glycosidase with an unusual reaction mechanism. FEBS Lett, 2008, 582: 3739-3743.

[23] Xiao J, Takahashi S, Nishimoto M, Odamaki T, Yaeshima T, Iwatsuki K, Kitaoka M. Distribution of in vitro fermentation ability of lacto-N-biose I, a major building block of human milk oligosaccharides, in

Bifidobacterial strains. Appl Environ Microbiol, 2010, 76, 54-59.

[24] Wennekes T, van den Berg RJBHN, Boltje T J, Donker-Koopman W E, Kuijper B, van der Marel G A, Strijland A, Verhagen C P, Aerts JMFG, Overkleeft H S. Synthesis and evaluation of lipophilic aza-C-glycosides as inhibitors of glucosylceramide metabolism. Eur J Org Chem, 2010, 2010: 1258-1283.

[25] Ozaki S, Oe H, Kitamura S. α-Glucosidase inhibitor from Kothala-himbutu(*Salacia reticulata* WIGHT). J. Nat. Prod. 2008, 71: 981-984.

[26] Muraoka O, Xie W, Tanabe G, Amer MFA, Minematsu T, Yoshikawa M. On the structure of the bioactive constituent from ayurvedic medicine *Salacia reticulata*: Revision of the literature. Tetrahedron Lett, 2008, 49: 7315-7317.

[27] Hinterwirth H, L.mmerhofer M, Preinerstorfer B, Gargano A, Reischl R, Bicker W, Trapp O, Brecker L, Lindner W. Selectivity issues in targeted metabolomics: Separation of phosphorylated carbohydrate isomers by mixed-mode hydrophilic interaction/weak anion exchange chromatography. J Sep Sci, 2010, 33: 3273-3282.

[28] Louw S, Pereira A S, Lynen F, Hanna-Brown M, Sandra P. Serial coupling of reversed-phase and hydrophilic interaction liquid chromatography to broaden the elution window for the analysis of pharmaceutical compounds. J Chromatogr A, 2008, 1208: 90-94.

[29] Joseph A, Rustum A. Development and validation of a RP-HPLC method for the determination of gentamicin sulfate and its related substances in a pharmaceutical cream using a short pentafluorophenyl column and a charged aerosol detector. J Pharm Biomed Anal, 2010, 51: 521-531.

[30] Joseph A, Patel S, Rustum A. Development and validation of a RP-HPLC method for the estimation of netilmicin sulfate and its related substances using charged aerosol detection. J Chromatogr Sci, 2010, 48: 607-612.

[31] Vasur J, Kawai R, Jonsson K H M, Widmalm G, Engstr.m ., Frank M, Andersson E, Hansson H, Forsberg Z, Igarashi K, Samejima M, Sandgren M, St.hlberg J. Synthesis of cyclicβ-glucan using laminarinase 16A glycosynthase mutant from the basidiomycete *Phanerochaete chrysosporium*. J Am Chem Soc, 2010, 132: 1724-1730.

[32] Suzuki S, Kitamura S. Unfrozen water in amylosic molecules is dependent on the molecular structures: A differential scanning calorimetric study. Food Hydrocoll. 2008, 22: 862-867.

[33] Sasaki E, Ogasawara Y, Liu H W. A biosynthetic pathway for BE-7585A, a 2-thiosugar-containing angucycline-type natural product. J Am Chem Soc, 2010, 132: 7405-7417.

[34] Melmer M, Stangler T, Premstaller A, Linder W. Solvent effects of the retention of oligosaccharides in porous graphitic carbon liquid chromatography. J Chromatogr A, 2010, 1217: 6092-6096.

[35] Bailey B, Acworth I, Hanneman A, Rouse J. Glycan analysis using HPLC with charged aerosol detection and MS detectors. LCGC N. Am. June 2012, Supplement: p 13.

[36] Chai W G, Hounsell E F, Cashmore G C, Rosankiewicz J R, Bauer CJ, Feeney J, Feizi T, Lawson A M. Neutral oligosaccharides of bovine submaxillary mucin. A combined mass spectrometry and 1H-NMR study. Eur J Biochem, 1992, 203: 257-268.

第8章 聚合物和表面活性剂分析

寇大文[1]，杰拉尔德·马尼乌斯[2]，田鸿[3]❶，海特什·乔克希[4]

1 基因泰克公司，美国南加利福尼亚州旧金山

2 霍夫曼-拉罗氏公司（已退休），美国新泽西州纳特利

3 诺华，美国新泽西州东汉诺威

4 罗氏创新中心，美国纽约

8.1 摘要

本章讨论 CAD 与各种色谱技术（如 HPLC、SEC 和 SFC）联用在聚合物和表面活性剂分析中的应用。在简要介绍之后，对聚合物分析进行了讨论，包括含量测定、杂质分析以及多分散系数测定，然后列举了具体的应用实例，如 PEG 和 PEG 修饰的分子以及非离子表面活性剂（如 Tween 80 和 Span 85）。

比较评估了 CAD 与 RI 和 ELSD 的分析性能。结果表明，CAD 的性能更优，特别是在灵敏度、精密度和线性方面（与 ELSD 相比）。同时还发现，不同类型的通用检测器可以产生差异较大的多分散系数。ELSD 的多分散系数始终较低，且通常无法区分不同批次聚合物的多分散性。CAD 的多分散系数更精确，可以更好地区分不同批次的材料。总之，实验表明，CAD 非常适用于聚合物和表面活性剂的分析。更重要的是，它是杂质分析的更优选择，也是聚合物多分散系数测定的重要工具。

❶ 原著作者名：Hung Tian，中文译名为音译。——编者注

8.2 引言

本章介绍使用 CAD 分析聚合物和表面活性剂的多种不同方法。这些聚合物和表面活性剂主要用作药用辅料和试剂。这里讨论的化合物的共同点是，它们在本质上都是聚合物，且通常缺乏紫外检测所需的发色团。因此，需要通用的检测器来直接检测这些化合物，避免繁琐的衍生化步骤。

CAD 是一种新型的通用检测技术，已报道的 CAD 分析性能优于其他常用的通用检测器，如 RID 和 ELSD[1-2]。在第 1 章中，已经详细介绍了 CAD 的操作原理和机制，这里不再重复。目前，已实现 CAD 与 HPLC、SFC 或 SEC 联用，应用于聚合物和表面活性剂的分析。例如，使用 HPLC-CAD 分析各种表面活性剂，使用 SFC-CAD 分析低分子量的 PEG，使用 SEC-CAD 分析 PEG 试剂，以及使用 HPLC-CAD 分析 PEG 修饰的分子。本章比较了 CAD 与其他技术在定量、纯度和杂质检测以及多分散性测定方面的性能。

8.3 聚合物分析

虽然本章选取的聚合物例子主要是 PEG 和 PEG 修饰的分子，但关于聚合物分析的一般性讨论可以适用于所有类型聚合物。感兴趣的读者可翻阅第 15 章关于工业聚合物的分析。

聚合物分析通常包括两个主要方面。首先是对聚合物及其相关杂质（包括高分子量的聚合产物）进行检测。HPLC 和 SEC 分离机制不同，因此选择性不同，在聚合物分析中常用作互补技术。SEC 在分离聚集的产物方面尤其有用。

其次是多分散性系数测定。聚合物样品通常是不同分子量化合物的混合物。分子量的分布又称多分散性，被定义为重均分子量除以数均分子量（M_w/M_n）。

$$M_w = \frac{\sum_i N_i(M_i M_i)}{\sum_i N_i M_i}$$

$$M_n = \frac{\sum_i N_i M_i}{\sum_i N_i}$$

多分散性系数越高，分子量分布越广，反之亦然。

SEC 与通用检测器联用是测定多分散性的常用方法。主要通过使用已知分子量的标准物质来进行谱峰鉴别和系统校准。也有其他技术可以在不使用标准物质的情况下测定分子量和多分散性。其中一种技术是基质辅助激光解吸电离飞行时间（MALDI-TOF）质谱法，它可以直接测定聚合物不同部分的分子量。另一种技术是使用多角度光散射（MALS）检测器串联 RID。在“经典”或“静态”操作模式下，MALS 信号与分子量和浓度均成正比，而 RI 信号只与浓度成正比。通过使用 MALS/RI 信号的比率，可以确定分子量。注意不要混淆 MALS 与 ELSD。前者测定的是流动池中溶液的散射光信号，后者则是洗脱液蒸发后固体颗粒散射的光信号。MALDI-TOF-MS 和 MALS 是强大的检测技术，但不像简单和便宜的通用检测器那样被广泛使用。多分散性可以用来区分聚合物的纯度或等级。不同等级聚合物的成本可能差异很大。准确测定和控制聚合物的多分散系数的能力是非常重要的。

8.4 聚乙二醇

PEG 的分子量从几百到几百万道尔顿不等。低分子量的 PEG 被广泛用作药品、化妆品和其他产品中的乳化剂和表面活性剂。PEG 也可以作为药物分子的试剂或调节剂。将 PEG 结合到药物分子上的过程称为 PEG 修饰。PEG 修饰的分子在体内清除通常需要更长的时间，因而具有更长的半衰期。这有助于在较低的剂量或较长的给药间隔下获得更好的疗效。分子量低于 30kDa 的 PEG 很容易从体内排出，一般来说是无毒的[3]。市售的 PEG 化药物包括用于治疗丙型肝炎的 PEGASYS®（PEG 干扰素 α-2a）和 PEG-Intron®（PEG 干扰素 α-2b）以及治疗中性粒细胞减少症的 Neulasta®。PEG 化分子的理化性质在很大程度上取决于 PEG 和药物分子的分子量分布，在 PEG 修饰的分子中，分子量较大的占主导地位。

8.4.1 PEG 试剂

Kou 等研究了 SEC 与 RID、ELSD 或 CAD 联用来分析 PEG 化反应中使用的 PEG 试剂[4]。被测 PEG 试剂的平均分子量为 32kDa。主要杂质是 PEG 的聚合产物，又称“二聚体”。采用以 DMF 为流动相的等度法。五种分子量分别为 10.0kDa、18.3kDa、32.6kDa、50.1kDa 和 73.4kDa 的聚合物标准物质可用于 SEC 校准。

图 8.1 为三种检测器的 SEC 色谱图。在药物研发的早期阶段，通常没有单个杂质的标准物质。杂质的定量通常首选峰面积归一化，假设杂质和主要化合物具有相同的相对响应因子。使用峰面积归一化方法，RID、ELSD 和 CAD 测得的二聚体的含量分别为 21.5%、9.1%和 25.6%。已知 RID 响应呈线性，因此其测定结果可作为参考值。但它的主要缺点是与梯度洗脱不兼容，且灵敏度低。杂质分析需要较大的进样量（RID 为 100μL，ELSD 和 CAD 为 50μL），可导致样品超载和峰宽增加。与 RID 相比，ELSD 测得的二聚体含量比参考值低 58%，而 CAD 的比参考值高 19%。

在标称浓度的 50%～150%范围内（药物分析中用于含量分析验证的典型范围），对 ELSD 和 CAD 的响应进行了评估。结果表明，CAD 比 ELSD 的线性拟合度更佳（CAD，$r = 0.9957$；ELSD，$r = 0.9856$）。低浓度时，CAD 的信号与浓度的比值略高于高浓度时，而 ELSD 的信号与浓度的比值在低浓度时急剧降低，表明有显著的非线性。

采用相同的 HPLC 方法连接三种检测器，对 7 个不同批次的 PEG 试剂进行分析。表 8.1 显示了每种检测器测得的二聚体百分比。该趋势与图 8.1 一致，在浓度低于 14.4%时，RID 对二聚体的定量灵敏度不佳。二聚体浓度越低，相比于 CAD，ELSD 的响应下降越快，导致对杂质含量的明显低估。从质量控制的角度来看，CAD 对杂质测定结果的高估比 ELSD 结果的严重低估更易接受。

表 8.1 使用 RID、ELSD 和 CAD 测定的七批 PEG 试剂中二聚体百分比

PEG 试剂批次号	二聚体（以峰面积计）/%			ELSD 结果/CAD 结果/%
	RI	ELSD	CAD	
5	未检出	0.4	7.8	5.1
6	未检出	2.1	11.7	18
7	未检出	3.2	12.0	27
1	未检出	2.5	13.5	19
4	14.4	5.2	19.7	26
2	15.6	5.4	19.9	27
3	21.5	9.1	25.6	36

资料来源：Kou 等[4]，经 Elsevier 许可。

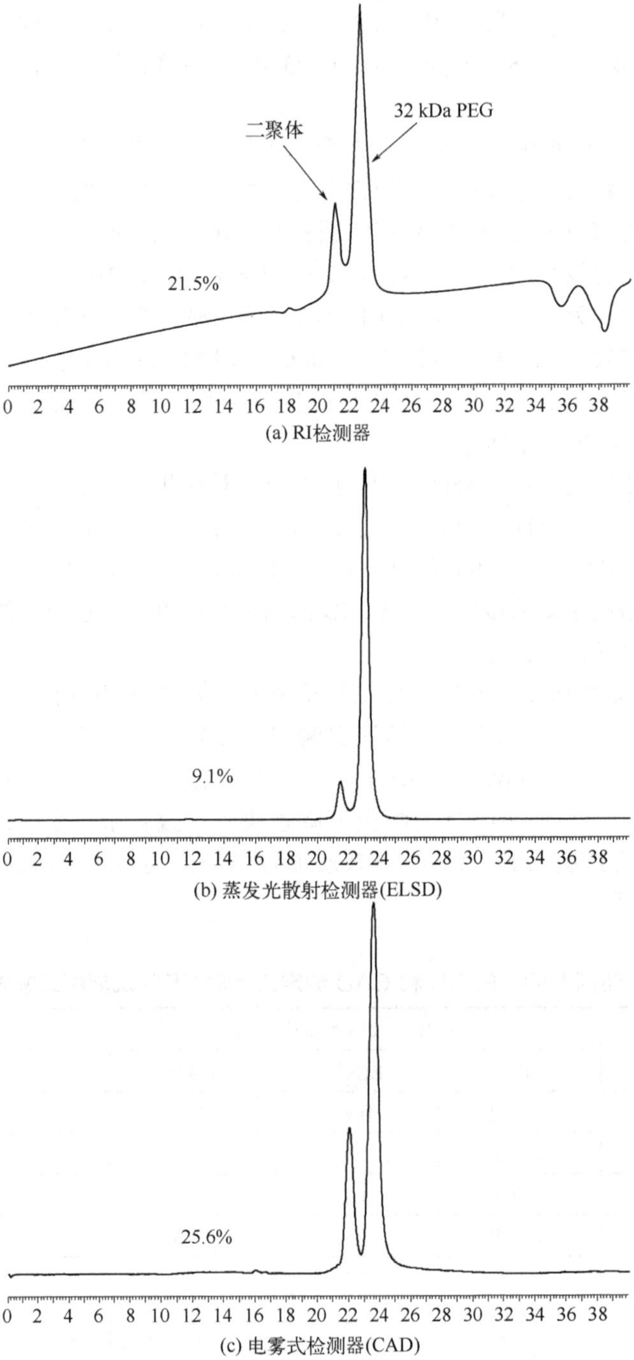

图 8.1 同一批次的 PEG 32kDa 试剂在三种通用型检测器中的色谱图。(a) RID, (b) ELSD, (c) CAD。资料来源：Kou 等[4]，经 Elsevier 许可

采用 HPLC-CAD 方法对一种市售的 32.6kDa 聚合物标准品进行测定，并通过 TurboSEC 软件计算多分散性。

平行测定三次的多分散系数为 1.032，RSD 为 0.16%。该结果与制造商提供的分析证书中报告值 1.03（确切地说是 1.026）一致。

用 CAD 和 ELSD 测定的 7 批 PEG 试剂多分散系数结果如表 8.2 所示。显然，使用 ELSD 测得的 PEG 试剂多分散系数均低于 CAD。这也是由于 ELSD 对聚合物中低浓度碎片的检测结果严重偏低，从而错误地给出了较窄的多分散性分布结果。此外，ELSD 不能有效区分 7 个批次中 6 个批次的多分散性。CAD 给出了更为准确的多分散系数，更好地区分了 PEG 试剂的多分散性和质量。

表 8.2　采用 Turbo SEC 软件对 7 批 PEG 试剂进行 CAD 和 ELSD 的多分散性分析

PEG 试剂批次号	CAD			ELSD		
	多分散性	M_w	M_n	多分散性	M_w	M_n
1	1.025	32264	31474	1.015	34270	33748
2	1.033	32171	31147	1.015	33332	32854
3	1.034	31904	30867	1.023	32880	32136
4	1.038	32065	30887	1.016	34252	33706
5	1.192	28924	24265	1.020	36493	35790
6	1.195	30357	25398	1.018	33170	32574
7	1.375	25039	18210	1.033	31666	30651

资料来源：Kou 等[4]，经 Elsevier 许可。

8.4.2　低分子量 PEG

Takahashi 等比较了 CAD 与 ELSD 在 SFC 联用条件下分析低分子量 PEG 时的定量性能[5]。被测 PEG 包括 PEG 1000 有证标准物质（CRM）和一种明确定义的由 9 种均一的聚乙二醇低聚体组成的等质混合物，聚合度分别为 6、8、10、12、18、21、25、30 和 42。使用硅胶柱对目标物进行分离。结果表明 CAD 和 ELSD 都能在 SFC 的高压下操作。

与 ELSD 相比，CAD 在 0.4～10mg/mL 的浓度范围内对不同分子量 PEG 的响应更一致，如图 8.2 所示。ELSD 的信号随着分子量（聚合度）的增加而降低，而 CAD 的响应更加一致。另外，两种检测器之间的信号响应差异随着浓度的降低而增大。同时，CAD 在研究的浓度范围内几乎是线性的，且比 ELSD 灵敏度更佳，能够检测到 10μg/mL 的 PEG，比 ELSD 的最低检测限 100μg/mL 低 10 倍。

图 8.3 显示了 CAD 和 ELSD 测得的 CRM PEG100 的质量分数或多分散性，并与标准值进行了比较。CAD 的检测结果与标准值非常吻合，而 ELSD 则给出了较窄的分子量分布。表 8.3 中列出了 M_w、M_n 和多分散性（M_w/M_n），这一结果与上一节中 Kou 等论文中报道的结果一致。

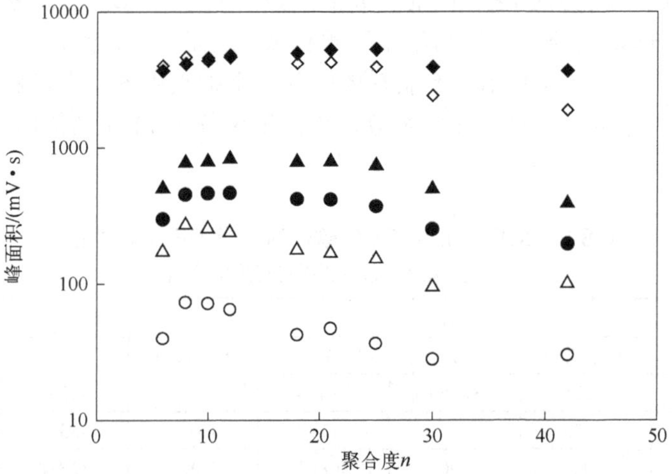

图 8.2　一致性良好的 PEG（n = 6、8、10、12、18、21、25、30 和 42）的等质混合物中，CAD 和 ELSD 的峰面积变化是聚合度 n 的函数。10mg/mL（◆）、1mg/mL（▲）和 0.4mg/mL（●）用于 CAD，10mg/mL（◇）、1mg/mL（△）、0.4mg/mL（○）用于 ELSD。资料来源：Takahashi 等[5]，经 Elsevier 许可

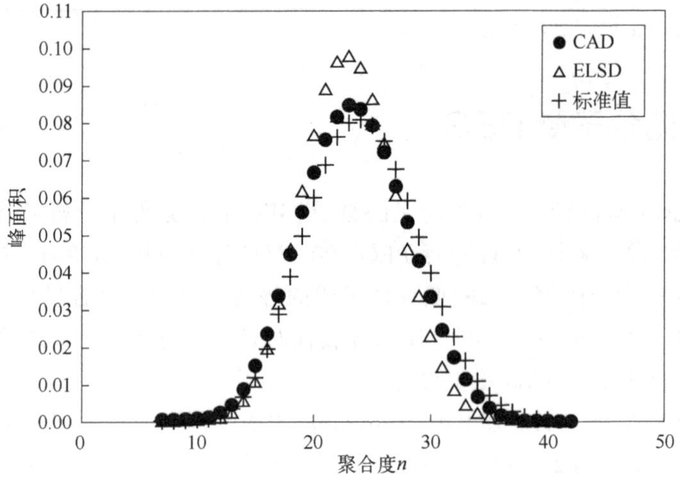

图 8.3　CAD 和 ELSD 检测 CRM PEG 1000 的质量分数的比较。资料来源：Takahashi 等[5]，经 Elsevier 许可

表 8.3　CAD 和 ELSD 测定 CRM PEG1000 的 M_w、M_n 和分子量分布（M_w/M_n），并与标准值进行比较

项目	M_n	M_w	M_w/M_n
CAD	1012	1054	1.042
ELSD	1001	1035	1.034
标准值	1041	1085	1.042

资料来源：Takahashi 等[5]，经 Elsevier 许可。

8.4.3　PEG 修饰的分子

全氟化合物（PFC）聚合微胶囊已被用作静脉注射的超声造影剂。由于聚合微胶囊具有疏水性，它们可以迅速被单核吞噬细胞系统清除。据报道，在聚合物外壳中加入亲水的 PEG 修饰磷脂可以减缓其从体内清除的速度，从而增强其造影效果[6]。测定聚合物表面和外壳连接的 PEG 修饰磷脂数量非常重要，这影响到所产生胶体颗粒的表面特性。Diaz-Lopez 等开发了一种使用 HPLC-CAD 分析全氟溴辛烷（PFBO）聚合微胶囊中 PEG 化磷脂的方法，这是首个定量分析方法[7]。

PEG 修饰的磷脂是 1,2-二硬脂酰-sn-甘油-3-磷脂酰乙醇胺-*N*-甲氧基聚乙二醇 2000，被称为 DSPE-PEG2000。聚合微胶囊材料是聚乳酸-羟基乙酸共聚物（PLGA）。HPLC 采用非水反相分离，以乙腈和甲醇为流动相。使用氯仿和甲醇作为助溶剂来分离悬浮液中的 PEG 修饰磷脂和其他成分，该方法能够量化悬浮液中的 PEG 修饰磷脂总量、游离的 PEG 修饰磷脂以及连接到聚合微胶囊上的 PEG 修饰磷脂。

在 2.23～21.36μg/mL 的浓度范围内，用线性模型和幂函数（非线性）模型对 CAD 响应的校准曲线进行评估。回归分析结果见表 8.4。结果表明，幂函数模型下有更大的失拟项 *F* 值和更较小的失拟项 *P* 值，在整个评估的浓度范围内拟合度更好。

表 8.4　采用两种模型进行回归分析

参数	线性模型 $y=a_0+a_1x$
范围/（μg/mL）	2.23～21.36μg/mL（进样量 0.22～2.14μg）
标准曲线等式	y=1.10+1.87x
决定系数 r^2	0.9942
截距（a_0±SD）	1.10±0.47
斜率（a_1±SD）	1.87±0.04
回归 *F* 值	2749
失拟 *F* 值	7.25
失拟 *p* 值	0.003

续表

参数	幂指数模型 $y=Ax^b$
范围/（μg/mL）	2.23～21.36μg/mL（进样量 0.22～2.14μg）
标准曲线等式	$y=2.47x^{0.91}$
决定系数 r^2	0.9961
截距（a_0±SD）	2.47±0.14
斜率（a_1±SD）	0.91±0.02
回归 F 值	4374
失拟 F 值	3.2
失拟 p 值	0.052

资料来源：Diaz-Lopez 等[7]，经 Elsevier 许可。

通过方法验证，进一步评估了 HPLC-CAD 方法的分析性能。检测限和定量限分别为 33ng 和 100ng，按 100μL 进样量计算，对应的浓度值分别为 0.33μg/mL 和 1.0μg/mL。进样重复性的 RSD（$n=6$）为 1.2%。在 4.44～21.36μg/mL 的浓度范围内，准确度（回收率）为 90%～115%，平行检测三次的 RSD 不超过 5.3%。将该方法应用于添加到 PFOB 中的三种含量水平的 DSPE-PEG 分析，结果发现，无论加入的 DSPE-PEG 初始量是多少，与 PFOB 结合的 DSPE-PEG 都约占 10%，其余 90%为游离态。

8.5 表面活性剂

表面活性剂有时被用作医药产品的辅料，以改善润湿性和/或增加药物分子的溶解度。蛋白质制剂通常含有表面活性剂，以减少对容器和注射器接触面的吸附，并通过降低表面张力减少蛋白质变性和由此产生的聚合[8-9]。一些表面活性剂通常用于药品生产设备的清洗，应在清洗过程结束时去除。

表面活性剂分为阳离子型、阴离子型、两性离子型或非离子型。非离子表面活性剂不带电荷，无法用离子色谱法和电导检测器进行分析，而无发色团的表面活性剂则需要使用通用检测器进行检测。常用的非离子表面活性剂包括聚氧乙烯脱水山梨糖醇、聚氧乙烯醚和聚氧乙烯-聚丙二醇。许多用于制药的非离子表面活性剂呈聚合态且具有异质性，即为结构和分子量相似化合物的混合物。

聚山梨酯 20（聚氧乙烯山梨醇单月桂酸酯，品牌名称 Tween 20）和聚山梨酯 80（聚氧乙烯山梨醇单油酸酯，Tween 80）是蛋白质制剂中最常用的非离子表面活性剂。Fekete 等报道了一种 HPLC-CAD 方法，用于快速灵敏地测定蛋白质溶液中的聚山梨酯 80[10]。聚山梨酯（Tween 80，化学结构如下所示）有一个共同的骨架，但脂肪酸支链略有不同。

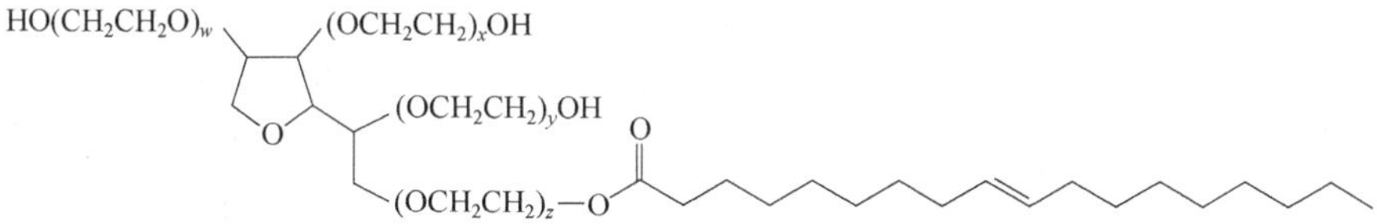

其中，$w+x+y+z \approx 20$。

该方法使用了核壳类 HPLC 柱与 CAD。该方法具有专属性，可以将 Tween 80 与天然蛋白或其氧化和还原形式分离。图 8.4 中的色谱图显示，Tween 80 有两个主要色谱峰，这与其组成的异质性一致。第一个色谱峰被用于定量。该方法的线性、准确度、精密度、LOQ 和 LOD，以及样品和储备溶液的稳定性得到了进一步验证。LOQ 和 LOD 分别为 10μg/mL 和 5μg/mL。在 10～60μg/mL 的浓度范围内评估了线性和准确度，对应 LOQ 到样品标称浓度的 150%。线性决定系数 r^2 为 0.9998，方程为 $y = 3008x-249$。分别在两天内进行六次重复分析，得到方法的精密度的 RSD 为 2.5%和 2.1%。标准溶液和样品溶液在 48h 内稳定。

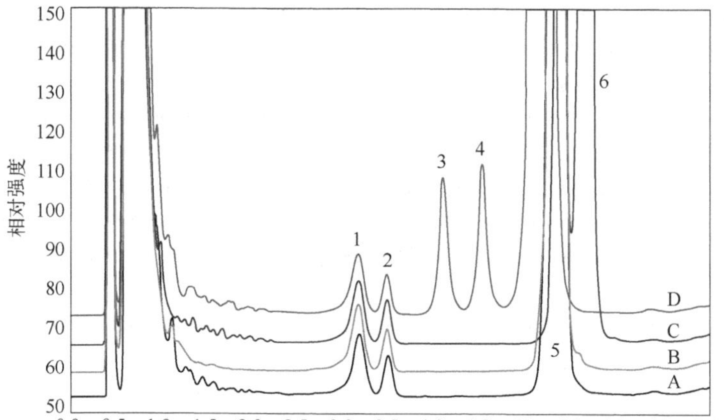

图 8.4　含有 1mg/mL 蛋白质和 40μg/mL 聚山梨酯 80 的强制降解蛋白质溶液的色谱图。色谱图：A—蛋白质溶液；B—含有脱酰胺蛋白质的蛋白质溶液；C—含有还原态的蛋白质溶液；D—含有两种主要氧化态的蛋白质溶液。色谱峰：1,2—聚山梨酯 80 的主要色谱峰；3,4—氧化态蛋白；5—蛋白（原生）；6—还原态蛋白。色谱条件：Poroshell 300 SB-C18 色谱柱（75mm×2.1mm），填料为 5μm，流动相：乙腈-甲醇-水-三氟乙酸梯度洗脱（50%～100% B，6min 内），流速：0.65mL/min，柱温：20℃，进样量：5μL，样品温度 4℃，检测：CAD，范围：50pA，雾化温度：30℃，气体（氮气）压力：37～39psi（1psi=6.8948×10^{-6}Pa）。资料来源：Fekete 等[10]，经 Elsevier 许可

Lobback 等报道了定量测定非离子表面活性剂 Tween 80 和 Span 85 的 CAD 方法，并与 ELSD 法进行了比较[11-12]。CAD 在 5～100μg/mL 的范围内具有线性响应，灵敏度比 ELSD 高 10 倍。Fukushima 等也报道了使用 CAD 与 HPLC 联用来测定不同的非离子表面活性剂，包括 Tween 80、Tween 20 和 Triton X100[13]。开发了两种 HPLC 方法，一种是等度法，一种是梯度法，用于测定清洁验证中残留的表面活性剂。这两种方法都具有出色的灵敏度，可分析低至 25ng 的分析物，动态范围宽达四个数量级，并具有良好的重现性，即使在痕量水平 RSD 通常为 4%或更低。Christiansen 等通过 HPLC-MS、DAD 和 CAD 对非离子表面活性剂生育酚 PEG 琥珀酸酯和蔗糖月桂酸酯在模拟消化道条件下的稳定性进行了研究[14]。

参考文献

[1] Dixon R W, Peterson D S. Development and testing of a detection method for liquid chromatography based on aerosol charging. Anal Chem, 2002, 74: 2930-2937.

[2] Gamache P, McCarthy R, Freeto S M, Asa D, Woodcock M, Laws K, Cole R. HPLC analysis of nonvolatile analytes using charged aerosol detection. LCGC North Am, 2005, 23: 150-161.

[3] Yamaoka T, Tabata Y, Ikada Y. Distribution and tissue uptake of poly(ethylene glycol)with different molecular weights after intravenous administration to mice. J Pharm Sci, 1994, 83(4): 601-606.

[4] Kou D, Manius G, Zhan S, Chokshi H P. Size exclusion chromatography with Corona charged aerosol detector for the analysis of polyethylene glycol polymer. J Chromatogr A, 2009, 1216: 5424-5428.

[5] Takahashi K, Kinugasa S, Senda M, Kimizuka K, Fukushima K, Matsumoto T, Shibata Y, Christensen J. Quantitative comparison of a corona-charged aerosol detector and an evaporative light-scattering detector for the analysis of a synthetic polymer by supercritical fluid chromatography. J Chromatogr A, 2008, 1193: 151-155.

[6] Lindner J R. Microbubbles in medical imaging: current applications and future directions. Nat Rev Drug Discov, 2004, 3(6): 527-533.

[7] Diaz-Lopez R, Libong D, Tsapis N, Fattal E, Chaminade P. Quantification of pegylated phospholipids decorating polymeric microcapsules of perfluorooctyl bromide by reverse phase HPLC with a charged aerosol detector. J Pharm Biomed Anal, 2008, 48: 702-707.

[8] Chawla A, Hinberg I, Blais E, Johnson D. Aggregation of insulin, containing surfactants, in contact with different materials. Diabetes, 1985, 34: 420-424.

[9] Lougheed W D, Albisser A M, Martindale H M, Chow J C, Clement J R. Physical stability of insulin formulations. Diabetes, 1983, 32: 424-432.

[10] Fekete S, Ganzler K, Fekete J. Fast and sensitive determination of Polysorbate 80 in solutions containing proteins. J Pharm Biomed Anal, 2010, 52: 672-679.

[11] Lobback C, Backensfeld T, Funke A, Weitschies W. Quantitative determination of nonionic surfactants with CAD. Chromatogr. Techniques, November 2007, 18-20.

[12] Lobback C, Backensfeld T, Funk A, Weitschies W. Analysis of polysorbate 80 using fast HPLC and charged aerosol detection. Pharm Technol, 2010, 34(5): 48-50, 52, 54.

[13] Fukushima K, Matsumoto T, HashiguchiI K, Senda M, Carreiro D, Asa D, Christensen J, Acworth I. HPLC with charged aerosol detection for the measurement of different non-ionic surfactants. Chromatography, 2006, 27: 139-142.

[14] Christiansen A, Backensfeld T, Kühn S, Weitschies W. Investigating the stability of the nonionic surfactants tocopheryl polyethylene glycol succinate and sucrose laurate by HPLC-MS, DAD, and CAD. J Pharm Sci, 2011, 100(5): 1773-1782.

第9章 电雾式检测在传统草药分析中的应用

梁丽娟[1,2,3]，姜勇[3]，屠鹏飞[3]

1 首都医科大学附属北京友谊医院，中国北京

2 北京大学健康科学中心，中国北京

3 天然药物及仿生药物国家重点实验室，北京大学医学部药学院，中国北京

9.1 摘要

传统草药含有多种化合物，通常认为这些化合物与中草药的活性相关。因此，开发一种能够更加有效且能同时分析一组化合物的方法，对于传统草药的认证和质控是非常重要的。当前，对 HPLC 通用检测器的需求非常广泛，特别在对那些缺乏强 UV 发色团的化合物的分析方面，尤为如此。紫外-可见光检测器的补充技术包括 MS、ELSD 和 RID。近年来，另外一种新的质量型检测技术，即 CAD 也被用于传统草药的分析。本文总结了 CAD 的工作原理，影响其灵敏度的因素及其在分析传统草药如三七、人参和黄芪中的应用。通过具体的例子，阐明了 CAD 与其他检测器（如 ELSD 和 UV）相比的优势和不足。

9.2 引言

传统草药（THMs）的使用历史有几千年之久，为治疗疾病提供了独特的理论和实践方法。最近，由于副作用少，对全身的综合调节能力强，中草药在许多国家获得了越来越多的青睐。因此，采取更合理有效的方法对中草药进行认证和质量评价已变得越来越迫切和重要。中草药中含有多种可能与其活性相关的化合物，因此，选择适用于系列化合物的分析技术非常重要。紫外（UV）检测灵敏度高[1-4]、线性范围宽且易于操作，常作为首选的检测技术。然而，如果活性成分结构中缺少紫外吸收的发色团，则无法采用常规 HPLC 进行分析检测，需要采用通用型检测器。有多种通用型检测器可与 HPLC 联用，如 MS、核磁共振（NMR）检测器、RID、CLND、ELSD 和 CNLSD。

RID 检测基于折射率（RI）的变化，由于其具有非特异性而被广泛使用[5]。但这种检测器也有其固有的弱点，如灵敏度较差，使用梯度洗脱条件时易产生基线变化等。使用 RID 时，温度和淋洗液组成均需保持恒定，因为 RID 对温度和压力的微小变化都非常敏感。MS 灵敏度高，且能够提供更多质谱信息，已成为一种广谱性检测系统[6-7]。然而，由于不同化合物的离子化效率不同，MS 的响应因子不一致。此外，MS 价格高，难以作为常规仪器使用，而且需要训练有素的操作人员。CLND 灵敏度极高，是一种通用的检测器[8]。然而，CLND 只对含氮的分析物响应，而且流动相必须不含氮成分，无法在高效液相色谱洗脱液中使用乙腈作为有机调节剂[9]。另一个限制因素是，CLND 的分析物必须是荧光发光的，或者通过标记荧光基团使其具有荧光发光性。ELSD 在检测不含紫外发色团的分析物方面取得了重要进展[10]。目前已经成功应用于药材的定量检测[11-16]。然而，它也存在一些缺点，在某些情况下，定量、重现性、灵敏度和动态响应范围都不能令人满意，其响应随溶剂组成而变化[10]。

最近，一种新型检测器 ESA Biosciences Corona® CAD®电雾式检测器（CAD）被用作 LC 检测器，用来测定非挥发性和半挥发性分析物[17]。作为一种通用型检测器，CAD 比 ELSD 更灵敏[18-19]。CAD 动态响应范围宽（约为 4 个数量级），灵敏度高，精密度好，其响应与分析物的光学特性和分析物在气相中被电离的能力无关。除此之外，还有可靠、易操作等特点，使其成为一个卓越的检测器，广泛应用于 HPLC[20]。此外，该检测器可以与各种不同的分离模式（等度和梯度反相[21]、混合模式色谱[22]、亲水作用液相色谱[23-24]、超临界流体色谱[25]和尺寸排阻色谱[26]）联用，适配标准孔和窄孔色谱柱，可用于分析多种化合物。文献中报道了 CAD 的广泛应用，如合成的聚合物、无机离子和脂类的分析，对映体比率的测定，以及药品及其纯度的分析等。尽管 CAD 在等度条件下对大量的非挥发性分析物表现出一致的响应因子，但它还不够完美。在梯度洗脱条件下，观察到 CAD 响应的变化，使其应用受到了限制。此外，若分析物是挥发的或颗粒成形不完全，则 CAD 的响应就会降低。下面将对影响 CAD 灵敏度的因素进行总结。

9.3 影响 CAD 灵敏度的因素

影响 CAD 响应的参数包括流动相中水/有机溶剂的比例，添加剂的种类如甲酸、乙酸和乙酸铵缓冲液，流速的变化以及氮气纯度等。

9.3.1 流动相组成

梯度条件下 CAD 的响应系数并不像最初推断的那样一致，因为 CAD 的响应受颗粒直径的影响，而这又与气溶胶液滴的大小有关，公式如下：

$$d_{\mathrm{p}}=d_{\mathrm{d}}\left(\frac{c}{\rho_{\mathrm{p}}}\right)^{1/3}$$

式中，ρ_{p}是颗粒密度（由分析物密度给出）；c是分析物浓度；d_{p}是颗粒直径；d_{d}是液滴直径[17]。由于液滴直径与其他几个因素有关，包括流动相的密度和黏度，而流动相的密度和黏度取决于流动相的组成，所以在梯度洗脱色谱中，响应因子会有很大变化。流动相中的有机相含量越高，雾化器的传输效率就越高，从而到达检测室的颗粒数量越多，信号越高[27]。

为了使气溶胶类检测器更为广泛接受，还需要消除“梯度效应”。梯度补偿是减轻/缓解梯度效应的方法之一，即使用第二个泵在气溶胶检测器之前提供柱后相反梯度[28-29]。这一过程确保进入检测器的流动相成分是恒定的，以保证响应的一致性，而不受柱中的流动相组成的影响。在 MiroslavLísa 的报告中，对从植物油中提取的三酰甘油（TG）进行分析的色谱图显示，在梯度洗脱过程中，基线信号和 TG 响应逐渐增强。响应增加的原因是雾化器的传输效率提高，梯度洗脱的流动相中非极性溶剂含量增加，从而导致到达检测器的带电粒子数量增加[30]。因此，研究者使用梯度补偿，发现响应因子一致性显著改善（即仅有 5%的变化）[30]。另一种克服梯度效应的方法是构建一个三维校准图，如 Mathews 等[31]的做法。

9.3.2　氮气纯度对 CAD 灵敏度的影响

为评估氮气纯度对 CAD 灵敏度的影响，Han Young Eom 等使用超高纯度（99.999%）和高纯（99.9%）氮气，对 CAD 性能进行了比较[19]。研究发现，在大多数情况下，氮气的纯度对 CAD 的灵敏度没有显著影响。然而，他们建议开展更多研究来充分考察气体纯度对 ELSD 和 CAD 系统响应的影响。

9.3.3　流动相调节剂的影响

梯度洗脱时，调节剂的变化会导致不同梯度阶段的分析物的流动相组成不同，这反过来会影响检测器中的雾化和液滴蒸发过程，并且由于液滴/颗粒在检测器内传输效率的变化，可能导致单个分析物的响应发生 5～10 倍的变化[27]。

为评估不同浓度的流动相改性剂对 CAD 灵敏度的影响，H.Y.Eom 等测试了不同浓度的乙酸铵缓冲液、甲酸铵缓冲液、乙酸和甲酸。结果表明，当流动相中盐的浓度降低到一定程度后，检测器的灵敏度提高[19]。

9.3.4　流速对 CAD 灵敏度的影响比较

H.Y.Eom 等评估了流速对 CAD 灵敏度的影响[19]。采用 0.1mmol/L 乙酸铵（pH 4.0）-乙腈在流速为 0.8mL/min、1.0mL/min 和 1.2mL/min 的条件下进行测试，流速为 1.0mL/min 时灵敏度最高。

9.4
CAD 在传统草药质量分析中的应用

CAD 已广泛应用于 TG[30]、氨基糖苷[21]、脂类[32]和聚合物[25-26]以及角鲨烯、胆固醇和神经酰胺[33]的分析，但其在传统草药质量分析中的应用尚未得到广泛报道。随着传统草药的日益普及，其质量和疗效也越来越受到人们的关注。每种草药都含有许多可能与其疗效有关的化合物，其中皂苷类化合物因其具有显著的抗癌特性和其他已知活性而成为一个重要的化合物类别，因此皂苷类化合物通常被视为草药质量控制的重要化学标志物。本文以三七和人参中的皂苷分析为例，阐述了 CAD 在传统草药分析和鉴定中的应用前景。

9.4.1 HPLC-CAD 测定三七中皂苷的含量

Chang[34]研究了 CAD 在三七分析中的可行性和性能，最终建立了 HPLC-CAD 方法，同时测定 30 批药材原料中的七种皂苷，即三七皂苷 R_1；人参皂苷 Rg_1、Re、Rb_1、Rg_2、Rh_1 和 Rd（图 9.1），并比较了 CAD、ELSD 和 UV 的 LOD 和 LOQ。

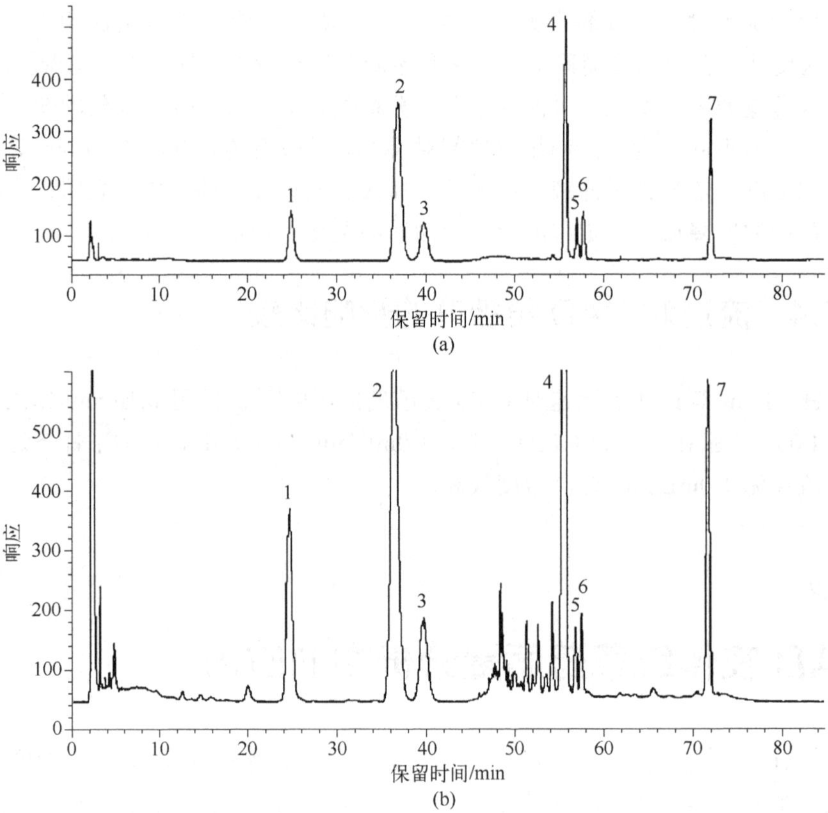

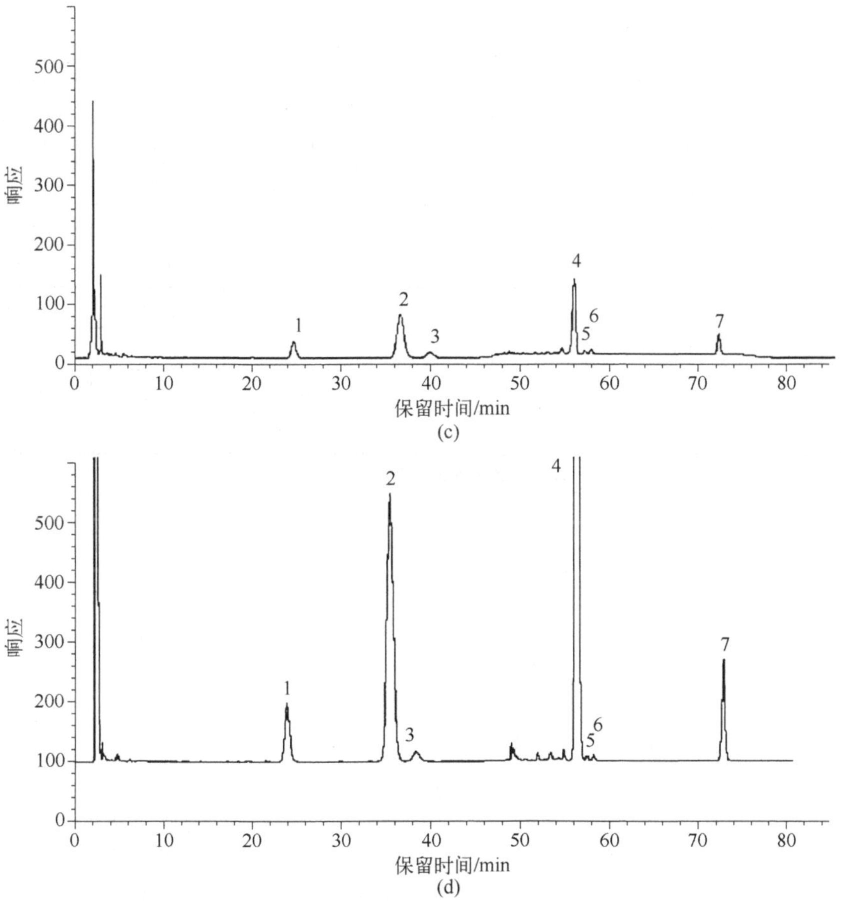

图 9.1　使用 CAD（a）检测混合标准品，与使用 CAD（b）、UV（c）和 ELSD（d）检测三七的甲醇提取物的典型 HPLC 色谱图。化合物 1～7 分别为三七皂苷 R_1 和人参皂苷 Rg_1、Re、Rb_1、Rg_2、Rh_1 和 Rd。资料来源：Chang 等[34]，经 Taylor & Francis 许可

结果显示，CAD 比 UV 和 ELSD 有更低的 LOD（0.01～0.15μg）和 LOQ（0.04～0.41μg）（表 9.1）。此外，与紫外检测（检测波长 203nm）相比，CAD 梯度洗脱具有更稳定的基线。通过比较 7 个化合物的峰面积发现，CAD 与 ELSD 在人参皂苷 Rb_1 的分析中有相似的灵敏度，CAD 对其余化合物的响应均明显高于另外两个检测器（图 9.1 和图 9.2）。计算结果显示，CAD 的峰面积平均值是 ELSD 的 7.66 倍，是 UV 的 16.76 倍。此外，采用 3 种有代表性的皂苷：三七皂苷 R_1、人参皂苷 Rg_1 和 Rb_1，比较了检测器的主要性能指标以及 CAD 和 ELSD 的灵敏度。结果（表 9.2）显示，CAD 的平均灵敏度是 ELSD 的 2.07 倍。

表 9.1 UV、ELSD 和 CAD 检测三七中 7 种皂苷的 LODs 和 LOQs

化合物	UV		ELSD		CAD	
	LOD/μg	LOQ/μg	LOD/μg	LOQ/μg	LOD/μg	LOQ/μg
N-R_1	0.03	0.13	0.04	0.13	0.05	0.16
G-Rg_1	0.04	0.28	0.08	0.16	0.03	0.13
G-Re	0.02	0.63	0.19	0.75	0.15	0.41
G-Rb_1	0.05	0.30	0.05	0.17	0.01	0.05
G-Rg_2	0.12	0.45	0.15	0.82	0.02	0.05
G-Rh_1	0.13	0.45	0.18	0.48	0.12	0.04
G-Rd	1.83	4.60	0.08	0.30	0.02	0.15

资料来源：Chang 等[34]，经 Taylor & Francis 许可。

注：G——人参皂苷；N——非人参皂苷。

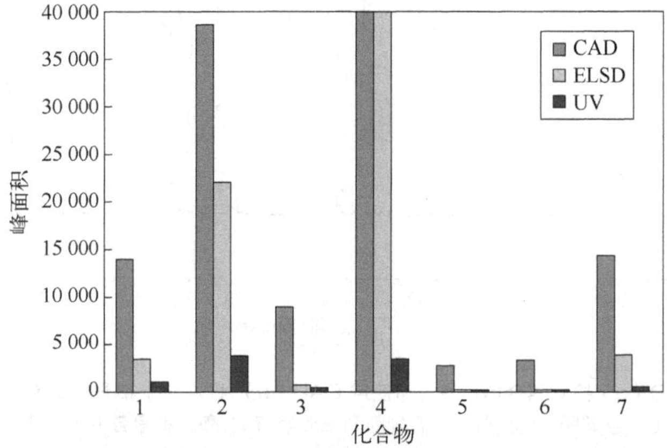

图 9.2 7 种皂苷在 CAD、UV 和 ELSD 中的响应（0.048g/mL 样品，进样 10μL）。资料来源：Chang 等[34]，经 Taylor & Francis 许可

表 9.2 通过 QI、PA、Sc 和 Se 的比率比较 ELSD 和 CAD 的灵敏度

化合物	CAD			ELSD			比率
	QI	PA	S_c	QI	PA	S_e	S_c/S_e
N-R_1	1.00	2990.60	—	2.80	2313.30	—	—
	2.00	5629.00	2638.40	3.60	3470.10	1446.00	1.82
	4.00	11325.00	2848.00	4.40	4784.80	1643.38	1.73
	5.00	14352.00	3027.00	5.20	6516.00	2164.00	1.40
	6.00	16792.00	2440.00	6.00	8664.20	2685.25	0.91
	7.50	19954.50	2108.33	7.00	10558.90	1894.70	1.11

续表

化合物	CAD			ELSD			比率
	QI	PA	S_c	QI	PA	S_e	S_c/S_e
G-Rg_1	0.70	2174.40	—	2.80	3615.65	—	—
	3.50	10727.40	3054.64	3.60	5105.05	1861.75	1.64
	7.00	20254.00	2721.89	4.40	6288.80	1479.69	1.84
	10.50	29484.20	2637.20	5.20	7650.25	1701.81	1.55
	14.00	38301.60	2519.26	6.00	9709.00	2573.44	0.98
	17.50	46131.90	2237.23	8.00	17341.20	3816.10	0.59
G-Rb_1	5.00	33449.60	—	1.60	928.00	—	—
	7.50	45316.60	4746.80	2.00	1170.00	605.00	7.85
	10.00	56400.60	4433.60	3.00	3157.40	1987.40	2.23
	12.50	66266.80	3946.48	4.00	6598.90	3441.50	1.15
	15.00	74895.30	3451.40	6.00	9850.10	1625.60	2.12
	17.50	91006.40	6444.44	7.00	11436.00	1585.90	4.06
均值							2.07

资料来源：Chang 等[34]，经 Taylor & Francis 许可。

注：PA 为峰面积；QI 为进样量；S（灵敏度）= $\Delta PA/\Delta QI$；S_c 为 CAD 的灵敏度；S_e 为 ELSD 的灵敏度。

9.4.2　LC-CAD 测定人参皂苷的含量

Wang 等[35]开发了一种简单而灵敏的方法，用 LC-CAD 定量检测辽宁、吉林和黑龙江省不同地点采集的人参中的七种主要皂苷，即人参皂苷 Rg_1、Re、Rb_1、Rc、Rb_2、Rb_3 和 Rd（图 9.3）。该研究比较了 CAD、ELSD 和 UV 检测人参皂苷的灵敏度、线性和精密度。回归数据、LOD 和 LOQ 见表 9.3。结果表明，CAD 检测人参皂苷的 LOD 和 LOQ 值最低，灵敏度高于其他两种检测器。例如，人参皂苷 Rg_1 和 Re 在 CAD 中可检测的浓度比 ELSD 和 UV 低 6 倍。

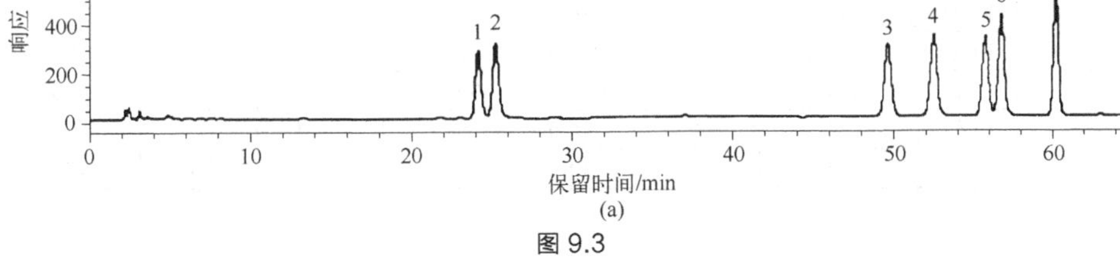

图 9.3

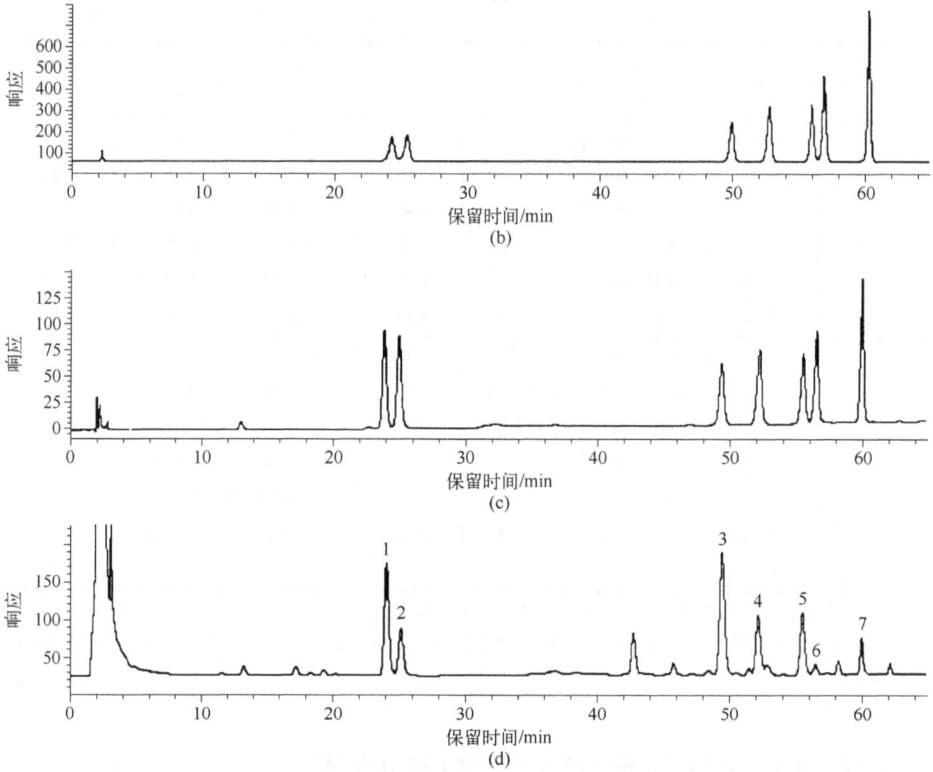

图 9.3 人参的典型 LC 色谱图。(a) CAD 信号生成的 7 个化合物的混合标准溶液的典型 LC 色谱图；(b) 相应的 ELSD 信号；(c) 相应的 UV 信号；(d) CAD 信号生成的人参样品的典型 LC 色谱图。谱峰：1—人参皂苷 Rg_1；2—人参皂苷 Re；3—人参皂苷 Rb_1；4—人参皂苷 Rc；5—人参皂苷 Rb_2；6—人参皂苷 Rb_3；7—人参皂素。资料来源。Wang 等[35]，经 Springer 许可

表 9.3 三种不同检测器对七种人参皂苷的回归数据、LOD 和 LOQ

分析物		Rg_1	Re	Rb_1	Rc	Rb_2	Rb_3	Rd
测试范围①/(mg/mL)		0.0158～0.63	0.015～0.06	0.0136～0.546	0.0164～0.654	0.0136～0.546	0.0147～0.588	0.0169～0.675
CAD	r^2	0.9995	0.9991	0.9985	0.9984	0.9975	0.9991	0.9993
	LOD/ng	9.64	6.57	13.9	15.0	11.3	11.6	10.9
	LOQ/ng	24.1	17.5	34.8	40.1	25.5	20.9	18.2
ELSD	r^2	0.9983	0.9987	0.9990	0.9975	0.9979	0.9988	0.9988
	LOD/ng	60.2	43.8	46.4	58.4	47.2	38.6	24.2
	LOQ/ng	144.6	102.2	116.0	150.3	113.4	96.5	72.6
UV	r^2	0.9998	0.9998	0.9999	0.9996	0.9995	0.9996	0.9996
	LOD/ng	62.3	43.8	36.0	67.0	85.0	57.9	54.4
	LOQ/ng	124.6	119.0	108.0	101.0	128.0	133.0	142.0

①峰面积的对数（y）和分析物浓度的对数（x）。

资料来源：Chang 等[34]，经 Taylor & Francis 许可。

CAD 和 ELSD 都是质量型检测器。面积响应和分析物浓度之间的关系是非线性的，即 $A = aM^b$，式中，A 是峰面积；M 是样品的质量；a 和 b 是实验常数。经过对数转换，得到 $\lg A = b\lg M + \lg a$，可用于校准。

表 9.3 列出了这七种物质的线性相关系数 r^2，ELSD 从 0.9975 到 0.9990，CAD 从 0.9975 到 0.9995，UV 从 0.9995 到 0.9999。数据表明，CAD 的线性回归略好于 ELSD，但对于日内和日间精密度，CAD（RSD≤2.94%）则表现出比 ELSD（≤3.99%）更好的重现性，接近于 UV 检测器（RSD≤2.50%）。

9.4.3　CAD 的其他应用

梁丽娟建立了 HPLC-UV-CAD 方法，同时对黄芪（RA）中 13 种有药理活性的黄酮类和黄芪皂苷类化合物进行测定。比较发现，UV 检测器对黄酮类化合物更为灵敏，而 CAD 则适合于黄芪苷类的分析。采用该方法测定了 45 个不同产地样品中 13 种活性成分的含量。结果表明，不同产地药材中标志物含量有显著差异。吉林、辽宁和山西的样品中各成分含量高于其他产地。

Qi[36]还建立了 HPLC-DAD-ELSD 方法，用于测定 RA 中的 6 种异黄酮类化合物和 4 种皂苷。对 ELSD[36]和 CAD 的 LOD 和 LOQ 进行比较。结果（表 9.4）显示，CAD 的 LOD 和 LOQ 远低于 ELSD。

表 9.4　CAD 和 ELSD 测定黄芪甲苷的比较　　单位：ng

化合物	LOD		LOQ	
	CAD	ELSD	CAD	ELSD
黄芪甲苷Ⅳ	48	75	130	156
黄芪甲苷Ⅰ	50	110	130	270
乙酰黄芪甲苷Ⅰ	40	90	120	200

Eom[19]优化了同时测定柴胡提取物中 10 种柴胡皂苷的分析条件，并对 ELSD 检测器和 CAD 检测器进行了比较。结果表明，尽管 CAD 和 ELSD 都有足够的灵敏度来同时分析 10 种柴胡皂苷，但 CAD 的线性、灵敏度、重现性和色谱峰的峰形都优于 ELSD。

天然植物油是由多种非极性化合物组成的复杂混合物，其中 TG 含量高达 90%。在含有数百种化合物的植物油中鉴定和定量 TG 是一项复杂而具有挑战性的工作。HPLC 的常用检测器，如 MS、UV 或 ELSD，响应因子可能差异较大。MiroslavLísa 开发了一种简单的方法，将非水反相高效液相色谱（NARP-HPLC）与 CAD 检测器联用，采用梯度洗脱结合流动相补偿来定量植物油中提取的复杂天然混合物中的 TG[30]。CAD 表现出良好的重现性和出色的 LOD，且与定量 APCI-MS 方法的结果一致。

9.5 结论

CAD 开启了 HPLC 检测的新时代，它具有高灵敏度、高精密度、宽动态范围和操作简便等特点，可用于非挥发或半挥发化合物的常规检测，特别是对具有弱/无紫外发色团的化合物。在草药或传统草药中，有多种此类成分，如皂苷、糖类、萜类、氨基酸等，需要更灵敏的方法进行常规分析，这为 CAD 在该领域的应用提供了广阔而美好的前景。另一方面，如何优化影响 CAD 灵敏度的因素，使其更灵敏、更稳定，也是推动 CAD 在传统草药中广泛应用的一个值得关注的问题。

参考文献

[1] Jones K, Malcolme-Lawes D J. J Chromatogr A, 1988, 441: 387-393.

[2] Shi Y, Sun C J, Zheng B, Li Y, Wang Y. Food Chem, 2010, 123: 1322-1327.

[3] Novakova L, Lopez S A, Solichova D, Šatinsky D, Kulichova B, Horna A, Solich P. Talanta, 2009, 78: 834-839.

[4] Lee H J, Kim C Y. Food Chem, 2010, 120: 1224-1228.

[5] Westerbuhr S G, Rowlen K L. J Chromatogr A, 2000, 886: 9-18.

[6] Vogeser M, Seger C. Clin Biochem, 2008, 41: 649-662.

[7] Korfmacher W A. Drug Discov Today, 2005, 10: 1357-1367.

[8] Lucy C A, Harrison C R. J Chromatogr A, 2001, 920: 135-141.

[9] Allgeier M C, Nussbaum M A, Risley DS. LCGC North Am, 2003, 78: 376.

[10] Almeling S, Holzgrabe U. J Chromatogr A, 2010, 1217: 2163-2170.

[11] Wang H L, Gao J, Zhu D N, Yu B Y. J Pharm Biomed Anal, 2007, 43: 1552-1556.

[12] Cong Y, Zhou Y B, Chen J, Zeng Y M, Wang J H. J Pharm Biomed Anal, 2008, 48: 573-578.

[13] Kong W J, Jin C, Liu W, Xiao X H, Zhao Y L, Li Z L, Zhang P, Li X F. Food Chem, 2010, 120: 1193-1200.

[14] Chai X Y, Li S L, Li P. J Chromatogr A, 2005, 1070: 43-48.

[15] Kim S N, Ha Y W, Shin H, Son S H, Wu S J, Kim Y S. J Pharm Biomed Anal, 2007, 45: 164-170.

[16] Sun B S, Gu L J, Fang Z M, Wang C Y, Wang Z, Lee M R, Li Z, Li J J, Sung C K. J Pharm Biomed Anal,

2009, 50: 15-22.

[17] Dixon R W, Peterson D S. Anal Chem, 2002, 74: 2930.

[18] Vervoort N, Daemen D, Torok G. J Chromatogr A, 2008, 189: 92-100.

[19] Eom H Y, Park S Y, Kim M K. J Chromatogr A, 2010, 1217: 4347.

[20] Vehovec T, Obreza A. J Chromatogr A, 2010, 1217: 1549.

[21] Joseph A, Rustum A. J Pharm Biomed Anal, 2010, 51: 521-531.

[22] Zhang K, Dai L L, Chetwyn N P. J Chromatogr A, 2010, 1217: 5776-5784.

[23] Novakova L, Solichova D, Solich P. J Chromatogr A, 2009, 1216: 4574-4581.

[24] Huang Z, Richards M A, Zha Y, Francis R, Lozano R, Ruan J. J Pharm Biomed Anal 2009, 50: 809-814.

[25] Takahashi K, Kinugasa S, Senda M, Kimizuka K, Fukushima K, Matsumoto T, Shibata Y, Christensen J. J Chromatogr A, 2008, 1193: 151-155.

[26] Kou D, Manius G, Zhan S D, Chokshi H P. J Chromatogr A, 2009, 1216: 5424-5428.

[27] Cobb Z, Shaw P, Lloyd L, Wrench N, Barrett D. J Microcol, 2001, 13: 169.

[28] Gorecki T, Lynen F, Szucs R, Sandra P. Anal Chem, 2006, 78: 3186.

[29] de Villiers A, Gorecki T, Lynen F, Szucs R, Sandra P. J Chromatogr A, 2007, 1161: 183.

[30] Lisa M, Lynen F, Holčapek M, Sandra P. J Chromatogr A, 2007, 1176: 135.

[31] Mathews B T, Higginson P D, Lyons R, Mitchell J C, Sach N W, Snowden M J, Taylor M R, Wright A G. Chromatographia, 2004, 60: 625.

[32] Moreau R A. Lipids, 2006, 41: 727.

[33] Hazzotte A, Libong D, Matoga M, Chaminade P. J Chromatogr A, 2007, 1170: 52.

[34] Chang C B, Han S Y, Chai X Y, Jiang Y, Li P, Tu P F. J Liq chromatogr Relat Technol, 2009, 32: 242.

[35] Wang L, He W S, Yan H X, Jiang Y. Chromatographia, 2009, 70: 603.

[36] Qi L W, Yu Q T, Li P, Li S L, Wang Y X, Sheng L H, Yi L. J Chromatogr A, 2006, 1134: 162-169.

第3部分

电雾式检测的工业应用

第10章 电雾式检测在药物分析中的应用

迈克尔·斯沃茨[1]，马克·普兰特[2]，琥珀·阿瓦德[3]

1 分析开发部与验证科学，美国马萨诸塞州阿克斯布里奇

2 赛默飞世尔科技，美国马萨诸塞州切姆斯福德

3 道明诊断，美国罗得岛州北金斯敦

10.1 摘要

在过去的数年中，CAD检测器已广泛应用于制药实验室，从处方研究到稳定性考察甚至在药品质量控制中均在使用。因为其灵敏度高、方便使用、线性范围宽，而且适用于药物研究过程中的多组分检测，所以很多分析人员开始使用这项技术。本章介绍在合规的制药环境下如何操作与使用CAD，涉及分析方法的开发、验证和转移，并通过对几个应用案例的重点介绍，来阐明CAD在制药实验室的使用优势。

10.2 引言

第一台商业化的CAD于2004年问世，由ESA Biosciences公司（马萨诸塞

州切姆斯福德，Corona® CAD®）研发和生产，基于 20 世纪 70 年代以来出现的电气溶胶技术与 HPLC 联用[1-6]。CAD 是一项独特的技术，HPLC 的色谱柱流出物首先在载气氮气（或者空气）的作用下雾化，形成液滴，然后干燥，去除流动相，形成分析物颗粒。高压铂金针顶端电晕放电，使次流路的氮气带正电，与分析物颗粒主流路相遇，将正电荷扩散转移到相反流向的分析物颗粒上，进一步转移至收集器上，通过高灵敏度的静电计进行测定，产生信号，该信号与分析物的量成正比。有关 CAD 设计和操作的更多细节可参考第 1 章，在此不再赘述。由于检测的全过程包括了雾化和电荷的直接测量，CAD 灵敏度高，响应一致性好，动态范围宽。尤其在分析无紫外发色团的化合物时，使制药实验室的研发和分析人员真正受益。与其他通用型 HPLC 检测器（如 RID、ELSD）相比，CAD 更易于使用。与 RID 不同，CAD 可以兼容梯度洗脱。此外，CAD 响应与目标化合物的化学特性无关，而是与雾化时形成的液滴中分析物的初始质量浓度有关。与紫外检测器相比，CAD 提供了更一致的响应，而紫外检测器的响应根据所使用的波长和消光系数而产生显著变化。CAD 检测器的这些优势使其成为制药实验室贯穿药物研发所有阶段的有益补充。

CAD 已在药物研发过程中得到广泛使用，例如，药物的发现[7]、制剂的研究和开发（R&D）[8-9]、天然产物分离[10]、杂质检测[11-18]、清洁验证[19]、原料药及制剂的产品表征[20-21]、稳定性研究[22]以及其他应用实例。与 ELSD 不同，在大多数方面，CAD 简单易用，可谓是“即插即用”型检测器，无需特别关注，而且已有按化合物类型归纳得较为全面的 CAD 应用列表[1]。虽然文献中 CAD 报告主要是用于研发/方法开发，但也有在合规的 GMP 环境下使用 CAD 的报道[22]，该情况下，方法验证和方法转移是需要重点考虑的因素。但是，无论是在研发中运用，还是在质量控制（QC）实验室中运用，除了突出 CAD 的用途外，本章还讨论了一些确保其成功使用的关键点。

10.3 分析方法的开发

在分析方法开发（analytical method development，AMD）过程中，要回答的第一个问题是“化合物会有响应吗？”除了在无紫外发色团的化合物检测方面具有明显优势，由于 CAD 具有与消光系数无关的一致的响应因子，故即使对于有发色团的化合物，其响应值也近乎一致。决定分析物响应值的金标准是化合物的挥发性。目标化合物必须是非挥发的。分子量、熔点或沸点均不能用于准确预测化合物的挥发性。即使具有相似分子量的化合物，也可能有非常不同的挥发性，主要是由于其极性和氢键作用的不同。例如，甘油（分子量 92；沸点 290℃），低于 10ng 仍很容易被检测到。但丙基甘油（丙二醇）（分子量 76；沸点 188℃）则不容易被检测到。衡量挥发性的较好指标是蒸气压，因为具有较高蒸气压的物质，比具有较低蒸气压的物质更容易蒸发，后者在 CAD 上有较好的响应。表 10.1 列出了几种化合物的 CAD 响应值以及它们的蒸气压。

表 10.1　化合物物理特性与 CAD 响应值

化合物	存在形式	*M*	BP/℃	蒸气压/mmHg	可否被 CAD 检测
2,4-二甲基苯胺	液体，共价键	121.19	218	0.16	否
乙酸铵	固体，离子键	77.08	分解	20℃，醋酸 11，氨水 115	否
咖啡因	固体，共价键	194.19	178	$<1\times10^{-8}$	可
茶碱	固体，共价键	180.17	454.1	25℃，5×10^{-9}	可
氨基甲酸乙酯	固体，共价键	89.09	185	25℃，0.36	否
甘油	液体，共价键	92.09	290	0.001	可
薄荷醇	固体，共价键	156.27	212	20℃，0.8	否
萘	固体，共价键	128.16	218	25℃，0.018	否
丙基甘油（1,3-丙二醇）	液体，共价键	76.09	214	20℃，0.8	否
氯化钠	固体，离子键	58.44	1465	N/A	可

溶剂在 CAD 响应中也扮演了重要角色。溶剂的纯度、挥发性和黏度均为重要因素。通常，使用较高纯度的溶剂时，背景电流和噪声较低，且由于非挥发性杂质形成的颗粒物减少，基线漂移较低，这在梯度洗脱时更为明显。由于 CAD 工作过程中包括雾化阶段，使流动相蒸发，因此必须使用挥发性流动相，这一点对 CAD 非常关键。因此，必须使用以下类型的流动相：水溶液/有机溶剂（水/甲醇/乙腈混合物），含挥发性缓冲添加剂（必要时），如甲酸、乙酸、三氟乙酸以及乙酸铵，类似于 MS 流动相的要求。此外，与 UV 相比，CAD 的有机改性剂选择范围更广。例如，紫外截止波长为 330nm 的丙酮通常不用于紫外检测器，但与 CAD 完全兼容，这一话题将在第 3 章中进一步讨论。

最后，流动相黏度也很重要，因为它影响雾化过程和干燥过程。低黏度流动相（即高有机相）能产生更多液滴，且与高黏度流动相（即水相）相比，颗粒的生成更高效，从而增加检测器响应/灵敏度。此外，采用低黏度流动相，更多的分析物可用于检测；采用水相流动相，更多的分析物进入废液，影响检测灵敏度。

在方法开发的过程中，确定分析物及溶剂影响的一个通用方法为流动注射分析（FIA），即去掉色谱柱，将感兴趣的分析物直接注入流动相中进行分析实验[23]。除 CAD 外，典型的方法开发过程使用多种检测器，例如，UV/PDA 或 MS。检测器串联配置比并联配置更可取，因为可以避免液体分流。但是，当与破坏型检测器（例如 MS）组合使用时，液体分流是不可避免的。在检测器串联使用时，CAD 应放在最后。CAD 仪器会使反压升高大约 7bar（0.7MPa），完全在 UV/PDA 检测器流通池可承受的压力范围内。在多个检测器共存的系统中，管路连接应格外小心，避免因管路过长引起死体积增大，导致峰展宽增加。

当然，在任何方法开发过程中，色谱柱的选择都是非常重要的，这个事实并不会因为使用了 CAD 而改变。然而，应谨慎选择具有最小“流失”的色谱柱，因为色谱柱流失的非挥发性化合物会导致背景噪声增加[24]。正因如此，方法开发人员有时会选择聚合物基质的色谱柱而不是硅胶基质的色谱柱，以减少柱流失，尤其当灵敏度至关重要时。

此外，CAD 可完全兼容快速 HPLC 或 UHPLC。

10.4 分析方法验证

分析方法验证（analytical method validation，AMV）是整个验证过程的一部分，此外还包括软件验证、分析仪器验证（AIQ）和系统适用性[25-28]。AIQ 是确保仪器适合其预期应用的过程。一般来说，AIQ 和 AMV 通常在测试开始之前进行，以保证分析系统的质量；在样品分析开始之前或期间及时进行系统适用性和质量控制（QC）检查，以保证分析结果的质量。

方法验证是通过实验室测试以确定方法的性能参数符合分析应用的要求。方法验证在方法正常使用期间，可为实验室研究提供可靠性保证，有时也指提供书面证据的过程，证明该方法可以满足预期的用途。除此之外，合规实验室必须进行方法验证，以符合政府或其他监管机构的法规要求。因此，除提供使用了可接受的科学实践的证据外，方法验证还是整个验证过程中一个至关重要的环节。一个定义明确、记录完整的方法验证过程不仅可以满足法规的符合性要求，而且还提供了系统和方法适合其预期用途的证据，并有助于方法转移。

20 世纪 80 年代末，美国 FDA 首次指定美国药典（USP）现行版本中列出的食品、药品和化妆品的标准作为法律认可的标准，以确定是否符合《联邦食品、药品和化妆品法案》[29-30]，自此以后的每一版 USP 中都包括了方法验证指南。最近发布的信息更新了以前的指南，并为国际人用药品注册技术协调会（ICH）的指南提供了更多详细信息和协调[31-32]。FDA、USP 和 ICH 中，有些术语的引用和/或定义有所差别。在这个进程中，全球范围的协调已经提供了比过去更多的细节，有助于最大限度地减少全球监管要求之间的差异。

验证受 FDA 监管，并植根于生产实践实验室环境的规范中。这些规范中，被引用最多的是现行的《药品生产质量管理规范》（GMP）[29-30]和国际标准化组织（ISO）9000 系列质量管理体系标准及相关 ISO 文件。任何方法验证过程的两个最重要的指南是 USP 通则 1225（药典方法的验证）[26]和 ICH 指南［分析过程的验证：文本和方法 Q2（R1）］[31]。虽然本章的重点是 CAD，但 USP 和 ICH 指南是通用的，也就是说，并非针对某种具体技术或仪器。因此，在合规实验室中，CAD 应与其他任何检测器一样，采用相同的标准进行分析方法验证。事实上，有很多对使用了 CAD 的方法进行验证的文献报告（例如，文献[14-22,33-34]和第 2 章中综述的文献）。

在分析方法验证过程中，可能需要对几个分析性能参数进行评估，包括专属性、准确度、精密度、线性、范围、LOD、LOQ 以及耐用性，具体取决于方法的要求。本章不详细讨论分析方法验证的细节，相关指南可从以下资源查询，建议详细阅读文献[25-26,31-32,35]。对于 CAD 方法的验证，需要针对性考虑耐用性、线性、中间精密度、LOD/LOQ 和系统适用性。

如果在分析方法开发期间未进行耐用性研究，则需要在分析方法验证的前期进行。分析过程的耐用性，是衡量获得可比较和可接受结果的能力指标，通过人为地微调文件规定的程序参数来考察其适用范围。耐用性表明了方法在正常使用中的适用性和可靠性。在耐用性研究过程中，通过人为改变参数查看方法结果是否受到影响。耐用性定义中的关键词是“人为地”。例如，HPLC 可调节参数包括温度、流速、pH、缓冲液浓度等。由于 CAD 响应与溶剂组成有关，流动相的任何潜在变化都是耐用性的考察参数，故应该进行详细的研究，特别是梯度洗脱时。此外，CAD 响应对到达检测器的氮气流速敏感，因此，氮气流速是一个 CAD 特有的参数，应在所有耐用性研究中进行考察。

线性是证明方法在给定范围内，测试结果与分析物浓度成正比的能力。CAD 的动态范围超过四个数量级[23]，其响应通常是非线性的，近似于二次曲线。

但是，在较小的范围内，CAD 响应可呈线性。有关 CAD 响应曲线形状的其他理论阐释见第 1 章。第 3 章还为非线性校准曲线的使用和相关特性提供了一些实用指导。

CAD 的动态范围分为四个数量级，大多数化合物的 LOQ 和 LOD 分别为 0.1%和 0.05%水平（相对于目标化合物的浓度），CAD 测定这些浓度是可行的。这点在 ICH 指南中也有说明[36]。

分离度和柱效是系统适用性的常见参数，并且受系统中带状扩散的影响。当 CAD 单独使用时，其对带状扩散的贡献略高于其他类型的检测器。然而，当 CAD 与其他检测器联用时，谱带展宽可能变得更加重要。其他检测器连在 CAD 之前使用，可能会导致谱带变宽，这种变宽效应在分离相邻洗脱的有关物质且分离度至关重要时，应该进行评估。

中间精密度是指实验室内随机事件发生变化后结果之间的一致性。这通常可能发生在方法使用期间，例如不同的日期、不同的检测员或不同的设备。从作者的经验来看，不同的 CAD 之间的差异是很小的。已有文献报道了令人满意的重复性结果[11,20-22]。

10.5 分析方法转移

证明分析方法在接收实验室和开发实验室或转出方实验室之间同样有效并以文件形式记录的过程，被称为分析方法转移（AMT）。AMT 是对符合《药品生产质量管理规范》实验室中出具“可报告数据”结果的要求[25,37-38]。AMT 的目标是确保接收实验室受到良好的培训，具备使用相关方法的资质，并可获得与转移实验室相同的结果（在实验误差范围内）。AMT 的成功取决于耐用性方法的开发和验证，以及严格遵守完善的标准操作程序（SOP）。

AMT 流程可以选用以下四种类型中的任何一个：对比试验、全部或部分方法验证或再验证、两个实验室间共同验证、正式转移的省略，有时也称作转移豁免。如何选择取决于许多因素，例如方法的复杂程度或经验水平。通常，CAD 的方法转移实际上与使用其他类型的 HPLC 检测器的方法转移是没有区别的，可以使用相同的实验设计和统计处理。然而，较好的做法是确保接收实验室的人员在方法转移前充分接受 CAD 技术培训。在这方面，无论选择哪种 AMT 方式，对于原始实验室来说，分享方法开发和验证中的经验都是非常重要的，特别是仪器相关配置、氮气来源/纯度/流量、溶剂的来源/纯度、温度设置以及其他参数。

10.6 CAD 在制剂工艺开发和离子分析中的应用

制剂在药物开发过程中起着至关重要的作用。制剂工艺中对离子的选择可以对潜在候选药物的生物利用度、可制造性和稳定性产生重大影响。制剂工艺的一个关键要求是开发可用于该制剂中对离子（阴离子和/或阳离子）的分离和定量的分析过程。对离子的分析方法需要良好的重复性和耐用性，以便于转移给需要严格监控活性药物成分（API）的质量的分析实验室。

最常见的新的化学实体（NCEs）为低分子量的弱酸或弱碱。在大多数情况下，游离的酸或碱在水溶液中没有足够的稳定性，在固态下稳定性通常也较弱。这些弱点通常可以通过以下方式克服：将碱性或酸性药物分子与对离子结合形成盐形式的 NCE。所选对离子的性质对药物的性能有重大影响，对安全性和可制造性尤为如此。早期药物开发过程中，盐的选择相对较晚。无数的例子证明，药物研发最初选择的盐后来并不适合，因此需要反复开展毒理学、生物学和稳定性研究。因此，现在对于已通过初始毒理学筛查的化合物，盐的选择通常在可离子化的化合物开发的早期阶段启动[39]。

化学家经常以线性方式寻找最佳的晶体形式，在寻找合适的物理化学性质的盐的过程中，制备并分析了一个又一个物质。在某些情况下，利用集成的盐选择系统可在较短的时间内完成结晶工艺、对离子的选择以及多晶型的研究。

通过这些方法识别得到的盐，首先需要评估它们的结晶度。结晶形态的盐通常更容易处理、运输和使用。在筛选过程中被识别为结晶形态的盐，会被用于进一步的评估，并需要确认其结构及化学计量学。

下一步是评估盐的吸湿性曲线，以确保其在制药过程中可能遇到的潮湿条件下保持其性能。在这一阶段还需要筛选溶解度、稳定性、多晶型和可加工性。为制剂工艺选择的离子分析方法通常在下游中也会使用。下游需要监控 API 以确保其安全性、质量、含量和纯度。这也有助于解释为何近年来人们对于建立准确、精密和耐用的离子分析方法高度关注，这些分析方法必须易于从一个分析实验室转移到另一个分析实验室。

目前有几种离子分析的替代方案。离子色谱（IC）电导检测是最常见的方法，它使用弱离子树脂作为固定相，增加抑制柱除去背景淋洗液离子。事实证明，IC 检测阴离子和阳离子的方法非常灵敏。然而，它使用相对昂贵的且非标准的色谱仪器和耗材，需要使用不同的色谱柱，两次运行，分别测定阴离子和阳离子。同时测定阴离子和阳离子需要较长的系统切换时间，或者需要使用两套系统分别测量。毛细管电泳（CE）在离子分析中也显示出高灵敏度，但同时检测阴离子和阳离子需要两根毛细管柱，两个流动相和两次运行。

离子分析的新方法克服了这些困难。这种方法是基于亲水作用液相色谱（HILIC），使用高极性的固定相，如二醇基（中性）、硅胶（带电）、氨基（带电）或两性离子（带电）色谱柱。流动相含有高比例有机相和少量的水相/极性溶剂。在极性固定相周围形成了相对固定的水层，使分析物基于极性在两相之间进行分配。水或极性溶剂是 HILIC 的强洗脱溶剂。使用两性离子色谱柱和色谱条件，两相之间的分配允许静电相互作用的阴离子更容易接近带正电的基团，从而增强阴离子的保留。文献[40]报道了使用 HILIC 模式的两性离子固定相分离和定量 33 种常用药物对离子、12 种阳离子和 21 种阴离子。这项工作使用了 ELSD，然而 CAD 可以更好地提供灵敏度高、动态范围宽、精密度好和耐用性好的方法，这也是关键药物应用中主力分析仪器所期望的[41]。

HILIC/CAD 方法非常灵活，可用于同时测量 API 及其对离子（例如，盘尼西林 G 及其对阳离子 K^+；二甲双胍及其对阴离子，Cl^-，如图 10.1）。

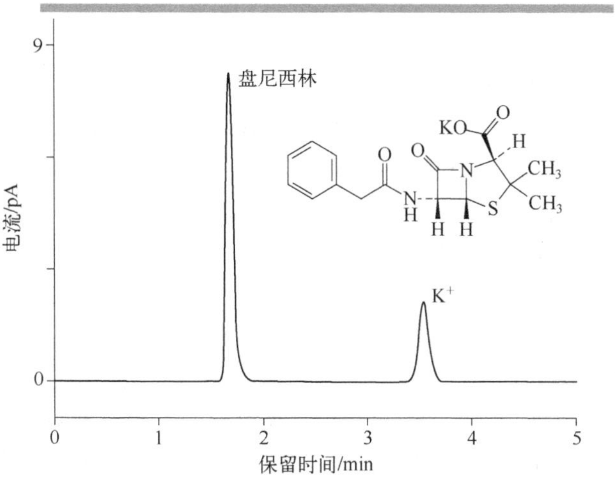

(a) 盘尼西林及对离子K^+

图 10.1

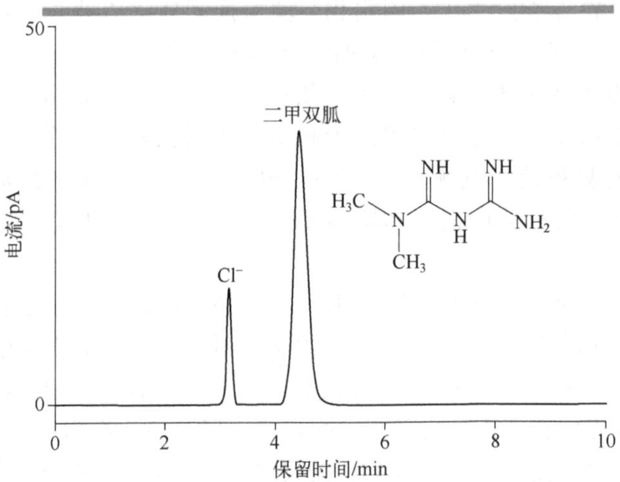

(b) 二甲双胍及对阴离子Cl⁻

图 10.1　使用 HILIC-CAD 一次进样同时分析 API 和对离子。(a)盘尼西林 G 和 K^+。分析条件：HPLC：Thermo Fisher Scientific™ Dionex™ UltiMate™ 3000 RSLC。色谱柱：Acclaim Trinity P2，3μm，3mm×50mm，柱温 30℃。流速 0.5mL/min。进样体积 1μL。流动相 A：乙腈；流动相 B：水；流动相 C：100mmol/L 甲酸铵，pH 3.65。等度洗脱：A：B：C = 25：50：25（体积比）。检测器：Dionex™ Corona™ Veo™ RS。样品：100ng/μL 盘尼西林 G，溶于水。(b) 二甲双胍和 Cl^-。分析条件：HPLC：Thermo Fisher Scientific™ Dionex™ UltiMate™ 3000 RSLC。色谱柱：Acclaim Trinity P2，3μm，3mm×50mm，柱温 30℃。流速 0.5mL/min。进样体积 1μL。流动相 A：乙腈；流动相 B：100mmol/L 甲酸铵，pH 3.65。等度洗脱：A：B=20：80（体积分数）。检测器：Dionex™ Corona™Veo™RS。蒸发温度：55℃。样品：100ng/μL 盐酸二甲双胍，溶于水

除了制剂分析外，CAD 还可用于其他类型的离子分析，如 API 表征和离子杂质检测。图 10.2 说明了如何使用 HILIC/CAD 方法一次进样同时分析非甾体抗炎药（NSAID）双氯芬酸和对离子-钠离子和氯离子杂质。图 10.3 显示了 HILIC/CAD 组合更大的优势：在单系统上使用一种流动相和一根色谱柱，单次进样同时分析多个阴离子和阳离子。该方法已通过验证，验证项目包括线性、范围、准确度、精密度、专属性、LOD 和 LOQ，展示了 CAD 在合规环境中的应用[42]。最近，该方法已扩展到使用梯度洗脱法分离 25 个对离子（图 10.4）。

另一个实例是使用了与图 10.3 中大致相同的条件分离的有机酸，结果如图 10.5 所示。有机碱的分离，如赖氨酸和精氨酸，也可以在相同的条件下进行。上述所有的应用实例均可获得良好的线性及低至纳克的柱上检测限。

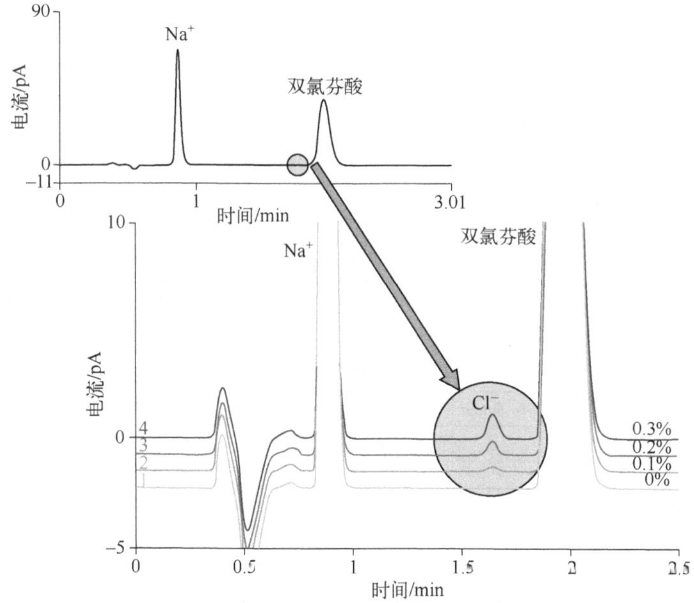

图 10.2　一次进样同时分析 API、对离子和痕量杂质。图中显示的为浓度为 0～0.3%API 中测量氯化物杂质的情况。分析条件：HPLC 为 Thermo Fisher Scientific™ Dionex™ UltiMate™ 3000 RSLC。色谱柱：Acclaim Trinity P1，3μm，3mm×50mm，柱温 30℃。流速 0.8mL/min。进样体积 5μL。流动相 A：乙腈，流动相 B：200mmol/L 乙酸铵，pH 4.00。等度洗脱：A : B=75 : 25（体积分数）。检测器：Dionex™ Corona™ Veo™ RS。蒸发温度：60℃。样品：1mg/mL 双氯芬酸钠，溶于水。资料来源：经 Thermo Fisher Scientific 许可

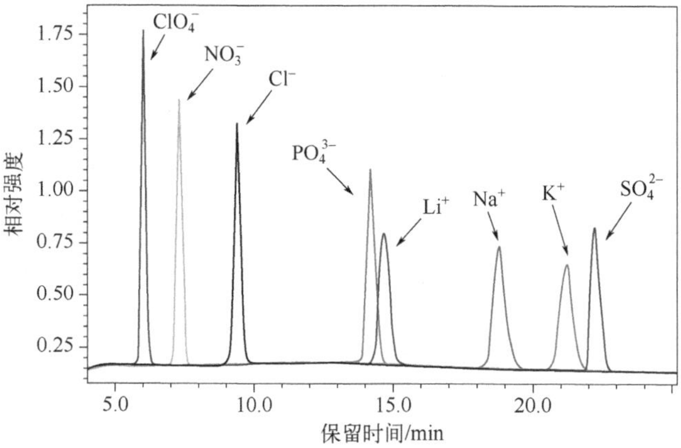

图 10.3　使用 HILIC-CAD 同时分析阴离子和阳离子。分析条件：Sequant ZIC-pHILIC®，5μm，4.6mm×150mm 色谱柱（The Nest Group，Southborough，MA），柱温 30℃。梯度条件：26 分钟内流动相 B 的浓度从 20%升高到 70%。流动相 A 为 15%乙酸铵（pH 4.68）+5%甲醇+20%异丙醇+60%乙腈，流动相 B 为 50% 30mmol/L 乙酸铵（pH 4.68）+5%甲醇+20%IPA+25%乙腈，流速 0.5mL/min，进样量 10μL

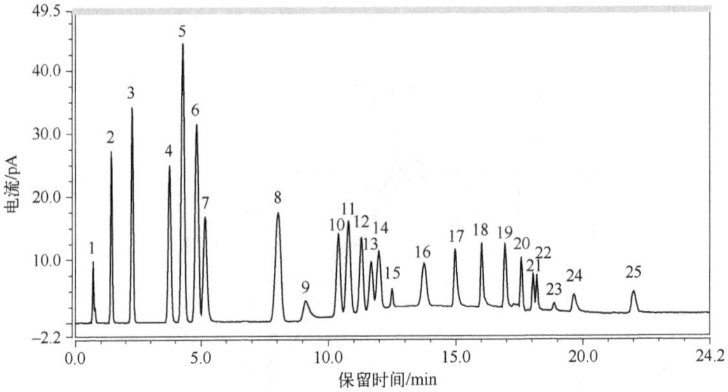

时间/min	B(体积分数)/%	C(体积分数)/%	梯度曲线
0	60	3	5
7	60	5	4
15	5	90	7
23	5	90	5
23.1	60	3	5
28	60	3	5

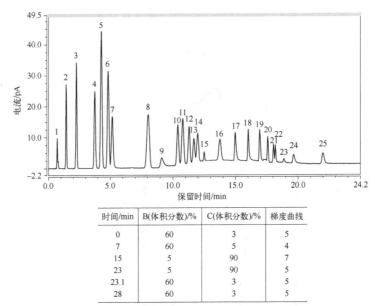

图 10.4 使用 HILIC-CAD 同时分析 25 种药物对离子。HPLC：Thermo Fisher Scientific Dionex™ UltiMate™ 3000 RSLC。色谱柱：Acclaim Trinity P1，3μm，3mm×50mm，柱温 35℃。流速 0.5mL/min。进样体积：5μL。流动相 A：水；流动相 B：乙腈；流动相 C：200mmol/L 甲酸铵，pH 4.00。梯度条件如图所示。检测器：Thermo Fisher Scientific™ Dionex™ Corona™ Veo™ RS，蒸发温度：50℃。色谱峰：1—乳酸；2—普鲁卡因；3—胆碱；4—氨基丁三醇；5—钠；6—钾；7—葡甲胺；8—甲磺酸盐；9—葡萄糖醛酸；10—马来酸盐；11—硝酸盐；12—氯化物；13—溴化物；14—苯磺酸盐；15—琥珀酸；16—甲苯磺酸盐；17—磷酸盐；18—苹果酸盐；19—锌；20—镁；21—富马酸盐；22—酒石酸盐；23—柠檬酸盐；24—钙离子；25—硫酸盐。来源：经许可转载自 Thermo Fisher Scientific 公司

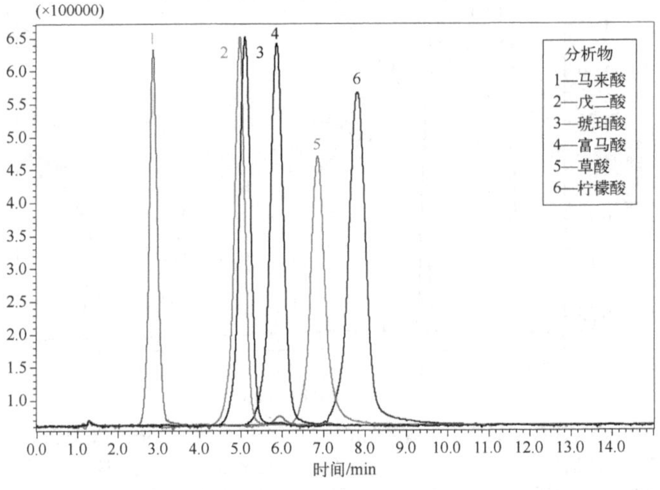

图 10.5 用 CAD-HILIC 分析有机酸。色谱条件：SeQuant ZIC-pHILIC 色谱柱，5μm，4.6mm×150mm（The Nest Group，Southborough，MA），柱温 30℃。流动相为 ACN-200mmol/L 乙酸铵（70/30），pH 6.7，等度洗脱，流速 1.0mL/min，进样量 10μL

10.7 CAD 在糖类分析中的应用

探索了 CAD 对多种化合物的响应[7,23,43]。许多实验室对分析无紫外发色团的化合物越来越感兴趣，此类化合物既包含复杂化合物（例如聚乙二醇聚合物、低聚糖、环糊精和脂类），又包含相对简单的化合物（例如糖）。其中一个热点应用是对发酵液中糖的分析。

通过重组 DNA 技术，开发和生产蛋白质、肽或抗体获得行业越来越多的青睐，因为新一代疗法正是基于这类生物分子。然而，直接测定发酵液中培养细胞的营养物质及蛋白质或肽存在困难，实时监测尤为如此。目前，仍缺乏准确、快速地检测发酵液中营养成分（糖、氨基酸、盐等）以及蛋白质的分析手段。

由于此类营养成分和蛋白质的检测非常耗时，因此许多研究人员不得不使用简单的葡萄糖/乳酸测量替代方法来对代谢状态和细胞内蛋白生成水平进行评估。测量发酵液典型组成（糖、氨基酸等）的技术通常冗长且复杂。例如，通常使用 HPLC 与脉冲安培电化学检测器联用的方法对糖进行分析。CAD 也已用于此类物质的分析。

对发酵液分析中常见的四种单糖进行五次进样，所得叠加图谱见图 10.6。

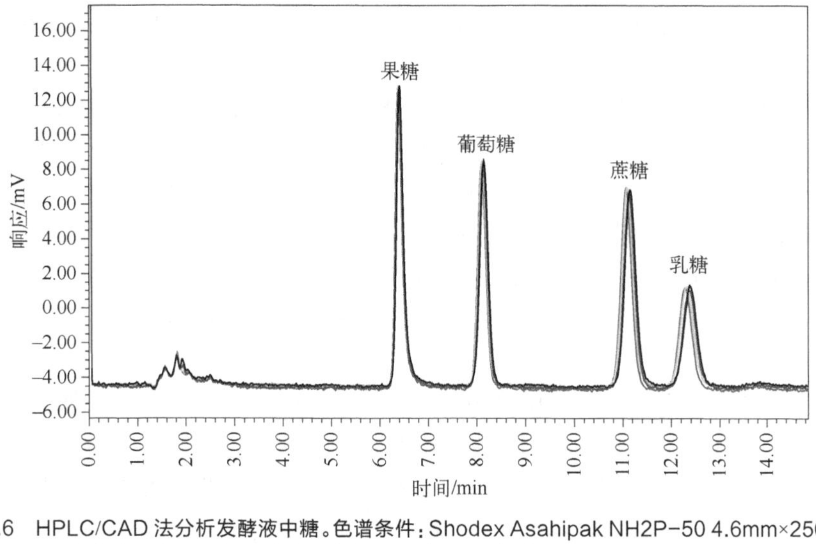

图 10.6　HPLC/CAD 法分析发酵液中糖。色谱条件：Shodex Asahipak NH2P-50 4.6mm×250mm，5μm 色谱柱，柱温 35℃。流动相为水-乙腈（25/75），等度洗脱，流速 1.0mL/min。样品浓度为 10μg/mL，溶解于水/乙腈（30/70）中，进样量 10μL

同一样品基质中的氨基酸和肽，以及糖肽和蛋白质中的糖，也可以通过使用标准的反相 HPLC-CAD 联用进行分析[44-45]。

10.8
CAD 在稳定性分析中的应用

如前所述，CAD 已应用于稳定性监测[22]。在开始正式稳定性研究之前，通常进行强制降解或化学强力破坏研究[46-47]。强制降解研究的目的是了解原料药的化学反应特性，并帮助预测原料药和制剂的稳定性，为制剂研发提供有用的信息。各种监管也要求提交强制降解研究的相关内容。此外，在开发稳定性指征方法（SIM）时，强制降解研究结果可用于说明专属性的好坏，并实际制备可用于该方法开发的样品，以用于药品稳定性研究的方法开发。有时可能使用极端的破坏条件，包括酸、碱、氧化、加热、水解和光照等。SIM 是一个验证过的方法，可以精准地量化因降解导致 API 减少的含量。用于有关物质的检测时，该方法具有良好的专属性，可以显示由降解导致的含量下降（与药物有关物质损失有关）；不受赋形剂、杂质或降解产物的干扰；还可以检测和定量目标化合物的杂质和降解产物。对于方法验证，SIM 属于 USP 第 2 类方法，即杂质或降解产物的定量方法[26]。对于 USP 第 2 类方法，需要研究完整的分析性能参数，包括专属性、线性以及范围、准确度、精密度、定量限和耐用性。

在稳定性测试实验室，应用 CAD 检测治疗肽是一个引人关注的案例。采用 UV 或 MS 检测肽比较容易，但在许多情况下，其降解产物或杂质可能是无 UV 发色团的较小肽或氨基酸。（这使人们不禁思考，使用 UV 或 MS 检测器进行稳定性研究时可能漏掉了什么。）例如，对促肾上腺皮质激素的肽激素片段 4～10 的分析。该肽为受专利保护的典型的治疗用肽类药物，容易购买，而且也不贵，它由七个独特的氨基酸组成，研究显示可以用于改善记忆。

以下例子展示了稳定性研究中使用 CAD 检测肽的无 UV 发色团的降解物或杂质，以及使用 CAD 作为检测其氨基酸组成的质控工具。

将 CAD 用于此应用的优势在于：无须衍生化，可以直接用反相 HPLC 系统一次检测潜在的氨基酸降解物和/或组成。

图 10.7 为采用紫外（PDA）检测和 CAD 检测肾上腺素促肾上腺皮质激素

片段 4～10 肽的纯标准物质的色谱图。PDA 检测器在 CAD 之前串联运行。虽然肽键在低紫外波长下有强吸收，但其在 CAD 上的信噪比仍高于 UV 检测器。已知 CAD 对肽类的灵敏度可低至纳克水平，足以检测潜在杂质和降解物，尤其是它们的响应值与理化性质无关。

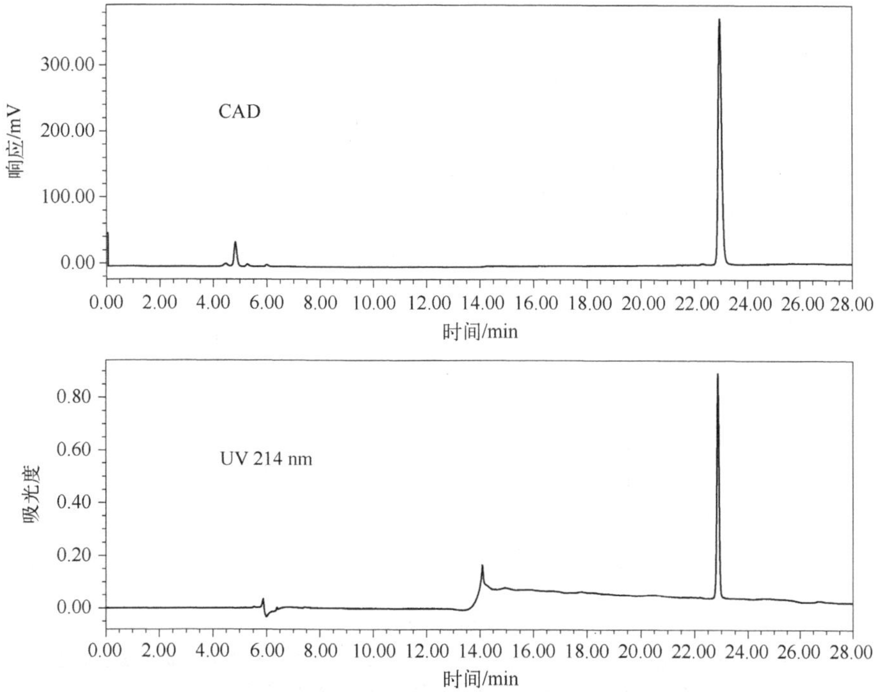

图 10.7　UV/PDA 和 CAD 分析促肾上腺皮质激素片段 4～10 肽标准品的色谱图。分析条件：C_{18} 4.6mm×250mm×5μm 色谱柱，室温。流动相为 0.1%TFA 的水溶液（A）和 CAN 溶液（B），梯度条件为 100%流动相 A 保持 5min，然后在 20min 内流动相 B 从 0%线性增加到 40%，流速 0.6mL/min。样品溶于流动相 A 中，浓度 1mg/mL，进样量 10μL

为了充分验证灵敏度假设，采用分析完整肽时的反相 HPLC 条件（无需衍生、UV/PDA 检测和 CAD 检测）直接分离肽中所有氨基酸，色谱图见图 10.8。尽管图中未显示，但完整肽也能很好地与所有氨基酸分离。如图 10.8 所示，一些氨基酸对紫外检测响应良好，但无紫外发色团的氨基酸则对紫外没有响应。尽管一些洗脱较晚的氨基酸在有机相浓度高的流动相中响应有所增加，但应注意几乎所有氨基酸的 CAD 响应值大致相等。

在强制降解研究中，需要考察该方法是否可用于稳定性评估及是否可用于贮存条件的稳定性考察。该方法还可用作分析氨基酸组成的 QC 工具，使用相同的水解条件，无须复杂而耗时的衍生化过程。

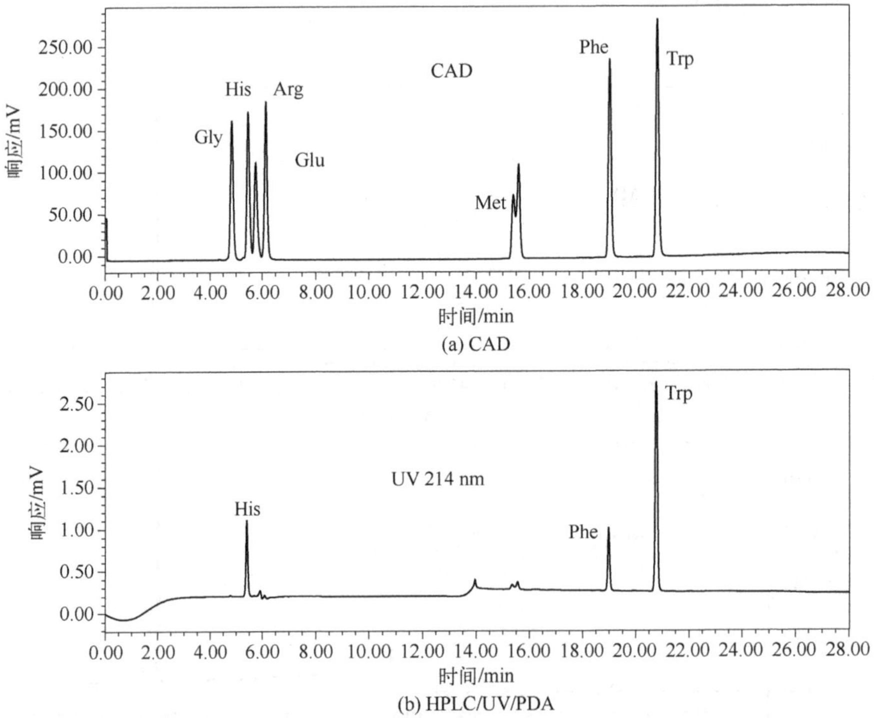

图 10.8　在非衍生条件下使用 CAD（a）和 HPLC/UV/PDA（b），对组成促肾上腺皮质激素的片段 4～10 肽的游离态氨基酸进行分析（分析条件见图 10.7）

10.9 结论

与传统的检测技术如 UV、RI 或 ELSD 相比，CAD 可使研发实验室和合规实验室的分析人员受益。CAD 可为非挥发性分析物提供通用性检测，其响应与化学结构无关，具有较宽的动态范围，较高的灵敏度和良好的精密度。CAD 的这些特性，加上其可靠性和简便易用的特点，使其成为一个卓越的 HPLC 检测器，贯穿于整个药物研发过程。

参考文献

[1] Thermo Scientific. http://www.thermoscientific.com/CAD(accessed February 2, 2017).

[2] Dixon R W, Peterson D S. Development and testing of a detection method for liquid chromatography based on aerosol charging. Anal Chem, 2002; 74; 2930-2937.

[3] Liu B Y H, Pul D Y H. On the performance of the electrical aerosol analyzer. J Aerosol Sci, 1975; 6; 249-250.

[4] Medved A, Dorman F, Kaufman S L, Pocher A. A new corona-based charger for aerosol particles. J Aerosol Sci, 2000; 31(Supplement 1); S616-S617.

[5] Flanagan R C. History of electrical aerosol measurements. Aerosol Sci Technol, 1998; 28; 301-380.

[6] Kaufman S L. Evaporative electrical detector. US 6, 568, 245. May 27, 2003.

[7] Reilly J, Everett B, Aldcroft C. Implementation of charged aerosol detection in routine reversed phase liquid chromatography methods. J Liq Chromatogr R T, 2008, 31, 3132-3142.

[8] Schonherr C, Touchene S, Wilser G, Peshka-Suss R, Francese G. Simple and precise detection of lipid compounds present within liposomal formulations using a charged aerosol detector. J Chromatogr A, 2009, 1216, 781-786.

[9] Diaz-Lopez R, Libong D, Tsapis N, Fattal E, Chaminade P. Quantification of pegylated phospholipids decorating polymeric microcapsules of perfluorooctyl bromide by reverse phase HPLC with a charged aerosol detector. J Pharm Biomed Anal, 2008, 48, 702-707.

[10] Lisa M, Lynen F, Holcapek M, Sandra P. Quantitation of triacylglycerols from plant oils using charged aerosol detection with gradient compensation. J Chromatogr A, 2007, 1176, 135-142.

[11] Sun P, Wang X, Alquier L, Maryanoff C A. Determination of relative response factors of impurities in paclitaxel with high performance liquid chromatography equipped with ultraviolet and charged aerosol detectors. J Chromatogr A, 2008, 1177, 87-91.

[12] Asa D. Impurity testing with a universal HPLC detector. Genetic Engineering News, 2005, 25(19): 33-34.

[13] Rystov L, Chadwick R, Krock K, Wang T. Simultaneous determination of Maillard reaction impurities in memantine tablets using HPLC with charged aerosol detector. J Pharm Biomed Anal, 2011, 56, 887-894.

[14] Stypulkowska K, Blazewicz A, Brudzikowska A, Warowna-Grzeskiewicz M, Sarna K, Fijalek Z. Development of high performance liquid chromatography methods with charged aerosol detection for the determination of lincomycin, spectinomycin and its impurities in pharmaceutical products. J Pharm Biomed Anal, 2015, 112, 8-14.

[15] Blazewicz A, Fijalek Z, Warowna-Grzeskiewicz M, Jadach M. Determination of atracurium, cisatracurium and mivacurium with their impurities in pharmaceutical preparations by liquid chromatography with charged aerosol detection. J Chromatogr A, 2010, 1217, 1266-1272.

[16] Blazewicz A, Fijalek Z, Sarna K, Warowna-Grzeskiewicz M. Determination of gentamicin sulphate composition and related substances in pharmaceutical preparations by LC with charged aerosol detection. Chromatographia, 2010, 72, 183-186.

[17] Holzgrabe U, Nap C-J, Almeling S. Control of impurities in l-aspartic acid and l-alanine by high-performance liquid chromatography coupled with a corona charged aerosol detector. J Chromatogr A, 2010, 1217, 294-301.

[18] Wahl O, Holzgrabe U. Impurity profiling of carbocisteine by HPLC-CAD, qNMR and UV/vis spectroscopy. J Pharm Biomed Anal, 2014, 95, 1-10.

[19] Forsatz B, Snow N H. HPLC with charged aerosol detection for pharmaceutical cleaning validation. LCGC North America, 2007, 25, 960-968.

[20] Novakova L, Lopex SA, Solichova D, Satinsky D, Kulichova B, Horna A, Solich P. Comparison of UV and charged aerosol detection approach in pharmaceutical analysis of statins. Talanta, 2009, 78, 834-839.

[21] Holzgrabe U, Nap CJ, Kunz N, Almeling S. Identification and control of impurities in streptomycin sulfate by high-performance liquid chromatography coupled with mass detection and corona charged-aerosol detection. J Pharm Biomed Anal, 2011, 56(2): 271-279.

[22] Liu X K, Fang J B, Cauchon N, Zhou P. Direct stability-indicating method development and validation for analysis of etidronate disodium using a mixed-mode column and charged aerosol detector. Journal of Pharmaceutical and Biomedical Analysis, 2008, 46, 639-644.

[23] Gamache P H, McCarthy R D, Freeto S M, Asa D J, Woodcock M J, Laws K, Cole RO. HPLC analysis of nonvolatile analytes using charged aerosol detection. LCGC North America, 2005, 23, 150-161.

[24] Teutenberg T, Tuerka J, Holzhausera M, Kiffmeyera T K. Evaluation of column bleed by using an ultraviolet and a charged aerosol detector coupled to a high-temperature liquid chromatographic system. J Chromatogr A, 2006, 1119, 197-201.

[25] Swartz M E, Krull IS. Handbook of Analytical Validation. New York: CRC Press, 2012.

[26] Chapter 1225, United States Pharmacopeia, 2016, No. 39.

[27] Chapter 621, United States Pharmacopeia, 2016, No. 39.

[28] Chapter 1058, United States Pharmacopeia, 2016, No. 39.

[29] US FDA. Current Good Manufacturing Practice in Manufacturing, Processing, Packing, or Holding of Drugs: General, 21 CFR, Part 210. www.accessdata.fda.gov/scripts/cdrh/cfdocs/cfcfr/CFRSearch.cfm?CFRPart=210 (accessed April 06, 2017).

[30] US FDA. Current Good Manufacturing Practice for Finished Pharmaceuticals, 21 CFR, Part 211. www.accessdata.fda.gov/scripts/cdrh/cfdocs/cfcfr/cfrsearch.cfm?cfrpart=211 (accessed March 6, 2017).

[31] Harmonized Tripartite Guideline, Validation of Analytical Procedures, Text and Methodology, Q2(R1): International Conference on Harmonization, November 2005. www.ich.org (accessed March 6, 2017).

[32] US FDA. Guidance for Industry: Analytical Procedures and Methods Validation for Drugs and Biologics, February 2014.

[33] Joseph A, Patel S, Rustum A. Development and validation of a RP-HPLC method for the estimation of netilmicin sulfate and its related substances using charged aerosol detection. J Chromatogr Sci, 2010, 48: 607-612.

[34] Joseph A, Rustum A. Development and validation of a RP-HPLC method for the determination of gentamicin sulfate and its related substances in a pharmaceutical cream using a short pentafluorophenyl column and a charged aerosol detector. J Pharm Biomed Anal, 2010, 51: 521-531.

[35] Swartz M E, Krull I. LCGC Validation Viewpoint Columns, see http://chromatographyonline.findanalytichem.com/columns (accessed February 13, 2017).

[36]Harmonized Tripartite Guideline, Impurities in New Drug Substances/Products, Q3A(R2)/Q3B(R2): 2006. www.ich.org (accessed March 6, 2017).

[37] ISPE Good Practice Guide: Technology Transfer, March 2003. www.ispe.org (accessed March 6, 2017).

[38] Chapter 1224, United States Pharmacopeia, 2016, No. 39. www.usp.org (accessed March 6, 2017).

[39] Kumar L, Amin A, Bansal A. Preparation and characterization of salt forms of enalapril. Pharmaceutical

Development and Technology, 2008, 13, 345-357.

[40] Risley DS, Pack BW. Simultaneous determination of positive and negative counterions using a hydrophilic interaction chromatography method. LCGC, 2006, 24(8): 776-785.

[41] Zhang K, Dai L, Chetwyn N P. Simultaneous determination of positive and negative pharmaceutical counterions using mixed-mode chromatography coupled with charged aerosol detector. J Chromatogr A, 2010, 1217: 5776-5784.

[42] Crafts C, Bailey B, Plante M, Acworth I N. Evaluation of methods for the simultaneous analysis of cations and anions using HPLC with charged aerosol detection and a zwitterionic stationary phase. J Chromatogr Sci, 2009, 47: 534-539.

[43] Almeling S, Ilko D, Holzgrabe U. Charged aerosol detection in pharmaceutical analysis. J Pharm Biomed Anal, 2012, 69: 50-63.

[44] Thomas D, Acworth I, Bauder R, Plante M, Kast L. Label-free profiling of O-linked glycans by UHPLC with charged aerosol detection. Thermo Scientific Poster Note 71846. http://www.thermoscientific.com/content/dam/tfs/ATG/CMD/cmd-documents/sci-res/posters/ms/events/eas2015/PN-71846-HPLC-CAD-Glycans-O-linked-EAS2015-PN71846-EN.pdf (accessed February 2, 2017).

[45] Thomas D, Acworth I, Bailey B, Plante M, Zhang Q. Direct determination of native *N*-linked glycans by UHPLC with charged aerosol detection. Thermo Scientific Poster Note 70903. http://www.thermoscientific.com/content/dam/tfs/ATG/CMD/CMD%20Documents/Application%20&%20Technical%20Notes/Chromatography/Liquid%20Chromatography/Liquid%20 Chromatography%20Modules/PN-70903-Determination-N-Linked-Glycans-UHPLC-CAD-PN70903-EN.pdf (accessed February 2, 2017).

[46] Baertschi S W. Pharmaceutical Stress Testing, Predicting Drug Degradation, Drugs and the Pharmaceutical Sciences, Volume 153. New York: Informa Healthcare Publishers, 2007.

[47] Swartz M E, Krull I S. Developing and validating stability-indicating methods. LCGC North America, June 2005, 23(6): 586-593.

第 11 章

HPLC 在托吡酯杂质分析中的应用

——蒸发光散射检测器和电雾式检测器的性能比较与验证

大卫·伊尔科[1]，罗伯特·纽格鲍尔[2]，苏菲·布罗萨德[2]，斯蒂芬·阿尔梅林[2]，
迈克尔·蒂尔克[3]，乌尔丽克·霍尔兹格拉布[1]

1 药学与食品化学研究所，维尔茨堡大学，德国维尔茨堡
2 欧洲药品质量管理局（EDQM），法国斯特拉斯堡
3 默克公司，德国达姆施塔特

11.1 摘要

本章介绍采用五氟苯基柱的高效液相色谱法在托吡酯杂质分析中的应用。该研究对比了 ELSD 和 Corona CAD 检测无紫外发色团的化合物的性能，并根据 ICH 指南 Q2（R1）和欧洲药典“标准起草技术指南”，对两种检测器的测定方法进行了验证。尽管 CAD 的重复性、灵敏度和线性更胜一筹，但两个检测器的准确度均令人满意。因为在高浓度托吡酯测试溶液进样时出现鬼峰，判断 ELSD 并不适用。由于 β-D-果糖吡喃糖的双缩丙酮杂质的蒸气压相对较高，其在 ELSD 和 CAD 上几乎没有响应或者响应很小。在使用 Corona® Ultra® RS CAD 时，通过柱后加入乙腈和降低雾化器温度，可将灵敏度提高 9 倍。由于其他杂质的灵敏度约为杂质 A 的 10^3 倍或更高，故无法同时检测所有杂质，因此，采

用 HPTLC 限度法测定杂质 A。

11.2
引言

托吡酯被用于抗惊厥药物。此外，它在预防偏头痛[1]、治疗肥胖[2]、三叉神经痛[3]和物质相关疾病[4-5]方面的应用也在探讨中。

在治疗药物监测、药代动力学和生物等效性研究中，测定血浆中托吡酯的研究已有大量文献报道[6-13]。在杂质分析方面，已有控制液体口服溶液中托吡酯和杂质 C 的方法[14]。此外，Biro 等采用四种不同的高效液相色谱（HPLC）方法测定了六种杂质[15]。据了解，迄今为止，无法采用单一方法进行托吡酯的质量控制。

本研究的目的是开发一种用于测定托吡酯中杂质的 HPLC 方法并进行验证。给定的合成路线引入[16]或降解可能产生的杂质（图 11.1）如下：

杂质 A：2,3:4,5-双-*O*-(1-甲基亚乙基)-*β*-D-果糖吡喃糖；

杂质 B：*N*-(二乙氨基)羰基-2,3:4,5-双-*O*-(1-亚甲基亚乙基)-*β*-D-果吡喃糖氨基磺酸；

杂质 C：2,3-*O*-(1-亚甲基)-*β*-D-果糖吡喃糖氨基磺酸；

杂质 D：*N*-{[2,3:4,5-双-*O*-(1-甲基亚乙基)-*β*-D-果糖吡喃糖基]氧羰基}-2,3:4,5-双-*O*-(1-甲基亚乙基)-*β*-D-果糖基氨基磺酸；

杂质 E：D-果糖。

托吡酯的杂质分析很有挑战性。由于取代的单糖缺乏合适的紫外发色团，待分析物的紫外吸收很弱甚至没有。为了解决检测问题，我们对气溶胶检测器（包括 ELSD 和 CAD）的适用性进行了评估。这两种检测器适用于检测所有非挥发性物质，且与它们的化学性质无关。

预实验表明，杂质 A 具有相对较高的蒸气压，在 CAD 和 ELSD 上几乎没有响应。

一方面，我们尝试采用可以调节雾化器温度的 Corona® Ultra® RS CAD 来提高杂质 A 的灵敏度。

通过在柱后添加有机溶剂来调整进入检测器的洗脱液组成，无须调整 HPLC 参数。市售的色谱系统中有两个可以独立运行的泵，已成功用于色谱柱后的梯度补偿，以提供整个色谱运行中的一致响应[18]。

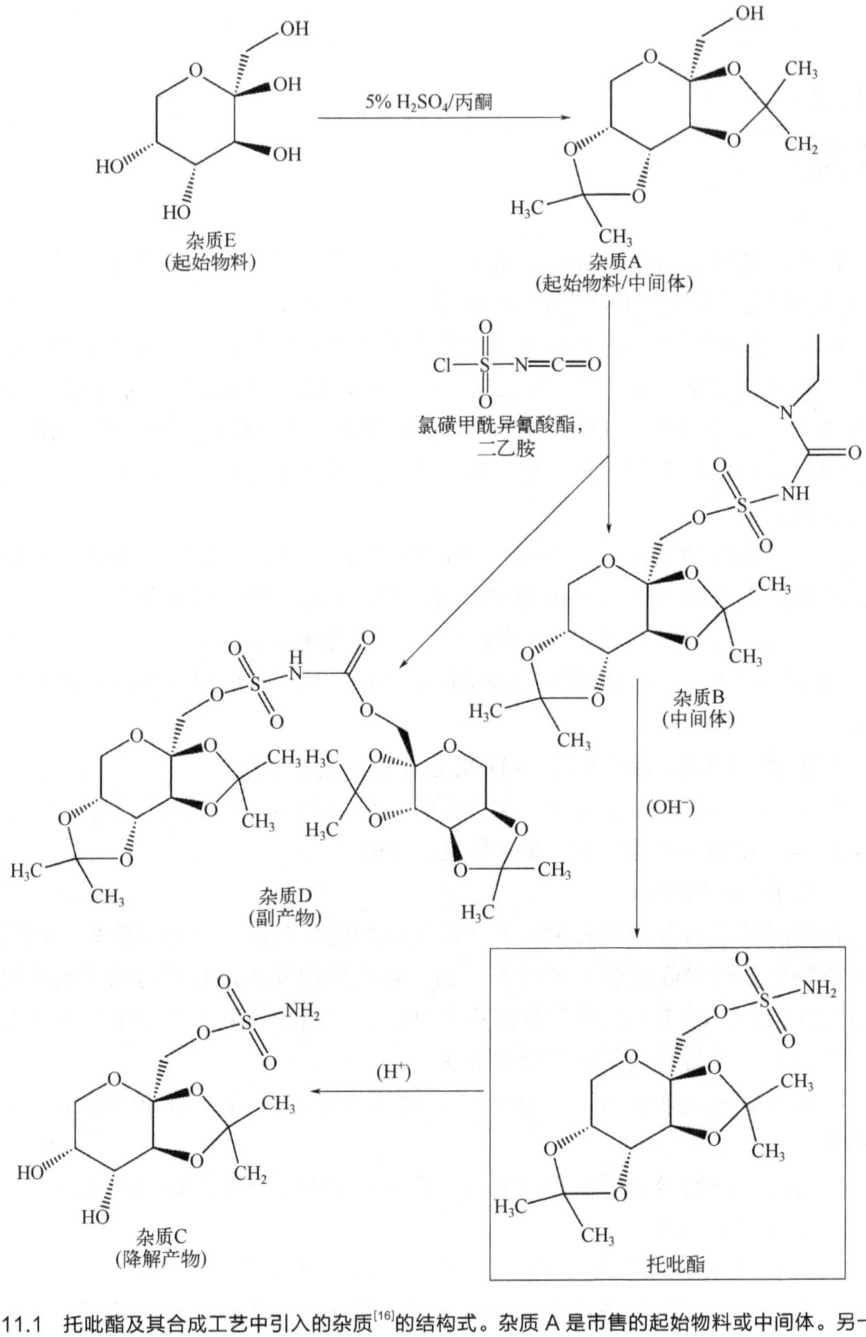

图 11.1　托吡酯及其合成工艺中引入的杂质[16]的结构式。杂质 A 是市售的起始物料或中间体。另一方面，流动相中大量的有机改性剂可以增加基于蒸发的检测器的响应[17]

11.3 材料和方法

11.3.1　试剂和材料

托吡酯及其杂质 A、B、C 和 D 由欧洲药品质量管理局（EDQM）提供。HPLC 使用的乙酸铵、果糖（杂质 E）、冰乙酸和氯化钠购自 Sigma-Aldrich（法国，St-Quentin Fallavier）。

超纯水（>18.2MΩ）由 ELGA PureLab Ultra 系统（法国，Elga Antony）或 Milli-Q 合成系统（美国，马萨诸塞州，Billerica）产生。梯度级乙腈购自 Sigma-Aldrich（Chromasolv®）（法国，St-Quentin Fallavier）和 VWR International（HiPerSolv Chromanorm®）（德国，达姆施塔特）。

11.3.2　HPLC-ELSD/CAD

优化的方法采用 Kinetex PFP（100mm×4.6mm，2.6μm 粒径）色谱柱。色谱柱购自 Phenomenex（德国，Aschaffenburg）。柱温箱保持在 40℃。流动相流速为 1.0mL/min，进样体积 20μL。采用梯度洗脱，流动相 A 为 25mmol/L 乙酸铵（pH 3.5，用冰乙酸调节），流动相 B 为乙腈。0～5min，流动相 B 的比例为 20%（体积浓度），5～10min 内增加到 50%（体积浓度）。

Dionex UltiMate® 3000 双梯度系统（法国，科特布夫，Dionex）上同时连接了两个检测器，PL-ELS 2100 ELS 检测器（法国，马赛，Polymer Laboratories）和 Corona ultra RS（法国，科特布夫，Thermo Fisher）。该色谱系统配备两个三元泵、一个在线脱气机、一个恒温自动进样器和一个恒温柱温箱。如前所述，第一个泵用于梯度分析，第二个泵用于柱后添加有机改性剂乙腈，以 1.0mL/min 的流速通过柱后三通与柱洗脱液混合。ELSD 蒸发温度为 80℃，雾化器温度为 50℃，雾化气体（氮气）的流速为 1.0L/min（SLM）。Corona Ultra RS 的氮气进口压力为 35psi，范围为 100pA，滤波器为“0”，雾化器温度在 18～35℃之间。

采用安捷伦 1100 液相色谱系统（德国瓦尔德布龙）和 Corona CAD（赛默飞世尔科技，德国，伊德施泰因）进行方法验证。该液相色谱系统配备了二元泵、在线脱气机和柱温箱。Corona CAD 的设置如下：进口压力（氮气）：35psi，滤波器："0"，范围：100pA。

采用 780 型 pH 计（Metrohm，法国维勒邦叙尔伊沃）和 PHM220 型实验室 pH 计（Radiometer Analytical SAS，法国里昂）调节 pH。采用 ELSD 测定时，取 20mg 托吡酯溶于 1.0mL 流动相 A 和流动相 B 的混合液（80∶20，体积）作为有关物质的测试溶液。采用 CAD 测定时，有关物质测试溶液的浓度为 5mg/mL，含量测试溶液的浓度为 25μg/mL。

杂质 A、B、C 和 D 的储备溶液均为 1mg/mL 的乙腈溶液，−20℃保存。杂质 E 采用水溶解，4℃保存。加标溶液通过稀释储备溶液制备，临用现配。

11.3.3 TLC 和 HPTLC 限度法测定杂质 A

采用基于 USP 专论中杂质 A 的 TLC 和 HPTLC 的方法进行测定，并根据 Cilag AG 在 2011 年的方法进行改良[19]。硅胶板的预老化、展开和检测均依据参考文献[19]，采用乙基硅基 TLC 板（默克公司，法国莫尔谢姆，RP-2 TLC 硅胶板）和 HPTLC 板（默克公司，法国莫尔谢姆，RP-2 HPTLC 硅胶板）进行。

11.4 结果和讨论

11.4.1 方法验证：杂质分析

HPLC 方法采用五氟苯基柱。流动相 A 为 25mmol/L 乙酸铵水溶液（pH 3.5），流动相 B 为乙腈。采用梯度洗脱，0～5min，流动相 B 的比例为 20%（体积浓度），5～10min，增加到 50%（体积浓度）。采用 ELSD 和 CAD 检测无紫外发色团的物质。杂质 E 的限度为 0.15%，杂质 A、B、C 和 D 的限度均为 0.10%，其他杂质的限度为 0.10%，总杂质的限度为 0.20%。

专属性：以杂质加标浓度为 0.1%的托吡酯溶液（ELSD 为 20mg/mL，CAD 为 5mg/mL）进行专属性研究。杂质的结构式如图 11.1 所示。

如图 11.2 所示，所有杂质和托吡酯均得到很好的分离。然而，杂质 E 在死体积之前被洗脱。通常，保留时间小于死体积是由于分析物的尺寸因素而被排斥在柱填料的孔隙之外。但在该案例中，我们假设杂质 E（果糖）进入柱填料受阻是受到分析物高极性的排斥力所致，原因是杂质 E 的高极性与色谱柱表面的非极性相反。由于杂质 E 与系统峰部分重叠，杂质 E 使用峰高定量。

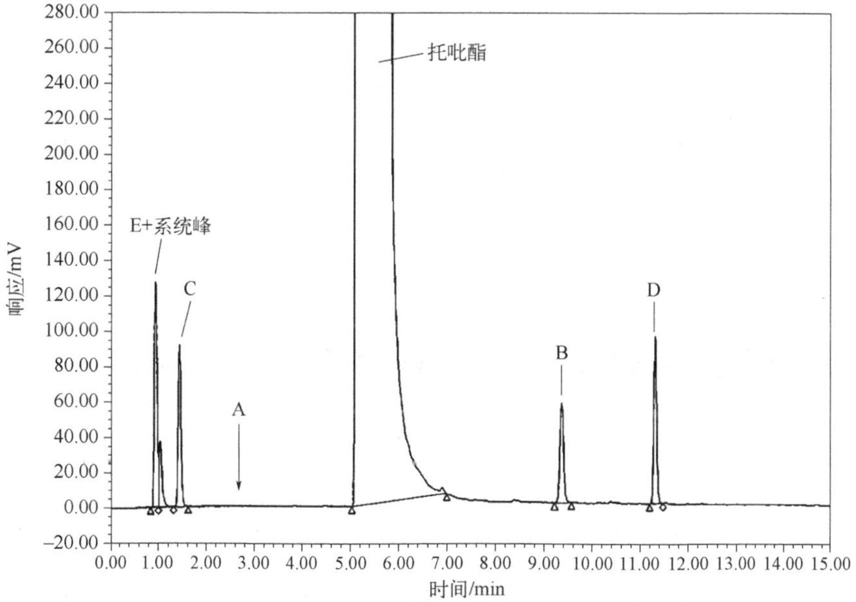

图 11.2　托吡酯测试溶液（c=5mg/mL）的典型色谱图。每种杂质的加标浓度为 0.1%。色谱条件见 11.3.2 节。检测条件：Corona Ultra RS（雾化器温度：35℃）。杂质 A 在此浓度下无法检出。使用 Corona Ultra RS 增强灵敏度（图 11.3），从实验中推测保留时间

重复性：在 0.05%、0.10%和 0.15%三个浓度水平上进行重复性测试（相对于测试溶液的浓度，$n = 3$）。CAD 响应的相对标准偏差（RSD）在 0.24%～2.43%之间，ELSD 响应的 RSD 在 1.22%～18.3%之间。在最低浓度水平时，ELSD 出现异常高的 RSD 值。在中、高浓度水平，ELSD 的 RSD 低于 6%。与 ELSD 相比，CAD 的响应更加一致。

灵敏度：托吡酯和杂质 B、C、D、E 的 LOQ 在 ELSD 上分别为 29ng、20ng、22ng 和 48ng；在 CAD 上，分别为 5.9ng、7.7ng、4.5ng 和 4.7ng。因此，CAD 的灵敏度比 ELSD 高出 3～9 倍。

由于蒸气压相对较高，杂质 A（双缩丙酮）在 ELSD 上没有信号。在 80℃的设定温度下，它与蒸发管中的流动相一起完全蒸发。通过降低雾化器的温度（T_n）或蒸发管的温度，仍无法检测杂质 A。

使用 Corona Ultra RS，可以检测到色谱柱上浓度为 12μg 的杂质 A。LOQ 为 38μg。通过柱后加入乙腈（1.0mL/min 的流速下）（图 11.3），灵敏度提高了约 5 倍（LOQ 为 7.8μg）。

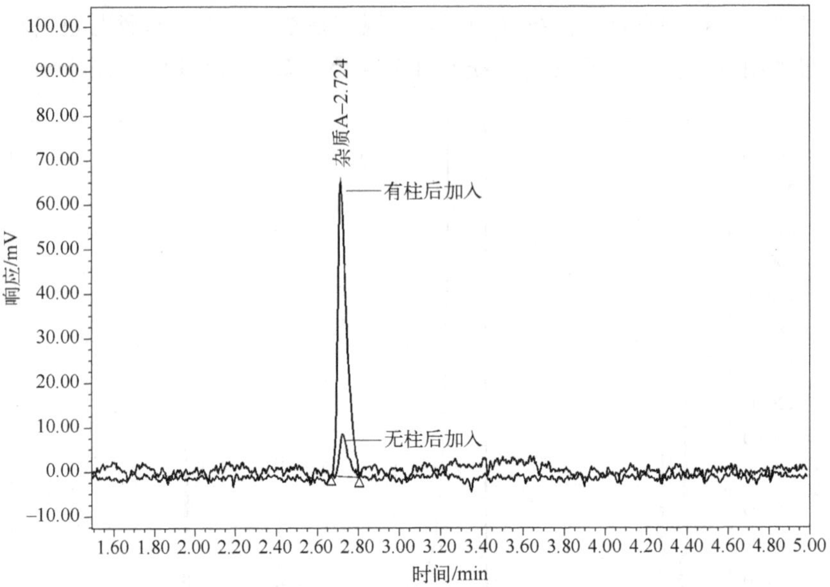

图 11.3　柱后加入乙腈对杂质 A（c=2.6mg/mL）响应的影响。检测器：Corona Ultra RS（雾化器温度：35℃）。色谱条件见 11.3.2 节

此外，还考察了降低 T_n 对响应值的影响。在 Corona ultra RS 上，T_n 可以在 5～35℃之间调整。但是，根据仪器操作手册，T_n 可以降到的最低值取决于几个因素，包括流动相温度、流动相流速、环境温度等。因此，实验中不可能将 T_n 设置到低于 18℃。T_n 降低，LOQ 也会降低，从而提高灵敏度。灵敏度的最大增益因子为 2（数据未附）。柱后加入乙腈，在 18℃下，灵敏度可提高 9 倍，实现柱上 LOQ 为 4.2μg；而柱后不加入乙腈，在 35℃下，柱上 LOQ 为 38μg。

然而，其他杂质在 CAD 上的灵敏度比杂质 A 高约 10^3 倍。所以，无法使用 HPLC-CAD 方法单次进样分析所有杂质。因此，杂质 A 更适合使用 HPTLC 进行检测（见第 3.3 节文献[19]）。

线性：我们考察了各杂质从 LOQ 至相当于托吡酯测定溶液中含量为 0.15%（杂质 E 为 0.50%）浓度范围内的线性。

所有基于蒸发原理的检测器均呈非线性响应，并由下式表示：

$$A = a \times m^b \tag{11.1}$$

式中，A 是峰面积；m 是分析物质量；a 和 b 为系数。双对数变换后呈线性，如下式：

$$\lg A = b \times \lg m + \lg a \tag{11.2}$$

当系数 $b = 1$ 时，响应呈线性。在约两个数量级的浓度范围内，CAD 的响应曲线是线性的，无须双对数变换[20]。

线性研究结果见表 11.1。

表 11.1 ELSD 和 CAD 检测中，双对数转换前后分析物浓度和峰面积的线性回归参数

项目	线性			对数		
	R^2	斜率	Y-截距	R^2	b	lg*a*
ELSD						
托吡酯	0.9860	34869781	−381799	0.9981	1.5375	7.9551
杂质 B	0.9854	30520686	−199509	0.9992	1.5174	8.0115
杂质 C	0.9981	23431043	−91228	0.9982	1.3822	7.8052
杂质 D	0.9845	41574416	−407210	0.9966	1.4310	7.9952
杂质 E	0.9965	45985745	−171743	0.9974	1.3650	8.0251
CAD						
托吡酯	0.9982	4481	5.4067	0.9998	0.9338	3.5794
杂质 B	0.9991	3984	4.9791	0.9275	0.9275	3.5199
杂质 C	0.9956	4511	5.8785	0.9603	0.9603	3.6316
杂质 D	0.9924	5126	11.6463	0.9041	0.9041	3.6201
杂质 E	0.9890	3276	10.1519	0.8620	0.8620	3.3762
杂质 E*	0.9880	1108	4.0472	0.8330	0.8330	2.8698

注：杂质 E*代表峰高计算结果。其他结果是用峰面积计算的。

从线性回归方程的相关系数（r^2）和对数校准曲线的系数 b 的值来看，CAD 信号的线性比 ELSD 更好。然而，经双对数转换后，差异可忽略不计。

校正因子和准确度：药典中，药物的杂质分析的常见做法是稀释测试溶液作为测定杂质含量的外标[21]。为了调整响应中可能的差异，每种杂质均有一个校正因子。根据每种杂质的峰面积与托吡酯的峰面积的比较，计算校正因子。校正因子在整个浓度范围内不固定。对所有杂质，浓度增高，校正因子降低。计算所用的校正因子是所有测定的平均值。CAD 响应与流动相中有机改性剂的量有关。因此，当采用梯度洗脱时，色谱图中不同洗脱时间的峰的响应因子不同。

准确度：准确度以加标测试溶液中杂质的回收率表示。从报告阈值到至少 150%限度的范围内考察三个加标浓度水平。结果如表 11.2 所示。用 CAD 测定，杂质含量更接近真值。PDA 检测器在 CAD 之前串联运行。虽然肽键在低紫外波长下有强吸收，但其在 CAD 上的信噪比仍高于 UV 检测器。已知 CAD 对肽类的灵敏度可低至纳克水平，足以检测潜在杂质和降解物，尤其是它们的响应值与理化性质无关。

表 11.2 校正因子（CFs）和准确度（以杂质加标回收率表示）

项目	校正因子	回收率/%			
		0.05%	0.10%	0.15%	0.30%
ELSD					
杂质 B	0.6	93.2	90.3	88.5	ND
杂质 C	0.6	119.7	103.8	99.0	ND
杂质 D	0.5	109.1	98.0	97.8	ND
杂质 E①	0.4	101.0	95.0	95.0	ND
CAD					
杂质 B	0.8	99.3	104.9	101.0	ND
杂质 C	0.9	112.6	108.5	104.4	ND
杂质 D	0.6	99.8	101.6	99.1	ND
杂质 E①	0.4	104.8	ND	101.5	94.5

①采用峰高（而非峰面积）计算杂质 E 的校准因子和含量。测试重复三次。

注：ND 表示未检出。

当使用 ELSD 时，托吡酯测试溶液主峰之后洗脱的峰随机出现（见图 11.4），总含量高于 0.3%，超过总杂质的限值，因而导致实际合格的批次被拒收。

这种鬼峰或“尖峰”曾有报道[22]。通过调整 ELSD 和 HPLC 的参数，可以最大限度地减少甚至避免其出现，但会导致灵敏度下降。本方法意在被欧洲药典专论收录，应能适用于其他不同类型的 ELSD 检测器。因此，无法设定一个通用且有效的检测器参数以避免鬼峰出现，同时具有足够的检测灵敏度。我们认为，在这个特定应用中，ELSD 并不适用，使用 CAD 时未出现鬼峰（见图 11.2）。

11.4.2 方法验证：含量

用于杂质分析的 HPLC-CAD 方法也可用于托吡酯含量的测定。为此应重新评估部分验证参数，如线性和范围、重复性和准确度。

线性和范围：据报道，CAD 的线性上限可至 250～500ng[23]。因此，将测试溶液的浓度设置为 25μg/mL（20μL 进样，相当于进样 500ng），考察的线性范围为 20～30μg/mL，相当于测试溶液浓度的 80%～120%。检测器的响应线性满足要求，$r^2 = 0.9983$。

重复性：重复性以测试溶液浓度的 80%、100%和 120%（各配制三份）进行评价。得到的 RSD 分别为 0.22%、0.51%和 0.18%，这个结果对于气溶胶检测器[23]来说是令人满意的。

准确度：在三个浓度水平测定回收率（测试溶液浓度的 80%、100%和 120%）。所有溶液各配制三份。回收率结果为 98.89%～102.05%（平均值：100.27%；RSD：1.04%）。

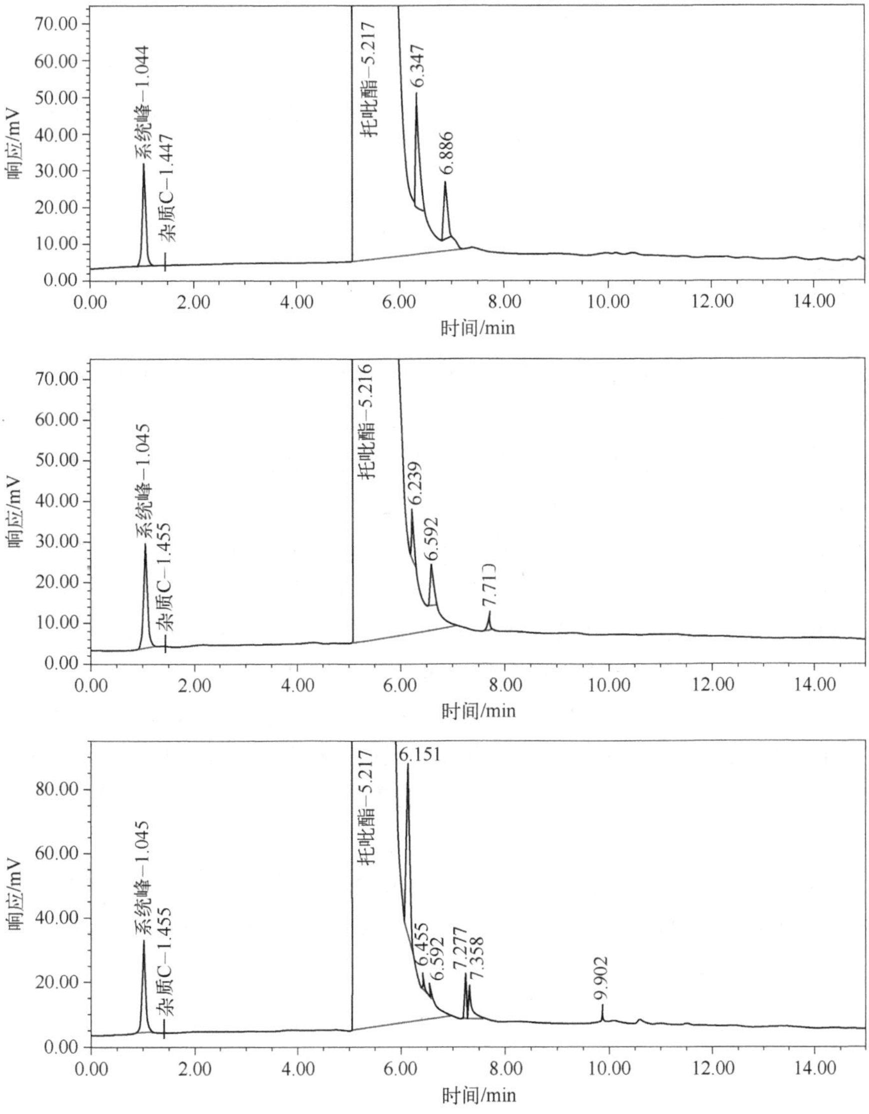

图 11.4 使用 ELSD，托吡酯溶液（*c*=20mg/mL）连续三次进样（样品来自同一个瓶）。该批次中唯一检出的杂质是杂质 C，其含量低于 LOQ。所有其他峰都是随机出现的鬼峰。色谱条件见 11.3.2 节

11.4.3 采用 TLC 和 HPTLC 限度测试法测定杂质 A

如前所述，HPLC-CAD 法在检测杂质 A 时灵敏度不够，因此，我们采用了源自 USP 托吡酯专论的 HPTLC 限度测试法对其进行检测[19]。此外，专论还提出使用 TLC 方法检测杂质 A 以外的其他杂质。我们使用乙基硅烷化二氧化硅

固定相代替未修饰的硅胶基质对方法进行了调整。

使用 HPTLC 板，杂质 A 与托吡酯和其他可检测的杂质完全分离，专属性满足要求，而使用 TLC 板则无法将杂质 A 与其他杂质完全分离（数据未附）。

11.5 结论

本文开发了一种与 ELSD 或 CAD 联用的 HPLC 法，能够在单次运行中分离托吡酯及其五种潜在杂质。高极性杂质 E 在该条件下无保留，在系统峰之前洗脱。但可利用峰高来计算杂质 E 的含量，准确度和精密度均满足要求。此外，该 HPLC 方法也成功应用于托吡酯含量测定。

由于杂质 A 的蒸气压相对较高，无法使用 ELSD 检测。杂质 A 在 CAD 上有信号，但与其他杂质相比，信号明显偏低。通过柱后加入乙腈和降低 Corona ultra RS 雾化器的温度，响应值增加了 9 倍。杂质 A 的 LOQ 是其他杂质的 10^3 倍。因此，必须采用 HPTLC 限度测试来分析杂质 A。

研究发现，CAD 在重复性、灵敏度和线性方面均优于 ELSD。两个检测器对所有杂质的回收率均令人满意。ELSD 灵敏度略低，可以通过提高测试溶液的浓度进行补偿。但是，在主峰峰尾出现的鬼峰限制了 ELSD 在研究中的使用。

致谢 感谢欧洲药品质量管理局（EDQM）提供分析设备，耗材和样品。感谢药品和医疗器械联邦研究所（德国，波恩，BfArM）提供经费支持。

参考文献

[1] Ferrari A, Tiraferri I, Neri L, Sternieri E. Clinical pharmacology of topiramate in migraine prevention. Expert Opinion on Drug Metabolism & Toxicology, 2011, 7(9): 1169-1181.

[2] Allison D B, Gadde K M, Garvey W T, Peterson C A, Schwiers M L, Najarian T, Tam P Y, Troupin B, Day W W. Controlled-release phentermine/topiramate in severely obese adults: a randomized controlled trial(EQUIP). Obesity, 2012, 20(2): 330-342.

[3] Wang Q P, Bai M. Topiramate versus carbamazepine for the treatment of classical trigeminal neuralgia: a meta-analysis. CNS Drugs, 2011, 25(10): 847-857.

[4] Johnson B A. Recent advances in the development of treatments for alcohol and cocaine dependence: focus on topiramate and other modulators of GABA or glutamate function. CNS Drugs, 2005, 19(10): 873-896.

[5] Shinn A K, Greenfield S F. Topiramate in the treatment of substance-related disorders: a critical review of the literature. J Clinical Psychiatry, 2010, 71(5): 634-648.

[6] Popov T V, Maricic L C, Prosen H, Voncina D B. Determination of topiramate in human plasma using liquid chromatography tandem mass spectrometry. Acta Chim Slovenica, 2013, 60(1): 144-150.

[7] Shibata M, Hashi S, Nakanishi H, Masuda S, Katsura T, Yano I. Detection of 22 antiepileptic drugs by ultra-performance liquid chromatography coupled with tandem mass spectrometry applicable to routine therapeutic drug monitoring. Biomed Chromatogr, 2012, 26(12): 1519-1528.

[8] La M G, Malvagia S, Filippi L, Fiorini P, Innocenti M, Luceri F, Pieraccini G, Moneti G, Francese S, Dani F R, Guerrini R. Rapid assay of topiramate in dried blood spots by a new liquid chromatography-tandem mass spectrometric method. J Pharm Biomed Anal, 2008, 48(5): 1392-1396.

[9] Contin M, Riva R, Albani F, Baruzzi A. Simple and rapid liquid chromatographic-turbo ion spray mass spectrometric determination of topiramate in human plasma. J Chromatogr B: Biomed Sci Appl, 2001, 761(1): 133-137.

[10] Vnučec Popov T, Maričič LC, Prosen H, Vončina D B. Development and validation of dried blood spots technique for quantitative determination of topiramate using liquid chromatography-tandem mass spectrometry. Biomed Chromatogr, 2013, 27(8): 1054-1061.

[11] Bahrami G, Mohammadi B. A novel high sensitivity HPLC assay for topiramate, using 4-chloro-7-nitro-benzofurazan as pre-column fluorescence derivatizing agent. J Chromatogr B, 2007, 850(1-2): 400-404.

[12] Bahrami G, Mirzaeei S, Mohammadi B, Kiani A. High performance liquid chromatographic determination of topiramate in human serum using UV detection. J Chromatogr B, 2005, 822(1-2): 322-325.

[13] Britzi M, Soback S, Isoherranen N, Levy R H, Perucca E, Doose D R, Maryanoff B E, Bialer M. Analysis of topiramate and its metabolites in plasma and urine of healthy subjects and patients with epilepsy by use of a novel liquid chromatography-mass spectrometry assay. Therapeutic Drug Monitoring, 2003, 25(3): 314-322.

[14] Styslo-Zalasik M, Li W. Determination of topiramate and its degradation product in liquid oral solutions by high performance liquid chromatography with a chemiluminescent nitrogen detector. J Pharm Biomed Anal, 2005, 37(3): 529-534.

[15] Biro A, Pergel E, Arvai G, Ilisz I, Szepesi G, Peter A, Lukacs F. Highperformance liquid chromatographic study of topiramate and its impurities. Chromatographia, 2006, 63(Suppl.): S137-S141.

[16] Arvai G, Garaczi S, Mate AG, Lukacs F, Viski Z, Schneider G, inventors; Helm AG, CF Pharma Gyogyszergyarto Kft., assignee. Process for the preparation of topiramate derivatives from 2,3:4,5-bis-*O*-(1-methylyliaene)-*β*-D-fructofuranose. US patent 7414126. 19 August, 2008.

[17] Cobb Z, Shaw P N, Lloyd L L, Wrench N, Barrett D A. Evaporative light-scattering detection coupled to microcolumn liquid chromatography for the analysis of underivatized amino acids: sensitivity, linearity of response and comparisons with UV absorbance detection. J Microcolumn Sep, 2001,13(4): 169-175.

[18] Gorecki T, Lynen F, Szucs R, Sandra P. Universal response in liquid chromatography using charged aerosol detection. Anal Chem 2006, 78(9): 3186-3192.

[19] Topiramate,United States Pharmacopoeia. USP 38 NF 33, The United States Pharmacopeial Convention, Rockville, MD, 2015.

[20] Almeling S, Ilko D, Holzgrabe U. Charged aerosol detection in pharmaceutical analysis. J Pharm Biomedi Anal, 2012, 69: 50-63.

[21] Technical Guide for the Elaboration of Monographs. 6th Edition. European Directorate for the Quality of Medicines & HealthCare (EDQM). France: Strasbourg, 2011.

[22] Almeling S, Holzgrabe U. Use of evaporative light scattering detection for the quality control of drug substances: influence of different liquid chromatographic and evaporative light scattering detector parameters on the appearance of spike peaks. J Chromatogr A, 2010, 1217(14): 2163-2170.

[23] Crafts C, Bailey B, Plante M, Acworth I. Validating analytical methods with charged aerosol detection. Available at http://www.dionex.com/en-us/webdocs/110512-PO-HPLC-ValidateAnalyticalMethods-CAD-31Oct2011-LPN2949-01.pdf(Accessed July 10, 2014).

第12章 CAD分析氨基糖苷类抗生素

——庆大霉素和奈替米星RP-HPLC方法的开发和验证

阿鲁尔·约瑟夫[1]，阿布·鲁斯图姆[2]

1 吉利德科学公司，美国加利福尼亚州福斯特

2 默克公司，美国新泽西州萨米特

12.1 引言

氨基糖苷类是一类有效抑制革兰氏阴性菌和一小部分革兰氏阳性菌的抗生素，已有几十年的使用历史。链霉素是第一个有效抗结核的抗生素，于1943年从灰霉菌中分离得到。因为这一发现，S. A.Waksman获得了1952年的诺贝尔生理学或医学奖[1]。庆大霉素是1963年由Schering-Plough公司的研发实验室从紫癜小单孢菌分离得到的[2-3]，用于治疗革兰氏阴性细菌感染。含有庆大霉素的多种制剂（乳膏、软膏、滴眼液）至今仍在全球范围内用于治疗细菌感染。随后，其他氨基糖苷类抗生素也从其他种类的小单孢菌中分离得到，例如西索米星，或通过对氨基糖苷类药物的结构修饰，得到毒性更小、更耐受细菌灭活的抗生素，例如奈替米星。庆大霉素是通过发酵获得的混合物，含有四个主要组分——庆大霉素C1、庆大霉素C1a、庆大霉素C2、庆大霉素C2a，还有少量的庆大霉素C2b。奈替米星是半合成氨基糖苷类抗生素，对庆大霉素、西

索米星和妥布霉素耐药的细菌更有效，且毒性较小[4-5]。奈替米星是一种乙基化衍生物（在西索米星脱氧链霉胺环的 1-*N* 位置），是 Wright 于 1976 年通过西索米星烷基化合成的[6]。

来自小单孢菌的氨基糖苷类化合物（庆大霉素、西索米星、奈替米星及有关物质）易溶于水，在大多数有机溶剂中溶解度低，只有较弱的紫外发色团。因此，开发灵敏度满足低浓度氨基糖苷类药物的杂质和降解产物检测和评估要求的 RP-HPLC 方法是一个挑战。由于氨基糖苷类抗生素的紫外吸收较弱，直接紫外检测无法满足方法的灵敏度要求。开发并验证了药膏中氨基糖苷类庆大霉素测定的灵敏的 RP-HPLC-CAD 方法[7]❶。此外，基于该方法开发并验证了测定奈替米星的方法[8]。本方法可用于其他制剂中庆大霉素和奈替米星的测定，也可作为基础用于其他氨基糖苷类抗生素测定方法的开发和验证。

文献报道了分析庆大霉素和奈替米星的直接和间接 HPLC 法[9-43]。间接检测采邻苯二甲醛或丹酰氯（5-二甲氨基-1-萘磺酰氯）进行柱前或柱后衍生，而后紫外或荧光检测[9-20]。直接检测方法包括 RID[21]、MS[22-26]、ELSD[27-28]和 ECD[29-31]。奈替米星的分析方法，仅报道了 ECD[42]和 MS[43]两种直接检测方法。最近的一份文献中比较了聚合物色谱柱和 C_{18} 色谱柱分离，ECD 和 ELSD 检测的两个方法[32]。在分离和定量庆大霉素及其有关物质以及奈替米星及其相关脱氧链霉胺、*N*-乙基加拉明、西索米星和乙基西索米星衍生物时，方法的选择性和灵敏度存在局限性。CAD 具有更高的灵敏度，可用来开发和验证庆大霉素原料中 C1、C1a、C2、C2a 和 C2b 等组分以及药膏中庆大霉素有关物质的测定和评估方法。

12.2 用于庆大霉素的 RP-HPLC-CAD 方法的开发和验证

12.2.1　方法开发

庆大霉素 C1、C1a、C2、C2a 及 C2b、脱氧链霉胺、加拉明和西索米星的结构及部分性质如图 12.1 所示。庆大霉素的化学性质为开发合适的 HPLC 法

❶本章讨论的庆大霉素和奈替米星方法（包括图表）均已发表[7-8]，并获得出版商授权。

化合物名称	结构	归属	性质
硫酸脱氧链霉铵	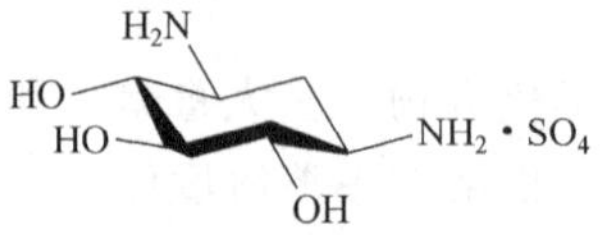	杂质/降解产物	无紫外吸收可溶于水
硫酸加拉明	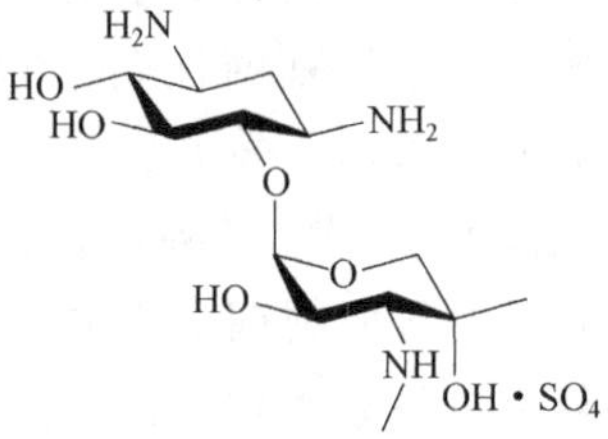	杂质/降解产物	无紫外吸收可溶于水
硫酸西索米星	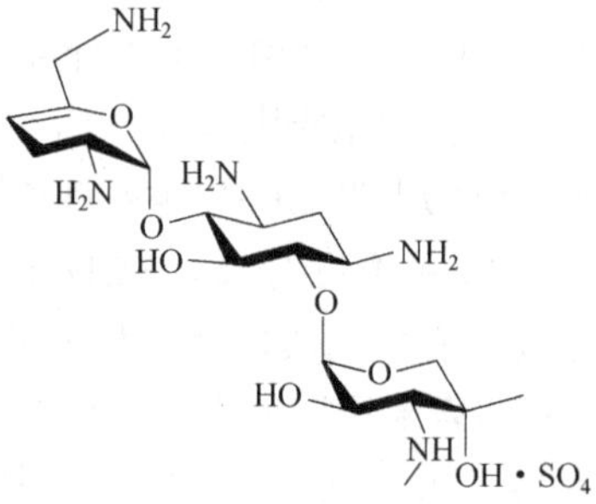	杂质/降解产物	无紫外吸收可溶于水
硫酸庆大霉素Cla	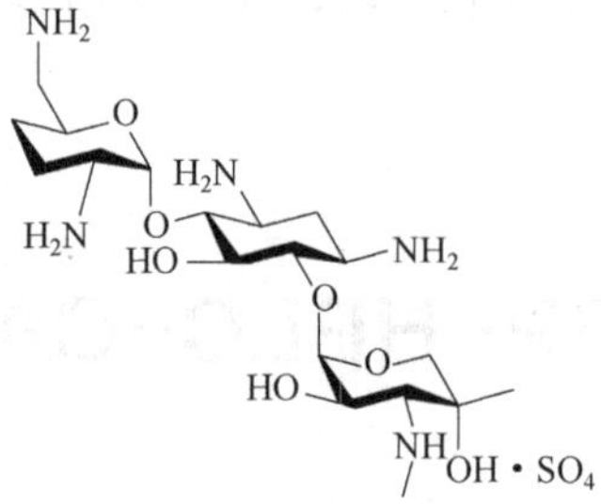	API	无紫外吸收可溶于水
硫酸庆大霉素C2	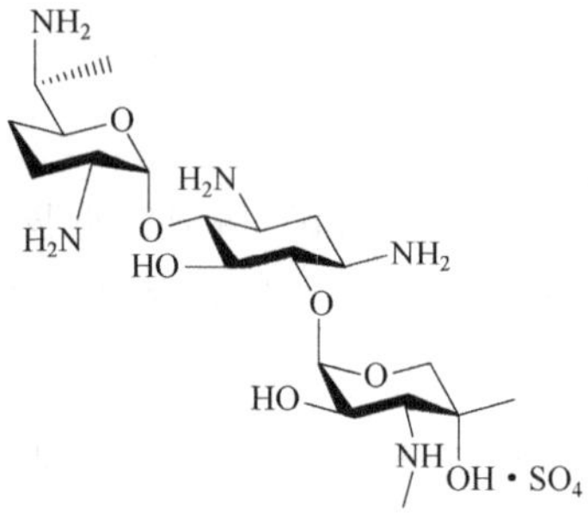	API	无紫外吸收可溶于水

硫酸庆大霉素C2a	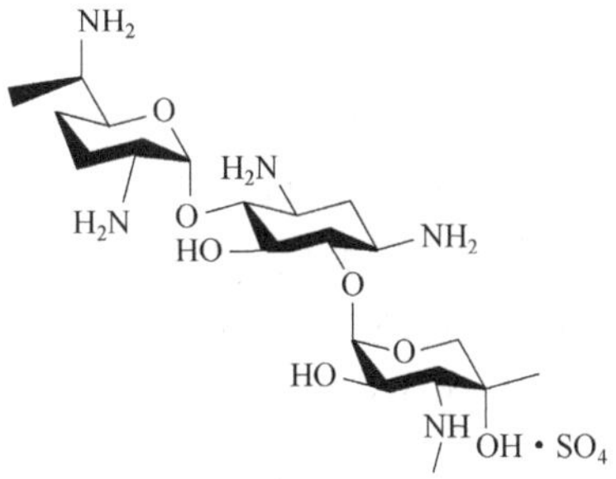	API	无紫外吸收 可溶于水
硫酸庆大霉素C2b	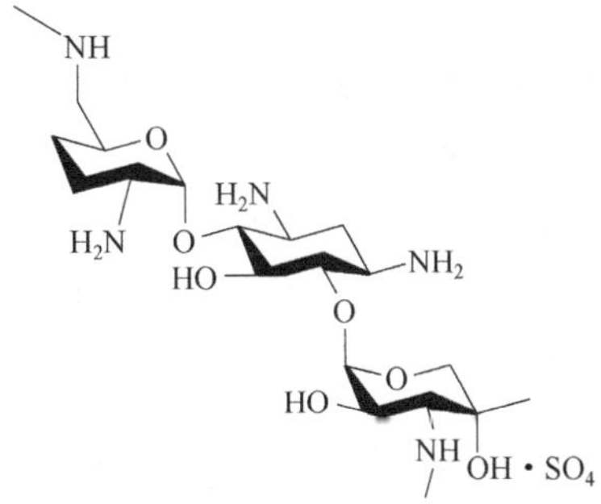	API	无紫外吸收 可溶于水
硫酸庆大霉素C1	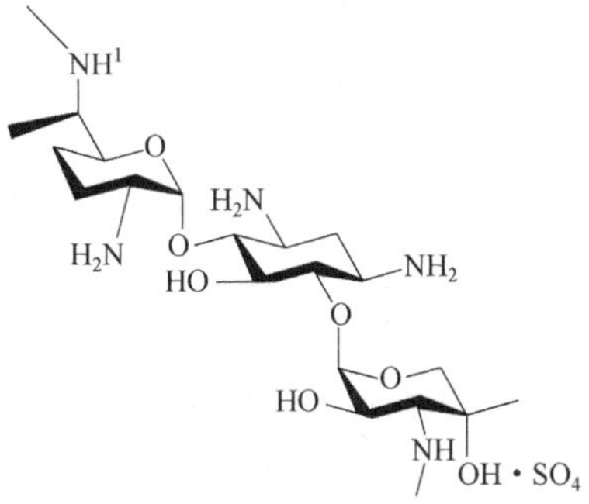	API	无紫外吸收 可溶于水

图 12.1　庆大霉素 C1、C1a、C2、C2a 及 C2b、脱氧链霉胺、加拉明和西索米星的化学结构和属性

带来了挑战。例如，它们亲水性强，在反相固定相上的保留和分离是个挑战。它们在大多数有机溶剂中不溶解，需要使用高水相流动相。在这种水相（95%水）流动相下，反相固定相易发生去溶剂化——固定相孔中流动相损失，固定相无法维持与分析物之间的疏水相互作用[44]，导致分析物保留减少。

12.2.1.1　检测器的选择

庆大霉素缺少紫外发色团，因此无法使用传统的紫外法进行检测。其他检测技术，如 RID、ELSD、柱前衍生 UV、ECD 等，或者不适用，或者在庆大霉素的常规分析中有局限性。RID 与分离庆大霉素和有关物质的梯度方法不兼容。ELSD 灵敏度低（与 CAD 相比通常有 10 倍差距）、准确度差、动态范围窄。柱前衍生不确定性大，可能出现衍生不完全或样品降解等。由于电极容易污染，需要经常清洁，ECD 耐用性差且响应受温度、泵脉冲和外来电流的影响。在庆大霉素的常规分析中，紫外检测器不适用，其他常规检测技术也不适用或操作繁琐，因此 CAD 成为庆大霉素常规分析的理想之选。

12.2.1.2 有关物质

尝试购买加拉明、脱氧链霉胺、化合物 D 和庆大霉素 B1，但最后只通过合同生产组织购得加拉明和脱氧链霉胺，且数量和纯度均有限，这限制了它们在验证研究中的使用，只能用于制备专属性混合物。此外，从庆大霉素母液中纯化庆大霉素时，对柱馏分进行预切或者后切并收集后，使用 LC-MS 进行测定，判断化合物 D 和庆大霉素 B1 是否可以从馏分中分离。LC-MS 分析表明，柱馏分中不含所需的有关物质。

12.2.1.3 流动相组成及色谱柱选择

分离庆大霉素 C1、C1a、C2、C2a、C2b、脱氧链霉胺、加拉明和西索米星，需要足够高的容量因子保留脱氧链霉胺和加拉明，从而实现可靠的定量。方法开发伊始采用 C_{18} 固定相，以 50mmol/L 三氟乙酸水溶液-甲醇（98/2，体积比）为流动相，通过改变离子对试剂[例如三氯乙酸、三氟乙酸（TFA）、五氟丙酸（PFPA）和七氟丁酸（HFBA）]、酸（例如甲磺酸、甲酸、乙酸等）、有机改性剂（例如甲醇、异丙醇、THF 等）的比例，对流动相的组成进行调整。增大 TFA 的浓度或将 TFA 换为 PFPA 或 HFBA，可以增强庆大霉素 C1、C1a、C2、C2a、C2b、脱氧链霉胺、加拉明和西索米星的保留。然而，PFPA 和 HFBA 即使在较低浓度下，也会导致庆大霉素 C1 和 C2b 的保留更强，导致峰形变差，运行时间增加。

使用较高浓度的 TFA，脱氧链霉胺和加拉明与庆大霉素可很好地分离，但西索米星却未能与庆大霉素 C1a 有效分离（分离度＞2.0）。西索米星和庆大霉素 C1a 在结构上相似，仅在其中一个环的双键上有所不同。改变流动相组成［TFA 的浓度、乙腈的比例、有机改性剂——甲醇、异丙醇和 THF 或酸（例如甲磺酸、甲酸和乙酸）］未能得到预期的分离度。此外，为了改善峰的分离，还考察了温度和梯度的影响。从理论上讲，因为存在 π–π 相互作用，将 C_{18} 固定相更换为苯基固定相可以分离西索米星和庆大霉素 C1a。然而，苯基固定相不能很好地保留庆大霉素，所有峰的整体保留和分离都很差。通过筛选多种固定相（例如 C_{18}、苯基、氰基、HILIC 和环糊精），发现一种新型的固定相和分离机理来分离这些化合物。这种新型固定相是五氟苯基固定相，离子对试剂与庆大霉素反应产物的 C—F 键与 C—F 固定相之间的偶极子-偶极子相互作用，使化合物保留更强，而且这些结构高度相似的化合物可以更好地分离。此外，五氟苯基固定相还可提供 π-π 相互作用来区分庆大霉素 C1a 和西索米星，同时保留并分离所有其他庆大霉素（C1、C2、C2a 和 C2b）和有关物质脱氧链霉胺和加拉明（图 12.3）。色谱柱筛选结果显示，应首选 Restek Allure PFP 色谱柱（50mm×4.6mm，3μm），而 Thermo Scientific 的氟相（Flurophase）色谱柱（50mm×4.6mm，5μm）次之。

采用 TFA-H_2O-CH_3CN（0.025/95/5，体积比）流动相，等度洗脱，各色谱峰在五氟苯基柱上分离非常好。然而，脱氧链霉胺峰接近溶剂峰，且脱氧链霉胺和加拉明的容量因子都非常低。为增强脱氧链霉胺和加拉明在色谱柱上的保留，保证定量的可靠性，同时保证庆大霉素在合理的运行时间（33min）内被洗脱，本研究采用了离子对分步梯度洗脱模式。离子对梯度洗脱先采用 HFBA（HFBA-H_2O-CH_3CN, 0.025/95/5，体积比）来保留脱氧链霉胺和加拉明，然后采用 TFA（TFA-H_2O-CH_3CN, 0.025/95/5，体积比）来洗脱庆大霉素。

由于存在去溶剂效应，在使用高水相流动相（95%水）时，连续进样会导致保留时间缩短。为了减少去溶剂效应，在洗脱程序中添加了色谱柱清洗步骤，流动相 H_2O-CH_3CN（20/80，体积比），最终方法的梯度程序见表 12.1。硫酸庆大霉素对照品和含有庆大霉素、脱氧链霉胺、加拉明和西索米星的标准混合物的典型色谱图见图 12.2，使用 HFBA-H_2O-CH_3CN（0.025/95/5，体积比）作为流动相 A，TFA-H_2O-CH_3CN（0.025/95/5，体积比）作为流动相 B。色谱运行时间为 33min。最后使用 H_2O-CH_3CN（20/80，体积比）清洗色谱柱。

表 12.1　庆大霉素方法的梯度程序

时间/min	流动相 A/%	流动相 B/%	流动相 C/%	梯度曲线	备注
0.00	100.0	0.0	0.0	线性	第一个离子对试剂（HFBA）等度冲洗
8.00	100.0	0.0	0.0	线性	
12.00	80.0	20.0	0.0	线性	
16.00	0.0	100.0	0.0	线性	第二个离子对试剂（TFA）等度冲洗
33.00	0.0	100.0	0.0	线性	
色谱柱冲洗、平衡至初始条件					
33.50	0.0	0.0	100.0	线性	色谱柱冲洗
43.50	0.0	0.0	100.0	线性	
44.00	100.0	0.0	0.0	线性	色谱柱平衡
48.00	100.0	0.0	0.0	线性	

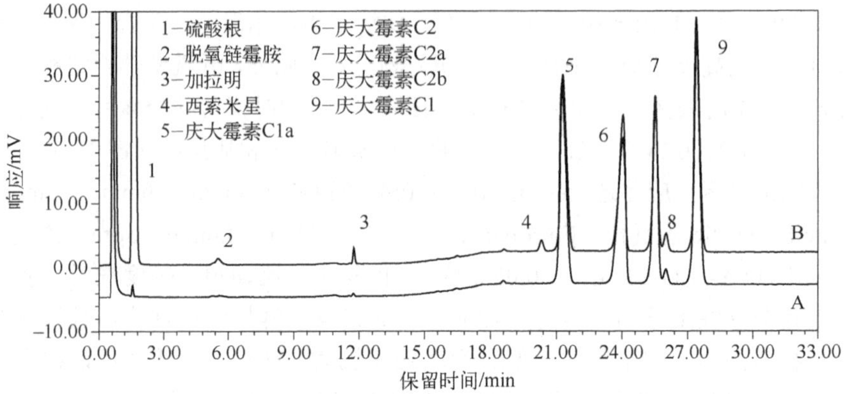

图 12.2 庆大霉素对照品（A）；庆大霉素、脱氧链霉胺、加拉明和西索米星混合标准品（B）的典型色谱图

12.2.1.4 样品制备

可以利用庆大霉素水溶性的优势简化样品制备程序。药用乳膏中的其他有机化合物（鲸蜡红醇 1000、鲸蜡硬脂醇、白凡士林和液体石蜡）均不溶于水，而水溶性的化合物（如氢氧化钠、磷酸和磷酸二氢钠）则在固定相中无保留，因此均不会干扰庆大霉素峰。样品制备过程是将 6.0g±0.05g 药膏溶解在 6.0mL 水中，然后用 5.0mL 二氯甲烷提取药膏中的疏水组分。含有庆大霉素的水溶液用水以 1 : 2 进行稀释，然后进样，测定庆大霉素 C1、C1a、C2、C2a 和 C2b 的组成，并估算有关物质的含量。测试溶液中庆大霉素的浓度约为 0.5mg/mL，相当于庆大霉素 C1a 的浓度约为 0.135mg/mL。稀释剂、空白辅料和药膏样品的典型色谱图如图 12.3 所示。

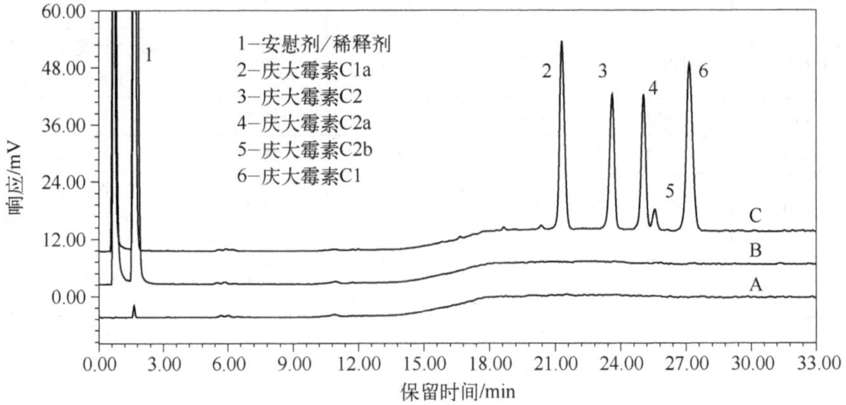

图 12.3 稀释剂（A）、药用乳膏空白辅料（B）和药膏样品（C）的典型色谱图

将庆大霉素对照品溶于水中，制备浓度约为 0.5mg/mL 的对照品溶液（庆大霉素 C1a 浓度约为 0.135mg/mL）。专属性测定用混合溶液采用在药膏中加入约 1%的脱氧链霉胺、加拉明和西索米星制得。

12.2.2　方法验证

来自不同实验室的两名分析人员对药膏的方法进行了验证，测试的参数包括线性、精密度、专属性、耐用性、样品稳定性、LOQ 和 LOD。庆大霉素 C1a 的分析浓度约为 0.135mg/mL（0.5mg/mL 庆大霉素）。由于庆大霉素 C1、C1a、C2、C2a 和 C2b 的单个对照品无法获得，方法验证时，巧妙地使用了含有 C1、C1a、C2、C2a 和 C2b 的硫酸庆大霉素对照品。该对照品的分析证书（COA）上列出了庆大霉素 C1（26%）、C1a（27%）、庆大霉素 C2 和 C2a 混合物（47%）的含量。COA 证书上列出的庆大霉素 C1a 的百分含量（27%）与目前分析方法得到的值非常接近。该对照品可作为含 27%的庆大霉素 C1a 纯标准品来使用。由于庆大霉素 C1（26%）的百分含量与目前分析方法得到的值不是很接近，而且庆大霉素 C2 和 C2b 在 COA 证书中是作为混合物来提供的，所以，这些化合物不能与庆大霉素 C1a 用相同的方式处理。因此，在 0.001～0.2025mg/mL 浓度范围内，仅验证了庆大霉素 C1a 的线性和准确度，相当于庆大霉素的 QL（0.2%）至 150%标示浓度。上述实验均进行了空白对照。

12.2.2.1　实验

材料仅使用 HPLC 级溶剂。乙腈和二氯甲烷购自 Sigma（美国，密苏里州，圣路易斯）。纯度≥99%的 HFBA 和纯度≥99.5%的 TFA 购自 Alfa Aesar（美国，马萨诸塞州，沃德希尔）。纯度≥98%的 PFP 购自 Sigma（美国，密苏里州，圣路易斯）。18.2MΩ • cm 的水来自 Milli-Q 系统（美国，马萨诸塞州，比勒里卡，Millipore）。硫酸庆大霉素、硫酸奈替米星和 *N*-乙基硫酸加拉明来自公司内部的标准品部门。硫酸西索米星 USP 对照品来自 Fisher Scientific（美国）。庆大霉素样品和空白辅料的乳膏是从公司其他部门获得的。硫酸脱氧链霉胺和硫酸加拉明通过合同生产组织获得。

仪器和色谱条件：Waters 2695 Alliance HPLC 系统（美国，马萨诸塞州，米尔福德）配备带温度控制的柱温箱，在线脱气机和 Corona CAD（美国，马萨诸塞州，切姆斯福德，ESA Biosciences）。数据的采集、分析和报告均使用 Millennium32 和/或 Empower 色谱软件（美国，马萨诸塞州，米尔福德）。采用不同实验室的 Waters HPLC 系统进行方法验证。本方法中使用的 HPLC 色谱柱

（Restek Allure PFP 丙基柱，50mm×4.6mm 内径，3μm 粒径）由 Restek 公司（美国，宾夕法尼亚州州立大学）生产，由 Thermo Fisher Scientific 销售。Thermo Fisher Scientific 公司制造的氟相色谱柱（50mm×4.6mm 内径，5μm 粒径）也经过了验证。

12.2.2.2 专属性

通过峰鉴别试验和测定三个不同生产日期的代表性乳膏样品确定了方法的专属性。峰鉴别试验是通过测定各有关物质之间的分离度和相对保留值（RR），证明本方法能够分离专属性混合溶液中的庆大霉素和主要有关物质。为了证明方法的专属性，ICH 指南要求对新候选药物进行强制降解研究，以预测在特定的稳定性储存条件下，原料和制剂实际的化学降解情况。该乳膏已经市售多年，其化学降解情况非常明确。与乳膏相关的药物开发过程，如药物制剂设计、储存条件选择和包装，已经很成熟了。因此，未开展热、光照、酸、碱和氧化等条件的强力降解。相反，采用本方法测试了专属性测试用混合溶液，确定了每种庆大霉素有关物质的分离度和相对保留。用于专属性测试的混合物是在过期的乳膏样品中各添加约 1%的脱氧链霉胺、加拉明和西索米星。比较了庆大霉素 C1、C1a、C2、C2a、C2b 和有关物质的相对保留与方法中列出的保留时间和相对保留。此外，还测定了不同生产日期的（过期和未过期）三个代表性样品，验证方法的专属性。这些稳定性样品反映了实际条件下的化学降解情况。庆大霉素与其有关物质分离良好，证明本方法可作为稳定性指示方法。

12.2.2.3 线性

CAD 是一个二次响应检测器，仅在较低的分析物浓度、较窄的浓度范围内呈线性响应。对于此方法，使用单点 100%浓度水平下庆大霉素标准品（0.5mg/mL）的线性拟合，比使用多个浓度水平下标准品的校准曲线二次拟合更常用。此外，QC 分析实验室的分析人员通常更熟悉使用单点 100%浓度水平的标准分析方法。使用 CAD 对组分进行定量，在较宽的线性浓度范围，比如从 0.135mg/mL 的 0.2%（LOQ）至 150%范围进行线性拟合，与线性响应的 HPLC-UV 方法相比，CAD 的可接受标准更宽。

庆大霉素 C1a 的线性涵盖了 0.001～0.2025mg/mL 浓度范围，对应于 QL（0.2%）到 150%庆大霉素标示浓度（溶液中含有对应量的空白辅料）。对于硫酸西索米星，线性涵盖了 0.001～0.025mg/mL 浓度范围，相当于庆大霉素标示浓度的 LOQ（0.2%）至 5%（溶液中含有对应量的空白辅料和 0.5mg/mL 庆大霉素）。虽然实际样品中典型的有关物质浓度不大于 0.5%，但仍测定了更宽的浓度范围，以涵盖乳膏样品中有关物质的浓度在未来可能增加的情况。使用软件 SAS 系统 JMP®版本 4，计算线性回归的斜率、Y-截距和决定系数（r^2）。将每种化合物的峰面积与对应的浓度作图。线性回归分析得出决定系数 r^2，庆大霉素的 r^2 大于 0.99（$n = 18$），西索米星的 r^2 大于 0.98（$n = 15$）。

12.2.2.4　准确度

使用线性测试所用的溶液，同时测定方法的回收率/准确度。本方法不是定量测定方法，而是通过面积归一化法测定组成的百分比。庆大霉素 C1a 的浓度-回收率列于表 12.2 中。测定了 15 份溶液的平均回收率（每个浓度水平（50%、

表 12.2　3 份庆大霉素 C1a 平行溶液的回收率

标示浓度	溶液	庆大霉素 C1a 的回收率/%	
		分析人员 1	分析人员 2
50%	1	106.4	105.7
	2	106.7	105.4
	3	107.9	104.1
75%	1	102.0	101.8
	2	102.3	101.8
	3	101.3	102.9
100%	1	99.4	98.4
	2	99.4	96.8
	3	99.4	99.7
125%	1	98.8	95.9
	2	98.0	96.9
	3	97.2	95.4
150%	1	95.7	95.7
	2	96.0	95.9
	3	94.6	92.2
平均回收率		101.3	99.2

75%、100%、125%和 150%）平行 3 份，其中分析人员 1 的结果为 101.3%，分析人员 2 的结果为 99.2%。该准确度也反映了 CAD 的二次响应特性，即在较低浓度下，响应较高；在较高浓度下，响应较低。其中，50%浓度水平准确度偏高（分析人员 1：107.0%，分析人员 2；105.1%）；而 150%浓度水平准确度偏低（分析人员 1：95.4%，分析人员 2：94.6%）。有关物质西索米星在 0.2%～5%浓度水平的回收率为 109%～72%。测定回收率的样品溶液浓度在两个庆大霉素对照品的溶液浓度之间，实验测得的浓度采用下式计算：

$$c_e = \frac{P_2 \times c_t}{P_1 \times \text{RRF}}$$

式中，c_e、c_t分别为实验浓度和理论浓度；P_1是庆大霉素C1a的平均峰面积；P_2是回收率测定溶液中庆大霉素或有关物质的峰面积。相对响应因子（RRF）是每种庆大霉素杂质或有关物质的响应因子与庆大霉素C1a的响应因子的比值。庆大霉素 C1a 的线性回归曲线的斜率除以庆大霉素化合物或单个有关物质的线性回归曲线的斜率，得到RRF。每个浓度水平的回收率（R）通过以下等式获得：

$$R=\frac{c_e}{c_t}\times 100\%$$

12.2.2.5 检测限和定量限

庆大霉素分析浓度为0.5mg/mL，庆大霉素C1a的LOD和LOQ分别为该浓度的0.37%（0.00185mg/mL庆大霉素、0.0005mg/mL庆大霉素C1a）和0.74%（0.0037mg/mL庆大霉素、0.001mg/mL庆大霉素C1a），西索米星的LOD和LOQ分别为该浓度的0.1%（0.0005mg/mL西索米星）和0.2%（0.001mg/mL西索米星）。验证期间，两位分析人员均观察到，LOQ的信噪比（S/N）范围为11～142，LOD的信噪比（S/N）范围为5～65，这与用于分析的HPLC-CAD系统有关。5和11是在CAD灵敏度较低时得到的最小值，此时，CAD已接近其年度性能维护清洁和校准的日期。

12.2.2.6 重现性和精密度

方法的重现性和精密度数据从线性检测中获得。通过计算庆大霉素C1a三个浓度水平（50%、100%、150%，各平行3份制备）的回收率的相对标准偏差（RSD），得到精密度。对于西索米星，一式3份制备低浓度（0.2%）、中浓度（1.25%）和高浓度（5%）水平的样品，获得回收率的RSD，即为精密度。重现性是根据两位分析人员在不同的实验室获得的平均回收率的差异和回收率的RSD的差异得到的。表12.3列出了庆大霉素C1a和西索米星的结果，表明本方法具有良好的重现性和精密度。

表12.3 庆大霉素C1a和西索米星的重现性和精密度

分析人员	庆大霉素C1a	庆大霉素C1a的RSD差异（分析人员1和分析人员2）		
	RSD	50%	100%	150%
分析人员1	—	0.1	1.5	1.4
50%	0.7	—	—	—
100%	0.0	—	—	—
150%	0.8	—	—	—
分析人员2	—	—	—	—

续表

分析人员	庆大霉素 C1a RSD	庆大霉素 C1a RSD 的差异（分析人员 1 和分析人员 2）		
		50%	100%	150%
50%	0.8	—	—	—
100%	1.5	—	—	—
150%	2.2	—	—	—
分析人员	硫酸西索米星 RSD	硫酸西索米星 RSD 的差异（分析人员 1 和分析人员 2）		
		0.2%	1.25%	5%
分析人员 1	—	4.2	2.3	2.4
0.2%	5.7	—	—	—
1.25%	0.5	—	—	—
5%	0.9	—	—	—
分析人员 2	—	—	—	—
0.2%	1.5	—	—	—
1.25%	2.8	—	—	—
5%	3.3	—	—	—

12.2.2.7　耐用性

刻意改变 HPLC 参数以验证方法的耐用性。根据 RR 的变化、庆大霉素 C1a 和西索米星的分离度、庆大霉素 C1a 的拖尾因子评估了方法的耐用性。庆大霉素 C1a 用于 RR 计算。所有峰的 RR 根据庆大霉素 C1a 的峰计算，西索米星和庆大霉素 C1a 的分离度≥1.5，在各种色谱条件下，拖尾因子均≤2.0。表 12.4 汇总了几个典型 HPLC 条件下获得的待测化合物的 RR。可以看出，在各种色谱条件下，RR 非常接近。

表 12.4　在设定的 HPLC 参数下进行耐用性测试获得的庆大霉素和有关物质的相对保留值（RR）

化合物名称	标准条件[①]	色谱柱温度 30℃	色谱柱温度 40℃	流速 0.9 mL/min	流速 1.1 mL/min	进样体积 18μL	进样体积 22μL
脱氧链霉胺	0.33	0.29	0.30	0.33	0.30	0.33	0.32
加拉明	0.57	0.56	0.58	0.56	0.58	0.57	0.57
西索米星	0.96	0.96	0.96	0.95	0.96	0.96	0.96
庆大霉素 C1a	1.00	1.00	1.00	1.00	1.00	1.00	1.00
庆大霉素 C2	1.11	1.10	1.11	1.11	1.10	1.11	1.11
庆大霉素 C2a	1.17	1.17	1.17	1.18	1.17	1.17	1.17
庆大霉素 C2b	1.20	1.20	1.20	1.20	1.19	1.20	1.20
庆大霉素 C1	1.29	1.29	1.27	1.30	1.27	1.29	1.28

①色谱柱温度 35℃；流速 1.0mL/min；进样体积 20μL。

12.2.2.8 替换色谱柱验证

Thermo Fisher Scientific 的氟相柱（50mm×4.6mm 内径，5μm 粒径）在方法验证中作为替换色谱柱。此验证是为了在主色谱柱（Restek Allure PFP）没有商品化产品或性能不再适用时，可以有一个替代色谱柱。

本方法中，Restek Allure PFP 柱的硅胶颗粒会发生变化，进而影响色谱柱的稳定性与商品化。Thermo Scientific 氟相色谱柱成功取代 Restek Allure PFP 柱，用于本方法的日常应用。

12.2.2.9 计算

按峰面积归一化法，根据庆大霉素 C1、庆大霉素 C1a、庆大霉素 C2、庆大霉素 C2a 和庆大霉素 C2b 的面积百分比，计算其组成。每种庆大霉素的面积百分比和总面积百分比可以使用下式进行计算。

$$P_{\mathrm{i}}=\frac{S_{\mathrm{i}}}{S_{\mathrm{T}}}\times 100\%$$

式中，P 表示庆大霉素的面积百分比；S_i 表示其中一种庆大霉素的峰面积；S_T 表示各种庆大霉素峰面积之和。

12.2.2.10 最终方法的色谱条件

流动相 A 的组成为 HFBA-H_2O-CH_3CN（0.025/95/5，体积比），流动相 B 的组成为 TFA-H_2O-CH_3CN（1/95/5，体积比）。梯度程序列于表 12.1 中。保留时间 16～33min，采用等度流动相 TFA-H_2O-CH_3CN（1/95/5，体积比）洗脱庆大霉素（C1、C1a、C2、C2a 和 C2b）和大多数庆大霉素有关物质。0～16min，使用离子对梯度，离子对试剂 HFBA 和 TFA 的比例从 0.025 升高到 1（体积比），与恒定的 H_2O-CH_3CN（95/5，体积比）相比，变幅非常小。因此，离子对梯度流动相中总有机相含量的变化相对较小，从而最大限度地减少了有机相含量变化对雾化效率和 CAD 响应的影响。为了防止色谱柱在使用高水流动相下的去溶剂化，并维持反相色谱柱的保留和性能，洗脱程序中使用了流动相 C，（H_2O-CH_3CN，20/80，体积比），冲洗色谱柱 10min。为了确保每次梯度洗脱后的再平衡，色谱柱在梯度初始条件下重新平衡 4min。柱温为 35℃，进样体积为 20μL。CAD 设置 100pA 增益，中等噪声过滤常数。

12.2.3 讨论

本 HPLC 方法是目前已知的第一个利用 CAD 直接进行检测的方法（即无需衍

生化），可以分离并准确测定所有庆大霉素类似结构组分和有关物质。两个实验室的两名分析人员成功验证了此方法，结果显示该方法具有良好的准确度、线性、精密度、重现性、专属性和耐用性。本文描述的分析方法已成功用于测定乳膏中庆大霉素的组成及有关物质的含量。本 HPLC 方法测定的不是含量，而是百分比组成，因为庆大霉素是一种（多组分）抗生素，卫生主管部门规定采用微生物检定法测定样品中庆大霉素的活性，不能采用 HPLC 含量测定方法代替。该方法可用作乳膏稳定性指示方法，因为它可以分离所有已知的和来自 API 的庆大霉素未知降解产物，可以准确定量乳膏样品中庆大霉素组分的含量。因此，本方法可用于质量控制（QC）实验室的稳定性研究，也可用于商业批次乳膏中庆大霉素的常规分析，包括放行检测。

本方法[7]发表之后，Restek Allure PFP 柱改变了填料中的硅胶基质，新的 Restek 色谱柱寿命明显降低。使用 Thermo Scientific 氟相柱替代 Restek Allure PFP 色谱柱，具有明显的优势。

本方法[7]发表后，另一个使用 CAD 和 C_{18} 色谱柱分析庆大霉素的方法也发表了[45]。C_{18} 方法的局限性在于脱氧链霉胺在溶剂前沿洗脱，加拉明的容量因子低；因此，不能可靠地定量庆大霉素的有关物质。C_{18} 色谱柱可用于有效分离庆大霉素[7]；然而，必须用离子对梯度来保留脱氧链霉胺和加拉明，二者才能可靠地定量。此外，西索米星和庆大霉素 C1a 在 PFP 上的分离度优于 C18 色谱柱。MAC-MOD 分析公司（美国，宾夕法尼亚州）商品化了一种 C18 和 PFP 的新组合，即 ACE C18-PFP 色谱柱。可以预见，这种 C18-PFP 的色谱柱更稳定，并提供更强的保留，能够降低流动相 B 中 TFA 的浓度，延长色谱柱寿命。

12.3
在硫酸奈替米星中的应用策略

12.3.1　方法开发

利用现有的基于 PFP 的条件开发了一套 HPLC-CAD 方法，分离奈替米星、已知的有关物质（*N*-乙基加拉明和西索米星）和未知的有关物质（强力破坏研究中西索米星及其杂质烷基化生成的乙基西索米星衍生物）。奈替米星及其有关物质的化学结构如图 12.4 所示。奈替米星及其乙基化西索米星衍生物，如 3-*N*-乙基西索米星、2′-*N*-乙基西索米星、6′-*N*-乙基西索米星和 3″-*N*-乙基西索米星，仅在乙基取代位置上存在差异。

化合物名称	结构	归属	性质
N-乙基硫酸脱氧链霉胺	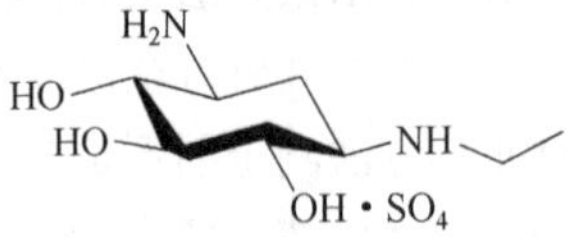	有关物质	无紫外吸收 可溶于水
N-乙基硫酸加拉明	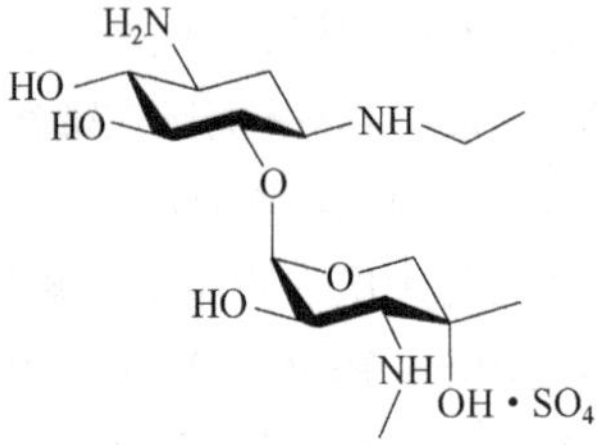	有关物质	无紫外吸收 可溶于水
硫酸西索米星	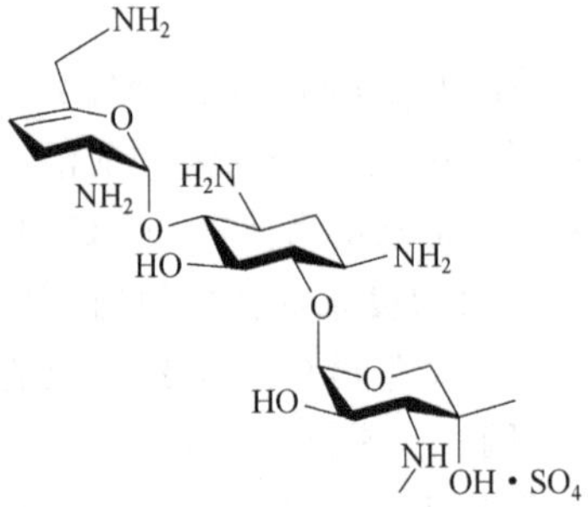	有关物质	弱紫外吸收 可溶于水
硫酸奈替米星	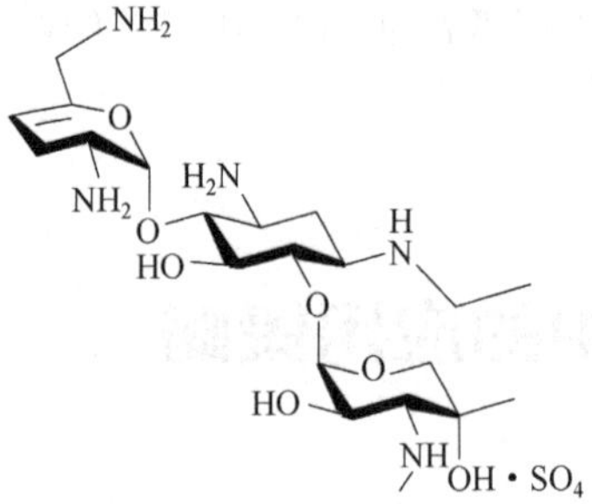	API	弱紫外吸收 可溶于水
3-*N*-乙基硫酸西索米星	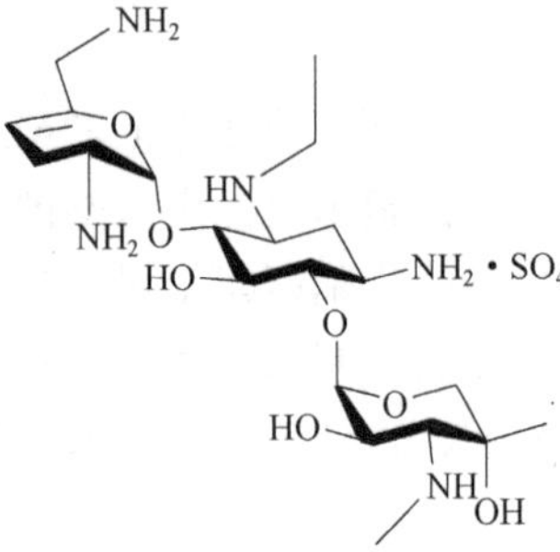	有关物质	弱紫外吸收 可溶于水

6′-*N*-乙基硫酸西索米星	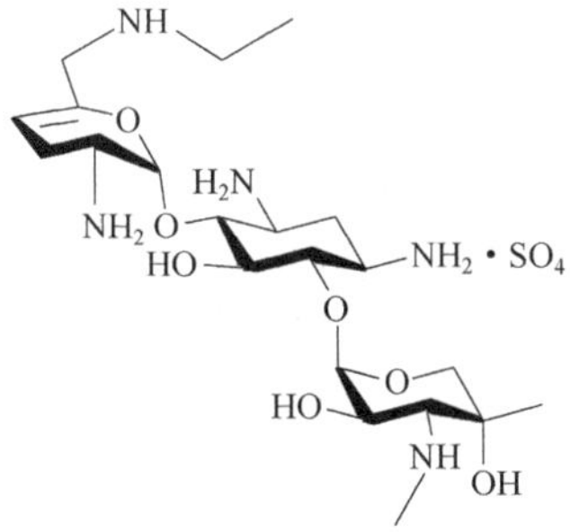	相关物质	弱紫外吸收可溶于水
3′-*N*-乙基硫酸西索米星	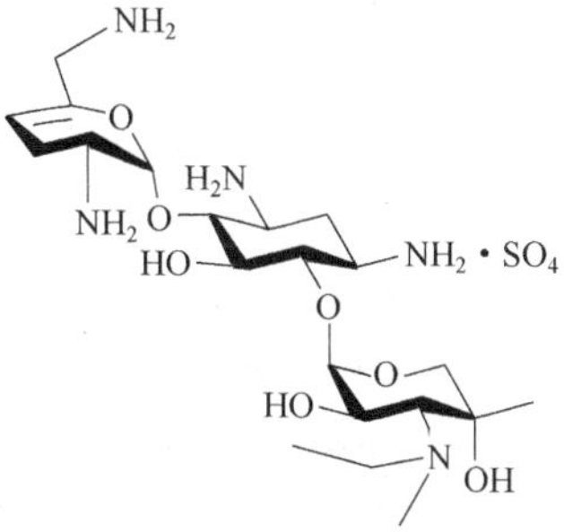	相关物质	弱紫外吸收可溶于水
2′-*N*-乙基硫酸西索米星	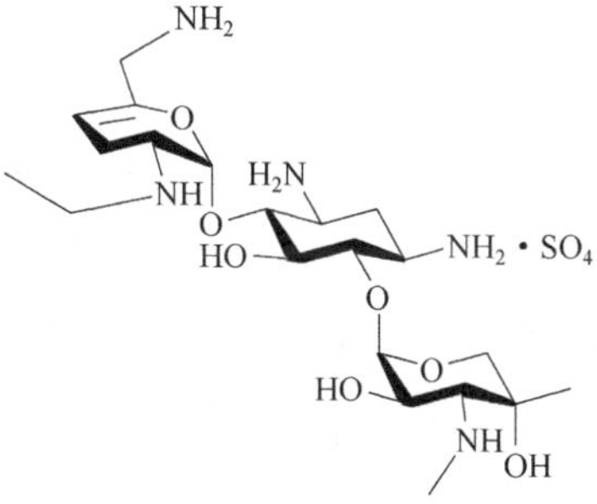	相关物质	弱紫外吸收可溶于水

图 12.4　奈替米星及其有关物质的化合物名称、结构、归类和性质

奈替米星是西索米星的半合成衍生物，因此奈替米星的有关物质可以从奈替米星的（西索米星来源的）副产物获得。由于无法获得商品化的西索米星的乙基衍生物，故采用西索米星还原烷基化的方式，合成了数量有限的化合物，用于方法开发和验证[43]。该过程是将 500mg 硫酸西索米星溶解在提前加入了 50mL 水的圆底烧瓶中；边搅拌，边加入 100μL 乙醛，搅拌 10min；再加入 50mg 氰基硼氢化钠，继续搅拌 15min。西索米星的烷基化还原生成了西索米星乙基衍生物的混合物，包括硫酸奈替米星。

方法开发最初使用了 PFP 色谱柱，含离子对试剂的流动相。实验尝试 Restek Allure PFP 色谱柱（100mm×4.6mm，5μm 粒径），该色谱柱可对奈替米星中所

有西索米星的乙基衍生物提供良好的分离。

通过调整流动相的组成来考察不同的离子对试剂，如三氟乙酸（TFA）、全五氟丙酸（PFPA）和七氟丁酸（HFBA）。此外，还研究了各种有机改性剂（如甲醇、异丙醇等）与水不同比例混合对分离产生的影响。使用流动相TFA-H_2O-CH_3CN（1/96/4，体积比），成功地将奈替米星与*N*-乙基加拉明和西索米星分离。采用较缓的离子对梯度，在保证脱氧链霉胺被保留的同时，也能使奈替米星及有关物质在合理的运行时间内洗脱。0～3min内使用0.1%的PFPA的离子对梯度，保留脱氧链霉胺。然后引入1.0% TFA，洗脱*N*-乙基加拉明、西索米星和奈替米星（表12.5）。离子对梯度中，使用0.1%的PFPA使得脱氧链霉胺在接近3min时被洗脱，可防止其与溶剂峰重叠。TFA浓度为1%，可以在合理的运行时间内分离西索米星烷基化产物。为了减少高水流动相的影响，在每个梯度循环结束时，使用H_2O-CH_3CN（20/80，体积比）冲洗色谱柱。稀释剂、脱氧链霉胺、奈替米星、*N*-乙基加拉明和西索米星的典型色谱图见图12.5。

表12.5 奈替米星方法的梯度程序

时间/min	流动相A/%	流动相B/%	流动相C/%	梯度曲线	备注
0.00	100.0	0.0	0.0	线性	第一个离子对试剂（PFPA）等度冲洗
3.00	100.0	0.0	0.0	线性	
3.50	0.0	100.0	0.0	线性	第二个离子对试剂（TFA）等度冲洗
30.00	0.0	100.0	0.0	线性	
色谱柱冲洗、平衡至初始条件					
30.50	0.0	0.0	100.0	线性	色谱柱冲洗
40.50	0.0	0.0	100.0	线性	
41.00	100.0	0.0	0.0	线性	色谱柱平衡
45.00	100.0	0.0	0.0	线性	

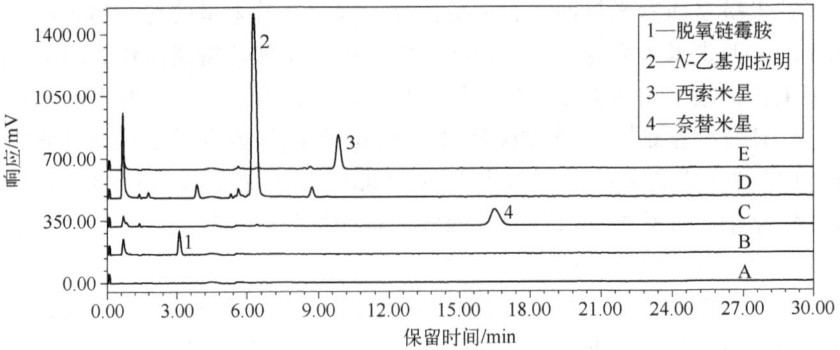

图12.5 稀释剂（A）、脱氧链霉胺（B）、奈替米星（C）、*N*-乙基加拉明（D）和西索米星（E）的典型谱图

样品制备：将硫酸奈替米星溶于水，制备分析浓度约为 0.25mg/mL 的标准溶液。将 *N*-乙基硫酸加拉明与硫酸西索米星还原烷基化反应制备的含西索米星乙基化衍生物的混合物（含奈替米星）混合，得到专属性混合溶液。

12.3.2　方法验证

对本方法进行了验证，证明了方法的线性、专属性、耐用性、LOQ 和 LOD，结果见下文。材料、仪器和色谱条件见庆大霉素方法验证的实验部分。

12.3.2.1　专属性

本方法成功分离了强制降解样品中的奈替米星及其有关物质，及专属性溶液（西索米星还原烷基化反应的产物中添加乙基加拉明）中的西索米星和西索米星乙基化衍生产物，证明了该方法的专属性（图 12.6）。如图 12.7 所示，建立的方法能够成功从 6 种未知化合物中分离出奈替米星、西索米星、*N*-乙基加拉明，表明本方法是一种稳定性指示方法。

使用热、酸和碱进行强力破坏研究。当奈替米星受热时，会降解形成 *N*-乙基加拉明和两个未知降解产物。本方法成功地将奈替米星与其三种降解产物分离，如图 12.6（b）所示。酸处理主要生成 *N*-乙基加拉明（水解作用），得到的色谱图如图 12.6（c）所示。碱处理的奈替米星溶液，由于基质的背景噪声高，未检测到任何峰。

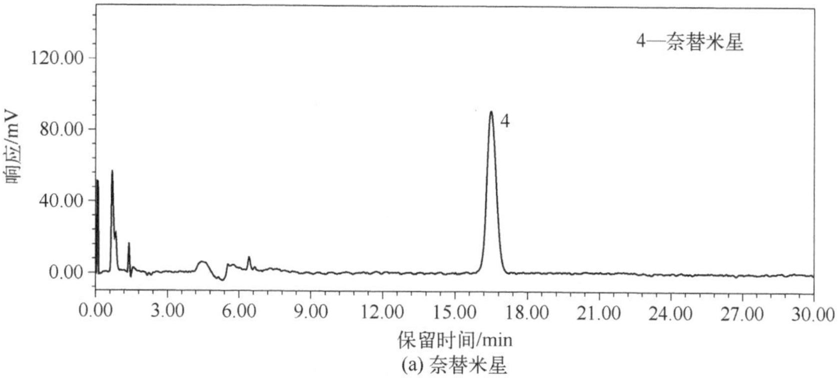

(a) 奈替米星

图 12.6

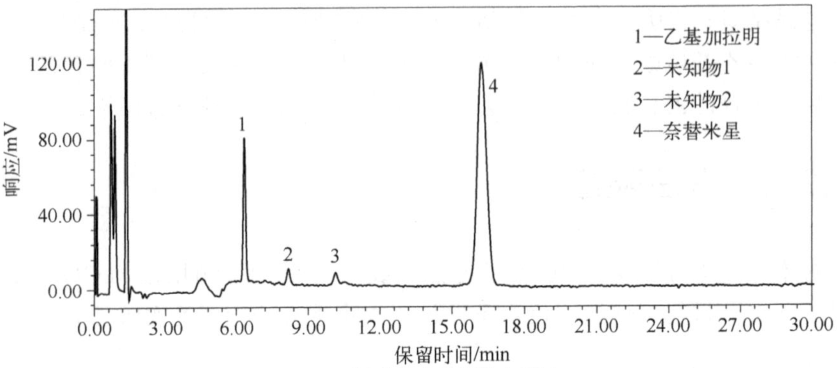

(b) 奈替米星热强力破坏

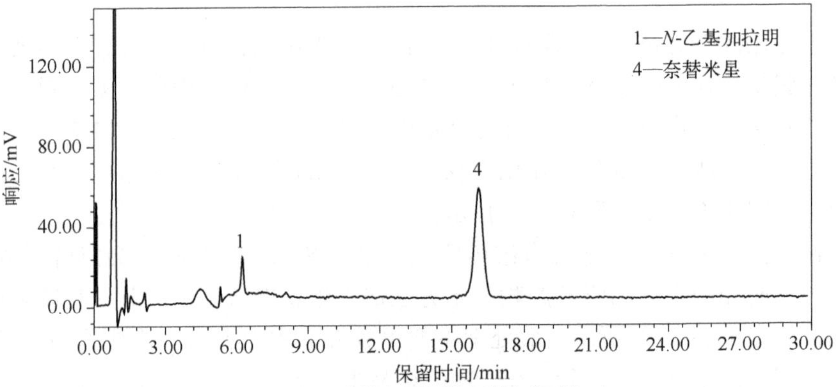

(c) 奈替米星酸强力破坏（HCl）

图 12.6　奈替米星强力破坏样品的典型色谱图

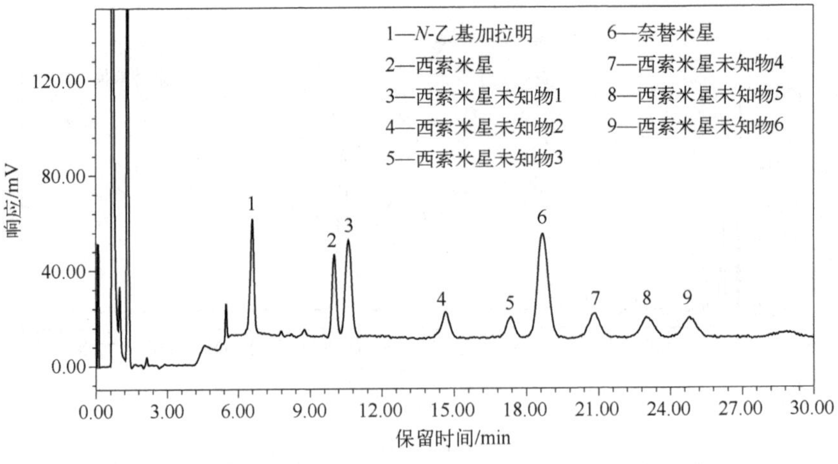

图 12.7　专属性混合物的典型色谱图。含有西索米星乙基衍生物（西索米星还原烷基化的反应混合物）和 N-乙基硫酸加拉明的混合物

12.3.2.2 线性

奈替米星的线性涵盖了 0.0025～0.5mg/mL 的浓度范围，相当于奈替米星 0.25mg/mL 分析浓度的 1%～200%。平行配制三份奈替米星溶液，每份溶液含七个样品浓度水平，分别为奈替米星分析浓度（0.25mg/mL）的 1%、2%、20%、40%、50%、100%和 200%。西索米星的线性范围为 0.0025～0.025mg/mL，相当于奈替米星分析浓度的 1%～10%。西索米星的三个样品浓度分别为奈替米星分析浓度的 1%、2%和 10.0%。使用 SAS System JMP®第 4 版软件进行线性回归分析，得到斜率、*Y*-截距和决定系数（r^2）。将每种化合物的峰面积与对应浓度作图，进行线性回归分析，得到奈替米星的决定系数大于 0.99（n=21），西索米星的决定系数大于 0.99（n=9）。

12.3.2.3 检测限（LOD）和定量限（LOQ）

奈替米星和西索米星的 LOD 和 LOQ 分别为 0.0025mg/mL 和 0.005mg/mL，分别对应奈替米星 0.25mg/mL 分析浓度的 1%和 2%。通常情况下，LOQ 的信噪比（S/N）大于 10，LOD 的信噪比（S/N）大于 3。

12.3.2.4 耐用性

刻意改变 HPLC 参数，验证方法的耐用性。测试参数包括进样体积、流速、温度、流动相中乙腈和离子对试剂的比例。根据测试条件下，基于硫酸奈替米星和硫酸西索米星反应未知物峰之间的分离度，以及硫酸奈替米星的拖尾因子来评估方法的耐用性。在各种色谱条件下，西索米星与西索米星反应未知物 1 的分离度≥1.4，拖尾因子≤2.0。专属性溶液中，奈替米星及其有关物质的分离度总结在表 12.6 中。可以看出，在各种色谱条件下，奈替米星及其所有的有关物质均得到很好的分离。

表 12.6 在设定的 HPLC 耐用性参数下获得混合物中奈替米星和有关物质的分离度

化合物名称	标准条件①	色谱柱温度 30℃	色谱柱温度 40℃	流速 0.9 mL/min	流速 1.1 mL/min	进样体积 18μL	进样体积 22μL
N-乙基加拉明	N/A	N/A	N/A	N/A	N/A	N/A	N/A
西索米星	10.4	10.1	12.0	11.1	11.0	10.7	10.6
西索米星未知物 1	1.5	1.7	1.4	1.7	1.6	1.5	1.5
西索米星未知物 2	7.0	7.2	6.2	7.5	7.4	6.9	7.2

续表

化合物名称	标准条件[①]	色谱柱温度 30℃	色谱柱温度 40℃	流速 0.9 mL/min	流速 1.1 mL/min	进样体积 18μL	进样体积 22μL
西索米星未知物 3	4.0	3.6	3.4	4.0	4.2	4.1	4.2
奈替米星	1.7	1.6	1.6	1.7	1.7	1.9	1.7
西索米星未知物 4	2.2	2.0	2.6	2.5	2.6	2.3	2.3
西索米星未知物 5	2.0	2.4	2.1	4.4	2.4	2.1	2.1
西索米星未知物 6	1.7	1.3	1.7	2.4	1.6	1.6	1.4

①色谱柱温度 35℃；流速 1.0mL/min；进样体积 20μL。

注：N/A 表示未检出。

12.3.2.5 计算

硫酸奈替米星的组成按面积归一化法计算。硫酸奈替米星的面积百分比（P）可以用下式计算。

$$P=\frac{S_n}{S_T}\times 100\%$$

式中，S_n表示硫酸奈替米星的峰面积；S_T表示所有峰的总面积。

12.3.2.6 最终方法的色谱条件

流动相 A 为 PFPA-H_2O-CH_3CN（0.1 : 96 : 4，体积比），流动相 B 为 TFA-H_2O-CH_3CN（1 : 96 : 4，体积比），梯度程序列于表 12.5 中。用 H_2O-CH_3CN（20 : 80，体积比）冲洗色谱柱 10min。色谱柱温度保持在 40℃，流速为 1.5mL/min，进样体积为 20μL。Corona CAD 的设置为 100pA 增益，中等噪声过滤常数。

12.3.3 讨论

据了解，本报告的 HPLC 方法是第一个使用 CAD 直接检测的方法（即无需衍生化），该方法分离并准确测定了奈替米星所有类似物及有关物质。方法验证了 CAD 的线性、专属性和耐用性，三者均可与紫外检测相媲美。本文描述的分析方法已成功用于测定奈替米星的组成，以及评估奈替米星的有关物质。本方法也是奈替米星的稳定性指示方法，因为它可以分离所有已知和未知的奈替米星降解产物，并且可以准确定量所有样品中奈替米星的含量。因此，本方法可用于奈替米星的常规分析，以及稳定性样品的分析。

12.4
结论

本文开发并验证了一种使用 CAD 检测器测定乳膏中庆大霉素的 RP-HPLC 的方法[7]，方法灵敏度高。基于该方法，开发并验证了奈替米星的分析方法[8]。这些方法可以用于其他剂型中庆大霉素和奈替米星的分析，也可用于其他氨基糖苷类药物的方法开发和验证。

Thermo Scientific 的氟相色谱柱可替代 Restek Allure PFP 柱，具有更优越的稳定性。此外，市售的新型 Ace C18-PFP 色谱柱更稳定，由于可提供多种保留机制（疏水性、偶极子-偶极子和 π-π 相互作用），而使氨基糖苷类化合物的保留更强。

致谢 感谢 Abu Rustum 博士对本项目的指导，感谢 Shrina Patel 女士和 Supply Analytical Sciences 科学小组的所有分析科学家对本研究的支持，感谢比利时海斯特的质量实验室验证了本方法。

参考文献

[1] Waksman S A. Streptomycin: background, isolation, properties, and utilization. Science, 1953, 118: 259-266.

[2] Weinstein M J, Luedemann G M, Oden E M, Wagman G H. Gentamicin, a new broad-spectrum antibiotic complex. Antimicrob Agents Chemother, 1963, 1: 1-7.

[3] Weinstein M J, Luedemann G M, Oden E M, Wagman G H, Rosselet J P, Marquez J A, Coniglio C T, Charney W, Herzog H L, Black J. Gentamicin, a new antibiotic complex from micromonospora. J Med Chem, 1963, 6: 463-464.

[4] Luft F C. Netilmicin: a review of toxicity in laboratory animals. J Int Med Res, 1978, 6: 286-299.

[5] Noone P. Sisomicin, netilmicin and dibekacin: a review of their antibacterial activity and therapeutic use. Drugs, 1984, 27: 548-578.

[6] Wright J J. Synthesis of 1-N-ethylsisomicin: a broad-spectrum semisynthetic aminoglycoside antibiotic. J Chem Soc, Chem Commun, 1976: 206-208.

[7] Joseph A, Rustum A. Development and validation of a RP-HPLC method for the determination of gentamicin sulfate and its related substances in a pharmaceutical cream using a short pentafluorophenyl column and a Charged Aerosol Detector. J Pharm Biomed Anal, 2010, 51: 521-531.

[8] Joseph A, Patel S, Rustum A. Development and validation of a RP-HPLC method for the estimation of netilmicin sulfate and its related substances using Charged Aerosol Detection. J Chromatogr Sci, 2010, 48: 607-612.

[9] Anhalt J P. Assay of gentamicin in serum by high-pressure liquid chromatography. Antimicrob Agents Chemother, 1977, 11: 651-655.

[10] Maitra S K, Yoshikawa T Y, Hansen J L, Nilsson-Ehle I, Palin W J, Schotz M C, Guze L B. Serum gentamicin assay by high-performance liquid chromatography. Clin Chem, 1977, 23: 2275-2278.

[11] Peng G W, Gadalla M A F, Peng A, Smith V, Chiou W L. Highperformance liquid chromatography method for determination of gentamicin in plasma. Clin Chem, 1977, 23: 1838-1844.

[12] Seidl G, Nerad H P. Gentamicin C: separation of C1, C1a, C2, C2a and C2b components by HPLC using lsocratic ion-exchange chromatography and post-column derivatization. Chromatographia, 1988, 25: 169-171.

[13] Gambardella P, Punziano R, Gionti M, Guadalupi C, Mancini G, Mangia A. Quantitative determination and separation of analogues of aminoglycoside antibiotics by high-performance liquid chromatography. J Chromatogr, 1985, 348: 229-240.

[14] White L O, Lovering A, Reeves D S. Variations in gentamicin C1, C1a, C2, and C2a content of some preparations of gentamicin sulphate used clinically as determined by high-performance liquid chromatography. Ther Drug Monit, 1983, 5: 123-126.

[15] Claes P J, Busson R, Vanderhaeghe H. Determination of the component ratio of commercial gentamicins by high-performance liquid chromatography using pre-column derivatization. J Chromatogr, 1984, 298: 445-447.

[16] Albracht J H, De Wit M S. Analysis of gentamicin in raw material and in pharmaceutical preparations by high-performance liquid chromatography. J Chromatogr, 1987, 389, 306-311.

[17] Freeman M, Hawkins P A, Loran J S, Stead J A. The analysis of gentamicin sulphate in pharmaceutical specialities by high performance liquid chromatography. J Chromatogr, 1979, 2: 1305-1317.

[18] Kraisintu K, Parfitt R T, Rowan M G. A high-performance liquid chromatographic method for the determination and control of the composition of gentamicin sulphate. Int J Pharm, 1982, 10: 67-75.

[19] Claes P J, Chaerani Y, Vanderhaeghe H. Differentiation of the C2 and C2a by paired-ion high performance liquid chromatography of underivatized gentamicin. J Pharm Belg, 1985, 40: 95-99.

[20] Kaale E, Leonard S, van Schepdael A, Roets E, Hoogmartens J. Capillary electrophoresis analysis of gentamicin sulphate with UV detection after pre-capillary derivatization with 1, 2-phthalic dicarboxaldehyde and mercaptoacetic acid. J Chromatogr A, 2000, 895: 67-79.

[21] Samain D, Dupin P, Delrieu P, Inchauspe G. Multidimensional ion-pair HPLC for the purification of aminoglycoside antibiotics with refractive index detection. Chromatographia, 1987, 24: 748-752.

[22] Parfitt R T, Games D E, Rossiter M, Rogers M S, Weston A. Chemical ionization and field desorption mass spectrometry of the gentamicins. Biomed Mass Spectrom, 1976, 3: 232-234.

[23] Getek T A, Vestaln M L, Alexander T G. Analysis of gentamicin sulfate by high-performance liquid chromatography combined with thermospray mass spectrometry. J Chromatogr, 1991, 554: 191-203.

[24] Cherlet M, De Baere S, De Backer P. Determination of gentamicin in swine and calf tissues by

high-performance liquid chromatography combined with electrospray ionization mass spectrometry. J Mass Spectrom, 2000, 35: 1342-1350.

[25] Loffler D, Ternes T A. Analytical method for the determination of the aminoglycoside gentamicin in hospital wastewater via liquid chromatography-electrospray-tandem mass spectrometry. J Chromatogr A, 2003, 1000: 583-588.

[26] Lecaroz C, Campanero M A, Gamazo C, Blanco-Prieto M J. Determination of gentamicin in different matrices by a new sensitive high-performance liquid chromatography-mass spectrometric method. J Antimicrob Chemother, 2006, 58: 557-563.

[27] Megoulas N C, Koupparis M A. Development and validation of a novel LC/ELSD method for the quantitation of gentamicin sulfate components in pharmaceuticals. J Pharm Biomed Anal, 2004, 36: 73-79.

[28] Clarot I, Chaimbault P, Hasdenteufel F, Netter P, Nicolas A. Determination of gentamicin sulfate and related compounds by high-performance liquid chromatography with evaporative light scattering detection. J Chromatogr A, 2004, 1031: 281-287.

[29] Adams E, Roelants W, De Paepe R, Roets E, Hoogmartens J. Analysis of gentamicin by liquid chromatography with pulsed electrochemical detection. J Pharm Biomed Anal 1998, 18: 689-698.

[30] Getek T A, Haneke A C, Selzer G B. Determination of gentamicin sulfate liquid chromatography with electro-chemical detection. J Assoc Off Anal Chem, 1983, 66, 172-179.

[31] Manyanga V, Kreft K, Divjak B, Hoogmartens J, E Adams. Improved liquid chromatographic method with pulsed electrochemical detection for the analysis of gentamicin. J Chromatogr A, 2008, 1189: 347-354.

[32] Manyanga V, Grishina O, Yun Z, Hoogmartens J, Adams E. Comparison of liquid chromatographic methods with direct detection for the analysis of gentamicin. J Pharm Biomed Anal, 2007, 45: 257-262.

[33] Adams E, Puelings D, Rafiee M, Roets E, Hoogmartens J. Determination of netilmicin sulfate by liquid chromatography with pulsed electrochemical detection. J Chromatogr A, 1998, 812：151-157.

[34] Peng G W, Jackson G G, Chiou W L. High-pressure liquid chromatographic assay of netilmicin in plasma. Antimicrob Agents Chemother, 1977, 12: 707-709.

[35] Back S E, Nilsson-Ehle I, Nilsson-Ehle P. Chemical assay, involving liquid chromatography, for aminoglycoside antibiotics in serum. Clin Chem, 1979, 25: 1222-1225.

[36] Marples J, Oates M D G. Serum gentamicin, netilmicin and tobramycin assays by high performance liquid chromatography. J Antimicrob Chemother, 1982, 10: 311-318.

[37] Essers L. An automated high-performance liquid chromatographic method for the determination of aminoglycosides in serum using pre-column sample clean-up and derivatization. J Chromatogr, 1984, 305: 345-352.

[38] Santos M, Garcia E, Lopez F G, Lanao J M, Dominguez-Gil A. Determination of netilmicin in plasma by HPLC. J Pharm Biomed Anal, 1995, 13: 1059-1062.

[39] Dionisotti S, Bamonte F, Gamba M, Ongini E. High-performance liquid chromatographic determination of netilmicin in guinea-pig and human serum by fluorodinitrobenzene derivatization with spectrophotometric detection. J Chromatogr, 1988, 434: 169-176.

[40] Kubo H, Kinoshita T, Kobayashi Y, Tokunaga K. Micro-scale method for determination of tobramycin in serum using high-performance liquid chromatography. J Liq Chromatogr, 1984, 7: 2219-2228.

[41] Fabre H, Sekkat M, Blanchin M D, Mandrou B. Determination of aminoglycosides in pharmaceutical formulations—II. High-performance liquid chromatography. J Pharm Biomed Anal, 1989, 7: 1711-1718.

[42] Rigge D C, Jones M F. Shelf lives of aseptically prepared medicines—stability of netilmicin injection in

polypropylene syringes. J Pharm Biomed Anal, 2004, 35: 1251-1256.

[43] Li B, Schepdael A V, Hoogmartens J, Adams E. Characterization of impurities in sisomicin and netilmicin by liquid chromatography/mass spectrometry. Rapid Commun Mass Spectrom, 2008, 22: 3455-3471.

[44] Nagae N, Enami T, Doshi S. The retention behavior of reversed-phase HPLC columns with 100% aqueous mobile phase. LCGC, 2002, 20: 964-972.

[45] Stypulkowska K, Blazewicz A, Fijalek Z, Sarna K. Determination of gentamicin sulphate composition and related substances in pharmaceutical preparations by LC with charged aerosol detection, Chromatographia, 2010, 72(11/12): 1225-1229.

第 13 章

LC-CAD 法测定药物制剂中季铵盐类肌肉松弛剂及其杂质

阿加塔 · 布拉泽维奇[1]，马格达莱纳 · 波普劳斯卡[2]，马尔戈扎塔 · 瓦洛纳-格热斯基维奇[1,2]，卡塔日娜 · 萨尔纳[1]，兹比格涅夫•菲哈莱克[1,2]

1 波兰国家医学研究所药物化学部，波兰华沙

2 华沙医科大学，波兰华沙

13.1 摘要

季铵盐类肌肉松弛剂是用于肌肉松弛的非去极化神经肌肉阻断药物，常用于麻醉。松弛剂通过与乙酰胆碱竞争运动终板的胆碱能受体来抑制神经肌肉传递，从而降低终板对乙酰胆碱的响应。此类药物包含一些众所周知的化合物，例如泮库溴铵、阿曲库铵、米库氯铵、维库溴铵、罗库溴铵和哌库溴铵。在毒理和法医学方面，如果不配备辅助呼吸，任意一种药物的临床有效剂量都可能会致死。正如许多法医学（自杀和谋杀案件）的论文中所描述的那样，神经肌肉阻滞剂是潜在的谋杀武器。

季铵盐类肌肉松弛剂无发色团、热稳定性差，同时存在永久性正电荷，难以通过常规方法进行分析，因此这些化合物的分析很有挑战性。已有荧光法、电化学法和配置电化学、荧光、NMR 或 ESI-MS（MS）检测器的液相色谱法（LC）等多种方法用于测定肌肉松弛剂及其杂质或代谢物。因其含有季铵基团，且无紫外发色团，欧洲药典 7.1（EP7.1）推荐使用薄层色谱法分析泮库溴铵。此外，泮库溴铵的杂质在 TLC 中同时迁移，只显示一个点。

本研究的目的是开发快速、灵敏的 LC-CAD 方法，用于同时测定原料和药物制剂中的季铵盐类肌肉松弛剂及其杂质。由于存在毒性风险，识别和确定药品中存在的杂质非常重要。药品中的杂质浓度很低，需寻找灵敏度更高、选择性更好的分析方法，满足其测定需求。

本文开发了 LC-CAD 法，用于测定阿曲库铵的三种异构体（米库氯铵、顺阿曲库铵和泮库溴铵）及其杂质，方法新颖、灵敏而且简单。LC-CAD 也是鉴定混合物中七种肌肉松弛剂（罗库溴铵、哌库溴铵、泮库溴铵、维库溴铵、阿曲库铵、顺阿曲库铵和新型潜在非去极化神经肌肉阻滞剂 SZ1677）的最佳方法。通过优化条件获得最佳信号、测量稳定性和最高的灵敏度。样品的制备和分析在相对较短的时间内完成。所有杂质均使用电喷雾电离飞行时间质谱进行鉴定。依据 ICH 指南，对方法进行了验证，包括 LOD、LOQ、线性、精密度、准确度、稳定性和耐用性。

实验证明，拟定的分析肌肉松弛剂及其杂质的测定方法快速、精确、准确和灵敏，可用于原料和药物制剂的常规分析。

13.2 引言

苯磺酸阿曲库铵及其苯磺顺阿曲库铵是中等作用时间的非去极化神经肌肉阻滞药物，在临床上被广泛应用[1]。阿曲库铵有四个手性原子和对称结构，因此共有 10 种立体异构体。顺阿曲库铵是阿曲库铵的一种更有效（3～5 倍）的异构体，临床剂量下在体内释放的组胺量较低。这两种药物均可发生 Hofmann 消除[2-3]——一种依赖于 pH 和温度的非酶促过程，产生 *N*-甲基四氢罂粟碱（劳达诺辛）和单丙烯酸季铵盐。在酸性溶液（pH＜3）中，阿曲库铵的降解是由酯水解导致的，主要降解产物是单季铵醇和单季铵酸（图 13.1）。与阿曲库铵不同，顺式阿曲库铵不会直接通过酯水解而降解。

米库氯铵是三种异构体（反-反、顺-反、顺-顺）的混合物[4]。它具有短到中等作用时间，并水解成单季铵醇和单季铵酸（图 13.2）。与阿曲库铵相反，它的反-反异构体比其他异构体更有效。

由于泮库溴铵主要用于松弛呼吸肌，管理使用机械呼吸机的患者的用药情况非常重要。许多法医学的论文指出，在有些情况下（自杀[5-7]和谋杀[8-9]），它可能是致命的。

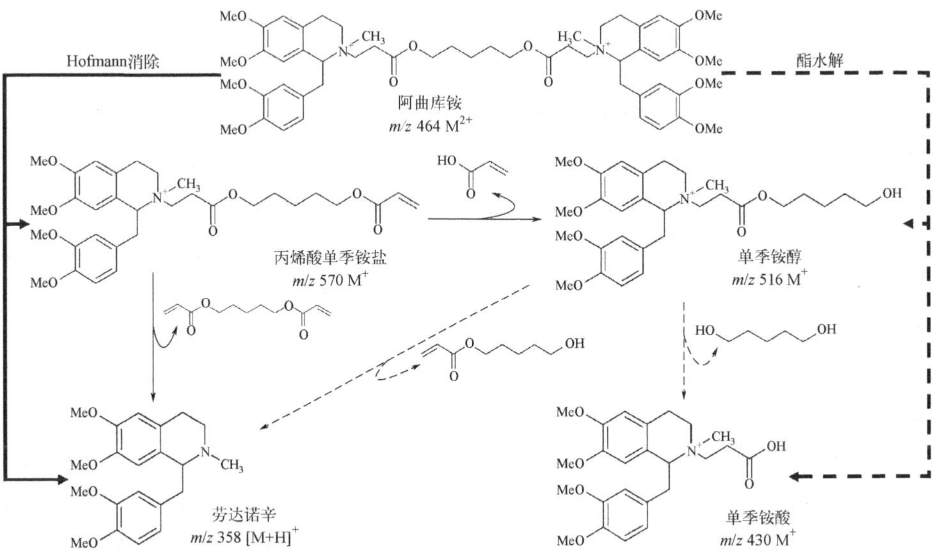

图 13.1　阿曲库铵的降解途径

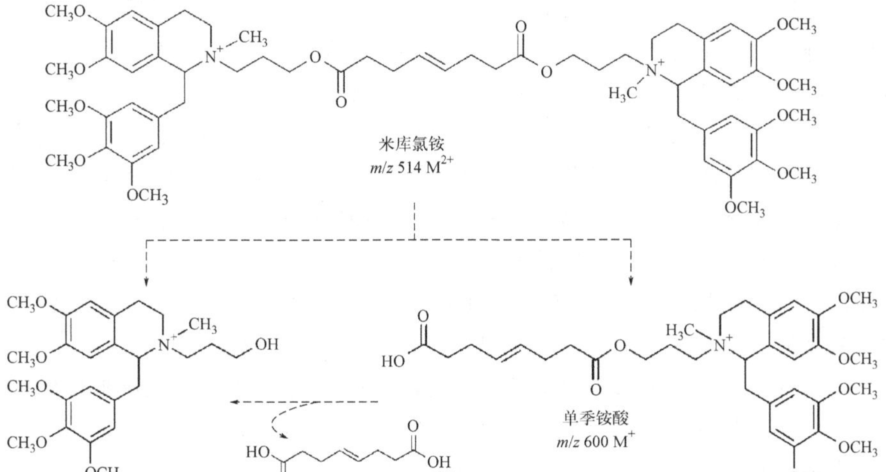

图 13.2　米库氯铵的降解途径

在脱乙酰基化作用下，泮库溴铵可代谢为多种化合物。在 3 取代位脱乙酰化生成泮库溴铵的 3-羟基衍生物（杂质 B，参考欧洲药典），在 17 取代位，脱乙酰化生成泮库溴铵的 17-羟基衍生物（杂质 A，参考欧洲药典）。维库溴铵（杂质 D，参考欧洲药典）是泮库溴铵的单季铵盐。

文献报道了多种测定单个肌肉松弛剂（不含杂质或代谢物的检测）的方

法——荧光法[10]、电化学法[11]、LC 与多种检测器的联用法，如紫外[12]、荧光[13]、NMR[14]以及最新的 ESI-MS/MS[15-17]。Cirimele 等[15]开发了一种使用 LC-MS 检测血液中 8 种季铵盐类肌肉松弛剂的方法。采用 SPE 处理样品后使用 LC-MS/MS 检测，建立了马尿中 20 种季铵盐药物的通用筛选方法[16]。Ariffin 和 Anderson[17]开发了一种类似的 LC-MS/MS 方法，采用弱阳离子交换 SPE 进行样品前处理，而后测定人的全血中的 8 种季铵类药物和除草剂。虽然以前的方法可以同时测定季铵类药物，但在同一步骤中检测和测定其降解物和代谢物是必要的。已发表的方法中，LC-荧光检测法主要用于人血浆中米库氯铵及其代谢物的测定，有的方法采用 SPE 处理样品[18]，有的未对样品进行处理[19]。LC-荧光检测法还被用于测定以劳达诺辛为主要降解物的阿曲库铵[20]，测定以劳达诺辛和莫季醇[21]为降解物的顺阿曲库铵[22]。阿曲库铵和顺阿曲库铵及其代谢物还可使用 LC-MS 进行测定[23-26]。然而，一些已发表的方法或未报道含量分析方法的验证情况[16,22-23,25]，或仅报道了主要化合物的验证情况[26]，大多数方法无法同时测定阿曲库铵的异构体及其代谢物。LC-NMR 是测定不含代谢物的阿曲库铵异构体的立体选择性方法[14]，但该过程既费时又昂贵。当非对映异构体的药理特性存在差异时，采用具有立体选择性的分析方法非常重要。欧洲药典 7.1 推荐使用 LC-UV 法测定阿曲库铵的异构体及其杂质。然而，分析时间长达 50min[27]。

有关泮库溴铵及其杂质或代谢物的测定方法，报道较少。由于这些化合物存在季铵基，且缺少 UV 发色团，欧洲药典推荐使用 TLC 法[28]。然而，杂质达库溴铵（杂质 A）和维库溴铵（杂质 D）在 TLC 中共迁移，形成一个点。尽管欧洲药典指出，由于泮库溴铵及其杂质灵敏度不足（发色团很少或没有），不推荐使用 LC-UV 进行分析，但有文献报道了 LC-UV 方法[29-30]。其他测定泮库溴铵及其杂质的方法主要是 LC 与 MS[15,31-32]或 MS/MS[7,25]联用。

本研究的目的是开发快速、灵敏的 LC-CAD 方法，用于测定阿曲库铵的三种异构体，顺阿曲库铵，米库氯铵的三种异构体及其降解产物，以及泮库溴铵及其杂质。这些方法可用于它们的原料和制剂的分析。

13.3 实验

13.3.1 设备和条件

Corona® CAD®仪器（美国，马萨诸塞州，切姆斯福德，ESA）。LC UltiMate

3000 系统（德国，盖默灵，Dionex），由泵、脱气机、自动进样器、色谱柱加热器和脉冲阻尼器组成。使用 Chromeleon 6.8 软件（Dionex）进行数据处理。由氮气发生器 N_2-MISTRAL-4（瑞士，Schmidlin-DBS）产生氮气，压力调节至 35psi，引入检测器，生成的气体流速自动调节并由 CAD 设备监控。响应范围设置为 50pA 满量程。色谱分析在 25℃下进行。使用 C18 分析柱（美国，马萨诸塞州，沃尔瑟姆，Thermo Fisher Scientific，Hypersil GOLD，150mm×4.0mm；3μm）和保护柱（Thermo Fisher Scientific，Hypersil GOLD，10mm×4.0mm；3μm）。

使用 Bruker Daltonics 质谱仪 micrOTOF-Q Ⅱ（美国，马萨诸塞州，比勒里卡）识别色谱峰，获得电喷雾电离飞行时间质谱（ESI-TOF-MS）数据。

13.3.2 研究材料

（1）对照品

苯磺酸阿曲库铵（雅培实验室）：2,2′-(戊烷-1,5-二基双[氧(3-氧代丙烷-1,3-二基)])双[1-(3,4-二甲氧基苄基)-6,7-二甲氧基-2-甲基-1,2,3,4-四氢异喹啉]二苯磺酸盐的顺-顺、顺-反和反-反异构体的混合物；

苯磺顺阿曲库铵（GlaxoSmithKline）：阿曲库铵的 1*R*-顺,1*R*′-顺异构体；

劳达诺辛（LGC 标准品）：1-(3,4-二甲氧基苄基)-6,7-二甲氧基-2-甲基-1,2,3,4-四氢异喹啉；

泮库溴铵：1,1′-[3*α*,17*β*-双(乙酰氧基)-5*α*-雄甾烷-2*β*,16*β*-二基]双(1-甲基哌啶)二溴化物（Sigma）；

达库溴铵（杂质 A）：1,1'-(3*α*-乙酰氧基-17*β*-羟基-5*α*-雄甾烷-2*β*,16*β*-二基)双(1-甲基-哌啶)二溴化物（Organon）；

维库溴铵（杂质 D）：1-[3*α*,17*β*-双(乙酰氧基)-2*β*-(哌啶-1-基)-5*α*-雄甾烷-16*β*-基]-1-甲基哌啶溴化物（Organon）；

哌库溴铵：4,4'-[3*α*,17*β*-双(乙酰氧基)-5*α*-雄甾烷-2*β*,16*β*-二基]双[1,1-二甲基哌嗪]二溴化物（Gedeon Richter）；

SZ1677：1-[17*β*-乙酰氧基-2*β*-[1,4-二氧杂-8-氮杂螺(4,5)癸-8-基]-3*α*-羟基-5*α*-雄甾烷-16*β*-基]-1-(丙-2-烯基)吡咯烷溴化物（Gedeon Richter）；

罗库溴铵：1-[17*β*-(乙酰氧基)-3*α*-羟基-2*β*-(吗啉-4-基)-5*α*-雄甾烷-16*β*-基]-1-(丙-2-烯基)吡咯溴化铵（Organon）。

（2）药物制剂

赛机宁（Nimbex）：一种含有 2mg/mL 顺式阿曲库铵（GlaxoSmithKline）

的溶液，用于注射和输液；

卡肌宁（Tracrium）：一种含有 10mg/mL 苯磺酸阿曲库铵（GlaxoSmithKline）的溶液，用于注射和输液；

美维松（Mivacron）：一种含有 2mg/mL 米库氯铵（GlaxoSmithKline）的注射液；

泮库溴铵：含有 2mg/mL 泮库溴铵的注射液，产自 Jelfa（波兰，耶莱尼亚・古拉）；

甲醇购自 Labscan（爱尔兰，都柏林），甲酸（FA）购自 Park Scientific Limited（英国，北安普敦），三氟乙酸（TFA）购自 Biosolve（荷兰，瓦尔肯斯瓦德），其纯度均适用于 LC。实验全程使用 Barnstead 的 NANOpure DIamond UV 去离子系统（美国，艾奥瓦州，迪比克）产生的双蒸水。

13.3.3 标准溶液

标准储备溶液每周配制一次。准确称取约 10mg 活性物质和 5mg 劳达诺辛杂质于 10mL 容量瓶中，其中，阿曲库铵、顺阿曲库铵和劳达诺辛用 0.1%（体积分数）FA 水溶液溶解，泮库溴铵、维库溴铵和达库溴铵用 0.1%（体积分数）TFA 水溶液溶解。这些溶液分别用 0.1% TFA 水溶液或 0.1% FA 水溶液进一步稀释，以获得所需浓度。所有溶液均储存在阴凉、避光处。

13.4 结果与讨论

13.4.1 色谱条件的选择

13.4.1.1 阿曲库铵、顺阿曲库铵和米库氯铵及其杂质的 LC-CAD 方法

为获得最佳色谱分离，评估了等度和梯度洗脱模式下的流动相。为了达到分析目的，采用梯度洗脱可以更好地分离阿曲库铵或米库氯铵异构体和杂质。本文对含 0.1% TFA（pH = 2）和 0.1% FA（pH = 3）的流动相进行评估，发现当使用 TFA 时，保留时间长，噪声大，信噪比（S/N）低（TFA 和 FA 的 S/N 分别等于 4.8 和 33.2）。

使用 C18 分析柱（Thermo，150mm×4.0mm，3μm），0.1% FA 水溶液（溶剂 A）和 0.1% FA 甲醇溶液（溶剂 B）流动相梯度洗脱，可获得最佳响应。使用如下梯度条件：0～2min 30% B，2～10min 30%～50% B，10～15min 50% B，17min 时返回初始条件。每次运行结束后用 30% B 平衡色谱柱 3min。

研究了流速（从 0.4mL/min 到 0.6mL/min）和柱温（从 20℃到 30℃）对峰面积和分离度的影响。流速设定为 0.5mL/min，柱温 25℃，进样量 10μL。该条件对于阿曲库铵（图 13.3）和米库氯铵（图 13.4）异构体及其降解物的分离是最佳的，分离度范围为 2～18。表 13.1 为保留时间、分离度、拖尾因子和理论塔板数。

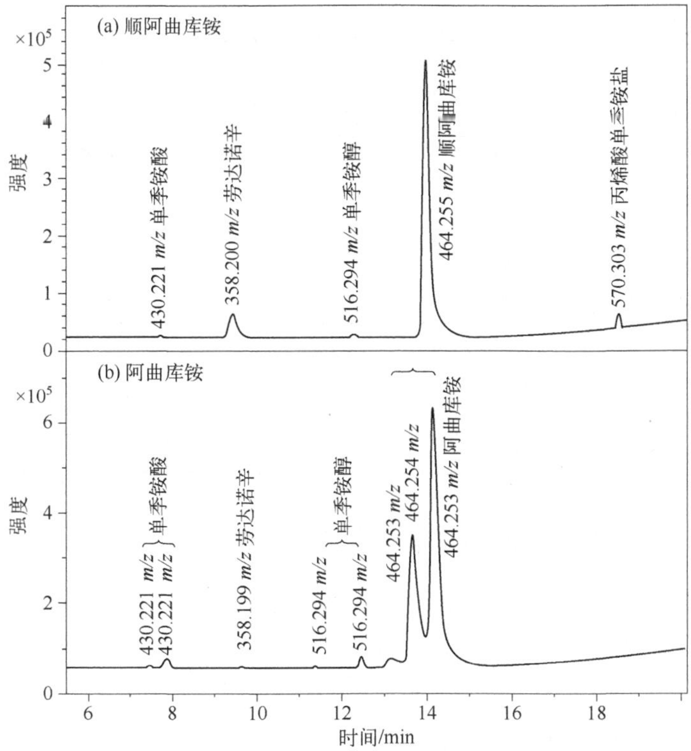

图 13.3　含 10μg/mL 顺阿曲库铵（a）和 10μg/mL 阿曲库铵（b）的溶液中的峰鉴定质谱图（ESI 正离子模式）；进样量 1μL

综上，选择上述色谱条件进行进一步研究。

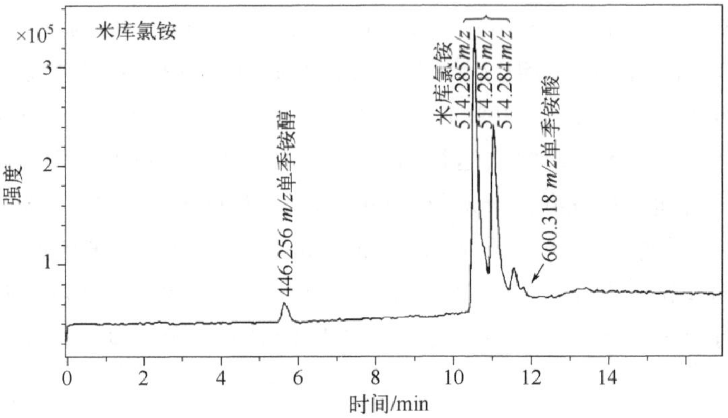

图 13.4　含 10μg/mL 米库氯铵溶液的峰识别质谱图（ESI 正离子模式）；进样量 1μL

表 13.1　阿曲库铵及其杂质的质荷比和色谱（LC-CAD）参数

化合物	m/z	保留时间/min	分离度	拖尾因子	塔板数
反式单季铵酸	$430M^+$	4.56	2.28	1.38	11835
顺式单季铵酸	$430M^+$	4.79	9.80	0.97	10427
劳达诺辛	$358[M+H]^+$	5.87	7.57	1.20	31762
反式单季铵醇	$516M^+$	7.19	5.26	1.14	49945
顺式单季铵醇	$516M^+$	8.31	2.19	1.07	67572
反-反阿曲库铵	$464M^{2+}$	9.18	2.16	1.69	34634
顺-反阿曲库铵	$464M^{2+}$	9.83	2.02	1.80	56687
顺-顺阿曲库铵	$464M^{2+}$	10.36	18.11	1.55	68028
反式丙烯酸单季铵盐	$570M^+$	13.94	3.21	1.05	119170
顺式丙烯酸单季铵盐	$570M^+$	14.49	—	1.00	101402

13.4.1.2　LC-CAD 法分析泮库溴铵及其杂质

为了获得最佳色谱分离，评估了等度和梯度洗脱模式下不同的流动相。为了达到分析目的，采用梯度洗脱可以更好地分离泮库溴铵及其杂质。评估了含有 0.1%（体积分数）TFA 或 0.1%（体积分数）FA 的水溶液流动相（溶液 A）和甲醇流动相（溶液 B）。使用 FA 时，分离度不够。

使用 C18 分析柱（美国，马萨诸塞州，沃尔瑟姆，Thermo Fisher Scientific，150mm×4.0mm，3μm）和保护柱（Thermo Fisher Scientific，Hypersil GOLD，10mm×4.0mm，3μm），0.1% TFA 水溶液（溶剂 A）和 0.1% TFA 甲醇溶液（溶剂 B）流动相梯度洗脱，可获得最佳响应。

使用如下梯度条件：0～5min 35% B，5～12min 35%～57% B，12～13min

57% B，15min 时返回初始条件。每次运行结束后用 35% B 平衡色谱柱 2min。研究了流速（从 0.4mL/min 到 0.6mL/min）和柱温（从 20℃到 30℃）对峰面积和分离度的影响。设定流速为 0.5mL/min，柱温为 25℃，进样量 10μL，该条件下得到泮库溴铵及其杂质的最佳分离（图 13.5）。因此，该条件将用于下一步的研究。

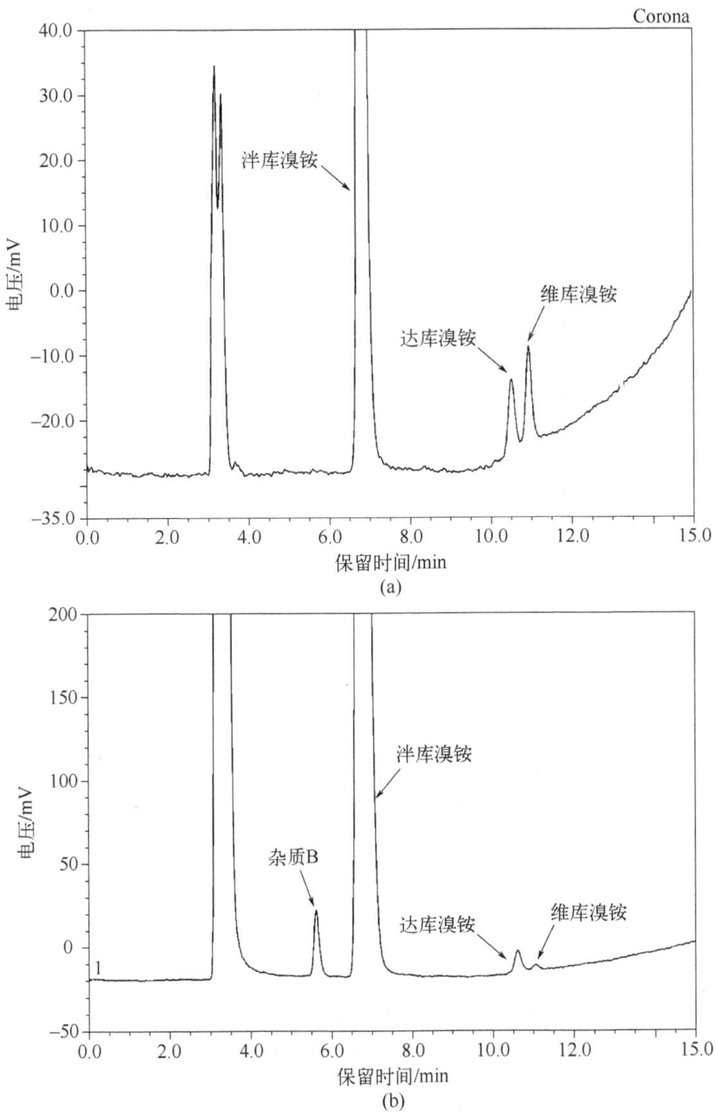

图 13.5　LC-CAD 典型色谱图。图（a）为 100μg/mL 泮库溴铵和 3μg/mL 达库溴铵和维库溴铵（0.1% TFA 溶液），图（b）为 800μg/mL 泮库溴铵的药物制剂（0.1% TFA 溶液）

类似条件（0～5min 35% B，5～12min 35%～57% B，12～15min 57% B，15～

17min 57%～35% B，17～20min 57% B）是分离混合物中七种肌肉松弛剂化合物的最佳条件（图 13.6）。如我们之前发表的论文[33-35]所述，其中三种肌肉松弛剂（罗库溴铵、哌库溴铵和新型潜在的非去极化神经肌肉阻断剂 SZ1677）及其杂质是使用配有电化学检测器的 LC 法测定的，没有采用 LC-CAD 方法定量测定。

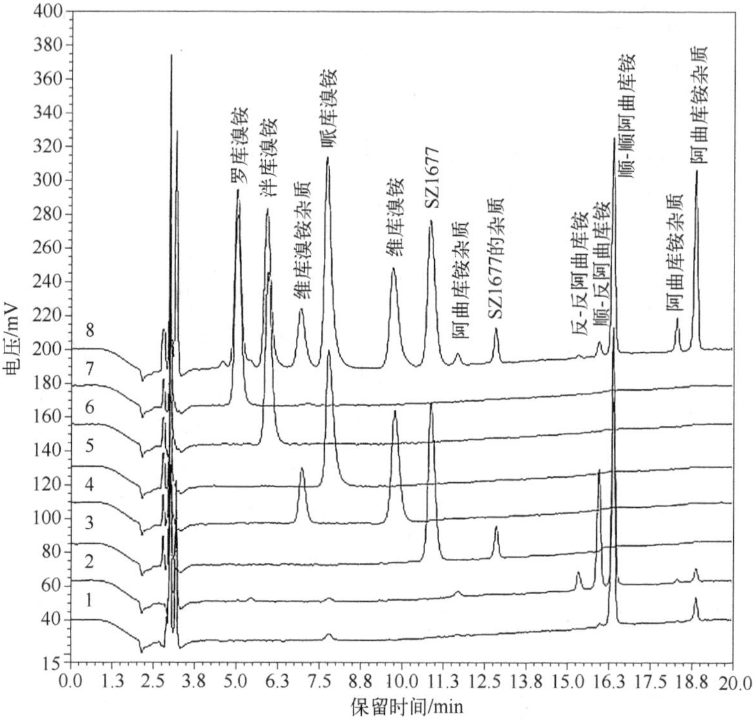

图 13.6　含有 100μg/mL 溶液的 LC-CAD 色谱图：顺阿曲库铵（1）、阿曲库铵（2）、SZ1677（3）、维库溴铵（4）、哌库溴铵（5）、泮库溴铵（6）和罗库溴铵（7）以及七种肌肉松弛剂混合物（8），均溶于 0.1%TFA

13.4.2　分析物的鉴定

由于无法得到米库氯铵对照品以及阿曲库铵、顺阿曲库铵和米库氯铵的降解产物如单季铵酸、单季铵醇（酯水解）或丙烯酸单季铵盐（Hofmann 消除产物）的对照品，无法制备鉴定和定量用对照品储备液。由于 LC-CAD 和 LC-MS 中可以使用相同的挥发性流动相，因此 LC-CAD 分离方法可以转移到 LC-ESI-TOF-MS 中。分析结果表明，未知峰为顺阿曲库铵［图 13.3（a）］、阿曲库铵［图 13.3（b）］和米库氯铵（图 13.4）的降解产物，与采用 LC-CAD 法获得的色谱图类似（图 13.7）。

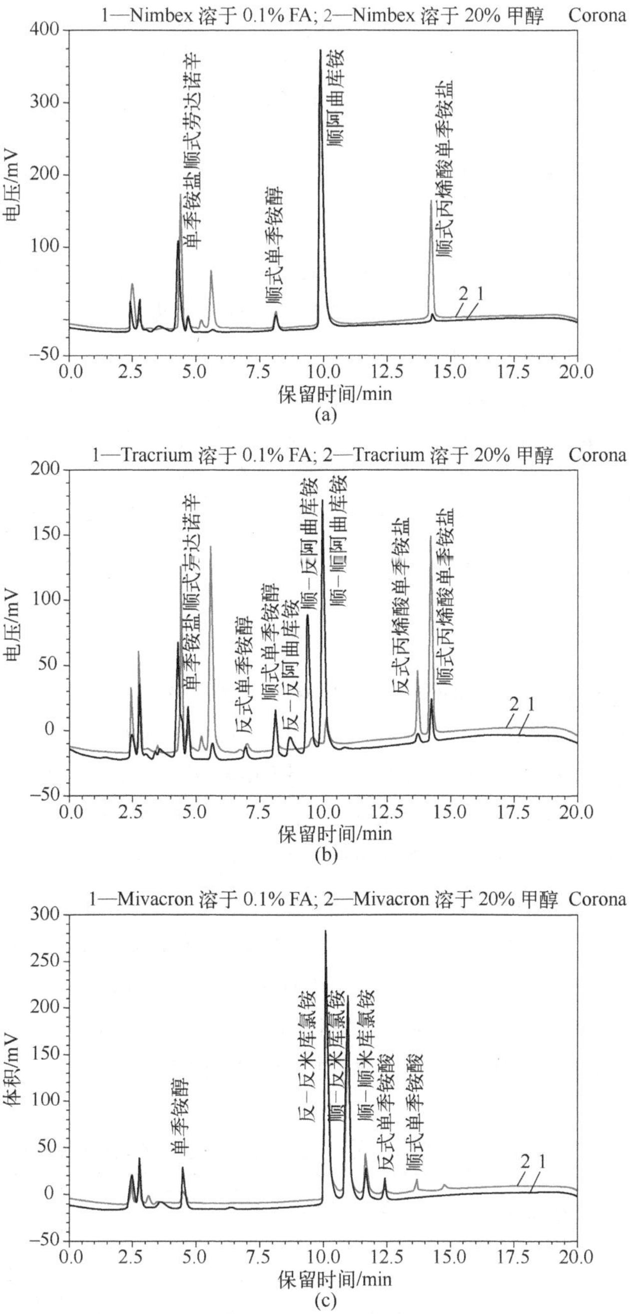

图 13.7　药物制剂的 LC-CAD 色谱图，含约 100μg/mL 的阿曲库铵（来自 Tracrium）（a）、顺阿曲库铵（来自 Nimbex）（b）和米库氯铵（来自 Mivacron）（c），分别溶于 0.1% FA（黑色）和 20%甲醇（灰色）。进样量 10μL

除达库溴铵和维库溴铵外，由于欧洲药典中列出的泮库溴铵的其他杂质对照品无法获得，无法制备鉴定和定量用对照品储备液。通过 LC-ESI-TOF-MS 法确认了目标分析物的分子离子，其中一个未知峰为泮库溴铵的杂质 B（图 13.5）。

13.4.3 方法验证

根据 ICH 指南[36]，对所拟定方法的定量特性进行验证，采用 Chromeleon Validation ICH 软件进行统计分析。方法验证相关数据均以表格形式呈现。在整个验证过程中以峰面积作为评估指标。

除劳达诺辛外，我们无法得到阿曲库铵、顺阿曲库铵和米库氯铵其他降解产物来制备定量用的对照品储备液，因此无法定量测定这些化合物。因为 Corona CAD 对几乎所有非挥发性物质有一致的响应，且与其光学性质或理化性质无关，哪怕是未知杂质或分析物，无纯标准品可用，也可以在等度洗脱条件下进行定量。

13.4.3.1 线性

采用阿曲库铵、顺阿曲库铵、劳达诺辛、泮库溴铵、维库溴铵和达库溴铵对照品对线性进行评估。使用多个（不少于五个）浓度的待分析物绘制校准曲线，其中，活性物质的浓度范围为 5～150μg/mL、劳达诺辛为 1～15μg/mL，维库溴铵和达库溴铵为 1～10μg/mL，但阿曲库铵和顺阿曲库铵未包含 1μg/mL 的浓度点，因为它们在这个点的峰面积低于 LOQ 的峰面积。因气溶胶的荷电量并不直接取决于气溶胶质量[37]，故可以预计响应不呈线性。顺阿曲库铵的 Corona CAD 响应不呈线性（表 13.2），但是当将曲线以幂函数 $y=ax^b$ 绘制时，获得了良好的线性，其中 y 为峰面积，x 为样品浓度，系数 a 和 b 取决于液滴大小、溶质性质、气体和液体流速、摩尔挥发性等[38]。使用双对数坐标系获得线性校准曲线 $\lg y=\lg a+b\lg x$，得到了良好的线性拟合（表 13.2）。

表 13.2　LC-CAD 法测定阿曲库铵、顺阿曲库铵和劳达诺辛的线性和指数拟合校准曲线

化合物	测定范围/（μg/mL）	线性		幂（Power）		对数	
		$Y=ax+b$	r^2	$Y=ax^b$	r^2	$\lg Y=b\lg x+\lg a$	r^2
阿曲库铵顺-顺异构体	1～150	0.3232x−0.6894	0.9986	0.3740×0.98	0.9996	0.9803x−0.4366	0.9996
阿曲库铵顺-反异构体	1～150	0.2158x−0.0368	0.9997	0.1761×1.05	0.9991	1.050x−0.7542	0.9991

续表

化合物	测定范围 /（μg/mL）	线性		幂（Power）		对数	
		$Y = ax+b$	r^2	$Y = ax^b$	r^2	$\lg Y = b\lg x + \lg a$	r^2
阿曲库铵反-反异构体	1～150	0.0381x−0.7320	0.9986	0.0068×1.32	0.9961	1.324x-2.170	0.9961
顺阿曲库铵	1～150	0.5172x+2.6031	0.9926	1.032×0.87	0.9995	0.8725x+0.0139	0.9995
劳达诺辛	1～10	0.7362x−0.0351	0.9992	0.6749×1.04	0.9986	1.043x-0.1708	0.9986

尽管 Corona CAD 在四个数量级范围内的响应是非线性的，但也存在化合物的检测信号在所研究的浓度范围内几乎是线性的情况[38]。

13.4.3.2　检测限和定量限

通过比较已知低浓度分析物样品的测量信号与空白样品的测量信号，得到信噪比，并确定分析物准确检测的最低浓度。检测限（LOD）和定量限（LOQ）分别定义为信噪比（S/N）为 3:1 和 10:1 时的浓度。杂质劳达诺辛的 LOD 和 LOQ 最低，分别为 0.50μg/mL 和 1.66μg/mL。对于泮库溴铵及其杂质，维库溴铵的 LOD 和 LOQ 最低，分别为 0.50μg/mL（LOD）和 1.64μg/mL（LOQ）。阿曲库铵和顺阿曲库铵及其杂质的 LOD 和 LOQ 估计值列于表 13.3 中，泮库溴铵及其杂质的估计值列于表 13.4 中。

表 13.3　LC-CAD 测定阿曲库铵、顺式阿曲库铵和劳达诺辛的检测限（LOD）和定量限（LOQ）

原料	范围 /（μg/mL）	*S/N*		响应值和斜率的偏差					
				空白偏差		校准曲线		实验结果	
		LOD	LOQ	LOD	LOQ	LOD	LOQ	LOD	LOQ
阿曲库铵顺-顺异构体	1～150	1.496	4.987	0.647	1.961	0.780	2.363	1.0	3.0
阿曲库铵顺-反异构体	5～150	3.912	13.04	1.460	4.425	1.209	3.662	2.0	6.0
阿曲库铵反-反异构体	50～150	19.50	65.01	10.81	32.75	5.139	15.57	15.0	50.0
顺阿曲库铵	1～15	0.660	2.198	0.387	1.172	0.779	2.360	0.8	2.5
劳达诺辛	1～10	0.499	1.664	0.267	0.810	0.305	0.923	0.3	1.0

检测限和定量限也可采用 $3.3\sigma/S$（LOD）和 $10\sigma/S$（LOQ）来确定，其中 σ 是响应的标准偏差（SD），S 是根据分析物的校准曲线估计的斜率。σ 的估计可

通过计算空白值的 SD 和绘制校准曲线两种方式来进行。对于第一种，通过分析大量空白样品并计算响应的 SD 得到背景响应值的大小。对于另一种，使用含 LOQ 浓度范围分析物的样品研究特定的校准曲线。

确定检测限和定量限有几种可行的方法[36]，但我们研究中获得的结果各不相同（表 13.3）。结果表明，空白 SD 的方法最灵敏，而 S/N 方法最不灵敏。通过空白 SD 的方法计算得到 LOD/LOQ 值最小，但在大多数情况下，无法通过实验来确认，因此采用目测法评估更为合理，数据与 S/N 方法获得的数据接近。研究中检测到的噪声为 1mV。

这些数据与文献[36]一致。在色谱法中，如果基线噪声平稳，建议使用基于信噪比的方法确定 LOD 和 LOQ。在分光光度法中，使用空白 SD 的方法确定 LOD 和 LOQ。

表 13.4　LC-CAD 测定泮库溴铵注射液中 2mg/mL 泮库溴铵及其杂质含量的验证参数和含量测定使用的参数总结

参数	泮库溴铵	达库溴铵（杂质 A）	维库溴铵（杂质 D）
浓度范围/（μg/mL）	5～150	1～10	1～10
回归方程	$y = 0.6304x+3.2108$	$y = 0.6188x-0.2041$	$y = 0.8997x-0.3051$
r^2	0.9940	0.9948	0.9958
LOD	0.55	1.02	0.50
LOQ	1.82	3.42	1.64
测定浓度±置信区间/（μg/mL）	（d）81.34±0.86	（a）4.92±0.24	（a）4.85±0.06
	（e）99.07±0.91	（b）8.08±0.18	（b）8.00±0.04
	（f）114.41±0.43	（c）9.67±0.24	（c）10.51±0.01
日内 RSD/%	（d）0.430	（a）1.940	（a）0.546
	（e）0.370	（b）0.895	（b）0.191
	（f）0.151	（c）1.002	（c）0.055
日间 RSD/%	（e）0.383	（a）2.814	（a）0.362
回收率/%	（d）103.25	（a）99.07	（a）99.59
	（e）99.16	（b）103.43	（b）101.12
	（f）96.08	（c）97.37	（c）105.82
制剂中的含量±置信区间（RSD）	2.10±0.02mg/mL①（0.74%）	0.36±0.01%②（2.29%）	0.13±0.01%②（1.38%）

①根据企业标准，泮库溴铵的可接受限度为1.80～2.20mg/mL，达库溴铵最大3.0%，维库溴铵最大1.0%。

②泮库溴铵含量百分比。

注：表中浓度（a）5.0μg/mL，（b）8.0μg/mL，（c）10.0μg/mL，（d）80.0μg/mL，（e）100.0μg/mL，（f）120.0μg/mL。

13.4.3.3　精密度和准确度

用涵盖在方法指定范围内的三个浓度评估重复性。每个浓度连续三次进样计算得到精密度。阿曲库铵、顺阿曲库铵和劳达诺辛的 RSD 范围为 0.10%～1.60%（表 13.5），泮库溴铵及杂质的 RSD 范围为 0.06%～2.81%（表 13.4）。日间精密度用 2 天的数据计算。采用三个浓度水平的回收率来评估方法的准确性。阿曲库铵、顺阿曲库铵和劳达诺辛的平均回收率在 96.5%～101.6%的范围内（表 13.5），泮库溴铵及杂质的在 96.1%～105.8%的范围内（表 13.4）。

表 13.5　LC-CAD 测定阿曲库铵、顺阿曲库铵和劳达诺辛的精密度和准确度

化合物	加标浓度/(μg/mL)	测定浓度±置信区间/(μg/mL)	偏差	日内 RSD/%	日间 RSD/%	回收率/%
阿曲库铵顺-顺异构体	78.24	79.65±0.20	0.444	0.558	0.808	101.63
	97.80	97.67±0.58	0.233	0.239	0.539	99.86
	117.36	116.36±0.44	0.179	0.154	0.315	99.06
阿曲库铵顺-反异构体	78.24	78.23±1.87	0.751	0.960	1.034	100.80
	97.80	96.80±1.62	0.652	0.673	0.526	100.00
	117.36	116.13±1.21	0.487	0.419	0.355	99.84
阿曲库铵反-反异构体	78.24	76.32±3.04	1.224	1.604	0.340	96.50
	97.80	97.24±3.41	1.373	1.412	1.756	99.23
	117.36	118.59±4.21	1.694	1.429	2.092	100.25
顺阿曲库铵	77.60	78.12±1.09	0.848	0.560	0.624	99.71
	96.99	95.84±0.24	0.452	0.100	0.347	100.45
	116.39	116.91±1.70	0.446	0.584	0.373	99.90
劳达诺辛	2.99	3.07±0.08	0.034	1.106	2.737	100.25
	4.98	5.18±0.09	0.037	0.715	1.267	100.26
	7.97	8.06±0.14	0.055	0.681	1.279	98.87

13.4.3.4　范围

以阿曲库铵、顺阿曲库铵和泮库溴铵在 80～120μg/mL 范围内（相当于含量浓度水平 100μg/mL 的 80%～120%）的响应绘制校准曲线，得到决定系数 r^2 良好的线性方程 $y = ax+b$。结果显示，在低浓度水平或窄浓度范围内，校准曲线接近于线性曲线[37]。

13.4.4　药物制剂中活性物质和杂质的测定

将 0.8mL 含顺阿曲库铵的 Nimbex 溶液和 2.0mL 含阿曲库铵的 Tracrium 溶液转移至 20mL 量瓶中，用 0.1% FA 溶液定容，并逐级稀释至活性物质的浓度约 100μg/mL。将 5mL Nimbex 和 1.0mL Tracrium 转移到 10mL 量瓶中，并用 0.1%

FA 稀释定容至活性物质浓度约为 1mg/mL，用于测定劳达诺辛。

制备好的样品溶液用于定性研究。在这两个测定中，均使用了六份制备好的样品。然后进样 10μL 至色谱柱中，记录 20min 色谱图。含量由标准曲线法测定。所有数据见表 13.6。阿曲库铵混合物中异构体的组成为顺-顺 58.28%、顺-反 36.66%和反-反 5.06%。

因缺少标准品，其他杂质无法测定；使用第二个泵进行流动相补偿后可测定。

将 0.5mL 泮库溴铵制剂转移至 10mL 量瓶中，用 0.1%TFA 逐级稀释至活性物质的浓度约为 100μg/mL。为了测定杂质，将 2mL 泮库溴铵制剂转移至 5mL 量瓶中，用 0.1% TFA 稀释至活性物质的浓度约为 0.8mg/mL。

制备好的样品溶液用于定量研究。在这两个测定中，均使用了六份制备好的样品。然后进样 10μL 至色谱柱中，记录 17min 色谱图。在泮库溴铵的药物制剂中发现了三种杂质［图 13.5（b）］。达库溴铵和维库溴铵的含量采用标准曲线法测定。药物制剂中泮库溴铵的浓度在 2.10mg/mL 时，达库溴铵和维库溴铵的含量分别为 0.36%和 0.13%。

13.4.5 稳定性

采用多种缓冲液和血浆进行了体外研究[2,3]，结果表明，顺阿曲库铵和阿曲库铵的 Hofmann 消除产生劳达诺辛和单丙烯酸季铵盐（图 13.1），该过程与温度和 pH 值有关。研究证实，阿曲库铵和米库氯铵的酯水解，形成了单季铵酸和单季铵醇（图 13.1 和图 13.2）。本文分析的活性物质和药物制剂也溶解在 20%的甲醇中，降解非常快。

表 13.6 LC-CAD 法测定药物制剂中的活性物质和杂质

药物制剂	化合物	标示含量	测定含量	标示含量的百分比	SD	RSD/%
TRACRIUM	阿曲库铵（三个异构体）	10.0mg/mL	10.83±0.05mg/mL	108.35	0.044	0.407
	阿曲库铵顺-顺异构体	55.0%～60.0%	58.28%±0.17%	—	0.166	0.285
	阿曲库铵顺-反异构体	34.5%～38.5%	36.66%±0.14%	—	0.134	0.366
	阿曲库铵反-反异构体	5.0%～6.5%	5.06%±0.10%	—	0.097	1.918
	劳达诺辛	最大 1.0%①	0.50%±0.01%	—	0.334	0.677
NIMBEX	顺阿曲库铵	2.68mg/mL	2.87±0.03mg/mL	107.14	0.017	0.595
	劳达诺辛	最大 1.0%①	0.56±0.05%	—	0.108	0.969

①为苯磺酸阿曲库铵原料，不是药物制剂。

正如我们预期的那样，对于 Tracrium 样品，由 Hofmann 消除和酯水解产生的所有可能的降解物的含量均增加了，而阿曲库铵的含量急剧下降［图 13.7（a)］。对于 Nimbex 样品，只有劳达诺辛和丙烯酸单季铵盐的含量略有增加，而顺阿曲库铵的含量有所下降［图 13.7（b)］。对于 Mivacron 样品，发现单季酸和乙醇的含量更高［图 13.7（c)］。通过比较色谱峰面积来估算生成的单季铵酸、单季铵醇和单丙烯酸酯。

因此，为了避免酸水解和 Hofmann 消除，应在 0.1% FA 弱酸性溶液（pH= 3）中制备阿曲库铵、顺阿曲库铵和米库氯铵的储备溶液。该溶液在+6℃ ±2℃下储存时至少可稳定 2 周。贮藏 2 个月后，阿曲库铵的含量下降了近 10%，单季铵酸和单季铵醇的含量略有上升。

13.5 结论

本文开发了一种定量分析原料和药物制剂中活性物质及其杂质的 LC-CAD 方法。该方法灵敏度高，稳定性好，可用于测定阿曲库铵、顺-阿曲库铵和米库氯铵三种异构体及其杂质以及泮库溴铵及其杂质。样品的制备和分析在相对较短的时间内完成，该方法快速、精密、准确和灵敏，可用于原料和药物制剂的常规分析。米库氯铵和所有杂质均使用 ESI-TOFMS 进行了鉴定。

致谢 本文来源于两篇论文（已获得版权许可）：液相色谱电雾式检测法测定药物制剂中的阿曲库铵、顺阿曲库铵和米库氯铵及其杂质和液相色谱电雾式检测法测定药物制剂中泮库溴铵及其杂质，并在此基础上进行了重新融合。

参考文献

[1] Kisor D F, Schmith V D. Clinical pharmacokinetics of cisatracurium besilate. Clin Pharmacokinet, 1999, 36; 27-40.

[2] Weindlmayr-Goettel M, Kress H G, Hammerschmidt F, Nigrovic V, In vitro degradation of atracurium and cisatracurium at pH 7.4 and 37℃ depends on the composition of the incubating solutions. Br J Anaesth, 1998, 81, 409-414.

[3] Weindlmayr-Goettel M, Gilly H, Kress H G. Does ester hydrolysis change the in vitro degradation rate of

cisatracurium and atracurium? Br J Anaesth, 2002, 88: 555-562.

[4] Atherton D P, Hunter J M. Clinical pharmacokinetics of the newer neuromuscular blocking drugs. Clin Pharmacokinet, 1999, 36: 169-189.

[5] Martinez M A, Ballesteros S, Almarza E. Anesthesiologist suicide with atracurium. J Anal Toxicol, 2006, 30: 120-124.

[6] Kintz P, Tracqui A, Ludes B. The distribution of laudanosine in tissues after death from atracurium injection. Int J Legal Med, 2000, 114: 93-95.

[7] Kłys M, Białka J, Bujak-Giżycka B. A case of suicide by intravenous injection of pancuronium. Leg Med, 2000, 2: 93-100.

[8] Andresen B D, Alcaraz A, Grant P M. The application of pancuronium bromide(Pavulon)forensic analyses to tissue samples from an Angel of Death investigation. J Forensic Sci, 2005, 50: 215-219.

[9] Maeda H, Fujita M Q, Zhu B L, Ishidam K, Oritani S, Tsuchihashi H, Nishikawa M, Izumi M, Matsumoto F. A case of serial homicide by injection of succinylcholine. Med Sci Law, 2000, 40: 169-174.

[10] Fernández R, Bello M A, Callejón M, Jiménez JC, Guiraúm A. Spectrofluorimetric determination of cisatracurium and mivacurium in spiked human serum and pharmaceuticals. Talanta, 1999, 49: 881-887.

[11] Torres R F, Mochón M C, Sánchez J C J, López M A B, Pérez A G. Electrochemical oxidation of cisatracurium on carbon paste electrode and its analytical applications. Talanta, 2001, 53: 1179-1185.

[12] Bjorksten A R, Beemer G H, Crankshaw D P. Simple high-performance liquid chromatographic method for the analysis of the non-depolarizing neuromuscular blocking drugs in clinical anaesthesia. J Chromatogr B, 1990, 533: 241-247.

[13] Lugo S I, Eddington N D. Rapid method for the quantitation of mivacurium isomers in human and dog plasma by using liquid chromatography with fluorescence detection: Application to pharmacokinetic studies. J Pharm Biomed Anal, 1996, 14: 675-683.

[14] Lindon C, Nicholson J K, Wilson I D. Directly coupled HPLC-NMR and HPLC-NMR-MS in pharmaceutical research and development. J Chromatogr B, 2000, 748: 233-258.

[15] Cirimele V, Villain M, Pepin G, Ludes B, Kintz P. Screening procedure for eight quaternary nitrogen muscle relaxants in blood by high-performance liquid chromatography-electrospray ionization, mass spectrometry. J Chromatogr B, 2003, 789: 107-113.

[16] Yiu K C H, Ho E N M, Wan T S M. Detection of quaternary ammonium drugs in equine urine by liquid chromatography—mass spectrometry. Chromatographia, 2004, 59: 45-50.

[17] Ariffin M M, Anderson R A. LC/MS/MS analysis of quaternary ammonium drugs and herbicides in whole blood. J Chromatogr B, 2006, 842: 91-97.

[18] Lacroix M, Tu T M, Donati F, Varin F. High-performance liquid chromatographic assays with fluorometric detection for mivacurium isomers and their metabolites in human plasma. J Chromatogr B, 1995, 663: 297-307.

[19] Biederbick W, Aydinciouglou G, Diefenbach C, Theisohn M. Stereoselective high-performance liquid chromatographic assay with fluorometric detection of the three isomers of mivacurium and their *cis*-and *trans*-alcohol and ester metabolites in human plasma. J Chromatogr B, 1996, 685: 315-322.

[20] Ferenc C, Audran M, Lefrant J Y, Mazerm I, Bressolle F. High-performance liquid chromatographic method for the determination of atracurium and laudanosine in human plasma. Application to pharmacokinetics. J Chromatogr B, 1999, 724: 117-126.

[21] Welch R M, Brown A, Ravitch J, Dahl R. The in vitro degradation of cisatracurium, the R, cis-R′-isomer

of atracurium, in human and rat plasma. Clin Phamacol Ther, 1995, 58: 132-142.

[22] Reich D, Hollinger I, Harrington D, Seiden H, Chakravorti S, Cook R. Comparison of cisatracurium and vecuronium by infusion in neonates and small infants after congenital heart surgery. Anesthesiology, 2004, 101: 1122-1127.

[23] Kerskes C H M, Lusthof K J, Zweipfenning P G M, Franke J P. The detection and identification of quaternary nitro-gen muscle relaxants in biological fluids and tissues by ion-trap LC-ESI-MS. J Anal Toxicol, 2002, 26: 29-34.

[24] Sayer H, Quintela O, Marquet P, Dupuy J L, Gaulier J M, Lachâtre G. Identification and quantitation of six non-depolarizing neuromuscular blocking agents by LC-MS in biological fluids. J Anal Toxicol, 2004, 28: 105-110.

[25] Ballard K D, Vickery W E, Nguyen L T, Diamond F X. An Analytical strategy for quaternary ammonium neuromuscular blocking agents in a forensic setting using LC-MS/MS on a tandem quadrupole/time-of-flight instrument. J. Am. Soc. Mass Spectrom., 2006, 17: 1456-1468.

[26] Zhang H, Wang P, Bartlett M G, Stewart J T. HPLC determination of cisatracurium besylate and propofol mixtures with LC-MS identification of degradation products. J Pharm Biomed Anal, 1998, 16: 1241-1249.

[27] European Pharmacopoeia Supplement 7.1 to the 7th Edition, Monograph 01/2008: 1970, Council of Europe, Strasbourg, France, 2011.

[28] European Pharmacopoeia Supplement 7.1 to the 7th Edition, Monograph 01/2008: 0681, Council of Europe, Strasbourg, France, 2011.

[29] Zecevic M, Zivanovic L, Stojkovic A. Validation of a high-performance liquid chromatography method for the determination of pancuronium in Pavulon injections. J Chromatogr A, 2002, 949: 61-64.

[30] Lopez Garcia P, Gomes F, Santoro M, Hackmann E. Validation of an HPLC analytical method for determination of pancuronium bromide in pharmaceutical Injections. Anal Lett, 2008, 41: 1895-1908.

[31] Nishikawa M, Nishioka H, Katagi M, Tsuchihashi H. Analysis of quaternary ammonium neuromuscular blocking agents, pancuronium and vecuronium by ESI-LC/MS. Jpn J Forensic Toxicol, 1999, 17: 116-117.

[32] Usui K, Hishinuma T, Yamaguchi H, Saga T, Wagatsuma T, Hoshi K, Tachiiri N, Miura K, Goto J. Simultaneous determination of pancuronium, vecuronium and their related compounds using LC-ESI-MS. Leg Med, 2006, 8: 166-171.

[33] Blazewicz A, Fijalek Z, Warowna-Grzeskiewicz M, Boruta M. Simultaneous determination of rocuronium and its eight impurities in pharmaceutical preparation using high-performance liquid chromatography with amperometric detection. J Chromatogr A, 2007, 1149: 66-72.

[34] Blazewicz A, Fijalek Z, Samsel K. Determination of pipecuronium bromide and its impurities in pharm-aceutical preparation by high-performance liquid chromatography with coulometric electrode array detection. J Chromatogr A, 2008, 1201: 191-195.

[35] Blazewicz A, Fijalek Z, Warowna-Grzeskiewicz M, Banasiuk J. Application of high-performance liquid chromatography with amperometric and coulometric detection to the analysis of SZ1677, a new neuromuscular blocking agent, and its two derivatives. J Chromatogr A, 2008, 1204: 114-118.

[36] International Conference on Harmonization(ICH): Topic Q2(R1): Validation of Analytical Procedures: Text and Methodology, EMEA, Geneva, 2005, www.ich.org(accessed March 6, 2017).

[37] Gamache P H, McCarthy R S, Freeto S M, Asa D J, Woodcock M J, Laws K, Cole R O. HPLC analysis of nonvolatile analytes using charged aerosol detection. LCGC North Am, 2005, 23: 150-155.

[38] Forsatz B, Snow N H. HPLC with charged aerosol detection for pharmaceutical cleaning validation. LCGC North Am, 2007, 25: 960-968.

第 14 章 电雾式检测在油田化学聚合物阻垢剂中的应用

艾伦·汤普森

纳尔科冠军，艺康集团，英国阿伯丁

14.1 摘要

HPLC 与 CAD 的联用开辟了残留浓度水平下聚合物阻垢剂分析的新领域。CAD 的灵敏度和耐用性使经典技术无法解决的聚合物阻垢剂的分析得以实现。在过去的 5 年中，能够可靠地“看到”低于 10mg/L 水平的聚合物阻垢剂的检测已经进入了新的阶段，并在仪器分析领域激发了大量创新型研发。

新研发正朝着两个相关但不同的方向发展。一是改进分析中的色谱分离。GPC 色谱柱的局限在于尺寸大小相似的物质的保留时间类似，限制了 HPLC-CAD 用于相邻峰的分离。使用较新颖的高效液相色谱柱，会获得较好的色谱分离，有望拓宽该系统的使用范围。

聚合物阻垢剂在油田化学中广泛应用，但与防锈剂相比相形见绌。聚合物阻垢剂通常是两种或三种物质的混合物，而防锈剂则不同，可能是复杂的化学混合物。这些混合物可以通过染料萃取技术和 LCMS 进行分析，此外需要一种介于两者之间的方法，比染料转移更专属、更灵敏，但比 LCMS 更简单、更便宜。研究结果显示，HPLC-CAD 在这一领域有应用前景。

注：考虑到并非所有读者都熟悉海上石油和天然气工业，或该领域中化

学品的使用。因此，推荐阅读《石油和天然气工业生产化学品》(Malcolm Kelland，CRC 出版社，佛罗里达州，博卡拉顿，2009 年)。

14.2 油田阻垢剂的背景

14.2.1　一般背景

两亿五千万年前，地球比现在更温暖、更潮湿。内陆海洋周围生长着大片的森林，陆地和海洋充满了生命。这是恐龙时代，是地球历史上的侏罗纪和三叠纪时期，但也是地球上有史以来最有价值的自然资源（化石燃料：煤、石油和天然气）产生的开始。

当不同形式的生命死亡时，它们聚集在海洋和河床中。随着地质时期的推移，这些有机质层消失在泥浆和沙子下面，从而产生了压力和温度。在高温高压环境中，有机物发生化学变化，形成固态、液态和气态的烃，这就是我们所熟知的煤、石油和天然气。虽然煤炭对世界经济至关重要，但本章不做讨论。我们将专注于石油和天然气的形成（烃）。

在几千万年的时间里，泛大陆移动到现在的位置，烃也随之移动。在一些地区，由于岩层无法捕获烃，它们蒸发并消失在大气中，而在另一些地区，烃被困在不透水的岩层下，形成了今天的油田。这些油田可以在地球上任何存在合适岩层的地方出现，从格陵兰岛到马尔维纳斯群岛，从墨西哥湾到库页岛、越南、印度、安哥拉、苏丹、澳大利亚、奥地利、罗马尼亚。当然，大多数人首先想到的地区是中东和北海地区。

其中一些土地已经被人类开发了数个世纪：在阿拉伯半岛，早在有历史记载之前，“石脑油（naphtha）”就被用作燃料和光源，而马可•波罗 1272 年沿着古老的丝绸之路航行到中国途中，曾写到里海岸边的巴库使用油灯。然而，直到 19 世纪中期，烃才变得普遍重要。

1859 年，埃德温•德雷克（Edwin Drake）在美国宾夕法尼亚州的泰特斯维尔钻了一口井。这是第一个有记录的石油钻井，并引发了世界范围内的勘探和生产，直到今天仍在继续。18 世纪 60 年代到 19 世纪 60 年代期间，为世界提供了陆上油田和近海油田开采的科技基础。一些古老而熟悉的石油公司应运而生：壳牌、英国石油公司（BP）、埃索、埃尔夫、美孚和埃克森，使第一世界国家对石油的依赖一直持续到今天。

北海是一片浅海，南靠英吉利海峡、北靠挪威海与大西洋相连，并通过卡特加特海峡与波罗的海相连。它长约 600 英里（1 英里＝1.609344 千米），宽约 360 英里，位于英国和挪威、丹麦等斯堪的纳维亚国家之间，南部与德国、荷兰接壤，北部和西部与设得兰群岛接壤。

自 1851 年，James“Paraffin”Young 在苏格兰开采油页岩并提取石油以来，北海周边地区就一直在开采石油和天然气。但在 1964 年英国石油公司进行地震勘探后，对北海的勘探变得更加紧迫。20 世纪 60 年代，许多商业天然气田（West Sole、Hewitt 和 Indefatiable）都得到了开发，1969 年菲利普斯公司在挪威区域发现 Ekofisk 气田后，勘探量出现了井喷式的增长。1970 年，英国石油公司发现了 Forties 油田，随后在 1971 年发现了 Brent 油田。1975 年，Forties 油田首次生产出商用烃。在接下来的 25 年里，不仅北海（主要来自英国和挪威），丹麦、荷兰和德国（超过 150 个油田）也生产了数百万吨石油。

石油是烃的复杂混合物，从甲烷、乙烷等气体组分，到商业上重要的低碳数的液体，再到焦油和萘乙酸盐，它们的比例因油田而异。生产的液体的化学性质一直在变化，需要复杂的生产化学品的混合，以确保生产的安全和可靠。而石油平台的环境条件，在北海冬季的强烈风暴中，即使在没有风寒的情况下，温度也会低于-10℃，故需要对化学品进一步混合，以防止金属部件的腐蚀，并保持液态。这些化学品包括防腐剂、蜡抑制剂、消泡剂和破乳剂。它们归属独立的化学家族，在供应、储存、使用和分析方面都有各自的要求。

然而，本章中只讨论水垢的问题。水垢问题值得重视，因为当从储层中生产石油和天然气时，也会产生水。这些水可以来自油田的地层岩石（原生水），也可以是注入水（通常是北海的海水），以提高石油产量。这种原生水中的无机离子如钠、氯以及少量的钙、镁、钡等总是处于饱和状态，实际上，由于在油田岩层处于高压和高温条件，所以它们是过饱和的。随着原生水冷却，压力降低，并与注入水混合，形成无机垢的风险很大。在北海环境中，通常是形成硫酸钡和碳酸钙。这种水垢可以在短时间内大量形成，当安全阀失灵或管道堵塞时，会导致生产停止。控制水垢形成的经典方法是通过定期持续挤压加入化学物质，以防止水垢形成。

14.2.2 挤注程序

因此，设计了经典的挤注程序，以在平台的操作控制范围内最大限度地防止油井产生水垢。

挤注程序基于研发实验室工作中对于典型岩石表面（使用原始钻井的短岩芯）抑制剂的吸收速率、相同岩石表面的解吸速率以及抑制剂最小有效浓度的计算。通过上述计算得到了一条等温线，该等温线显示阻垢剂的理论浓度随产水量的上升而下降。然后通过商业计算机程序进行外推，例如，Squeeze VI©兼顾了井深、井位、井的射孔间隔、井的温度和压力以及井中产油的不同类型岩石的渗透率，最终形成了一个挤注程序，规定了化学试剂和其他液体的用量，以提供所需的油井保护。

为保证挤注工艺的效果，要求油井停止生产，并将“预冲洗”的溶剂包从井筒泵入岩层中。这种预冲洗溶剂包通常为有机溶剂（例如柴油），在使用阻垢剂前，用于清洁和干燥岩石表面。预冲洗完成后，“主药”将以同样的方式泵入井中。主药为阻垢剂的溶液，溶剂多为水体，如海水。根据计算得出泵入阻垢剂的体积，预估挤注程序的生命周期。在主药物处理后，“酸化顶替液”被泵入井中。这样做的目的是将阻垢剂推至岩层的预期深度，一般为 1～2m。然后“关井”12～24h，这期间液体静止，为岩层提供吸附阻垢剂的时间，这一时间是根据之前的理论工作推导出的等温线计算出来的。在关井期结束后，该井将逐渐恢复生产。每隔一定的时间间隔采集一次产出液的样品，通常在生产的前 24h 内每小时采集一次，然后逐渐扩大采样时间间隔，随着挤注时间的延长，直至每个月采集一次。需要对这些样品中残留的除垢剂和溶液中的无机离子浓度进行分析。以除垢剂的残留量对井的产水量作图，得到一条返排曲线，该曲线可指示需要重新挤注的时间。

典型的挤注生命周期为 6～12 个月，但其周期与井的作业参数有关，包括产出的水油比、岩层的均匀性、结垢风险的严重程度以及应用中使用的特定阻垢剂的最小有效浓度。图 14.1 给出了一个返排曲线示例（以时间而不是产量为基准），阐明了残留分析领域的一些技术挑战。

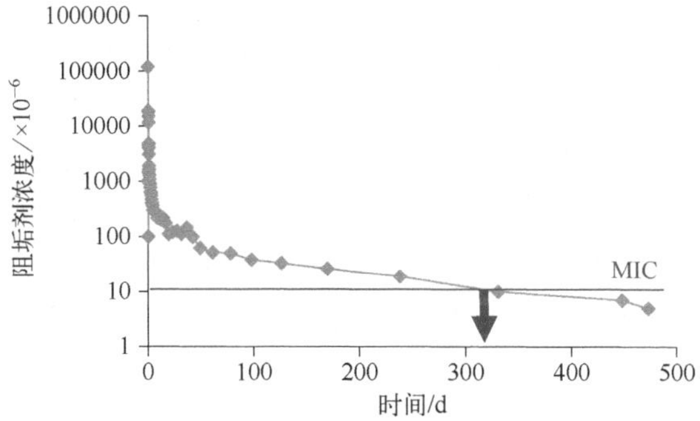

图 14.1　阻垢剂返排曲线示例

抑制剂的浓度范围，通常从接近 100000mg/L（10%）到 10mg/L 以下，因此需要采用动态范围覆盖 4 个数量级的分析方法。

需要采用非常灵敏的检测方法，来准确可靠地定量复杂基质中浓度低于 10mg/L 的聚合物。

由于化学物质泵入岩层的非均质性，即使达到了回复曲线的平台区（<100mg/L），样品浓度也可能随时间发生很大变化，不同的岩石结构会以不同的动力学速率吸附和解吸化学物质。如果岩层有裂缝，那么一些化学物质将会流失到岩层中。在经典的挤压技术中，未被吸附到岩石表面的物质中，约 30%的化学物质会立即返回，30%的化学物质会流失到岩层中，剩余 40%的化学物质将会在有效挤注生命周期内返回。

用于挤注防垢的化学品必须符合一些严格的要求。这些要求包括：必须在井筒和岩层的温度和压力下保持稳定，必须是 mg/L 浓度水平下的有效阻垢剂，生产和部署成本必须相对低廉，必须能够在油田生产液体中 mg/L 浓度水平下被监测到，必须对环境相对无毒。不出所料，满足所有这些要求的候选材料数量有限，主要的两类是磷酸盐酯类和少量的聚合物材料。

在海上除垢挤注项目中，磷酸酯已使用多年。它们都是常用的有效除垢剂，而且生产和使用相对便宜。然而，近年来，随着环境立法的收紧（2000 年以后）以及对这类化学品对环境影响的关注度提高，它们在北海的使用迅速减少，特别是在挪威海域，现在只有在非常必要时才使用。本章不讨论其作用方式和分析方法（通常采用 ICP-OES 法），而将专注于 CAD 在聚合物阻垢剂而非磷酸酯中的应用优势，因为已有大量文献介绍了磷酸酯的性质和分析方法，其浓度可达 mg/L 水平以下[1-7]。

14.2.3 聚合物抑制剂

所有商业化生产的聚合物阻垢剂在化学组成和结构参数方面均有许多相似之处。聚合物骨架通常是一种非极性聚合物，极性基团作为支链连接在骨架上，这些极性基团通常为膦基、磺酸基或羧基基团。最近，也有采用其他化学物质如氨基作为支链，赋予聚合物不同的操作模式，在应用中产生不同的特异性。聚合物阻垢剂的主要作用模式是抑制晶体生长，聚合物的存在抑制了结垢晶体在一个或多个面上的生长，从而导致晶体变形，并限制了无机离子形成的结垢量。

图 14.2 给出了一些聚合物阻垢剂的典型结构，它们用于井下阻垢挤压。

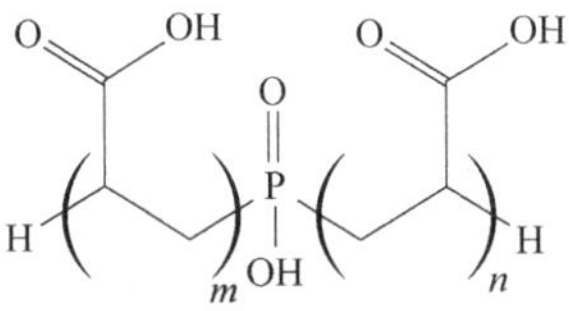

聚膦基聚羧酸（PPCA）

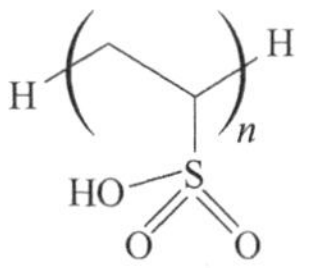

聚乙烯磺酸（PVS）

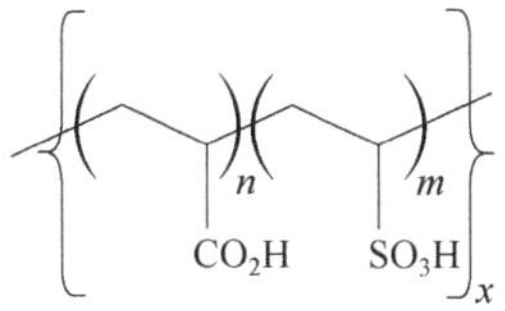

磺化聚丙烯酸共聚物（VS-Co）

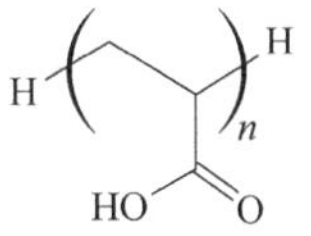

聚丙烯酸（PAA）

图 14.2　聚合物阻垢剂的代表性结构

在各种情况下，聚合物阻垢剂的分子量在 3000～9000 范围内，聚合物的相关多分散性取决于合成路径、单体纯度及纯化程度。文献表明，PVS 和 VS-Co 型聚合物最适合预防硫酸钡结垢，而 PAA 型聚合物更适合预防碳酸盐结垢，如碳酸钙，但作为聚合物阻垢剂的应用方面在此不作介绍。其他聚合物也是很好的阻垢剂，但不适合挤压程序方面的应用，这些材料通常应用于“上层”，在固定剂量下使用，无须吸附到岩层上，这些聚合物阻垢剂可能仍需要分析，但不需要像挤注程序下聚合物阻垢剂一样，在 mg/L 水平进行检测。

14.3
经典分析方法

磷电感耦合等离子体（P-ICP）是用于定量测定磷酸酯阻垢剂的经典分析方法。该方法准确性好、专属性强，已有大量的文献对其进行深入的阐述表征[1-5]。当磷酸酯阻垢剂开始被聚合物阻垢剂取代时，P-ICP 被沿用，因为许多聚合物阻垢剂中仍在聚合物结构中设计有一定浓度的磷，以帮助沿用该技术进行分析检测。

有观点认为，阻垢剂中磷的持续存在对环境不利，因此制造商开发了含磷较少或不含磷的聚合物阻垢剂并将其商业化。这对油田化学工业的分析化学家提出了挑战，因为分析这些材料需要采用不同类型的分析方法。最初选择的分析方法是 Hyamine 1622，该方法在行业内，通常用于聚合物阻垢剂类的定量测定。在清洁水系统中，Hyamine 1622 方法被证明是准确的，可精确测量 mg/L 水平的聚合物。

然而，对于油田水样，P-ICP 和 Hyamine 1622 方法都存在不可避免的缺陷，即这两种方法都无法区分聚合物的种类，甚至同一化学类别的不同聚合物。

P-ICP 检测和定量分析的是样品中总磷含量，而无法区分磷的来源。而油田生产的水域中，有许多潜在的磷来源，包括来自岩层的本底磷和来自其他生产用的化学品磷，如缓蚀剂和上层阻垢剂。在分析过程中，如果假设样品中定量的所有磷都只来源于聚合物阻垢剂，则可能会给出错误的数据集，高估了聚合物阻垢剂的残留，也就高估了阻垢剂挤压处理的效果和周期。

Hyamine 1622 是一种季铵盐，它会形成络合物，并与任何与季铵类物质发生反应的阴离子形成浑浊液。然后用紫外光谱法测量浊度，以量化存在的聚合物阻垢剂，该方法假设所有观察到的浊度都是由聚合物阻垢剂产生的。然而，Hyamine 1622 的响应并不局限于聚合物阻垢剂，还可能与其他的聚合物种类产生响应，此外，还包括带负电荷的化合物，如卤水样品中最重要的氯离子。使用 Hyamine 1622 分析油田样品中残留的聚合物阻垢剂时，由于其响应是非特异性的，当阻垢剂的含量低于 20mg/L 时，需要使用复杂的净化步骤去除氯离子（通常为＞20000mg/L）。

采用紫外法检测 Hyamine 1622 络合物问题还不止于此，该方法表现为三阶多项式响应，而不是线性响应，导致了校准和随后的样品测定结果的不准确。

典型的 Hyamine 1622 校准曲线如图 14.3 所示。

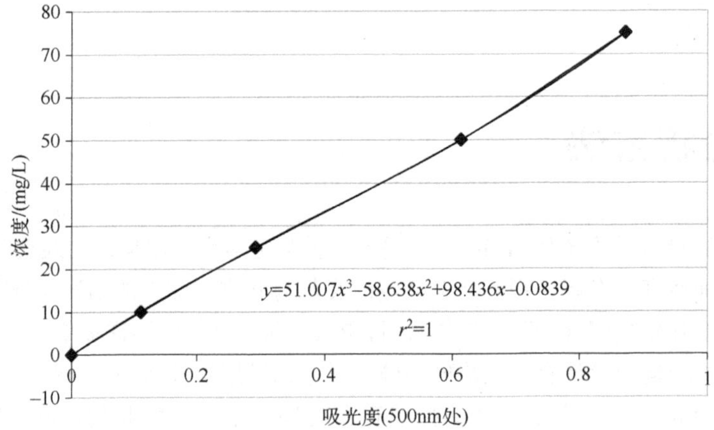

图 14.3 典型的 Hyamine 1622 校准曲线

由于这两种经典的方法均有严重的缺陷，业界开展了大量的研发工作，以开发和验证用于聚合物阻垢剂分析的色谱方法。

经典的高效液相色谱法在许多行业中都有应用，但直到 2005 年，在油田化工阻垢剂定量中应用甚少，主要是因为缺少适合聚合物阻垢剂测定的检测器。经典的 HPLC 技术利用紫外检测器作为主要检测系统（单波长检测器或二极管阵列检测器），典型备选系统则有示差折光检测、电化学检测和质谱检测。

油田化学工业中，使用紫外检测器定量聚合物阻垢剂的主要问题在于大多数聚合物阻垢剂没有强发色团，而且它们的发色团往往位于较低的波长（＜210nm）。大多数油田化学样品也或多或少地受到原油和其他油田化学物质的污染。因此，即使在相对较高的浓度下，样品的背景吸收也经常会将聚合物阻垢剂的信号淹没。在低浓度（＜100mg/L）下，大多数聚合物阻垢剂无法被紫外检测器检测到。

RID 适用于洁净样品中高浓度聚合物的检测，但对于含有盐或低浓度水平的聚合物阻垢剂的样品，该技术的检测限过高，无法使用。

HPLC-MS 定量聚合物阻垢剂是一个复杂的领域。简单地说，最常用的质谱仪的工作原理是分析物生成一个离子，然后测量该离子的质荷比（*m*/*z*）。专属性可以通过直接测量 *m*/*z* 的强度（通常指电荷为 1 时的质量）或通过施加第二个电压并从母离子中产生一个片段（子离子）来获得。每个化合物均有特定的母离子-子离子对。大多数对定性依据要求较高的分析，均使用离子对，例如法医和药物代谢物研究。样品基质通常不会产生干扰，因为基质产生的离子低于质谱仪的检测限。

理想的 MS 法是先将目标化合物生成唯一的亚稳态母离子，再将该母离子裂解为唯一的子离子，并测量每个峰的强度，从而提供灵敏度好、专属性强的分析方法。然而，聚合物阻垢剂的分析有许多非常具体的问题，使得方法开发非常困难并且耗时。

问题 1：就其化学性质而言，聚合物不是单一的化合物，而是由单体的化学结构和聚合反应动力学共同确定的一定分子量分布的混合物。这意味着任何一个单分子质量的化合物在整个聚合物中只占一小部分，因此降低了单分子质量的检测灵敏度。从分析的角度，这意味着质谱仪无法产生单一离子，而是可以观察到许多离子，每个离子的强度都很低。

问题 2：多电荷。与“小”分子不同，聚合物官能团可以携带多电荷。在实际应用中，这可能导致表观质量的变化（如前所述，测量的是质荷比），使得聚合物峰的识别非常混乱和困难。

问题 3：电离困难。电离是一个动态过程，影响电离的因素包括质谱仪电压、流速、基质效应和流动相效应以及被电离物质的化学结构（聚合物尤其困难），流动相能抑制、增强电离势，也可能没有影响。

图 14.4 显示了这类分析中得到的聚合物阻垢剂质谱图的复杂性。

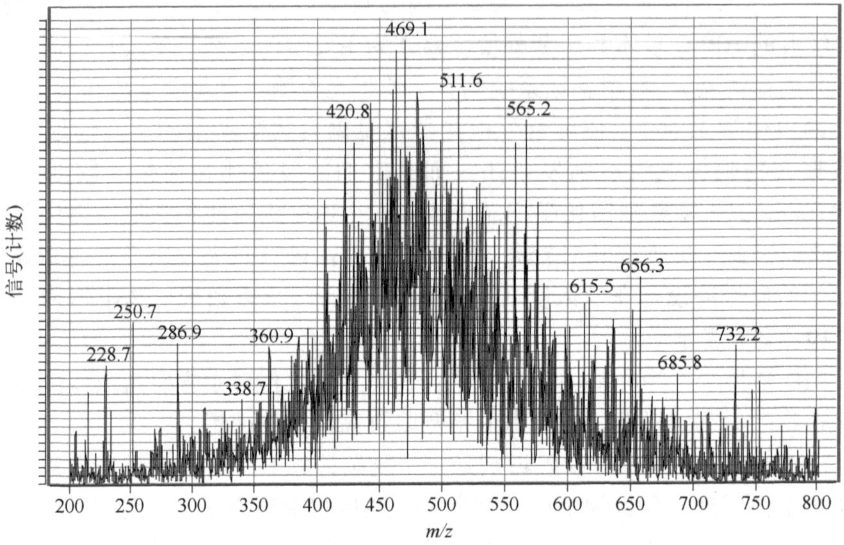

图 14.4 聚合物阻垢剂的典型质谱图

鉴于面临的问题及其复杂性，油田化学工业中很少使用 LCMS 来定量聚合物阻垢剂。近期研究表明，部分问题正在得到解决，但要将该技术用于常规分析可能还需要一段时间[8-10]。

14.4 聚合物阻垢剂的电雾式检测

14.4.1 CAD 的理论应用

如 14.3 节所述，聚合物的结构使得聚合物阻垢剂的分析变得困难。油田工业中使用的大多数聚合物阻垢剂材料，没有大量的官能团。因此，经典的 HPLC-UV 检测无法使用。传统的聚合物检测系统（如 RID），在测定低浓度（＜10mg/L）样品、存在卤盐和其他油田化学物质的样品时，也不可靠。在油田阻垢剂分析领域，MS 的应用是一个发展中的领域，但受限于聚合物的化学结构、制剂的多分散性以及仪器成本。

分析的需求并不会因存在这些困难而消失，却为新的检测技术打开了一扇门，CAD 正是这样一种新的检测技术。原则上，CAD 能检测到任何可以接受并携带电荷的化合物，不要求分析物有发色团。CAD 具有非常宽的动态范围和非常灵敏的检测限，这两者对于本应用都是非常重要的。CAD 的检测与所分析的化合物的种类无关，在这种特定的应用中，它可以对许多具体的聚合物阻垢剂有响应，而不必像 UV 或 MS 那样，对每种聚合物均需要进行调整。检测器的通用性是应用中一个重要的考虑因素，它固有的时间、资源和效率优势，使得建立测定聚合物阻垢剂的通用方法成为可能，而不用针对每种聚合物阻垢剂建立进行分别优化和平衡 HPLC 系统。

HPLC 流动相在检测器中与干燥的气流混合、雾化、干燥后，产生带电粒子，进入收集器，由静电计检测电荷并产生信号，被数据处理系统读取。

该检测器在技术方面符合聚合物阻垢剂分析的应用预期。常规应用分析的样品是水溶液，因此 RP-HPLC 与待分析样品及检测器均匹配。基于聚合物的功能特点，聚合物阻垢剂可以携带电荷，因此低浓度的聚合物在检测器上有响应。聚合物不挥发，因此在雾化过程中不会丢失，从而最大限度地提高应用的灵敏度。

14.4.2 CAD 的实际应用

自 2006 年起，Champion Technologies 率先使用 CAD 在分析实验室进行了尝试，该检测器满足了所有的分析要求。该试验阶段包括在一些关键应用领域测试检测器，以确认它是否满足当时的工业标准方法。研究的应用领域如下。

专属性：CAD 是一种非特异性检测器，对任何通过电晕荷电的物质均有响应，适合建立通用的仪器分析方法，用于多种基质中多种聚合物材料的分析。迄今为止，CAD 定量分析了海水样品中 10 种以上不同的聚合物阻垢剂，所有这些化合物均具有类似的灵敏度。

灵敏度：虽然 CAD 对一些分子的灵敏度不如 MS，对特定分子的灵敏度也不如 UV，但总的来说，CAD 对每一种聚合物阻垢剂有非常相似的灵敏度，因此不需要调谐以适用于待分析的每个分子。一般来说，1mg/L 左右的聚合物阻垢剂均可以被 CAD 准确地检测到，这相当于 2～5mg/L 的制剂聚合物。在大多数情况下，灵敏度均满足分析需求。

稳定性：在理想的情况下，将离岸样品直接注入 HPLC 系统，即可对聚合物进行定量。然而，在实际操作中，样品中存在高浓度的盐和潜在的其他油田化学物质，意味着需要对样品进行某种形式的净化，以大大降低含盐量。但实际上，净化后的样品中含盐量仍然比较可观。因此，检测器必须能够在不除盐的情况下耐受样品中的钠和氯。早期工作表明，该检测器可以耐受一次未净化的样品的进样，但由于盐对检测器的影响，检测器的响应会急剧下降。然而，短时间或大约 2h 内使用流动相冲洗检测器，可以去除所有盐，并使检测器的基线恢复到可接受的水平，满足灵敏度和重现性的要求。净化后的样品，盐含量降低到了可控水平，但色谱图中仍然可见样品中钠和氯的色谱峰，因此，在常规操作中使用梯度流速来冲洗盐。这个梯度流速从标准的 0.7～1mL/min 增加至 2.0mL/min，维持 10min。该操作可以得到一个稳定的检测器基线，因此，可以得到稳定的聚合物响应。

分析实验室中一旦使用 CAD 用于常规分析，该系统在数年内的利用率会超过 80%，证明该系统是可靠的，通常只需要通过年度维护来维持运行。

14.4.3 典型的方法验证

与大多数其他类型的分析方法一样，需要对油田化学分析中使用的 HPLC-CAD 方法进行验证，以证明生成的数据是准确的、精确的和可重复的。

油田化学领域与其他领域（例如，制药领域或环境领域）的主要区别在于验证的要求。油田化学行业没有一个类似于制药领域的国际协调会议（ICH）的国际组织来制定行业验证标准。因此，各公司所采取的方法可能不同，但与本节所给出的方法同样有效。

尽管农药残留指南在定量复杂基质中的残留浓度方面可能有更多的指导意义，但为兼顾实用性和成本效益，HPLC-CAD 法测定残留验证时将遵循 ICH Q2B（方法验证[11]）进行。任何典型的验证方案均需要兼顾两种指南。一般来说，HPLC-CAD 的方法验证包括线性范围、含量测定的准确度、含量测定的精密度、进样精密度、LOD 和 LOQ、专属性、稳定性和稳健性。

对于上述两种指南，均在工作开始之前确定了验证的可接受范围。ICH Q2B 或农药指南的要求不是必须机械执行的。在某些指标上，“适合目的”的方法或许无法通过指南要求，但比满足指南方方面面严格要求的方法更有用。本节给出的数据是作者通过典型验证得到的结果[12,13]。使用一种磺化共聚物，在北海油田的采出水中添加不同浓度水平的该化合物。在样品净化前加标（这种加标的方式可以模拟真实样品的净化过程），并假设从油田中采集的用于验证的水样中包含典型的油田化学品的混合物，但不包含方法测定的目标聚合物阻垢剂。

所有的样品均单独使用专用的 SPE 净化，而后通过自动进样器注入 HPLC 中。HPLC 使用标准的 GPC 柱，有机/水相缓冲盐流动相，在 UV 后串联 CAD，未使用柱加热。每次进样均采用流速梯度从色谱柱中冲洗无机盐。

14.4.3.1　检测线性

在空白盐水中加入已知数量的阻垢剂（按重量计），制备含有 1～100mg/L 阻垢剂的系列标准溶液，单标进样，用峰面积对浓度绘制线性曲线，得到三条曲线：全浓度范围曲线（1～100mg/L），线性不可接受（未列出）；低浓度范围曲线（1～10mg/L，图 14.5）；高浓度范围曲线（10～100mg/L，图 14.6），后两者均显示出良好的线性。在实际应用中，一组这样的线性曲线使得标准溶液单点外推法计算聚合物阻垢剂的含量成为可能。浓度范围为 1～10mg/L 时使用 5mg/L 标准溶液，浓度范围为 10～100mg/L 时使用 30mg/L 或 40mg/L 标准溶液。

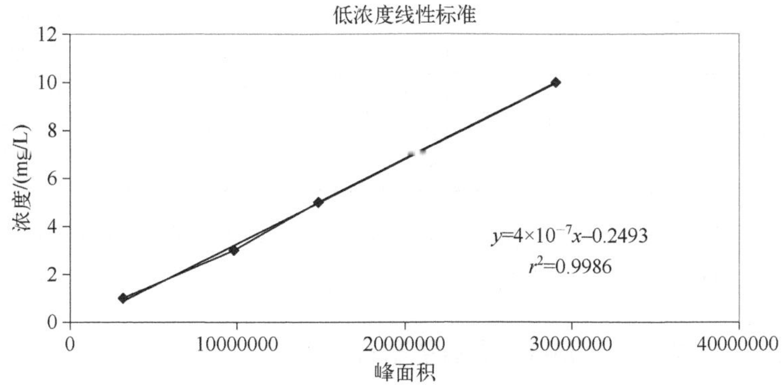

图 14.5　典型低浓度水平线性曲线

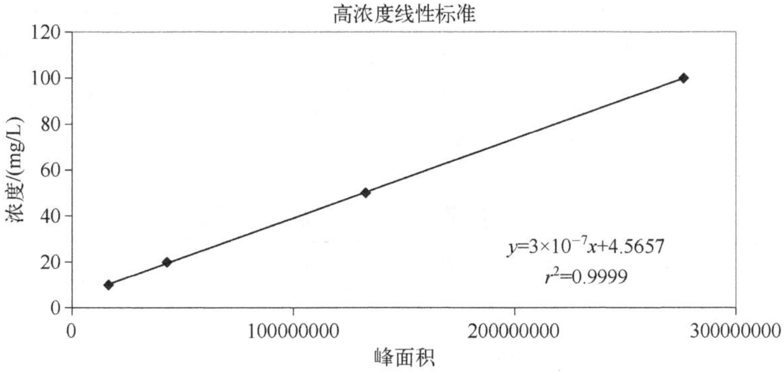

图 14.6　典型高浓度水平线性曲线

14.4.3.2　进样精密度

制备四个浓度的标准溶液，分别进样 10 次（表 14.1），选择这些浓度以覆盖常规分析中预期的浓度范围，记录峰面积，并计算每组进样的变异系数（CV）。

表 14.1 进样精密度

进样	峰面积			
	3mg/L	5mg/L	10mg/L	100mg/L
1	7920314	11903475	31414721	465641427
2	7637915	13301619	30157241	488252117
3	7159314	13521873	30325181	487900368
4	7555224	13557634	30562137	489629455
5	7227357	13528999	30571113	488020943
6	7769816	13417418	29067775	490091233
7	8357226	12719449	29015640	490504877
8	7864423	13397391	29390983	468663931
9	—	13212930	29218897	475723907
10	7910093	12896096	28794189	470206840
平均值	7711298	13145688	29851788	481463510
CV/%	4.8	3.9	2.9	2.2

数据显示，当浓度低至 3mg/L 以下时，CAD 仍有良好的进样精密度。这些数据证明 CAD 检测系统在常规分析多次进样时稳定性良好。

14.4.3.3 含量分析的准确度和精密度

在典型的北海油田采出水中，加标制备 3mg/L 和 10mg/L 聚合物阻垢剂，分别制备四组样品。样品均用 SPE 净化，用对应的对照品单标进行定量。

数据组（表 14.2）显示了预期的结果，在大多数情况下，测定结果与理论浓度的差异小于 10%，仅样品 2 显示了较大的差异，鉴于加标浓度较低，哪怕仅有 1mg/L 的损失，也会对回收率的结果产生显著影响。

表 14.2 含量分析的准确度和精密度

QC	测定浓度/(mg/L)	理论浓度/(mg/L)	回收率/%
1	3.3	3	110
2	2.2	3	73
3	3.2	3	107
4	3.2	3	107
5	9.8	10	98
6	9.6	10	96
7	6.8	10	68
8	10.8	10	108

样本 7 得到的偏低的数值在结果组中是异常的，因为在这个浓度下其余样本的回收率很高。在第 14.4.3.4 部分含量分析稳定性实验中，再次进样该样品，得到的值为 9.0mg/L，更符合数据趋势。可见，前面的回收率差是仪器进样导致的，建议在常规样品分析时重复进样，以增强结果的可信度。

14.4.3.4 含量分析稳定性（一）

14.4.3.3 中制备的各四组样品，分别加标 3mg/L 和 10mg/L，两天内在同一台 HPLC 系统中分析，并用新制备的标准溶液定量。结果表明，该方法在常见的分析运行时间内稳定性良好。

数据组（表 14.3）表明，检测系统具有良好的稳定性和重复性，即使在较长一段时间内多次分析同一样品，该检测系统产生的数据也仍具有较高的置信水平。

表 14.3 含量分析的稳定性（一）

QC	计算浓度/(mg/L)		
	第 1 天	第 2 天	日间差异
1	3.3	3.1	0.2
2	2.2	2.8	0.6
3	3.2	3.1	0.1
4	3.2	2.2	1.0
5	9.8	9.8	0.1
6	9.6	10.9	1.3
7	（6.8）	9.0	—
8	10.8	13.3	2.5

14.4.3.5 含量分析稳定性（二）：仪器间差异性

14.4.3.3 中制备的 3×10^{-6} 加标的四组样品，在两套具有不同 CAD 的 HPLC 系统上进行分析，用适合的标准溶液定量。表明了该方法在不同仪器之间的稳定性，也可用作交叉验证，表明任何一套仪器均可用于常规分析。

获得的数据（表 14.4）表明了 CAD 检测系统在硬件系统中的可重复性。使用了不同年代的两套 CAD 检测系统，连接到不同的 HPLC 系统，但提供的数据在任何所需的置信度水平均有统计学意义。

14.4.3.6 检测限和定量限

以 3 倍和 10 倍信噪比分别计算聚合物阻垢剂的 LOD/LOQ。

表 14.5 的 LOD/LOQ 值为 CAD 在其灵敏度范围的绝对极限下的运行情况。

所用阻垢剂的 LOQ 计算结果为 3mg/L，而作为各验证版块的一部分，样品加标和分析结果分别为 3mg/L 和 10mg/L。尽管如此，CAD 获得的数据表明，该方法的实际检测限略低于该方法的理论检测限。

表 14.4 含量分析的稳定性（二）

QC	计算浓度/(mg/L)		
	仪器 1	仪器 2	仪器差异
1	3.3	3.1	0.2
2	2.2	a	
3	3.2	3.3	0.1
4	3.2	3.3	0.1

注：a 为进样瓶走空。

表 14.5 检测限和定量限

化合物	LOQ	LOD
聚合物阻垢剂	3×10^{-6}	1×10^{-6}

14.4.3.7 HPLC-CAD 分析油田盐水样品中的聚合物阻垢剂

在经过方法和设备的开发和验证后，能够使用 CAD 对海上油田样品中的残留聚合物阻垢剂进行常规分析。表 14.6 给出了一组典型数据。这些数据是由两名分析人员在两天内使用两套不同的仪器和两台不同的 CAD 对单个样本进行多次分析产生的。因此，数据表明了该方法和仪器被不同操作者使用时的重复性。

表 14.6 常规样品分析

样品	计算浓度/(mg/L)		
	分析人员 1	分析人员 2	分析人员 2，第二天
1	11	9	10
2	10	11	9
3	11	11	9
4	8	9	10
5	10	11	9
6	10	10	9
平均值	10	10	9
CV/%	11	8	5

获得的所有 18 个样本的数据（表 14.6）显示了良好的重复性，分析人员 1 和分析人员 2 的数据均落在 95%的置信水平。所有 18 次分析的数据范围为

8～11mg/L。当统计误差在 99%置信水平时进行计算，该样本的计算结果为(9.8±0.6)mg/L。

样品的典型色谱图见图 14.7。

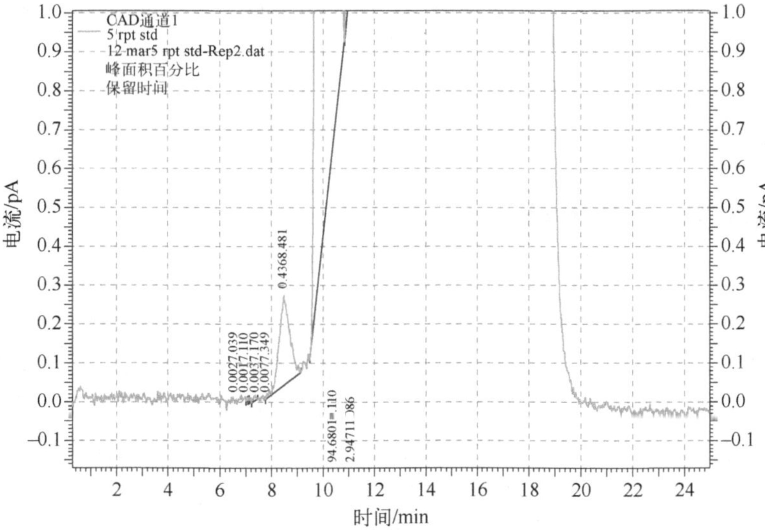

图 14.7　约 9min 时的聚合物阻垢剂峰值

14.4.4　方法的局限性

HPLC-CAD 开辟了聚合物阻垢剂残留浓度分析的新领域。然而，该方法并不能完全解决分析中存在的问题。该技术在油田化学工业中的应用存在许多重要的限制，这些限制可能在未来通过系统的发展或应用而得到解决，也可能最终限制该技术在该领域的应用。

主要局限性包括以下三方面：

第一，稳健性。该检测器是一个非常稳定的工程部件，但不能可靠地分析含有大量无机离子的样品。在实际应用中，要求油田样品用蒸馏水稀释（约 100 倍），该操作限制了方法的灵敏度，或者通过一些化学或物理方法（例如，SPE 或脱盐）去除离子，这可能在一定程度上增大数据误差，并增加分析过程的复杂性。

第二，检测的线性。典型的检测曲线的线性覆盖 1～2 个数量级，这会带来不便，但并非主要的局限。但确实需要为每次分析制备多个标准品，以覆盖样品的预期浓度范围。如果实际样品浓度超出所用标准线性范围，可能会需要再次分析样品。

第三，灵敏度。与所有其他分析化学领域一样，油田化学领域的用户总是希望看到更低的 LOD 和更稳定的 LOD 水平的数据。对于 CAD，聚合物阻垢剂在油田盐水中的 LOD 大约为 1mg/L 的纯聚合物。当然，制剂产品的 LOD 根据制剂中活性聚合物的浓度不同而不同，但通常为 3～5mg/L 的制剂产品。在正常的、当前的现场作业条件下，这些限值是适当的，但是，为了减少作业成本和化学品用量，同时寻求更长的挤压寿命，对检测下限的要求将变得更加重要，因为科学家们寻找的是抑制剂的实际化学限值，而不仅是分析方法的检测限。

14.5 结论和下一步工作

HPLC-CAD 在聚合物阻垢剂分析领域开拓了残留浓度水平的分析。该检测器的灵敏度和稳定性使其能够开展聚合物阻垢剂传统分析技术无法进行的分析。在过去的 5 年中，能够可靠地“看到”低于 10mg/L 水平的聚合物阻垢剂的检测已经进入了新的阶段，并在仪器分析领域激发了大量创新型研发。

新研发正朝着两个相关但不同的方向发展。一是改进分析中的色谱分离。目前的方法使用经典的 GPC 色谱柱，主要通过物理尺寸的不同进行分离。当被分析的样品中只有一种聚合物需要观察和定量时，这是有效的。然而，由于油田化学工业中许多聚合物阻垢剂的尺寸非常相似，当混合井或上层平台抑制剂中存在多种聚合物时，使用 GPC 柱会产生合并峰。使用较新颖的高效液相色谱柱，会获得较好的色谱分离，有望拓宽该系统的使用范围，但在非 GPC 柱上获得聚合物阻垢剂的实践并不简单，迄今尚未得到最终论证。

聚合物阻垢剂在油田化学中广泛应用，但与防锈剂相比相形见绌。聚合物阻垢剂往往是材料的简单混合，而防锈剂则是化学品的复杂混合物，包括两性离子胺、季铵盐和表面活性剂化学物质。这些混合物可以通过染料萃取技术和 LCMS 进行分析，但需要一种介于两者之间的方法，比染料转移更专属、更灵敏，但比 LCMS 更简单、更便宜。研究结果显示，HPLC-CAD 在这一领域有应用前景。

参考文献

[1] Graham G M, Sorbie K S, Boak L S. Development and application of accurate detection and assay techniques for oilfield scale inhibitors in produced water samples. SPE Paper No. 28997, 1995.

[2] Graham G M, Sorbie K S, Boak L S. Development and accurate assay techniques for polyvinyl sulphonate

(PVS)and sulphonated co-polymer(VS-Co)oilfield scale inhibitor, presented at the 6th international symposium on oil field chemicals. Geilo, March 1995.

[3] Graham G M, et al. Complete chemical analysis of produced water by modern inductively coupled plasma spectroscopy(ICP): presented at the 7th International Symposium on Oil Field Chemicals, Geilo, March 1996.

[4] Anderson C E, Ross G, Graham G M. Automated instrumental analysis of residual polymeric scale inhibitor species, presented at the 12th International Symposium on Oil Field Chemicals, Geilo, April 2001.

[5] Chilcott N P, et al. The Development and application of an accurate assay technique for sulphonated polyacrylate co-polymer oilfield scale Inhibitors, SPE Paper No. 60194, 2000.

[6] Chen P, et al. Extending squeeze life with a novel scale inhibitor squeeze additive, presented at the 15th International Symposium on Oil Field Chemicals, Geilo, March 2004.

[7] Chen P *et al*. Field Experiences in the application of an inhibitor/additive interaction package to extend an inhibitor squeeze life, SPE Paper No. 100466, 2006.

[8] Internal champion technologies report from technium OpTIC, January 2007.

[9] Internal champion technologies report No. AS-CR-790.1.6 from CSS, May 2006.

[10] Internal champion technologies report from university of strathclyde, February 2006.

[11] International conference on harmonisation guidelines Q2(R1): validation of analytical procedures: Text and Methodology, November 2005.

[12] Thompson A, Burnett K. Development and validation of a novel method for quantification of polymeric scale inhibitors and a comparison of obtained data with current commercial techniques, presented at Chemistry in the Oil Industry X, Manchester, November 2007.

[13] Thompson A, et al. Oil field data/return analysis: A comparison of scale inhibitor return concentrations obtained with a novel analytical method and current commercial techniques, SPE Paper No. 114049, 2008.

第15章 电雾式检测在工业级聚合物表征中的应用

保罗·库尔斯❶，通·布鲁克曼斯

帝斯曼涂料树脂，荷兰瓦尔韦克

15.1 引言

高分子和聚合物分析是一个有趣的领域。一般来说，合成的聚合物通常不只由目标高分子组成，而是其与添加剂、聚合助剂、残留的起始物料及相应杂质组成的复杂混合物。特别是在工业级聚合物中，添加剂、残留物和杂质的分析是一项复杂的任务。此外，聚合物分子的分析并不简单，需要具备不同类型的样品制备和分离技术，才能获得聚合物的组成信息。

本章的重点是CAD在工业合成寡聚物（只有少量重复单元组成的分子）、较大分子聚合物及其相应分布的表征。添加剂等的分析以及样品制备，不在本章讨论之列。

聚合物分子的表征通常采用 LC 基于摩尔质量和化学组成来分离。SEC[1]可以获得摩尔尺寸分布或摩尔质量分布（MMDs）的信息，梯度聚合物洗脱色谱（GPEC）[2-8]或梯度 LC[9]可以获得化学组成信息。另一种 LC 技术，临界条件下的液相色谱（LCCC）[10-12]，也称为临界点色谱，可以获得低聚物/聚合物

❶ 现通讯地址：陶氏化学公司，美国得克萨斯州弗里波特。

分布信息。使用 LCCC 技术，可以仅依赖末端官能团对聚合物分子进行分离，而与摩尔质量无关。对于嵌段共聚物，LCCC 可以获得嵌段长度和嵌段长度分布的信息[13-14]。

检测是一个重要关注点，尤其是聚合物分子的检测。特别是采用梯度洗脱时，聚合物的检测并不是一帆风顺的，应用 GPEC 时，采用溶剂去除的检测技术至关重要，如 ELSD[3,15]和 CAD[16-18]。对于等度洗脱技术（如 SEC），RID 是一种普遍采用的解决方案，但蒸发类检测器也可使用。

本章将介绍 CAD 与 SEC 和 GPEC 的联用，以及定性和定量方面的问题。通过乳液聚合工艺合成不同组成（不同比例的苯乙烯-甲基丙烯酸甲酯）的聚合物，用 CAD 定性和定量，并与 UV 检测器和 RI 检测器比较。此外，使用了乳液聚合物和多分散性低的聚合物标准。最后，讨论 CAD 与 MS 联用的重要性和应用，特别是在聚合物和寡聚物分布的表征和解析方面的应用。

15.2 聚合物分析的液相色谱法

用于聚合物分析的 LC 一般分为两种类型：梯度 LC 和等度 LC。在等度条件下，洗脱条件不随时间变化。SEC 是用于表征 MMDs 的传统的等度 LC 方法[1,14]。聚合物分析的另一种等度 LC 技术是 LCCC[10-14]。溶剂梯度 LC 或 GPEC[2-9]主要根据极性分离聚合物分子。聚合物分子的极性取决于重复单元的类型（或多个类型），以及重复单元的数量或摩尔质量[8]。除溶剂梯度外，还可采用温度梯度[19]。

在等度条件下，聚合物的保留可分为三种模式：吸附分离（吸附模式）、排阻分离（排阻模式）以及临界条件模式的中间模式。中间模式中排阻的贡献完全被吸附的贡献所抑制[10,13]。吸附的贡献和临界条件取决于流动相的洗脱强度、聚合物分子重复单元的化学性质、柱填料的化学类型和温度。分子的吸附会导致保留增强。与常规有机分子相比，聚合物分子的尺寸（在溶液中）明显更大，可吸附的官能团（重复单位）数量也大大增加。因此，聚合物分子的吸附更强。此外，溶液中的聚合物分子的尺寸可能大于色谱柱中的最大孔径，特别是当使用标准的分析柱颗粒时。因此，与流动相分子相比，溶液中聚合物分子可用的柱体积和表面积要小得多。流动相分子可以进入所有的孔隙，因此在流动相流速恒定的情况下，聚合物分子将更快地洗脱，具体还要取决于所用色谱柱的孔径分布。无论是否发生吸附，聚合物分子总是会被排除在色谱柱的孔隙之外。换句话说，在等度

LC 中，如果吸附的贡献小于排斥的贡献，则聚合物分子会先于溶剂分子洗脱，并根据分子大小进行分离。大分子先洗脱，小分子紧随其后。而当吸附贡献更显著时，例如，在弱洗脱条件下，重复单元的吸附使聚合物分子得以保留，以至于它们比同时注入的溶剂分子更晚被洗脱。在吸附模式下，聚合物分子会根据重复单元的数量被分离。随着重复单元数量的增加，吸附作用增强，因此保留时间增加（可以用 Martin 规则解释[20]）。吸附模式的保留顺序与排斥模式的保留顺序相反，小分子会在大分子之前洗脱。通过控制流动相组成和温度，吸附过程可以通过吸附效应完全补偿排斥效应的方式进行控制，产生重复单元与保留无关的结果。换句话说，保留与摩尔质量无关。这种模式也称为 LCCC[11]。

不同的保留模式如图 15.1 所示。常规 SEC 校准通常采用三种不同条件：排阻模式（流动相为 100%四氢呋喃）、吸附模式［流动相为 75 : 25（体积比）THF-水］、临界模式［流动相为 87 : 13（体积比）THF-水，柱温 30℃[11]］，使用三种摩尔质量（$M_A > M_B > M_C$）的聚苯乙烯标准品，分别注入硅胶基质的 C18 分析柱。

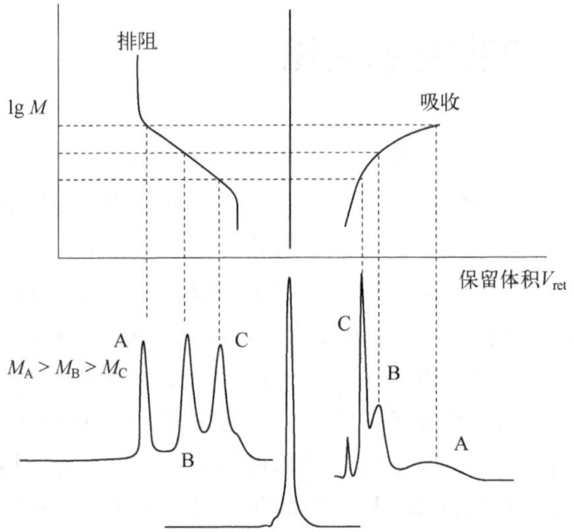

图 15.1　等度模式下，三种不同聚苯乙烯 SEC 标准品（$M_A > M_B > M_C$）在分析型硅胶 C_{18} 色谱柱上三种不同条件下的保留行为：（A）四氢呋喃洗脱液，（B）87:13 四氢呋喃-水洗脱液（30℃）和（C）75:25 四氢呋喃-水洗脱液[11]。资料来源：Cools 等[11]，经 Taylor & Francis 许可

吸附程度取决于流动相的洗脱强度以及色谱柱和重复单元的类型。通过将洗脱液强度从弱变强，可以控制吸附。SEC 的理想条件是没有吸附。使用 SEC，聚合物分子根据分子大小分离，不一定按分子量分离。根据 Mark-Houwink 和牛顿硬球理论[1]，尺寸取决于摩尔质量。均聚物（仅由一种重复单元组成）的

尺寸可以直接计算为摩尔质量。然而，共聚物（由至少两种重复单元组成）的大小不仅取决于重复单元的数量，还取决于其组成（不同单元与重复单元总数的组合比例）[1]。

重复单元较小的吸附作用可导致整个聚合物分子（在等度条件下）不可逆吸附。如果使用弱洗脱条件，则不可逆吸附是聚合物分子在 LC 中的常见现象。因此，通过加强洗脱液强度（例如，在硅胶 C_{18} 色谱柱上从 MeCN 变为 THF），聚合物分子可以解吸，并且可以根据重复单元或聚合物的类型进行分离。这就是梯度 LC 或 GPEC 的分离机理[5-7]。

15.3 溶剂

由于聚合物分子难以溶解，因此必须使用多种不同的有机溶剂作为洗脱液。Flory-Huggins 理论[21-22]广泛描述了聚合物的溶解度。用于聚合物分析的有机溶剂不是常用的 LC 洗脱液，如水、乙腈或甲醇（MeOH）。LC 分析聚合物所需的流动相或溶剂如表 15.1 所示。

表 15.1 LC 分析聚合物使用的溶剂/洗脱液概述

溶剂	LC 应用	聚合物应用	备注
水	SEC[1]	肽、纤维素、聚丙烯酸	极性和/或离子型聚合物
四氢呋喃（THF）	SEC[1]/ GPEC[3]	聚苯乙烯、聚丙烯酸酯	非极性到中等极性聚合物
二甲基乙酰胺（DMAc）	SEC[1,23]	聚氨酯、多糖	极性聚合物
六氟异丙醇（HFIP）	SEC[7]/ GPEC[7]	聚氨酯、聚酯、聚酰胺、聚碳酸酯	极性、氢键、结晶聚合物
二甲基亚砜（DMSO）	SEC[1,23]	葡聚糖淀粉（多糖）	
氯仿/二氯甲烷	SEC[1]/ GPEC[6]	聚苯乙烯	非极性、非结晶聚合物
三氯苯（TCB）	SEC[1]/ GPEC[24-25]	聚烯烃	高温应用（>100℃） 非极性结晶聚合物

为了分离聚合物分子，需要将其在分子基础上溶解。分子需要展开，这只能在极度稀释的条件下才能实现，溶剂强度需要足够高，不仅仅是为了溶剂化，而且还需要使聚合物分子展开。强度高的溶剂能导致溶液中有独立的膨胀分子

（如四氢呋喃和聚苯乙烯）。强度弱的溶剂可使聚合物分子溶剂化，但不能使分子处于完全展开的状态（例如，乙腈和聚苯乙烯），不会产生单个分子，而是产生一簇分子。对于弱溶剂，甚至不会发生溶剂化（例如，水和聚苯乙烯）。聚合物在溶剂或溶剂组合中的溶解度取决于聚合物分子的摩尔质量和化学类型。高摩尔质量的聚合物需要更强的溶剂或溶剂组合来展开。因此，需要根据聚合物分子的化学类型，使用不同的溶剂。聚苯乙烯和大多数聚（甲基）丙烯酸酯聚合物在最常见的溶剂中溶解，如四氢呋喃。聚氨酯和（结晶）聚酯等极性聚合物需要极性更强的溶剂，例如 DMAc 和 HFIP。多糖需要 DMSO 才能溶解。聚烯烃需要非极性有机溶剂且在大于 150℃的高温下才能溶解。对于 CAD 聚合物分析中适用的有机溶剂，需要更详细地研究。尚不清楚 CAD 对 HFIP、DMAc 和 DMSO 等溶剂是否耐受。CAD 经过优化/调整后，兼容经 0.1μm 过滤器过滤后的 THF。这将在后续部分进一步讨论。

15.4 聚合物分子的定量检测

最佳的浓度型检测器兼顾选择性和灵敏度，因此可以广谱定量。使用通用型检测器，可以开展复杂样品的定性和定量分析。在 LC 中通常缺少通用型的检测。LC 流动相常常影响检测器信号，甚至可以完全阻挡信号。

15.4.1 紫外检测

UV 检测器是最常用的 LC 检测器。UV 可以检测含有发色团的分子，在许多情况下也包括 LC 流动相的分子。因此，较低浓度的分析物的紫外消光会小于流动相。UV 的基线信号始终是自动归零，来检测分析物和流动相之间的信号差异，但是流动相的背景消光不宜过高。UV 检测可用于等度和梯度洗脱。在梯度洗脱中，流动相梯度在基线的整个波长范围内都很明显。并非所有类型的聚合物都含有发色团，且可以在 THF 这一类溶剂中检测。大多数聚合物的紫外吸收低于 230nm，而 THF 的紫外消光会干扰检测。这使得 UV 不适合检测 THF 中的丙烯酸聚合物等。HFIP 的 UV 穿透性更好，可用于分析聚丙烯酸酯。然而，对于弱极性聚合物聚苯乙烯等，HFIP 并不适用。因此对于聚合物的分析，UV 的适用性通常不如通用型检测器。

15.4.2　示差折光检测

另一种常用的 LC 检测器是 RID。通过监测样品流通池中溶液 RI 与参比池中纯洗脱液 RI 的变化，得到 RI 的微小差异，用于检测溶液中的聚合物分子。如果溶剂选择得当（溶液和洗脱液中的分析物之间的 RI 差异很大）并且应用等度条件，则 RID 可用作通用型检测器[16]。因此，RID 最适合 SEC 分离。然而，RID 不能用于梯度洗脱，因为洗脱液梯度引起的 RI 变化会干扰溶液中聚合物分子的检测。过去曾试图通过调整 RID 的光学器件使 RID 适用于梯度[26]，但未取得商业上的成功。

15.4.3　蒸发检测

检测过程中 LC 洗脱液会带来很多问题，因此洗脱液蒸发检测器似乎是一种解决方案。以往的蒸发技术主要集中在洗脱液的喷雾和加热。有人曾研究移动带式 FID 用于 LC，但未取得商业上的成功[27]。另一种技术是 ELSD，该技术于 20 世纪 80 年代末成功引入。对于蒸发检测，洗脱液蒸发，分析物优先形成颗粒，可以通过 ELSD 或 CAD 进行检测[16]。电雾式技术仍在优化和发展中。NQAD[28]采用激光检测结合蒸发，其发展还不成熟。NQAD 的应用不在讨论范围内。

洗脱液的蒸发也有其缺点。通过蒸发洗脱液，低摩尔质量的组分也会蒸发，这使其无法成为颗粒从而被检测。因此，这些技术无法检测低沸点成分。通过施加更低的温度和更优化的雾化技术，蒸发检测器的使用温度显著降低（从洗脱液的沸点降至约 30℃）。

聚合物分子非常适合与这些检测器结合使用。低聚物（仅由少数重复单元组成的分子）可能仍会受到蒸发步骤的影响，但聚合物分布的主要部分可以形成颗粒，从而被检测。ELSD 是一种有用的检测器，并且对 GPEC[3,7]的成功做出了绝对的贡献。然而，ELSD 在灵敏度和通用性方面并不完美。特别是对于分布的量化，早期的 ELSD 受到了限制。在较低温度下采用优化蒸发原理的新型 ELSD 显著提高了灵敏度；然而，新一代 ELSD 仍然会导致浓度与响应呈非线性[15]。

15.4.4　电雾式检测

通过使用 CAD，结合低温蒸发和形成颗粒的电晕放电，可以检测分析物[17-18]。CAD 是通用型检测器[16]，可以在等度和梯度洗脱条件下使用。

CAD 有三个主要缺点：①与其他蒸发检测器类似，受限于蒸发条件，CAD 无法检测挥发性成分，洗脱液溶剂组成严重影响其灵敏度。②对洗脱液中含有的颗粒也具有高灵敏度。因此，应关注洗脱液的质量监测。这些缺点类似于现代的 ELSD。幸运的是，μLC（微流速液相色谱）设备的出现，也需要高纯度洗脱液。③与使用 μLC 的经验相同，流动相中存在颗粒会导致问题。由于毛细管内径小、死体积小和色谱柱粒径小，颗粒的存在会导致系统堵塞。对于水和乙腈等常用的洗脱液，容易获得 μLC 质量等级的试剂。在大多数情况下，洗脱液使用 0.1μm 过滤器而不是 0.2μm 过滤器进行过滤。由于不兼容的问题，THF 最初并不适用于 μLC 设备。在 CAD 的引入过程中，由于 THF 不符合 μLC 的质量要求，这给 CAD 的应用带来问题。通过增加 0.1μm 过滤器，该问题得到解决[29]。但是，杂质、设备腐蚀和 THF 老化均对 CAD 信号产生显著影响。除了洗脱液，色谱柱流失也会造成基线效应。因此，使用低柱流失的优质色谱柱至关重要，例如 Symmetry®（Waters）或 Chromolith®（Merck Millipore）。在实际工作中，需要定期清洁 CAD，以避免流量调节出现故障。

15.4.5 摩尔质量相关的检测

除了浓度检测外，还可以使用摩尔质量相关的检测器。应用最广泛的检测器是黏度检测器和光散射检测器。这两种检测技术均需在等度条件下使用，并且可以从信号中提取摩尔质量信息。然而，为了计算摩尔质量，需要浓度检测器（如 RID）进行配合。

15.4.6 质谱法

另一种检测聚合物分子的技术是 MS[30]。当然，MS 不仅是一种检测器，还被视为一种独立的分析技术。不仅如此，MS 还可用于组分定量，尤其与 LC 联用时。MS 在选择性和灵敏度方面的突出问题，可以通过与 LC 联用来克服。与传统的有机化合物检测相比，聚合物或聚合物分子检测的主要区别在于聚合物以分布形式呈现。因此，通用型检测器更加重要。使用 LC，分子根据极性或分子大小进行分离；在所有情况下均会获得其分布信息。

在接下来的段落中，将讨论 CAD 在 SEC 和 GPEC 中的应用，并特别关注聚合物分布的测定，与 UV 和 RID 的检测情况进行比较。将根据聚合物的化学类型和摩尔质量对聚合物进行定量和定性。此外，在最后几段中，将对 LC 与 MS 和 CAD 的联用进行更详细的介绍。

15.5 尺寸排阻色谱法和电雾式检测

为了比较 SEC 的不同信号（UV、CAD、RID），合成了甲基丙烯酸甲酯（MMA）和苯乙烯（S）不同比例的聚合物。这些聚合物是使用月桂基硫酸钠（表面活性剂）、过硫酸铵（引发剂）和月桂基硫醇（链转移剂）通过乳液工艺聚合制备而成的。合成的共聚物包括：PMMA、PS-*co*-PMMA（25:75）、PS-*co*-PMMA（50:50）、PS-*co*-PMMA（75:25）和 PS。组成明确的 PS SEC 标准用于常规校准。此外，还使用了 PS 和 PMMA 标准品（M_w≈5kg/mol）。

所有聚合物均溶解在不同浓度的 THF（未加稳定剂的，Biosolve，μLC-MS 级）中，浓度约 0.01mg/mL、0.1mg/mL、1mg/mL、10mg/mL。SEC 使用了两根 SDVB Mixed B 色谱柱（Agilent），均带有保护柱。采用了 Alliance 2695 分离模块（Waters），配 2998 光电二极管阵列检测器（PDA，254nm）（Waters）、2410RID（Waters）检测器和 Corona® Plus（戴安）检测器。采用 THF（未加稳定剂的，Biosolve，μLC-MS 级）作为洗脱液，不含改性剂，流速为 1mL/min，进样体积为 100μL。

图 15.2 为浓度大致相似（10mg/mL）的低摩尔质量 PS（白色）和 PMMA（灰色）标准品在 CAD、UV 和 RID 检测器上获得的叠加色谱图。如果信号与组成无关，则峰面积应相当。CAD 色谱图中，可以看到典型的基线效应。如前所述，这些波动可能是 THF 的质量不够好或柱流失引起的。该例中，波动可能是由新启用的 SDVB 色谱柱导致的。PMMA 和 PS 的 CAD 信号也出现明显的拖尾。相比之下，UV 和 RID 拖尾较小或没有拖尾。

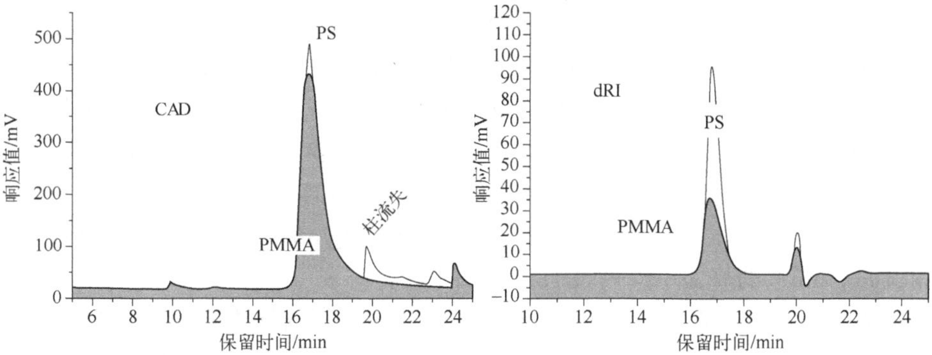

图 15.2

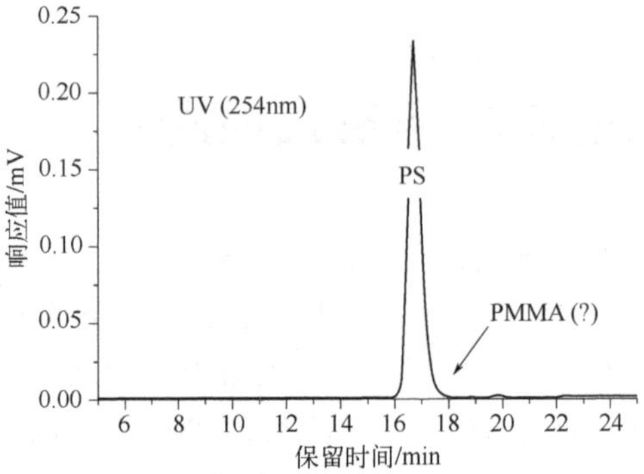

图 15.2 相似浓度的均聚物：PS（白色）标准品（M_w≈5kg/mol）和 PMMA（灰色）标准品（M_w≈5kg/mol）的 CAD、RID 和 UV 信号比较

CAD 信号的拖尾可以通过峰展宽效应和死体积（可能与 CAD 硬件相关）来解释。蒸发步骤和电晕放电可能会导致额外的峰展宽，早期的 CAD 型号（Corona Plus）不太适合在 UHPLC 应用中使用。本章描述的实验均使用 Corona Plus 型号进行。为了解决峰展宽效应，引入了 Corona® Ultra。然而，这需要进一步研究。除了死体积，拖尾也可能是检测器污染的结果。建议定期清洁检测器和颗粒过滤器。

图 15.2 表明 PS 和 PMMA 标准品在 CAD、UV（254nm）和 RID 上获得了不同的峰面积。UV 对 PMMA 标准品没有响应，RID 上 PS 标准品的峰面积明显大于 PMMA 标准品。CAD 表现出最佳的通用性：尽管有拖尾，但 PMMA 和 PS 的共聚物和均聚物的峰面积相当。与两种标准品相比，其他三种共聚物分布较宽，峰拖尾不太明显。分析共聚物时也得到类似发现，结果如图 15.3 所示。

MMA 没有 UV 吸收，因此 UV 响应（在 254nm 处测定）与苯乙烯的含量高度相关。RID 信号较为通用，但仍显示出与组成的显著相关性。这归因于 S 和 MMA 单元的 d*n*/d*c* 差异；PS 的 d*n*/d*c* 大约是 PMMA 的 2 倍（分别为 0.17、0.08）。一般情况下，RID 用作通用型检测器。然而，RID 信号取决于组成，这可能会导致异质共聚物的定量分析出现问题，尤其涉及分布时。CAD 响应似乎与组成无关。通过观察总峰面积，研究了不同检测器上浓度与响应的相关性。测定了不同检测器上多种共聚物在各浓度（0.01mg/mL、0.1mg/mL、1.0mg/mL 和 10mg/mL）的峰面积，见表 15.2 和图 15.4。

在测量的浓度范围内，UV 和 RID 结果均显示了线性相关，CAD 则是一条偏斜的曲线（可能是对数相关）。由于数据点有限，没有进行精确拟合。事实上，非线性相关是 CAD 的主要缺点。对这些类型的数据，可以使用对数函数进行校正，但商业 SEC 软件中没有对数函数。对于单个组分，或许可以使用对数函数校正，但对于分布而言，并不适用。UV 和 RID 检测器的响应与组成显著相关，但 CAD 检测器的响应与组成无关。

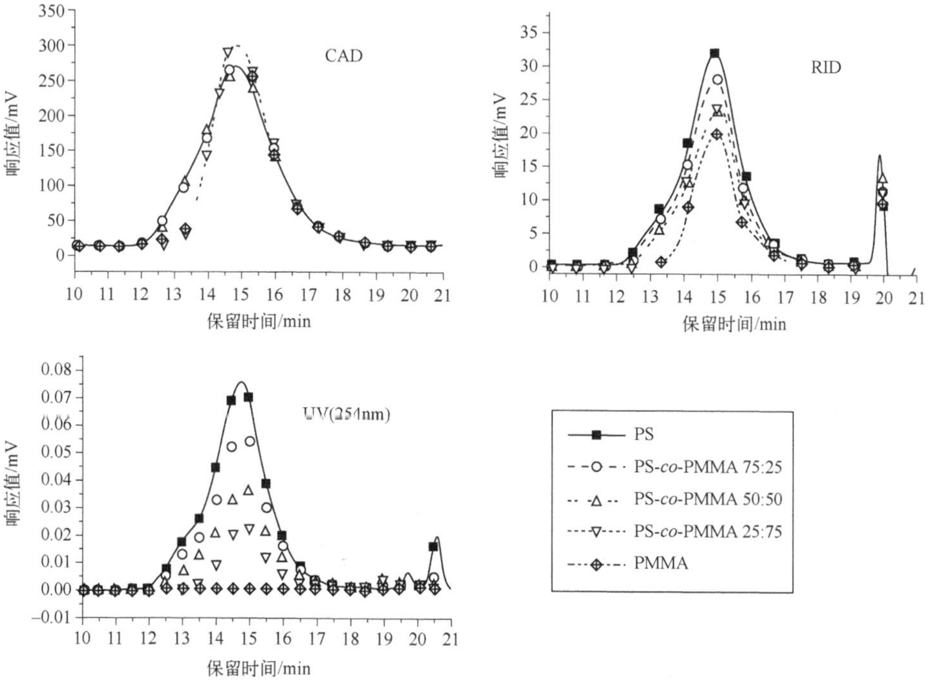

图 15.3　采用 CAD、UV 和 RID 测定共聚物色谱图。UV 和 RID 色谱图表明响应与样品组分的相关性

表 15.2　采用 UV、CAD 和 RID 检测获得的不同聚合物样品的峰面积

聚合物	上样量/mg	UV254 的峰面积	CAD 的峰面积	RID 的峰面积
PS	1	9.3×10^6	4.0×10^7	3.8×10^6
	0.1	9.2×10^5	1.0×10^7	4.0×10^5
	0.01	1.3×10^5	1.5×10^6	6.1×10^4
	0.001	n.d.	n.d.	n.d.
PS-PMMA 共聚物 75:25	1	7.0×10^6	3.9×10^7	3.4×10^6
	0.1	6.7×10^5	1.0×10^7	3.8×10^5
	0.01	5.6×10^4	9.8×10^5	9.2×10^4
	0.001	n.d.	n.d.	n.d.
PS-PMMA 共聚物 50:50	1	4.6×10^6	3.9×10^7	2.7×10^6
	0.1	4.6E5	1.0×10^7	2.7×10^5
	0.01	3.9×10^4	9.8×10^5	6.1×10^4
	0.001	n.d.	n.d.	n.d.

续表

聚合物	上样量/mg	UV254 的峰面积	CAD 的峰面积	RID 的峰面积
PS-PMMA 共聚物 25:75	1	2.4×10^6	3.6×10^7	2.3×10^6
	0.1	2.4×10^5	9.9×10^6	2.2×10^5
	0.01	1.9×10^4	1.0×10^6	4.1×10^4
	0.001	n.d.	n.d.	n.d.
PMMA	1	n.d.	3.6×10^7	1.8×10^6
	0.1	n.d.	9.5×10^6	1.5×10^5
	0.01	n.d.	1.0×10^6	2.7×10^4
	0.001	n.d.	n.d.	n.d.

注：n.d.表示未检出。

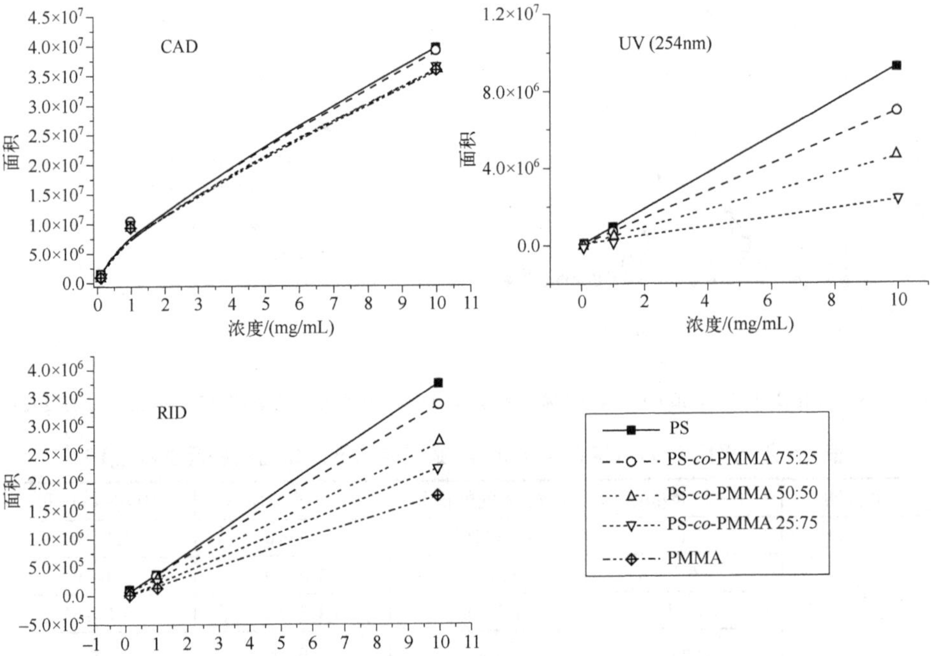

图 15.4 CAD、UV 和 RID 检测器上多种共聚物在各浓度（0.01mg/mL、0.1mg/mL、1.0mg/mL 和 10mg/mL）下的峰面积

CAD 结果的一个重要关注点是非线性响应。这意味着，与主成分相比，样品中低浓度分子被高估了。因为高估了峰拖尾部分，对 MMD 的计算产生很大影响。此外，如图 15.2，拖尾效应也会产生负面影响，图 15.5 和表 15.3 均可说明这一现象。RID 和 CAD 计算出的 MMD 不同，进而导致了数均分子量的偏离。计算的摩尔质量如表 15.3 所示。

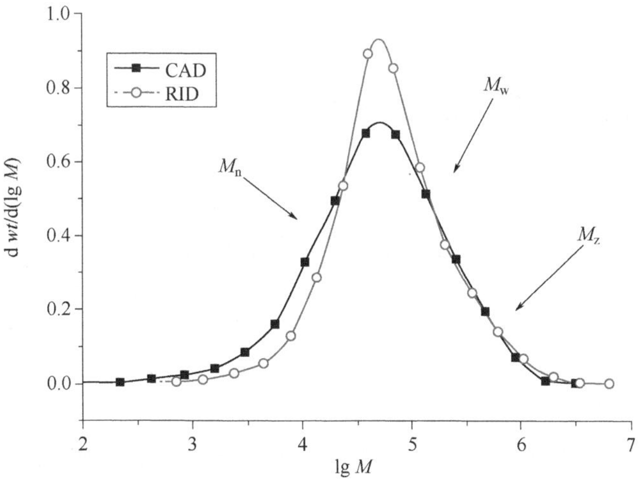

图 15.5　PS-PMMA（50:50）共聚物在 CAD 和 RID 检测器上的摩尔质量分布对比

表 15.3　CAD 和 RID 测定的共聚物的平均分子量

样品	CAD 测定的分子量/（kg/mol）			RID 测定的分子量/（kg/mol）		
	M_n	M_w	M_z	M_n	M_w	M_z
PS	15	127	446	29	139	541
PS-PMMA（75:25）	17	129	457	30	141	556
PS-PMMA（75:25）	14	115	394	28	128	509
PS-PMMA（75:25）	15	68	168	27	71	175
PMMA	16	79	225	32	85	257

MMDs 是利用 RID 和 CAD 的信号，采用 PS 标准品按照传统的校准方法进行计算而得。基于现实的原因，MMDs 没有 UV 检测结果。由于 CAD 信号的拖尾，CAD 给出的所有聚合物样品的数均分子量（M_n）结果明显偏低，即色谱图中的拖尾将导致 M_n 偏低。拖尾对 M_w 和 M_z 也有影响，但不太明显。

综上，SEC 结果表明所有检测器都有其不足，UV 是最具选择性（最不通用）的检测器，而 RID 显示出一定的组分相关性，当分析的共聚物呈现化学异质分布时，这个问题尤为显著。在许多工业级聚合物中，分子是由几种单体构成的。CAD 在组成方面似乎更通用，但会高估分布的尾部。总之，在所有情况下，MMDs 的计算结果均不能反映其真实情况，因此在解析这些结果时应持谨慎态度。这个问题也无法通过使用黏度和/或光散射检测来解决，因为这类质量型检测器必须利用浓度信号来计算“绝对”摩尔质量[1]。归根结底，检测器选择应该基于更适合的原则。

15.6 聚合物梯度洗脱色谱和 CAD

如第 15.2 节所述，梯度 LC（GPEC）通常用于分析聚合物组成。GPEC 可将聚合物样品分离为单体、添加剂、低聚物和聚合物分子，因此可以获得有关聚合物组成的特定信息。GPEC 可用于分析特定的目标成分，例如添加剂和残留物，以及主要的聚合物分子[2]，其分离机理是根据聚合物-色谱柱相互作用来分离单体类型或官能团不同的聚合物分子，这点与 SEC 不同，因为 SEC 中尽量避免聚合物-色谱柱相互作用发生。

接下来的实验中，GPEC 用于反相模式（极性洗脱液与非极性色谱柱结合使用）。在弱洗脱液/溶剂条件下将样品注入色谱柱，例如，硅胶 C18 色谱柱，水相条件。样品沉积在色谱柱/筛板的顶部。接下来，通过改变流动相组成/强度，使化合物和聚合物分子溶解和解吸。常用的梯度是水-THF 或水-乙腈-THF 梯度。也可以使用其他溶剂，例如甲醇、异丙醇和 HFIP。在正相条件下，使用氯仿、庚烷和 TCB 等溶剂。

如前所述，在梯度条件下，不使用 RID 检测，一般使用紫外检测器和/或溶剂蒸发型检测器，例如 ELSD 和 CAD。第 15.5 节中使用 GPEC 分析聚合物。使用的系统是 2695 分离模块（Waters），配置 Symmetry® C18 色谱柱 150mm×4.6mm×3.5μm（Waters）。进样体积 5μL。二元梯度淋洗，A 相为 0.1%的 TFA 水溶液，B 相为未加稳定剂的 THF，详见表 15.4。流速为 0.5mL/min。

表 15.4 GPEC 模式下的梯度条件

时间/min	A 相/%	B 相/%
0	100	0
40	0	100
45	0	100
50	100	0
60	100	0

图 15.6 和图 15.7 是多种不同共聚物的 GPEC 分析结果。在 GPEC 上，共聚物根据组成进行分离，并在一定程度上与摩尔质量有关。共聚物的保留时间随着 S 单元数量的增加而增加（更高的 S/MMA 比率），其 UV 信号仅与苯乙烯含量有关，峰面积随苯乙烯含量的降低而减小。因此，UV 254nm 不能用于这些共聚物的定性与定量。即使使用其他 UV 波长，组成与响应的相关性仍然很显著。理论上，在较低波长下，MMA 单元应该是可检出的，但由于苯乙烯和 MMA 的消光系数不同，以及 THF 具有紫外吸收等因素，导致无法准确定量聚合物的

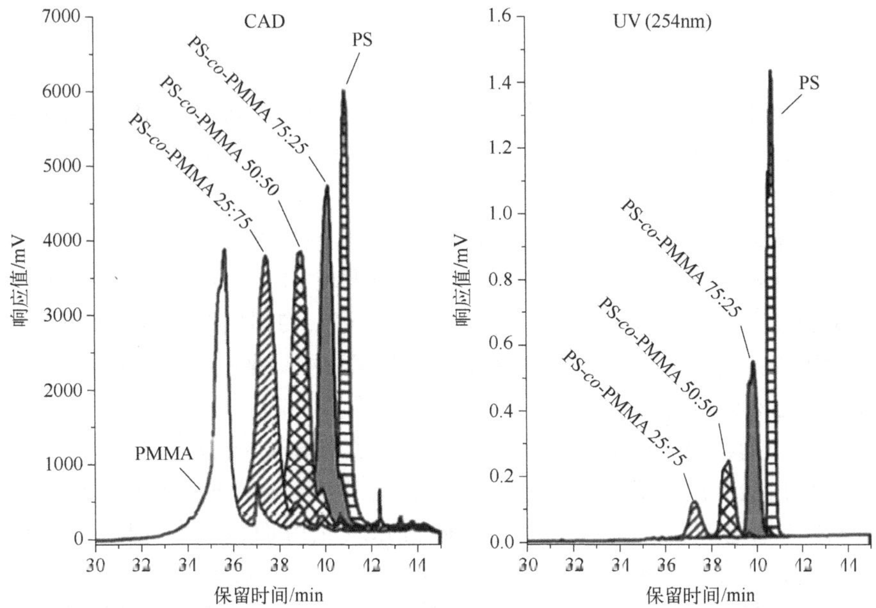

图 15.6 表 15.4 所示梯度条件下获得的苯乙烯和 MMA 的各种共聚物和均聚物的叠加色谱图

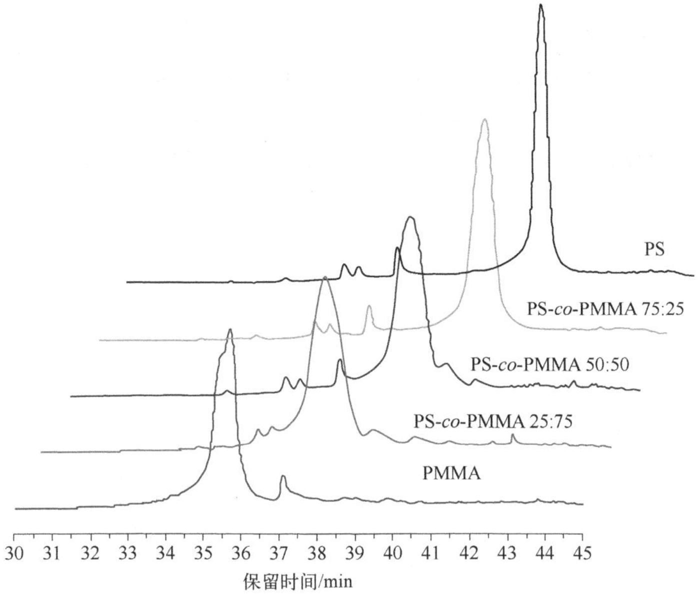

图 15.7 共聚物和相应均聚物的 CAD-GPEC 色谱图叠加。由于 CAD 浓度-响应的非线性，共聚物的分布更宽，峰面积更大

分布。当然，THF 的 UV 响应可以通过调整 S/MMA 比值来校正，但并不常见。从 CAD 的色谱图中可以直观看出，各种共聚物的响应具有可比性。众所周知，

蒸发类检测器的响应取决于洗脱液的组成[15]。但本文选用的梯度及被分析共聚物的组成，与仪器响应的相关性并不明显。

均聚物 PS 和 PMMA 的峰比共聚物的峰窄。均聚物 PS 和 PMMA 没有化学组成分布，而共聚物有。为清晰起见，图 15.7 以不同的视角显示了各种共聚物在最高浓度下的色谱图。

峰的展宽主要是由系统展宽和基于摩尔质量的分离引起的。峰的前伸可由宽的 MMD 解释。在 GPEC–CAD 色谱图上未发现 SEC 上峰的拖尾。拖尾处的峰与聚合过程中单体加料方式有关。由于所有聚合物都以相似的浓度溶解，因此峰面积应该具有可比性。图 15.8 绘制了共聚物和均聚物的 CAD 和 UV 色谱峰面积与分布浓度的关系图。

对不同的检测器进行比较，GPEC 得到了与 SEC 类似的结果。UV 信号明显表现出强烈的组成相关性，而 CAD 表现出对浓度的非线性相关性。GPEC 的 CAD 信号通用性较差。均聚物 PS 和 PMMA 的峰面积相当，表明二者响应行为一致。共聚物的峰面积不一致，这可能是浓度-响应的非线性导致的。此外，基线能反映出梯度的变化。系统峰是洗脱液和色谱柱污染导致的。THF 的增加造成 UV 背景消光的增加，洗脱液组成的变化带来 CAD 响应的变化。

如前所述，UV 和 CAD 的缺点阻碍了其与梯度洗脱联用的普遍性。然而，CAD（或其他蒸发检测器）仍是梯度洗脱不可或缺的检测器。尤其对于共聚物的分析，因为不能使用 UV，蒸发类检测器虽不够理想，但至关重要。正如在 SEC 部分中提到的，尽管对数函数可以解决 CAD 的非线性问题，但更适用于单组分分析，此处不再讨论。

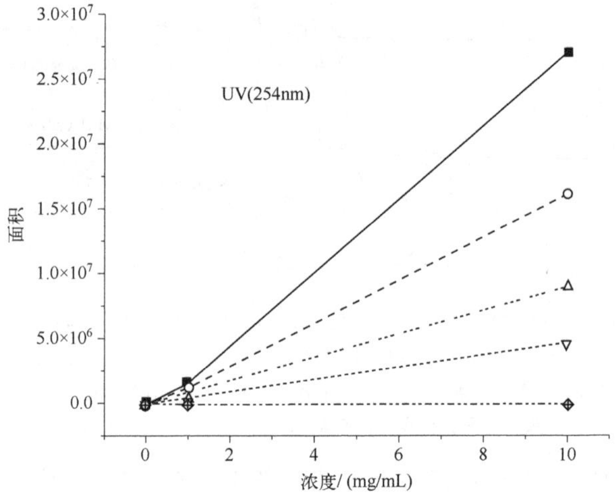

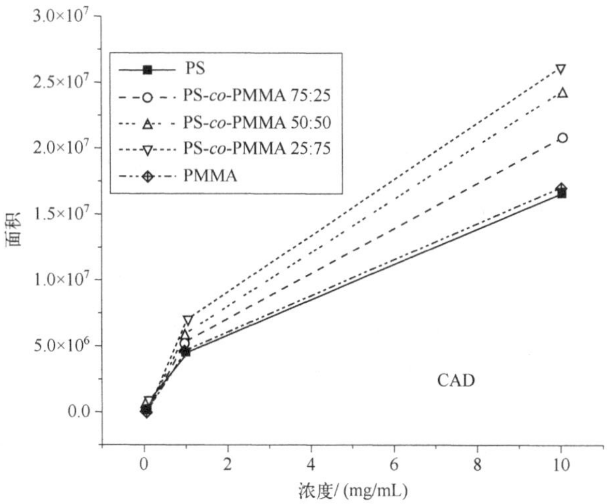

图 15.8　UV（254nm）和 CAD 的均聚物和共聚物浓度-峰面积关系

15.7 液相色谱结合 UV、CAD 和 MS 检测

除了使用 UV、RID 和蒸发类检测器外，也可以使用 MS 检测分离的聚合物分子。LC-MS 可以为多种场景快速提供信息，例如原材料比较、污染或组成分析。电喷雾电离（ESI）[30]是液质联用最常用的系统。基质辅助激光解吸电离（MALDI）[31]适用于聚合物分子，但由于样品制备具有挑战性，MALDI 不能与 LC 联用[31]。由于 MS 的局限性，聚合物分析主要集中在低聚物范围内的化合物（M<10kDa）。通常，MS 分析可分为三个步骤：电离步骤、分析/分离步骤和检测步骤。飞行时间（TOF）质谱分析仪应用范围广泛（= 1000000Da）[30-31]，是聚合物分析中最常用的分析仪。TOF 还可以分析更高的摩尔质量，但在 10kDa 以上时，只能看到宽峰，无法再获得重复单元或端基的信息。此外，聚合物分布广泛，很难直接用 MS 分析。

多种 LC 技术均可与 ESI-TOF-MS 联用，主要使用的联用技术是反相梯度洗脱 LC。SEC 可以与 MS 联用。与基于极性的如反相 LC 的分离技术相比，SEC 的分离能力有限，但根据摩尔分子大小来分离，能使其更加直接地提供关于分子量分布的信息。

15.7.1 DSM 涂覆树脂的 LC-ESI-TOF MS 分析系统

LC-ESI-TOF-MS 系统由以下部分组成：Dionex U3000 系统，配备两个梯度洗脱泵、两个等度泵、一个 PDA、一个 CAD 和一个 ESI-TOF-MS（MicroTOF，Bruker）。ESI 是 LC 与 MS 的接口，用于导入 LC 流动相并离子化。分析仪为 TOF，检测器为模拟微通道板。许多极性和弱极性分子均可在 ESI 上离子化。TOF 的摩尔质量范围很宽，在反射模式下，分离摩尔质量和同位素模式获得的数值可高达 10kDa。该检测器能够对形成的加合物进行定量分析，但只能通过使用标准样品建立起来的浓度校准曲线来分析单一组分/加合物。LC-MS 和 SEC-MS 联用系统的示意图如图 15.9 所示。

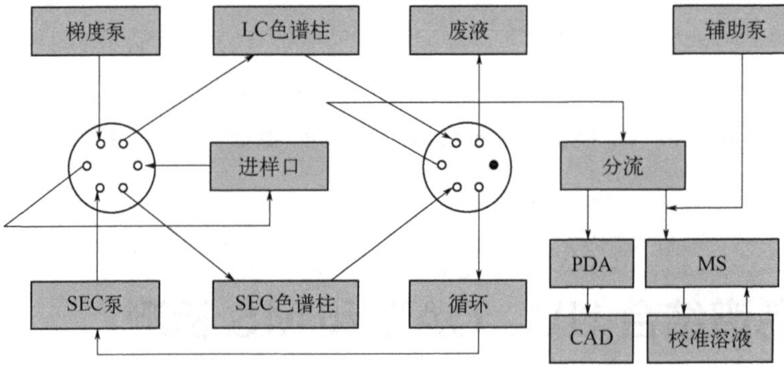

图 15.9　LC-MS 系统蓝图。该系统由一个 ESI-TOF-MS 结合两个梯度洗脱泵、两个等度泵、一个单柱温箱、一个 PDA 和一个 CAD 组成

实际操作中，MS 和 LC 数据采集均由 Bruker 软件控制。为了获得对 LC 的完全控制，LC 模块由 Chromeleon 软件控制。通过这种方式，可以将 SEC-MS 和梯度 LC-MS 放在一个系统上运行。除了 LC 系统高效使用外，该软件可在任何选定时刻（包括梯度 LC 或 SEC 运行开始时）使用乙酸钠溶液进行 TOF 校准，该控制性能是独一无二的。使用梯度泵在分析柱后分流部分添加替代加合物盐的技术增强了 MS 鉴定的可能性。

通常来讲，LC-MS 系统以 MS 部分为主，LC 配置灵活性较低。在本文所述的应用中，LC 配置处于主导地位。换句话说，所有可行的检测技术均可与 MS 联用。将 CAD 与 MS 联用至关重要。通常，SEC 仅与 RID 检测器联用，梯度洗脱与 UV 和 CAD 联用。RID 对洗脱液成分、温度和流量的波动高度敏感。因此，RID 不适用于此类将等度和梯度联用的系统。LC-MS 系统必须兼容溶剂/洗脱液的改变和模式的切换。RID 的替代方案之一是 CAD，它与浓度相关，并对溶剂变化做出快速适应。如前几段所示，CAD 可用于 SEC 系统和梯度 LC 系统中的定量分析。

所用的 LC-MS 系统在许多方面与 Nielen 等[30]使用的系统相当。由于 MS 的持续发展，它要先进得多，可表现在更准确的摩尔质量测定、更高的灵敏度以及几十年积累的更好的定量分析。然而，ESI-TOF-MS 的局限性仍然存在：10kDa 的摩尔质量上限、多重电荷导致的复杂质谱以及离子的选择性和抑制。然而，在低摩尔质量区域中发现的信息可用于获取总 MMD 的信息。例如，低摩尔质量的环状低聚物的存在可能会对聚酯的应用性能产生很大影响[6-7]。

此外，在整个 MMD 范围内将发生水解和副反应，因此，对寡聚区域的表征是有意义的，而且在大多数情况下，也是获取此类信息的唯一选择。UV、CAD 和 MS 的联用使系统能够从每次分离中获得最佳信息。LC-MS 与傅里叶变换红外光谱、气相色谱质谱和核磁共振一起用于阐明微观结构。在许多方面，该系统都很灵活，操作难度适中。然而，在维护时，系统可能对服务要求很高。

15.8 LC-MS-CAD 典型工业应用示例

在 DSM 涂覆树脂的应用中，LC-MS-CAD 系统通常作为主要的 LC 方法，用于所有类型树脂组成测定的方法开发。聚合物分子以及标准组分如溶剂、原料和杂质，均可以用该系统进行分析。多种检测器的综合使用使得识别和量化分子成为可能。LC 分离与 UV、CAD 和 MS 检测的联用是解析复杂材料、获得批次间变化、动力学研究和杂质分析的基本信息的通用工具。在树脂应用中，原材料、中间产品和最终产品通常由低聚物或聚合物组成。商业原材料通常是工业级的；这些材料很少由单一分子甚至很少由目标分子组成。常见的乙烯基单体是个例外，如丙烯酸酯单体，其杂质含量很少超过 1%（质量分数）。

本段介绍 LC-MS-CAD 系统的部分应用。这些应用实例可分为原材料分析、中间体分析和最终产品分析。根据应用和分析问题，SEC 或梯度 LC 将与 UV、CAD 和 MS 检测联用。对于所有分析系统，均比较不同检测器的色谱图。UV 可以选用不同的波长，MS 使用全质量范围的总离子流图（TIC）或单一质量提取模式。通过使用 LC-MS-CAD 联用系统，结合 MS 和 CAD 的优势并提供互补信息。

15.8.1 原材料分析

很多聚合物的生产过程中，使用的原材料也是聚合物。这些聚合物和其他原材料的表征至关重要，是了解原材料结构如何影响聚合物加工过程的重要步骤。聚合物安全数据表（MSDS）中提供的信息通常不完整或不准确，并且通常无法解释生产环境中出现的加工效果（凝胶化、放热反应等）。

图 15.10 是多功能丙烯酸酯原材料在 SEC-MS-CAD 模式下测定的谱图。分离是基于分子大小的差异进行的，大分子首先洗脱，然后是小分子。从色谱图中可以看出，丙烯酸酯的分布相当广泛。在化学结构上，该类型的材料不是由单一的分子组成的，而是由副反应导致的官能团和聚合度不同的混合物组成的。此类材料的滴定（例如，酸值或羟基数）会给出平均的官能团数据，但在大多数情况下，仅使用平均数不足以预测材料的行为。

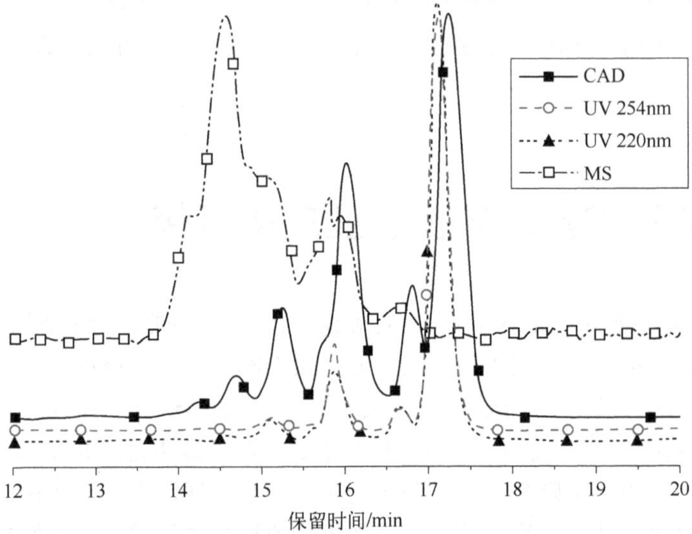

图 15.10　使用 SEC 获得的多功能丙烯酸酯的 CAD、UV（220nm 和 254nm）和 MS 信号叠加

图 15.10 是 MS、CAD 和两个不同 UV 波长的信号叠加图。UV 不是万能的，因为并非所有分子都含有发色团。检测器的联用提供了所需的大部分信息。CAD 和 UV 信号显示出类似的响应，均低估了较高摩尔质量分数的信号。THF 引起的离子抑制效应可能是导致分子电离化程度低的原因，也易造成 MS 信号在低分子量区域响应较低。通过比较 MS（各种成分的定性）与 CAD（各种成分的定量）的信息，可获得材料的精确质量。通常情况下，最好同时使用多个检测器，如果定性和/或定量的假设考虑不充分，可能导致结论不准确。图 15.10 所示的分布中，有很大一部分是较高分子量的材料。通过 MS 谱图提供的精确质量数，可以对组分进行定性。较高分子量的组分会导致黏度增加，生产出不合格的产品。对于原材料分析，SEC-MS-CAD 联用提供了分子结构层面的详细

信息，这些信息对于工艺开发和合格产品的生产至关重要。

15.8.2 中间体

除了分析原材料外，对聚合过程的监测和中间产物的分析也非常重要。

图 15.11 显示了中间体的梯度 LC 分离结果。该中间体是制备氨基甲酸酯聚合物的一个典型应用，通过多元醇与二异氰酸酯的氨基甲酸酯化合成。由于所有反应物都没有发色团，UV 仅显示洗脱液由水变为乙腈再变为 THF（虚线）的信号。MS 和 CAD 均显示了氨基甲酸酯低聚物和多元醇的分布。与 CAD 相比，MS 在 30min 左右显示出更强的信号。这可能是由于较高摩尔质量的低聚物（包含电离良好的氨基甲酸酯基团）的选择性电离导致对其质量的高估。CAD 包含了两个摩尔质量馏分，这与低聚物样品组成的理论预期非常一致。

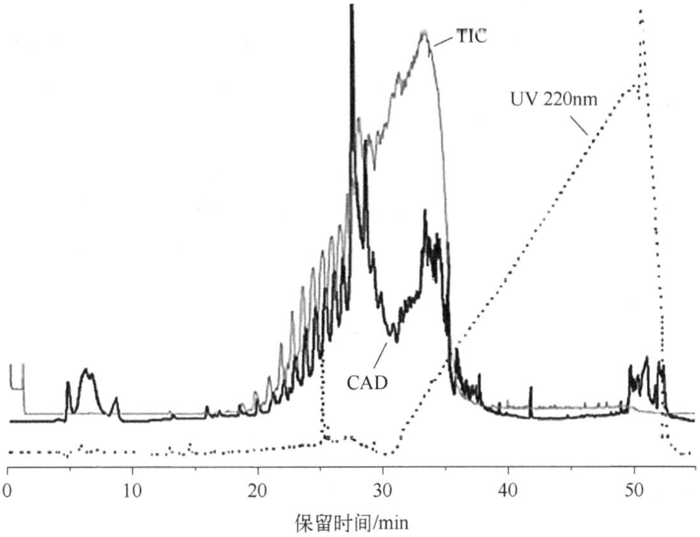

图 15.11　TIC MS 和 CAD 中间产物的梯度 LC 色谱图叠加（使用表 15.4 中描述的梯度）

15.8.3 最终产品

LC-MS-CAD 在最终产品中的应用并不是那么一帆风顺。正如在 SEC 和 GPEC 部分中讨论的，CAD 可以成功地用于聚合物分布检测，MS 不能用于分析高摩尔质量聚合物（>10kDa）。然而，很多树脂的最终产品是低摩尔质量的聚合物。2007 年，欧共体引入了化学品注册、评估、授权和限制项目（REACh）[32]，开始对物质和化学品进行监管和注册。为了在 REACh 中注册产品，需要了解有关化学组成和分子结构的更详细信息。立法的效果是迫使公司证明最终产品对人类和环境是安全的。REACh 的主题之一是对聚合物进行定义。如果最终产品可以根据聚合物的定义进行注册，则无需补充注册，否则，需要进行补充注册，尤其是毒理学方面的测试。因此，需要详细分析最终产品以将产品纳入聚合物的定义中。聚合物定义的详细描述可见欧洲共同体网站[32]。

REACh 中聚合物定义的主要问题之一是重复单元的定义和重复单元低于 3 的聚合物的定量。与有毒物质控制法案（TSCA）注册（美国物质注册立法）[33]类似，识别判定某物质是否属于聚合物范畴的首选方法是 SEC，通常与 RID 联用。如前文所述，CAD 也可以与 SEC 联用来定量聚合物的分布。在标准的 SEC-RID 系统中，对峰识别是完全基于对保留时间和参考摩尔质量的假设的。通过应用额外的检测器（例如 MS）可以识别不同的峰，从而更准确地定义低聚物的峰，无须对摩尔质量和重复单元数做出更多假设，因此大大提高了 REACh 分析的可靠性。以下为使用 SEC-MS-CAD 分析的一个最终产品。该产品受 REACh 注册管制，含有发色团，因此也可以使用 UV 检测器。

如图 15.12 所示，所有成分和分布的信号均清晰可见。与图 15.10 中原材料的结果相反，TIC MS 信号未发现较高摩尔质量的物质。在本应用中，MS 用于识别产品中的不同结构。可以通过 MS 识别重复单元 $n \geq 3$ 的成分，并通过对 CAD 信号积分将这些成分量化为总产品的百分比。通过使用 CAD，最终产品成功地归类为符合 REACh 定义的聚合物。

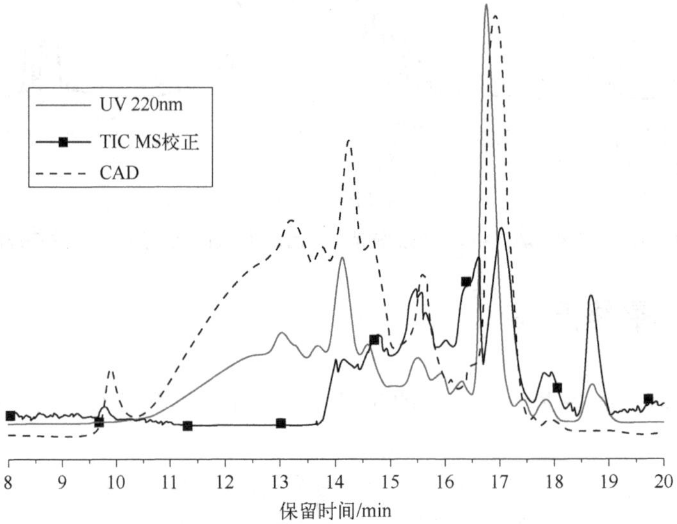

图 15.12　低聚树脂的 SEC-MS-UV-CAD 色谱图

15.9
结语

CAD 在聚合物分布的分析中显示出了极其重要的价值。在所描述的 LC-MS 系统中，CAD 通常用于故障排除和分子结构解析。LC-MS-CAD 系统是低聚物结构解析分析工具箱中一个有益的补充，与 NMR 结合使用，功能非常强大。事实证明，CAD 可用作分布定量中的浓度型检测器，与 SEC 或其他梯度应用联用。结合 LC-MS 系统，CAD 比 RID 检测器更适合。另一方面，因为 CAD 的浓度响应是非线性的，对于具有线性关系的 LC 通用检测器的探索并未结束。尽管可以通过使用对数函数转换来克服，但在大多数商业软件中，不涵盖对数函数，或者难以实现。总体而言，为了测定分布或进行比较，CAD 是 RID 和 UV 等其他检测器的重要补充。

致谢　作者感谢 Harry Philipsen 提供的有益讨论和科学投入。感谢 DSM Coating Resins（Waalwijk，荷兰）的 Tijs Nabuursen en Frank Vaes 制备了聚合物样品。

参考文献

[1] Striegel A, Yau W W, Kirkland J J, Bly D D. Modern size-exclusion liquid chromatography, practice of gel permeation and gel filtration chromatography. Second Edition, Hoboken, NJ: John Wiley & Sons, Inc., 2009.

[2] Staal W J, Cools P, van Herk A M, German A L. J Liq Chromatogr, 1994, 17(14-15): 3191-3199.

[3] Cools P J C H, Maesen F, Klumperman B, van Herk A M, German A L. J Chromatogr A, 1996, 736(1-2): 125-130.

[4] Philipsen H J A, Klumperman B, German A L. J Chromatogr A, 1996, 746(2): 211-224.

[5] Staal W J. Gradient polymer elution chromatography. PhD Thesis. Eindhoven: University of Technology Eindhoven, 1996, 90-386-0126-3.

[6] Philipsen H J A. Mechanisms of gradient polymer elution chromatography and its application to(co)polyesters. PhD Thesis. Eindhoven: University of Technology Eindhoven, 1998, 90-386-0578-1.

[7] Cools P J C H. Characterization of copolymers by gradient polymer elution chromatography. PhD Thesis. Eindhoven: University of Technology Eindhoven, 1999, 90-386-0970-1.

[8] Schunk T C. J Chromatogr A, 1993, 656(1-2): 591-615.

[9] Gl.ckner G. Gradient HPLC of Copolymers and Chromatographic Cross-Fractionation. New York: Springer-Verlag, 1991.

[10] Gorshkov AV, Verenich S S, Evreinov V V, Entelis S G, Chromatographia, 1988, 26: 338.

[11] Cools P J C H, van Herk A M, German A L, Staal W J. J Liq Chromatogr, 1994, 17(14-15): 3133-3143.

[12] Pasch H, Brinkmann C, Much H, Just U. J Chromatogr, 1992, 623: 3153.

[13] Entelis SG, Evreinov V V, Gorshkov A V. Advances in Polymer Science, 1986, 76: 129.

[14] Pasch H, Trathnigg B. HPLC of Polymers. Berlin: Springer, 1997.

[15] Schultz R, Engelhardt H. Chromatographia, 1990, 29(11-12): 517-522.

[16] Snyder L R, Kirkland J J, Dolan J W. Introduction to modern liquid chromatography. Third Edition, Hoboken, NJ: John Wiley & Sons, Inc., 2010.

[17] Vehoveca T, Obrezab A. J Chromatogr A, 2010, 1217(10): 1549-1556.

[18] Hutchinson J P, Li J, Farrell W, Groeber E, Szucs R, Dicinoski G, Haddad P R. J Chromatogr A, 2010, 1217(47): 7418-7427.

[19] Lee H C, Chang T. Polymer, 1996, 37(25): 5747-5749.

[20] Martin A J P. Biochemical Society Symposium, 1950, 3: 4-20.

[21] Flory P J. Principles of polymer chemistry. Ithaca, NY: Cornell University Press, 1953.

[22] Huggins M L. Physical chemistry of high polymers. New York: John Wiley & Sons, Inc., 1958.

[23] Hoang N L, Landolfi A, Kravchuk A, Girard E, Peate J, Hernandez JM, Gaborieau M, Kravchuk O, Gilbert RG, Guillaneuf Y, Castignolles P. J Chromatogr A, 2008, 1205(1-2): 60-70.

[24] Macko T, Pasch H. Macromolecules, 2009, 42(16): 6063-6067.

[25] Roy A, Miller M D, Meunier D M, Willem Degroot A, Winniford W L, van Damme F A, Pell R J, Lyons J W. Macromolecules, 2010, 43(8): 3710-3720.

[26] Evans C E, McGuffin V L. J Chromatogr, 1990, 503(1): 127-154.

[27] van Doremaele GHJ, Kurja J, Claessens H A, German A L. Chromatographia, 1991, 31(9-10): 493-499.

[28] Allen L B, Koropchak J A, Szostek B. Anal Chem, 1995, 67: 659.

[29] Biosolve BV. http://www.biosolve-chemicals.com/page.php?content=product_line_lcms(accessed January 30, 2015).

[30] Nielen M W F, Buijtenhuijs F A. Anal Chem, 1999, 71: 1809-1814.

[31] Staal B B P. Characterization of(Co)polymers by MALDI-TOF-MS, PhD Thesis, University of Technology Eindhoven, Eindhoven, 2005, 90-386-2826-9.

[32] Registration, evaluation, authorisation and restriction of chemical substances (REACH): european community, June 2007, http://ec.europa.eu/environment/chemicals/reach/reach_intro.htm(accessed March 6, 2017).

[33] Toxic Substances Control Act(TSCA): United States Environmental Protection Agency, 1976, http://www.epa.gov/regulations/laws/tsca.html(accessed March 6, 2017).